世界一ゆるい神授業

1分でわかる数学

タラ先生

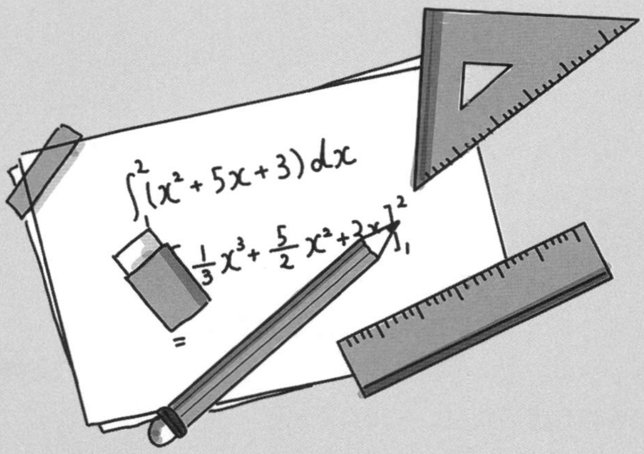

かんき出版

はじめに

数学の先生だけど、本当のことを言います

初めまして。私は高校の数学教師をしており、YouTube、TicTok でアニメーションを用いて数学の解説動画を配信しているタラ先生と申します。

動画では、**愉快な仲間たち**がたくさん登場します。その仲間たちとともに、まるで**異世界・タラ先生ワールド**に入り込んだような世界観で数学を学べるようにしています。おかげさまで約 15 万人（2025 年２月現在）の方にチャンネル登録をしていただくようになりました。

本書にも、わけわからん愉快な仲間たちが登場します。

彼らとともに本の世界に入り込み、ともに考え、ともに悩みながら数学を学べるようになっています。

さしずめ「**しっかり学べる大人の数学絵本**」です。

読むというよりながめて見てください。

すると、数学を本質から理解できるようになっているでしょう。絵本だからこそ、数学のことが頭の中に映像として残っていると思います。

あらゆる場面で、この内容は**たしかあの話だったなぁ**ってね。

本書でどのくらいの知識が身につくかというと、高校数学の数Ⅰ＋微分積分を教科書の問題レベルまで一気に学べます。

▶ 高校の教師ですが、実はというと……

私は教師生活、約 10 年になる、高校の数学教師です。

これまで、「正負の足し算、引き算ができない」「分数の計算ができない」など基本的に数学が苦手な人たちに教えてきました。

なぜ、数学の先生になろうと思ったのかというと、そのきっかけは、実は高校生のとき、本当に数学が苦手だったんです。

まず、学生時代からお話をさせてください。

私は根っからのゲーム好きでした。ゲームで育ち、ゲームとともに生きてきました。そのため勉強はおざなりになっていました。そんな私の高校時代の数学のテストの点数は……２０点。

正直に言います。数学のテストで 40 点を超えたことはありません。

だから、よく放課後に残って数学が苦手な人たちと勉強会をしたのです。教え合ったりしていたんですね。そこでよく言われたのが、「**お前の教え方、独特でわかりやすいわ**」です。当時、気がつきませんでしたが、私は独特の表現をもつユーモアあふれる人だったそうです。そして思いました。「苦手だからこそ数学を教える立場になろう」と。

そこから猛勉強して大学に進学。教員免許を取得し、高校教師として教壇に立つようになったのです。

▶ 本当に1分でわかるの？

学校の先生をしていて、そこでも思いました。他の教員とくらべて私がつくる教材プリントは独特だな、と。

さらに私の頭の中の映像を板書やプリントで示すのは限界を感じました。そこでアニメーション動画をつくるようになったのです。

「発信したらどんな反応されるのだろう」と興味本位で、「１分で数学がわかる」というシリーズでTikTokに発信しました。コメントがあれば改善して、授業で活用するつもりだったからです。

１分動画は「直感的に」「わかりやすく」「スムーズに」を心がけて作成しています。もちろん、たかが１分です。これだけですべてを網羅できるわけではありません。ですが、「数学のこの分野ってこんな内容なんだ」と、ザックリわかるきっかけになると思います。

たとえるなら、**自己紹介カード**です。

自己紹介をするとき、出身地、趣味、好きな食べ物などを入れますよね？　自分がどんな人か、ザックリわかるじゃないですか。「もっとこの話、聞いてみよう」って思いますよね。

数学も同じです。まずどんな内容なのかザックリ理解することで、もっと深く学ぶきっかけになるんです。

数学という言葉を聞いただけでも拒否感を抱く人もいると思うんです。でも、「１分だけでも！」と言われれば、「**まあ。１分くらいなら**」と一歩を踏み出しやすいですよね。１分という時間は、数学を学ぶきっかけになってくれます。

１分動画は数学の各分野の「自己紹介カード」になってくれればと思っています。「**あ、そんな内容なんだ、君！**」ってね。

ただ、本書の制作にあたり、まず懸念したのが「私の魅力はアニメーションだよな？」です。ありがたいことに動画では「直感的に理解しやすい」と多数の方から評価をしていただきました。そんな私が、「紙面にどのように表現できるのか？」と悩みました。

ヒントは子どもの絵本だったのです。

絵本は「少ない文章」で、パッと見てわかりやすいようにできていますよね？　数学もこのような表現ができたらなと思い、絵本のような数学を学べる本をつくろうと思いました。イラストを多用する分、スペースをとってしまう関係で、練習問題はこれだけは知ってほしいというものに厳選しています。問題の解説は動画をご覧いただけたらと思います。

ちなみに、本書が完成したとき、一番に思ったのが「**高校生時代にこの本ほしかった**」です。数学が 20 点だった過去の自分が、「こう教えてほしかった」と。もしかしたら、無意識に「過去の自分」に向けてつくっていたのかもしれません。

▶ 数学つまらないんだけど、どう学んだらいい？

ピタゴラスイッチって知っていますか？

ビー玉を転がして、いろんなアイテムを使ってゴールまでたどり着くような仕掛けは圧巻です。あの、ゴールまでたどり着いたときの感動はすごいですよね。数学ってそれに似ているんです。

数学のゴールが問題の「答え」だとします。

ゴールまでたどりつくにはどんなアイテムを使うといいのか。

そのアイテムというのが「数学の知識」です。アイテムが多ければ、その分ゴールまでの行き方も複数つくれますよね。

「ここであれを使って。次にこれを使ったら……。着いた！」

という感じです。いろんなアイテムを駆使して答えまでたどり着いたときの感動は数学ならではです。

ピタゴラスイッチを知らない人もいるかと思います。

そんな人は「**今、自分がハマっているものを伝えるにはどうしたらいいか**」を想像してみてください。

相手に「面白そうだね。それ」って言われるためには、「まずなにを伝えて、その次になにを伝えたらいいか」を考えますよね。順番も含めて、ゴールまでに伝えることが大事になっていきます。

それ以外には、例えばなにかしらの困難にぶつかったとき、「まずなにをする？」「どうすれば解決する？」を考えますよね。

このゴールまでつなげる力がまさにピタゴラスイッチを完成させる力、数学力です。私は数学を通して「順序立ててゴールまで導く力」が養われると思います。

そのため、本書はゴールをすぐに出さないようにしています。

数学の面白さのひとつに、気づく楽しさがあると思うからです。

そこで、数学を学ぶ「愉快な仲間たち」が登場し、ヒントを得ながら「**あ！　こうすればいいじゃん!!!**」と気がつく流れにしました。ピタゴラスイッチでいう「このアイテムを使えば、ゴールまで着けるじゃん！」です。そんな感動を仲間とともに味わってもらえたら嬉しいです。

では、ページをめくって絵本をながめながら数学を楽しんでください。

ゴールが出たら心の中で唱えましょう。

ピタッ ゴラッ スイッチ♪

ながめて学ぶ大人の絵本

世界一ゆるい神授業

1分でわかる数学

もくじ

1章　数と式

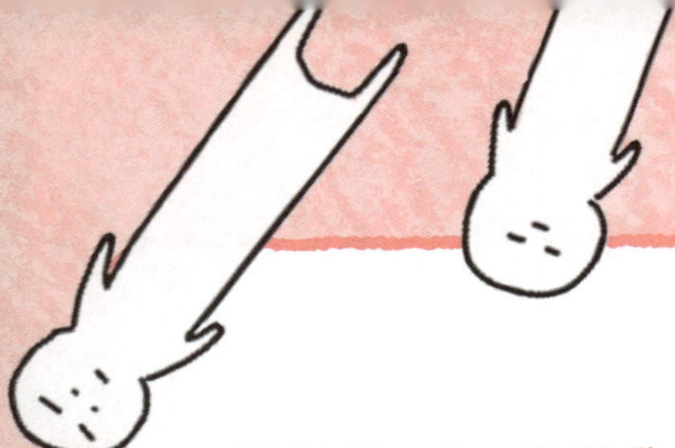

2章 集合と命題

3章 2次関数

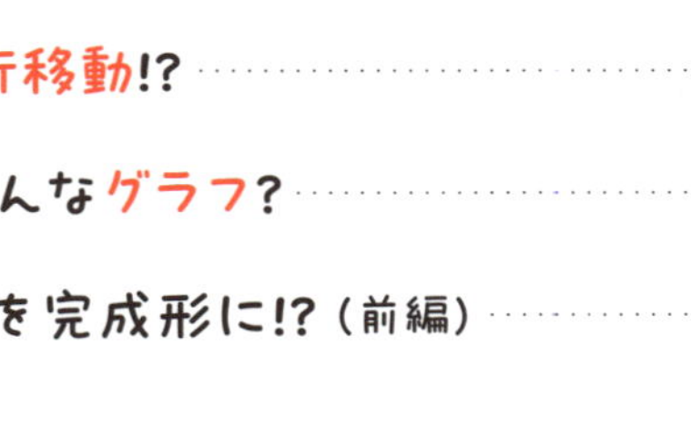

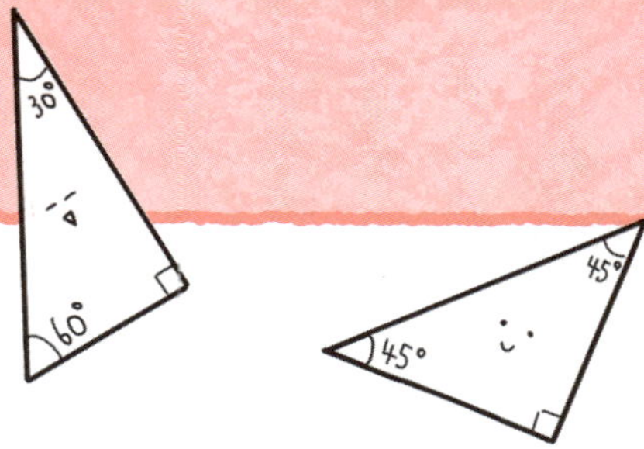

4章　三角比

5章 データ分析

6章 微分積分

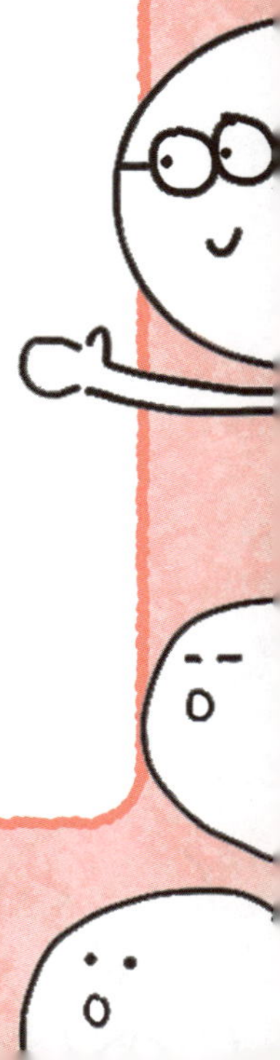

ブックデザイン　bookwall
DTP　佐藤純(アスラン編集スタジオ)
校正　カルチャー・プロ

本書の使い方

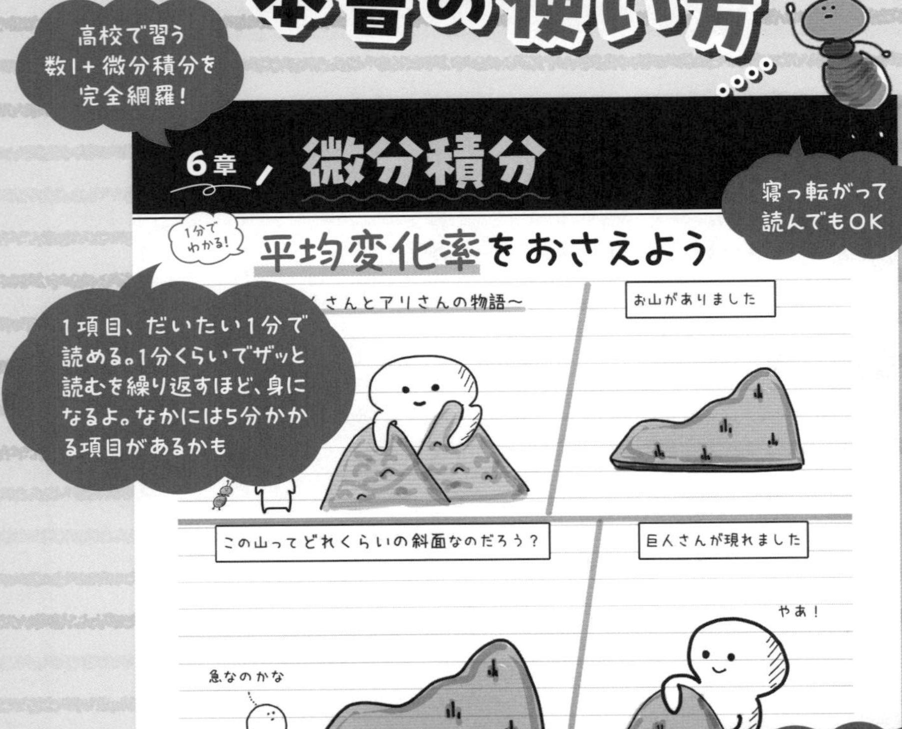

高校で習う
数I+微分積分を
完全網羅!
6章
微分積分
寝っ転がって
読んでもOK
1分でわかる!
平均変化率をおさえよう
さんとアリさんの物語〜
1項目、だいたい1分で読める。1分くらいでザッと読むを繰り返すほど、身になるよ。なかには5分かかる項目があるかも
お山がありました
この山ってどれくらいの斜面なのだろう?
巨人さんが現れました
急なのかな
やあ!
愉快な仲間たち。いろんなキャラがいるよ
巨人さんが大きな物差しを出しました
お山に物差しをあてま
これくらいの傾きだよ!
でけー
254

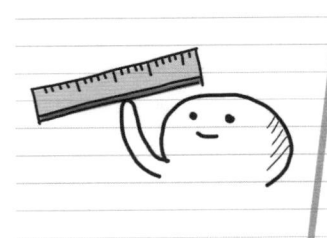

誌面は数学を直感で納得できるようにオールマンガ仕様。まるで「数学に詳しい先輩が、ノートにまとめて教えてくれる」ようなつくりをイメージしました。

各章の末には問題が収録されてるよ

取り組むと定着率がアップする！

力試しにも挑んでみてね

練習問題

答え P300

問題1） 次の式を展開しよう！（3)はxにおいて降べきの順に整理しよう！

（1） $(x-y)(2x+7y)$　　（2） $(8a+5b)^2$

（3） $(x-y+z)(x-y-5z)$

問題2） 次の式を因数分解しよう！

（1） $2(m-n)-(n-m)y$　　（2） $6x^2-5x-4$

（3） $a^2+ab-3a+3b-2b^2$　　（4） $(a+b)c^2+(b+c)a^2+(c+a)b^2+2abc$

問題3） 次の式の分母を有理化しよう！

（1） $\frac{1}{\sqrt{5}}$　　（2） $\frac{3}{\sqrt{3}-\sqrt{7}}$

問題4） 次の式の不等式を解こう！

（1） $\frac{7}{4}a-2 \leqq \frac{5}{2}a-\frac{1}{8}$　　（2） $5-2x \leqq 2x < 3x+1$

問題5） 次の式の不等式を解こう！

$|a+5| \geqq 2a$

81

解答はP300に掲載。問題の解説動画もあるよ

問題が難しいと思ったら、ペラッペラッと読み返してみよう。
解けないと思ったら、解答を見ちゃってOK。
答えがどうしてそうなるのかを理解できればいいんです。

1分でわかる! 式は2種類に分けられる

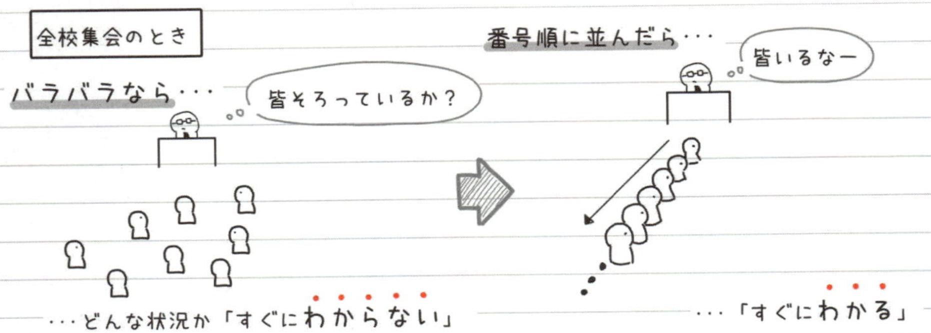
全校集会のとき
バラバラなら・・・
皆そろっているか?
・・・どんな状況か「すぐにわからない」
番号順に並んだら・・・
皆いるなー
・・・「すぐにわかる」

このように整理されていると「どんな状況か?」がわかりやすくなるよね。

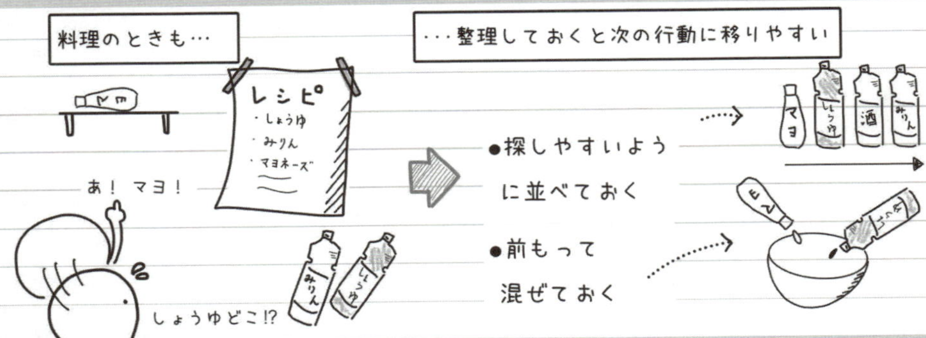
料理のときも…
レシピ
・しょうゆ
・みりん
・マヨネーズ
あ! マヨ!
しょうゆどこ!?
みりん
しょうゆ
・・・整理しておくと次の行動に移りやすい
●探しやすいように並べておく
●前もって混ぜておく
マヨ
しょうゆ
酒
みりん

さらに、整理していないといざというときにアタフタするよね?

つまり、事前に整理する工夫が必要になる。数学も同じなんだ。

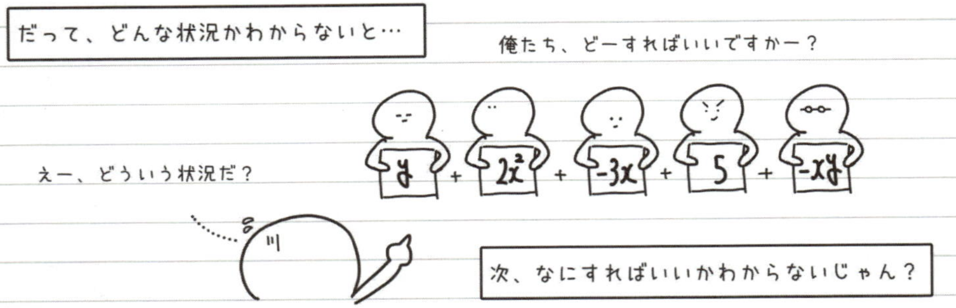
だって、どんな状況かわからないと…
俺たち、どーすればいいですかー?
y + 2x² + −3x + 5 + −xy
えー、どういう状況だ?
次、なにすればいいかわからないじゃん?

だから、まずは**式を整理する工夫**を学んで、
これから現れるさまざまな単元を前にしてアタフタしないようになろう！

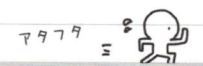

整理するためには「そのもの自体の特徴」がわからないと、どう整理すればいいかわからないよね？　だから、まずは「式ってなに？」から学ぶ必要があるんだ。

式は２つの材料でできている

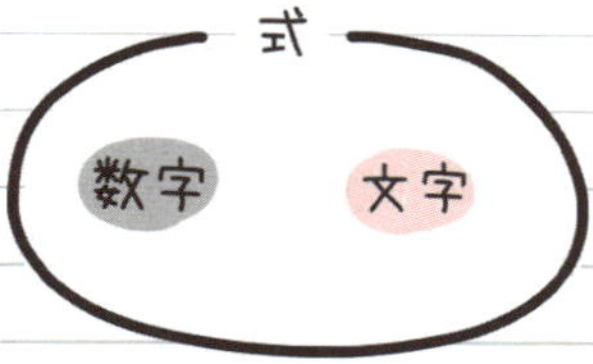

レゴブロックでたとえよう

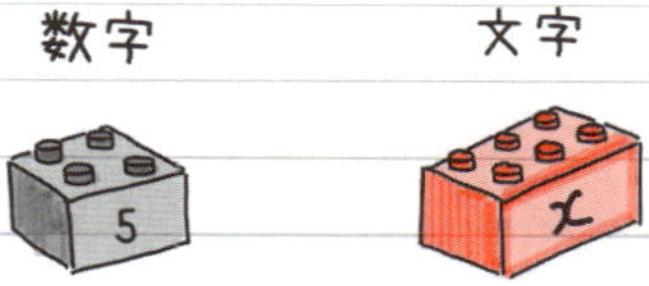

式には２種類ある

単項式　・・・　数字や文字を「かけ算」で組み合わせた式

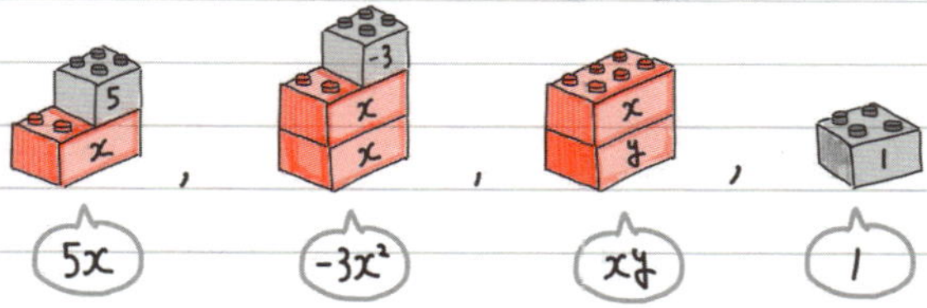

多項式　・・・　単項式どうしを「＋」（足し算）でつなげた式

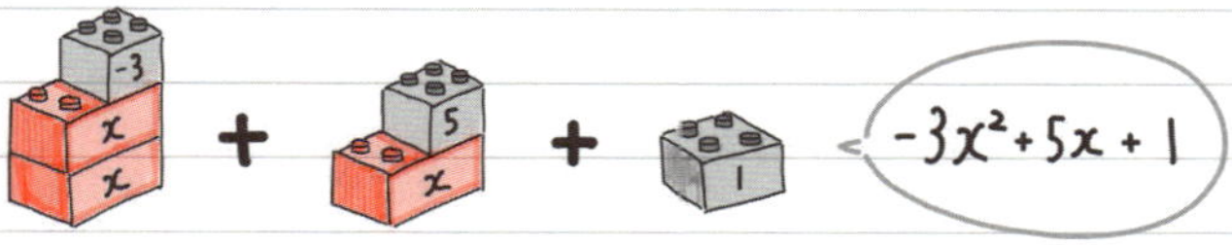

単項式は…

ブロックを組み合せてできた**作品そのもの**

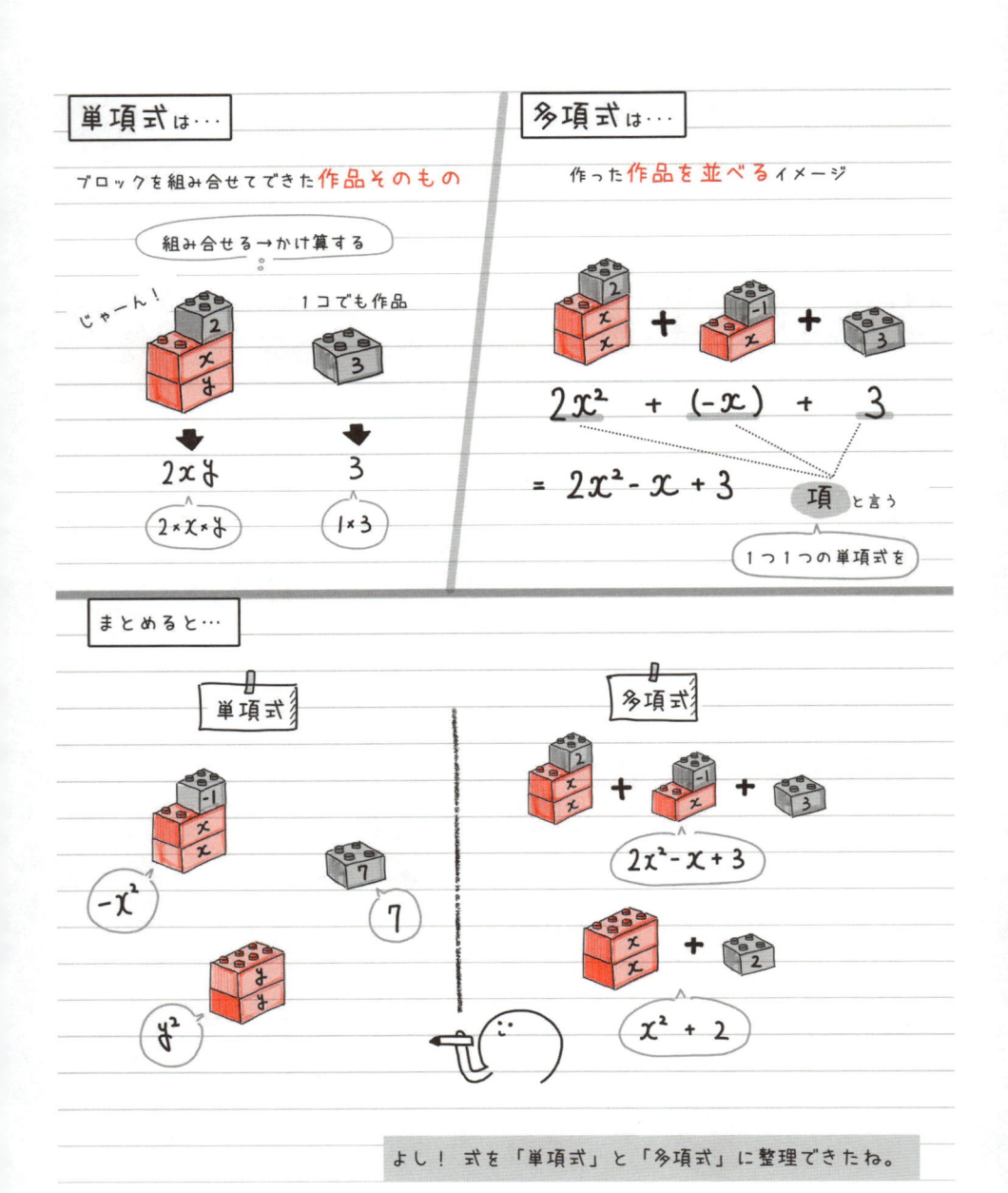

組み合せる→かけ算する

じゃーん！

1コでも作品

$2xy$　　　3

$2\times x\times y$　　　1×3

多項式は…

作った**作品を並べる**イメージ

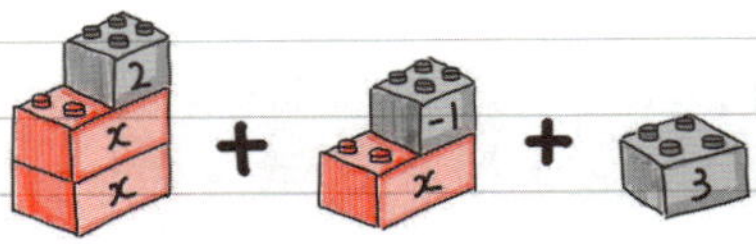

$2x^2 + (-x) + 3$

$= 2x^2 - x + 3$

項と言う

1つ1つの単項式を

まとめると…

単項式

$-x^2$

7

y^2

多項式

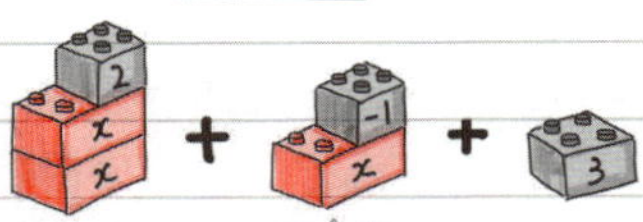

$2x^2 - x + 3$

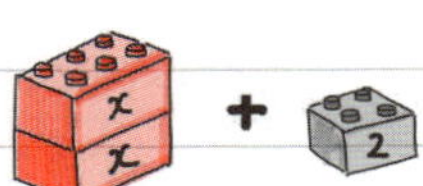

$x^2 + 2$

よし！ 式を「単項式」と「多項式」に整理できたね。

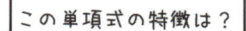

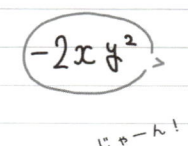

1分でわかる! 次数と係数で、式を整列!

この単項式の特徴は?

$-2xy^2$

じゃーん!

えーと、文字を3コかけてますねー
あと、数字は−2を使っています!

式を整理するためには、その「特徴を示す」名前がほしいよね? 2つ紹介しよう。

次数(じすう) ▸ かけ算されてる文字の数

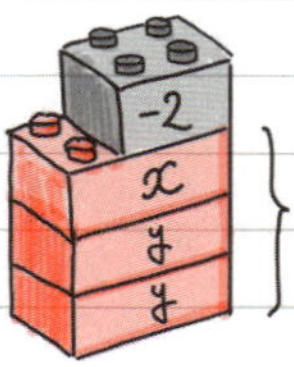

文字が3コ
次数 3

係数(けいすう) ▸ 数字の部分

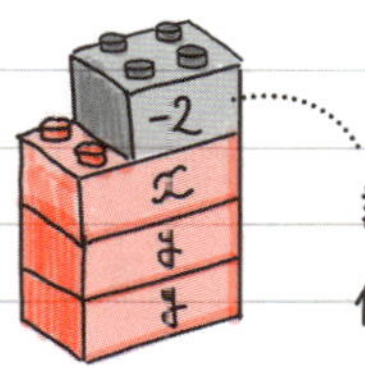

数字の部分は−2
係数 −2

例えば・・・

(1) $5xy$

$= 5 \times x \times y$

(文字 2コ)

次数:2 係数:5

(2) x^4

$= x \times x \times x \times x$

係数なくね?

あ、1があるのか

→ $1 \times x \times x \times x \times x$

(文字 4コ)

次数:4 係数:1

では、多項式だったら?

$2x^2 - x + 3$ の次数は?

えーと、文字は全部で3コあるよ?

じゃあ、次数は3?

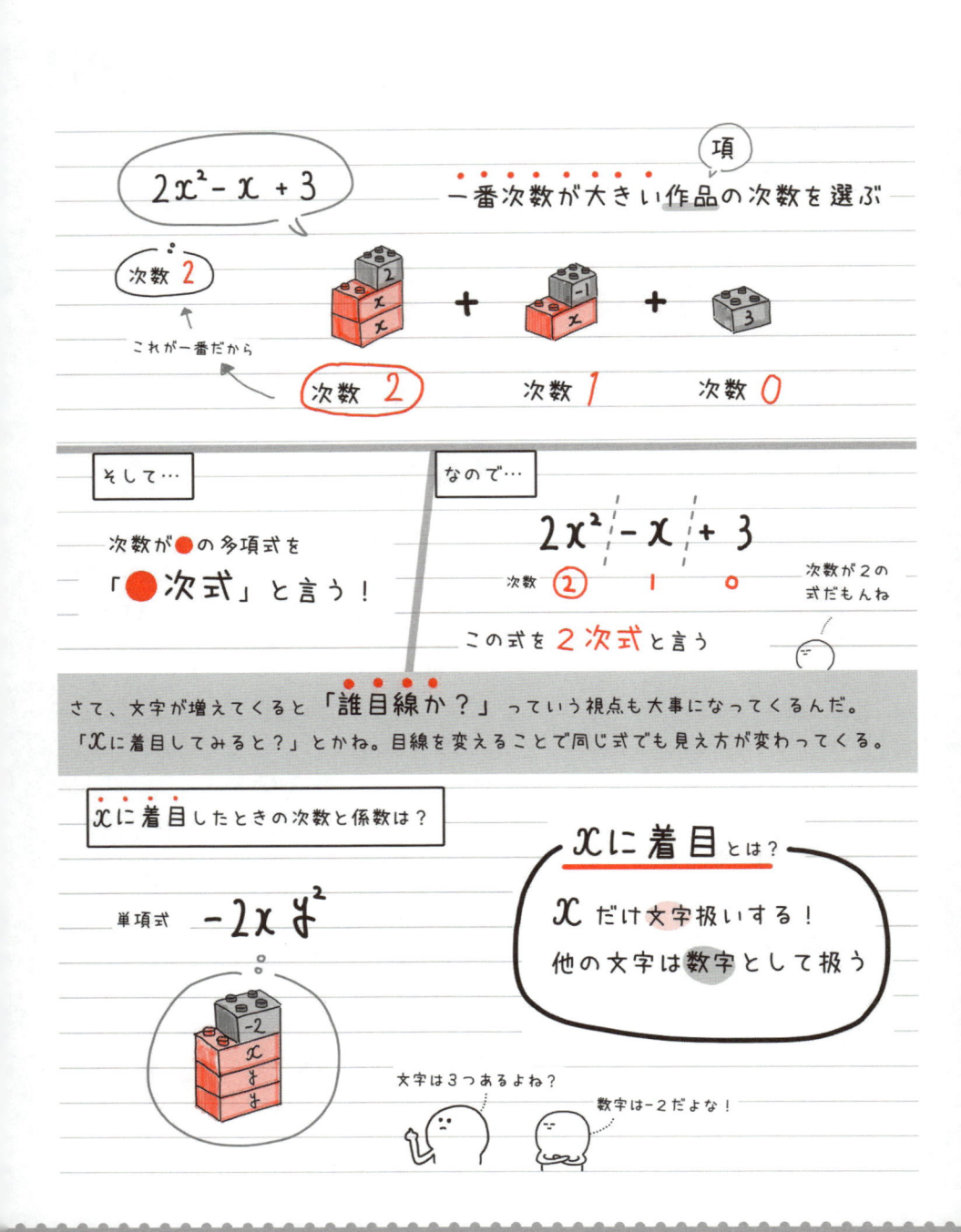

$2x^2 - x + 3$

一番次数が大きい作品（項）の次数を選ぶ

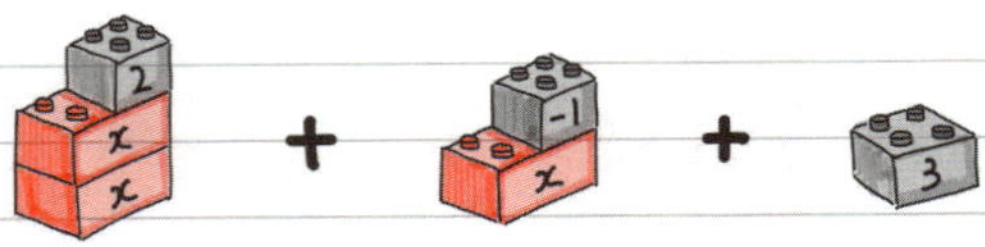

次数 2

これが一番だから

次数 2　　次数 1　　次数 0

そして…

次数が●の多項式を

「●次式」と言う！

なので…

$2x^2 \mid -x \mid +3$

次数　② 1 0

この式を2次式と言う

さて、文字が増えてくると「誰目線か？」っていう視点も大事になってくるんだ。「xに着目してみると？」とかね。目線を変えることで同じ式でも見え方が変わってくる。

xに着目したときの次数と係数は？

単項式　$-2xy^2$

xに着目とは？

xだけ文字扱いする！

他の文字は数字として扱う

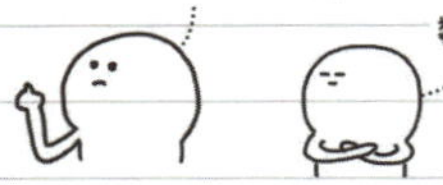

文字は3つあるよね？
数字は−2だよな！

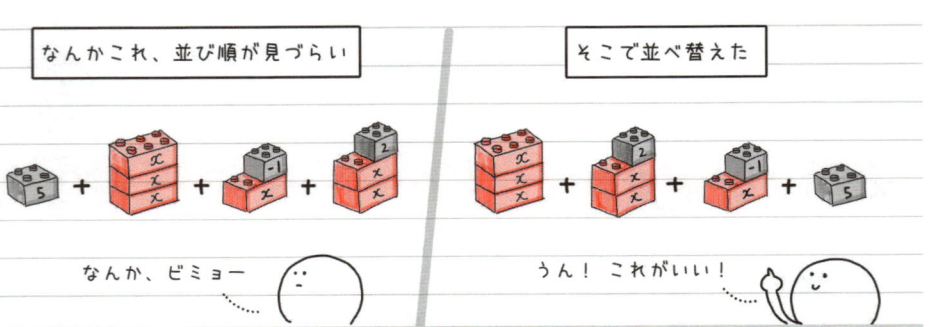

つまり…

$-2\ x\ y^2$

数字　文字　数字

yを数字役として見れば
数字は-2とyになるな

文字が1コ

数字の部分は $-2y^2$

xに着目すると

次数：1　係数：$-2y^2$

多項式バージョンもいこう！

yに着目したとき「$x^2y+3x+a$」は何次式？

yだけ文字扱い！
xは数字扱い

多項式の次数は
一番次数が大きい項の次数！

今度は君が数字役ね

$$x^2y + 3x + a$$

$$= x \times x \times y \qquad = 3 \times x \qquad = a$$

1コ　文字0コ　文字0コ

次数 1　次数 0　次数 0

これが一番大きいから・・・

yに着目すると

1次式

俺目線で見ると
1次式だよねー

3分でわかる! 降べきの順ってなに順?

なんかこれ、並び順が見づらい

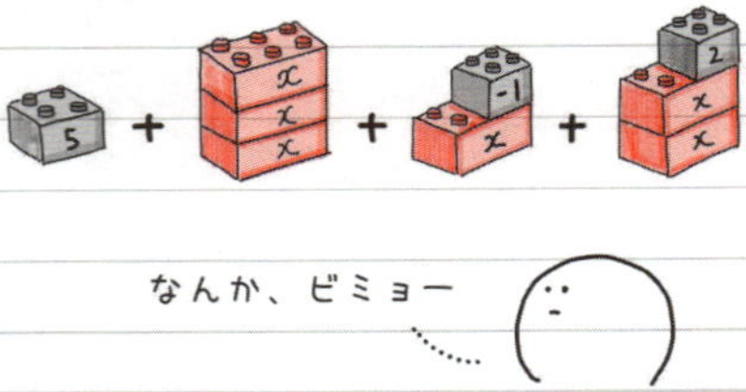

そこで並べ替えた

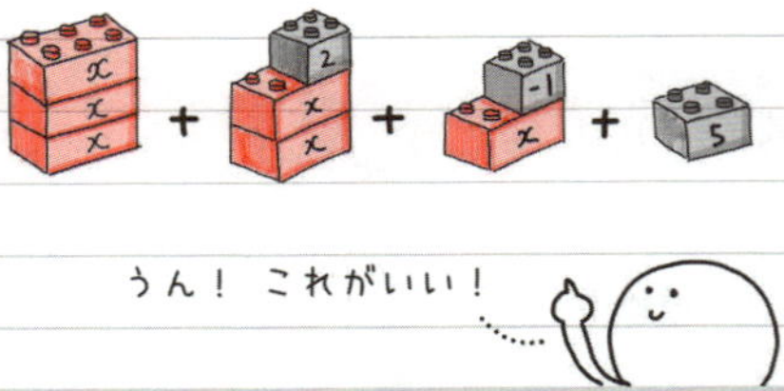

今の話を式で表すと次のようになる。どっちが見やすい？

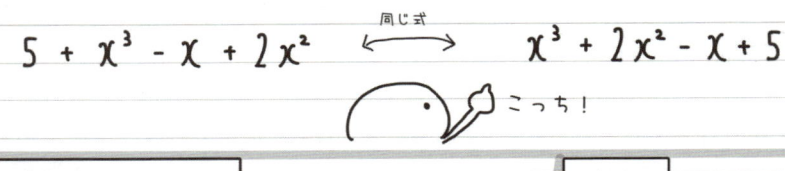

$$5+x^3-x+2x^2 \quad \overset{\text{同じ式}}{\longleftrightarrow} \quad x^3+2x^2-x+5$$

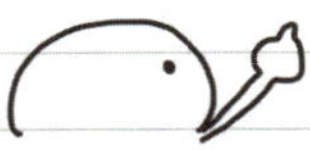

なに順で並んでるの？

$$x^3 \;/\; +2x^2 \;/\; -x \;/\; +5$$

次数： 3　2　1　0

→ 次数が高い順に並んでいる

これを…

（次数が高い順）

降べきの順と言う

このように、式を整理するときに「次数が高い順」に並べるとめっちゃ見やすくなるんだ。ほら、本棚とか本の高さ順に並べる人いない？ そのようなもんさ。

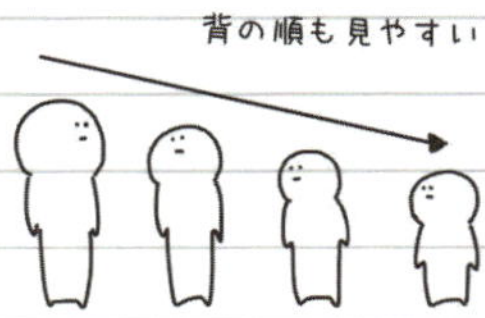

次の多項式を降べきの順に整理しよう

$$3x+2x^2-1+4x^2-6-5x$$

次数が高い順にしてみた

$$2x^2 \mid +4x^2 \mid +3x \mid -5x \mid -1 \mid -6$$

次数： 2　2　1　1　0　0

ドヤ

同類項はまとめよう

同類項 ▶ 文字の部分が同じ項

例えば $4x+3x$

文字　文字

同じ

つまり…

$$2x^2+4x^2+3x-5x-1-6$$

$$=6x^2-2x-7$$

ここまでやる

情報をまとめるとき同じジャンルでまとめたほうが見やすいよね？ 式も**同じ仲間の項**をまとめたほうが見やすいんだ。次は「文字の種類」を増やしてみるよ。

次の式を降べきの順にしてと言われたら？

$$x+3y^2+x^2-2y+1-5xy$$

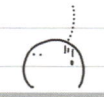

まって、文字が2種類ある

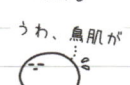

うわ、鳥肌が

もし、種類が混ざったブロックを整理したいときどうする？

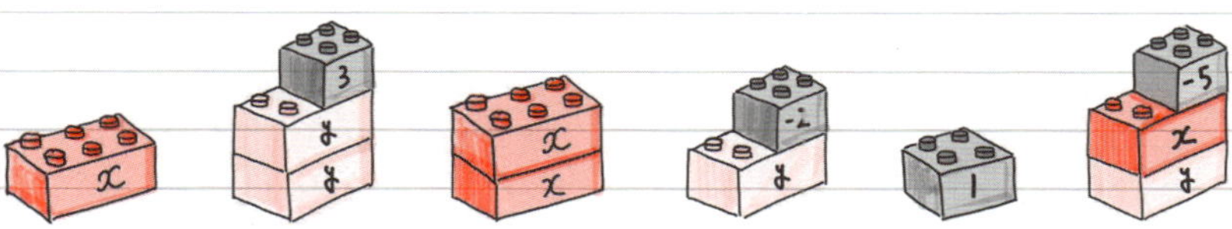

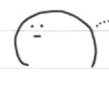

なにか勝手に基準をつくるしかなくね？

例えば、こう分けてみた

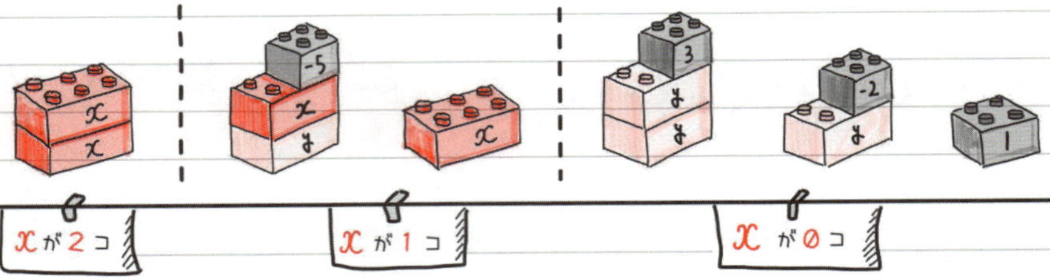

xに着目して
xの個数で分けたんだ！……

……なるほどねー

文字の種類が多いときは、ある文字目線で降べきの順に整理すると見やすいんだ。

そこでこうしてみる　$x+3y^2+x^2-2y+1-5xy$

を「xについて」降べきの順に整理する。
xの次数が高い順に！

xだけ文字扱いだから
xの数を数えればいい！

$$x \;/\; +3y^2 \;/\; +x^2 \;/\; -2y \;/\; +1 \;/\; -5xy$$
$$1 \quad 0 \quad 2 \quad 0 \quad 0 \quad 1$$

xの次数が高い順に
並び替えた

$$= x^2 + x - 5xy + 3y^2 - 2y + 1$$
$$2 \quad 1 \quad 1 \quad 0 \quad 0 \quad 0$$

まだ終わりではない

今回、xに着目しているので
yは数字として扱う

$$x - 5xy$$
文字　　文字

$$= (\;//////\;)x$$

同類項としてまとめる！

つまり、xでくくる

$$1 \cdot x - 5xy$$

$$= (1-5y)x$$
残りもの

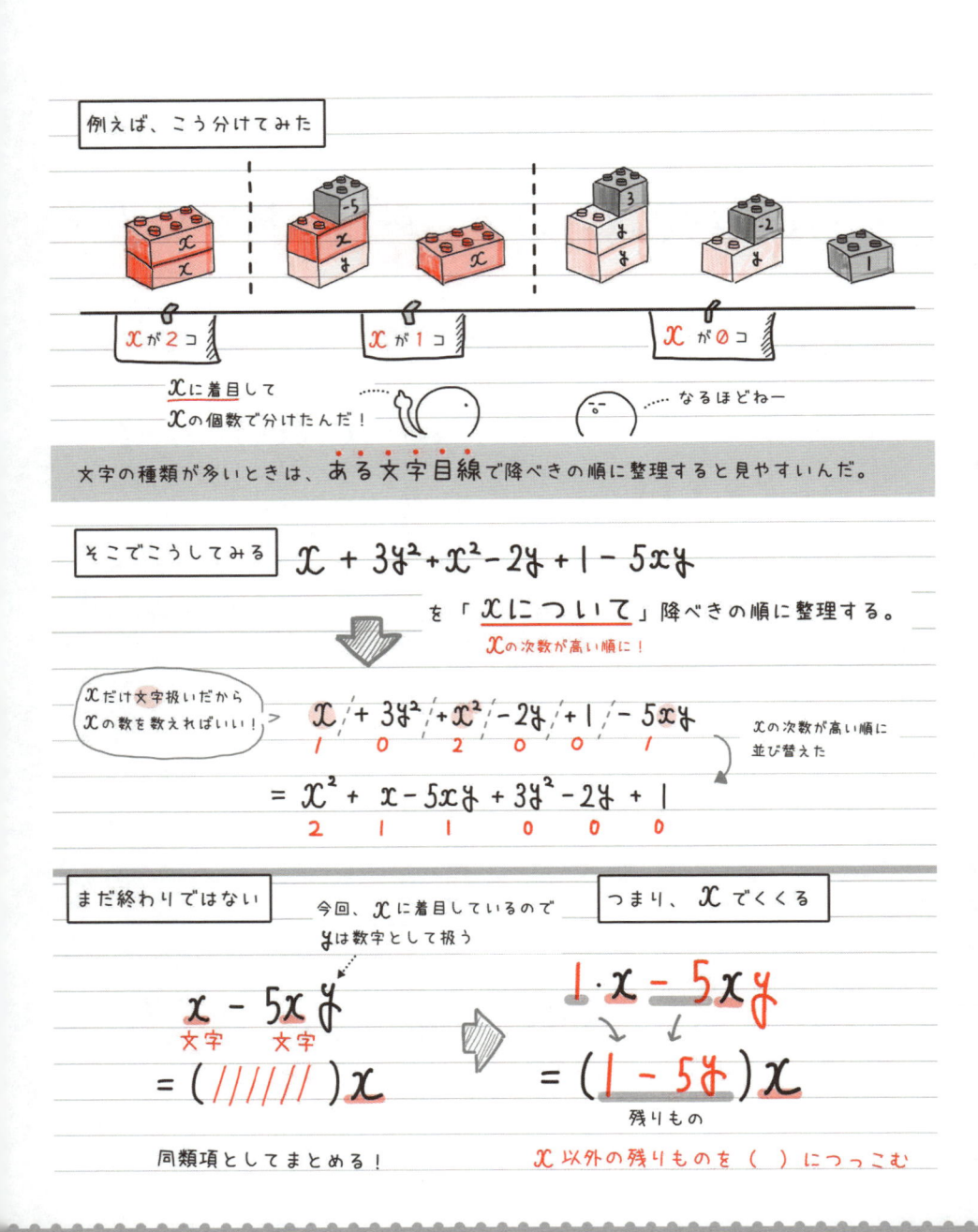

x以外の残りものを（　）につっこむ

まとめると・・・

$$x + 3y^2 + x^2 - 2y + 1 - 5xy$$

$$= x^2 + \underline{x - 5xy} + 3y^2 - 2y + 1$$

ここまでやる

$$= \underline{x^2 + \underline{(1-5y)x} + 3y^2 - 2y + 1}$$

x目線だと「２次式」だね！
見やすくなったでしょ？
俺、「yについて」
整理してみようかなー

1分でわかる! 指数を＋－×÷できる!?

xを2回かけ算するとx^2ができる

$x^2 = \underbrace{x \times x}_{2回}$

指数という

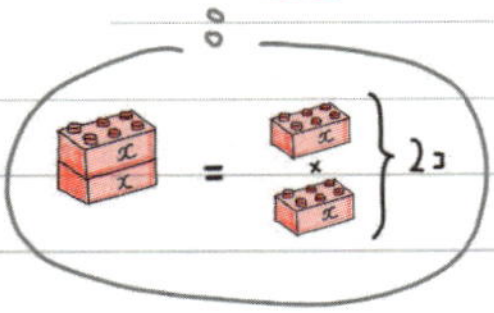

xを3回かけ算するとx^3ができる

$x^3 = \underbrace{x \times x \times x}_{3回}$

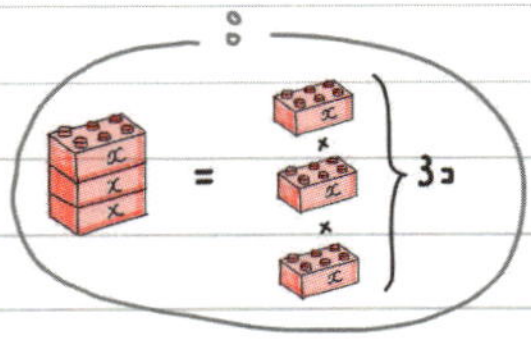

じゃあ、x^2とx^3をかけるとxを何回かけたことになる？

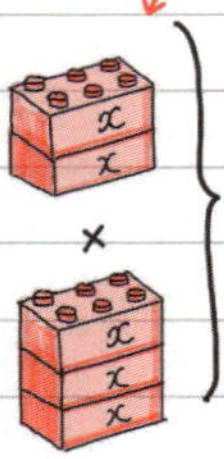

ええと、1, 2, 3, 4, 5コあるから…

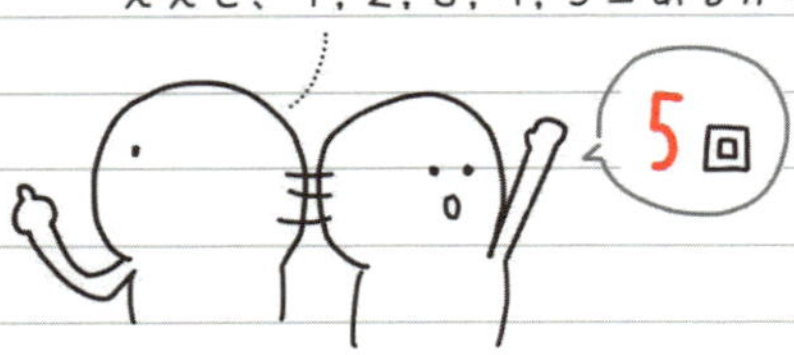

うん、数えてわかるけど
2コと3コだから
足せばわかるよね

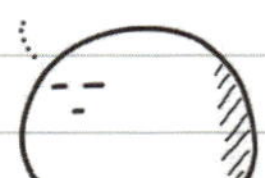

つまり、こうなる

足す

$x^2 \times x^3 = x^5$

$\underbrace{x \cdot x}_{2コ} \times \underbrace{x \cdot x \cdot x}_{3コ}$

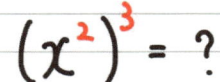

指数どうしを足すのかー

じゃあこれは？

$(x^2)^3 = ?$

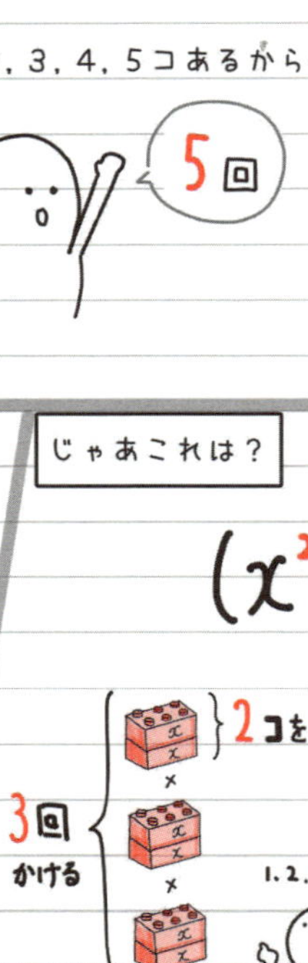

1.2.3.4....

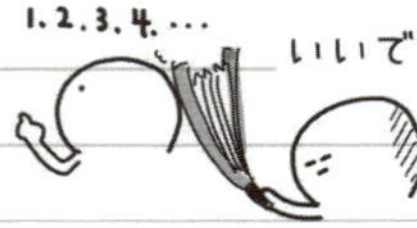

2コが3セット
あるんだから、
2と3をかければ
いいでしょ！

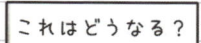

つまり、こうなる

かける

$$(x^2)^3 = x^6$$

$$= \underbrace{\overset{2コ}{x \cdot x} \times x \cdot x \times x \cdot x}_{3回}$$

これはどうなる？

$$(xy)^2 = ?$$

つまり、こうなる

それぞれ2乗

$$(xy)^2 = x^2y^2$$

$$= xy \times xy$$

これを「指数法則」と言う

$$a^{●} \times a^{▲} = a^{●+▲}$$

$$(a^{●})^{▲} = a^{●\times▲}$$

$$(ab)^{●} = a^{●}b^{●}$$

指数法則を活用すれば、単項式どうしのかけ算などが計算できるんだ。

例えば・・・

$$3x^2y \times (-2xy) =$$

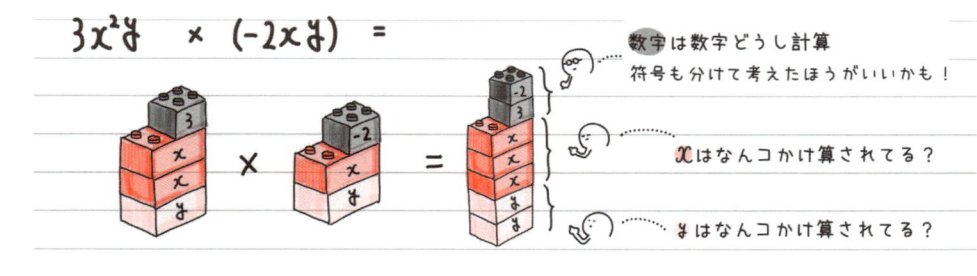

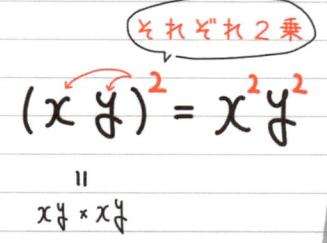

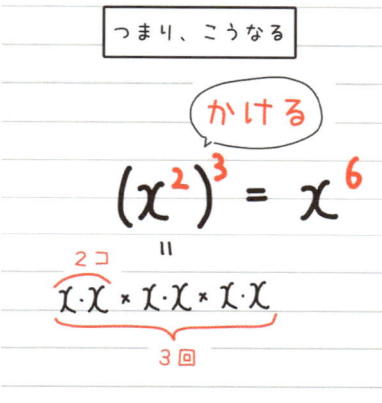

つまり、符号、数字、文字ごとに分けて考える

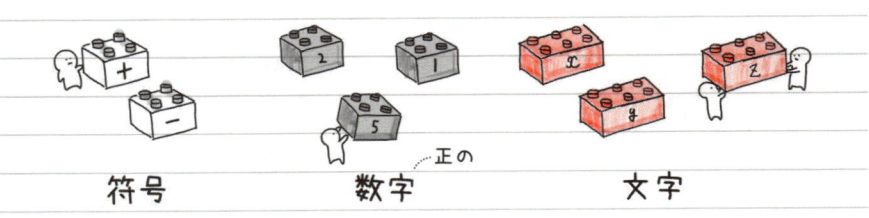

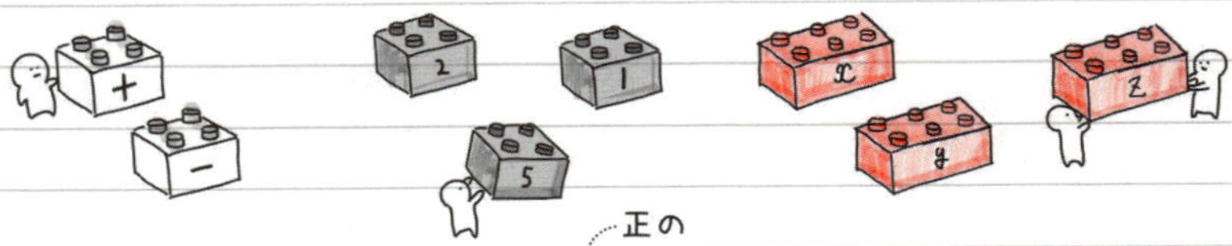

符号　　　数字（正の）　　　文字

分けて計算してみる　（単項式）×（単項式）

$$3x^2y \times (-2xy) = -\ 6\ x^3y^2$$

単項式×単項式

符号：① ⊕×⊖は？
数字：② 3×2は？
文字：③ $x^2 \times x$ は？　④ $y \times y$ は？

もう１問（単項式）^{3}

$$(-2a^2b)^3 = -\ 8\ a^6b^3$$

符号：① ⊖の3乗は？
数字：② 2^3 は？
文字：③ $(a^2)^3$ は？　④ b^3 は？

これで、「単項式どうし」の計算ができるようになったね。
さて、今度は**多項式**を計算するにはどうすればいいかな？

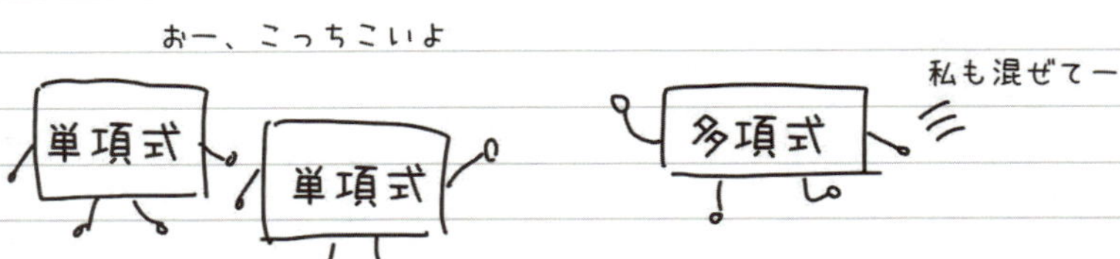

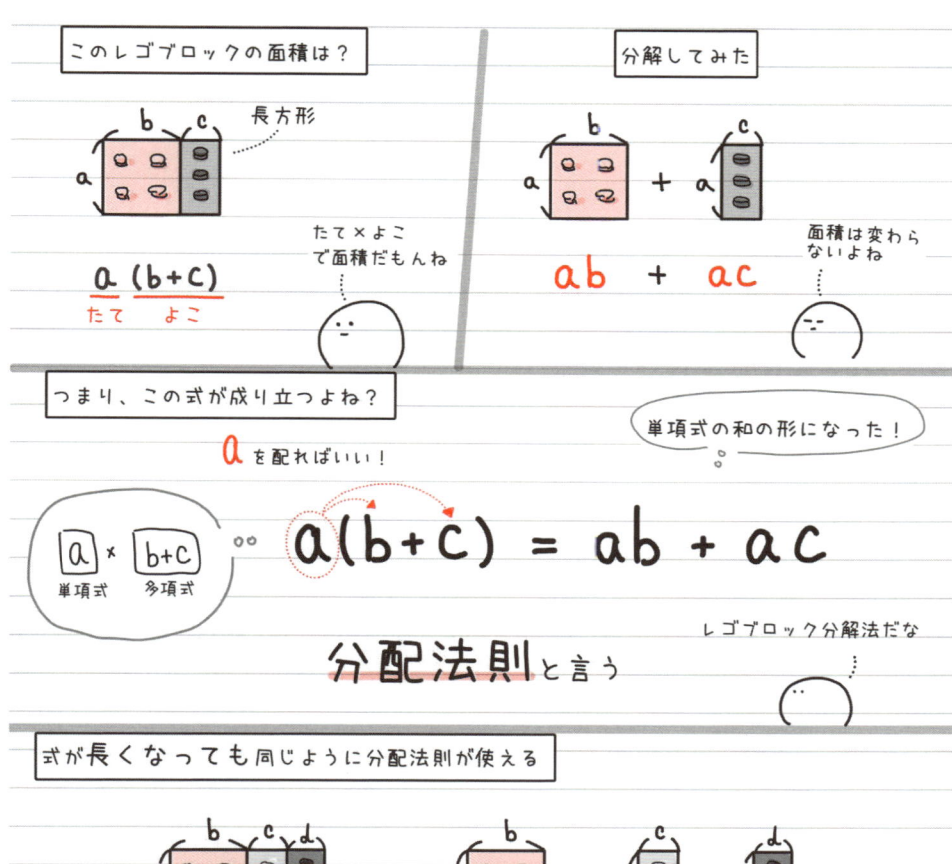

1分でわかる！ ( )を広げて式の展開

このレゴブロックの面積は？

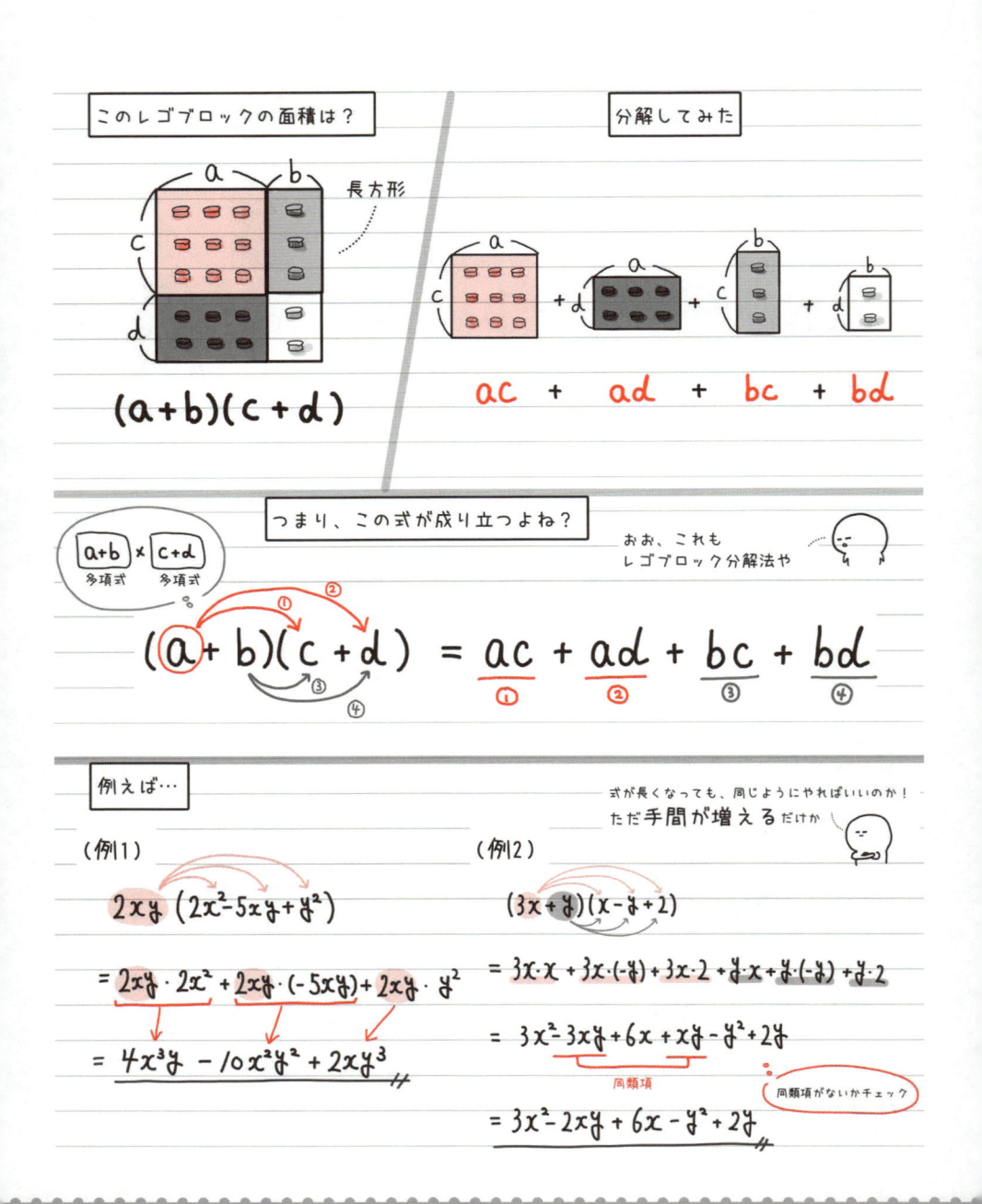

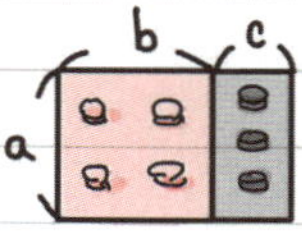

$a(b+c)$

たて　よこ

たて×よこで面積だもんね

分解してみた

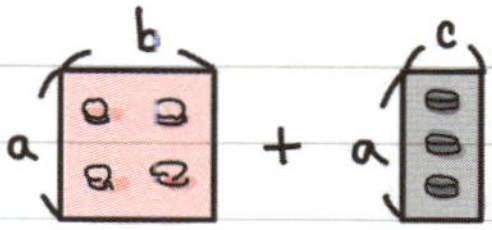

$ab + ac$

面積は変わらないよね

つまり、この式が成り立つよね？

単項式の和の形になった！

a を配ればいい！

[a] × [b+c]
単項式　多項式

$$a(b+c) = ab + ac$$

分配法則と言う

レゴブロック分解法だな

式が長くなっても同じように分配法則が使える

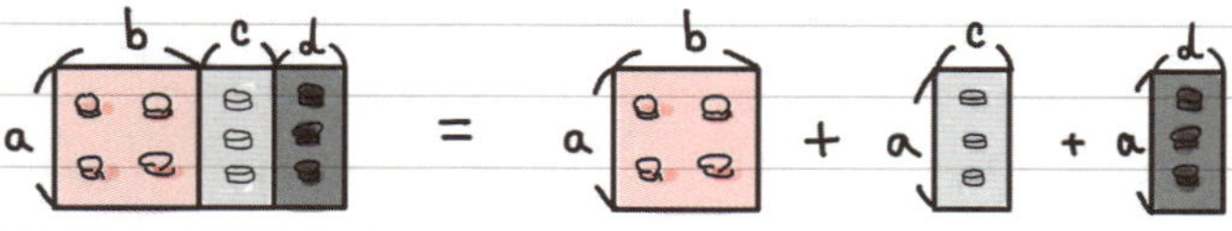

単項式の和の形になった！

面積：$a(b+c+d) = ab + ac + ad$

たて　よこ

「多項式の積の形」から「単項式の和の形」に表すことを**展開する**と言うんだ。

このレゴブロックの面積は？

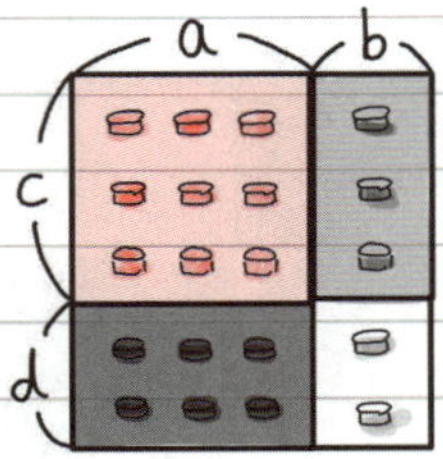

$$(a+b)(c+d)$$

分解してみた

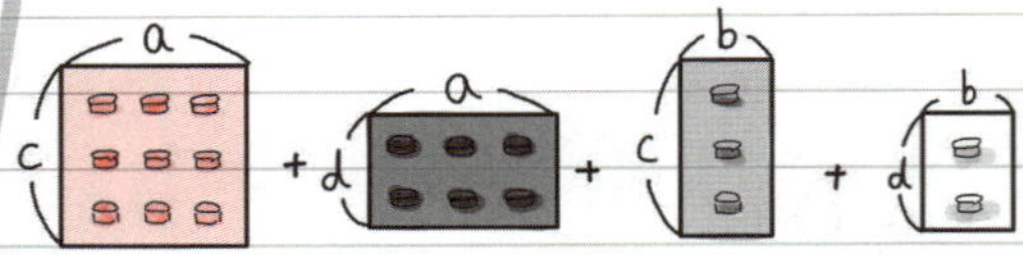

$$ac + ad + bc + bd$$

つまり、この式が成り立つよね？

$\boxed{a+b}$ × $\boxed{c+d}$
多項式　多項式

おお、これも
レゴブロック分解法や

$$(a+b)(c+d) = \underset{①}{ac} + \underset{②}{ad} + \underset{③}{bc} + \underset{④}{bd}$$

例えば…

式が長くなっても、同じようにやればいいのか！
ただ手間が増えるだけか

（例1）

$$2xy(2x^2-5xy+y^2)$$

$$= 2xy\cdot 2x^2 + 2xy\cdot(-5xy) + 2xy\cdot y^2$$

$$= 4x^3y - 10x^2y^2 + 2xy^3$$

（例2）

$$(3x+y)(x-y+2)$$

$$= 3x\cdot x + 3x\cdot(-y) + 3x\cdot 2 + y\cdot x + y\cdot(-y) + y\cdot 2$$

$$= 3x^2 - 3xy + 6x + xy - y^2 + 2y$$

同類項

同類項がないかチェック

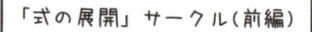

$$= 3x^2 - 2xy + 6x - y^2 + 2y$$

1分でわかる! 展開の公式でめっちゃラク

「式の展開」サークル（前編）

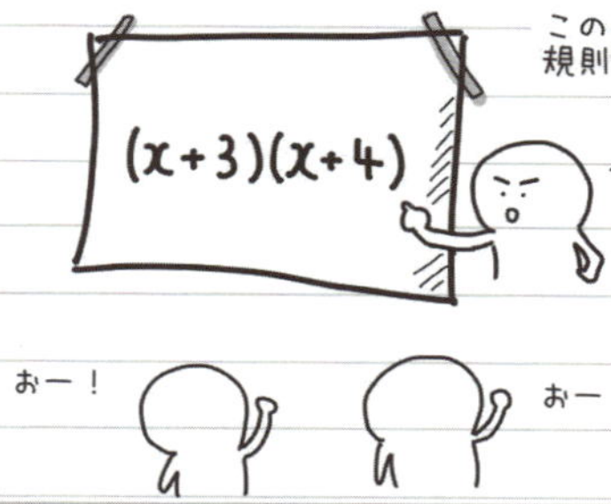
(x+3)(x+4)
この式の展開の規則性を探してほしい！
おー！
おー！

とりあえず展開してみた

$$(x+3)(x+4)$$

$$= x^2+3x+4x+12$$

（$3x+4x$：同類項）

$$= x^2+7x+12$$

サークルのエースが教えてくれた

$$(x+3)(x+4)$$

（3と4）この2つを

$$= x^2+7x+12$$

（$+7$：足す　$+12$：かける）

こうなっているんだ！

公式

なんでわかるのか質問してみた

文字でやってみるのさ！

公式
文字？

文字で展開するとそれが公式になるらしい

$$(x+a)(x+b)$$

$$= x^2+bx+ax+ab$$

$$= x^2+(a+b)x+ab$$

aとbを足せばいいんだー

aとbをかければいいんだー

文字で成り立つってことは
どんな数でも成り立つってことなんだ！　だって、文字はどんな数にも変身できるからね！

文字
変身！
5
公式

なんか、語られた

いいかい？　最初は文字に抵抗あるかもだけど、
文字で計算した結果は、「いつでもこうなる！」という証明になるんだ。
文字と仲良くすることが、数学の力を身につけるコツなんだ。

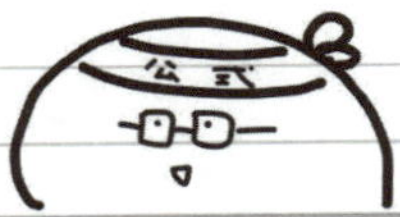

なるほど

・・・けど、納得した

さっそく文字を使っていろいろ展開してみた

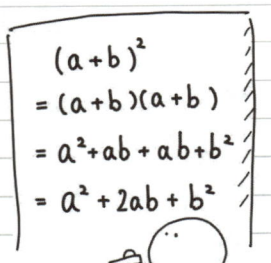

$$(a+b)^2$$
$$=(a+b)(a+b)$$
$$=a^2+ab+ab+b^2$$
$$=a^2+2ab+b^2$$

$$(a+b)(a-b)$$
$$=a^2-ab+ab-b^2$$
$$=a^2-b^2$$

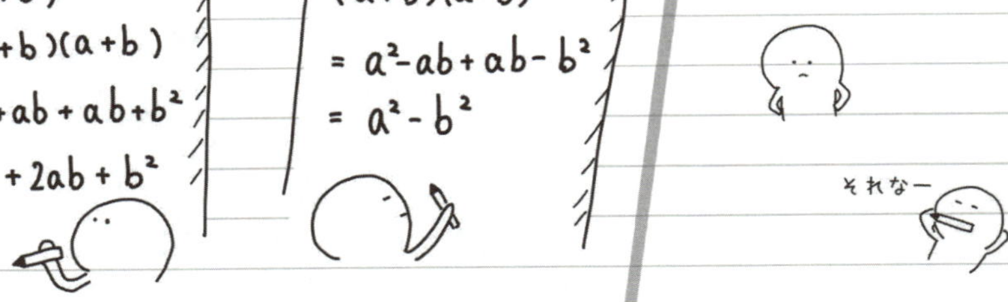

でも、やっぱりまだ
文字に抵抗あるよね

それなー

そこで、ぼくたちが導き出した公式はこれだ

① $(x+●)(x+▲) = x^2+(●+▲)x+●▲$
　［同じなら］　足す　かける

② $(●+▲)(●-▲) = ●^2-▲^2$
　足し算　引き算　2乗　2乗

③ $(●\pm▲)^2 = ●^2 \pm 2●▲ + ▲^2$
　頭　ケツ　ケツ頭の2倍

とりあえず
●と▲で表してみた！

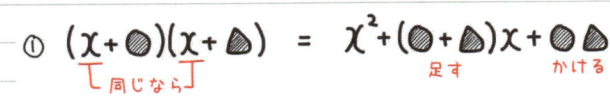

どーもー
ケツ頭でーす

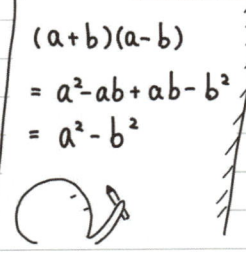

さっそく実践

問題　次の式を展開せよ。

(1) $(x+3a)(x-7a)$　　(2) $(3x+4y)(3x-4y)$　　(3) $(2x-5y)^2$

ぼくたちの作戦はこうだ

①まず左を見る！

(■　)(■　)
同じ

②次に右を見る！

(■+●)(■+▲) → (x+●)(x+▲) パターン
●と▲は違う

(■+●)(■−●) → (●+▲)(●−▲) パターン
●と●は同じ

---

(1) $(x+3a)(x-7a) = x^2 - 4ax - 21a^2$ …(答)

x と x は同じ、$3a$ と $-7a$ は違う

これや！ (x+●)(x+▲) パターン

$-4a$：3a と −7a を足した
$-21a^2$：3a と −7a をかけた

---

(2) $(3x+4y)(3x-4y) = (3x)^2-(4y)^2$

$3x$ と $3x$ は同じ、$4y$ と $-4y$ も同じ

2乗　2乗

これや！ (●+▲)(●−▲) パターン

$= 9x^2 - 16y^2$ …(答)

---

(3) $(2x-5y)^2 = (2x)^2 - 2\cdot 2x\cdot(5y)+(5y)^2$

頭　ケツ頭の2倍　ケツ

これや！ $(●-▲)^2$
頭　ケツ

$= 4x^2-20xy+25y^2$ …(答)

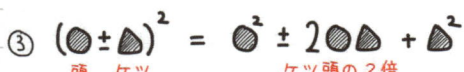

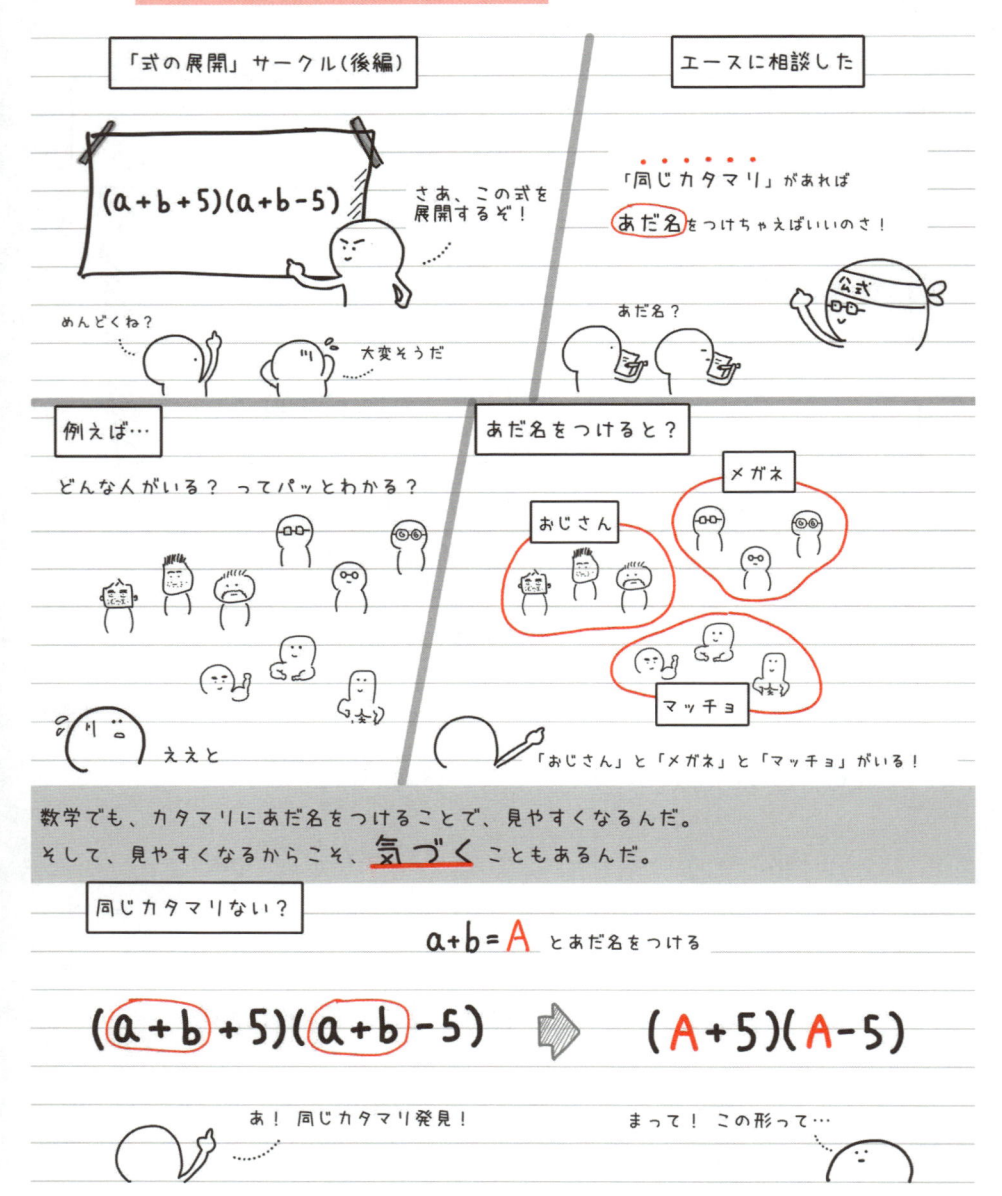

1分でわかる！ 工夫ひとつで展開の達人

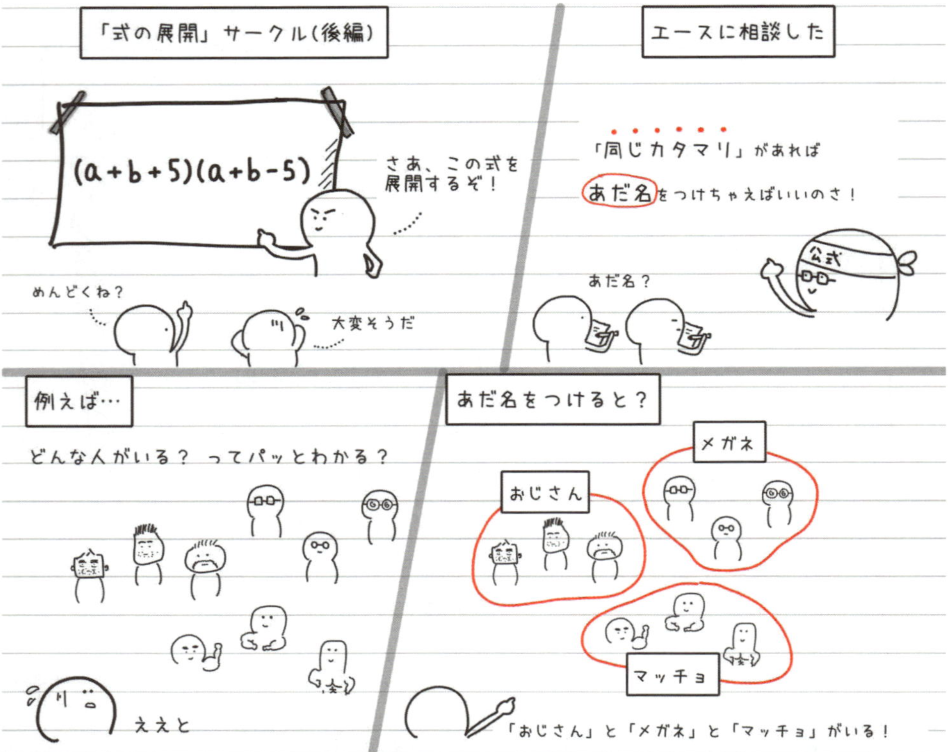

「式の展開」サークル（後編）
(a+b+5)(a+b−5)
さあ、この式を展開するぞ！
めんどくね？
大変そうだ
エースに相談した
「同じカタマリ」があれば
あだ名をつけちゃえばいいのさ！
公式
あだ名？
例えば…
どんな人がいる？　ってパッとわかる？
ええと
あだ名をつけると？
メガネ
おじさん
マッチョ
「おじさん」と「メガネ」と「マッチョ」がいる！

数学でも、カタマリにあだ名をつけることで、見やすくなるんだ。
そして、見やすくなるからこそ、**気づく**こともあるんだ。

同じカタマリない？

$a+b=A$ とあだ名をつける

$$(a+b+5)(a+b-5) \Rightarrow (A+5)(A-5)$$

あ！　同じカタマリ発見！

まって！　この形って…

この公式が使えることに気づいた

$$(A+5)(A-5)$$

$$(\bigcirc+\triangle)(\bigcirc-\triangle)=\bigcirc^2-\triangle^2$$

足し算　引き算　2乗　2乗

$$(A+5)(A-5)$$

$$=A^2-25$$

$$=(a+b)^2-25$$

戻した

$$=a^2+2ab+b^2-25$$

地道にやってもいい

$$(a+b+5)(a+b-5)$$

$$=a^2+ab-5a+ab+b^2-5b+5a+5b-25$$

$$=a^2+2ab+b^2-25$$

作業が多いな

こういう場合は…？

$$(a+b+c)^2$$

地道にやる？

いや、あだ名つけてみようぜ

あだ名をつけてやってみた

$$((a+b)+c)^2$$

$a+b$ ＝ A

$$=(A+c)^2$$

$$=A^2+2AC+C^2$$

$$=(a+b)^2+2C(a+b)+C^2$$

$$=a^2+2ab+b^2+2ac+2bc+C^2$$

実はこれ、公式らしい

$$(a+b+c)^2$$

$$=a^2+b^2+c^2+2ab+2bc+2ca$$

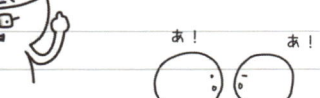

今、文字でやったじゃん？

あ！　あ！

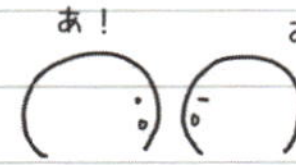

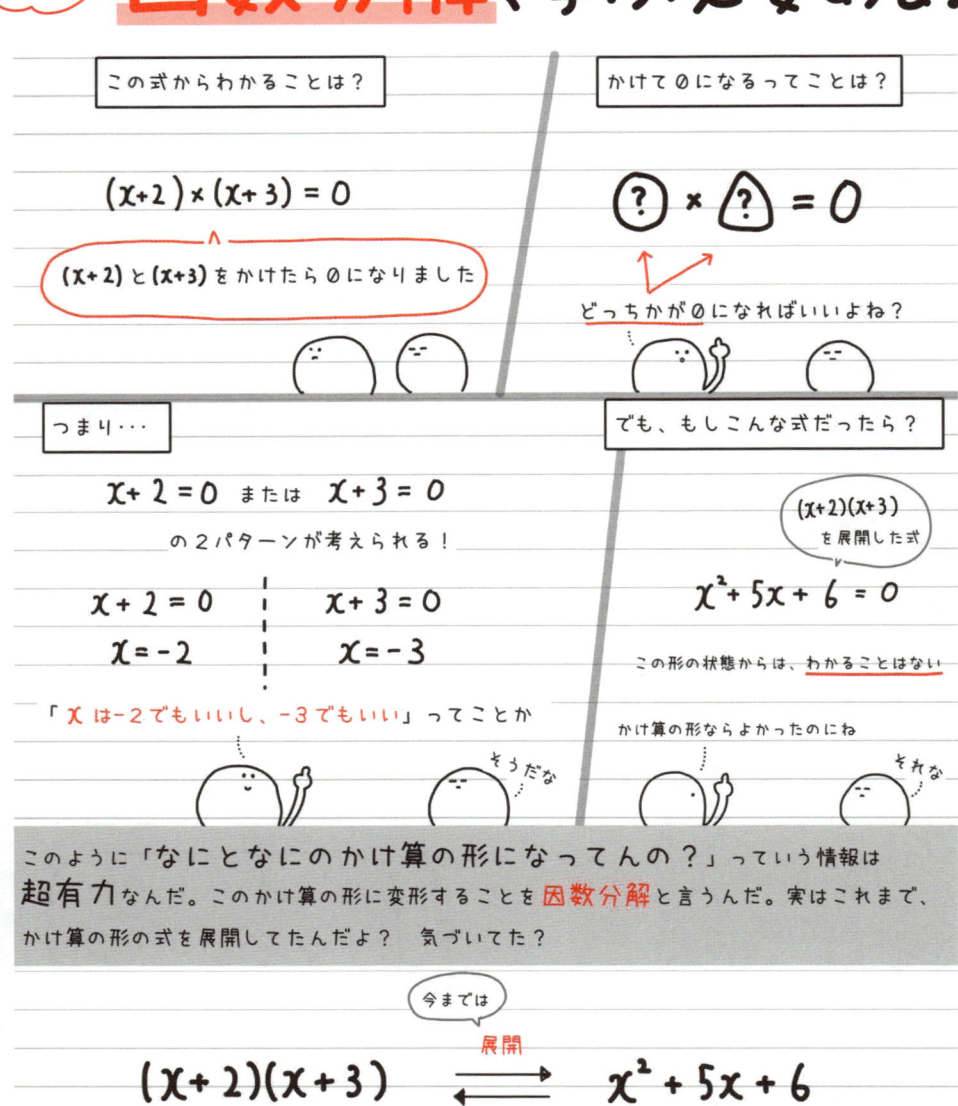

1分でわかる！ 因数分解、学ぶ必要ある？

この式からわかることは？

$$(x+2)\times(x+3)=0$$

$(x+2)$と$(x+3)$をかけたら0になりました

かけて0になるってことは？

$$?\times ?=0$$

どっちかが0になればいいよね？

つまり…

$x+2=0$　または　$x+3=0$

の2パターンが考えられる！

$x+2=0$	$x+3=0$
$x=-2$	$x=-3$

「xは-2でもいいし、-3でもいい」ってことか

そうだな

でも、もしこんな式だったら？

$(x+2)(x+3)$を展開した式

$$x^2+5x+6=0$$

この形の状態からは、わかることはない

かけ算の形ならよかったのにね

それな

このように「なにとなにのかけ算の形になってんの？」っていう情報は**超有力**なんだ。このかけ算の形に変形することを**因数分解**と言うんだ。実はこれまで、かけ算の形の式を展開してたんだよ？　気づいてた？

今までは

$$(x+2)(x+3)\ \underset{\text{因数分解}}{\overset{\text{展開}}{\rightleftarrows}}\ x^2+5x+6$$

かけ算の形

これから学ぶ

3分でわかる!

共通因数でくくるとは?(因数分解①)

どーやって因数分解する?

展開の逆なんだから、
展開の公式を観察しようぜ!

そーするか

分配法則を観察してみた

$○(△+□) = ○△ + ○□$

これを逆に考えれば…

$○△ + ○□ = ○(△+□)$

共通する因数 (○) ／ 残ったやつ (△+□)

因数分解のやり方①

共通因数でくくる

同じパーツを探せばいいのか!

それでくくるのか!

例えば…

例1) $2x^2y + 5xy$

共通因数

$= 2 \cdot x \cdot x \cdot y + 5 \cdot x \cdot y$

$= x(2xy + 5y)$ …(答)

残ったやつ

これ1コが共通してるな

例2) $12a^2b - 8ab^2 - 4ac$

$= 12 \cdot a \cdot a \cdot b - 8 \cdot a \cdot b \cdot b - 4 \cdot a \cdot c$

$= a(12ab - 8b^2 - 4c)$

はい、おしまい!

まだ共通因数あるだろ!

4も共通因数

$a(12ab - 8b^2 - 4c)$ （$12 = 4 \cdot 3$、$8 = 4 \cdot 2$、$4 = 4 \cdot 1$）

$= 4a(3ab - 2b^2 - c)$ …(答)

残ったやつ

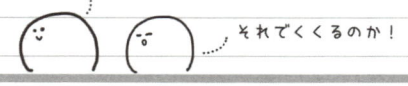

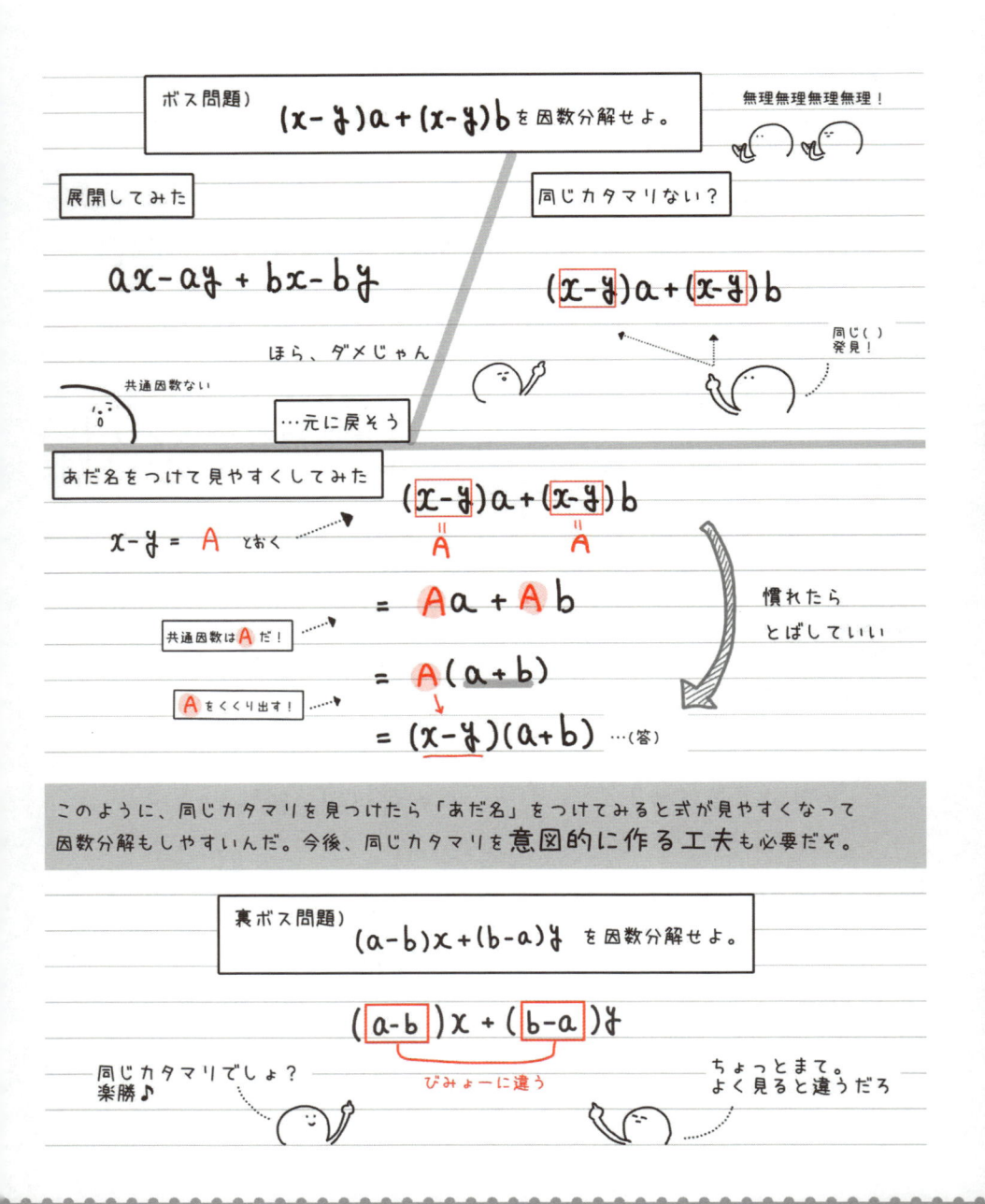

共通因数は残らずくくり出そう

ボス問題）　$(x-y)a+(x-y)b$ を因数分解せよ。

無理無理無理無理！

展開してみた

$$ax-ay+bx-by$$

ほら、ダメじゃん

共通因数ない

…元に戻そう

同じカタマリない？

$$(\boxed{x-y})a+(\boxed{x-y})b$$

同じ（ ）発見！

あだ名をつけて見やすくしてみた

$x-y=A$ とおく

$$(\boxed{x-y})a+(\boxed{x-y})b$$

$$= Aa+Ab$$

共通因数は A だ！

$$= A(a+b)$$

A をくくり出す！

$$= (x-y)(a+b) \quad \cdots（答）$$

慣れたらとばしていい

このように、同じカタマリを見つけたら「あだ名」をつけてみると式が見やすくなって因数分解もしやすいんだ。今後、同じカタマリを**意図的に作る工夫**も必要だぞ。

裏ボス問題）　$(a-b)x+(b-a)y$ を因数分解せよ。

$$(\boxed{a-b})x+(\boxed{b-a})y$$

びみょーに違う

同じカタマリでしょ？
楽勝♪

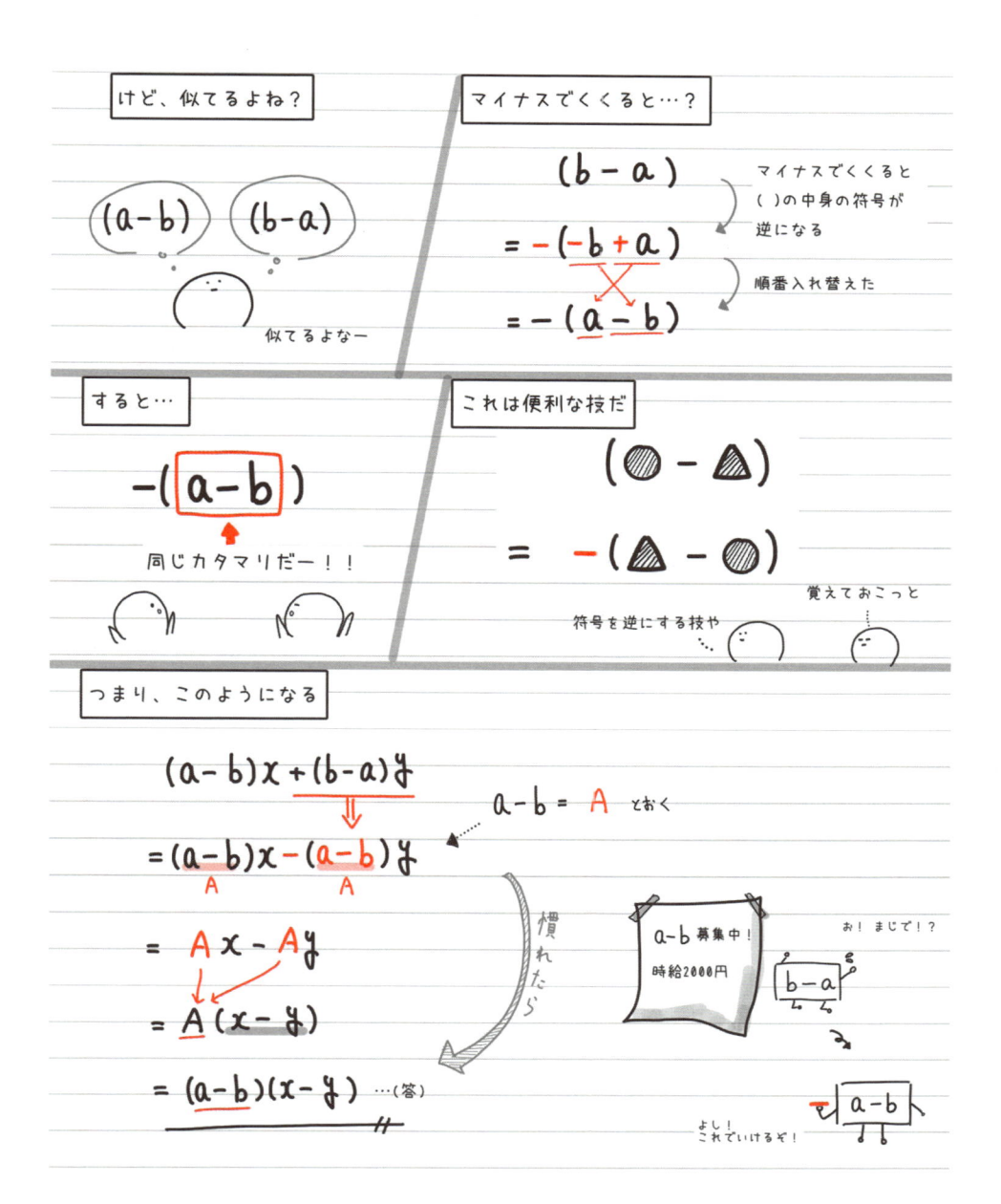

ちょっとまて。
よく見ると違うだろ

けど、似てるよね？

$(a-b)$　$(b-a)$

似てるよなー

マイナスでくくると…？

$$(b-a)$$
$$=-(-b+a)$$
$$=-(a-b)$$

マイナスでくくると( )の中身の符号が逆になる

順番入れ替えた

すると…

$$-(\boxed{a-b})$$

同じカタマリだー！！

これは便利な技だ

$$(\bullet-\blacktriangle)$$
$$=-(\blacktriangle-\bullet)$$

覚えておこっと

符号を逆にする技や…

つまり、このようになる

$$(a-b)x+(b-a)y$$
$$=(a-b)x-(a-b)y$$

$a-b=A$ とおく

$$=Ax-Ay$$
$$=A(x-y)$$
$$=(a-b)(x-y)\ \cdots(答)$$

慣れたら

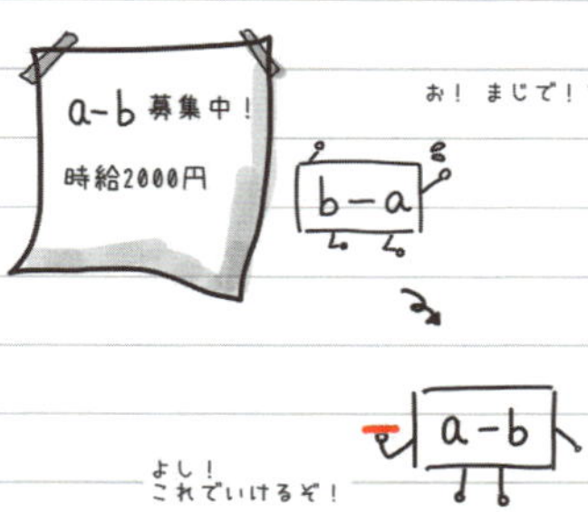

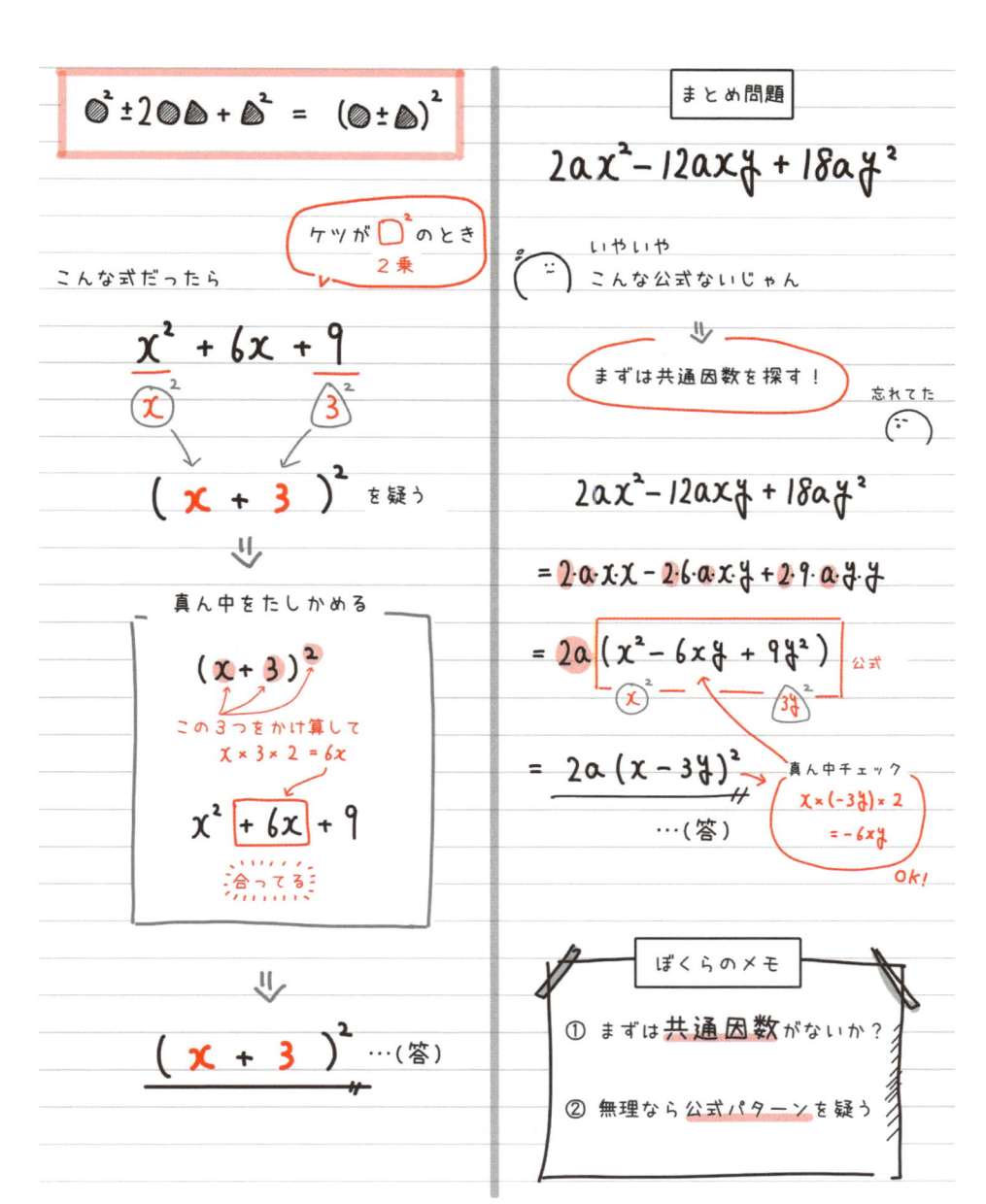

1分でわかる！

公式の利用でスパッと解ける！（因数分解②）

「共通因数でくくる」を習得したぼくたちは、他の展開の公式を観察していた

① $(x+\bigcirc)(x+\triangle) = x^2+(\bigcirc+\triangle)x+\bigcirc\triangle$

② $(\bigcirc+\triangle)(\bigcirc-\triangle) = \bigcirc^2-\triangle^2$

③ $(\bigcirc\pm\triangle)^2 = \bigcirc^2\pm2\bigcirc\triangle+\triangle^2$

この公式も逆から見ればいいんじゃないか
そうだな！

因数分解のやり方②

公式を使う

$x^2+(\bigcirc+\triangle)x+\bigcirc\triangle = (x+\bigcirc)(x+\triangle)$

（$\bigcirc+\triangle$：足す　$\bigcirc\triangle$：かける）

こんな式だったら？

$$x^2+5x+6$$

（5：足す　6：かける）

$$=(x\ \ )(x\ \ )$$

この形にできそう

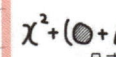

かけて6、足して5になる組み合わせが入る！

⇓

$+2$ と $+3$

$$(x+2)(x+3)$$

…（答）

$\bigcirc^2-\triangle^2 = (\bigcirc+\triangle)(\bigcirc-\triangle)$

こんな式だったら？

$$9x^2-4y^2$$

（$9x^2$：$(3x)^2$　$4y^2$：$(2y)^2$）

2乗－2乗の形なら、すぐにこの形をセット

$$(\ \ +\ \ )(\ \ -\ \ )$$

⇓

$$(3x+2y)(3x-2y)$$

…（答）

$●^2 \pm 2●▲ + ▲^2 = (● \pm ▲)^2$

こんな式だったら

ケツが$□^2$のとき
2乗

$$x^2 + 6x + 9$$

x^2　　3^2

$(x+3)^2$ を疑う

⇓

真ん中をたしかめる

$(x+3)^2$

この3つをかけ算して
$x \times 3 \times 2 = 6x$

$x^2 \boxed{+6x} + 9$

合ってる

⇓

$(x+3)^2$ …(答)

まとめ問題

$$2ax^2 - 12axy + 18ay^2$$

いやいや
こんな公式ないじゃん

⇓

まずは共通因数を探す！

忘れてた

$$2ax^2 - 12axy + 18ay^2$$

$= 2 \cdot a \cdot x \cdot x - 2 \cdot 6 \cdot a \cdot x \cdot y + 2 \cdot 9 \cdot a \cdot y \cdot y$

$= 2a(x^2 - 6xy + 9y^2)$　公式

x^2　　$(3y)^2$

$= 2a(x-3y)^2$ …(答)

真ん中チェック
$x \times (-3y) \times 2$
$= -6xy$
OK!

ぼくらのメモ

① まずは共通因数がないか？

② 無理なら公式パターンを疑う

1分でわかる!

たすきがけで、無理めな式も解ける(因数分解③)

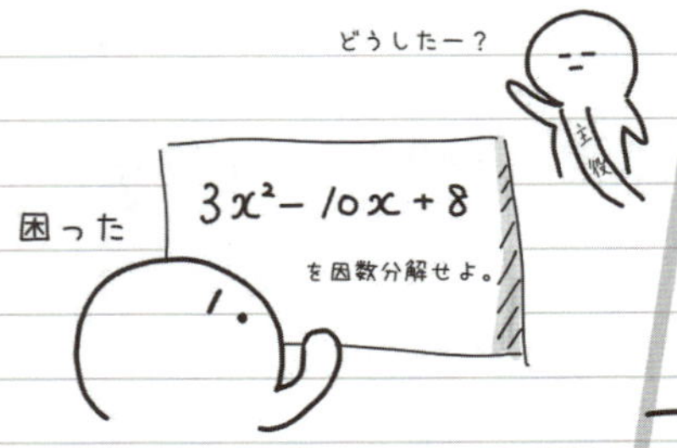

$$3x^2-10x+8$$

（x^2 の係数 3 に注目）

公式

× ① $(x+●)(x+▲)=x^2+(●+▲)x+●▲$

× ② $(●+▲)(●-▲)=●^2-▲^2$

× ③ $(●\pm▲)^2=●^2\pm2●▲+▲^2$

これのせいで、どの公式も使えないんだよ

公式で解くには限界がきたね。今まではなんとかなったけど。ここからは「この数はどこから生まれるんだっけ？」っていう視点をもってほしい。「仕組みを理解」だ。

「なにとなにをかけて生まれるの？」目線で観察してみる

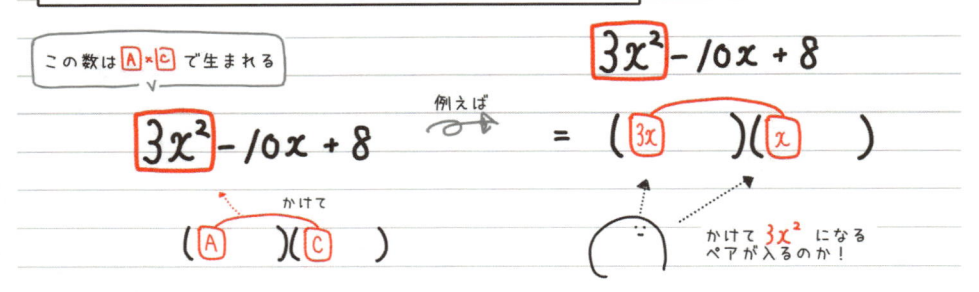

この数は A×C で生まれる

$$\boxed{3x^2}-10x+8$$

かけて

$$(\boxed{A}\quad)(\boxed{C}\quad)$$

例えば

$$\boxed{3x^2}-10x+8$$

$$=(\boxed{3x}\quad)(\boxed{x}\quad)$$

かけて $3x^2$ になるペアが入るのか！

同様に考えると…

この数は B×D で生まれる

$$3x^2-10x\boxed{+8}$$

$$=(\boxed{3x}\ \boxed{B})(\boxed{x}\ \boxed{D})$$

例えば

$$3x^2-10x\boxed{+8}$$

$$=(\boxed{3x}\ \boxed{+2})(\boxed{x}\ \boxed{+4})$$

かけて $+8$ になるペアが入るのか！

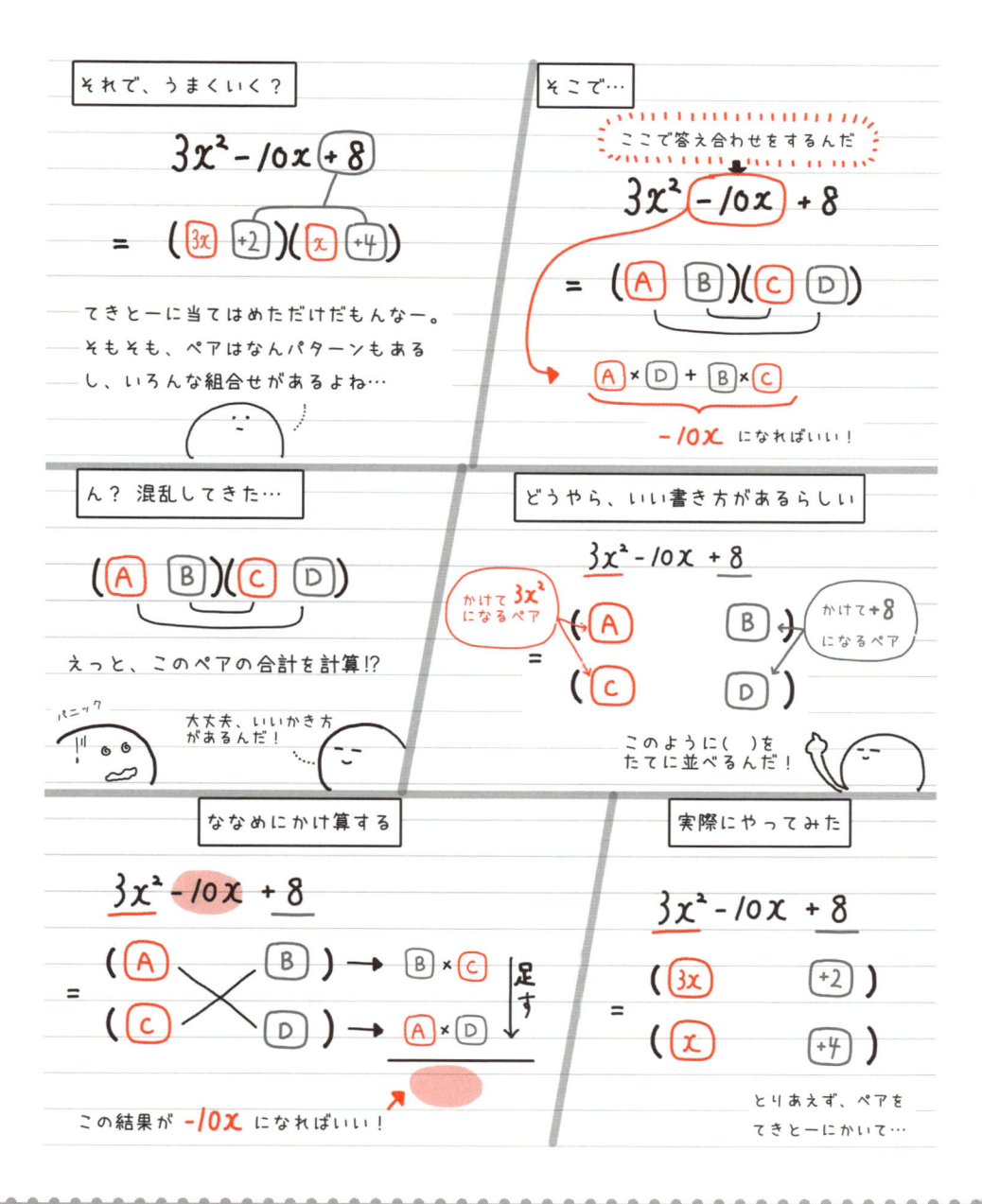

それで、うまくいく？

$$3x^2 - 10x + 8$$

$$= (3x\ \ +2)(x\ \ +4)$$

てきとーに当てはめただけだもんなー。
そもそも、ペアはなんパターンもある
し、いろんな組合せがあるよね…

そこで…

ここで答え合わせをするんだ

$$3x^2 \boxed{-10x} + 8$$

$$= (A\ \ B)(C\ \ D)$$

$$A \times D + B \times C$$

$-10x$ になればいい！

ん？ 混乱してきた…

$$(A\ \ B)(C\ \ D)$$

えっと、このペアの合計を計算!?

パニック

大丈夫、いいかき方があるんだ！

どうやら、いい書き方があるらしい

$$3x^2 - 10x + 8$$

かけて $3x^2$ になるペア

かけて $+8$ になるペア

$$= \begin{matrix}(A & B) \\ (C & D)\end{matrix}$$

このように( )をたてに並べるんだ！

ななめにかけ算する

$$3x^2 - 10x + 8$$

$$= \begin{matrix}(A & B) \\ (C & D)\end{matrix}$$

$B \times C$
$A \times D$
足す

この結果が $-10x$ になればいい！

実際にやってみた

$$3x^2 - 10x + 8$$

$$= \begin{matrix}(3x & +2) \\ (x & +4)\end{matrix}$$

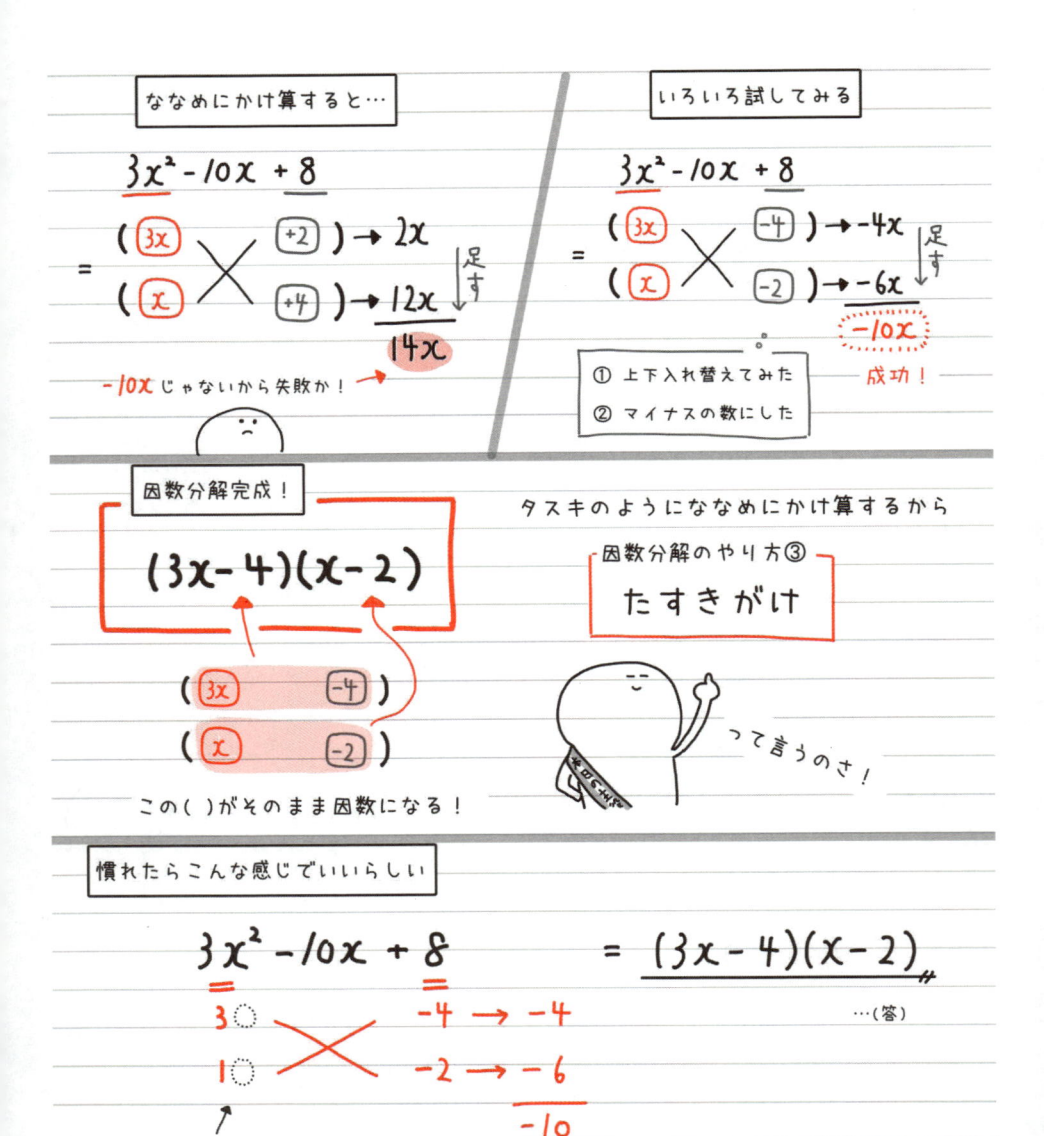

とりあえず、ペアをてきとーにかいて…

ななめにかけ算すると…

$$3x^2-10x+8$$

$$=\begin{matrix}(3x & & +2) \to 2x \\ (x & & +4) \to 12x\end{matrix}$$

↓足す

$14x$

$-10x$じゃないから失敗か！

いろいろ試してみる

$$3x^2-10x+8$$

$$=\begin{matrix}(3x & & -4) \to -4x \\ (x & & -2) \to -6x\end{matrix}$$

↓足す

$-10x$

成功！

① 上下入れ替えてみた

② マイナスの数にした

因数分解完成！

$$(3x-4)(x-2)$$

$(3x \quad -4)$

$(x \quad -2)$

この( )がそのまま因数になる！

タスキのようにななめにかけ算するから

因数分解のやり方③

たすきがけ

って言うのさ！

慣れたらこんな感じでいいらしい

$$3x^2-10x+8 = \underline{(3x-4)(x-2)}$$

…(答)

3 ◌　　$-4 \to -4$

1 ◌　　$-2 \to -6$

-10

いちいち x をかくのめんどいから省略

1分でわかる!

整理上手で、長い式も解ける（因数分解④）

ブロック整理しといてー
え〜
!!!
なに、この整理のしかた
yあり
yなし
yがあるか？ ないか？
で分けたのさ

このように、いろんな情報が混ざってるものを整理するとき、「なに目線で整理する？」という考え方がわかりやすいよね。次の式を見てくれ！

$$x^2+xy-6x-y+5$$ を因数分解せよ。

文字が２種類、混ざってるし、わかりづらい

ながーい

だから、誰の目線で見るかっていう考え方を使うんだ。今回は「x」「y」の２種類の登場人物がいるんだけど、どっちかの目線で式を見る！ オススメは…

（かけ算されている文字の数）→ **次数が低いほうの文字**目線で式を整理する！

次数は？

	x^2	$+xy$	$-6x$	$-y$	$+5$
xが：	2コ	1コ	1コ	0コ	0コ
yが：	0コ	1コ	0コ	1コ	0コ

x目線 → 2次式

y目線 → 1次式 ← yのほうが低い！

$$x^2+x\underline{y}-6x-\underline{y}+5$$

ロックオン

y
y目線で見る！

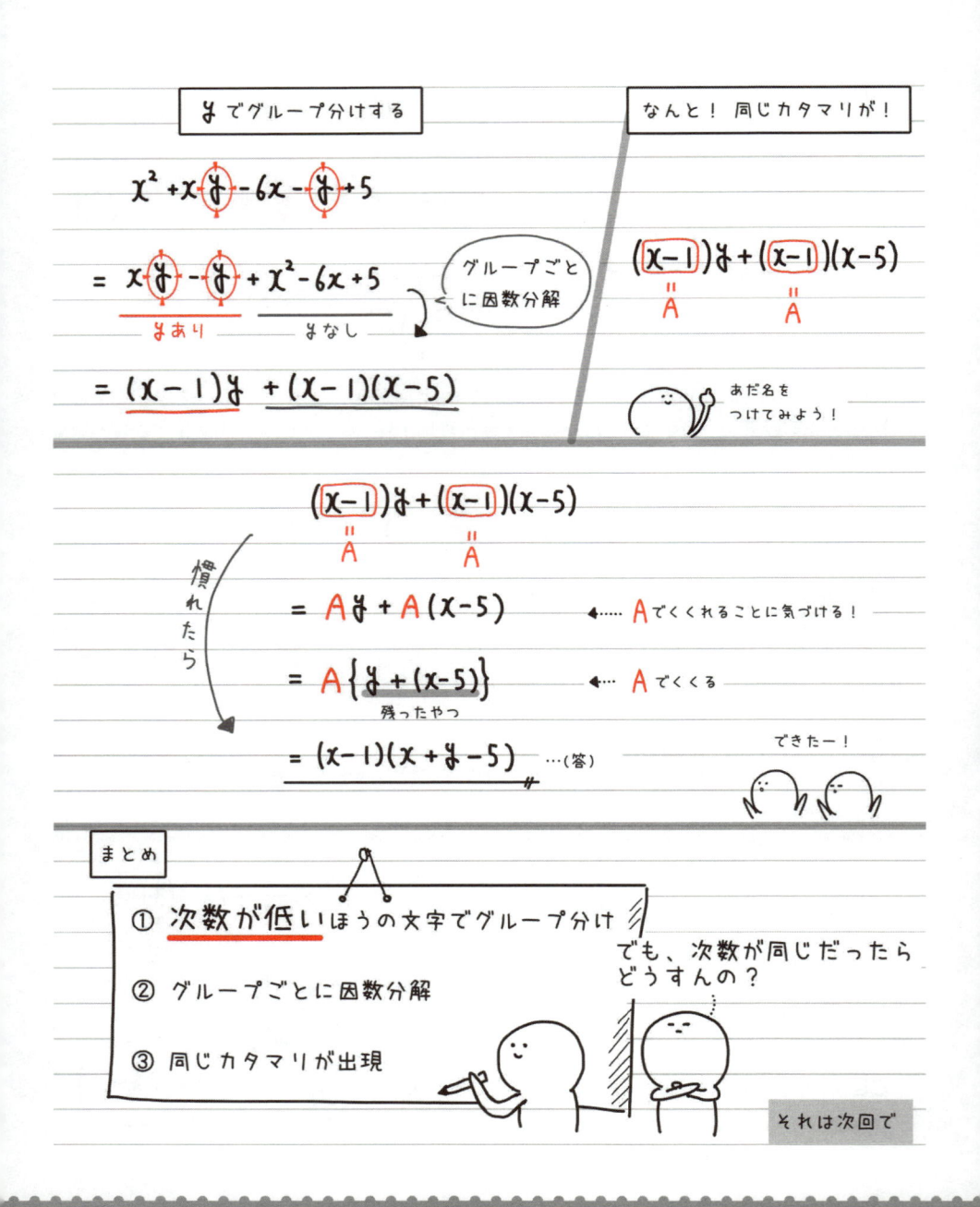

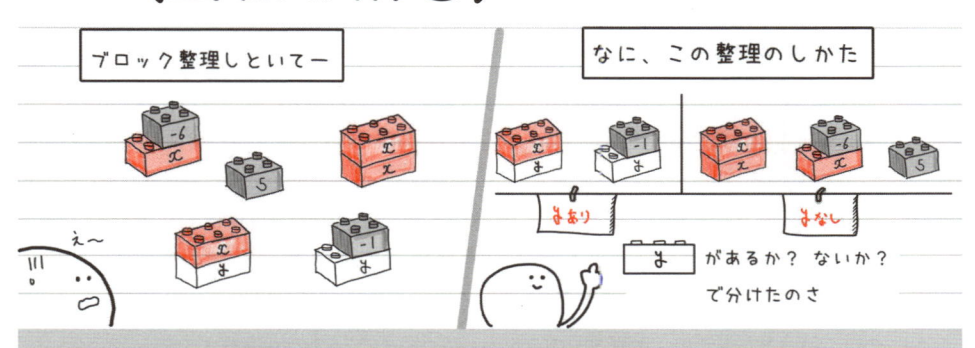

yでグループ分けする

$$x^2+x\,y-6x-y+5$$

$$=\underbrace{xy-y}_{y\text{あり}}+\underbrace{x^2-6x+5}_{y\text{なし}}$$

＜ グループごとに因数分解

$$=(x-1)y+(x-1)(x-5)$$

なんと！ 同じカタマリが！

$$(x-1)y+(x-1)(x-5)$$

$(x-1)$ ＝ A　　$(x-1)$ ＝ A

あだ名をつけてみよう！

$$(x-1)y+(x-1)(x-5)$$

$(x-1)$ ＝ A　　$(x-1)$ ＝ A

慣れたら

$$=Ay+A(x-5)$$ ◀…… Aでくくれることに気づける！

$$=A\{y+(x-5)\}$$ ◀…… Aでくくる

残ったやつ

$$=(x-1)(x+y-5)$$ …(答)

できたー！

まとめ

① 次数が低いほうの文字でグループ分け

② グループごとに因数分解

③ 同じカタマリが出現

でも、次数が同じだったらどうすんの？

それは次回で

1分でわかる！

ながーーい式を解く方法まとめ（因数分解⑤）

これ、どんな整理のしかたをしたと思う？

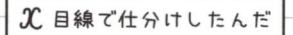

x目線で仕分けしたんだ

「誰かの目線で整理」、さらに「数も整理」すると見やすいよね？ 次の式を見てくれ！

$2x^2+5xy+3y^2+3x+2y-5$ を因数分解せよ。

まずは

「次数が低いほうの文字」

目線で式を整理する！

x目線 → 2 次式

y目線 → 2 次式 ← 同じやん！

同じなら「どっちでもいい」

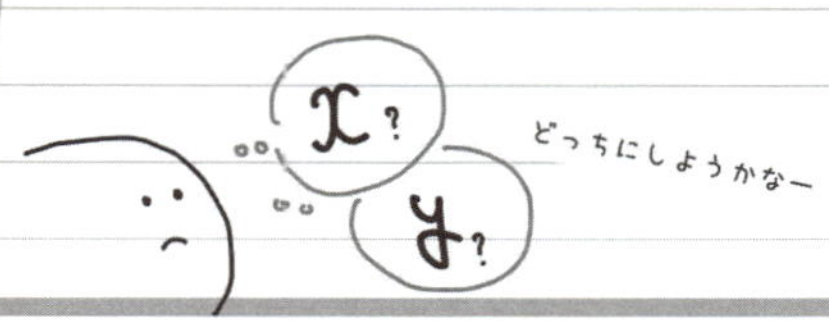

x目線で整理してみる

$2x^2+5xy+3y^2+3x+2y-5$

ロックオン

$$2x^2+5xy+3y^2+3x+2y-5$$

$$=\underline{2x^2}+\underline{5xy+3x}+\underline{3y^2+2y-5}$$

2コ　1コ　0コ

グループごとに因数分解

これは因数分解できないからそのまま

$$=2x^2+(5y+3)x+(y-1)(3y+5)$$

これって降べきの順じゃね!?

俺は気づいていたよ

同じカタマリがない…

$$2x^2+(5y+3)x+(y-1)(3y+5)$$

同じカタマリないよー

なに!?　どうしたものか

まずは確認

今は x 目線でこんな形してる！

$$●x^2+▲x+■$$

これやったよね

$$3x^2-10x+8$$

1	✕	−2	→ −6
3		−4	→ −4
			−10

$$=(x-2)(3x-4)$$

え、まさかのたすきがけ!?

なるほどな。その手があったか

この式、全体を「たすきがけ」する

$$2x^2+(5y+3)x+(y-1)(3y+5)$$

2	✕	?
1		?

かけて２になるペアはこれでいいね

まって。かけてこれになるペアってなんだ？

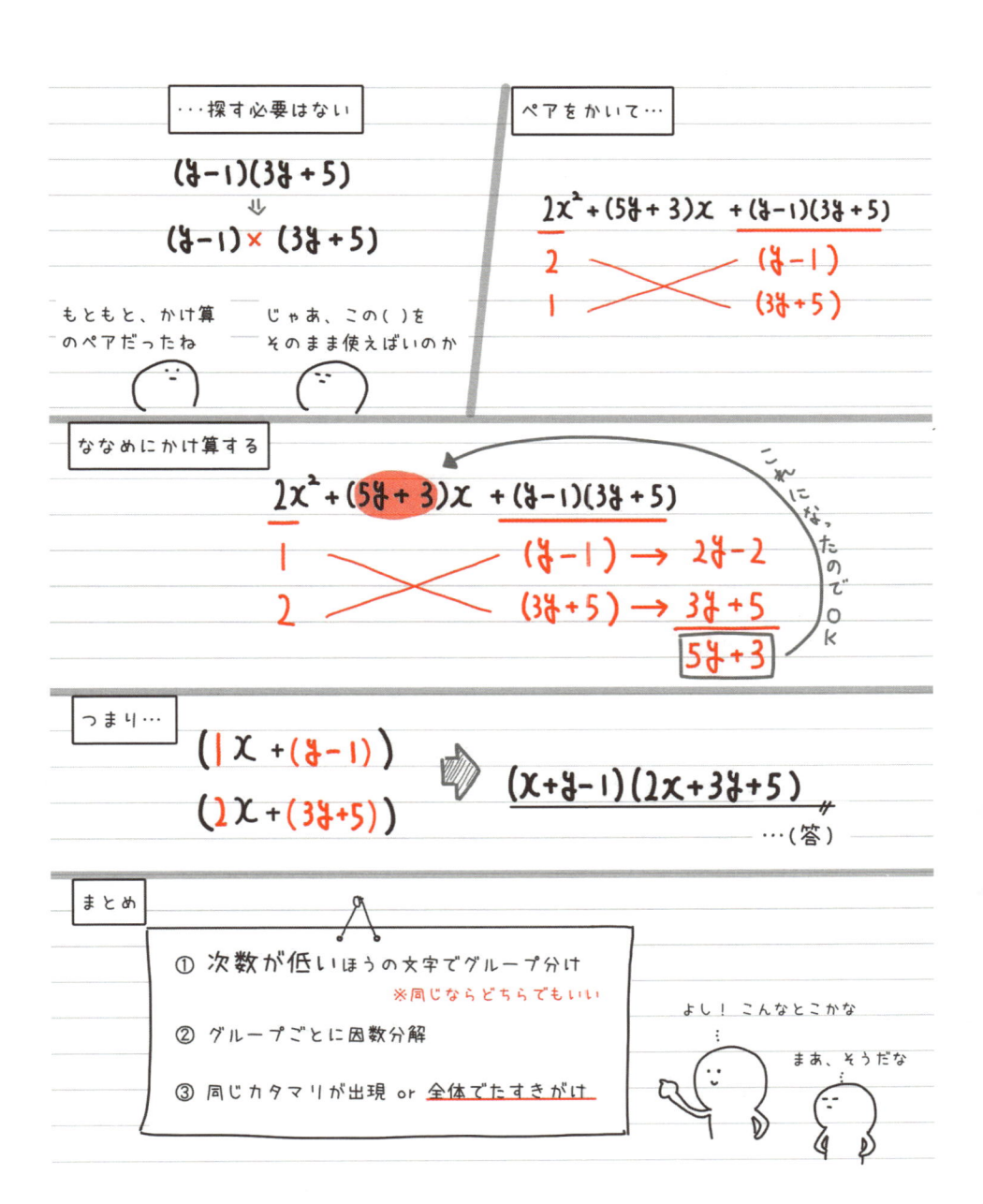

それは…

…探す必要はない

$(y-1)(3y+5)$

⇓

$(y-1)\times(3y+5)$

もともと、かけ算のペアだったね

じゃあ、この( )をそのまま使えばいいのか

ペアをかいて…

$$2x^2+(5y+3)x+(y-1)(3y+5)$$

$$\begin{array}{ccc} 2 & \times & (y-1) \\ 1 & & (3y+5) \end{array}$$

ななめにかけ算する

$$2x^2+(5y+3)x+(y-1)(3y+5)$$

$$\begin{array}{ccccc} 1 & \times & (y-1) & \rightarrow & 2y-2 \\ 2 & & (3y+5) & \rightarrow & 3y+5 \\ & & & & \hline 5y+3 \end{array}$$

これになったのでOK

つまり…

$(1x+(y-1))$

$(2x+(3y+5))$

⇒ $(x+y-1)(2x+3y+5)$ …(答)

まとめ

① 次数が低いほうの文字でグループ分け
※同じならどちらでもいい

② グループごとに因数分解

③ 同じカタマリが出現 or 全体でたすきがけ

よし！ こんなとこかな

まあ、そうだな

1分でわかる!

THEラスボスに挑む(因数分解⑥)

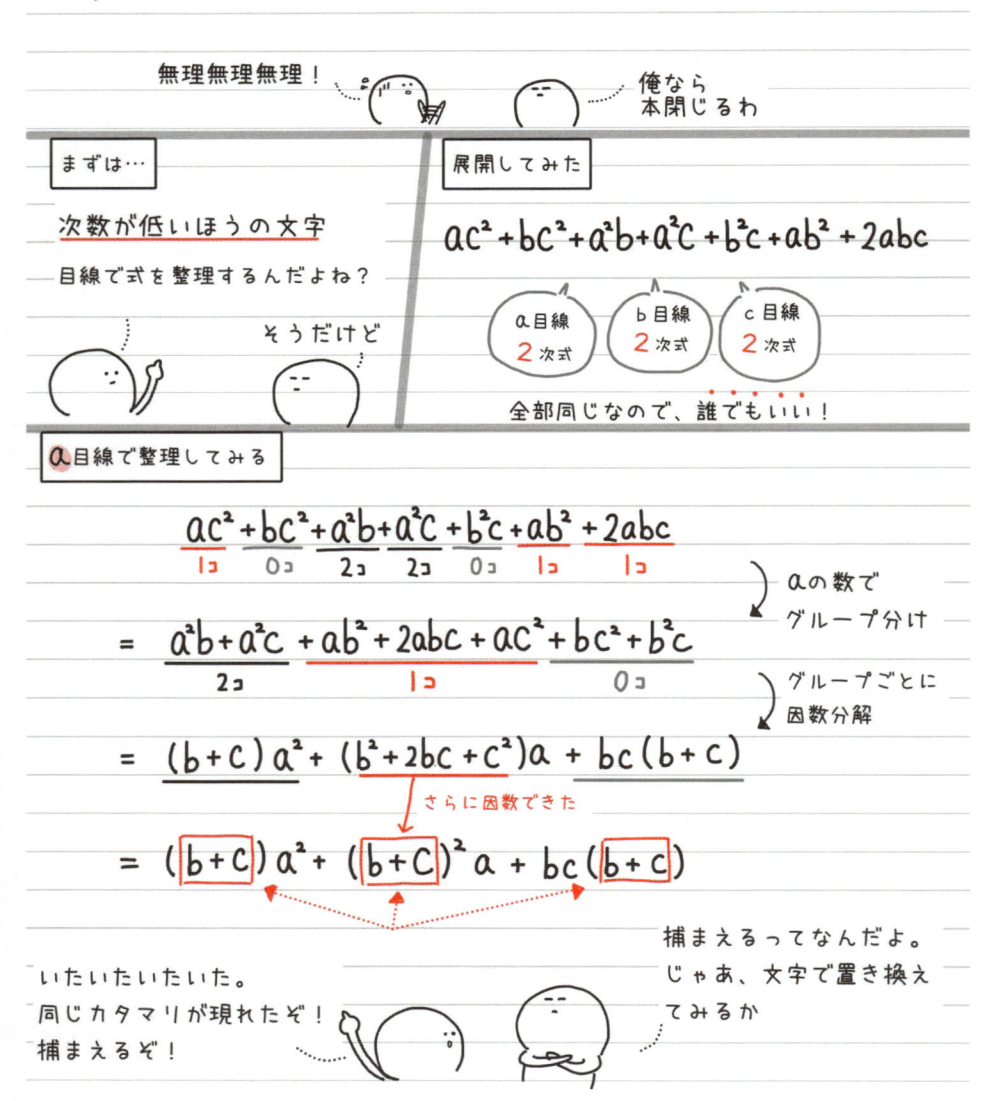

$(a+b)c^2+(b+c)a^2+(c+a)b^2+2abc$ を因数分解せよ。

無理無理無理!

俺なら本閉じるわ

まずは…

次数が低いほうの文字目線で式を整理するんだよね?

そうだけど

展開してみた

$ac^2+bc^2+a^2b+a^2c+b^2c+ab^2+2abc$

a目線 2次式

b目線 2次式

c目線 2次式

全部同じなので、誰でもいい!

a目線で整理してみる

$\underset{1コ}{ac^2}+\underset{0コ}{bc^2}+\underset{2コ}{a^2b}+\underset{2コ}{a^2c}+\underset{0コ}{b^2c}+\underset{1コ}{ab^2}+\underset{1コ}{2abc}$

aの数でグループ分け

$=\underset{2コ}{a^2b+a^2c}+\underset{1コ}{ab^2+2abc+ac^2}+\underset{0コ}{bc^2+b^2c}$

グループごとに因数分解

$=(b+c)a^2+(b^2+2bc+c^2)a+bc(b+c)$

さらに因数できた

$=(b+c)a^2+(b+c)^2a+bc(b+c)$

いたいたいたいた。同じカタマリが現れたぞ!捕まえるぞ!

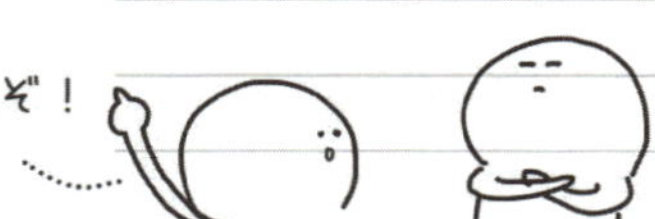

捕まえるってなんだよ。じゃあ、文字で置き換えてみるか

$$= (\boxed{b+c})a^2 + (\boxed{b+c})^2 a + bc(\boxed{b+c})$$

（各 $\boxed{b+c}$ ＝ A）

$$= Aa^2 + A^2a + bcA$$ ◀…… Aでくくれるって気づけた

$$= A(a^2 + Aa + bc)$$ ◀…… Aでくくる

$$= (b+c)\{\underline{a^2+(b+c)a+bc}\}$$

$$= (b+c)(a+b)(a+c)$$

ここで終わってもいいけど

$$= (a+b)(b+c)(c+a)$$

美しくするならこっち

…(答)

ここの因数分解

aの式と見れば

●a^2＋▲a＋■ の形

困ったら「たすきがけ」だ！

$$1\cdot a^2 + (b+c)a + bc$$

$(1a$	╳	$+b)$	→ b
$(1a$		$+c)$	→ c
			$b+c$

OK!

⇓

$$(a+b)(a+c)$$

お疲れさま。この因数分解は大変だったね。これで「式の整理」の話はおしまいだ。次からは「数の扱い」の話をしていこう。

1分でわかる！ 皆、実は知ってる実数

ここからは「数の扱い」についてやっていくよ。そもそも「数」ってなんだろう？

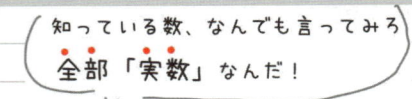

知っている数、なんでも言ってみろ
全部「実数」なんだ！

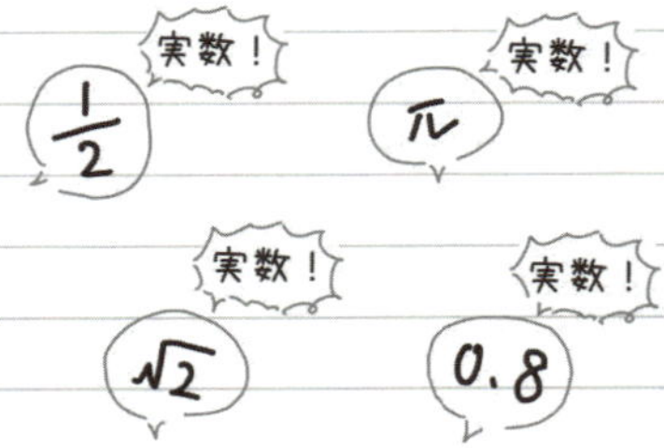

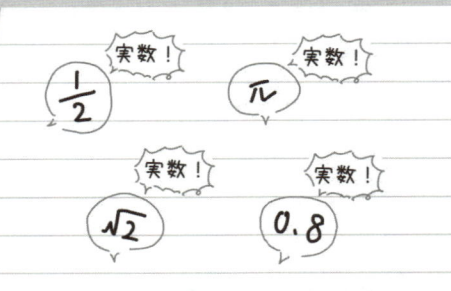

小学校から今まで習ってきた数はすべて「実数」なんだ。実は、数学Ⅱで「虚数」という数を扱うんだけど、それはいつかどこかでやろう。まずは「数」について細かく見ていく。

最初は「自然数」から始まった

自然界にあるものを数えたいなー

自然数：正の整数

…ところが、困ったことが起こる

$2-5=?$ ← これ、計算できなくない？

そこで「整数」ができた

$2-5=-3$

$2-2=0$

…ところが、困ったことが起こる

$1\div 2=?$ ← これ、計算できなくない？

そして「分数」と「小数」ができた

$$1\div 2=\begin{cases}\frac{1}{2}\\0.5\end{cases}$$

そして「分数の形」で表せる数すべてをまとめて「有理数」と名づけた

しかし、分数の形で表せない数が存在する

$\sqrt{2} = 1.4142\cdots$

$\pi = 3.14159\cdots$

これを「無理数」と名づけた

では、これは有理数？ 無理数？

$0.\dot{3}$

$= 0.3333\cdots$

「これは分数の形で表せられないでしょー」

って思ったそこの君！

確認してみよう

$x = 0.\dot{3} = 0.3333\cdots$ と置く

$$
\begin{aligned}
10x &= 3.3333\cdots \\
-)\quad x &= 0.3333\cdots \\
\hline
9x &= 3 \\
x &= \frac{1}{3}
\end{aligned}
$$

引き算すると消せる！

⬅分数の形になった！

つまり「有理数」

無限に続く小数
- 循環小数 → 有理数
  例） $0.\dot{3}$
- 循環しない小数 → 無理数
  例） $\sqrt{2}$，π

まとめると

有理数
$\frac{1}{2}$，0.8，$0.\dot{3}$ など
- 整数
  -1，0 など
  - 自然数
    1，2，3 など

無理数
$\sqrt{2}$、π など

これらすべてまとめて「実数」

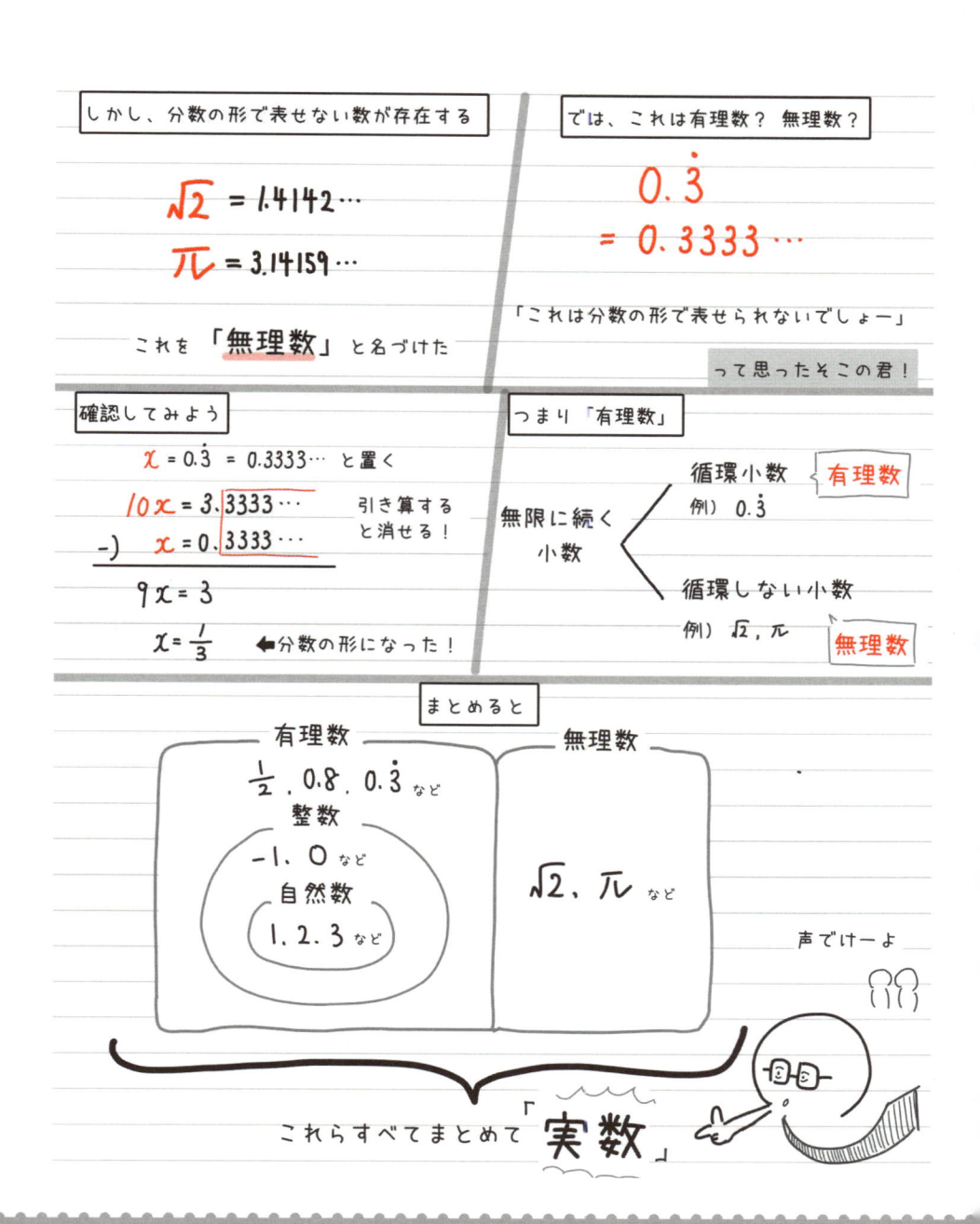

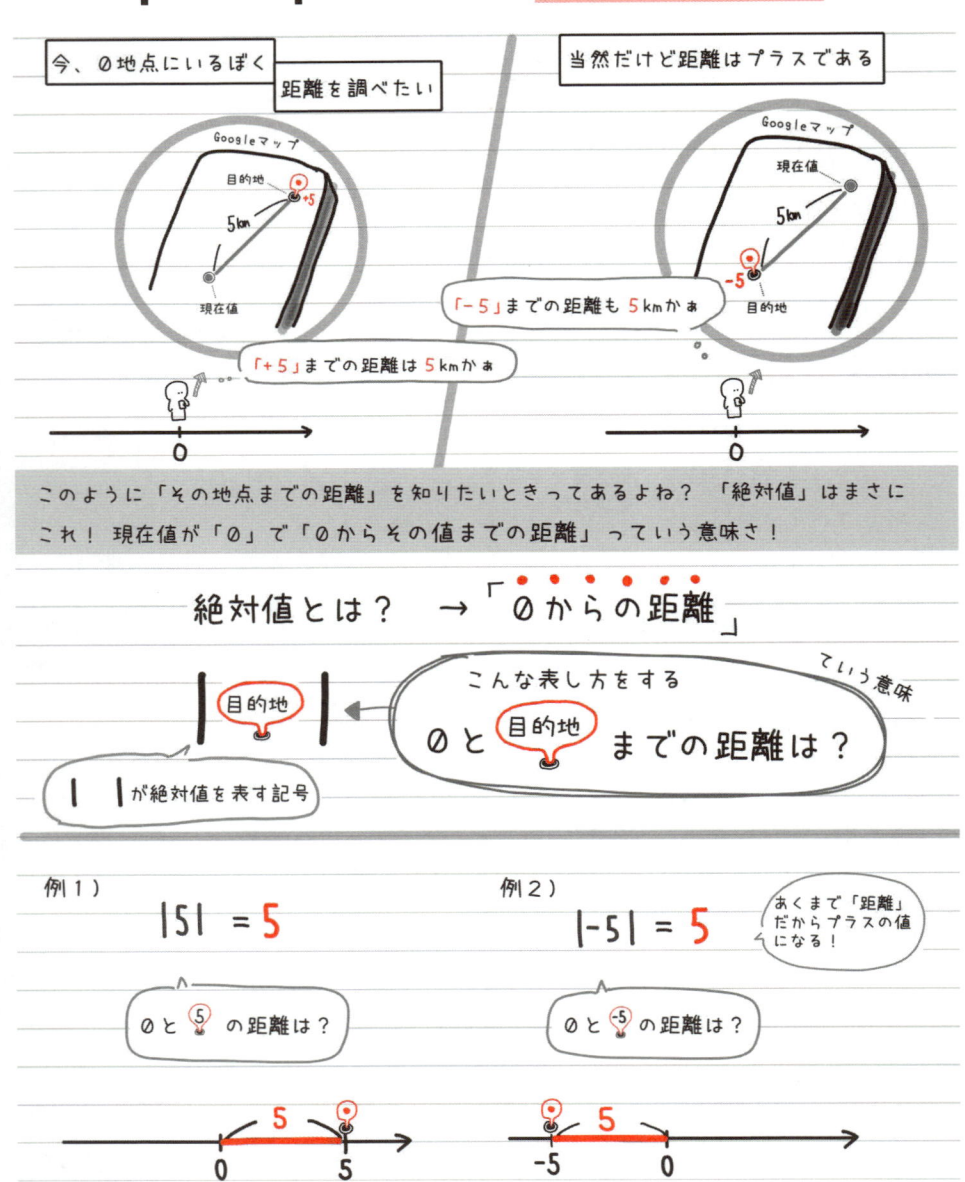

1分でわかる!

|　|で表す絶対値

今、0地点にいるぼく

距離を調べたい

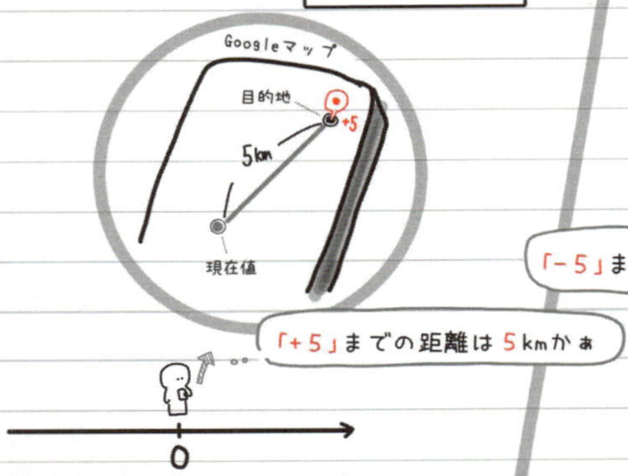

当然だけど距離はプラスである

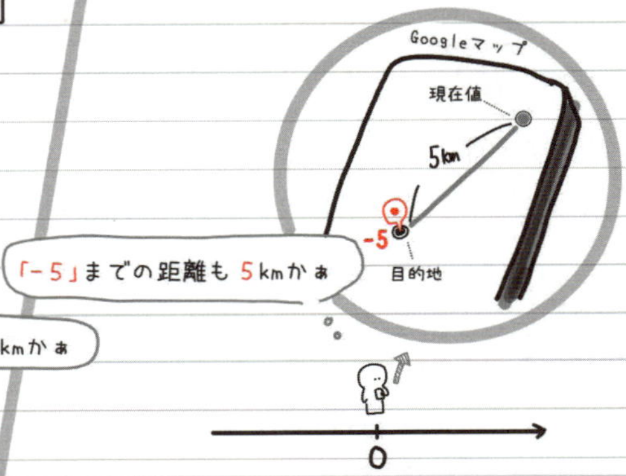

このように「その地点までの距離」を知りたいときってあるよね？　「絶対値」はまさにこれ！　現在値が「0」で「0からその値までの距離」っていう意味さ！

絶対値とは？　→「0からの距離」

|目的地|

こんな表し方をする

0と目的地までの距離は？

っていう意味

|　|が絶対値を表す記号

例1）

$|5| = 5$

0と5の距離は？

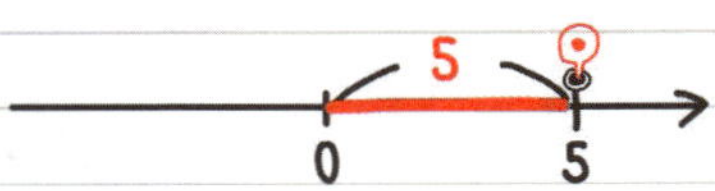

例2）

$|-5| = 5$

あくまで「距離」だからプラスの値になる！

0と-5の距離は？

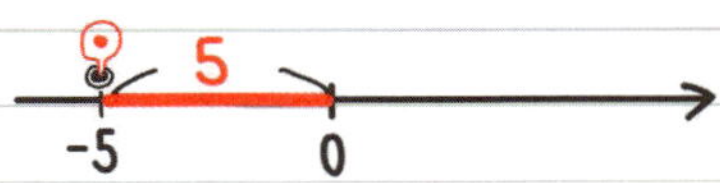

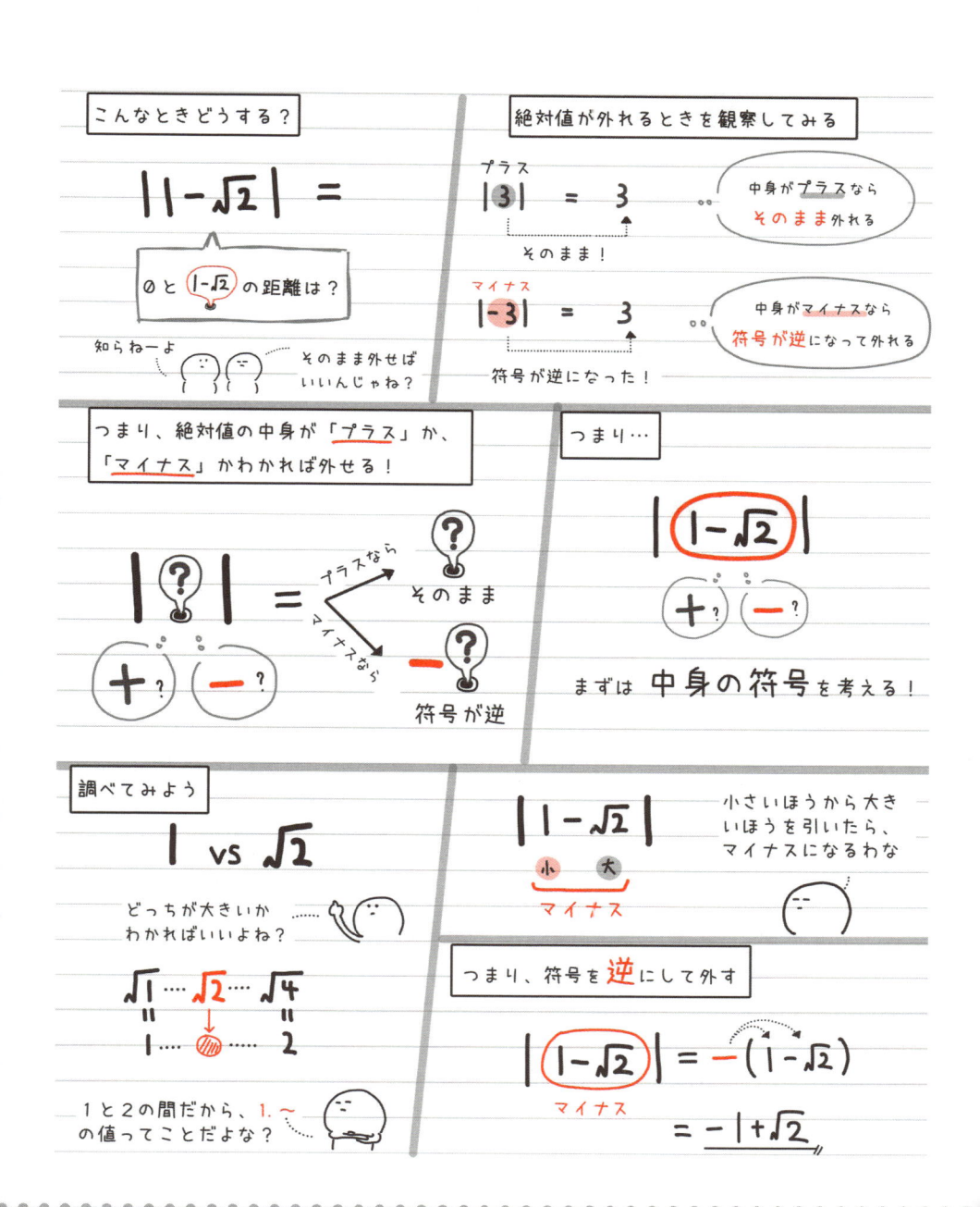

こんなときどうする？

$$|1-\sqrt{2}| =$$

0と $1-\sqrt{2}$ の距離は？

知らねーよ

そのまま外せば いいんじゃね？

絶対値が外れるときを観察してみる

プラス

$$|3| = 3$$

そのまま！

中身がプラスなら そのまま外れる

マイナス

$$|-3| = 3$$

符号が逆になった！

中身がマイナスなら 符号が逆になって外れる

つまり、絶対値の中身が「プラス」か、「マイナス」かわかれば外せる！

$$|?| =$$

プラスなら → そのまま ?

マイナスなら → 符号が逆 $-?$

＋？ －？

つまり…

$$|1-\sqrt{2}|$$

＋？ －？

まずは 中身の符号を考える！

調べてみよう

$$1 \text{ vs } \sqrt{2}$$

どっちが大きいか わかればいいよね？

$$\sqrt{1} \cdots \sqrt{2} \cdots \sqrt{4}$$

$$1 \cdots ? \cdots 2$$

１と２の間だから、1.～ の値ってことだよな？

$$|1-\sqrt{2}|$$

小 大

マイナス

小さいほうから大きいほうを引いたら、マイナスになるわな

つまり、符号を逆にして外す

$$|1-\sqrt{2}| = -(1-\sqrt{2})$$

マイナス

$$= -1+\sqrt{2}$$

3分でわかる！

√で表す平方根

もとの数はなんでしょう？

before：？　→×5→　after：10

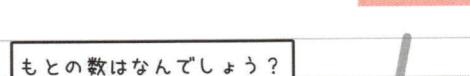

ある数を5倍したら10になりました。
5倍する前のもとになる数はなに？

before：2　⇄（×5／÷5）　after：10

10を5で割ればいいよね？　うん、だから2だ！

もとの数はなんでしょう？

before：？　→2乗→　after：25

ある数を2乗したら25になりました。
2乗する前のもとになる数はなに？

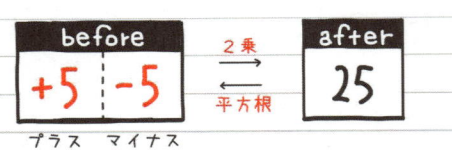

before：+5（プラス）｜-5（マイナス）　⇄（2乗／平方根）　after：25

この2つじゃね？　2乗して25になる数は？

このように「2乗して●になる数」を「●の平方根」と言うんだったよね？
平方根は基本的に正と負の2つあるんだ。サクッとおさらいするぞ。

平方根
↓　↓
2乗のもと

なるほど、2乗のもとね！

根は英語でrootって言うらしいよ

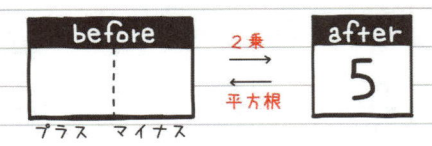

困ったことが起きた

before：（プラス）｜（マイナス）　⇄（2乗／平方根）　after：5

2乗して5になる数なんて見つからないよー

2.36…くらい？

そこで便利な記号ができたんだ

根号

「ルート●」と読む

$\sqrt{\quad●\quad}$

2乗して●になる数

つまり、5の平方根はこうなる

before			after
$+\sqrt{5}$	$-\sqrt{5}$	2乗 → / ← 平方根	5
プラス	マイナス		

5の平方根は？ → $\pm\sqrt{5}$ …(答)

さて質問。これはなんですか？

$\sqrt{16}$

え、16の平方根？

2乗して16になる数
だから4じゃね？
ん？ −4でもあるか

正解は16の平方根のうちの正のほう

before			after
$+\sqrt{16}$	$-\sqrt{16}$	2乗 → / ← 平方根	16
プラス	マイナス		

↑ こいつ

そして、2乗して16になる数って4だよね？

$$\sqrt{16} = 4$$

同じ

そうそう！
これは、ルートを使う
までもないよな？

つまり、ルートの中が2乗の形なら
ルートを外せる

$$\sqrt{25} = \sqrt{5^2} = 5$$

25の平方根のうちの正のほう

マイナスは置いておいて

$$-\sqrt{9} = -\sqrt{3^2} = -3$$

9の平方根のうちの負のほう

さあ、ルートの計算をサクッと確認しよう！　中学のおさらいだ！

ルートのかけ算・割り算

・$\sqrt{2} \times \sqrt{3} = \sqrt{6}$

ルートの中身どうしでかけ算する

・$\sqrt{2} \times \sqrt{2} = 2$

同じルートをかけたらルートが外れる

$\dfrac{\sqrt{15}}{\sqrt{3}} = \sqrt{\dfrac{15}{3}} = \sqrt{5}$

1つのルートに入れてしまえ

$\dfrac{\sqrt{8}}{\sqrt{2}} = \sqrt{\dfrac{8}{2}} = \sqrt{4} = 2$

中身が2乗の形ならルートを外す

ルートの変形

ルートの中の２乗の形は外に出せる

・$\sqrt{12} = \sqrt{2^2 \times 3}$

$= 2 \times \sqrt{3}$

$= 2\sqrt{3}$

・$\sqrt{72}$

$= \sqrt{2^2 \times 3^2 \times 2}$

$= 2 \times 3 \times \sqrt{2}$

$= 6\sqrt{2}$

2) 72
2) 36
2) 18
3) 9
3

素因数分解すると２乗を探しやすい

ルートの足し算・引き算

・$\sqrt{2} + \sqrt{3} =$ 計算できん！

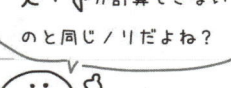

$x + y$ が計算できないのと同じノリだよね？

・$\sqrt{2} + \sqrt{2} = 2\sqrt{2}$

中身が同じなら計算できる！

$x + x = 2x$ と同じノリだよね？

1分でわかる!

分母がスッキリする 有理化

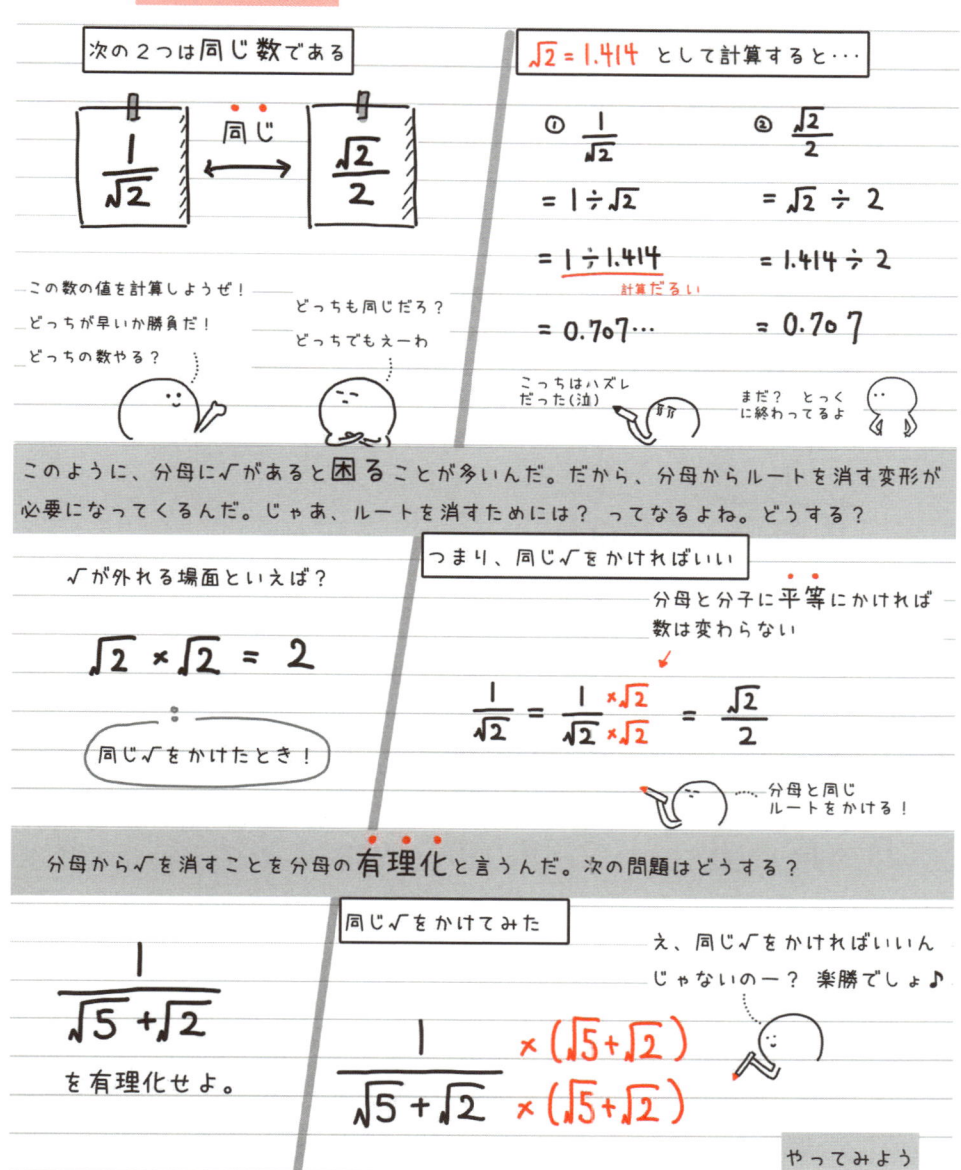

次の２つは同じ数である

$\dfrac{1}{\sqrt{2}}$ ←同じ→ $\dfrac{\sqrt{2}}{2}$

この数の値を計算しようぜ！

どっちが早いか勝負だ！

どっちの数やる？

どっちも同じだろ？

どっちでもえーわ

$\sqrt{2}=1.414$ として計算すると…

① $\dfrac{1}{\sqrt{2}}$

$=1\div\sqrt{2}$

$=1\div1.414$ 計算だるい

$=0.707\cdots$

② $\dfrac{\sqrt{2}}{2}$

$=\sqrt{2}\div2$

$=1.414\div2$

$=0.707$

こっちはハズレだった(泣)

まだ？ とっくに終わってるよ

このように、分母に√があると困ることが多いんだ。だから、分母からルートを消す変形が必要になってくるんだ。じゃあ、ルートを消すためには？ ってなるよね。どうする？

√が外れる場面といえば？

$$\sqrt{2}\times\sqrt{2}=2$$

同じ√をかけたとき！

つまり、同じ√をかければいい

分母と分子に平等にかければ数は変わらない

$$\frac{1}{\sqrt{2}}=\frac{1\times\sqrt{2}}{\sqrt{2}\times\sqrt{2}}=\frac{\sqrt{2}}{2}$$

分母と同じルートをかける！

分母から√を消すことを分母の**有理化**と言うんだ。次の問題はどうする？

$$\frac{1}{\sqrt{5}+\sqrt{2}}$$

を有理化せよ。

同じ√をかけてみた

え、同じ√をかければいいんじゃないの一？ 楽勝でしょ♪

$$\frac{1\times(\sqrt{5}+\sqrt{2})}{(\sqrt{5}+\sqrt{2})\times(\sqrt{5}+\sqrt{2})}$$

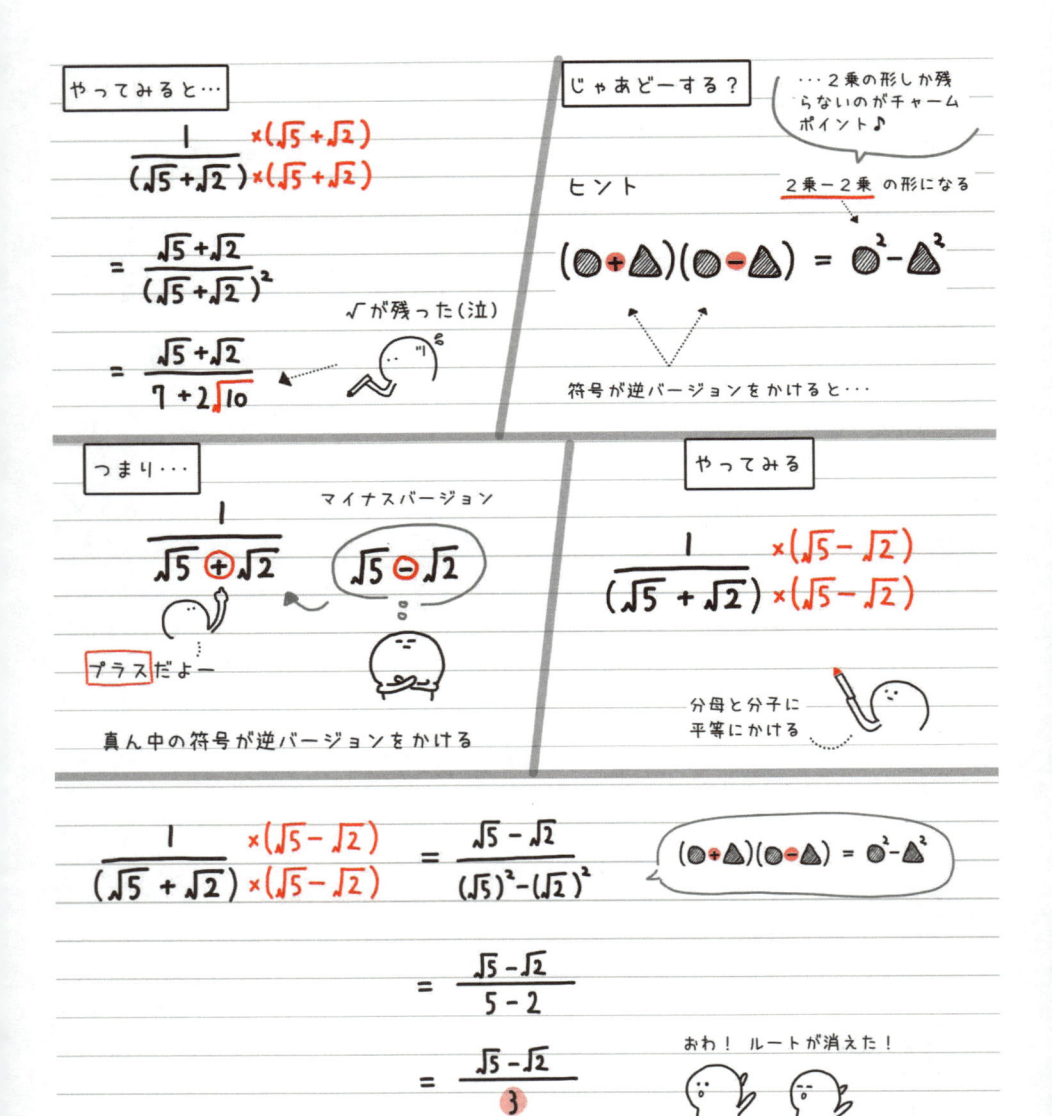

やってみよう

やってみると…

$$\frac{1}{(\sqrt{5}+\sqrt{2})}\frac{\times(\sqrt{5}+\sqrt{2})}{\times(\sqrt{5}+\sqrt{2})}$$

$$=\frac{\sqrt{5}+\sqrt{2}}{(\sqrt{5}+\sqrt{2})^2}$$

$$=\frac{\sqrt{5}+\sqrt{2}}{7+2\sqrt{10}}$$

√が残った(泣)

じゃあどーする？

…２乗の形しか残らないのがチャームポイント♪

ヒント　２乗－２乗 の形になる

(●＋▲)(●－▲) ＝ ●^{2}－▲^{2}

符号が逆バージョンをかけると…

つまり…

$$\frac{1}{\sqrt{5}\oplus\sqrt{2}}$$

プラスだよー

マイナスバージョン

$\sqrt{5}\ominus\sqrt{2}$

真ん中の符号が逆バージョンをかける

やってみる

$$\frac{1}{(\sqrt{5}+\sqrt{2})}\frac{\times(\sqrt{5}-\sqrt{2})}{\times(\sqrt{5}-\sqrt{2})}$$

分母と分子に平等にかける

$$\frac{1}{(\sqrt{5}+\sqrt{2})}\frac{\times(\sqrt{5}-\sqrt{2})}{\times(\sqrt{5}-\sqrt{2})}=\frac{\sqrt{5}-\sqrt{2}}{(\sqrt{5})^2-(\sqrt{2})^2}$$

(●＋▲)(●－▲) ＝ ●^{2}－▲^{2}

$$=\frac{\sqrt{5}-\sqrt{2}}{5-2}$$

$$=\frac{\sqrt{5}-\sqrt{2}}{3}$$

おわ！　ルートが消えた！

よし、ルートのお話はこの辺で終わろう。

1分でわかる！

不等式（＞＜）（≧≦）を扱う

さて、ここからは**関係性**を式で表現していこう。例えば、次の関係性を式にすると？

同じ

右のほうが大きい

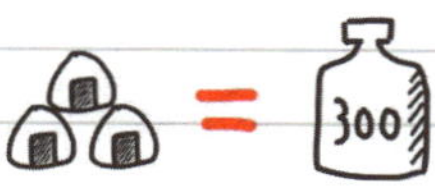

大きいほうにひらく！

このように、大小関係を表したいとき「不等号」を使った表現をするんだ。
そして、不等号を使った式のことを「**不等式**」と言う。

不等号の種類

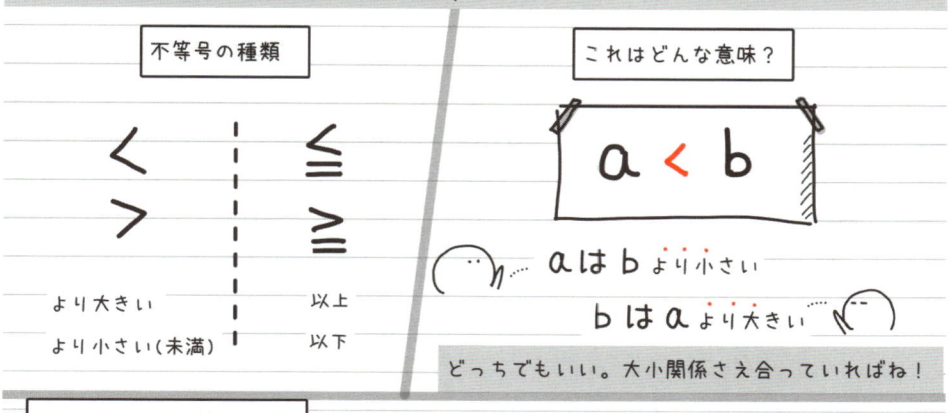

＜	≦
＞	≧
＞ より大きい	≧ 以上
＜ より小さい（未満）	≦ 以下

これはどんな意味？

$a < b$

aはbより小さい

bはaより大きい

どっちでもいい。大小関係さえ合っていればね！

文字式でも表せるようにね

ある数xの2倍から7を引いた数は5より小さい。

$$2x - 7 < 5$$

（小）　　（大）

大きいほうにひらくからこう？

さて、ある大小関係に手を加えてみよう。すると大小関係が変わることってあるのかな？
次の話を見てくれ。

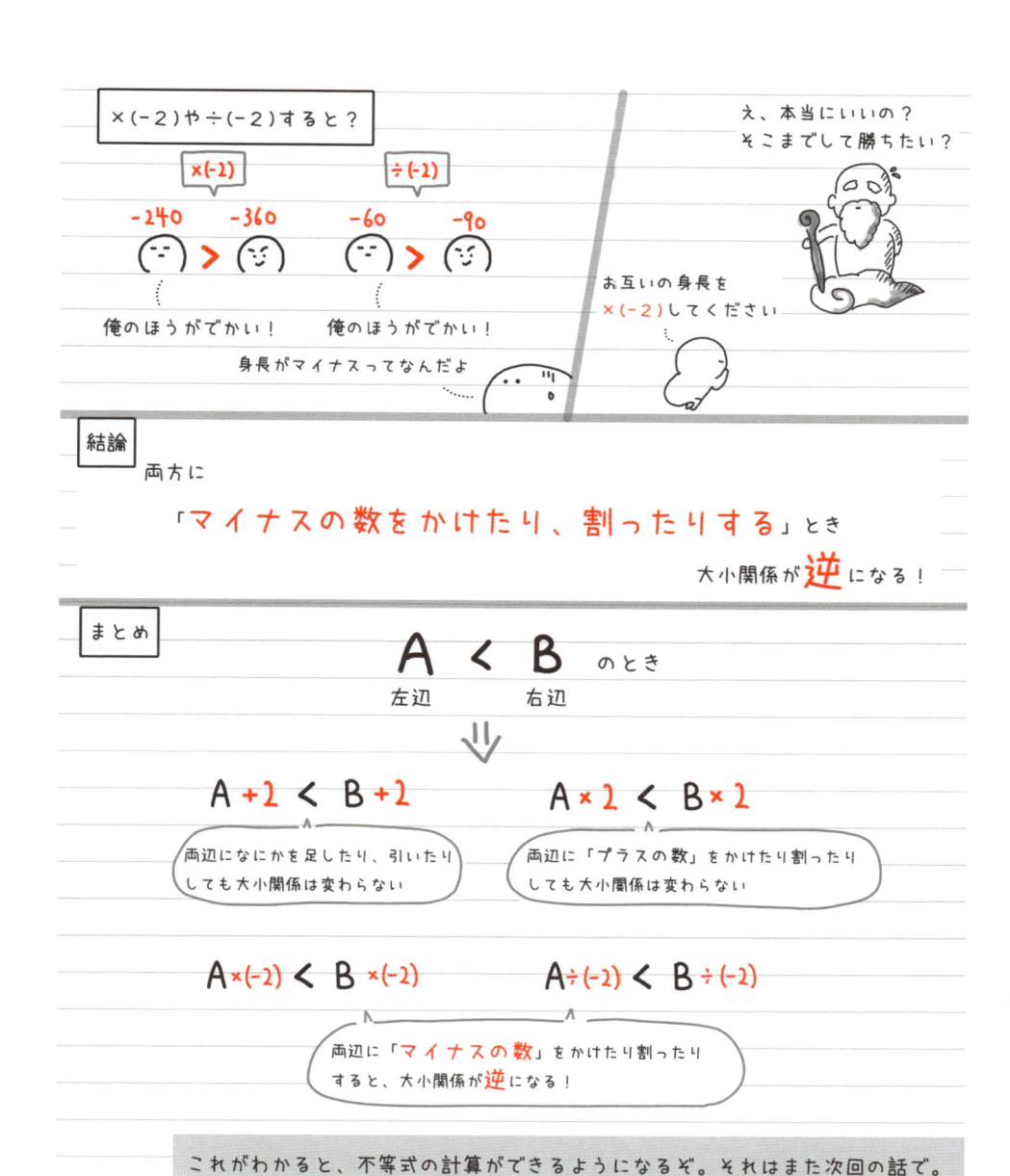

×(−2)や÷(−2)すると？

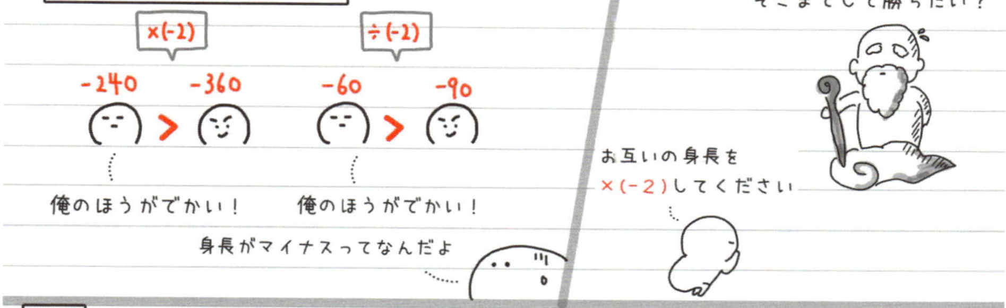

結論

両方に

「**マイナスの数をかけたり、割ったりする**」とき

大小関係が**逆**になる！

まとめ

$A < B$ のとき

（A：左辺、B：右辺）

⇓

$A+2 < B+2$

両辺になにかを足したり、引いたりしても大小関係は変わらない

$A\times 2 < B\times 2$

両辺に「プラスの数」をかけたり割ったりしても大小関係は変わらない

$A\times(-2) < B\times(-2)$　　$A\div(-2) < B\div(-2)$

両辺に「**マイナスの数**」をかけたり割ったりすると、大小関係が**逆**になる！

これがわかると、不等式の計算ができるようになるぞ。それはまた次回の話で。

1分でわかる!

不等式を解くことでわかる、多くのこと

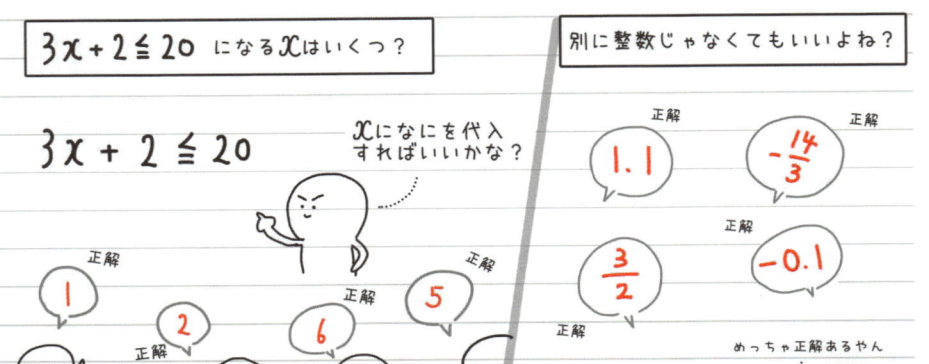

$3x+2 \leqq 20$ になるxはいくつ?

$$3x + 2 \leqq 20$$

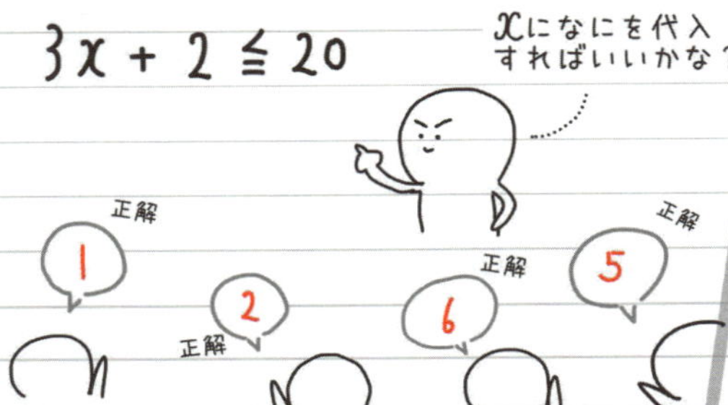

別に整数じゃなくてもいいよね?

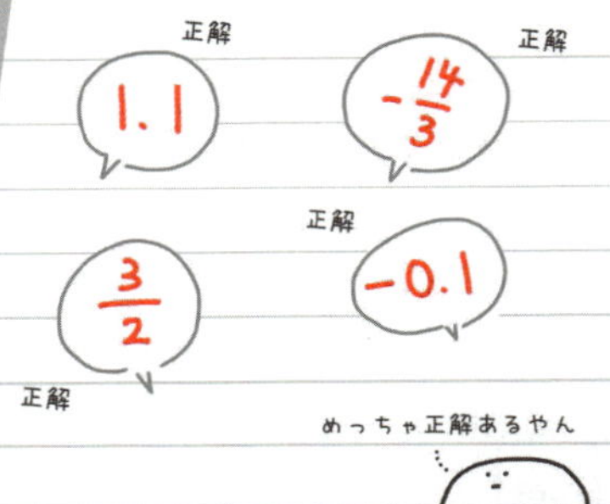

この不等式を満たすxはめっちゃある。かき出したらキリがないよね? そんなときは「この範囲です―」っていう答え方をするんだ。不等式の性質を思い出しながら考えていくよ。

式を簡単にしていく

$$3x + 2 \leqq 20$$

+2が邪魔だから…

両辺に－2をする!

$$3x + 2 - 2 \leqq 20 - 2$$

両辺からなにを引こうが、大小関係は変わらない

$$3x \leqq 18$$

3が邪魔だから…

両辺を÷3する

$$\frac{3x}{3} \leqq \frac{18}{3}$$

$$x \leqq 6$$

xは6以下の範囲です

両辺をプラスの数で割ろうが、大小関係は変わらない

結局…

1次方程式と同じようにできるってことか

$$3x + 2 = 20$$
$$3x = 18$$
$$x = 6$$

これと同じノリ

1次方程式と同じように解くんだけど、1つだけ注意してほしいことがあるんだ。

この解き方の間違いを探せ

$-2x+7>5$

$-2x>5-7$ …… 移項して

$\dfrac{-2x}{-2}>\dfrac{-2}{-2}$ …… 両辺を−2で割る

~~$x>1$~~

え、合ってるじゃん

ここに注目

大小関係が変わるタイミングってあったよね？

$\dfrac{-2x}{-2}>\dfrac{-2}{-2}$

$x<1$

あ！ マイナスの数で割っているから不等号の向きが逆だ

そう！「マイナスの数をかけたり、割ったり」するときだけは注意してね！

不等式 $\dfrac{3}{2}x+3\leqq\dfrac{5}{3}x-\dfrac{1}{2}$ を解け。

$\dfrac{3}{2}x+3\leqq\dfrac{5}{3}x-\dfrac{1}{2}$ （各項に ×6） …… 分母が邪魔なので両辺に×6をする

$9x+18\leqq10x-3$ …… 移項する

$-x\leqq-21$ …… 両辺に×(−1)をする

↓ 逆

$x\geqq21$

あ！ マイナスの数をかけてるから不等号の向きが逆逆逆逆！

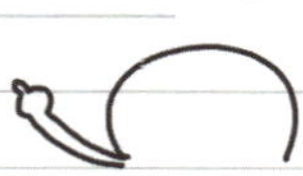

さて、今出たこの不等式の意味は？

$$x \geqq 21$$

xは21以上です

それを図で表現するためには？

数直線を使う

＼21以上の範囲に集まってー／

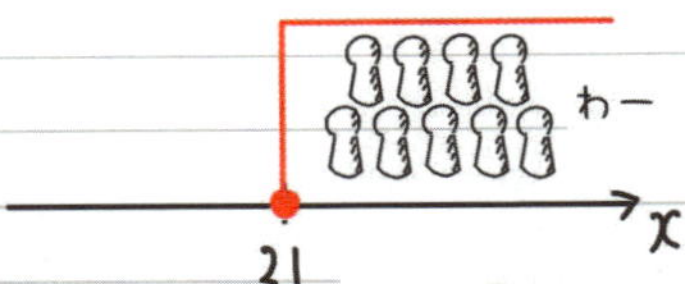

21より右側のエリアに集まる

つまり、このように表せる

21を含むので
塗り潰して
含むアピールをする

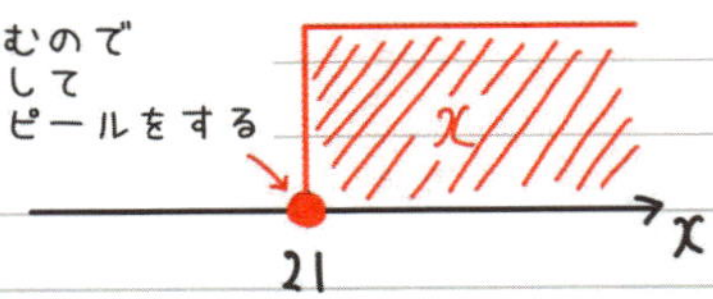

このように、不等式を図で表現したほうが、目で見てパッとわかりやすいよね？ 練習しよう。

「$x<5$」を図示せよ。

まずは、日本語に直せる？

「xは5より小さい」

5は含まないから
含まないアピールで白丸

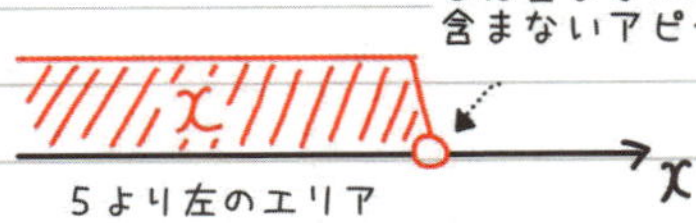

5より左のエリア

「$-1<x\leqq 3$」を図示せよ。

まずは、日本語に直せる？

「xは−1より大きくて、3以下」

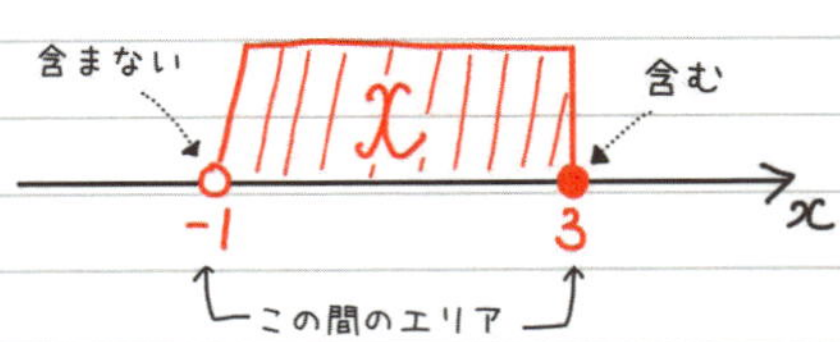

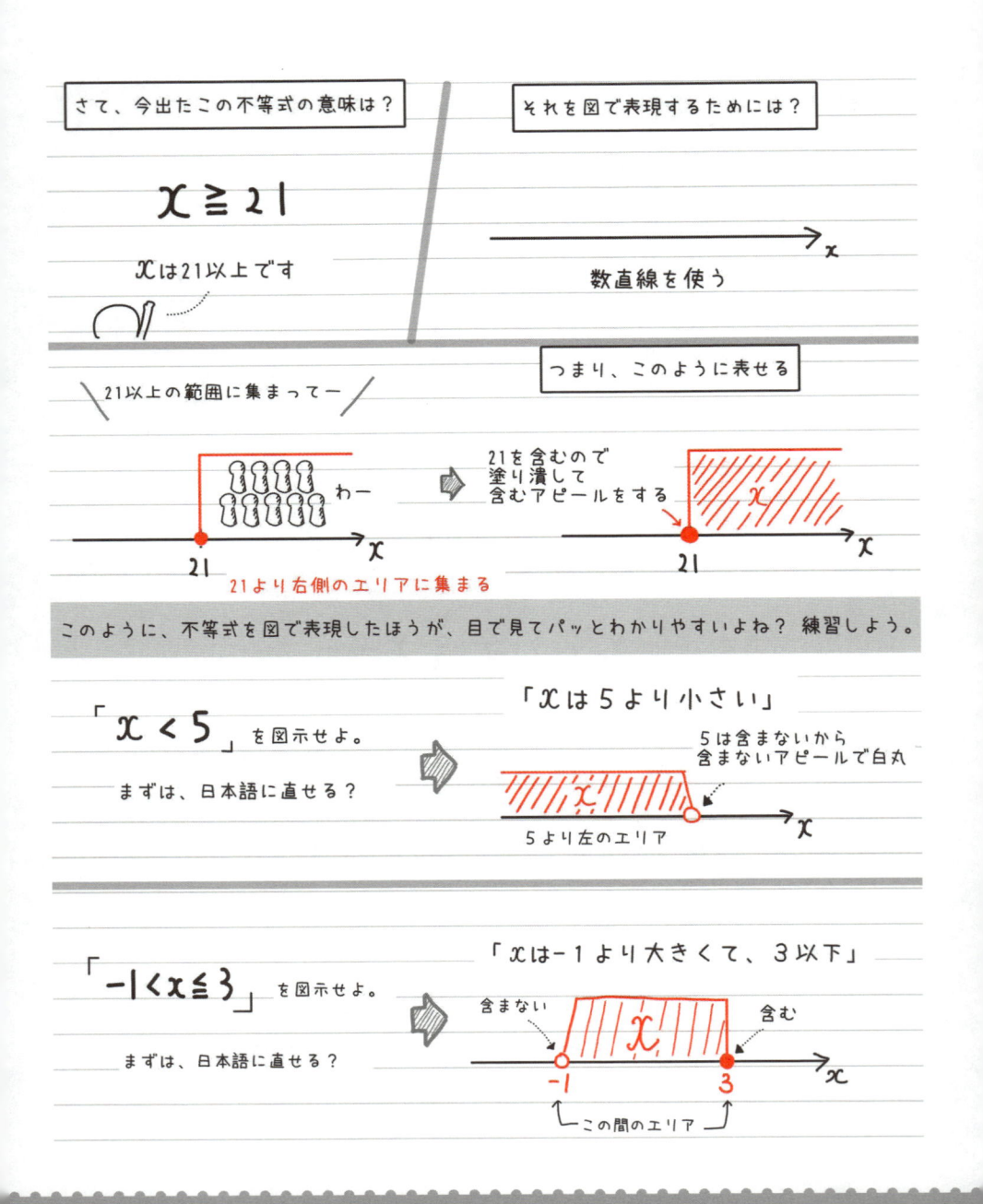

1分でわかる!

不等式が複数の 連立不等式

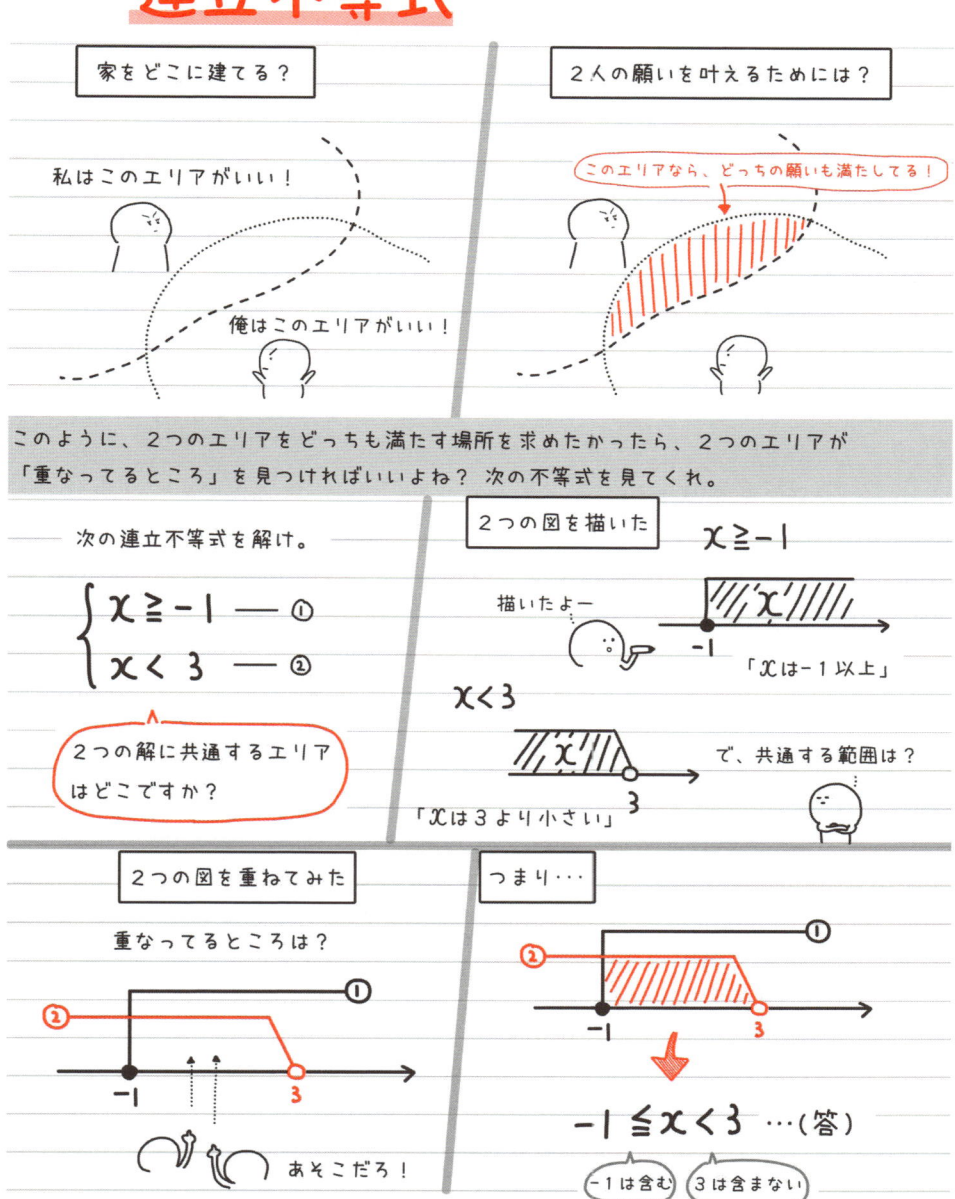

家をどこに建てる?

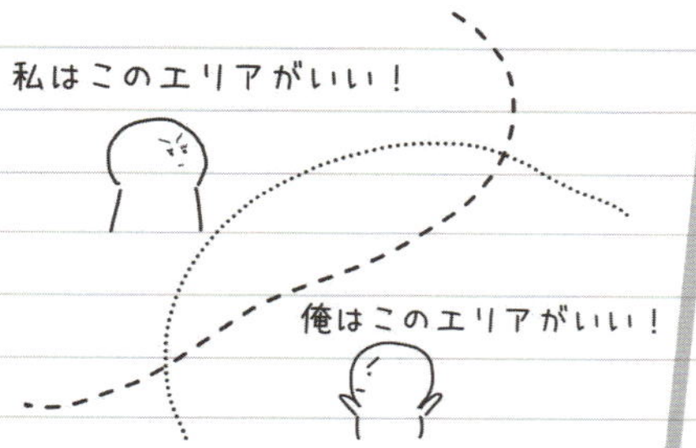

2人の願いを叶えるためには?

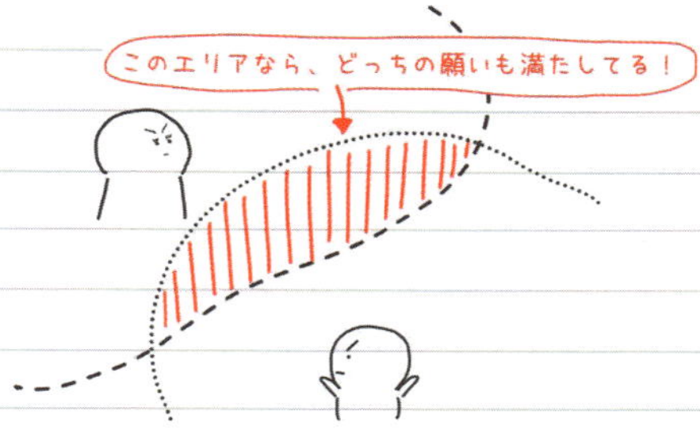

このように、2つのエリアをどっちも満たす場所を求めたかったら、2つのエリアが「重なってるところ」を見つければいいよね? 次の不等式を見てくれ。

次の連立不等式を解け。

$$\begin{cases} x \geqq -1 & \text{—— ①} \\ x < 3 & \text{—— ②} \end{cases}$$

2つの解に共通するエリアはどこですか?

2つの図を描いた

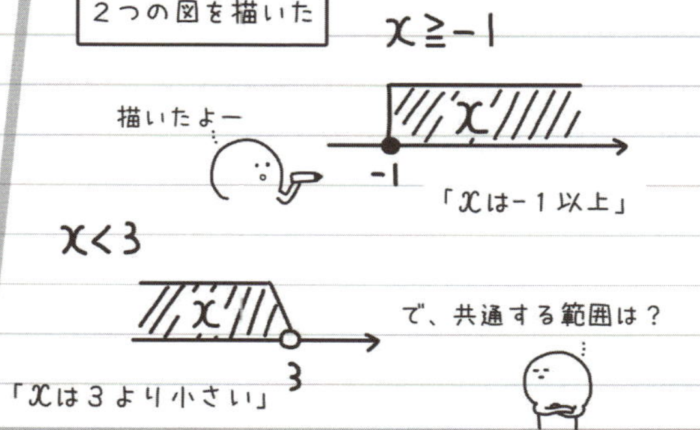

2つの図を重ねてみた

重なってるところは?

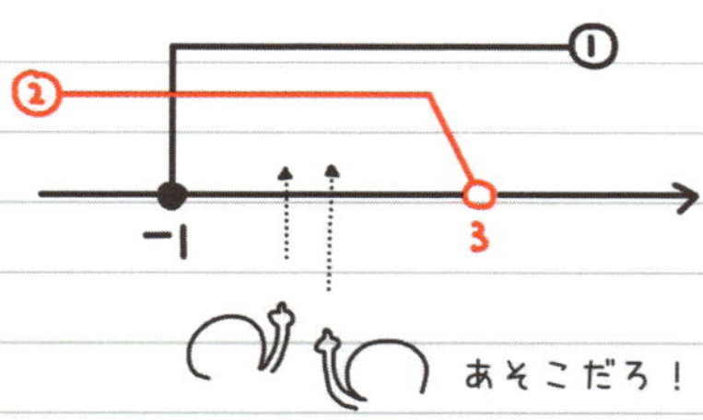

つまり…

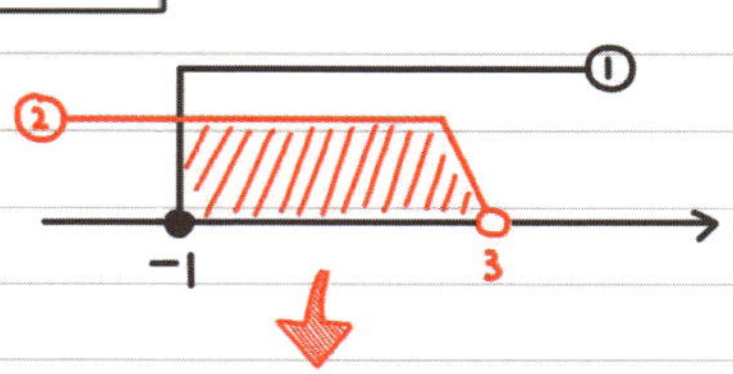

$-1 \leqq x < 3$ …(答)

−1は含む　3は含まない

次の連立不等式を解け。

$$\begin{cases} 7x+1>4x-3 & \text{—— ①} \\ 2x+5 \leqq 3(x+1) & \text{—— ②} \end{cases}$$

これは、まず解かないと図が描けないよね？

だな、解くしかないか

①を解くと・・・

$$7x+1>4x-3$$

$$\frac{3x}{3}>\frac{-4}{3}$$

$$x>-\frac{4}{3}$$

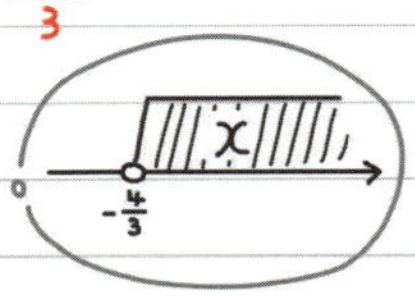

②を解くと・・・

$$2x+5 \leqq 3(x+1)$$

$$2x+5 \leqq 3x+3$$

$$\frac{-x}{-1} \leqq \frac{-2}{-1}$$

$$x \geqq 2$$

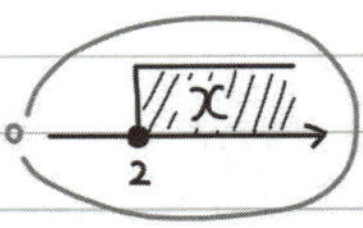

2つの図を重ねる

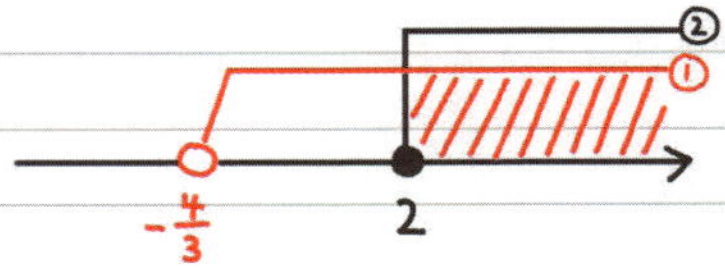

これ、2より右側？

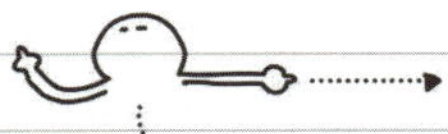

こっちずーっと重なってるぞー

つまり・・・

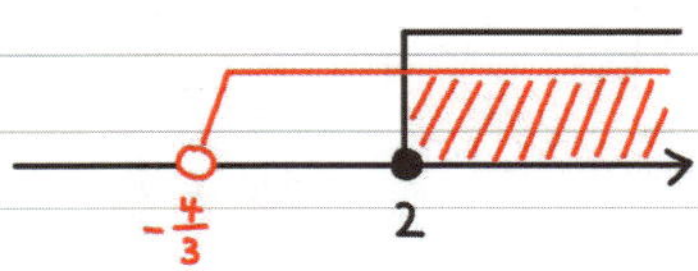

$$2 \leqq x$$ ・・・（答）

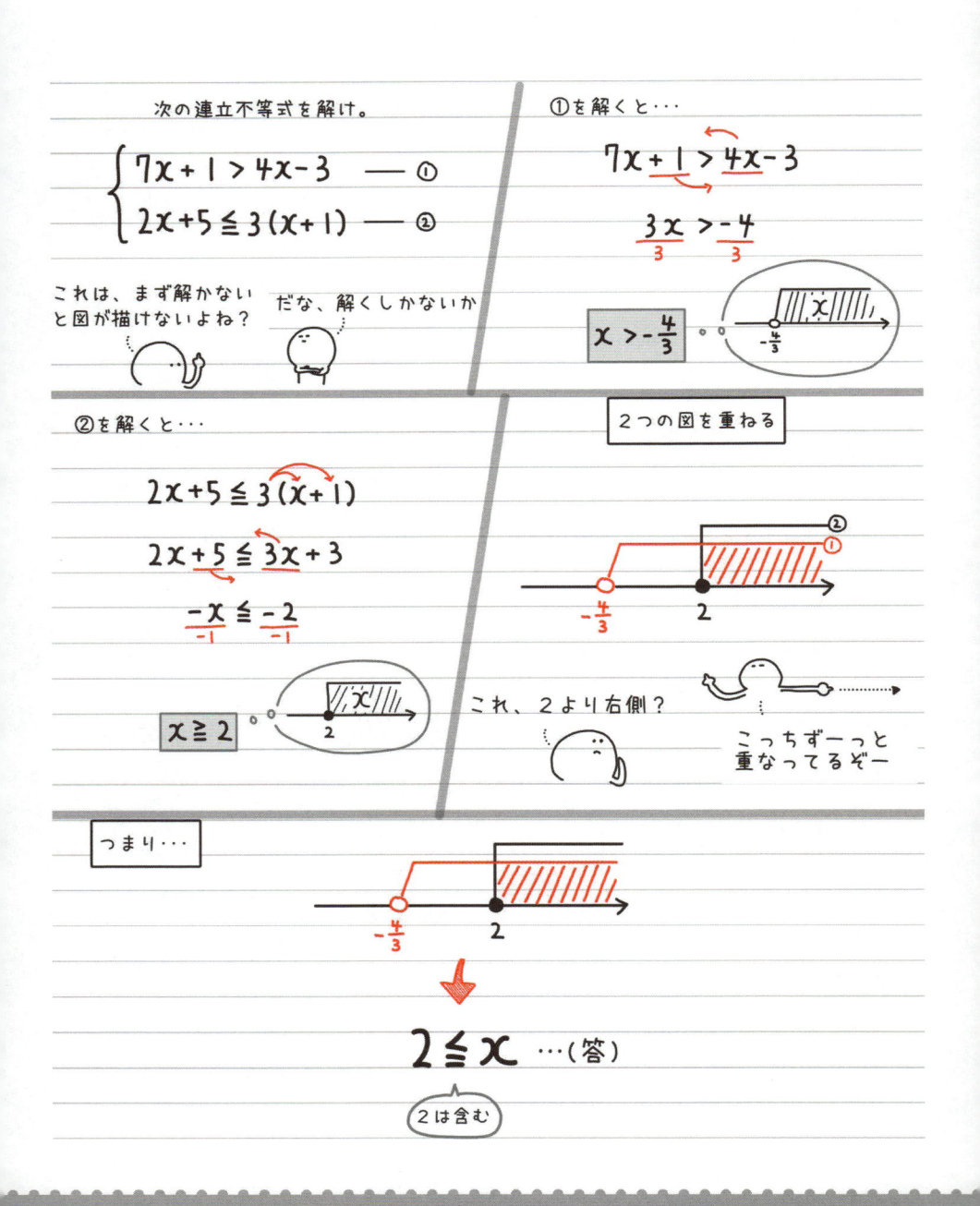

2は含む

3分でわかる!

絶対値つきの方程式・不等式(その1)

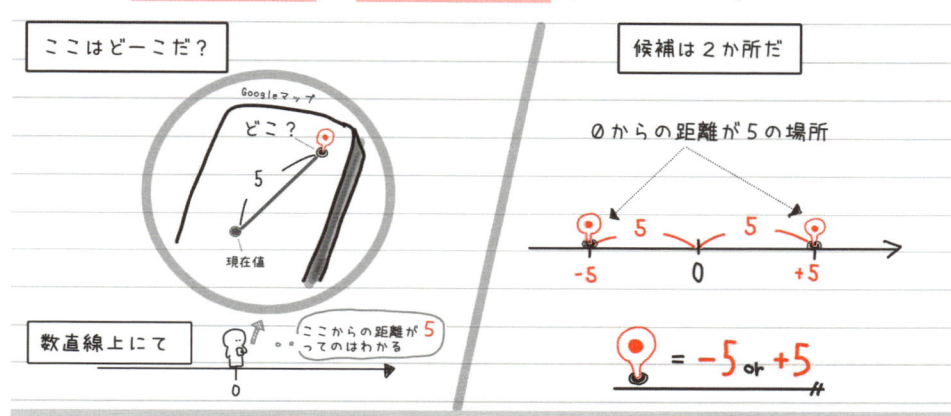

ここはどーこだ?

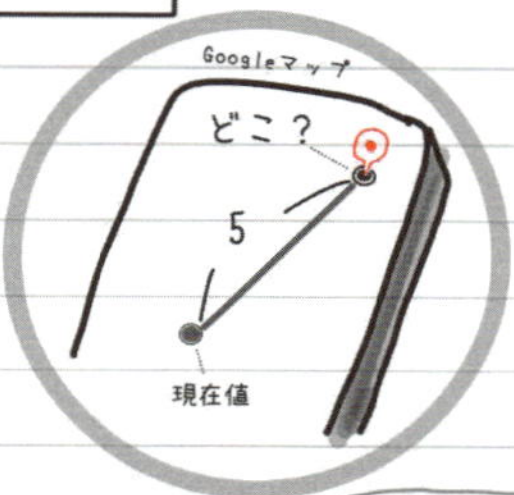

数直線上にて

ここからの距離が5ってのはわかる
0

候補は2か所だ

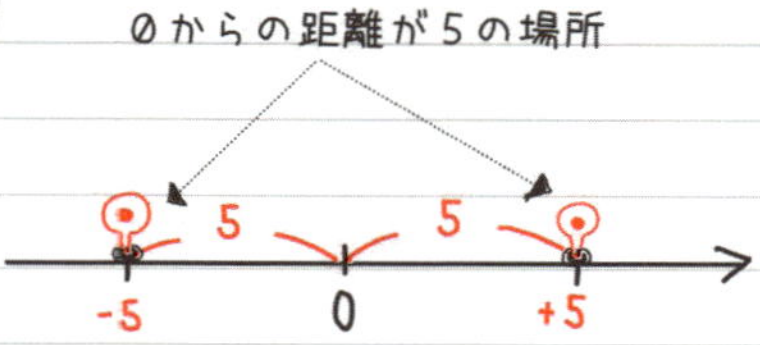

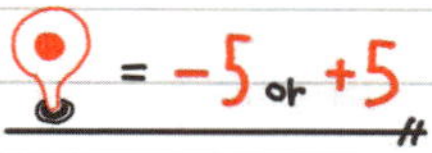

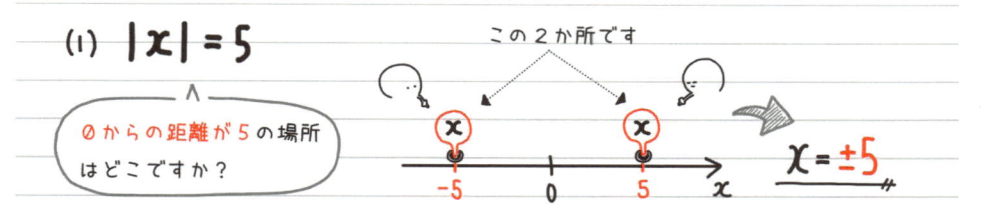

さて、「0からの距離」と聞いて思いつくものはないかな? そう、「絶対値」だ。絶対値と方程式・不等式の合わせ技をやっていくぞ。まずは次の問題を見てくれ。

問題) 次の方程式・不等式を解け。

(1) $|x|=5$ (2) $|x|<5$ (3) $|x|>5$

(1) $|x|=5$

0からの距離が5の場所はどこですか?

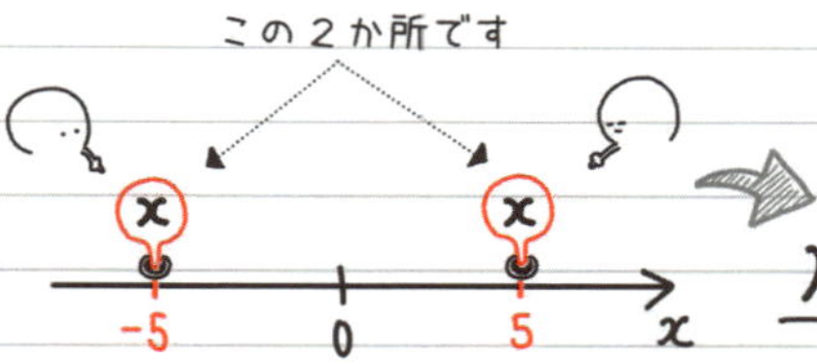

$x=\pm5$

(2) $|x|<5$

0からの距離が5より小さいエリアはどこですか?

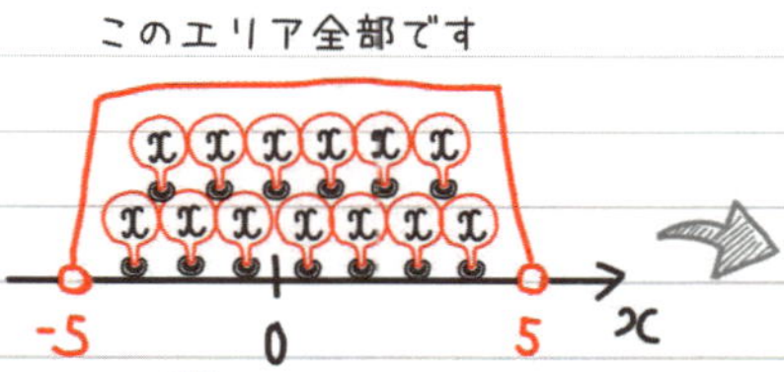

$-5<x<5$

要するに、5より近い距離の場所だろ?

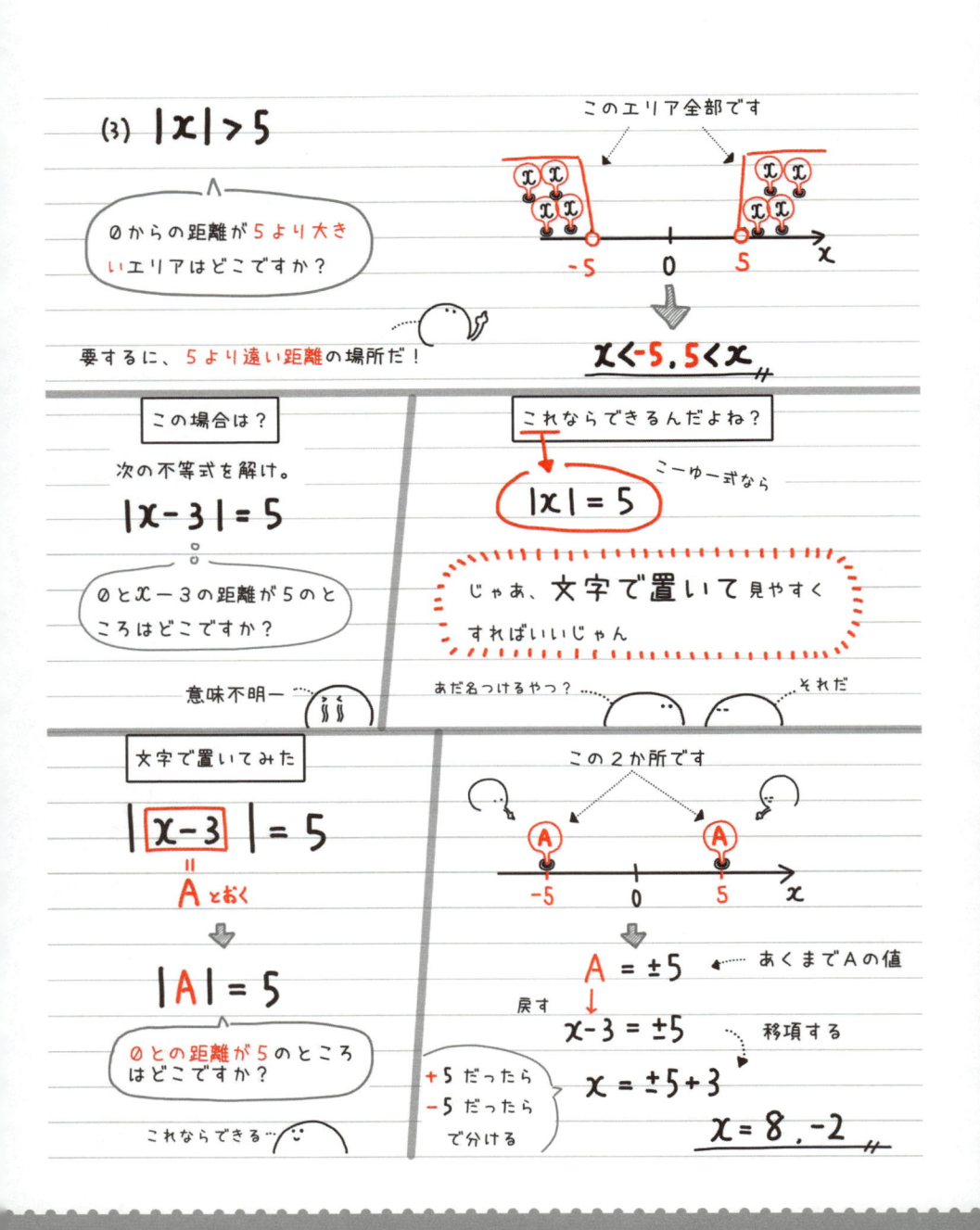

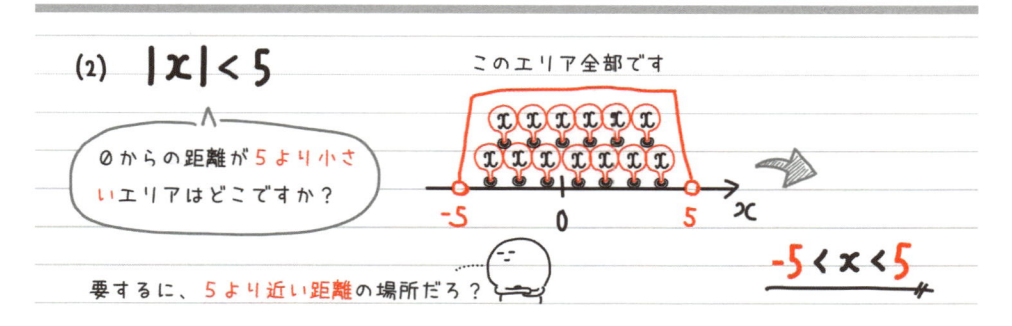

(3) $|x|>5$

0からの距離が5より大きいエリアはどこですか？

このエリア全部です

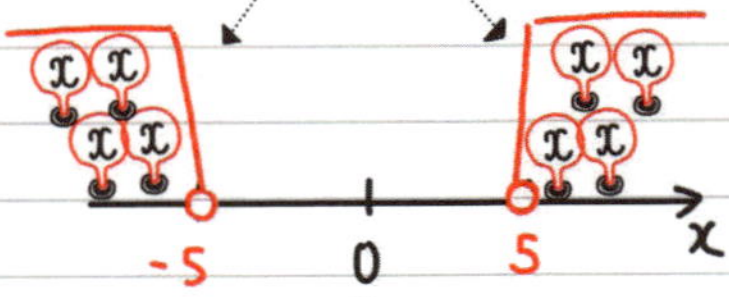

要するに、5より遠い距離の場所だ！

$x<-5,\ 5<x$

この場合は？

次の不等式を解け。

$|x-3|=5$

0と$x-3$の距離が5のところはどこですか？

意味不明ー

これならできるんだよね？

$|x|=5$

こーゆー式なら

じゃあ、文字で置いて見やすくすればいいじゃん

あだ名つけるやつ？

それだ

文字で置いてみた

$|x-3|=5$

$x-3$ = A とおく

$|A|=5$

0との距離が5のところはどこですか？

これならできる…

この2か所です

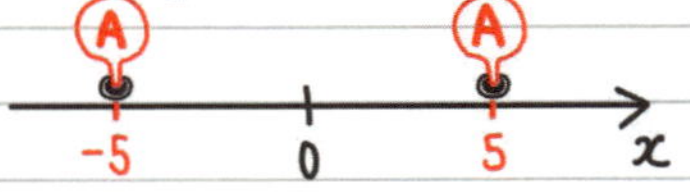

$A=\pm5$ ← あくまでAの値

戻す

$x-3=\pm5$　移項する

$x=\pm5+3$

+5だったら
−5だったら
で分ける

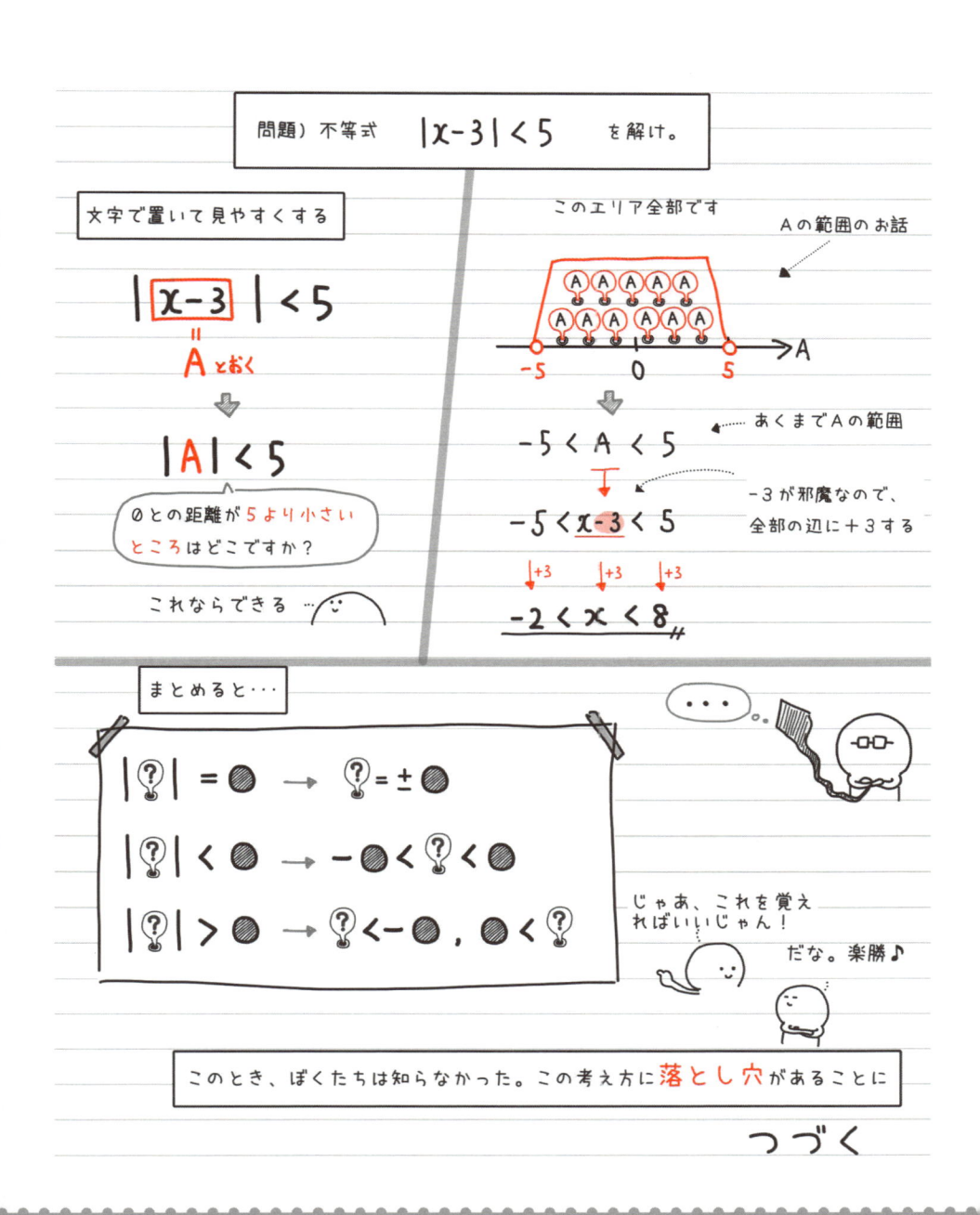

$x=8,\ -2$

問題）不等式　$|x-3|<5$　を解け。

文字で置いて見やすくする

$$|\boxed{x-3}|<5$$

$x-3$ ＝ A とおく

⇩

$$|A|<5$$

0との距離が5より小さいところはどこですか？

これならできる…

このエリア全部です

Aの範囲のお話

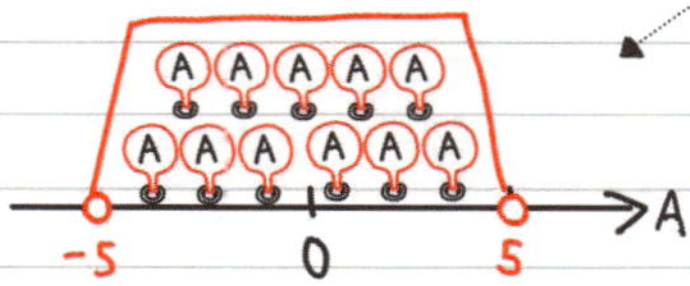

⇩

$-5<A<5$　← あくまでAの範囲

-3が邪魔なので、全部の辺に＋3する

$-5<x-3<5$

↓+3　↓+3　↓+3

$-2<x<8$ //

まとめると…

|？| ＝ ●　→　？ ＝ ±●

|？| ＜ ●　→　−● ＜ ？ ＜ ●

|？| ＞ ●　→　？ ＜ −●，● ＜ ？

じゃあ、これを覚えればいいじゃん！

だな。楽勝♪

このとき、ぼくたちは知らなかった。この考え方に**落とし穴**があることに

つづく

5分でわかる!

絶対値つきの方程式・不等式(その2)

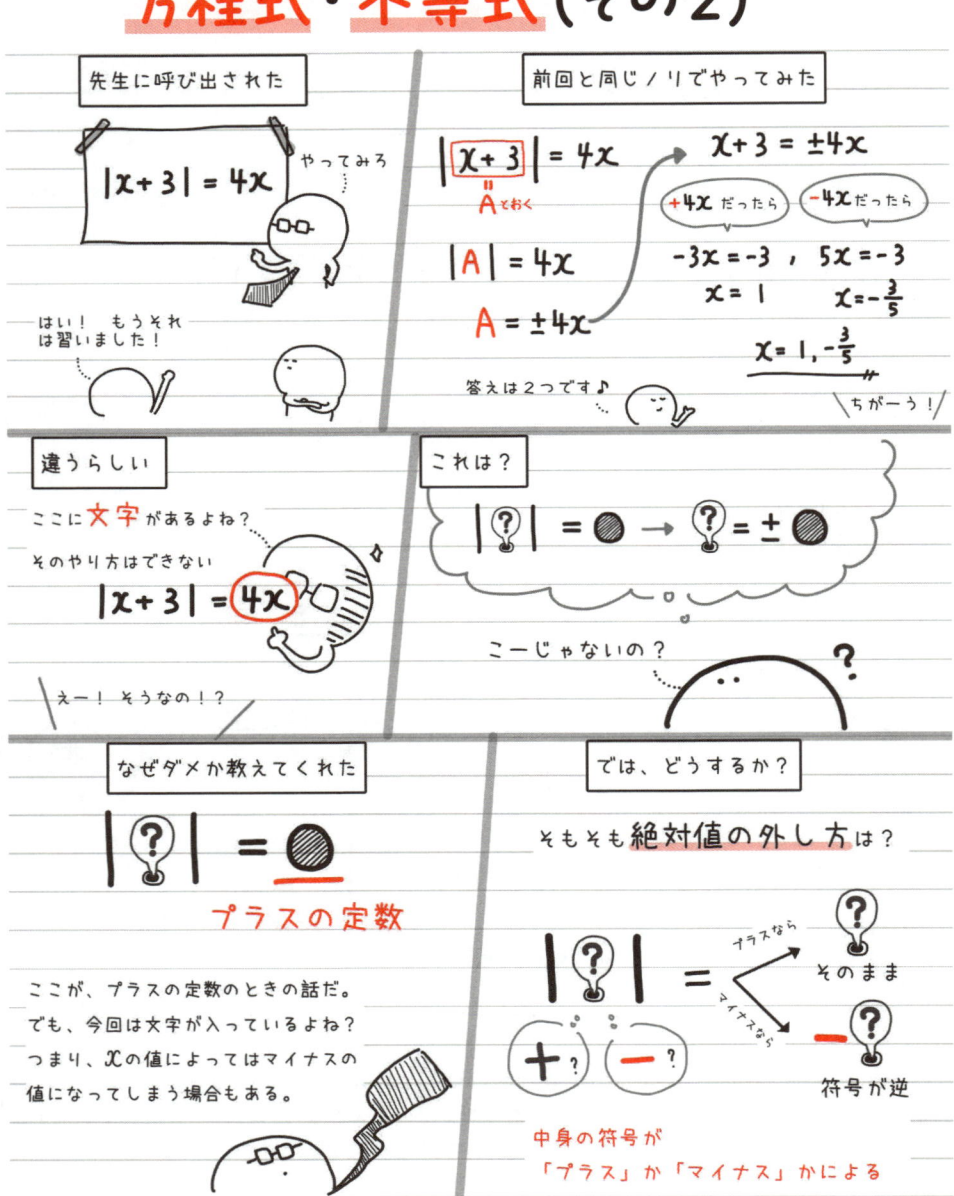

先生に呼び出された

$$|x+3|=4x$$

やってみろ

はい！　もうそれは習いました！

前回と同じノリでやってみた

$|x+3|=4x$　$x+3$ = A とおく

$|A|=4x$

$A=\pm 4x$

$x+3=\pm 4x$

+4x だったら　　−4x だったら

$-3x=-3$,　$5x=-3$

$x=1$　　$x=-\frac{3}{5}$

$x=1,\ -\frac{3}{5}$

答えは2つです♪

ちがーう！

違うらしい

ここに**文字**があるよね？

そのやり方はできない

$|x+3|=4x$

えー！　そうなの！？

これは？

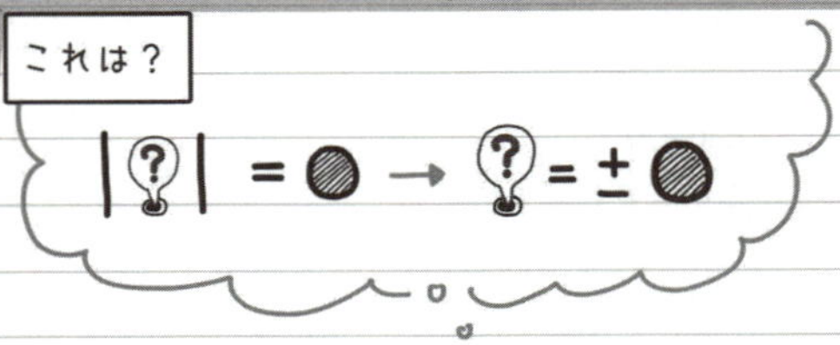

こーじゃないの？

なぜダメか教えてくれた

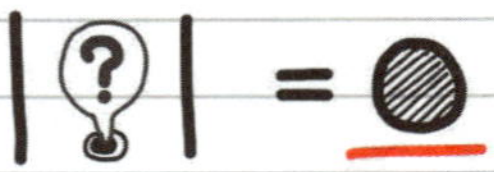

プラスの定数

ここが、プラスの定数のときの話だ。
でも、今回は文字が入っているよね？
つまり、xの値によってはマイナスの値になってしまう場合もある。

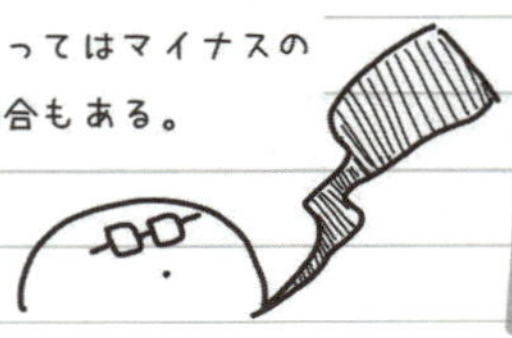

では、どうするか？

そもそも**絶対値の外し方**は？

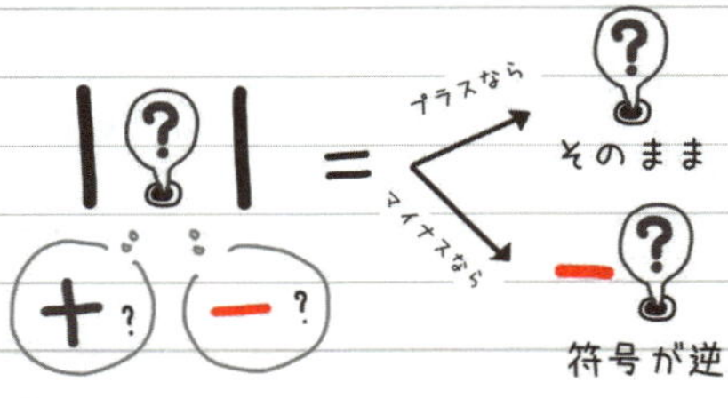

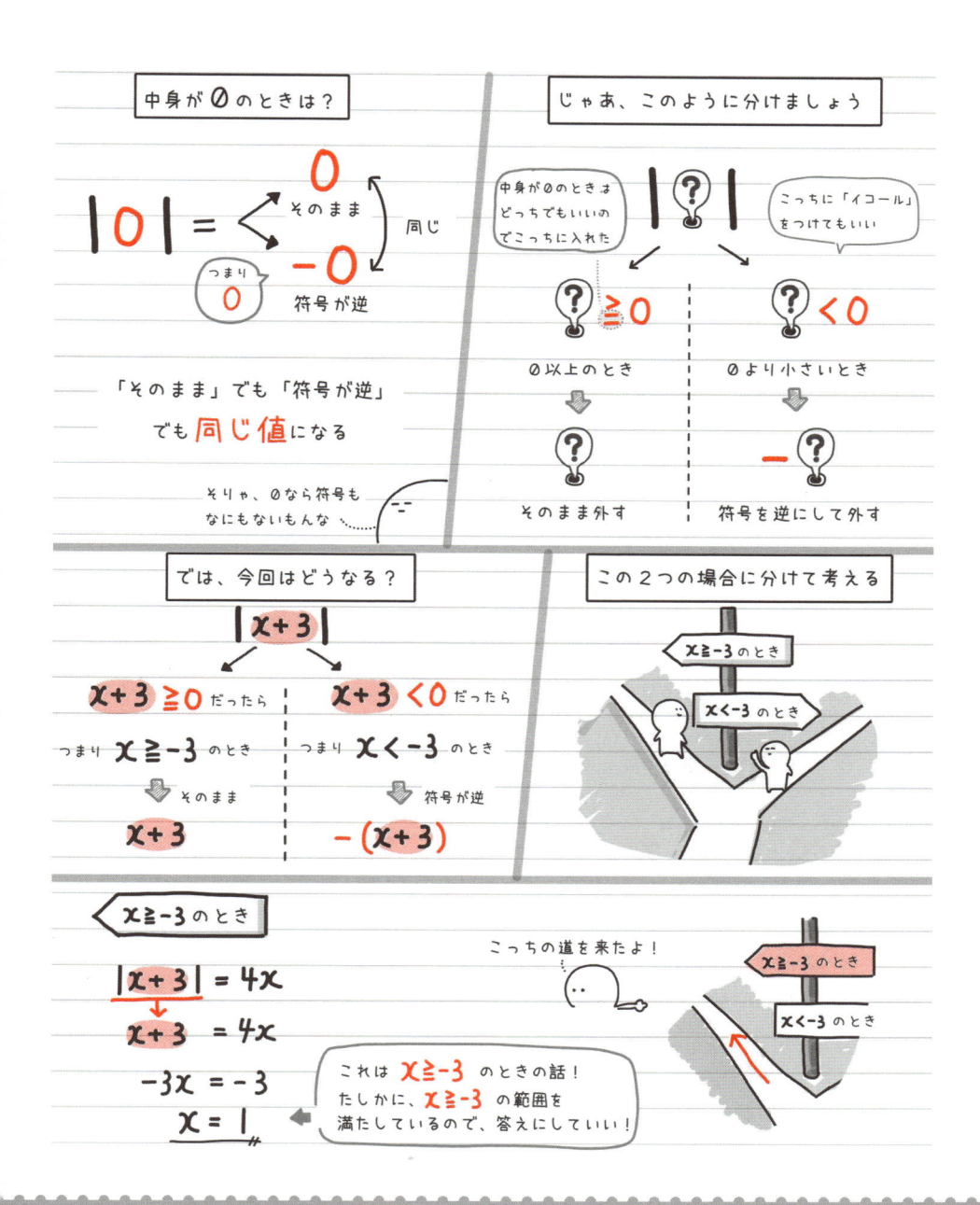

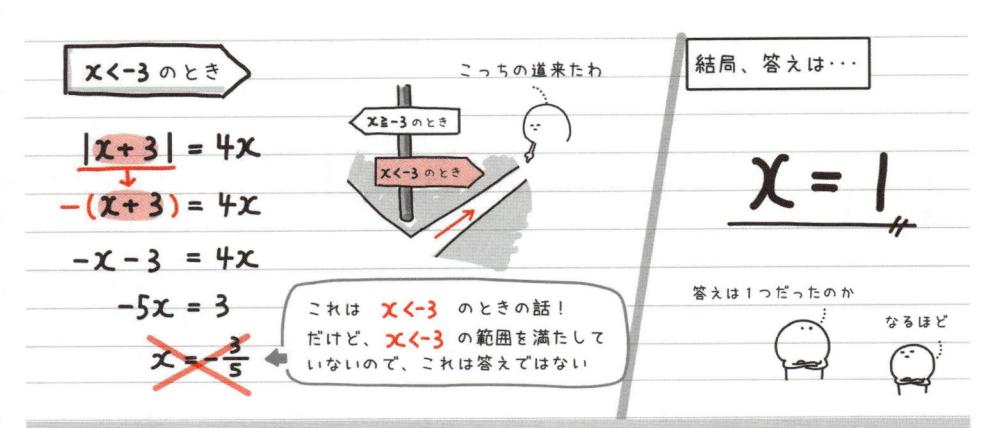

中身の符号が「プラス」か「マイナス」かによる

中身が0のときは？

$|0| = $ 0 そのまま / −0 符号が逆 （同じ）

つまり 0

「そのまま」でも「符号が逆」でも**同じ値**になる

そりゃ、0なら符号もなにもないもんな…

じゃあ、このように分けましょう

$|?|$

中身が0のときはどっちでもいいのでこっちに入れた

こっちに「イコール」をつけてもいい

$? \geqq 0$	$? < 0$
0以上のとき	0より小さいとき
⇩	⇩
$?$	$-?$
そのまま外す	符号を逆にして外す

では、今回はどうなる？

$|x+3|$

$x+3 \geqq 0$ だったら	$x+3 < 0$ だったら
つまり $x \geqq -3$ のとき	つまり $x < -3$ のとき
⇩ そのまま	⇩ 符号が逆
$x+3$	$-(x+3)$

この2つの場合に分けて考える

$x \geqq -3$ のとき

$$|x+3| = 4x$$
$$x+3 = 4x$$
$$-3x = -3$$
$$x = 1$$

これは $x \geqq -3$ のときの話！
たしかに、$x \geqq -3$ の範囲を満たしているので、答えにしていい！

こっちの道を来たよ！

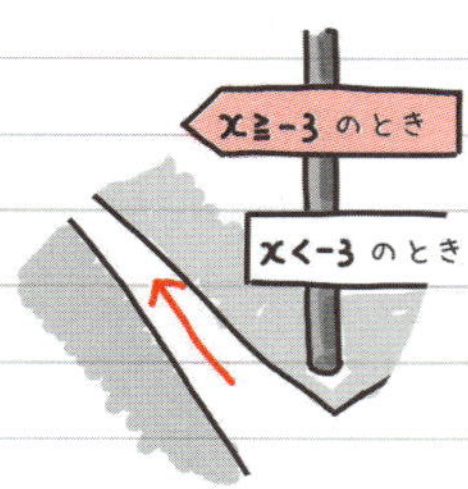

$x<-3$ のとき

$$|x+3|=4x$$
$$-(x+3)=4x$$
$$-x-3=4x$$
$$-5x=3$$
$$x=-\frac{3}{5}$$

こっちの道来たわ
$x \geqq -3$ のとき
$x<-3$ のとき

これは $x<-3$ のときの話！
だけど、$x<-3$ の範囲を満たしていないので、これは答えではない

結局、答えは・・・

$$x=1$$

答えは1つだったのか
なるほど

このように絶対値は「中身がプラスだったら？　中身がマイナスだったら？」で場合分けして考えればいいんだ。実は、前回の内容もこの考え方で解くことができたんだよ。
むしろ、絶対値は場合分けが基本だと思ってくれ。

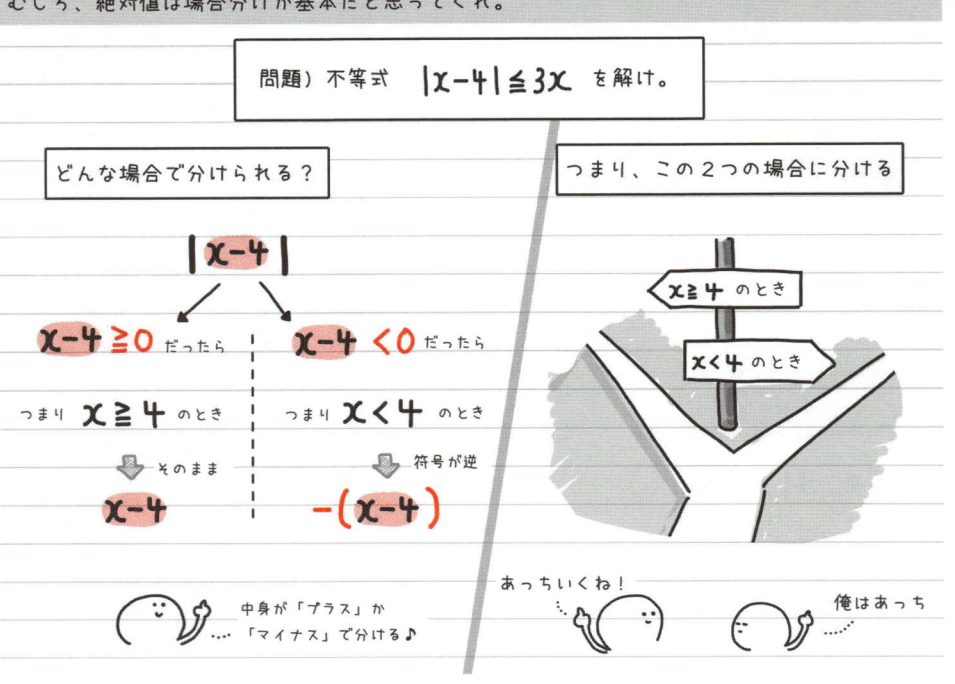

問題）不等式 $|x-4| \leqq 3x$ を解け。

どんな場合で分けられる？

$$|x-4|$$

$x-4 \geqq 0$ だったら	$x-4<0$ だったら
つまり $x \geqq 4$ のとき	つまり $x<4$ のとき
⇩ そのまま	⇩ 符号が逆
$x-4$	$-(x-4)$

中身が「プラス」か「マイナス」で分ける♪

つまり、この２つの場合に分ける

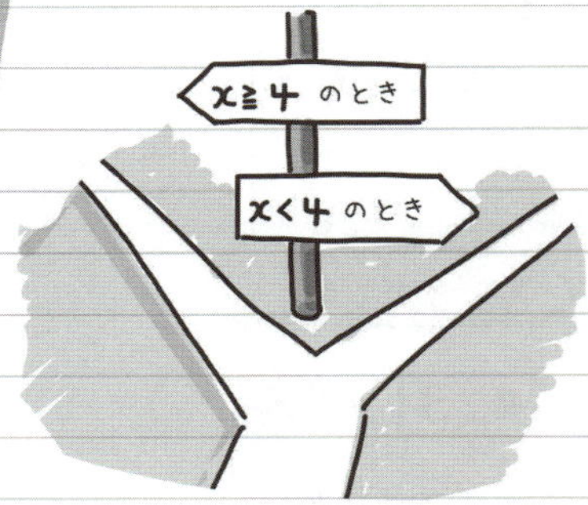

$x \geqq 4$ のとき
$x<4$ のとき

あっちいくね！
俺はあっち

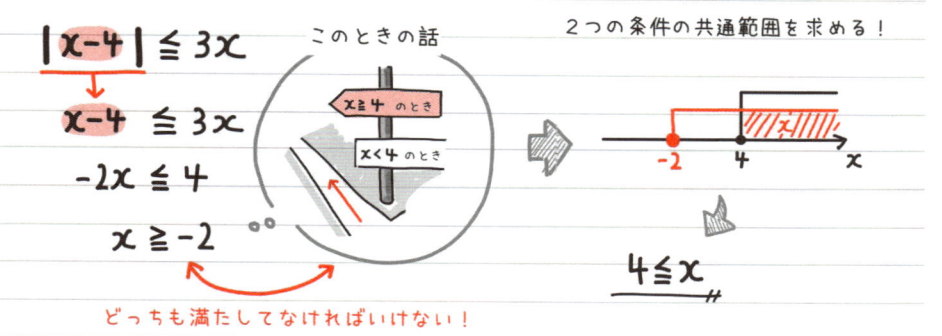

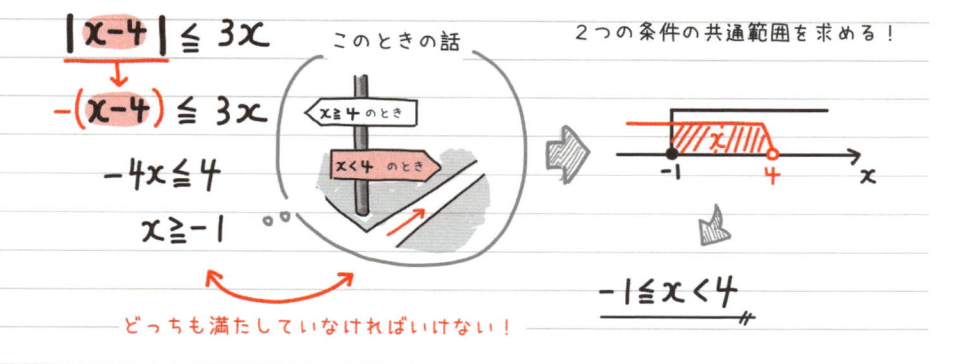

$x \geqq 4$ のとき

$$|x-4| \leqq 3x$$

$$x-4 \leqq 3x$$

$$-2x \leqq 4$$

$$x \geqq -2$$

このときの話

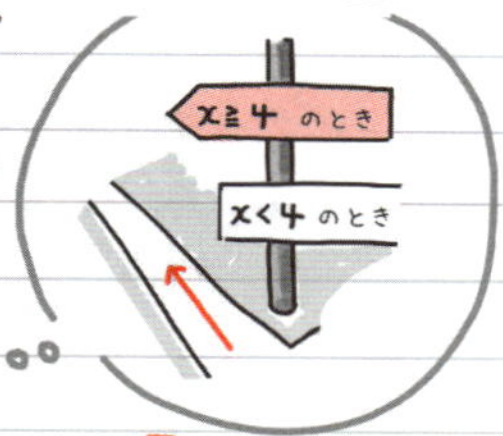

どっちも満たしてなければいけない！

2つの条件の共通範囲を求める！

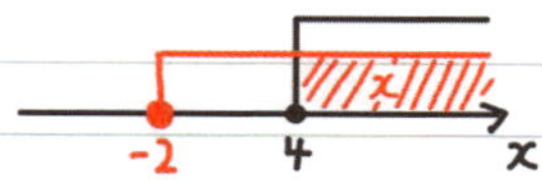

$4 \leqq x$

$x < 4$ のとき

$$|x-4| \leqq 3x$$

$$-(x-4) \leqq 3x$$

$$-4x \leqq 4$$

$$x \geqq -1$$

このときの話

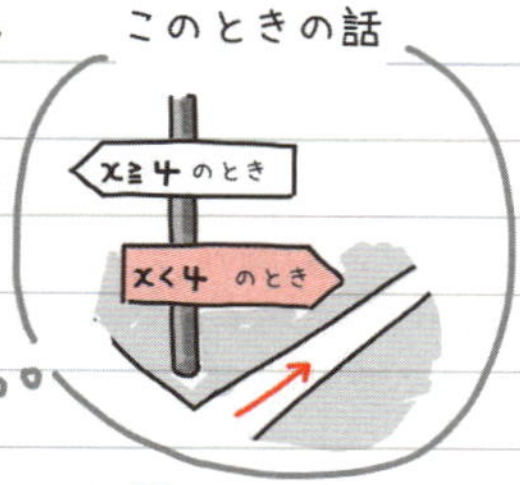

どっちも満たしていなければいけない！

2つの条件の共通範囲を求める！

$-1 \leqq x < 4$

結局、答えは2つ

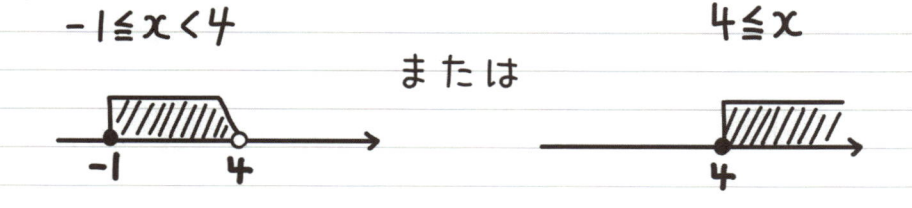

$-1 \leqq x < 4$ または $4 \leqq x$

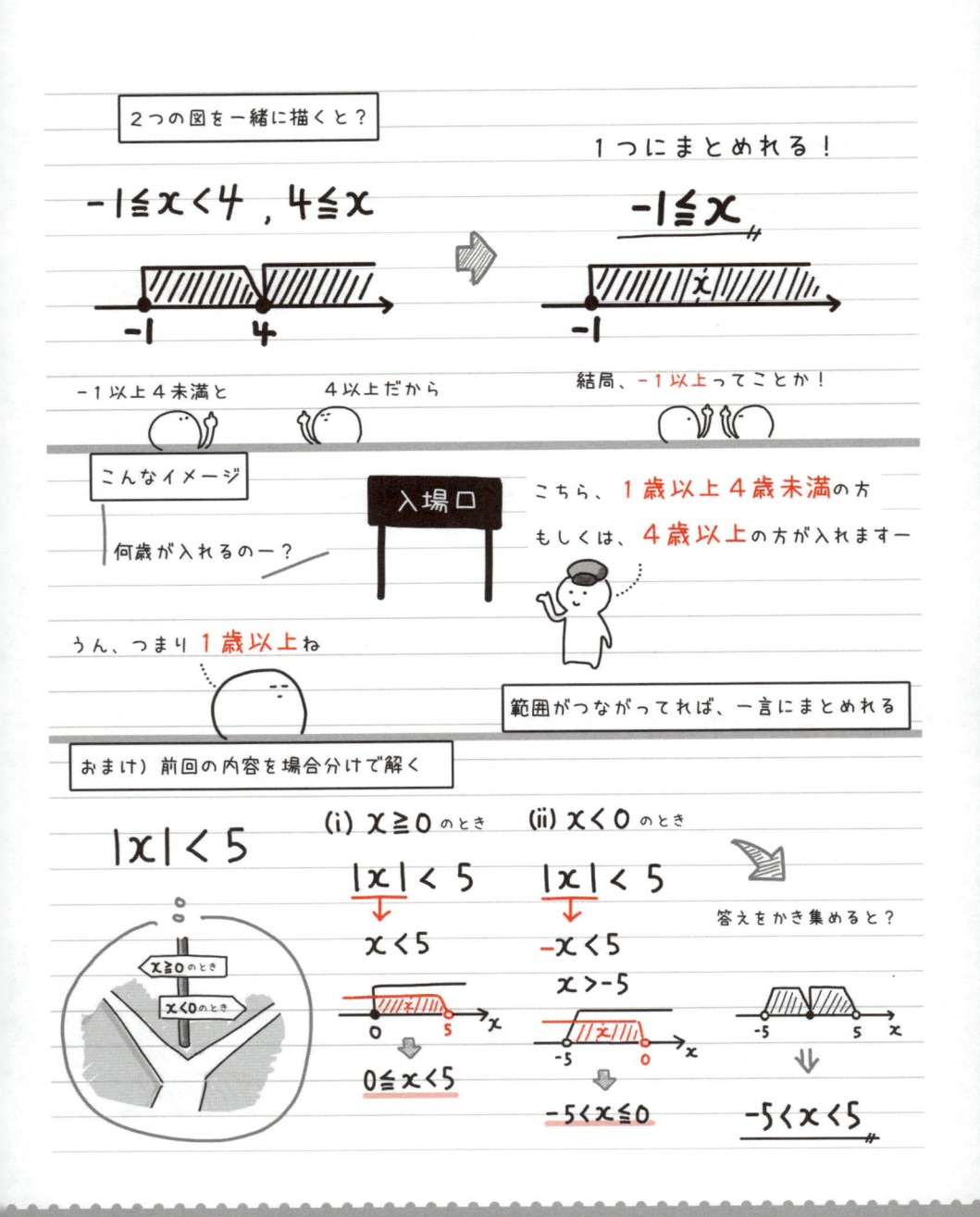

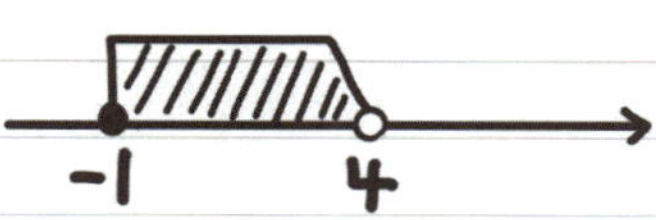

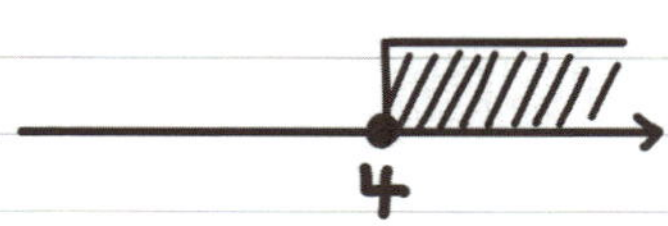

2つの図を一緒に描くと？

$-1 \leqq x < 4$, $4 \leqq x$

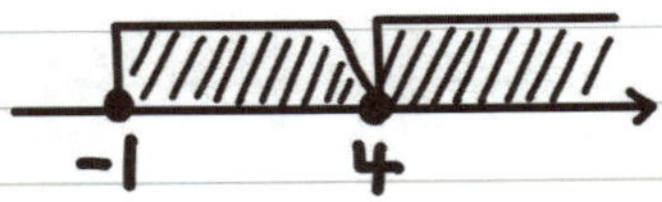

1つにまとめれる！

$-1 \leqq x$

−1以上4未満と

4以上だから

結局、−1以上ってことか！

こんなイメージ

何歳が入れるのー？

こちら、1歳以上4歳未満の方

もしくは、4歳以上の方が入れますー

うん、つまり1歳以上ね

範囲がつながってれば、一言にまとめれる

おまけ）前回の内容を場合分けで解く

$|x| < 5$

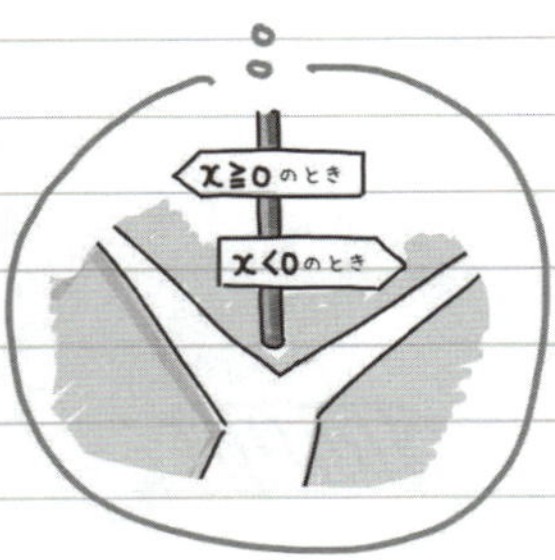

(i) $x \geqq 0$ のとき

$|x| < 5$

$x < 5$

$0 \leqq x < 5$

(ii) $x < 0$ のとき

$|x| < 5$

$-x < 5$

$x > -5$

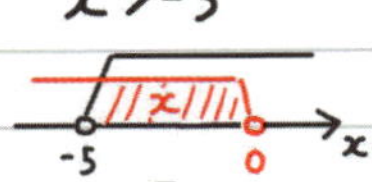

$-5 < x \leqq 0$

答えをかき集めると？

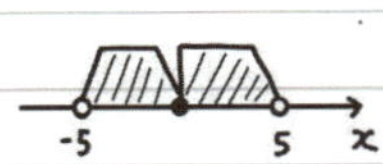

$-5 < x < 5$

練習問題

答え
P300

問題１） 次の式を展開しよう！ (3)はxにおいて降べきの順に整理しよう！

(1) $(x-y)(2x+7y)$ (2) $(8a+5b)^2$

(3) $(x-y+z)(x-y-5z)$

問題２） 次の式を因数分解しよう！

(1) $2(m-n)-(n-m)y$ (2) $6x^2-5x-4$

(3) $a^2+ab-3a+3b-2b^2$ (4) $(a+b)c^2+(b+c)a^2+(c+a)b^2+2abc$

問題３） 次の式の分母を有理化しよう！

(1) $\dfrac{1}{\sqrt{5}}$ (2) $\dfrac{3}{\sqrt{3}-\sqrt{7}}$

問題４） 次の式の不等式を解こう！

(1) $\dfrac{7}{4}a-2 \leqq \dfrac{5}{2}a-\dfrac{1}{8}$ (2) $5-2x \leqq 2x < 3x+1$

問題５） 次の式の不等式を解こう！

$|a+5| \geqq 2a$

3分でわかる! 集合ってなんなん?

こんな呼び方すると・・・

・イケメンで

・背が高くて

・お金持ち

そんな人

⇒

・・・いろんな人が来る

ぼくも
俺も
イケメンです
背高いよ
お金持っています
あれ?

このように「イケメン」とか「背が高い」って基準は人それぞれだよね? 「それってあなたの感想ですよね?」なんだ。だから、集まる人も「誰が来ても正解」になってしまう。

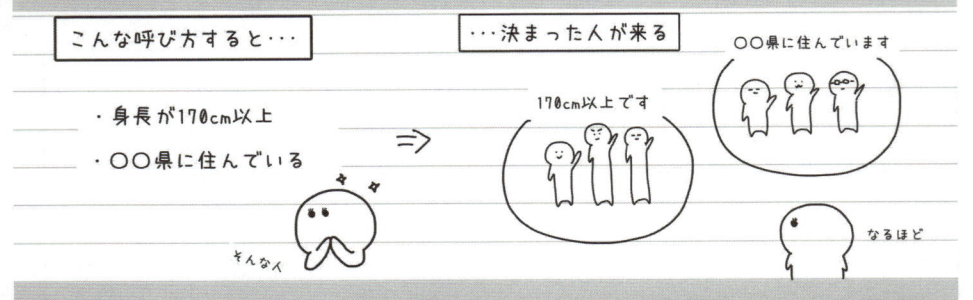

こんな呼び方すると・・・

・身長が170cm以上

・○○県に住んでいる

そんな人

⇒

・・・決まった人が来る

○○県に住んでいます
170cm以上です
なるほど

このように「基準をハッキリ」示せば、集まる人も決まるよね?
この「基準がハッキリした集まり」のことを**集合**と言うんだ。

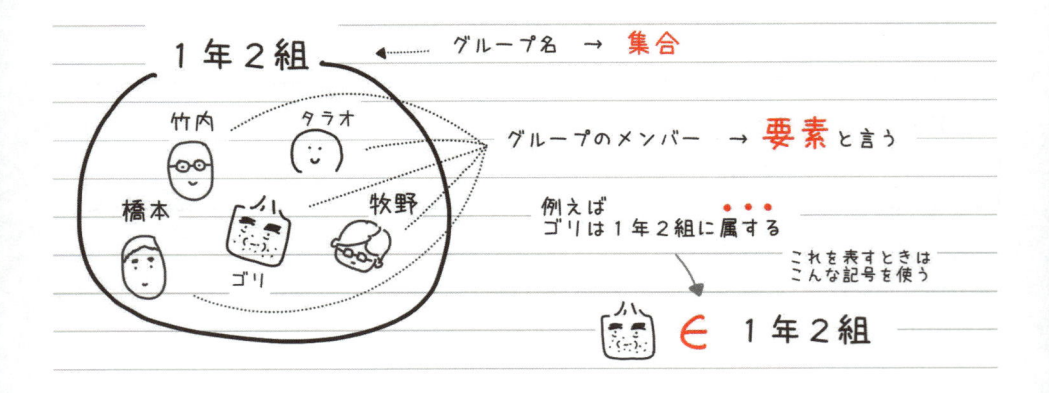

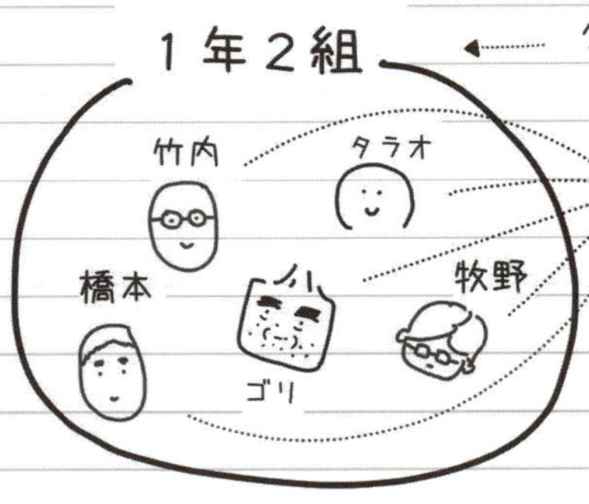
1年2組
竹内
タラオ
橋本
牧野
ゴリ

グループ名 → **集合**

グループのメンバー → **要素**と言う

例えば
ゴリは1年2組に属する

これを表すときは
こんな記号を使う

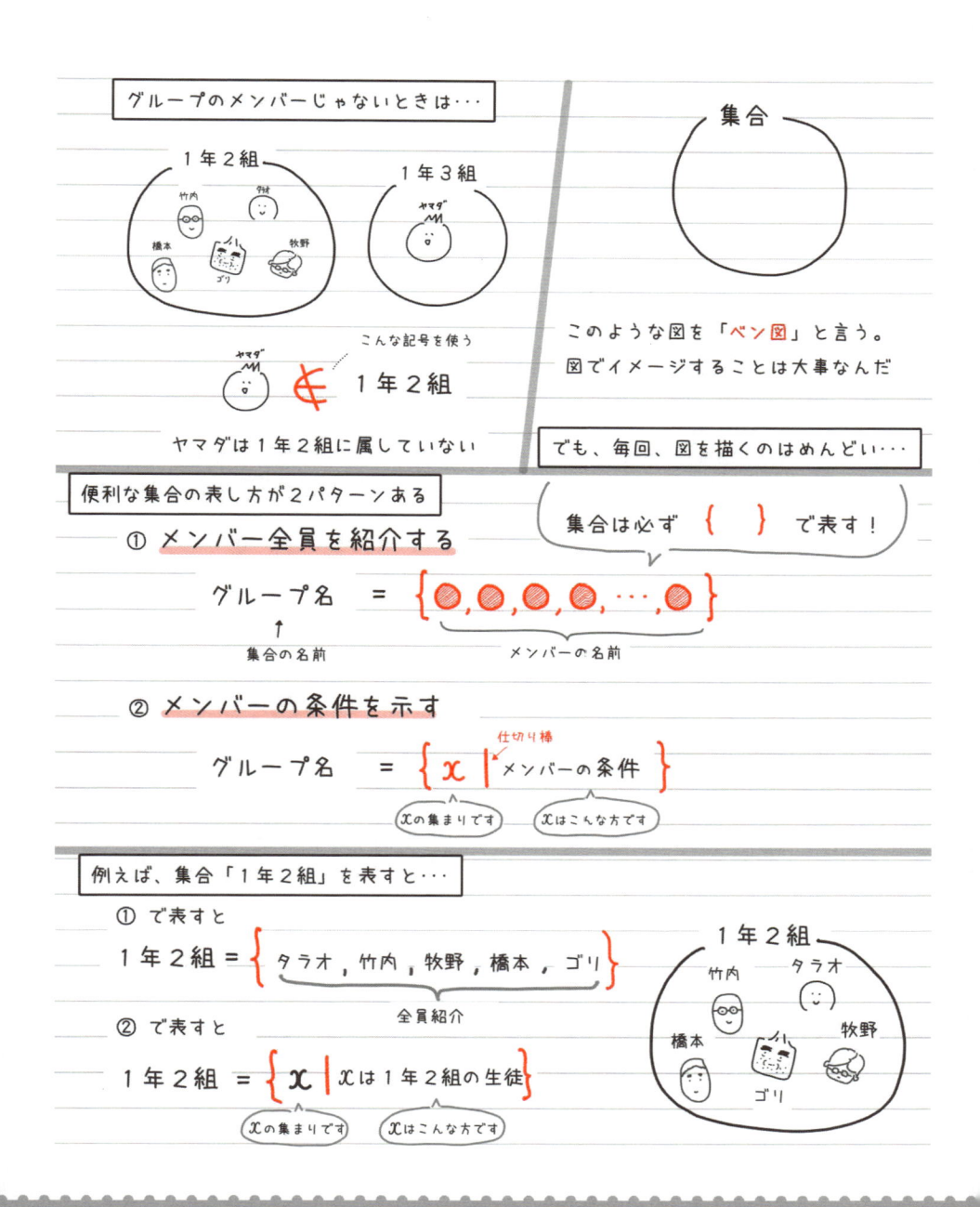

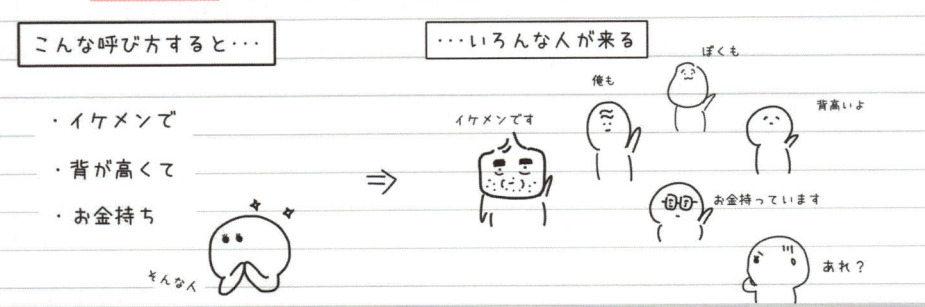

 ∈ 1年2組

グループのメンバーじゃないときは・・・

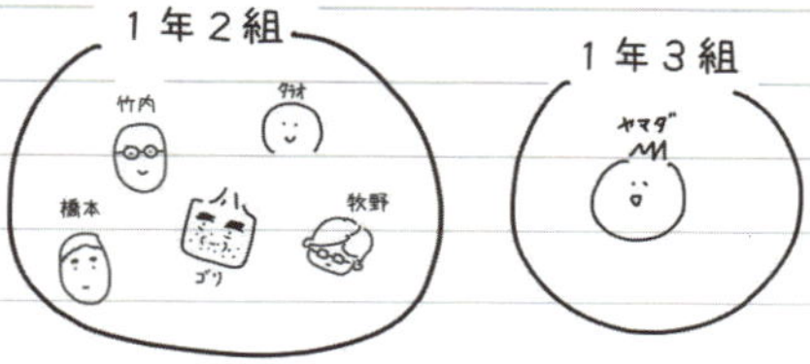

こんな記号を使う

$\notin$ 1年2組

ヤマダは1年2組に属していない

このような図を「**ベン図**」と言う。
図でイメージすることは大事なんだ

でも、毎回、図を描くのはめんどい・・・

便利な集合の表し方が2パターンある

集合は必ず｛　｝で表す！

① **メンバー全員を紹介する**

グループ名　＝｛●,●,●,●,・・・,●｝

↑ 集合の名前　　　メンバーの名前

② **メンバーの条件を示す**

グループ名　＝｛x ｜メンバーの条件｝

仕切り棒

xの集まりです　　xはこんな方です

例えば、集合「1年2組」を表すと・・・

① で表すと

1年2組＝｛タラオ，竹内，牧野，橋本，ゴリ｝

全員紹介

② で表すと

1年2組　＝｛x ｜xは1年2組の生徒｝

xの集まりです　　xはこんな方です

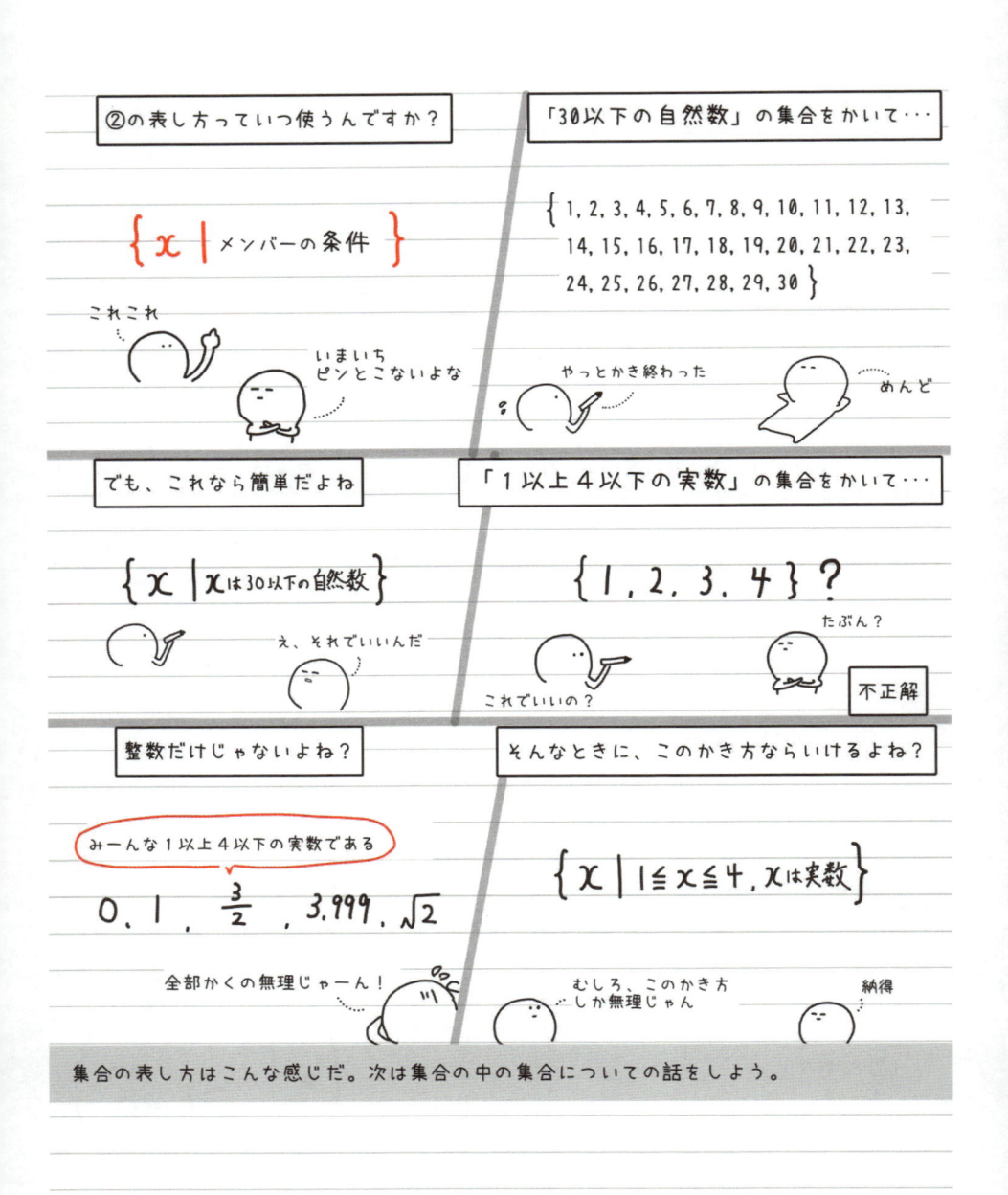

②の表し方っていつ使うんですか？
{x | メンバーの条件}
これこれ
いまいち
ピンとこないよな
「30以下の自然数」の集合をかいて…
{1, 2, 3, 4, 5, 6, 7, 8, 9, 10, 11, 12, 13, 14, 15, 16, 17, 18, 19, 20, 21, 22, 23, 24, 25, 26, 27, 28, 29, 30}
やっとかき終わった
めんど
でも、これなら簡単だよね
{x | xは30以下の自然数}
え、それでいいんだ
「1以上4以下の実数」の集合をかいて…
{1, 2, 3, 4}？
これでいいの？
たぶん？
不正解
整数だけじゃないよね？
みーんな1以上4以下の実数である
0, 1, 3/2, 3.999, √2
全部かくの無理じゃーん！
そんなときに、このかき方ならいけるよね？
{x | 1≦x≦4, xは実数}
むしろ、このかき方
しか無理じゃん
納得

集合の表し方はこんな感じだ。次は集合の中の集合についての話をしよう。

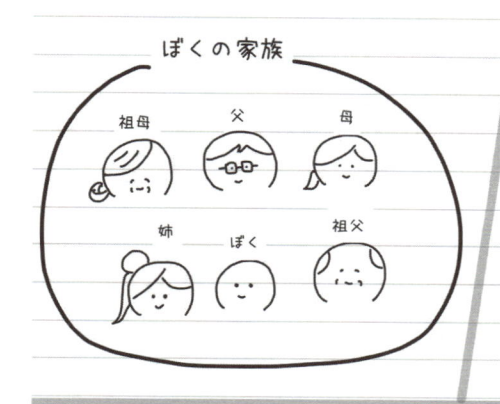

1分でわかる！

部分集合の部分って？

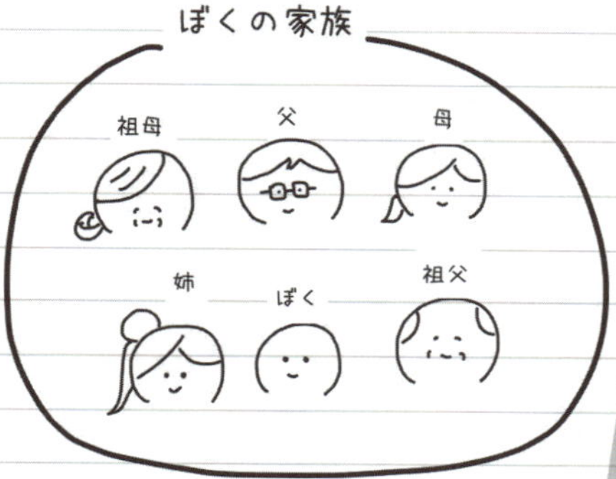

今度、女子会をするらしくて「女子会」というグループラインを作っていた

母
グループライン作りましょー
祖母
姉
グループ名は「女子会」ね！

当然、女子グループは家族グループにも所属している

このとき

女子会はぼくの家族の**部分集合**と言う

女子会 $\subset$ ぼくの家族

こんな記号を使う

他にも、いろんなグループライン作れた

みーんな家族の**部分集合**になる

意外な部分集合もある

1人でもグループを作れるんだよ。知ってた？
ぼく

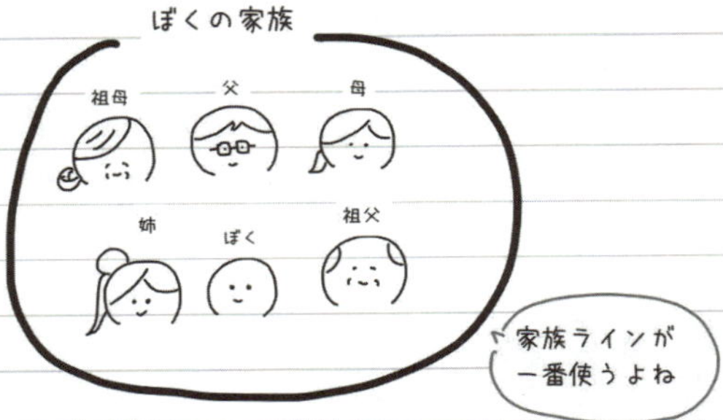

1人でも部分集合になる　　全員でも部分集合になる

「メンバーなし」も部分集合になる

→**空集合**と言う

ϕ

こんな記号使う

まんじゅう描いて
スラッシュやん

この子はどんな集合に対しても、その部分集合になる

問）{a，b} の部分集合をすべてあげよ。

どんなグループラインを作れる？

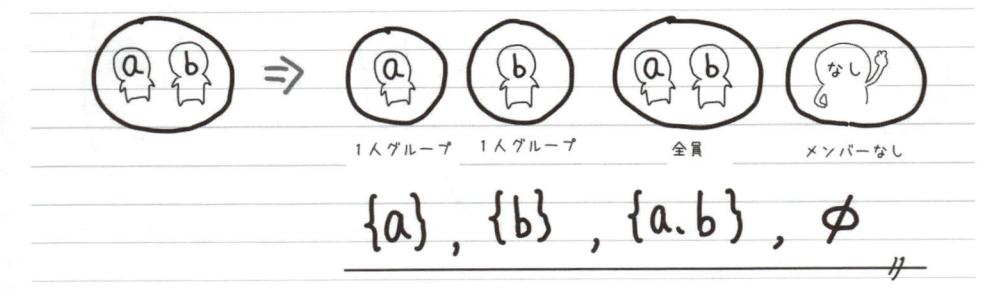

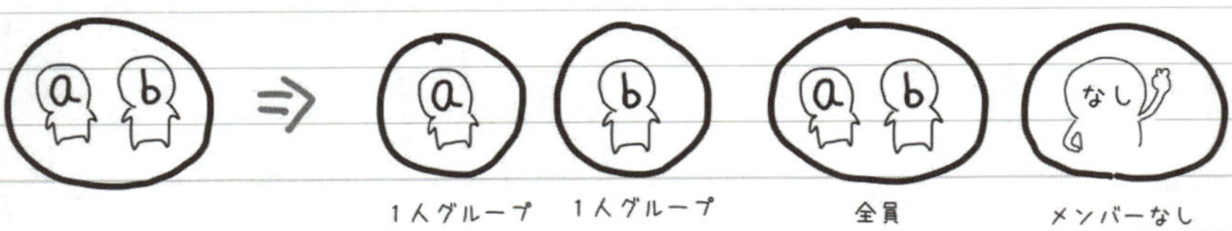

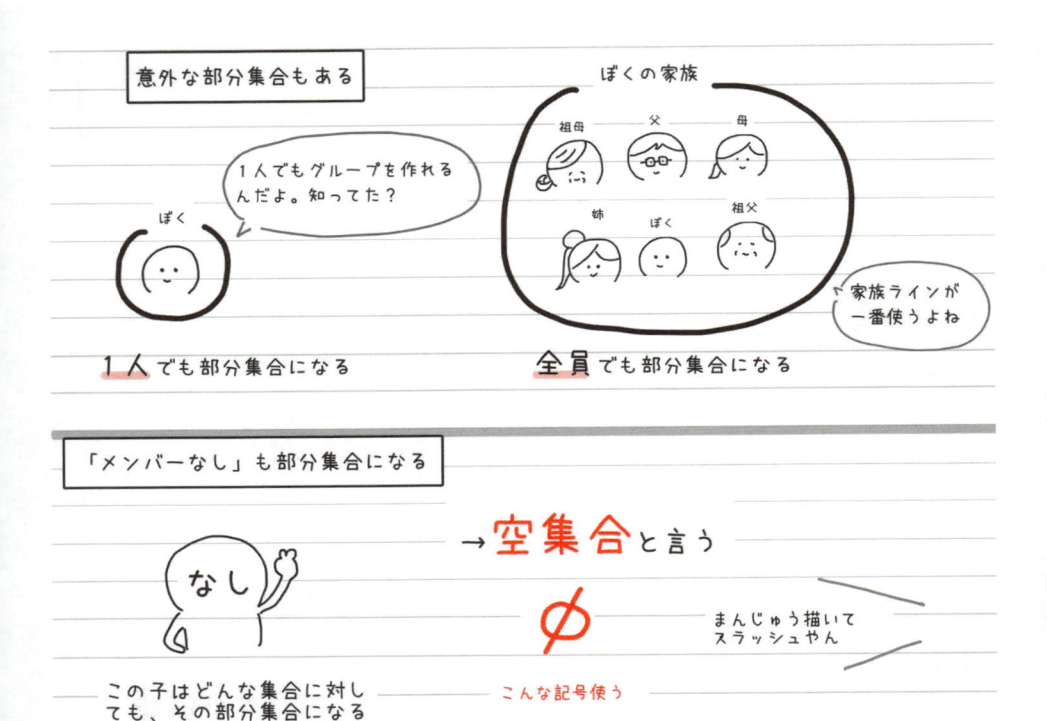

$\{a\}, \{b\}, \{a, b\}, \phi$ //

1分でわかる! 共通部分、和集合って?

体育祭の種目に出る人、確認するぞー

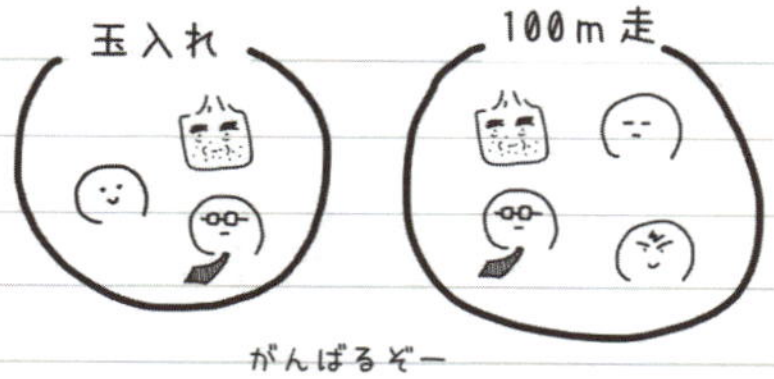

まとめると、こんな図になる

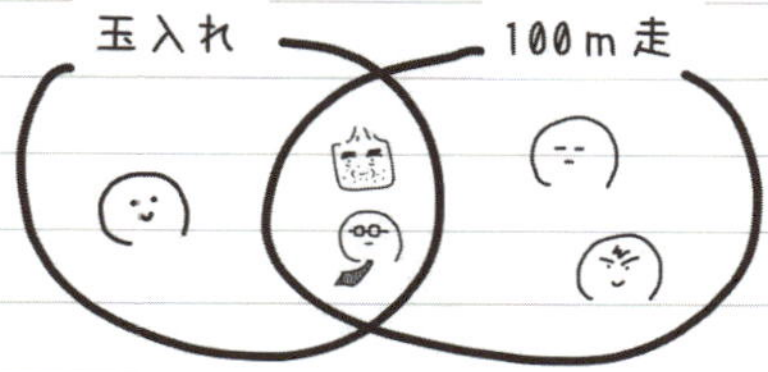

質問してみる

質問:「玉入れと100m走の両方に出場する人とは?」

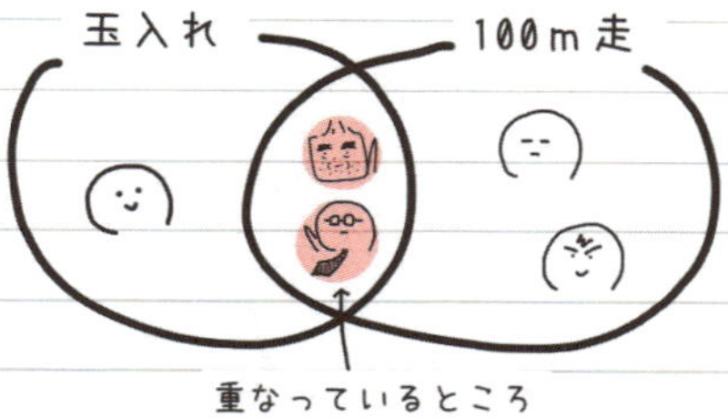

2つの集合の両方に属している!

→**共通部分**と言う

玉入れ ∩（かつ） 100m走

こんな記号使う

質問:「玉入れと100m走の少なくとも一方に出場する人とは?」

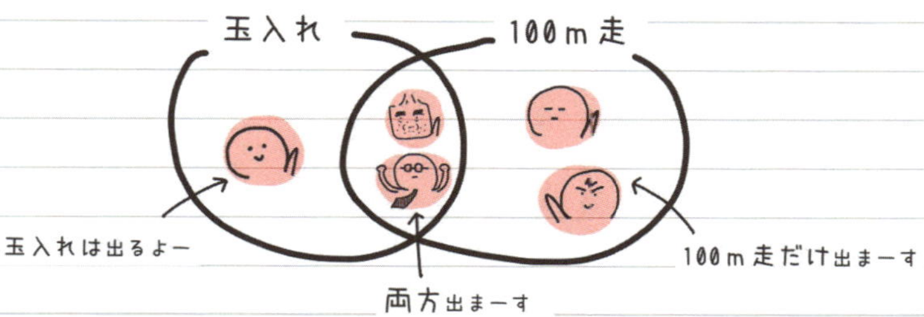

みーんな該当している → **和集合**と言う

玉入れ ∪（または） 100m走

こんな記号使う

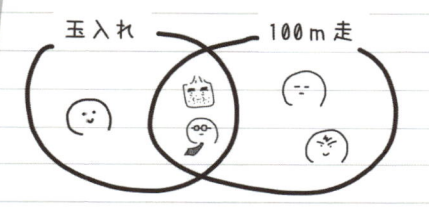

つまり、こうなる

両方出るぜー

玉入れ $\cap$ 100m走 ＝ 

みーんな

玉入れ $\cup$ 100m走 ＝ 

記号の覚え方

無理やり笑

A∩B

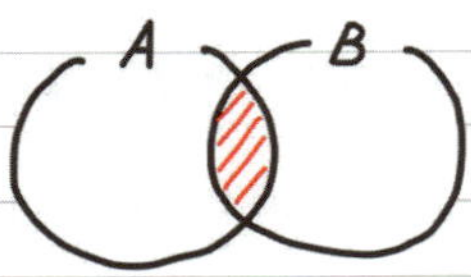

2つの集合のかぶっているところ

A∪B

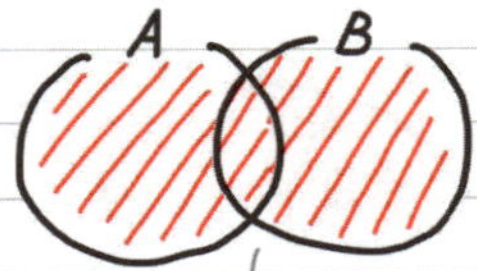

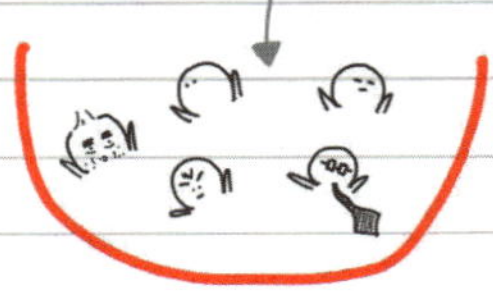

例えば・・・

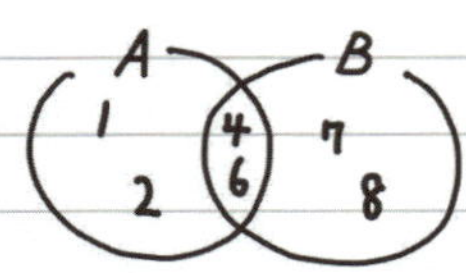

① A∩B

② A∪B

を求めよ。

① 両方に属しているのは？

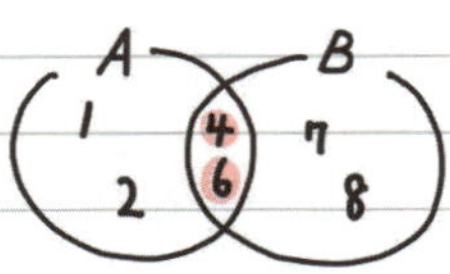

A∩B ＝{4. 6}

② みーんな少なくとも一方には属している

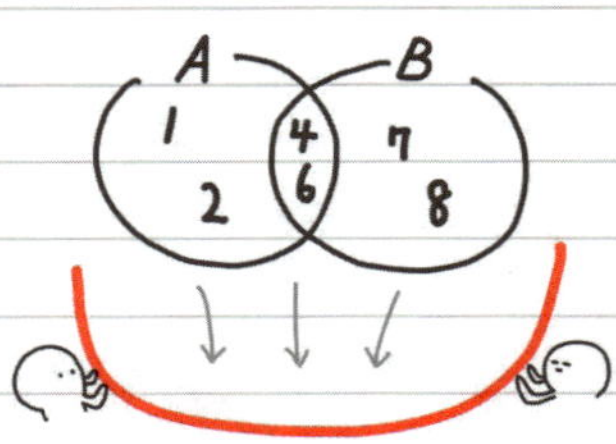

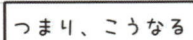

A∪B＝{1, 2, 4, 6, 7, 8}

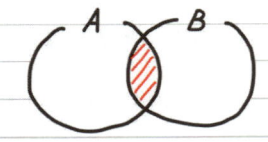

1分でわかる!

補集合って、ほんとにどこ?

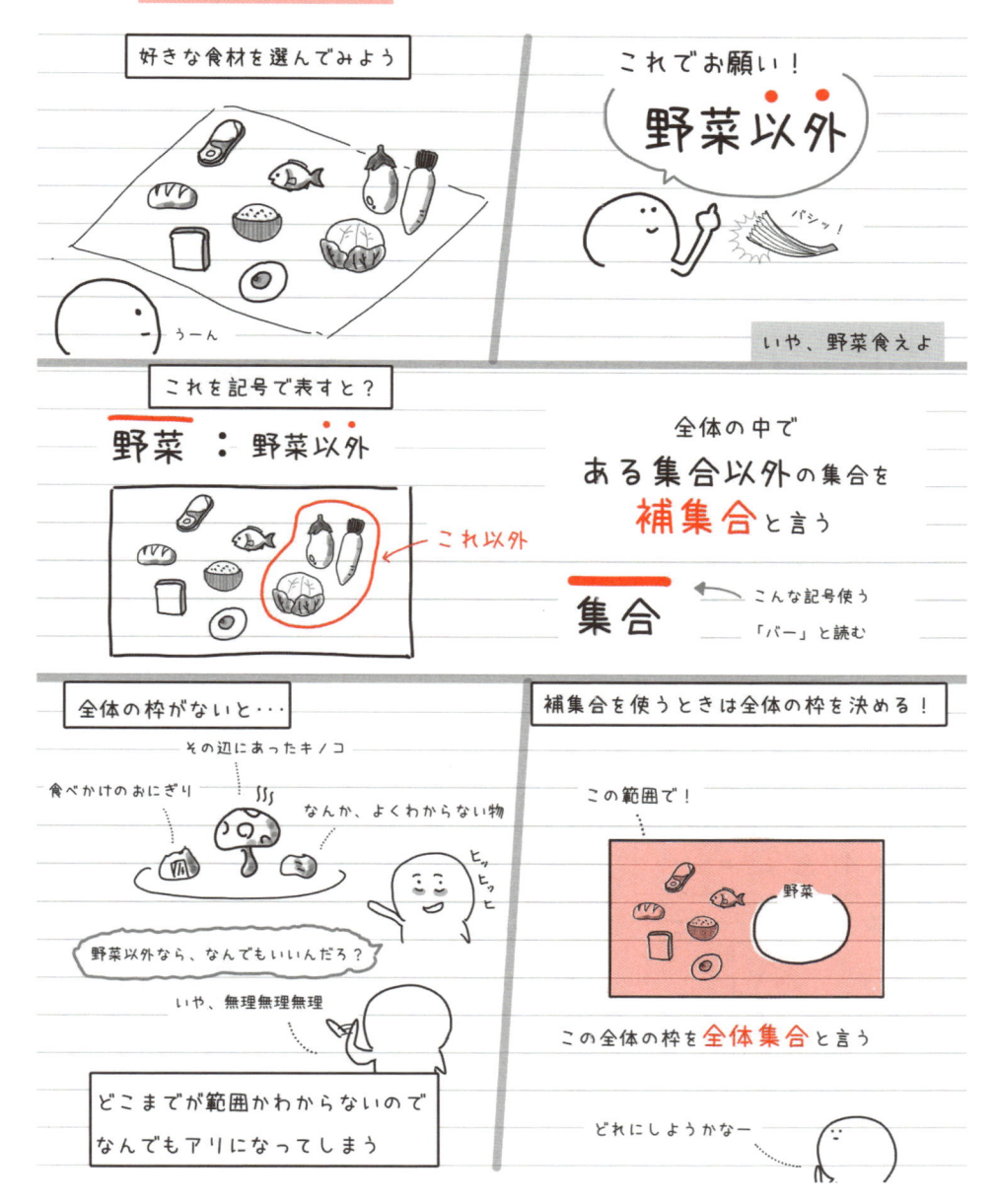

好きな食材を選んでみよう

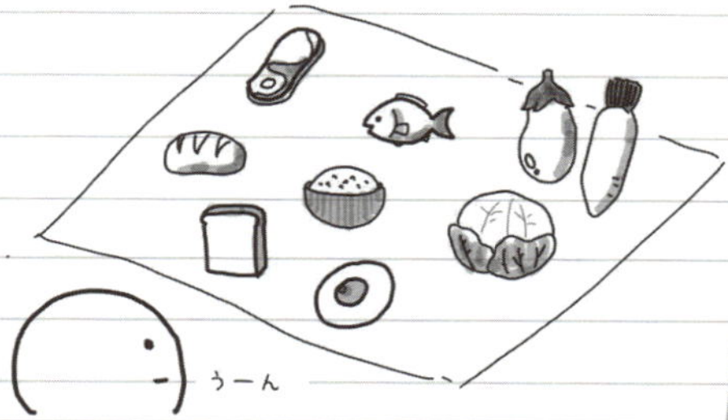

うーん

これでお願い!

野菜以外

バシッ!

いや、野菜食えよ

これを記号で表すと?

$\overline{\text{野菜}}$: 野菜以外

これ以外

全体の中で
ある集合以外の集合を
補集合と言う

$\overline{\text{集合}}$ ← こんな記号使う
「バー」と読む

全体の枠がないと・・・

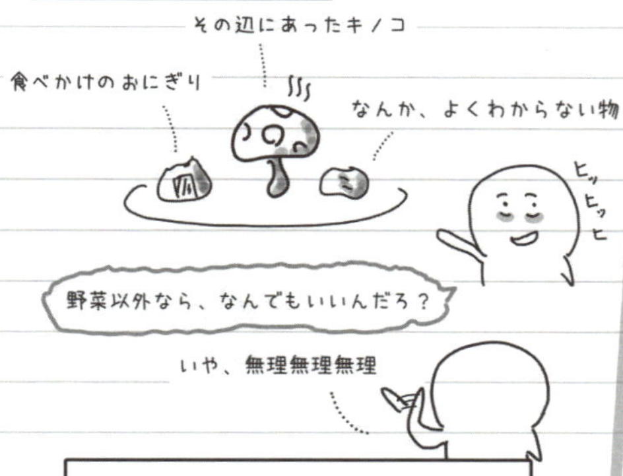

その辺にあったキノコ
食べかけのおにぎり
なんか、よくわからない物
ヒッヒッヒ
野菜以外なら、なんでもいいんだろ?
いや、無理無理無理

どこまでが範囲かわからないので
なんでもアリになってしまう

補集合を使うときは全体の枠を決める!

この範囲で!

野菜

この全体の枠を**全体集合**と言う

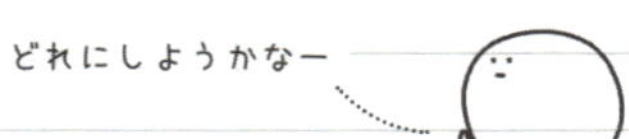

どれにしようかなー

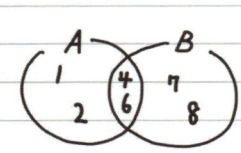

問）全体集合 U ＝ {1，2，3，4，5，6，7，8，9} とする。
A ＝ {1，2，4，6}、　B ＝ {3，4，6，7，8} について、次の集合を求めよ。
(1)　$\overline{A}$　　　(2)　$\overline{A \cap B}$

まずは、図にしてみる

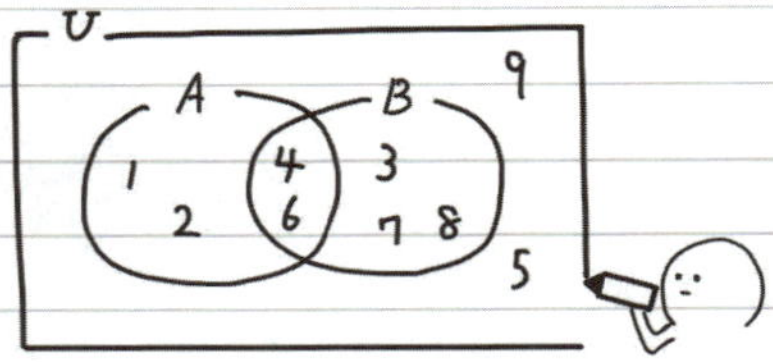

これが全体の枠で

(1) $\overline{A}$

A以外っていう意味

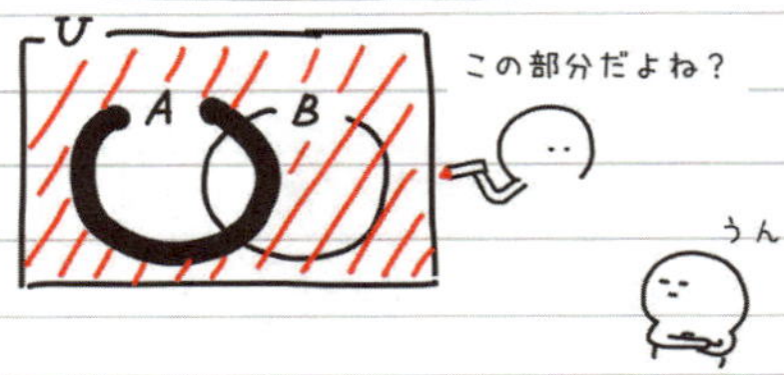

つまり・・・

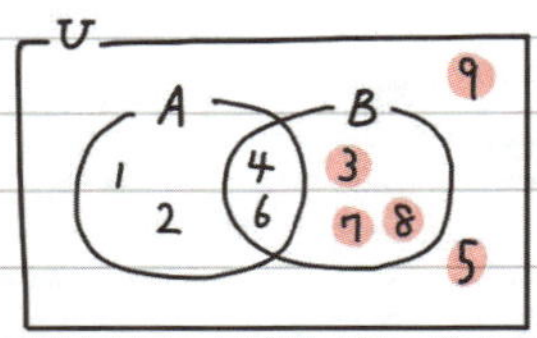

$\overline{A}$ ＝{3、5、7、8、9}

(2) $\overline{A \cap B}$

A かつ B 以外っていう意味

まず、A かつ B を考えない？

そうだな。いっきに考えると混乱しそうだ

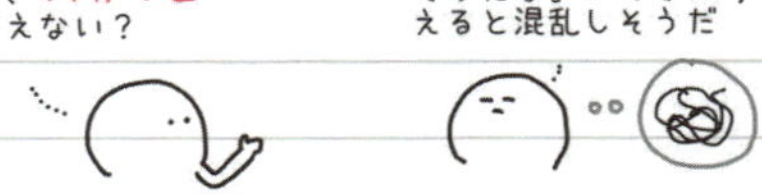

まず $A \cap B$ を考えると？

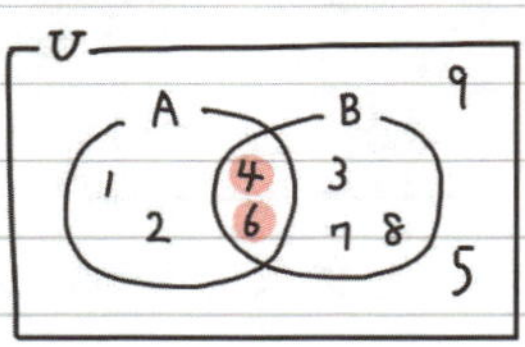

$A \cap B$ ＝{4．6}

それ以外は？

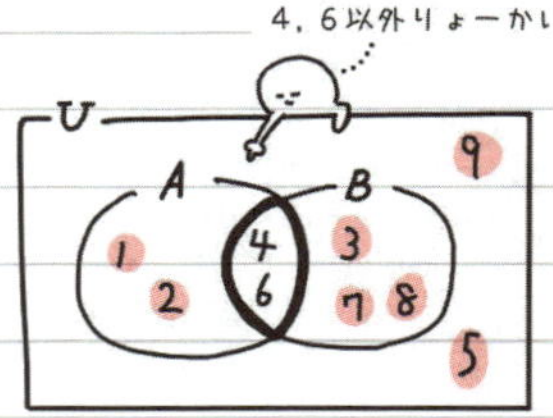

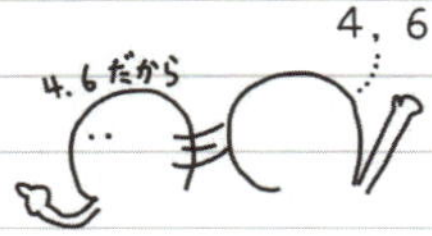

$\overline{A \cap B}$ ＝{1、2、3、5、7、8、9}

3分でわかる！

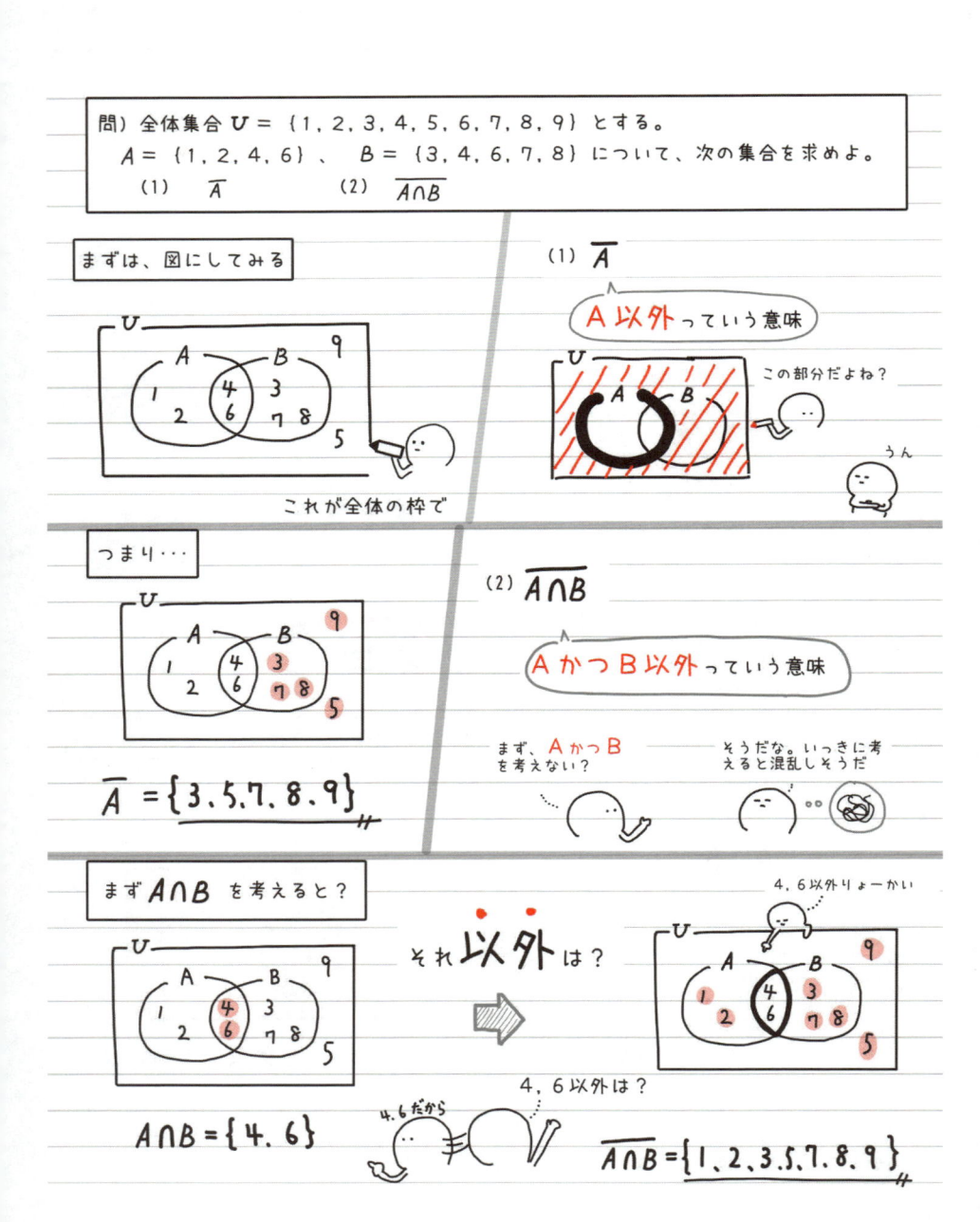

こんがらがる頭をスッキリさせる ド・モルガンの法則

A
B
ベン図塗りマスター
…
いいですよ
∩とか∪の塗り方を教えてください
なんだあのメガネ

∩の塗り方

①Aを塗ってください　②Bを塗ってください　③重ねて塗ったところは？

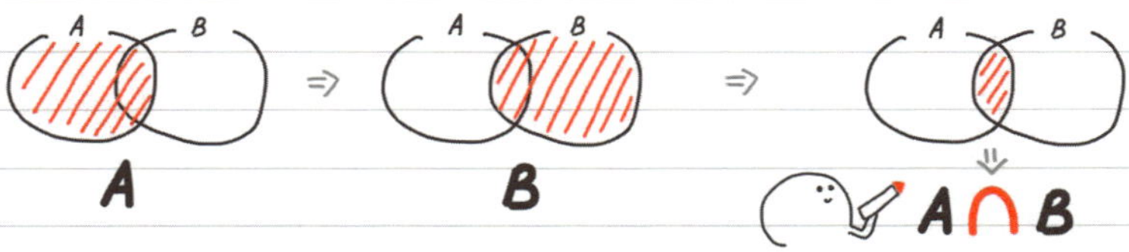

重なるところね！

∪の塗り方

①Aを塗ってください

②そこにBを塗り足してください

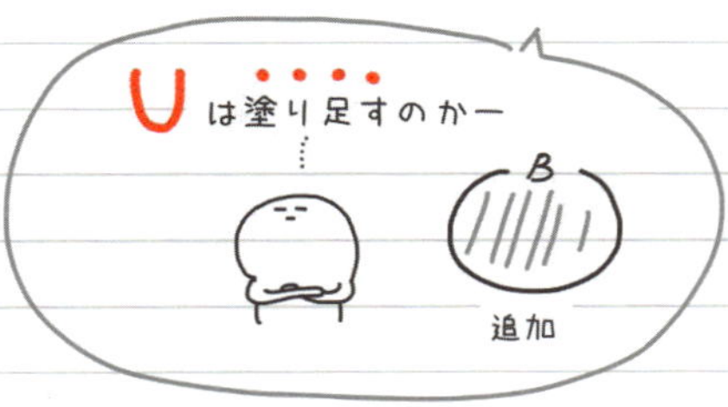

③塗ったところ全部教えて？

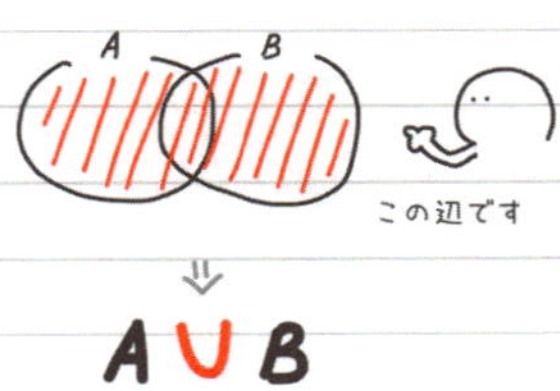

中級）$\overline{A \cap B}$ は？

$A \cap B$ 以外

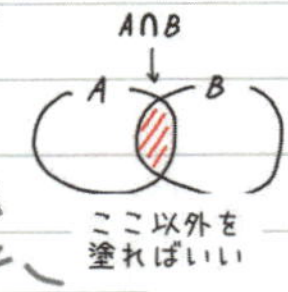

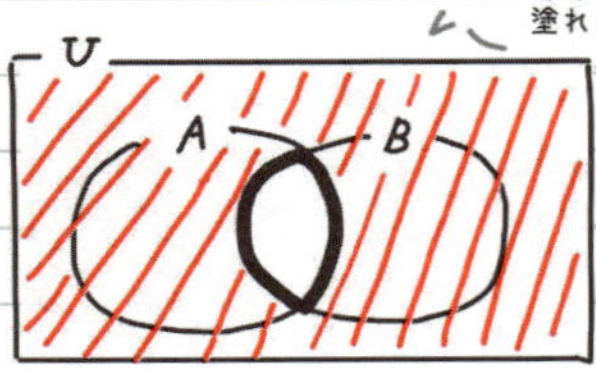

中級）$\overline{A \cup B}$ は？

$A \cup B$ 以外

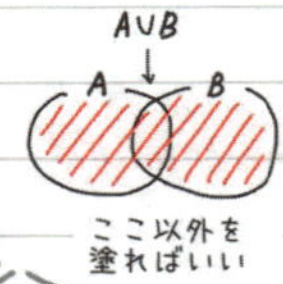

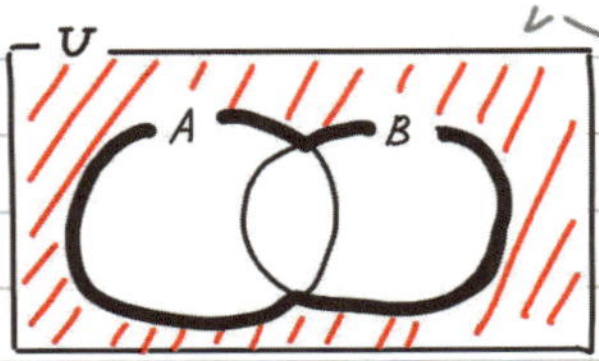

上級問題）$\overline{A} \cap \overline{B}$

バーが離れてる場合は考えづらい

重なったところ

①$\overline{A}$を塗る　②$\overline{B}$を塗る　③重なったところは？

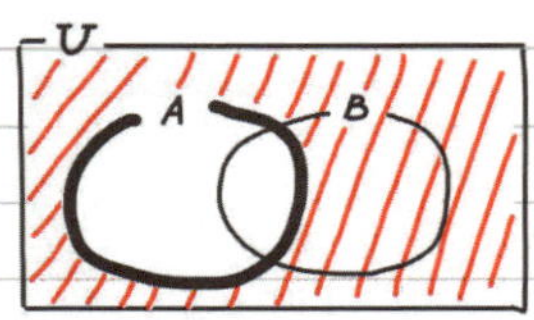

$\overline{A}$

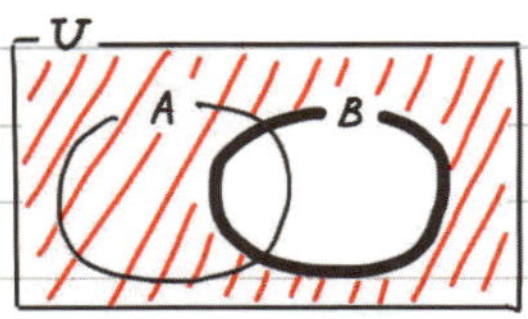

$\overline{B}$

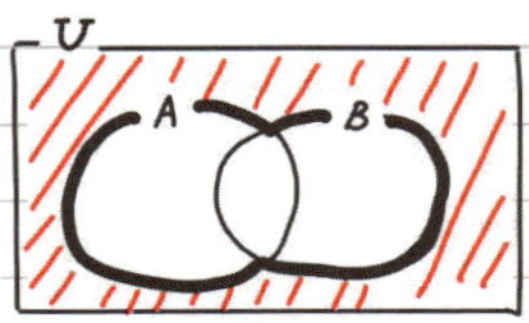

$\overline{A} \cap \overline{B}$

上級問題）$\overline{A} \cup \overline{B}$ は？

①$\overline{A}$を塗る　② そこに$\overline{B}$を塗り足す　③結局、どこ塗った？

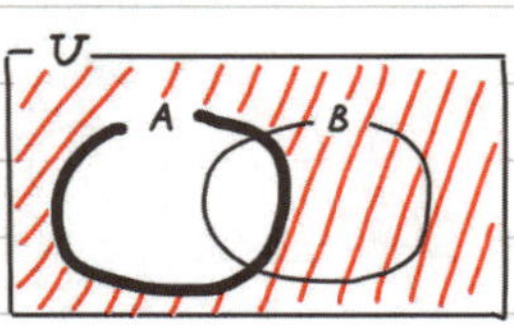

$\overline{A}$

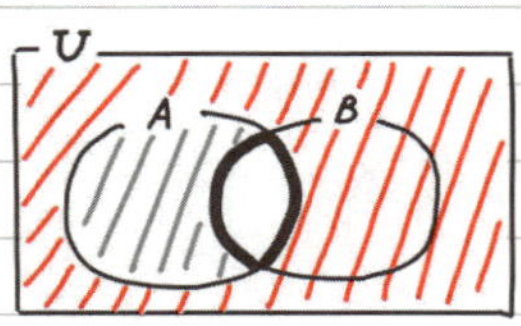

$\overline{B}$を追加

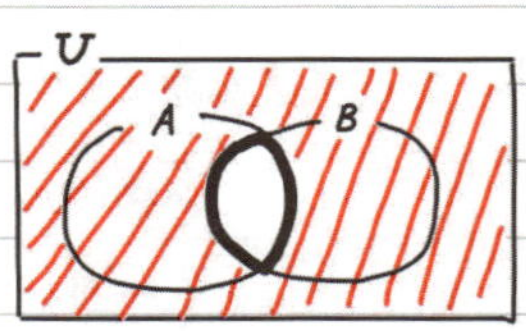

$\overline{A} \cup \overline{B}$

あれ、同じ図がある！

$\overline{A \cap B} = \overline{A} \cup \overline{B}$　　$\overline{A \cup B} = \overline{A} \cap \overline{B}$

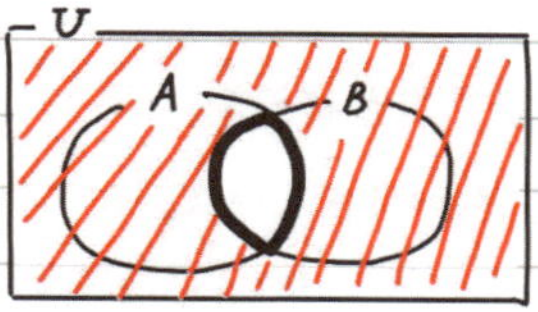

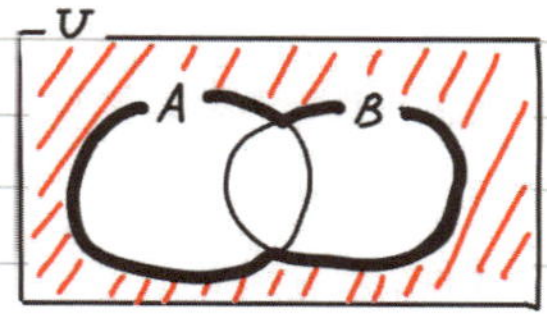

これを**ド・モルガンの法則**と言う

バーを切り離すと

$\overline{A \cap B} = \overline{A} \cup \overline{B}$

記号の向きが反対になる

かっこいい名前だろ？

$\overline{A \cup B} = \overline{A} \cap \overline{B}$

公式だったんだ

で、これがなんなんですか？

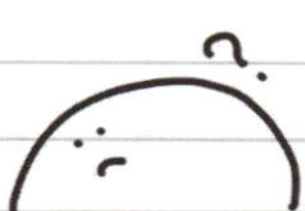

どっちが考えやすい？

$\overline{A \cap B} = \overline{A} \cup \overline{B}$

こっち！

つまり、考えやすいほうに切り替えることができる

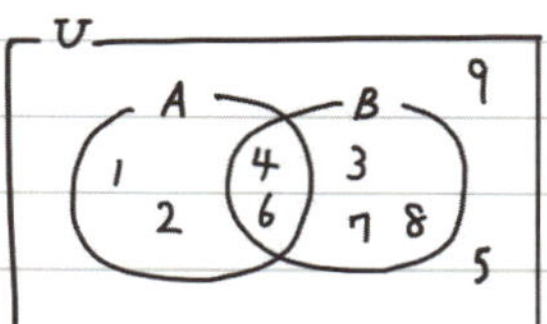

$\overline{A} \cup \overline{B} = \overline{A \cap B} = \{1.2.3.5.7.8.9\}$

無理

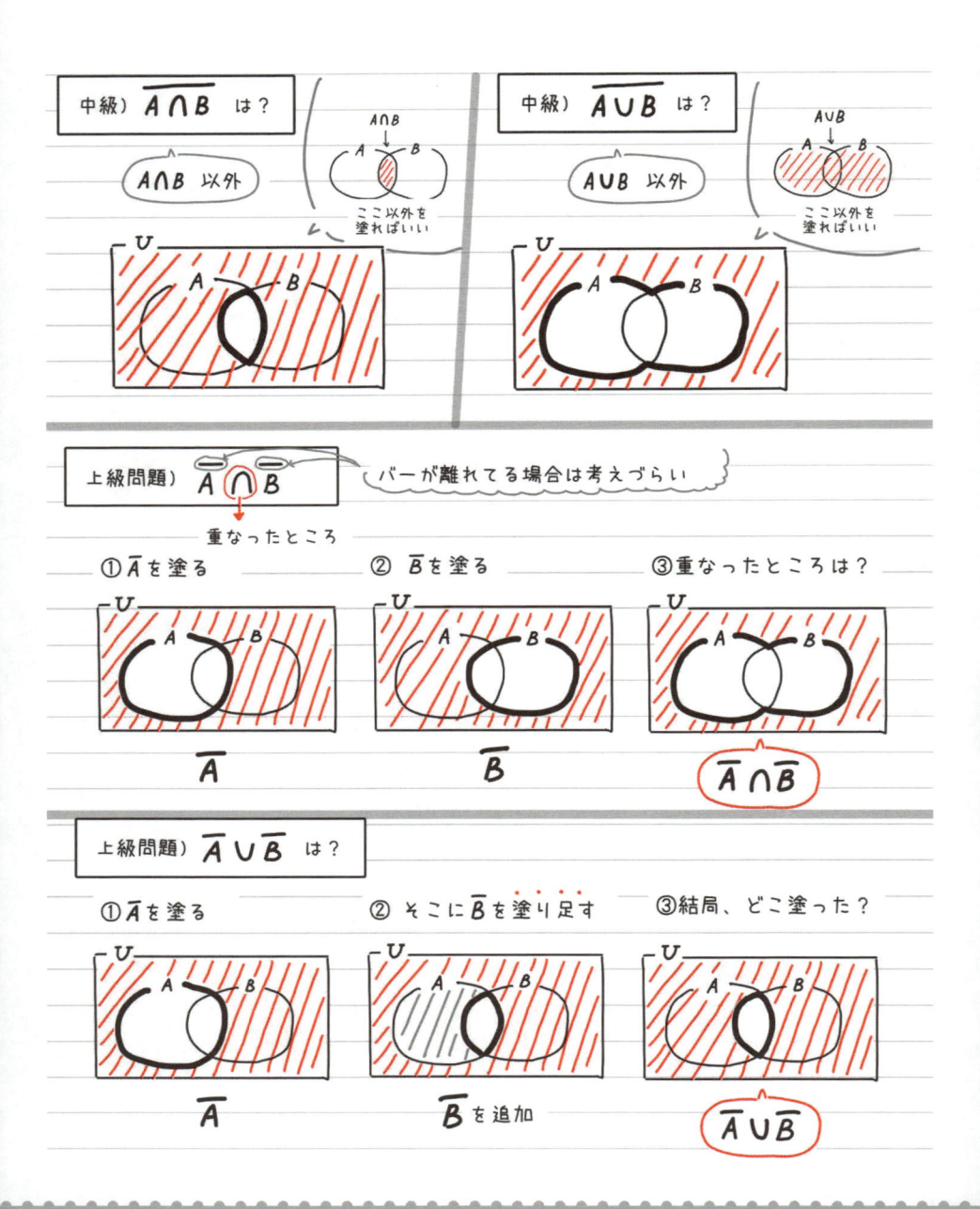

これならいける

1分でわかる!

ウソか、まことかを仕分けする命題

違いはなんでしょう?

〈Aグループの文〉

・5は1より小さい
・名古屋市民なら愛知県民である
・犬は動物である
・太陽は西から昇る

〈Bグループの文〉

・ラーメンはうまい
・タラ先生は天才だ
・10000は大きい数である
・このスーパーでの肉は安い

Aグループは?

・5は1より小さい → ウソ
・名古屋市民なら愛知県民である → 本当
・犬は動物である → 本当
・太陽は西から昇る → ウソ

「ウソ」か「本当」か判定できる!

誰でも同じ判定するよなぁ

Bグループは?

ラーメンはうまい

10000は大きい数である

タラ先生は天才だ

このスーパーでの肉は安い

うまくないラーメンもあるだろー

それってあなたの感想ですよね?

タラ先生は天才に間違いない!

このようにBグループの文は個人の価値観に左右されてしまう。一方でAグループのように「ウソ」か「本当」かハッキリ定まる文や式を**命題**と言うんだ。

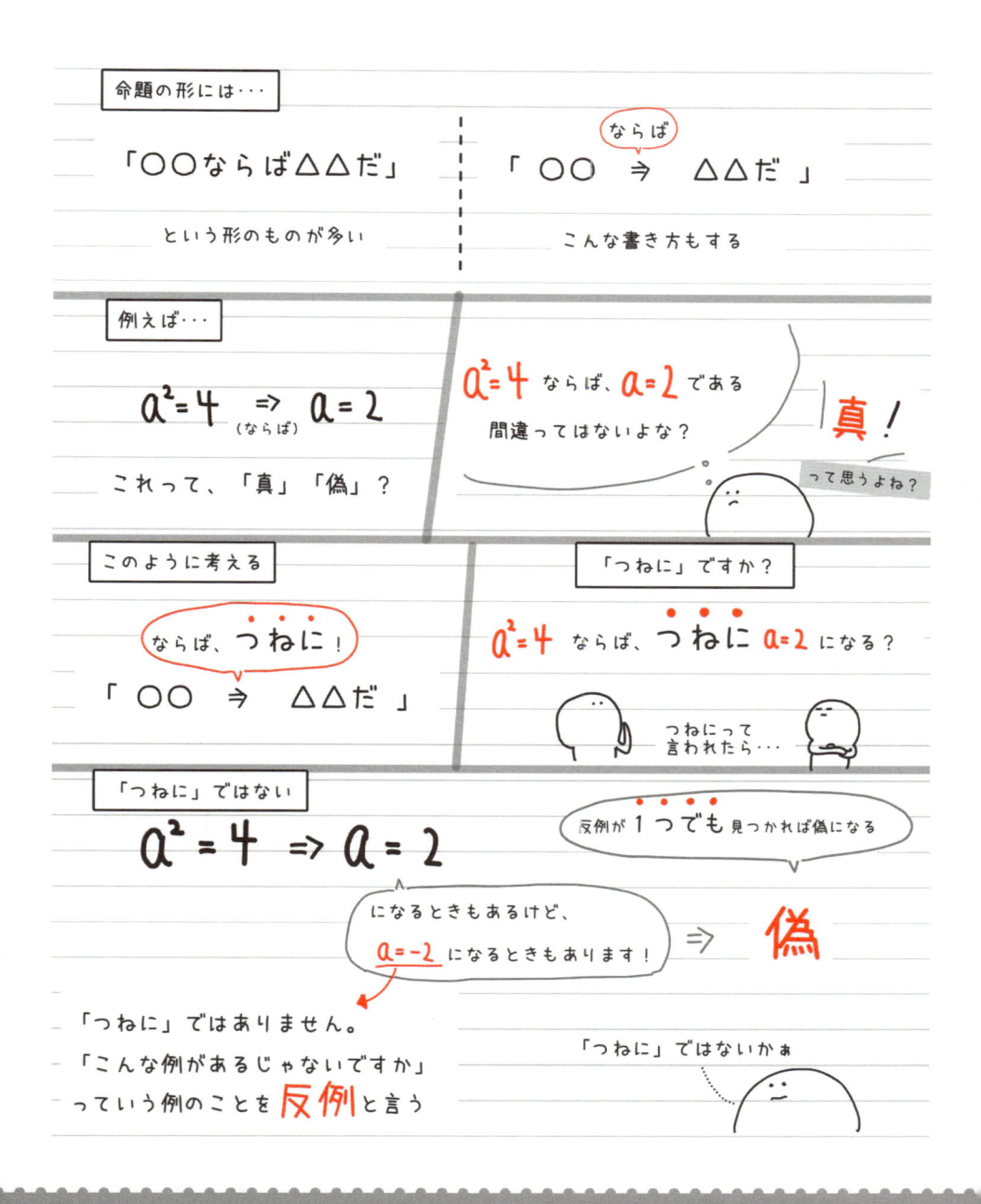

命題が
- 本当 → **真** と言う
- ウソ → **偽** と言う

命題の形には・・・

「〇〇ならば△△だ」

という形のものが多い

「〇〇 ⇒ △△だ」（⇒ の上に「ならば」）

こんな書き方もする

例えば・・・

$a^2=4 \Rightarrow a=2$
（ならば）

これって、「真」「偽」？

$a^2=4$ ならば、$a=2$ である

間違ってはないよな？

真！

って思うよね？

このように考える

ならば、つねに！

「〇〇 ⇒ △△だ」

「つねに」ですか？

$a^2=4$ ならば、つねに $a=2$ になる？

つねにって
言われたら・・・

「つねに」ではない

$$a^2=4 \Rightarrow a=2$$

反例が1つでも見つかれば偽になる

になるときもあるけど、

$a=-2$ になるときもあります！

⇒ 偽

「つねに」ではありません。
「こんな例があるじゃないですか」
っていう例のことを**反例**と言う

「つねに」ではないかぁ

5分でわかる!

必要条件・十分条件をサクッと整理

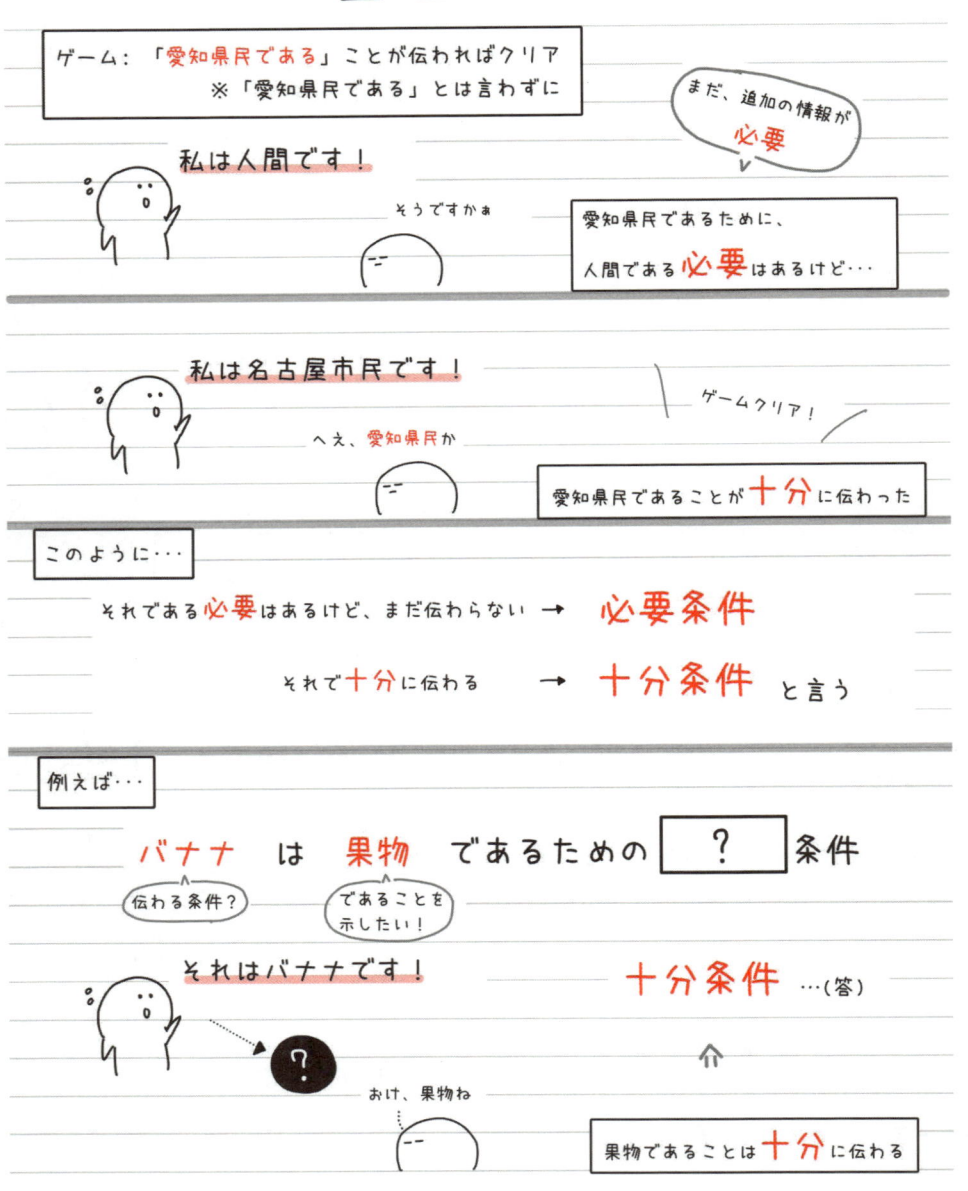

ゲーム：「愛知県民である」ことが伝わればクリア
※「愛知県民である」とは言わずに

まだ、追加の情報が必要

私は人間です！

そうですかぁ

愛知県民であるために、
人間である必要はあるけど・・・

私は名古屋市民です！

へえ、愛知県民か

ゲームクリア！

愛知県民であることが十分に伝わった

このように・・・

それである必要はあるけど、まだ伝わらない → 必要条件

それで十分に伝わる → 十分条件 と言う

例えば・・・

バナナ は 果物 であるための ？ 条件

（伝わる条件？）（であることを示したい！）

それはバナナです！

十分条件 …（答）

⇑

おけ、果物ね

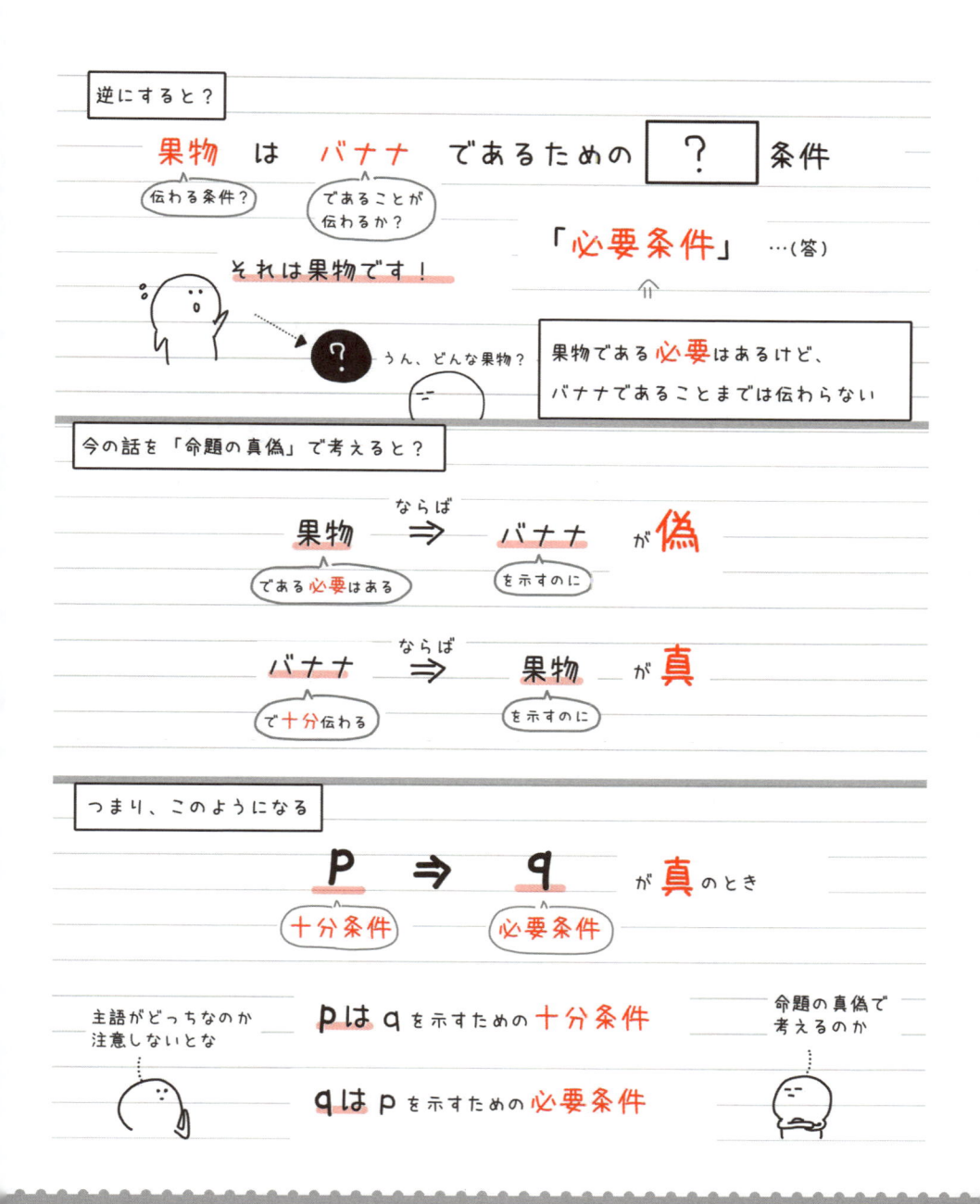

果物であることは十分に伝わる

逆にすると？

果物 は バナナ であるための [？] 条件

（果物）伝わる条件？

（バナナ）であることが伝わるか？

「必要条件」 …(答)

それは果物です！

うん、どんな果物？

果物である必要はあるけど、バナナであることまでは伝わらない

今の話を「命題の真偽」で考えると？

果物 $\overset{ならば}{\Rightarrow}$ バナナ が偽

（果物）である必要はある

（バナナ）を示すのに

バナナ $\overset{ならば}{\Rightarrow}$ 果物 が真

（バナナ）で十分伝わる

（果物）を示すのに

つまり、このようになる

$p \Rightarrow q$ が真のとき

（p）十分条件

（q）必要条件

主語がどっちなのか注意しないとな

p は q を示すための十分条件

q は p を示すための必要条件

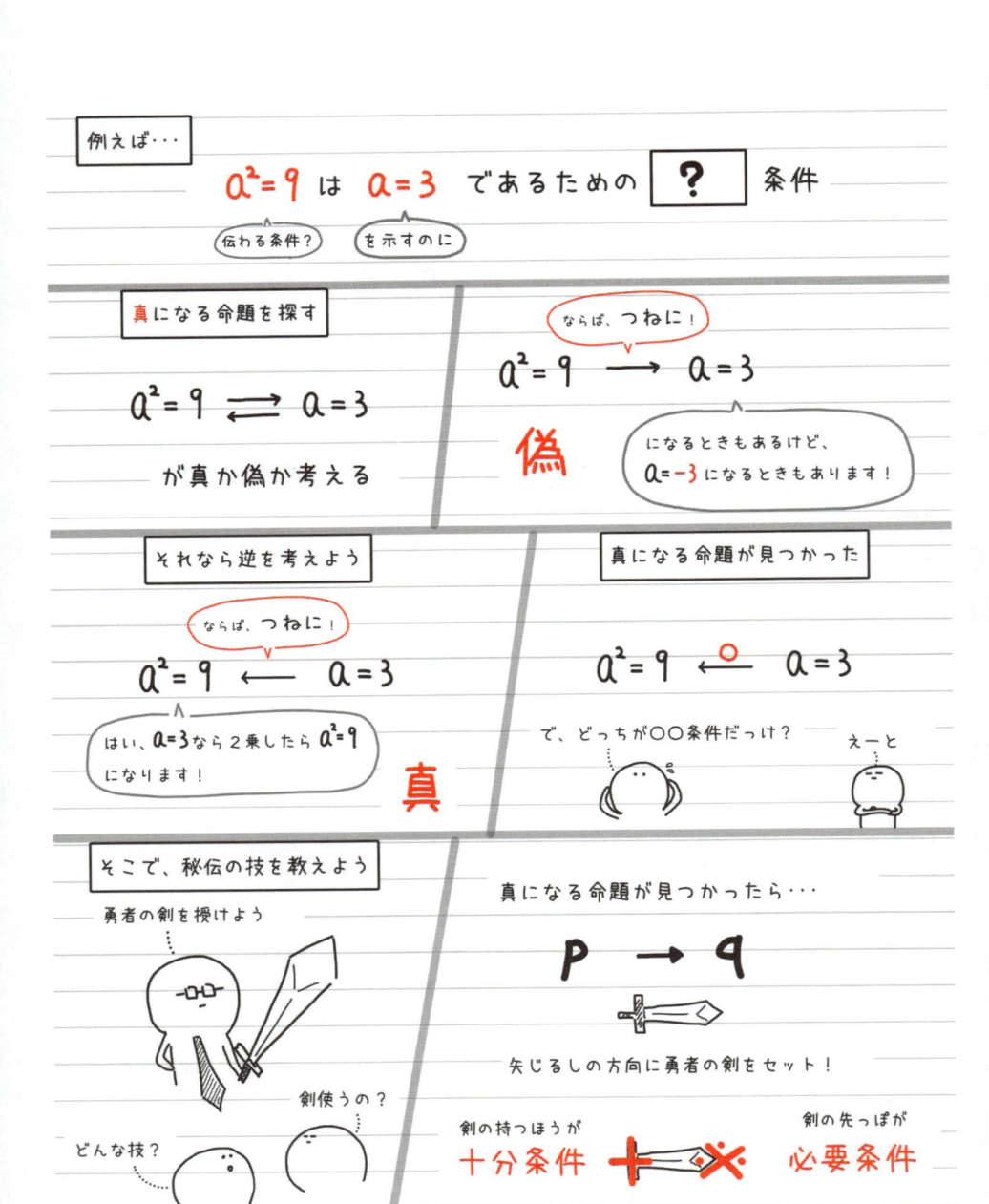

命題の真偽で考えるのか

例えば・・・

$a^2=9$ は $a=3$ であるための **？** 条件

（伝わる条件？）（を示すのに）

真になる命題を探す

$a^2=9 \rightleftarrows a=3$

が真か偽か考える

（ならば、つねに！）

$a^2=9 \longrightarrow a=3$

偽

（になるときもあるけど、$a=-3$ になるときもあります！）

それなら逆を考えよう

（ならば、つねに！）

$a^2=9 \longleftarrow a=3$

（はい、$a=3$ なら２乗したら $a^2=9$ になります！）

真

真になる命題が見つかった

$a^2=9 \overset{\circ}{\longleftarrow} a=3$

そこで、秘伝の技を教えよう

真になる命題が見つかったら・・・

$p \rightarrow q$

矢じるしの方向に勇者の剣をセット！

剣の持つほうが **十分条件** 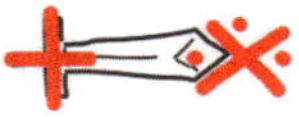 剣の先っぽが **必要条件**

…ということは？

$a^2=9 \overset{\circ}{\longleftarrow} a=3$

勇者の剣をセット！

$a^2=9$ ✕ $\longrightarrow$ $a=3$

必要条件　　十分条件

今聞かれているのは、$a^2=9$ だから…

$a^2=9$ は $a=3$ であるための **必要** 条件

伝わる条件？　　を示すのに

主語がどっちなのか注意だな

これは？

$a+2=b+2$ は $a=b$ であるための **？** 条件

式変形してみる

$a+2=b+2$

移項すると

$a=b$

つまり、どっちも同じ条件になる

$a=b \overset{\circ}{\underset{\circ}{\rightleftarrows}} a=b$

この場合は…

$a+2=b+2$ は $a=b$ であるための **必要十分** 条件

この２つは同値とも言う！

3分でわかる!

数学的な否定のしかた

〇〇である → 〇〇でない

否定することを、文字通り否定と言う

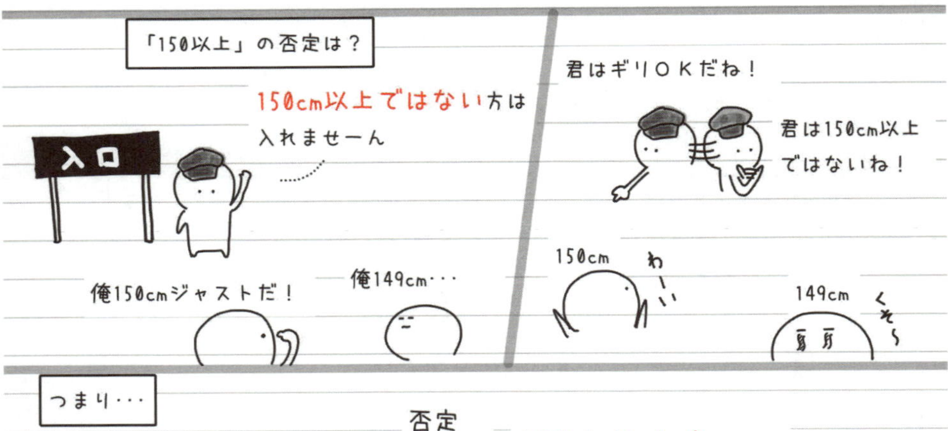

「150以上」の否定は？
150cm以上ではない方は入れませーん
入口
俺150cmジャストだ！
俺149cm…
君はギリOKだね！
君は150cm以上ではないね！
150cm
わ…
149cm
くそ～

つまり…

150以上 —否定→ 150より小さい

こっちは150を含むけど
150
150
否定すると150は含まないのか

他にもいろいろ否定してみた

有理数 ——否定→ **無理数**（有理数でない）

（ここまで言い換える！）

奇数 ——否定→ **偶数**（奇数でない）

（ここまで言い換える！）

$x=5$ ——否定→ $x \neq 5$

$x<2$ ——否定→ $x \geqq 2$

こっちはイコールがないよー

こっちはイコールをつけるのか

「安い　かつ　うまい」の否定は？

安い
らーめん
らーめん
うまい
だまされた
どうした！？

安かったけど、まずい　　うまかったけど、高い　　高くて、まずい

最悪！

3人の意見をまとめると…

「安い　かつ　うまい」 ——否定→

- 安くて、まずい
- 高くて、うまい
- 高くて、まずい

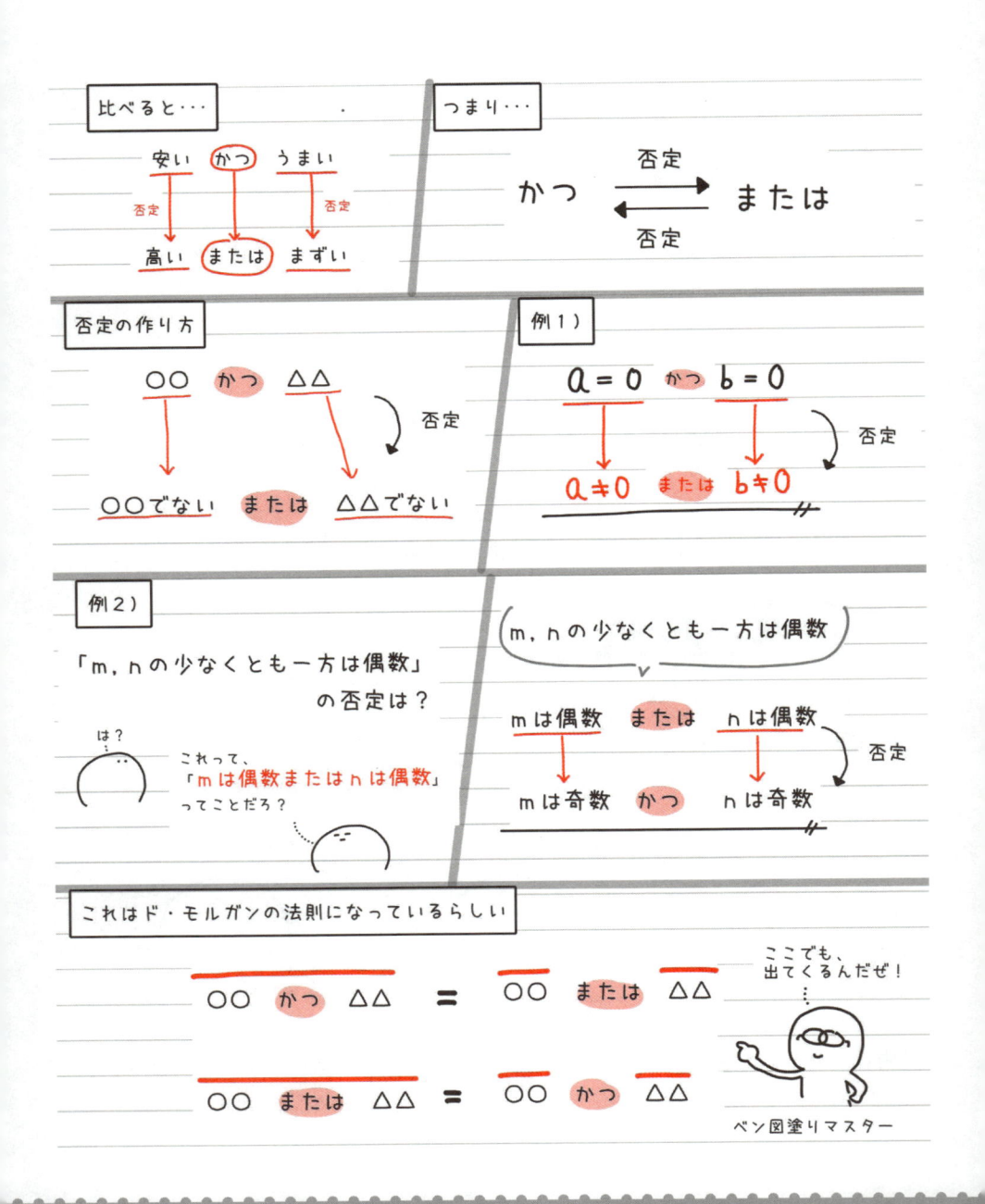

→ 「高い　または　まずい」

比べると…

安い　かつ　うまい
↓否定　↓　↓否定
高い　または　まずい

つまり…

かつ　⇄（否定）　または

否定の作り方

○○　かつ　△△
↓　↓（否定）
○○でない　または　△△でない

例1）

$a=0$　かつ　$b=0$
↓　↓（否定）
$a\neq 0$　または　$b\neq 0$　//

例2）

「m，nの少なくとも一方は偶数」
の否定は？

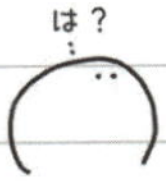

これって、
「mは偶数またはnは偶数」
ってことだろ？

（m，nの少なくとも一方は偶数）

mは偶数　または　nは偶数
↓　↓（否定）
mは奇数　かつ　nは奇数　//

これはド・モルガンの法則になっているらしい

$\overline{○○\text{ かつ }△△} = \overline{○○}\text{ または }\overline{△△}$

$\overline{○○\text{ または }△△} = \overline{○○}\text{ かつ }\overline{△△}$

ここでも、
出てくるんだぜ！

ベン図塗りマスター

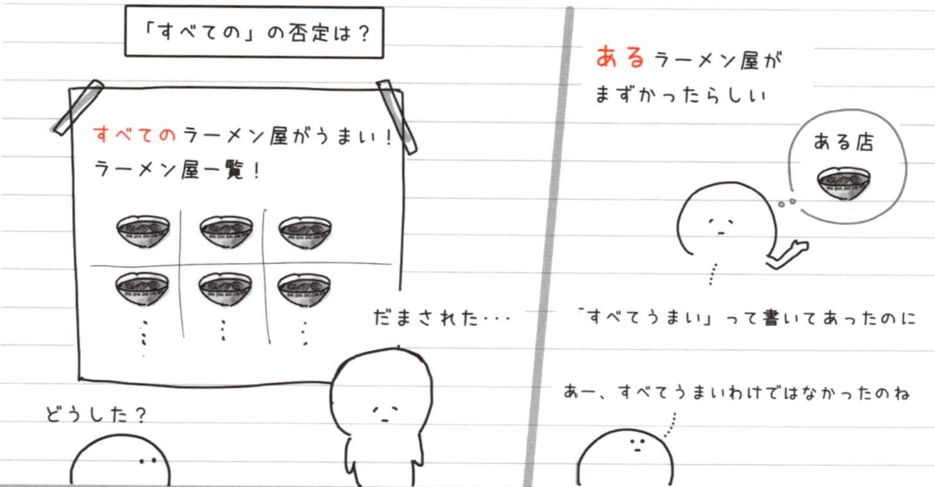

つまり・・・

すべての ⇄ ある

（すべての →否定→ ある、ある →否定→ すべての）

例えば・・・

すべての素数nに対して、nは奇数である

↓ 否定

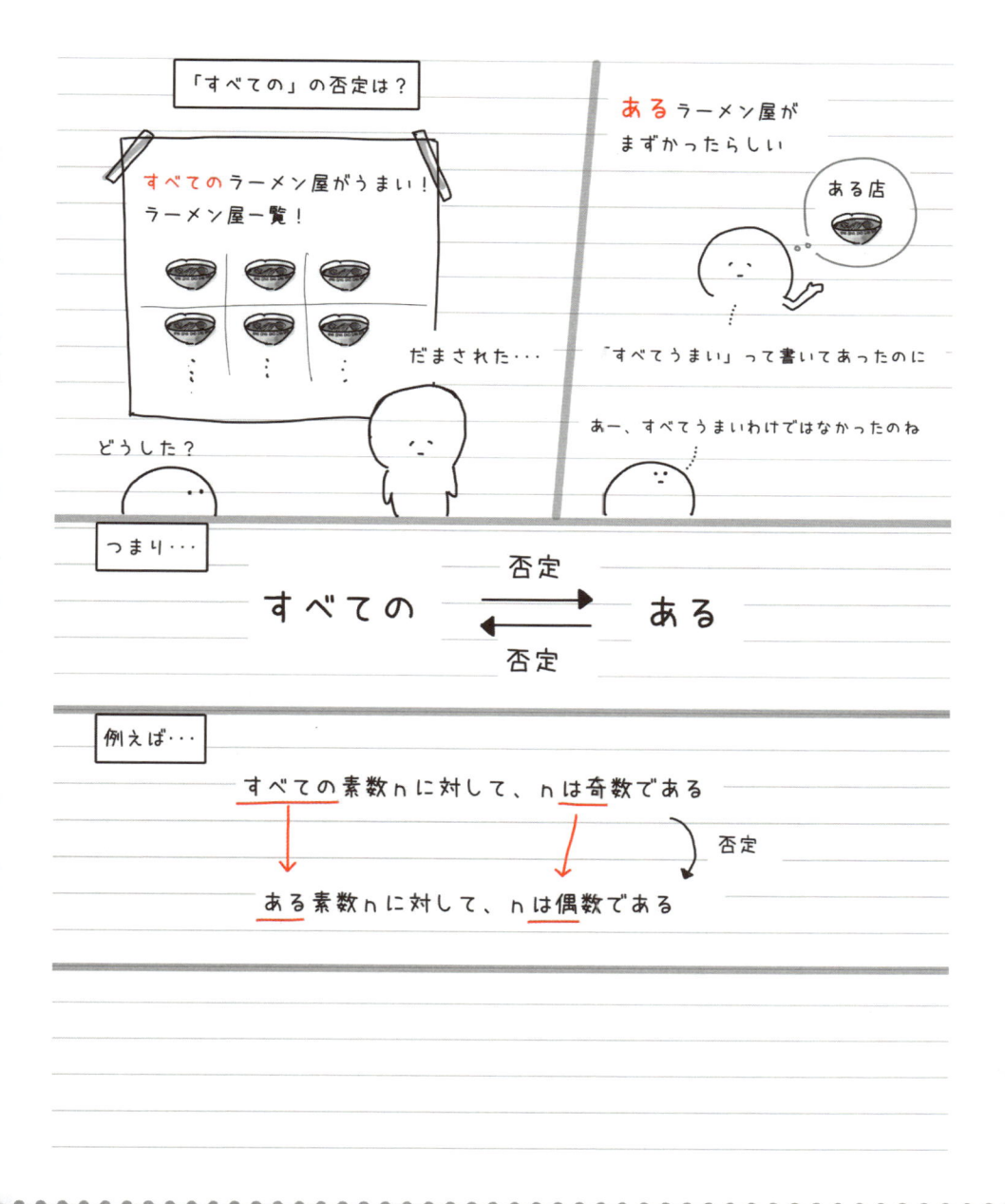

ある素数nに対して、nは偶数である

3分でわかる!

数学的な逆・裏・対偶のしかた

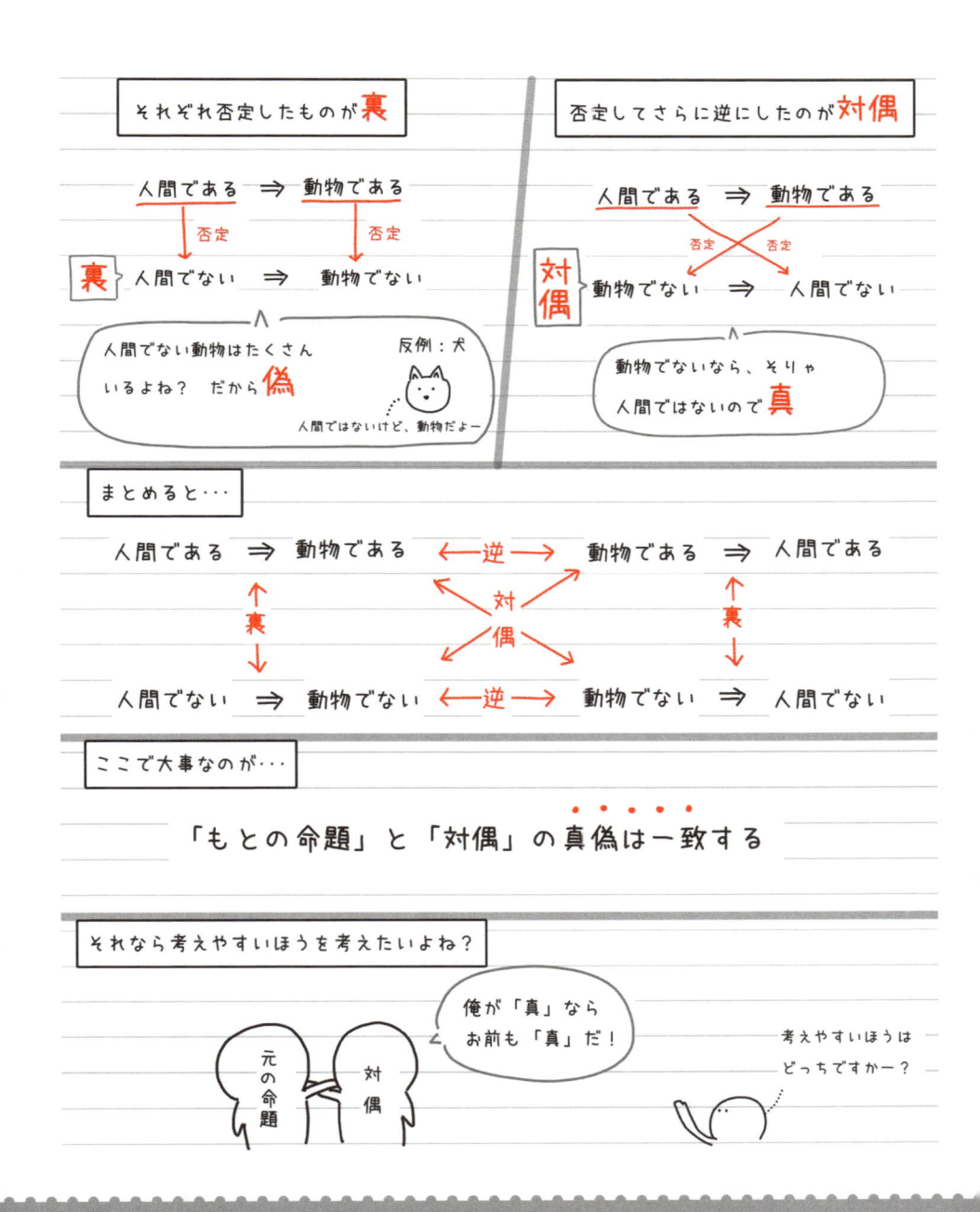

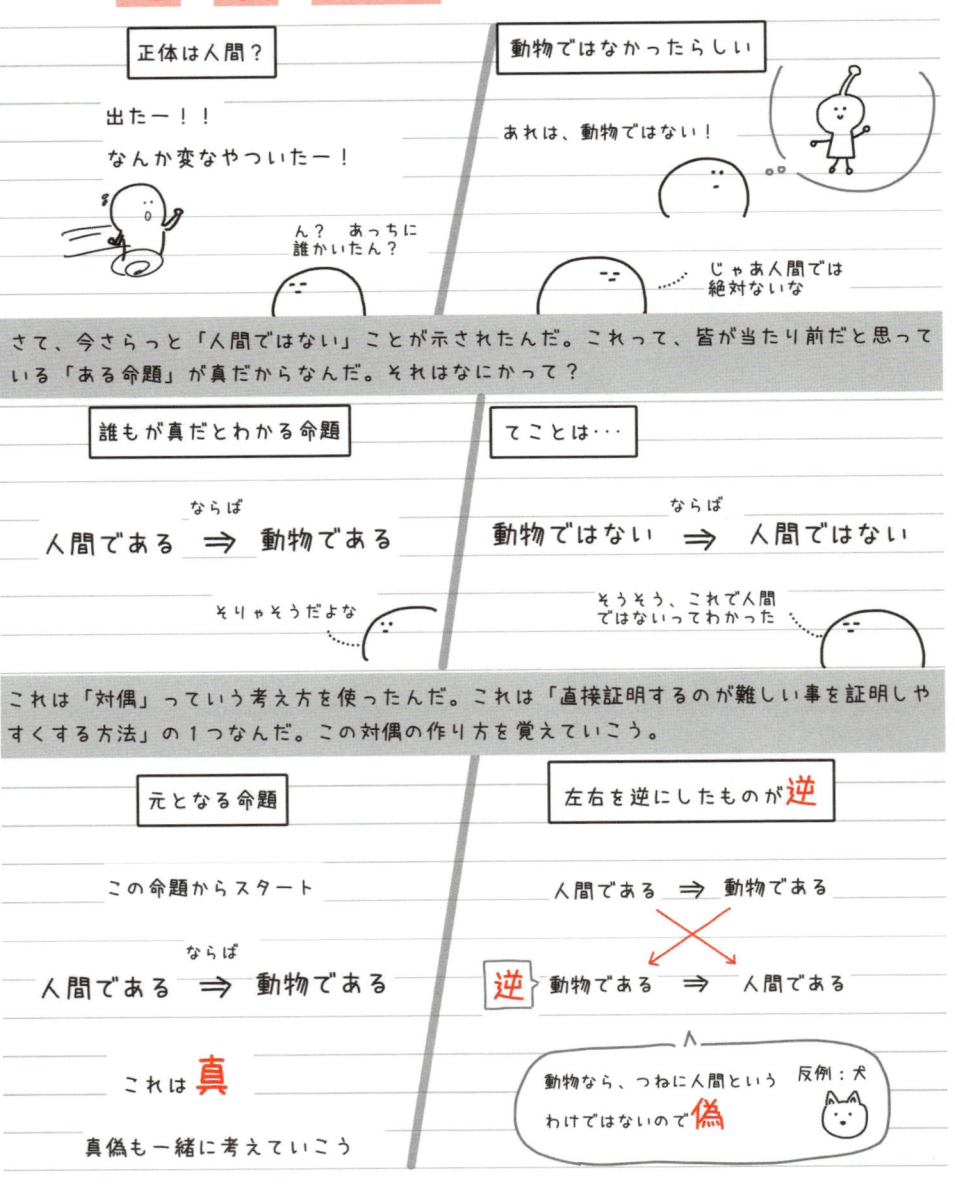

正体は人間？

出たー！！
なんか変なやついたー！

ん？　あっちに誰かいたん？

動物ではなかったらしい

あれは、動物ではない！

じゃあ人間では絶対ないな

さて、今さらっと「人間ではない」ことが示されたんだ。これって、皆が当たり前だと思っている「ある命題」が真だからなんだ。それはなにかって？

誰もが真だとわかる命題

人間である ⇒（ならば） 動物である

そりゃそうだよな

てことは…

動物ではない ⇒（ならば） 人間ではない

そうそう、これで人間ではないってわかった

これは「対偶」っていう考え方を使ったんだ。これは「直接証明するのが難しい事を証明しやすくする方法」の1つなんだ。この対偶の作り方を覚えていこう。

元となる命題

この命題からスタート

人間である ⇒（ならば） 動物である

これは**真**

真偽も一緒に考えていこう

左右を逆にしたものが**逆**

人間である ⇒ 動物である

逆　動物である ⇒ 人間である

動物なら、つねに人間というわけではないので**偽**

反例：犬

それぞれ否定したものが**裏**

人間である ⇒ 動物である

↓否定　　↓否定

裏 人間でない ⇒ 動物でない

人間でない動物はたくさんいるよね？　だから**偽**

反例：犬

人間ではないけど、動物だよー

否定してさらに逆にしたのが**対偶**

人間である ⇒ 動物である

否定　否定

対偶 動物でない ⇒ 人間でない

動物でないなら、そりゃ人間ではないので**真**

まとめると･･･

人間である ⇒ 動物である	←逆→	動物である ⇒ 人間である
↑裏↓	対偶（斜め）	↑裏↓
人間でない ⇒ 動物でない	←逆→	動物でない ⇒ 人間でない

ここで大事なのが･･･

「もとの命題」と「対偶」の**真偽**は一致する

それなら考えやすいほうを考えたいよね？

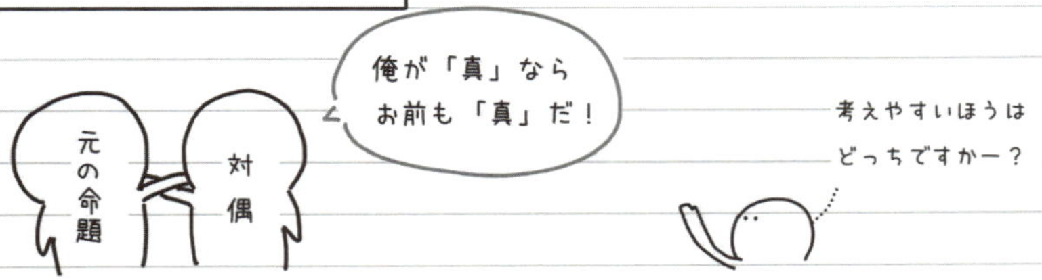

俺が「真」なら
お前も「真」だ！
元の命題
対偶
考えやすいほうは
どっちですかー？

例えば…

問題）次の命題の真偽を調べよ。

4の倍数でない　⇒　2の倍数でない

ええと、4の倍数じゃないってことは？

むずくね？

…考えづらいよね？

そこで、対偶を考えてみる

4の倍数でない　⇒　2の倍数でない

否定

対偶　2の倍数　⇒　4の倍数

こっちのほうが考えやすい

つねに

2の倍数　⇒　4の倍数

2の倍数は、つねに4の倍数になるか？

「つねに」ではないよ。だって、6とか4の倍数ではないよな？

⇓

この命題は偽

つまり…

2の倍数　⇒　4の倍数　偽

対偶が偽ってことはもとの命題も偽

4の倍数でない　⇒　2の倍数でない　偽

真偽が同じになるから偽！

俺が「偽」だから

対偶

元の命題

俺も「偽」か

1分でわかる！

一生使える背理法

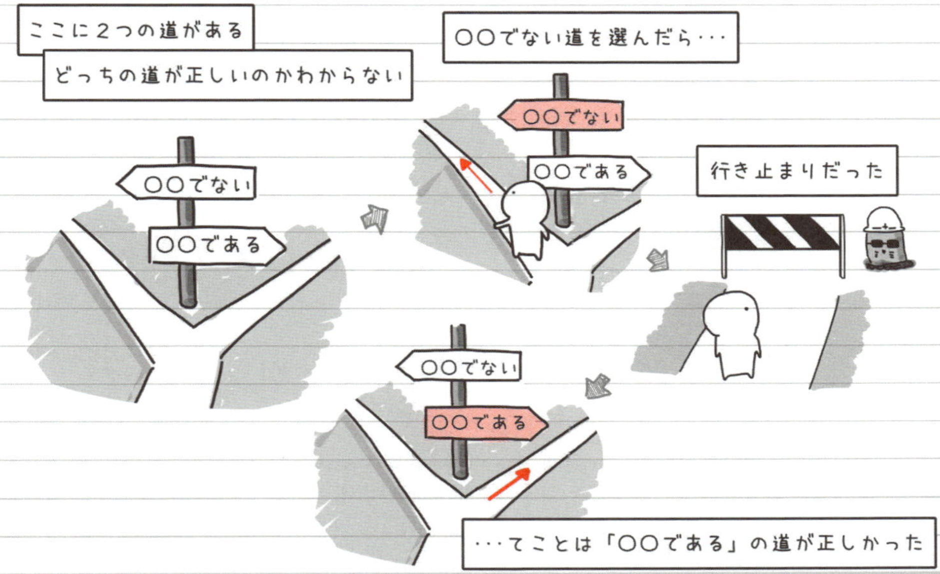

ここに２つの道がある
どっちの道が正しいのかわからない
〇〇でない
〇〇である
〇〇でない道を選んだら・・・
〇〇でない
〇〇である
行き止まりだった
〇〇でない
〇〇である
・・・てことは「〇〇である」の道が正しかった

これからやる「**背理法**」がまさにこのイメージだ。背理法はあえて「行き止まりの道」を行く。なぜなら、正しい道のゴールは果てしなく遠いんだ。一方で行き止まりまでの距離は近い。だから、あえて行き止まりを探しに行き、「残りの道が正しかったね！」と判断する作戦だ。

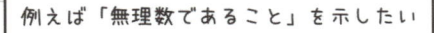

例えば「無理数であること」を示したい

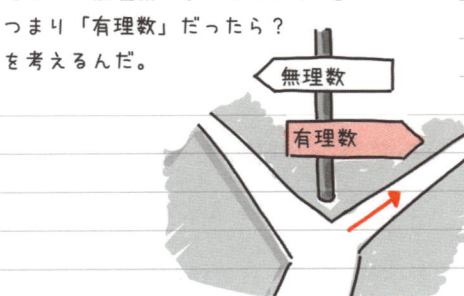

無理数であることを直接示すのは大変。
そこで「無理数でないとしたら？」
つまり「有理数」だったら？
を考えるんだ。

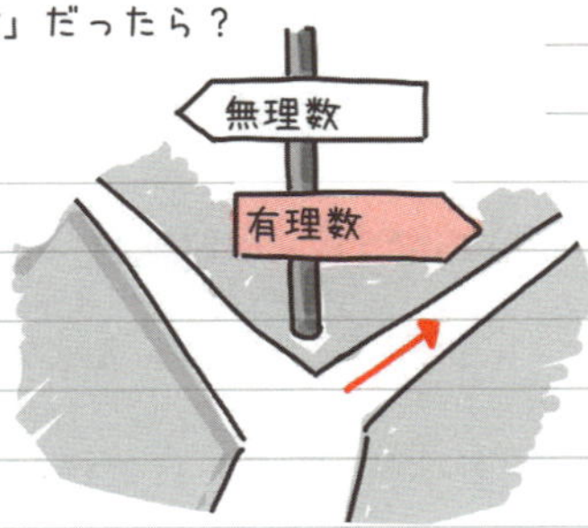

そして行き止まりを探す

有理数だとしたら「この式っておかしくね？」っていう矛盾を探すんだ。見つかれば、じゃあ「無理数」が正しい道だったね！ という流れだ。

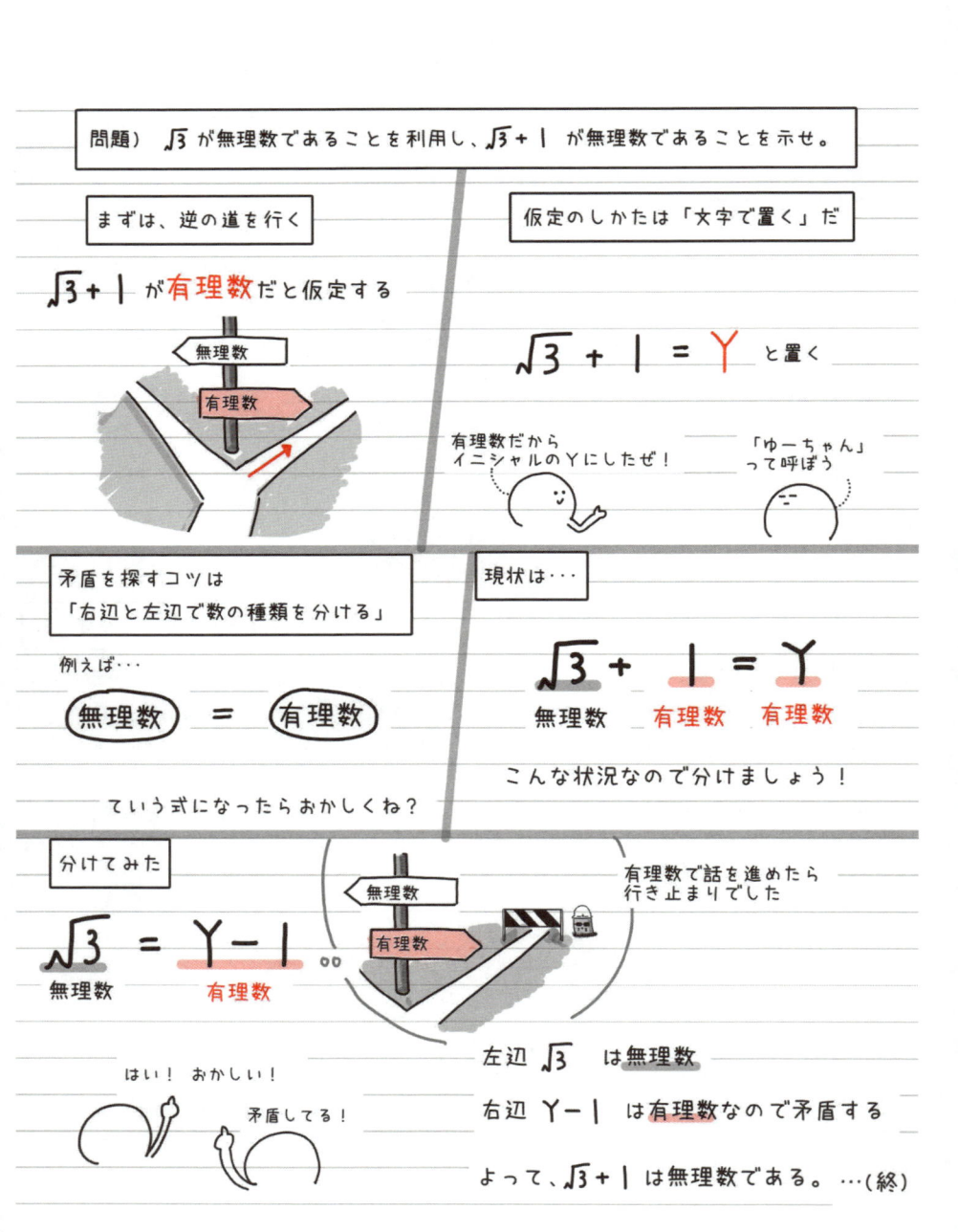

問題）$\sqrt{3}$ が無理数であることを利用し、$\sqrt{3}+1$ が無理数であることを示せ。

まずは、逆の道を行く

$\sqrt{3}+1$ が**有理数**だと仮定する

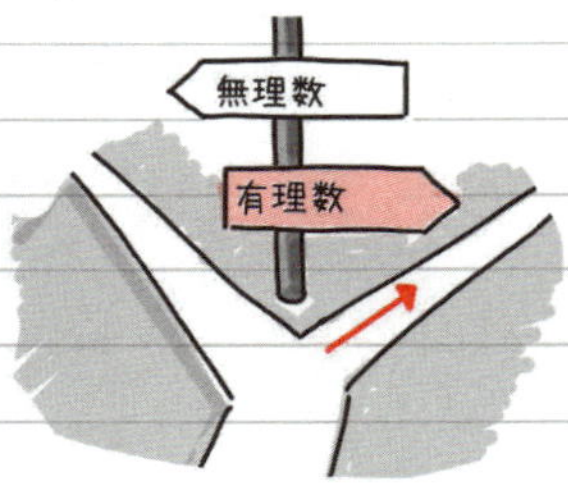

仮定のしかたは「文字で置く」だ

$\sqrt{3}+1=Y$ と置く

有理数だから
イニシャルのYにしたぜ！

「ゆーちゃん」
って呼ぼう

矛盾を探すコツは
「右辺と左辺で数の種類を分ける」

例えば…

無理数 ＝ 有理数

ていう式になったらおかしくね？

現状は…

$\sqrt{3}+1=Y$

$\sqrt{3}$：無理数　1：有理数　Y：有理数

こんな状況なので分けましょう！

分けてみた

$\sqrt{3}=Y-1$

$\sqrt{3}$：無理数　$Y-1$：有理数

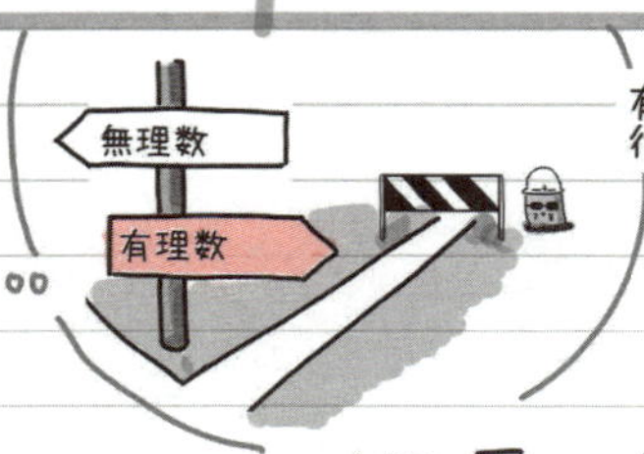

有理数で話を進めたら
行き止まりでした

左辺 $\sqrt{3}$ は無理数

右辺 $Y-1$ は有理数なので矛盾する

はい！ おかしい！

矛盾してる！

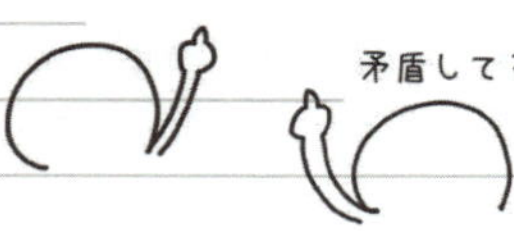

よって、$\sqrt{3}+1$ は無理数である。…(終)

練習問題

答え
P300

問題１）　全体集合 $U=\{1,2,3,4,5,6,7,8,9\}$ とする。

$A=\{2,4,6\}$, $B=\{1,3,4,7\}$ について、次の集合を求めよう！

(1) $\overline{A \cup B}$　　(2) $\overline{A} \cap \overline{B}$　　(3) $\overline{A} \cap B$

問題２）　次の命題の真偽を答えよう！

(1)　$x^2+5x+6=0$ が成り立つとき、$x=-2$ である。

(2)　全体集合を整数の集合とする。

集合 A は偶数、集合 B は奇数のとき、$\overline{A \cup B} = \phi$

問題３）　次の条件の否定を答えよう！

$x=7$ または $x<10$

問題４）　命題「$x=4 \Rightarrow x^2=4x$」は真である。

この命題の逆、裏、対偶の真偽を答えよう！

3分でわかる! 関数を説明できる?

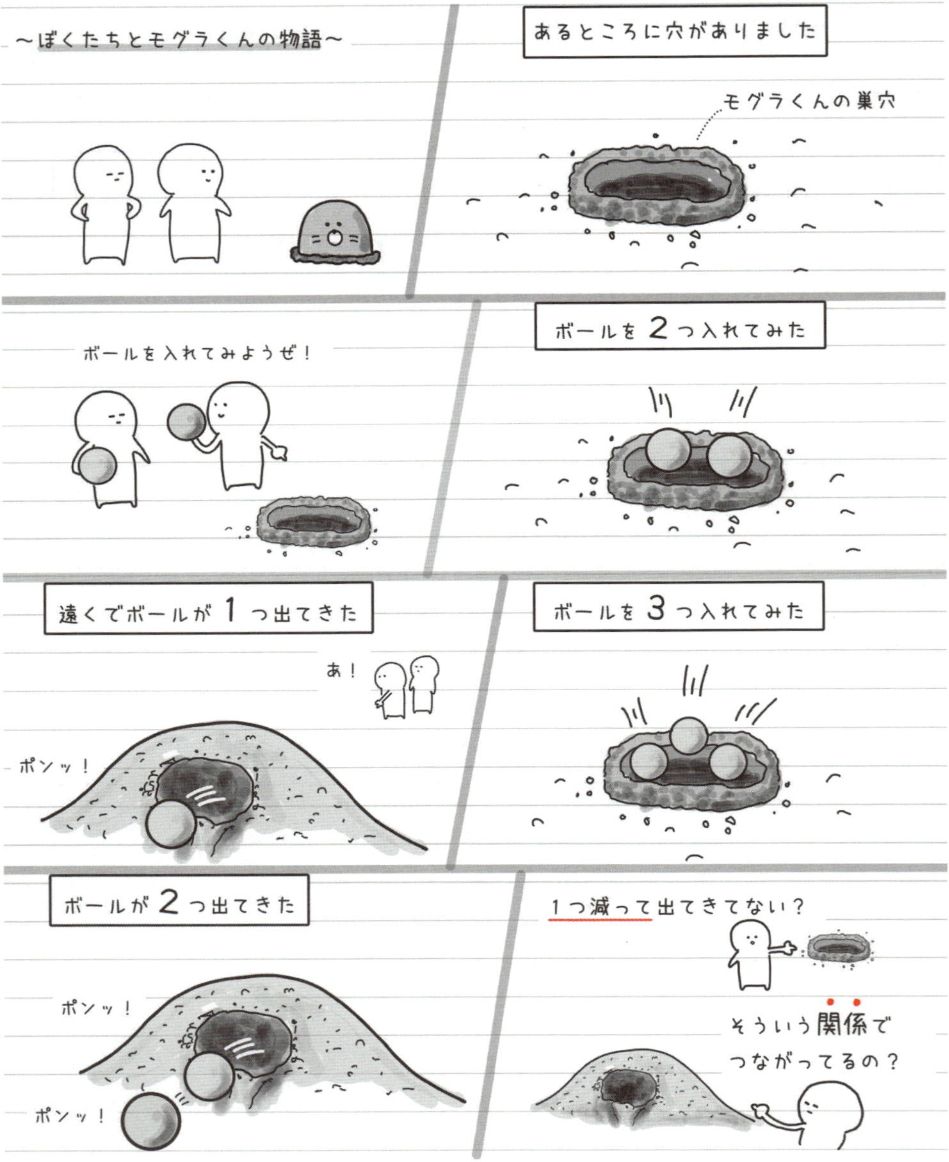

~ぼくたちとモグラくんの物語~
あるところに穴がありました
モグラくんの巣穴
ボールを入れてみようぜ!
ボールを2つ入れてみた
遠くでボールが1つ出てきた
あ!
ポンッ!
ボールを3つ入れてみた
ボールが2つ出てきた
ポンッ!
ポンッ!
1つ減って出てきてない?
そういう関係でつながってるの?

カラクリはこうだ

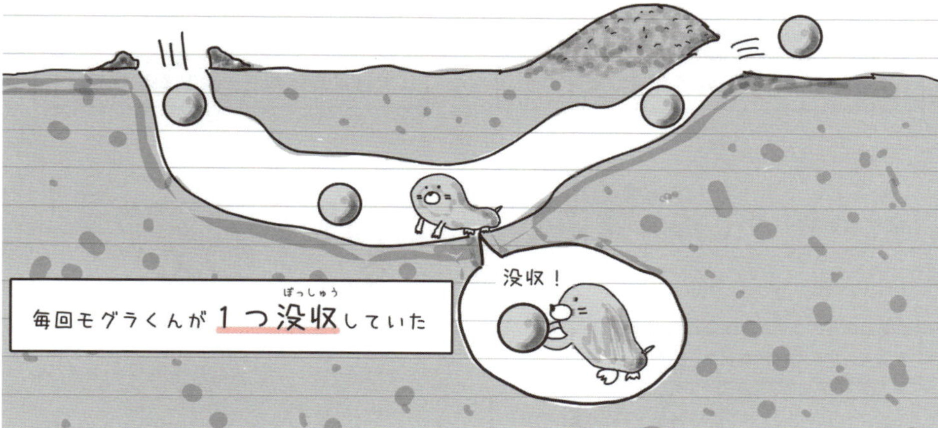

毎回モグラくんが**1つ没収**（ぼっしゅう）していた

つまり、こういう**関係**が成り立っている

関係性があるなら、ボールが何個出てくるか予測できる

入れたボールの数 → 出てくるボールの数

1減る

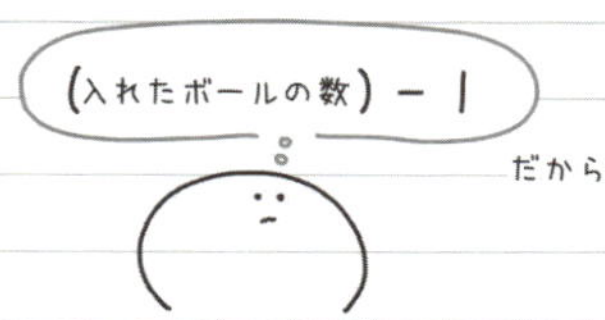

だって、入れたボールの数が**決まれば**、出てくるボールの数も**決まる**からね

100個入れるよー

オーケー。ってことは
99個出てくるってことね

このように「なにかが**1つ**決まると**自動的に**なにかがピタッと**1つ**に決まる関係」のことを**関数**と言うんだ。

さて、この関係性を式で表現してみよう

出てくるボールの数 ＝ 入れたボールの数 －1

日本語が長いので、文字で表してみる

出てくるボールの数 ＝ 入れたボールの数 －1

（出てくるボールの数 → y、入れたボールの数 → x）

するとこんな関係式ができる

$$y = x - 1$$

yは「xの関数」であると言う

xが1つ決まれば自動的にyも1つに決まる

文字は絶対xとyを使うのかな？

なんでもいいだろ

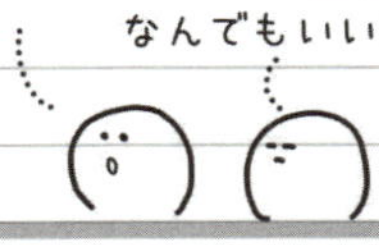

文字はなんでもいい

関数って「xとyのやつ」だと思ってた関係性のことか！

$y = x - 1$

$S = t - 1$

$M = N - 1$

（顔）＝（顔）－1

みーんな同じ関数

関係性は皆同じだもんな。呼び方の違いか

だって、関数は**関係性そのもの**だからね

関数は身近にたくさんあるんだ

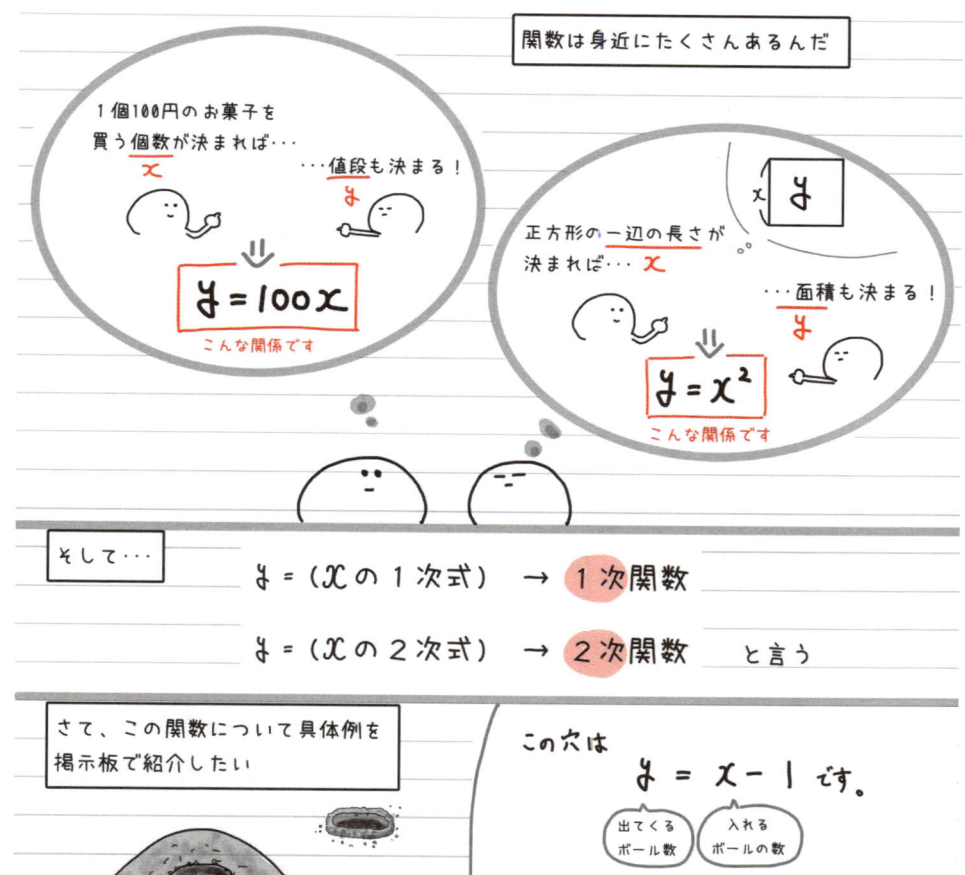

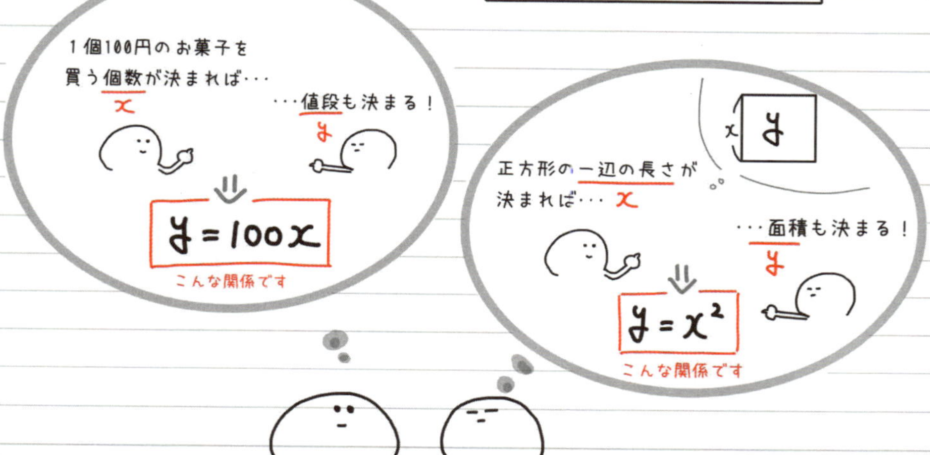

1個100円のお菓子を
買う個数が決まれば・・・
x
・・・値段も決まる！
y
$y = 100x$
こんな関係です
正方形の一辺の長さが
決まれば・・・ x
x
y
・・・面積も決まる！
y
$y = x^2$
こんな関係です

そして・・・

y = （xの１次式） → **１次関数**

y = （xの２次式） → **２次関数** と言う

さて、この関数について具体例を
掲示板で紹介したい

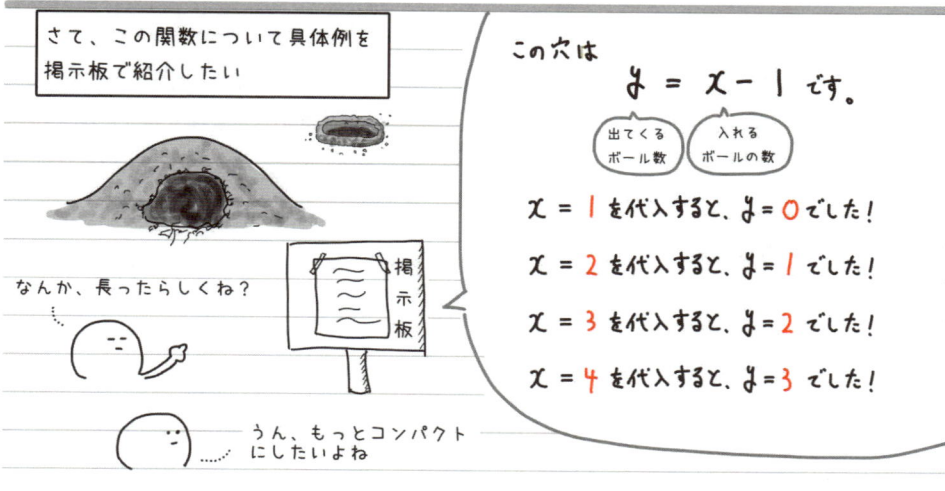

掲示板
なんか、長ったらしくね？
うん、もっとコンパクト
にしたいよね

この穴は

$y = x - 1$ です。

（y：出てくるボール数）（x：入れるボールの数）

x = 1 を代入すると、y = 0 でした！

x = 2 を代入すると、y = 1 でした！

x = 3 を代入すると、y = 2 でした！

x = 4 を代入すると、y = 3 でした！

そこで、関数にあだ名をつけてみた

$$f(x) = x - 1$$

こういうのはどう？

なんで？

代入したことがコンパクトに伝わる

$$f(●) = ● - 1$$

x=●を代入した値は？

例えば・・・

2次関数 $f(x) = x^2 - 3x + 2$

において $f(-1)$ の値は？

$x=-1$を代入した値は？
っていう意味さ！

$$f(x) = x^2 - 3x + 2$$

$x=-1$を代入！

$$\begin{aligned} f(-1) &= (-1)^2 - 3(-1) + 2 \\ &= 1 + 3 + 2 \\ &= 6 \end{aligned}$$

たしかにコンパクトにかけた

この穴は

$f(x) = x - 1$ です。

（出てくるボール数）（入れるボールの数）

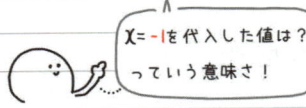

$f(1) = 0$ でした！

$f(2) = 1$ でした！

$f(3) = 2$ でした！

$f(4) = 3$ でした！

でもやっぱり、図で示した
ほうがわかりやすいかも？

具体例を紹介するのもいいけど
パッと見てわかるほうがよくない？

たしかにな、図で示してみるか

つづく

1分でわかる!

「グラフとは点の集まり」って納得できる?

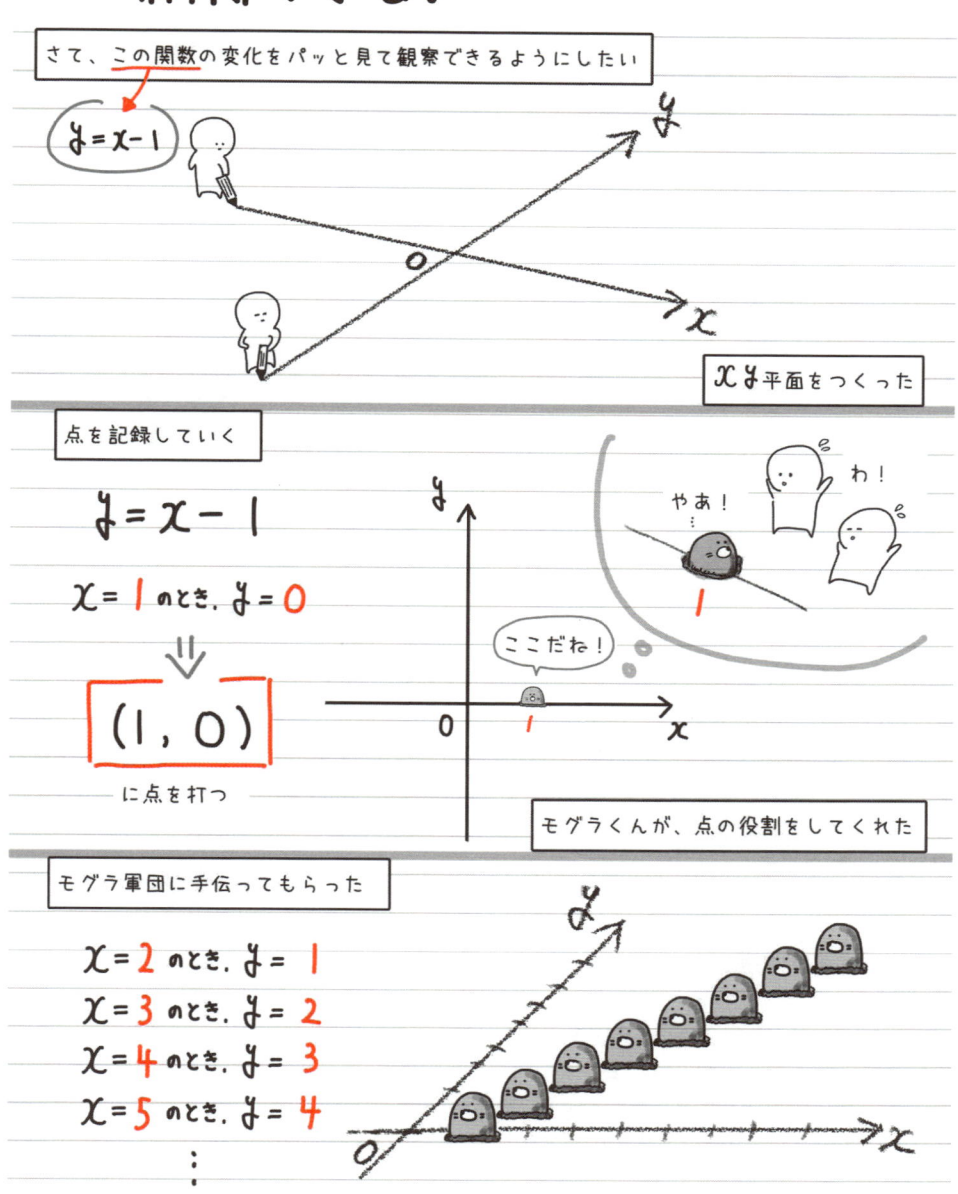

さて、この関数の変化をパッと見て観察できるようにしたい

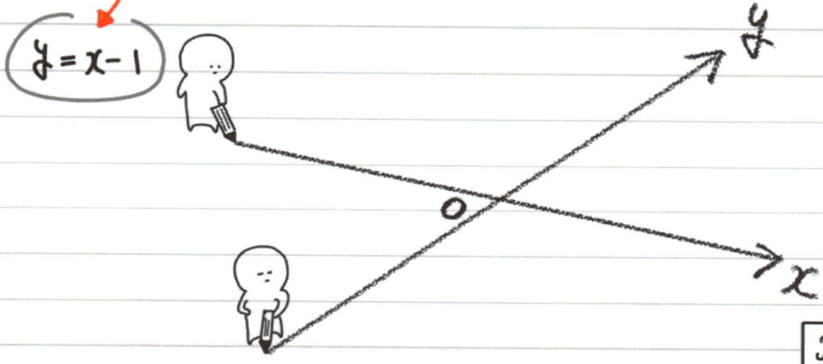

xy平面をつくった

点を記録していく

$$y=x-1$$

$x=1$のとき、$y=0$

⇓

$(1, 0)$

に点を打つ

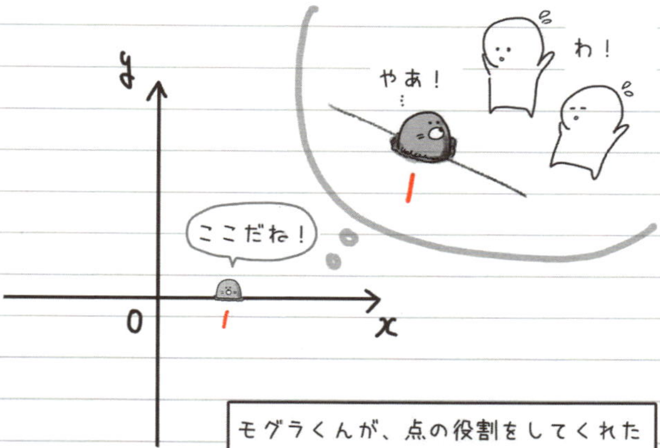

モグラくんが、点の役割をしてくれた

モグラ軍団に手伝ってもらった

$x=2$のとき、$y=1$

$x=3$のとき、$y=2$

$x=4$のとき、$y=3$

$x=5$のとき、$y=4$

⋮

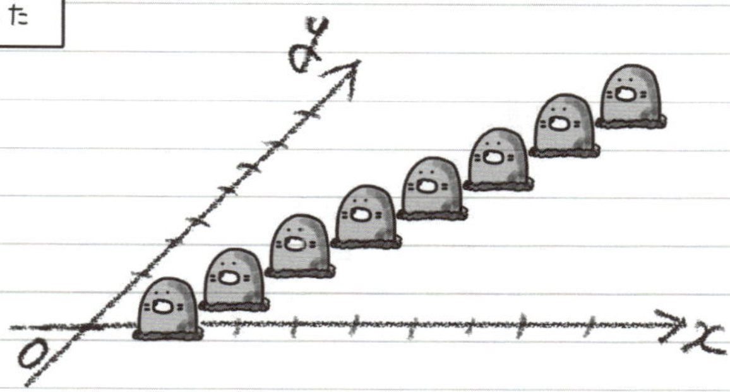

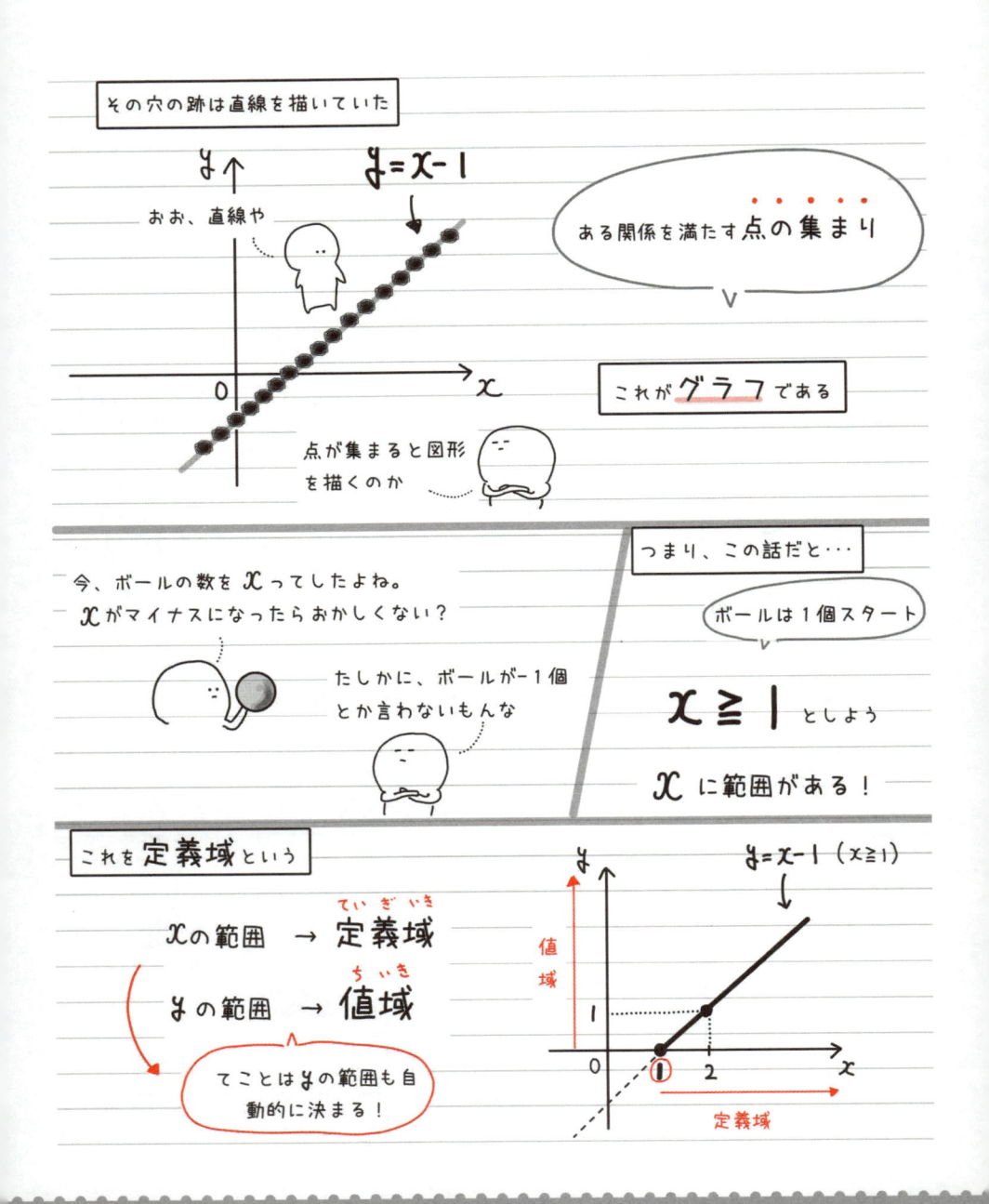

その穴の跡は直線を描いていた

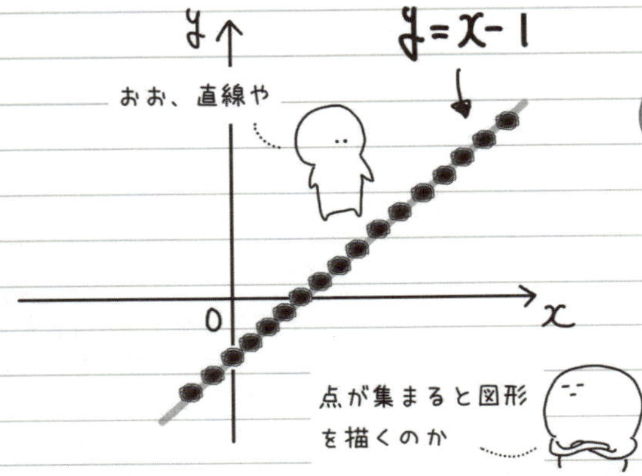

ある関係を満たす**点の集まり**

これが**グラフ**である

今、ボールの数を x ってしたよね。
x がマイナスになったらおかしくない？

たしかに、ボールが−1個とか言わないもんな

つまり、この話だと・・・

ボールは1個スタート

$$x \geqq 1$$ としよう

x に範囲がある！

これを**定義域**という

xの範囲 → 定義域（ていぎいき）

yの範囲 → 値域（ちいき）

てことは y の範囲も自動的に決まる！

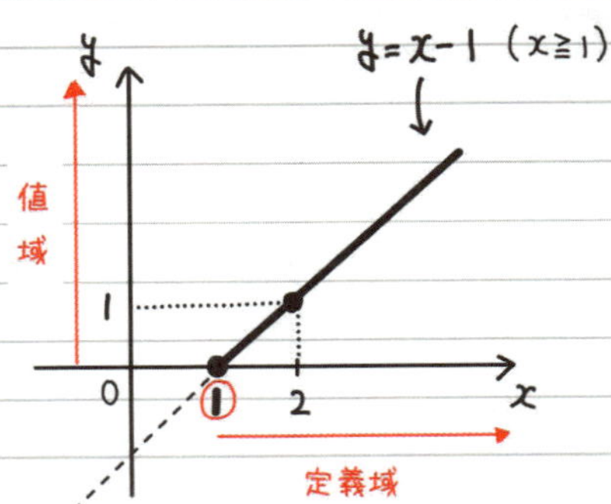

5分でわかる! 2次関数を平行移動!?

さて、ここからは関数の中でも2次関数について学んでいくよ。まずは、基本の形から!

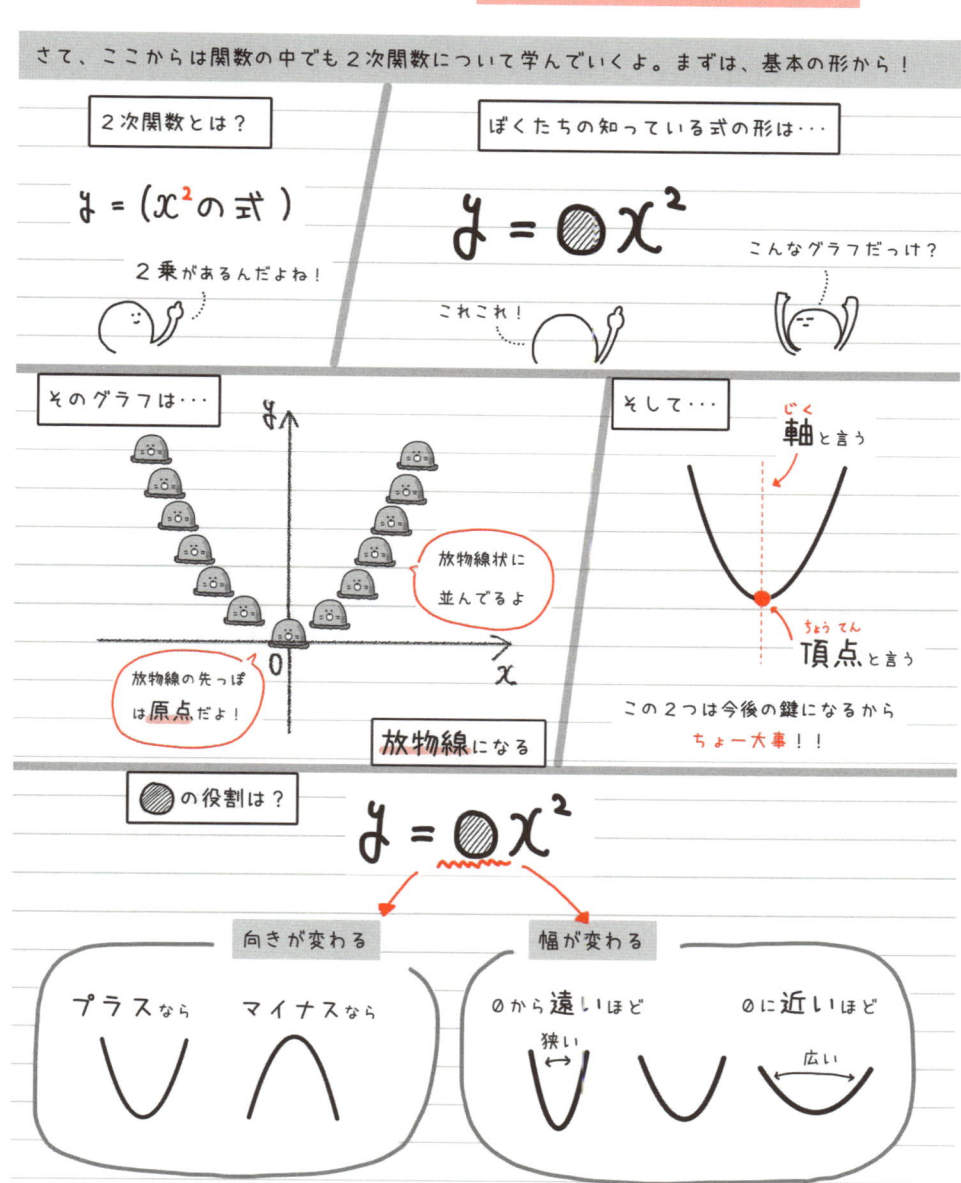

2次関数とは?

y = (x^2の式)

2乗があるんだよね!

ぼくたちの知っている式の形は…

$y = ●x^2$

これこれ!

こんなグラフだっけ?

そのグラフは…

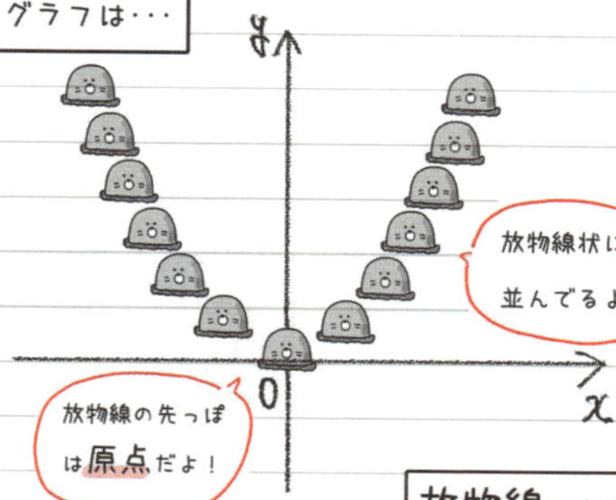

放物線状に並んでるよ

放物線の先っぽは原点だよ!

放物線になる

そして…

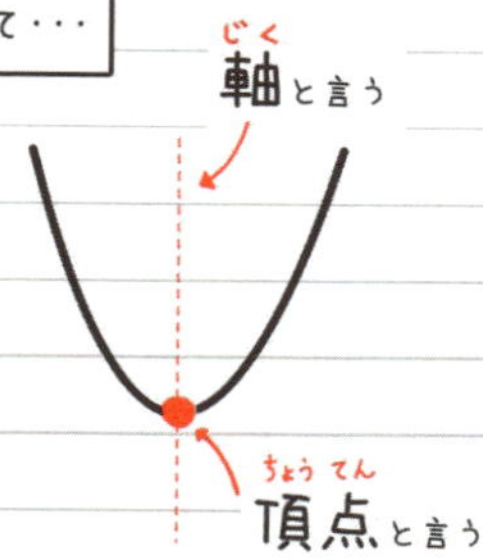

この2つは今後の鍵になるから**ちょー大事!!**

●の役割は?

$y = ●x^2$

向きが変わる

幅が変わる

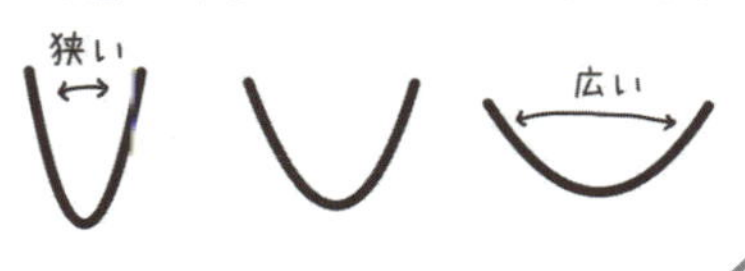

ここまでが、2次関数の基礎だ。さて、これまでは放物線が必ず**原点**を通っていたよね？でも、そのグラフが**平行移動**して原点からは離れてしまったらどんな式になるだろう？

グラフが**平行移動**したらどんな式になるんだろう？

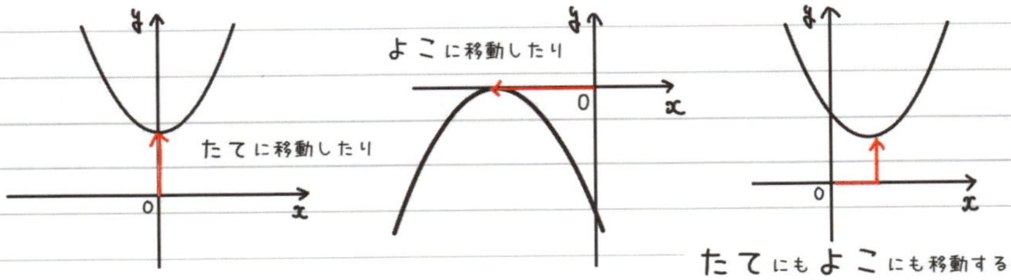

例えば・・・

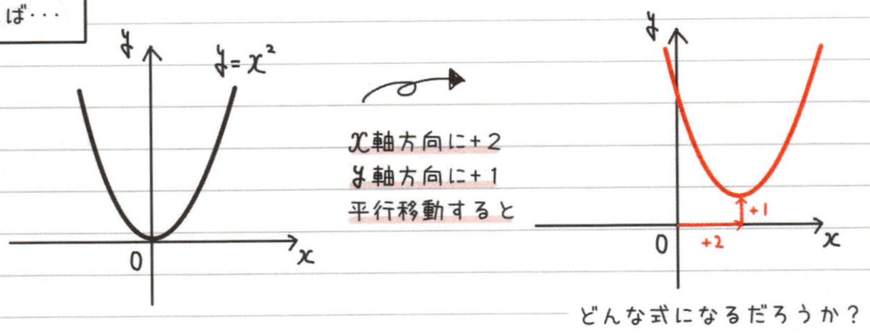

実際に、平行移動してもらった

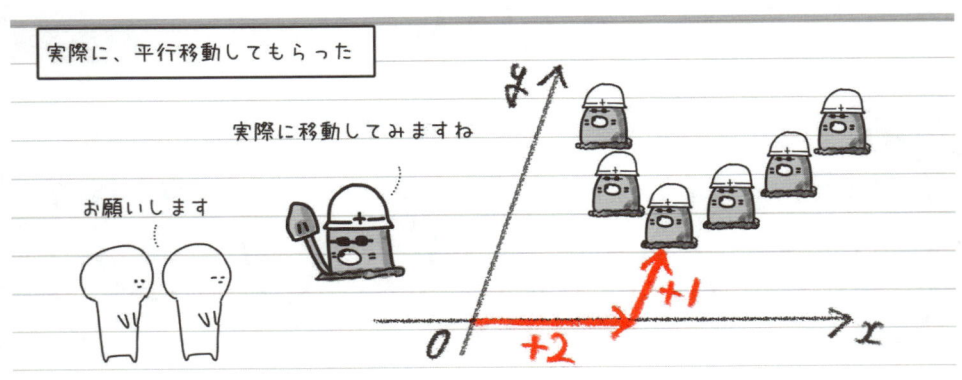

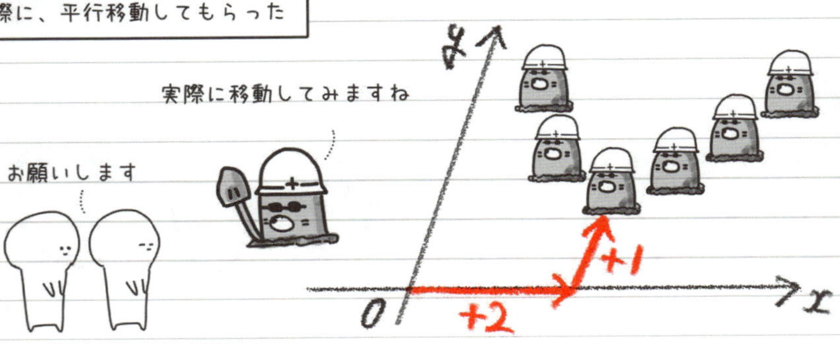

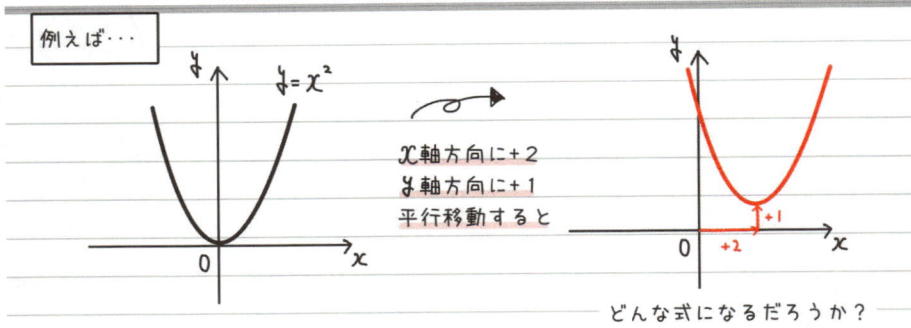

移動した後の座標を…

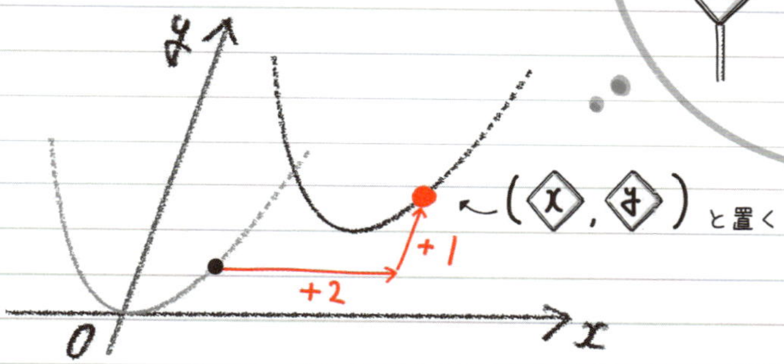

さて、知りたいのは…

◇x と ◇y の関係式

を知りたい!

そこで、移動する前を手がかりにする

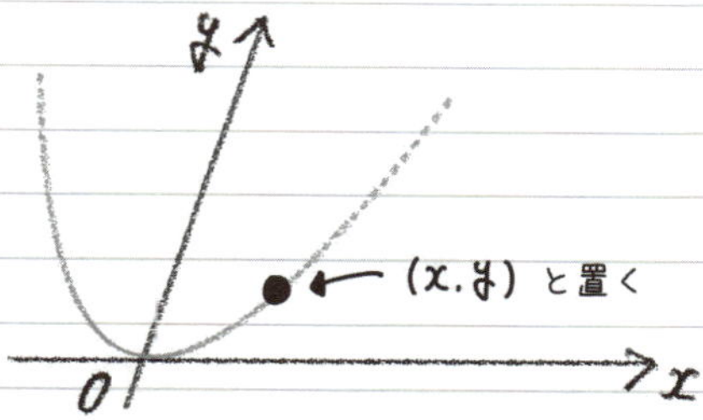

モグラくん目線で見ると?

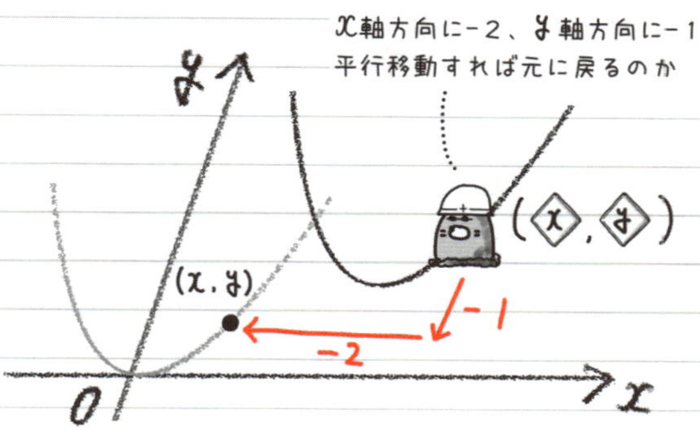

こんな関係がある

◇x $-2 = x$

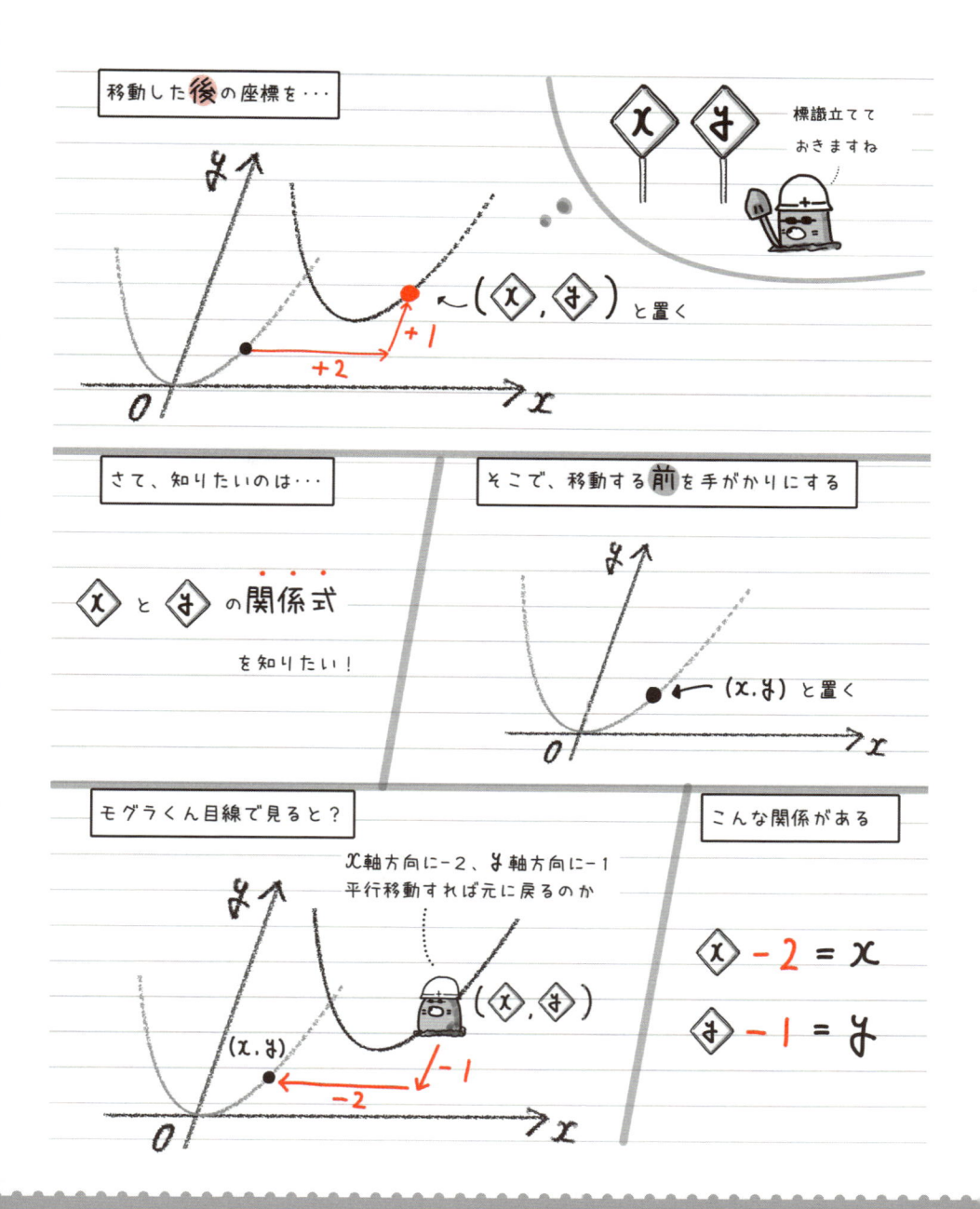

◇y $-1 = y$

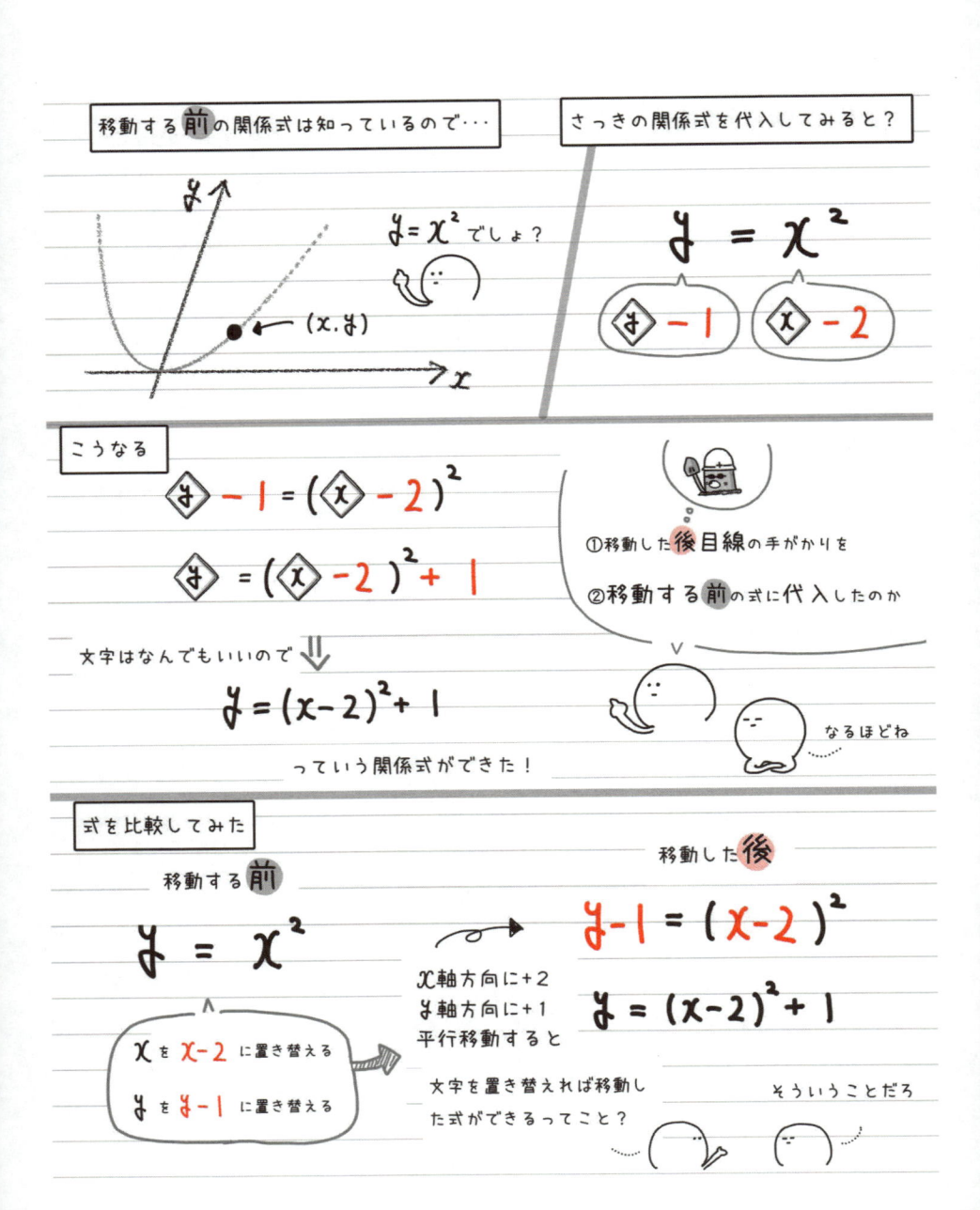

移動する**前**の関係式は知っているので･･･

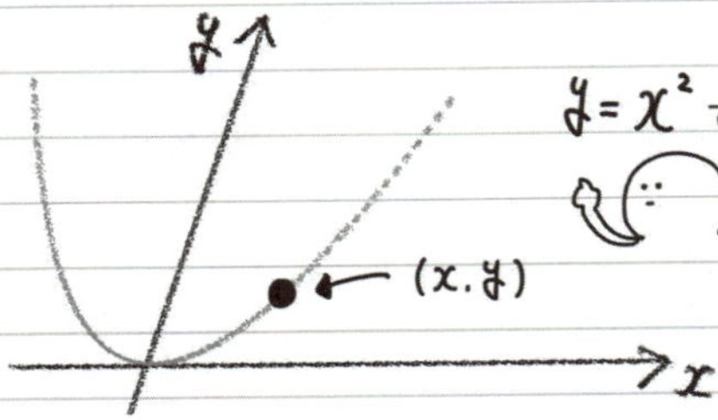

$y=x^2$ でしょ？

さっきの関係式を代入してみると？

$$y = x^2$$

◇y −1　◇x −2

こうなる

$$◇y - 1 = (◇x - 2)^2$$

$$◇y = (◇x - 2)^2 + 1$$

①移動した**後**目線の手がかりを

②移動する**前**の式に代入したのか

文字はなんでもいいので ⇓

$$y=(x-2)^2+1$$

っていう関係式ができた！

なるほどね

式を比較してみた

移動する**前**

$$y = x^2$$

x を $x-2$ に置き替える

y を $y-1$ に置き替える

x軸方向に+2
y軸方向に+1
平行移動すると

移動した**後**

$$y-1=(x-2)^2$$

$$y=(x-2)^2+1$$

文字を置き替えれば移動した式ができるってこと？

そういうことだろ

その後、いろいろ試してわかったこと

x 軸方向に＋● 平行移動 ➡ x を $x-$● に置き替える！

y 軸方向に＋● 平行移動 ➡ y を $y-$● に置き替える！

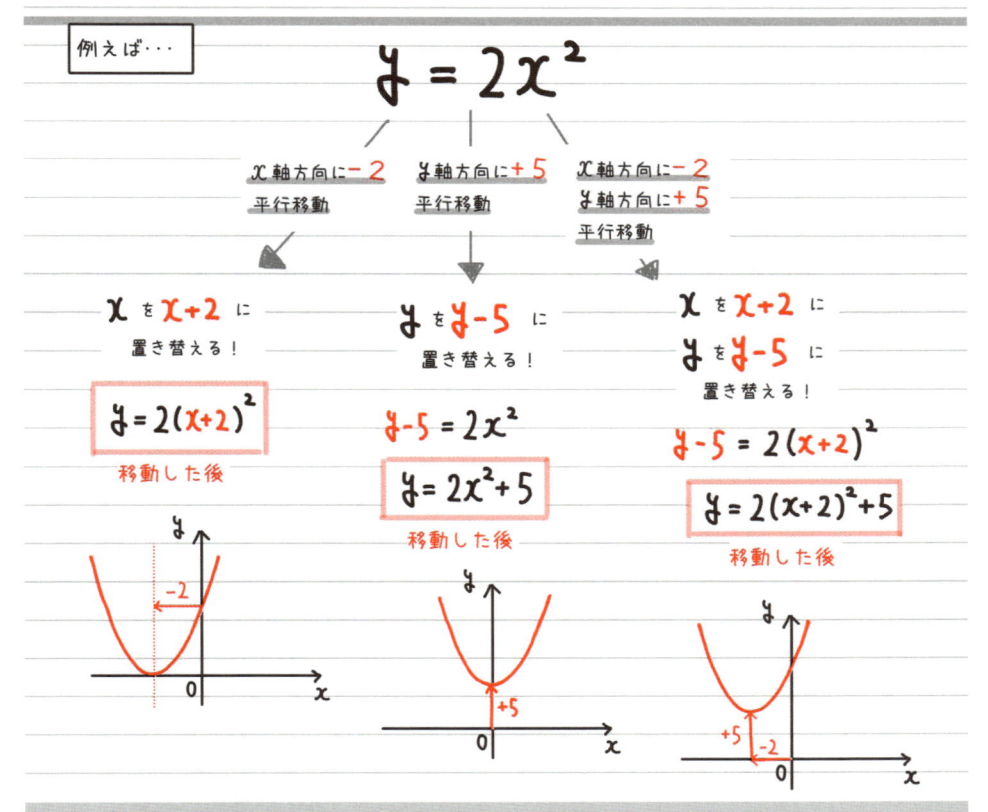

例えば・・・

$$y=2x^2$$

x 軸方向に -2 平行移動

➡ x を $x+2$ に置き替える！

$$y=2(x+2)^2$$

移動した後

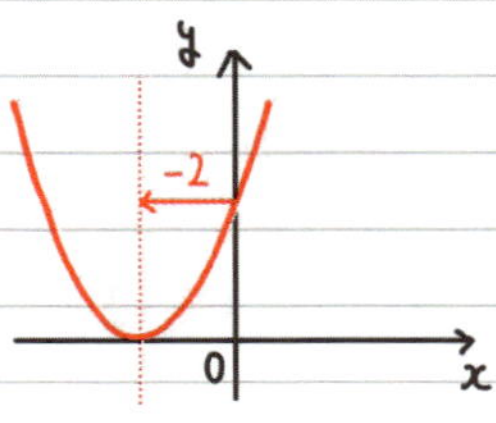

y 軸方向に $+5$ 平行移動

➡ y を $y-5$ に置き替える！

$$y-5=2x^2$$

$$y=2x^2+5$$

移動した後

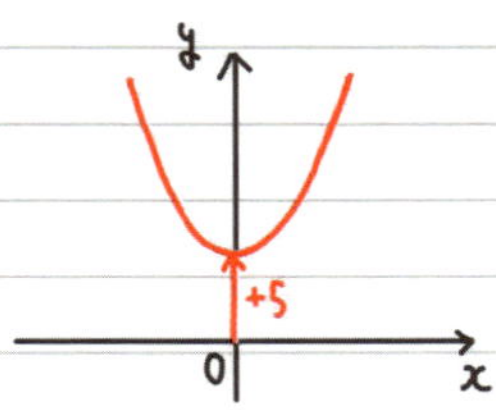

x 軸方向に -2
y 軸方向に $+5$
平行移動

➡ x を $x+2$ に
y を $y-5$ に
置き替える！

$$y-5=2(x+2)^2$$

$$y=2(x+2)^2+5$$

移動した後

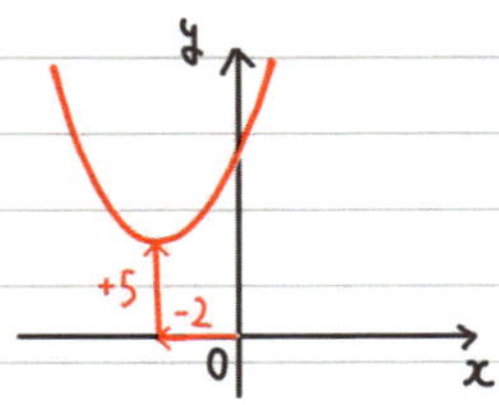

これで、移動した後の式を作れるようになったね。これが「なぜその式になるか？」っていう理屈なんだ。次は、式を見てどんなグラフかパッとわかるようにしよう！

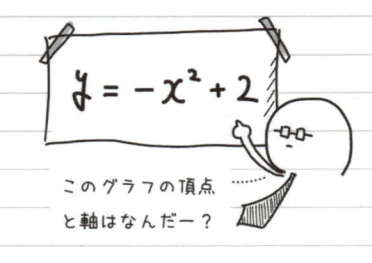

3分でわかる！ さてこの式、どんなグラフ？

$y=-x^2+2$

このグラフの頂点と軸はなんだー？

ええと

なんだっけ？

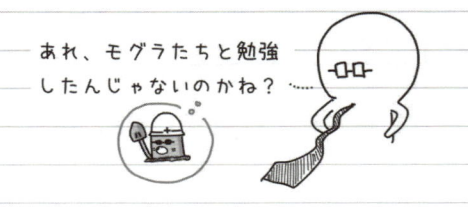

あれ、モグラたちと勉強したんじゃないのかね？

そうだけど、こういう聞かれ方は初めてなんだよなー

思い出せー

そもそも…

もともとこんな式から始まって

$y=ax^2$

例えば y 軸方向に＋▲平行移動させると

➡ y を $y-$▲ に置き替えたものになる

⇓

つまり　$y-$▲$=ax^2$

移項して

$y=ax^2+$▲

てことは…

$y=ax^2+$▲

この部分は、グラフが上下に移動する数字ってことか！

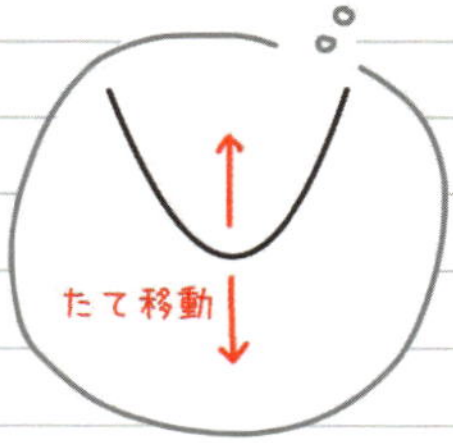

つまり…

$y=-x^2+2$

$y=-x^2$ を y 軸方向に $+2$ 平行移動したグラフになる

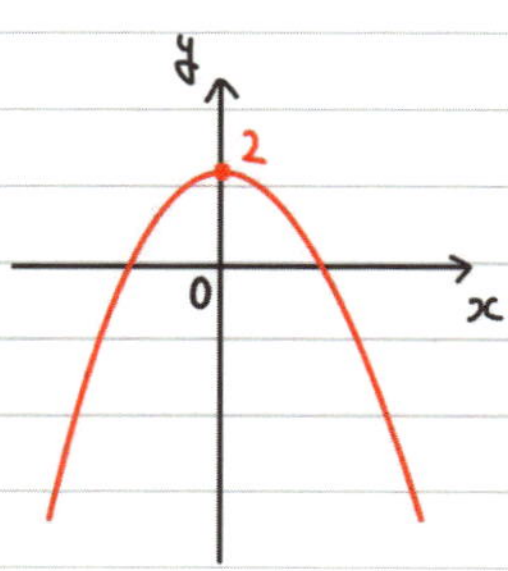

頂点：$(0,2)$

軸：直線 $x=0$

軸は $x=$● っていう表し方をする

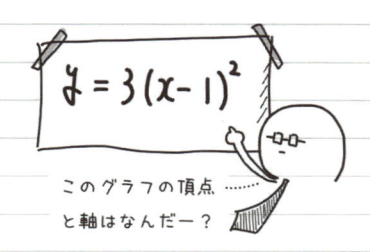

頂点の x 座標

$y = 3(x-1)^2$

このグラフの頂点と軸はなんだー？

えっと

xを$x-1$に置き替えた話かな？

もともとこんな式から始まって

$y = ax^2$

例えば x軸方向に＋●平行移動させると

➡ x を $x-$● に置き替えたものになる

⇓

つまり

$y = a(x-\bullet)^2$

ということは…

$y = a(x-\bullet)^2$

この部分は、グラフが左右に移動する数字ってことだな

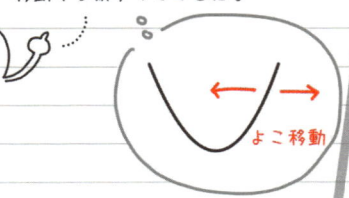

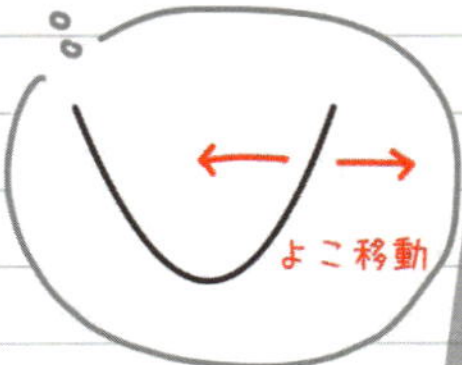

気をつけたいのが…

$y = 2(x+2)^2$ だったら

符号が逆になる

$y = 2x^2$ をx軸方向に-2平行移動したやつ

そういえば、移動した後目線の手がかりを代入してたもんね

あーモグラ目線だと＋2移動すれば元に戻るってやつか

ということで…

$y = 3(x-1)^2$

$y = 3x^2$ をx軸方向に$+1$平行移動したグラフになる

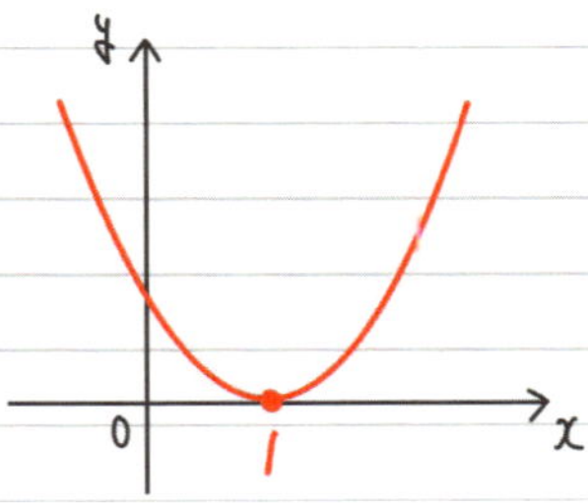

頂点：(1, 0)

軸：直線 $x = 1$

$y=2(x-3)^2+1$

このグラフの頂点と……軸はなんだー？

今までのやつの……合わせ技だろ？

今までの話を合わせると？

$y=a(x-●)^2+▲$

左右に移動する数字　**上下**に移動する数字

つまり・・・

$y=2(x-3)^2+1$

逆↓　そのまま↘

$y=2x^2$をx軸方向に$+3$、y軸方向に$+1$

平行移動したグラフになる

頂点：$(3, 1)$

軸：直線 $x=3$

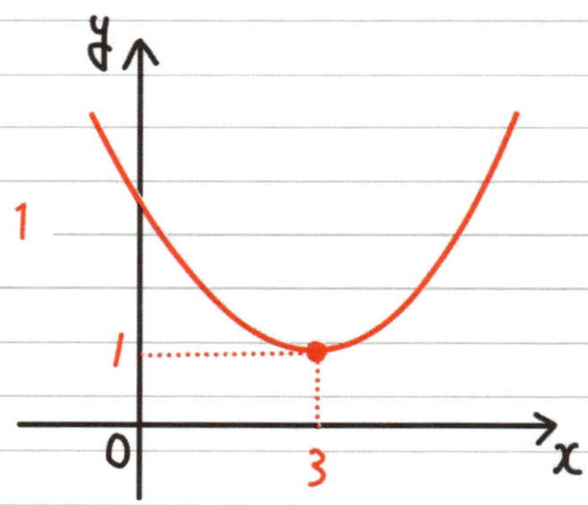

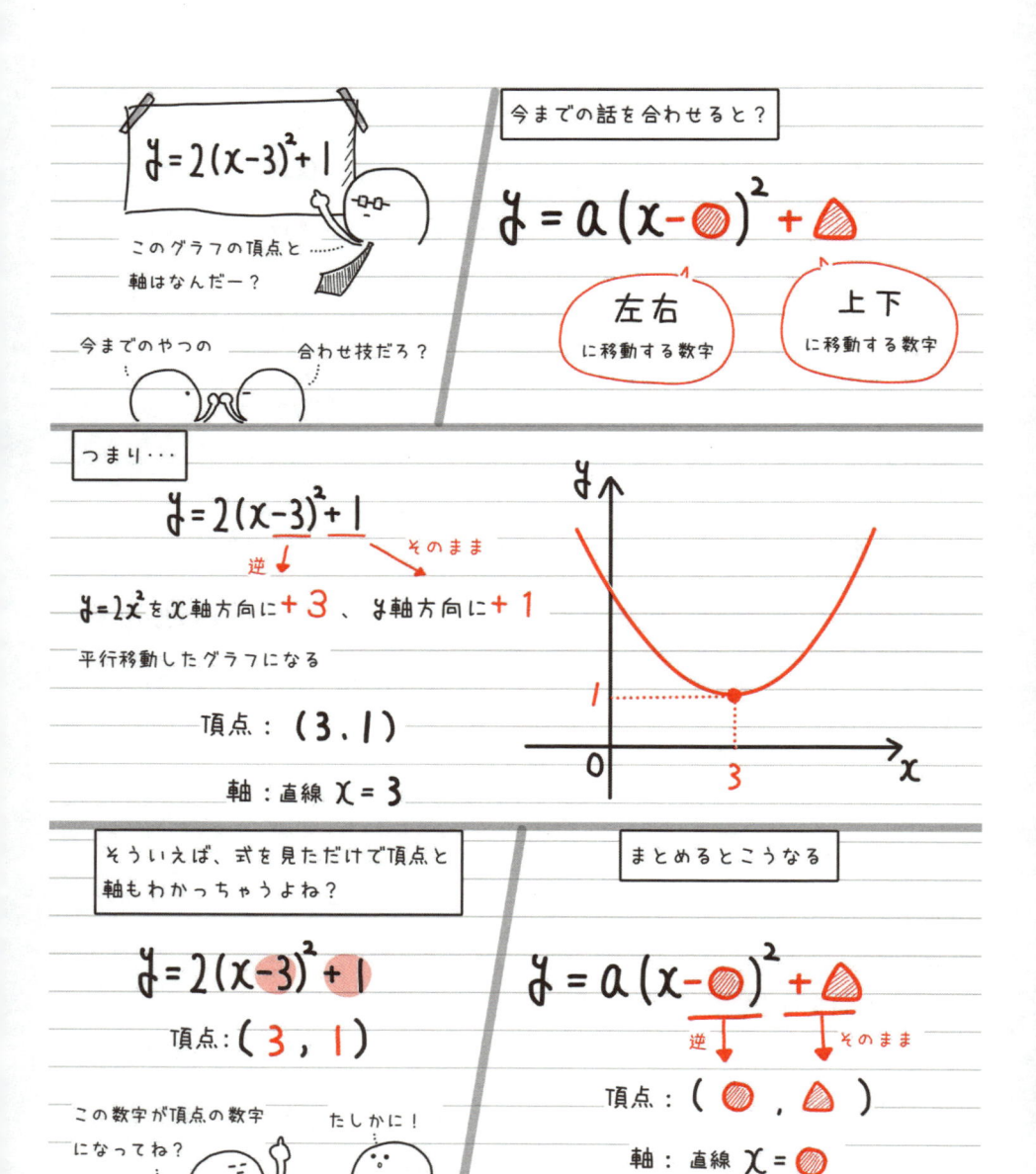

そういえば、式を見ただけで頂点と軸もわかっちゃうよね？

$y=2(x-3)^2+1$

頂点：$(3, 1)$

この数字が頂点の数字になってね？

たしかに！

まとめるとこうなる

$y=a(x-●)^2+▲$

逆↓　そのまま↓

頂点：$(●, ▲)$

軸：直線 $x=●$

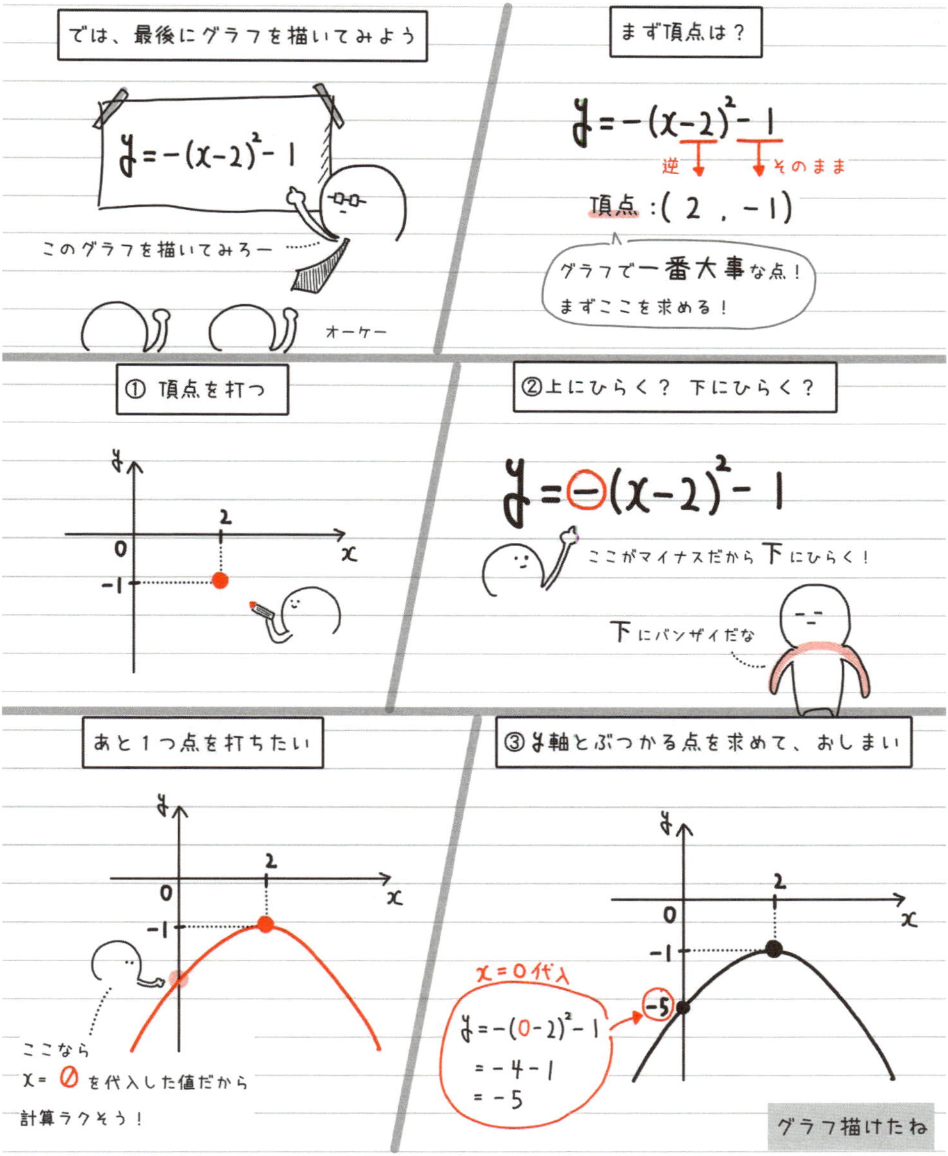
では、最後にグラフを描いてみよう
y=−(x−2)²−1
このグラフを描いてみろー
オーケー
まず頂点は？
y=−(x−2)²−1
逆
そのまま
頂点：(2，−1)
グラフで一番大事な点！
まずここを求める！
① 頂点を打つ
y
2
0
x
−1
②上にひらく？ 下にひらく？
y=⊖(x−2)²−1
ここがマイナスだから下にひらく！
下にバンザイだな
あと1つ点を打ちたい
y
2
0
x
−1
ここなら
x= 0 を代入した値だから
計算ラクそう！
③y軸とぶつかる点を求めて、おしまい
x=0代入
y=−(0−2)²−1
=−4−1
=−5
y
2
0
x
−1
−5
グラフ描けたね

3分でわかる!

平方完成で式を完成形に!?(前編)

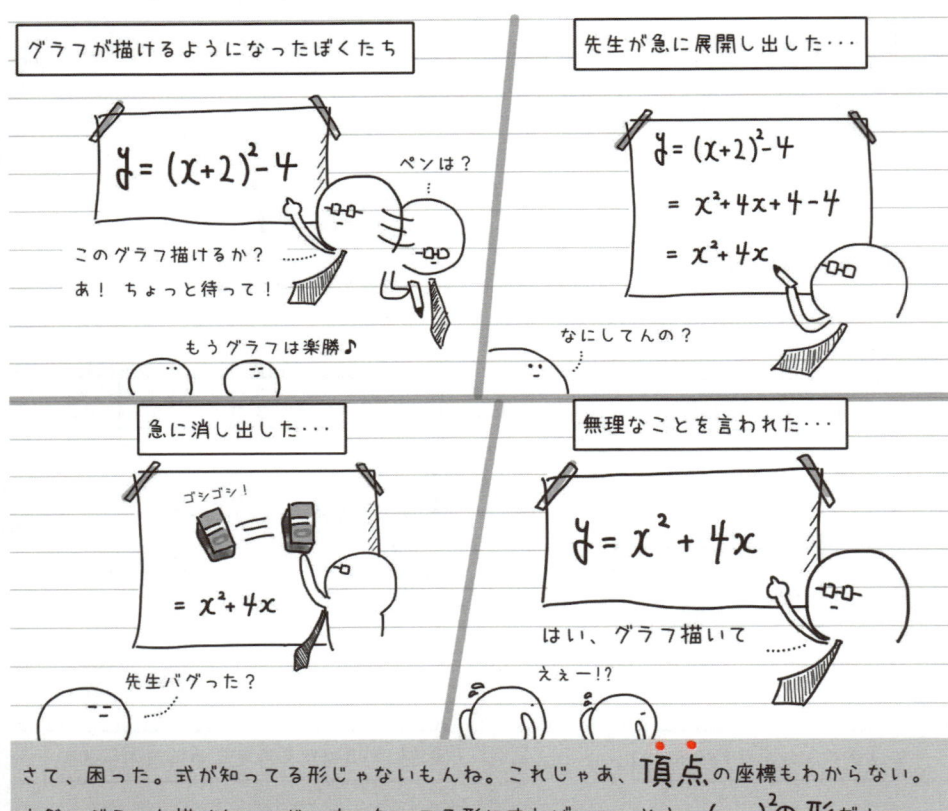

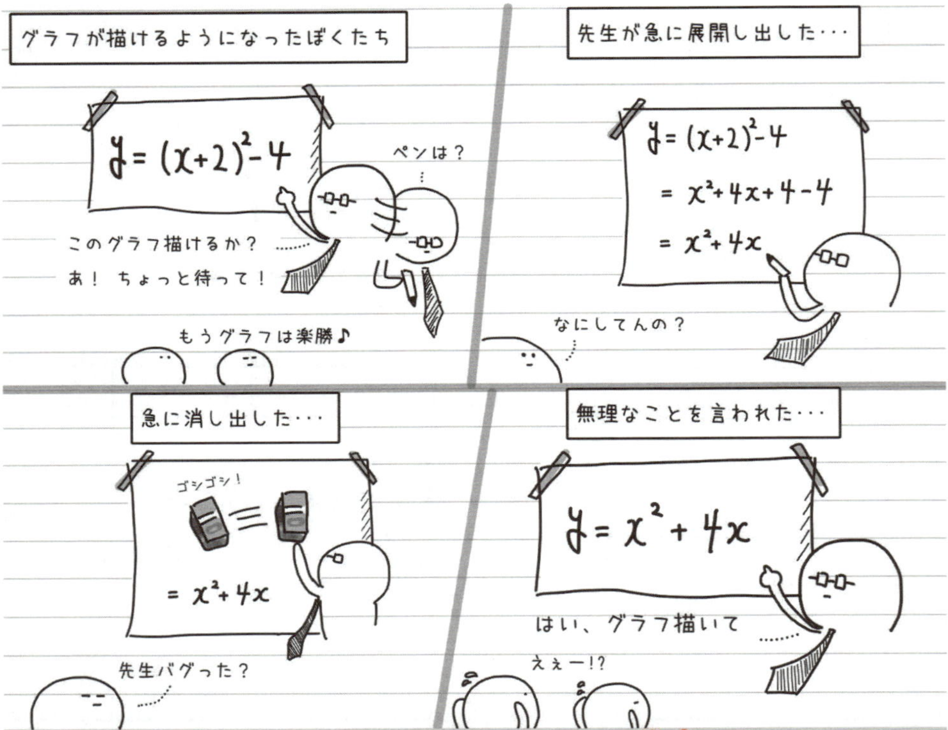

グラフが描けるようになったぼくたち
$y=(x+2)^2-4$
ペンは？
このグラフ描けるか？
あ！ ちょっと待って！
もうグラフは楽勝♪
先生が急に展開し出した…
$y=(x+2)^2-4$
$=x^2+4x+4-4$
$=x^2+4x$
なにしてんの？
急に消し出した…
ゴシゴシ！
$=x^2+4x$
先生バグった？
無理なことを言われた…
$y=x^2+4x$
はい、グラフ描いて
えぇー!?

さて、困った。式が知ってる形じゃないもんね。これじゃあ、頂点の座標もわからない。当然、グラフも描けない。じゃあ、知ってる形にすればいい。そう、$(\quad)^2$の形だ！

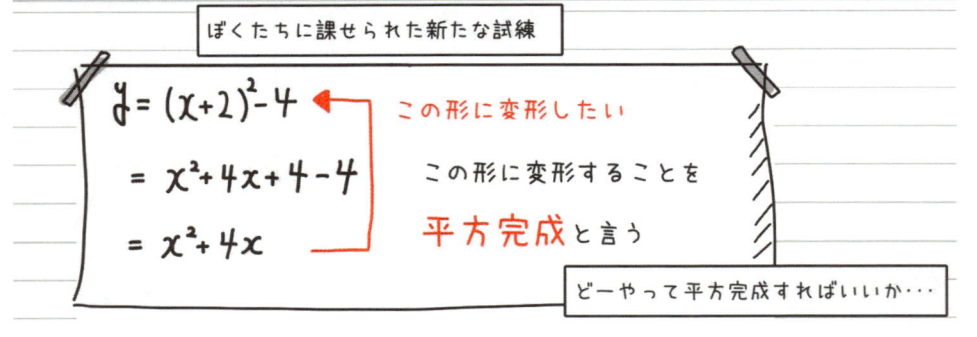

ぼくたちに課せられた新たな試練

$$y=(x+2)^2-4$$

$$=x^2+4x+4-4$$

$$=x^2+4x$$

この形に変形したい

この形に変形することを**平方完成**と言う

どーやって平方完成すればいいか…

まず、(　)^{2}の形に変形した経験を振り返った

因数分解で(　)^{2}の形を作れたよね

$$x^2+2x+1 = (x+1)^2$$

$$x^2+4x+4 = (x+2)^2$$

$$x^2+6x+9 = (x+3)^2$$

この因数分解ってどんな条件がそろってるとき？

$(x+3)^2$ になる！

$$x^2+6x+9$$

半分の２乗

まずこの数を見て

半分の２乗の数があれば
いけるってことか

これだったら？

$$x^2+4x+4$$

半分の２乗

4の半分の２乗だから
4があればいけるけど

まずこの数を見て

勝手に足すと式変わるよな

足した分、引けばいい

$$x^2+4x+4-4$$

これなら、式は変わってない！

これなら因数分解できる

$$x^2+4x+4-4$$

$$(x+2)^2-4$$

因数分解した

$$y=(x+2)^2-4$$
$$=x^2+4x+4-4$$
$$=x^2+4x$$

戻った！

これを教えたかったんだよ

おぉー！

できたー

だれがバグってるだって？

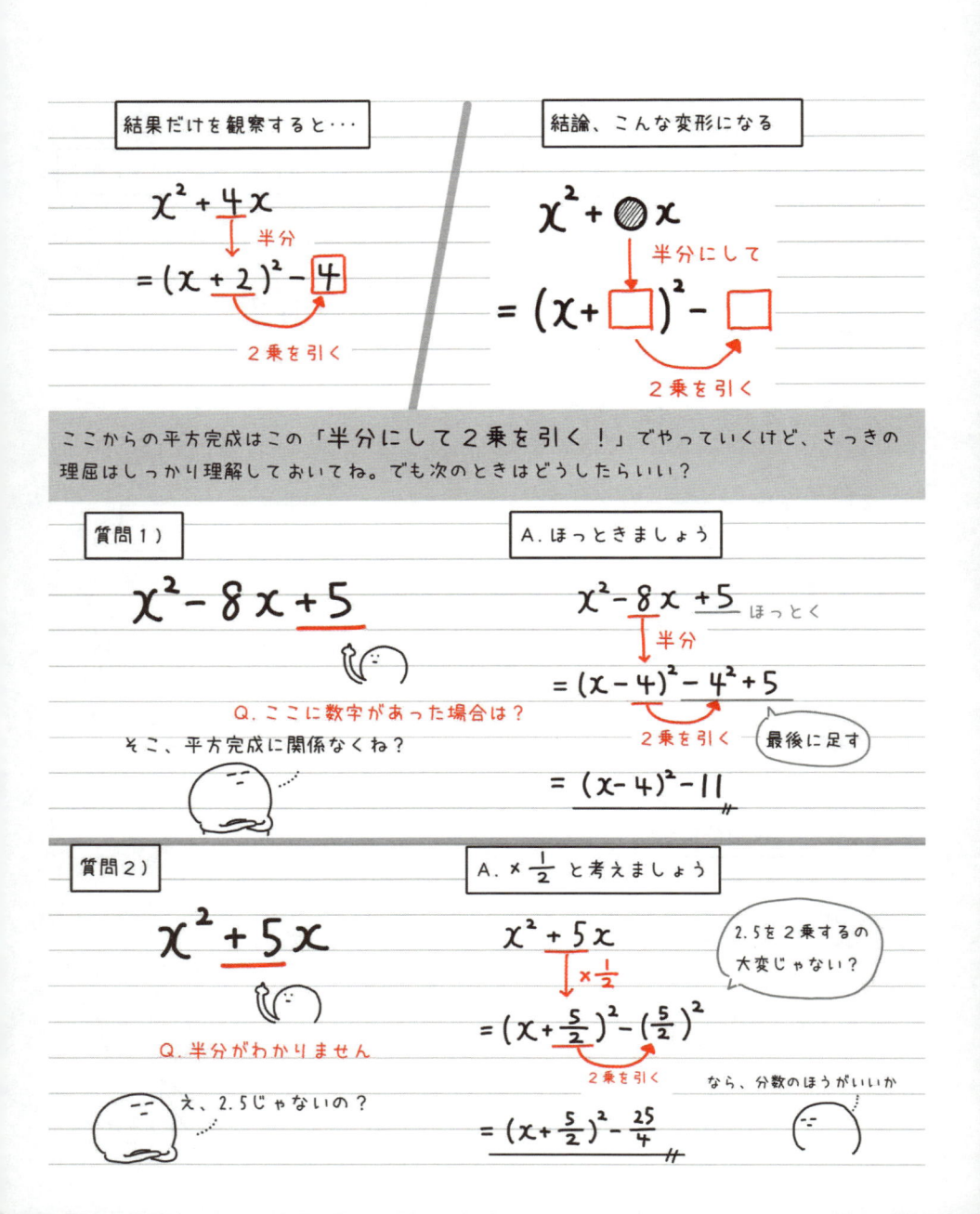

結果だけを観察すると・・・

$x^2 + \underline{4}x$

↓ 半分

$= (x \underline{+2})^2 - \boxed{4}$

2乗を引く

結論、こんな変形になる

$x^2 + ●x$

↓ 半分にして

$= (x + \square)^2 - \square$

2乗を引く

ここからの平方完成はこの「半分にして２乗を引く！」でやっていくけど、さっきの理屈はしっかり理解しておいてね。でも次のときはどうしたらいい？

質問１）

$x^2 - 8x \underline{+5}$

Q. ここに数字があった場合は？

そこ、平方完成に関係なくね？

A. ほっときましょう

$x^2 - \underline{8}x \ \underline{+5}$ ほっとく

↓ 半分

$= (x - \underline{4})^2 \underline{- 4^2 + 5}$

2乗を引く　　最後に足す

$= (x-4)^2 - 11$

質問２）

$x^2 \underline{+5}x$

Q. 半分がわかりません

え、2.5じゃないの？

A. $\times \frac{1}{2}$ と考えましょう

$x^2 \underline{+5}x$

↓ $\times \frac{1}{2}$

$= (x \underline{+ \frac{5}{2}})^2 - (\frac{5}{2})^2$

2乗を引く

2.5を２乗するの大変じゃない？

$= (x + \frac{5}{2})^2 - \frac{25}{4}$

なら、分数のほうがいいか

1分でわかる!

平方完成で式を完成形に!?（後編）

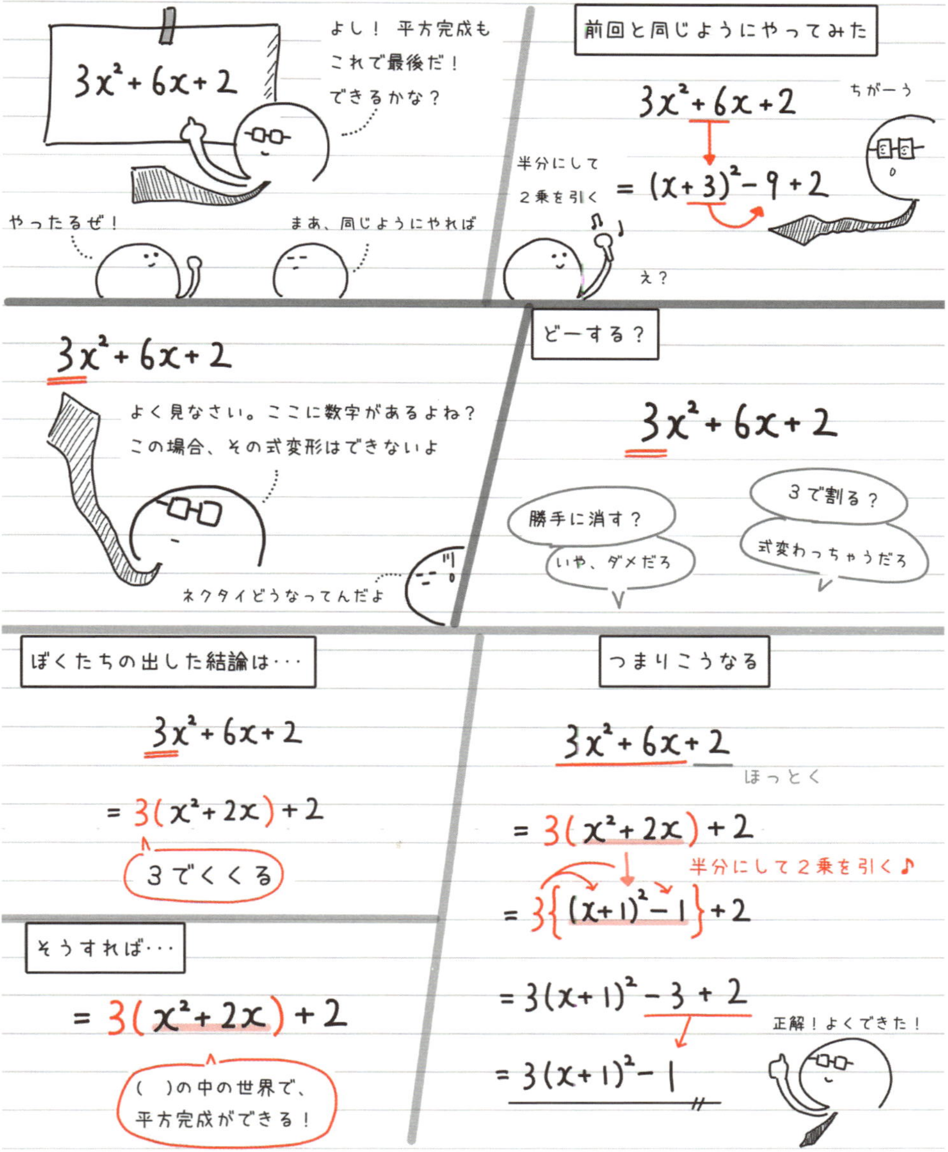

3x²+6x+2
よし！ 平方完成もこれで最後だ！できるかな？
やったるぜ！
まあ、同じようにやれば
前回と同じようにやってみた
3x²+6x+2
半分にして2乗を引く
=(x+3)²−9+2
ちがーう
え？
3x²+6x+2
よく見なさい。ここに数字があるよね？この場合、その式変形はできないよ
ネクタイどうなってんだよ
どーする？
3x²+6x+2
勝手に消す？
いや、ダメだろ
3で割る？
式変わっちゃうだろ
ぼくたちの出した結論は･･･
3x²+6x+2
=3(x²+2x)+2
3でくくる
そうすれば･･･
=3(x²+2x)+2
(　)の中の世界で、平方完成ができる！
つまりこうなる
3x²+6x+2
ほっとく
=3(x²+2x)+2
半分にして2乗を引く♪
=3{(x+1)²−1}+2
=3(x+1)²−3+2
=3(x+1)²−1
正解！よくできた！

さて、ここで質問。「なぜ平方完成をする必要があるの？」だ。目的を忘れていないかな？

グラフを描くためだったよね？

なんでだっけ？

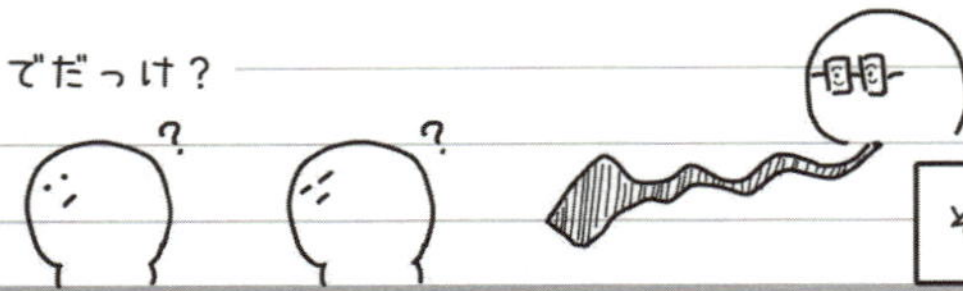

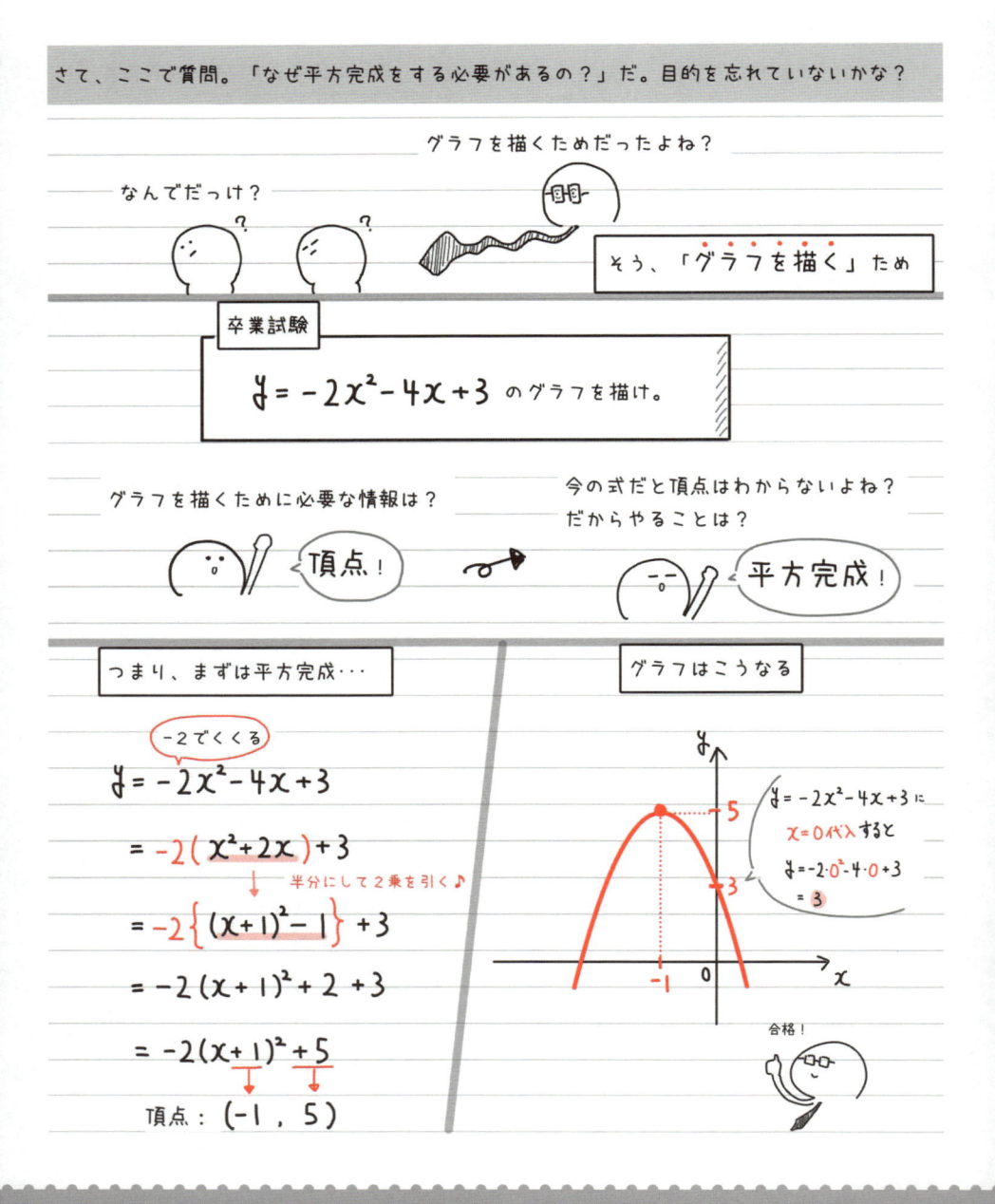

そう、「グラフを描く」ため

卒業試験

$y=-2x^2-4x+3$ のグラフを描け。

グラフを描くために必要な情報は？

頂点！

今の式だと頂点はわからないよね？
だからやることは？

平方完成！

つまり、まずは平方完成…

（-2でくくる）

$$y=-2x^2-4x+3$$

$$=-2(x^2+2x)+3$$

↓ 半分にして２乗を引く♪

$$=-2\{(x+1)^2-1\}+3$$

$$=-2(x+1)^2+2+3$$

$$=-2(x+1)^2+5$$

頂点：$(-1,\ 5)$

グラフはこうなる

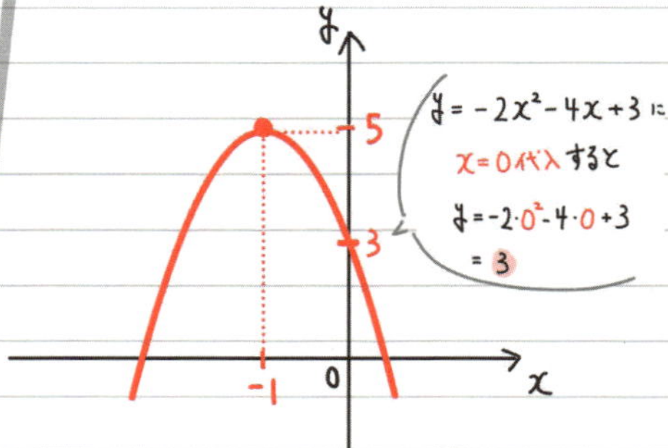

3分でわかる！

一瞬で見つかる 最大値・最小値

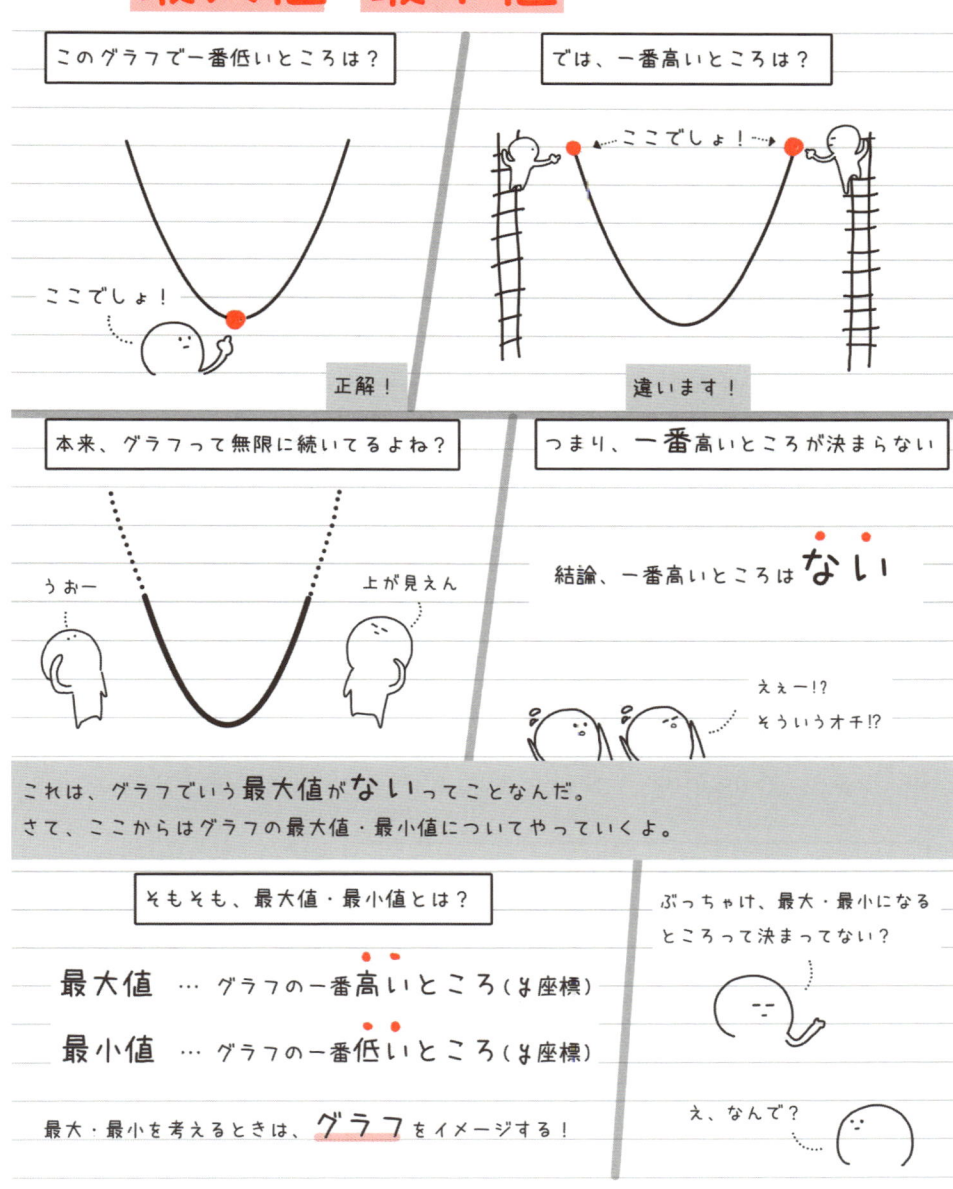

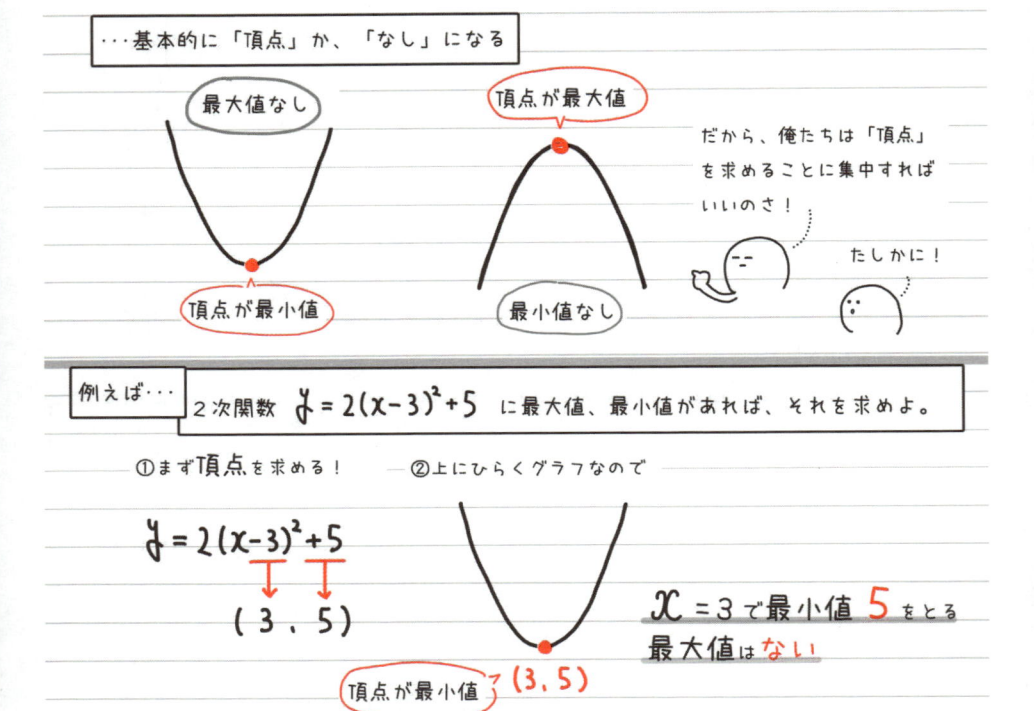

このグラフで一番低いところは？

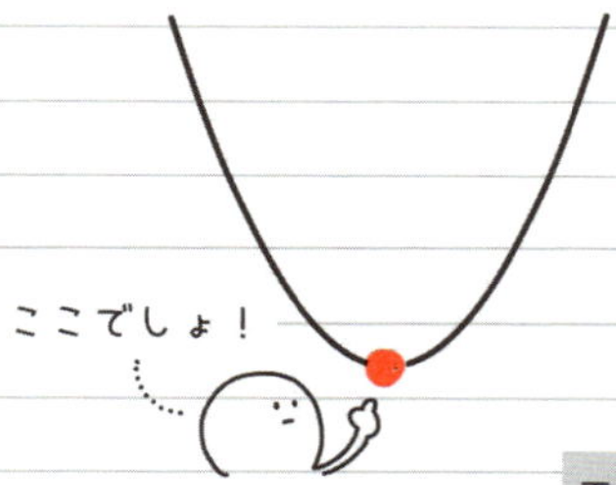

正解！

では、一番高いところは？

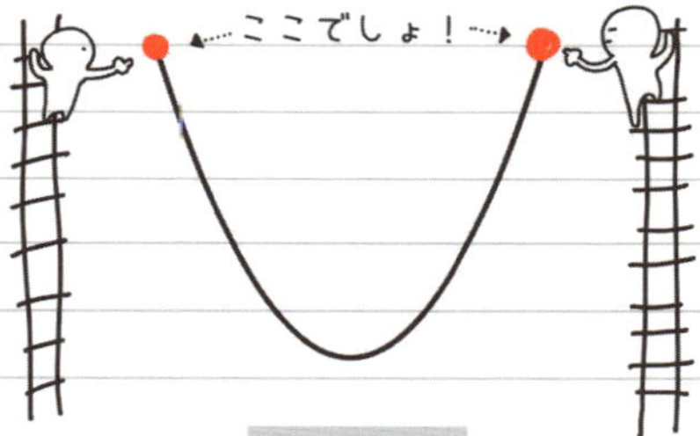

違います！

本来、グラフって無限に続いてるよね？

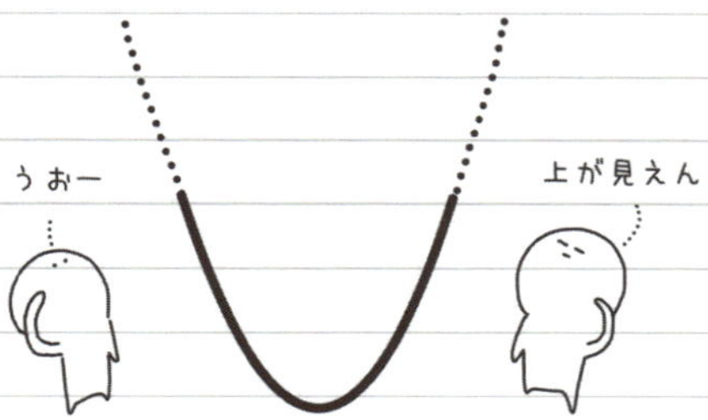

つまり、一番高いところが決まらない

結論、一番高いところは**ない**

これは、グラフでいう**最大値**が**ない**ってことなんだ。
さて、ここからはグラフの最大値・最小値についてやっていくよ。

そもそも、最大値・最小値とは？

最大値 … グラフの一番高いところ（y座標）

最小値 … グラフの一番低いところ（y座標）

最大・最小を考えるときは、**グラフ**をイメージする！

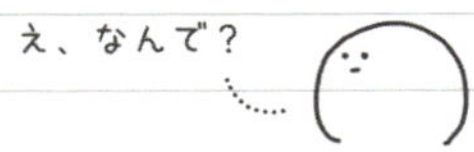

・・・基本的に「頂点」か、「なし」になる

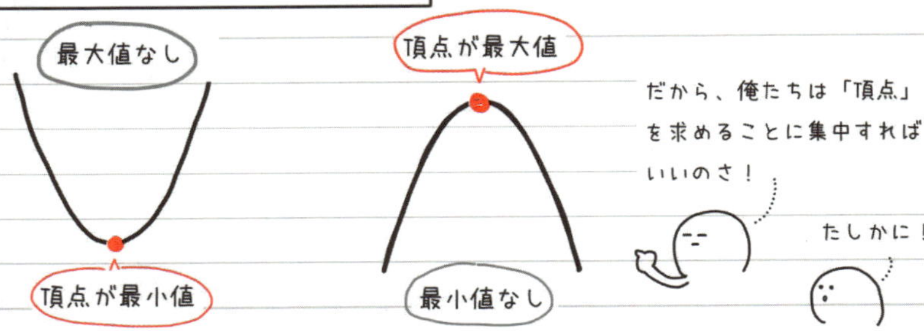
最大値なし
頂点が最小値
頂点が最大値
最小値なし
だから、俺たちは「頂点」を求めることに集中すればいいのさ！
たしかに！

例えば・・・

2次関数 $y=2(x-3)^2+5$ に最大値、最小値があれば、それを求めよ。

①まず頂点を求める！

$$y=2(x-3)^2+5$$

$$(3,\ 5)$$

②上にひらくグラフなので

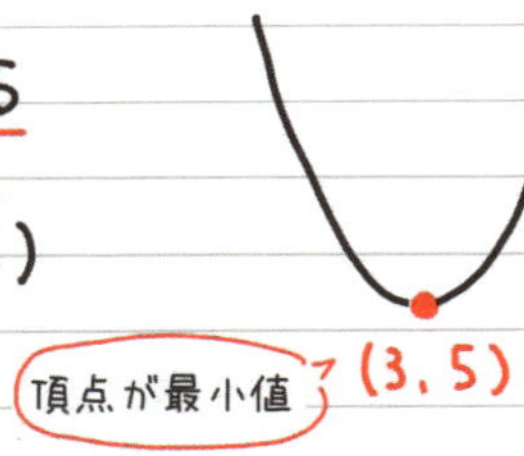
頂点が最小値
(3, 5)

$x=3$ で最小値 5 をとる
最大値はない

さて、今度は「x の範囲」があったら最大・最小ってどうなる？ の話をしようか。

見えている範囲で一番高いところと一番低いところは？

見える景色が
一部だけになる

見えているところだけだぞー

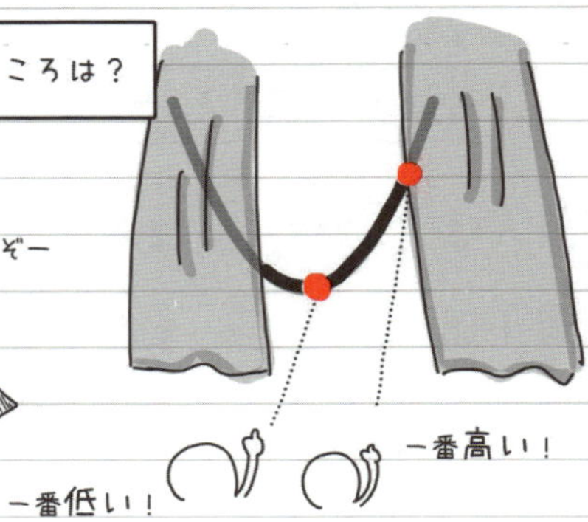
一番低い！
一番高い！

2次関数 $y=-(x+2)^2+7 \quad (-3 \leqq x \leqq 1)$ の最大値、最小値を求めよ。

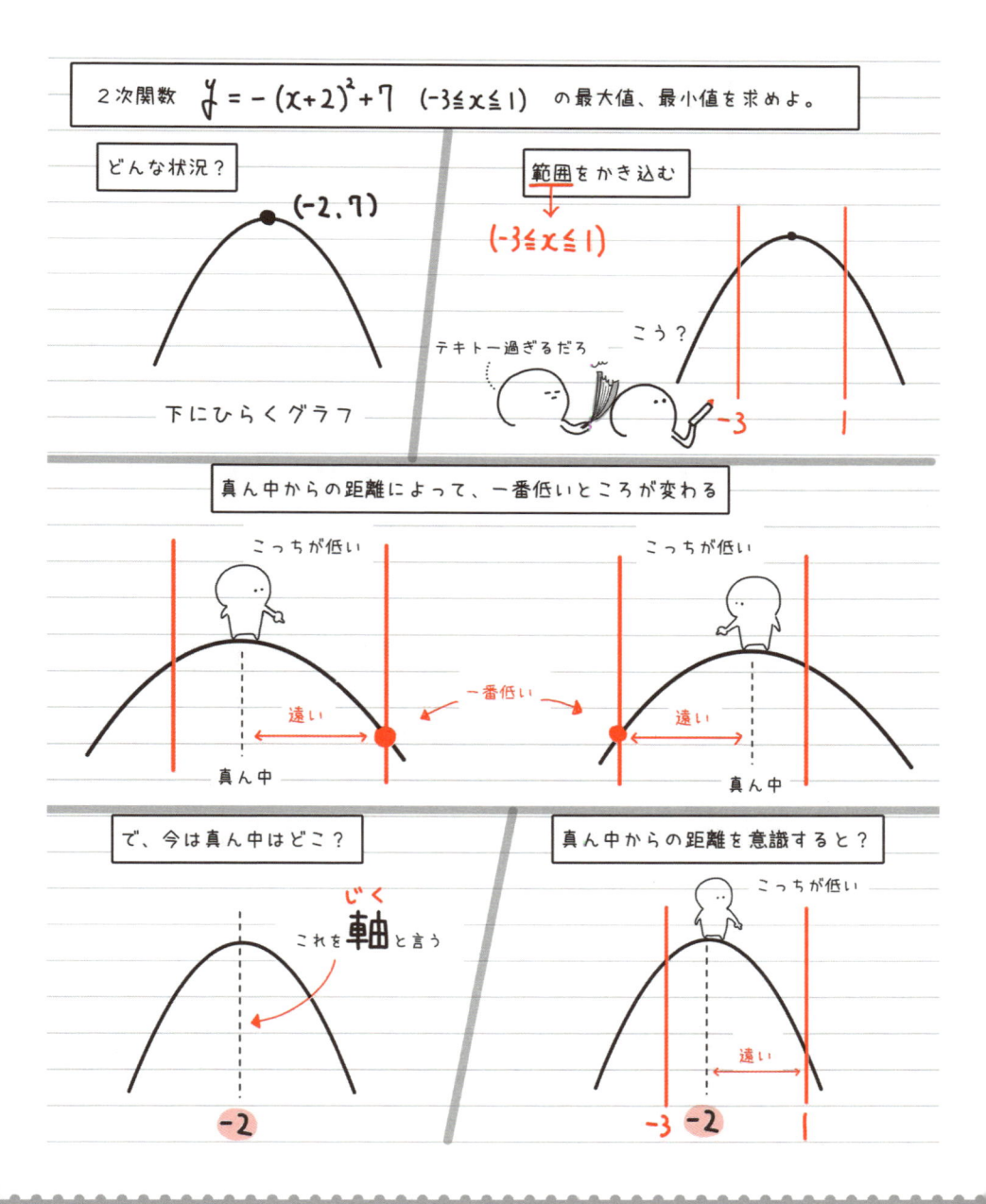

どんな状況？

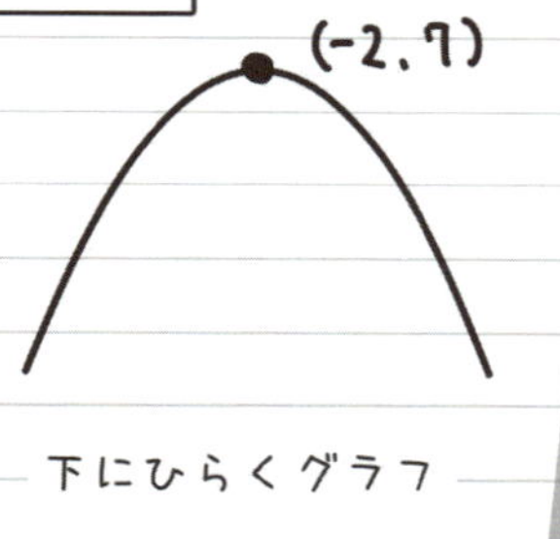

範囲をかき込む

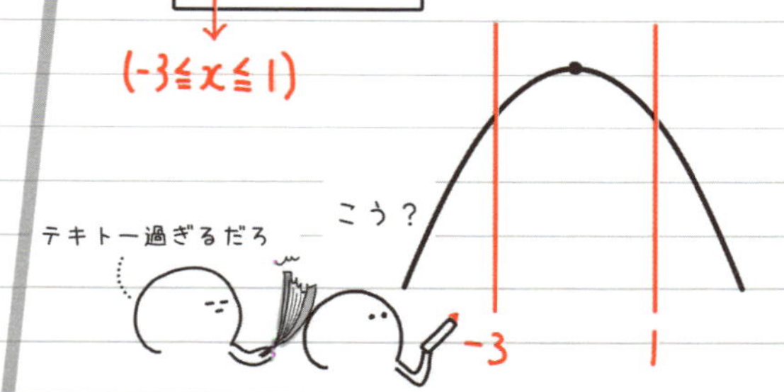

真ん中からの距離によって、一番低いところが変わる

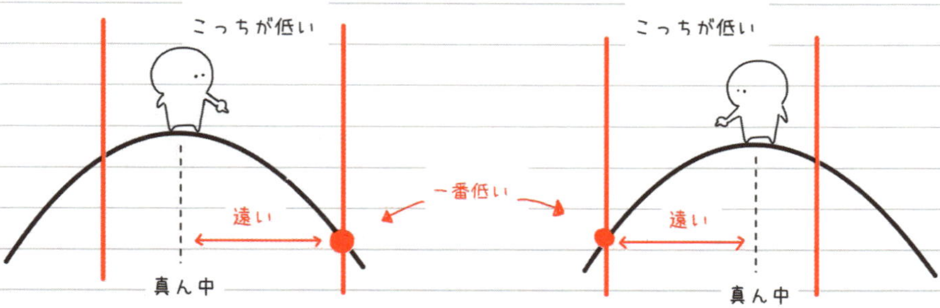

で、今は真ん中はどこ？

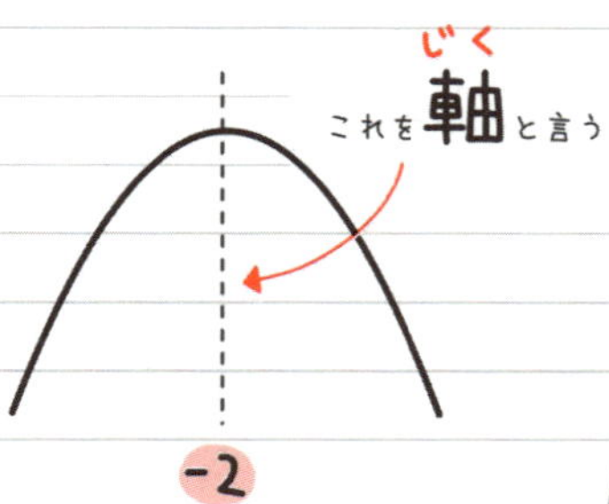

真ん中からの距離を意識すると？

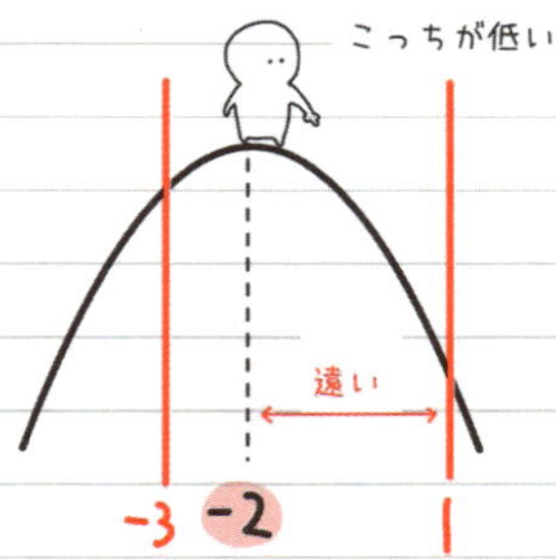

この範囲の中で、最大値・最小値は？

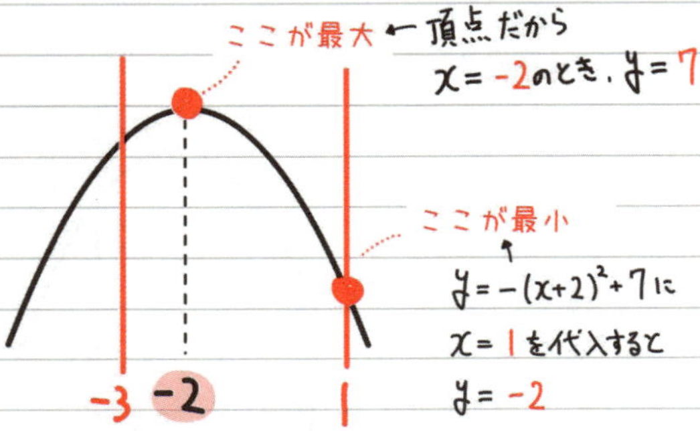

$x=-2$で最大値 **7** をとる

$x=1$で最小値 **-2** をとる

このように、範囲がある中で考える場合は「まず軸はどこにあるのか？」を意識するといいんだ。もう1問練習してみよう。

2次関数　$y=x^2-4x+2$　$(0 \leqq x \leqq 3)$ の最大値、最小値を求めよ。

まずは平方完成をする

$$y=x^2-4x+2$$

$$=(x-2)^2-4+2$$

$$=(x-2)^2-2$$

頂点：$(2,-2)$

軸：直線 $x=2$

これが知りたかった

軸を意識して範囲を描く

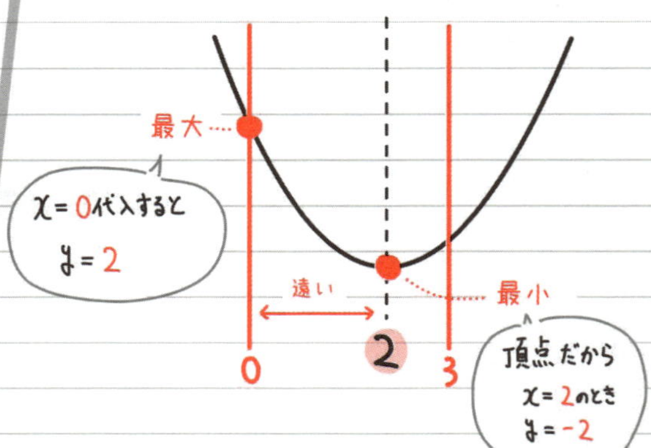

$x=0$で最大値 **2** をとる

$x=2$で最小値 **-2** をとる

1分でわかる!

通過点から推理! これどんな式?(前編)

ここまでは、式からいろんな情報を読み取ってきたね。例えば、平方完成すれば頂点の座標がわかったように。今度は、ある情報から「どんな式になってるか?」を考えてみよう。

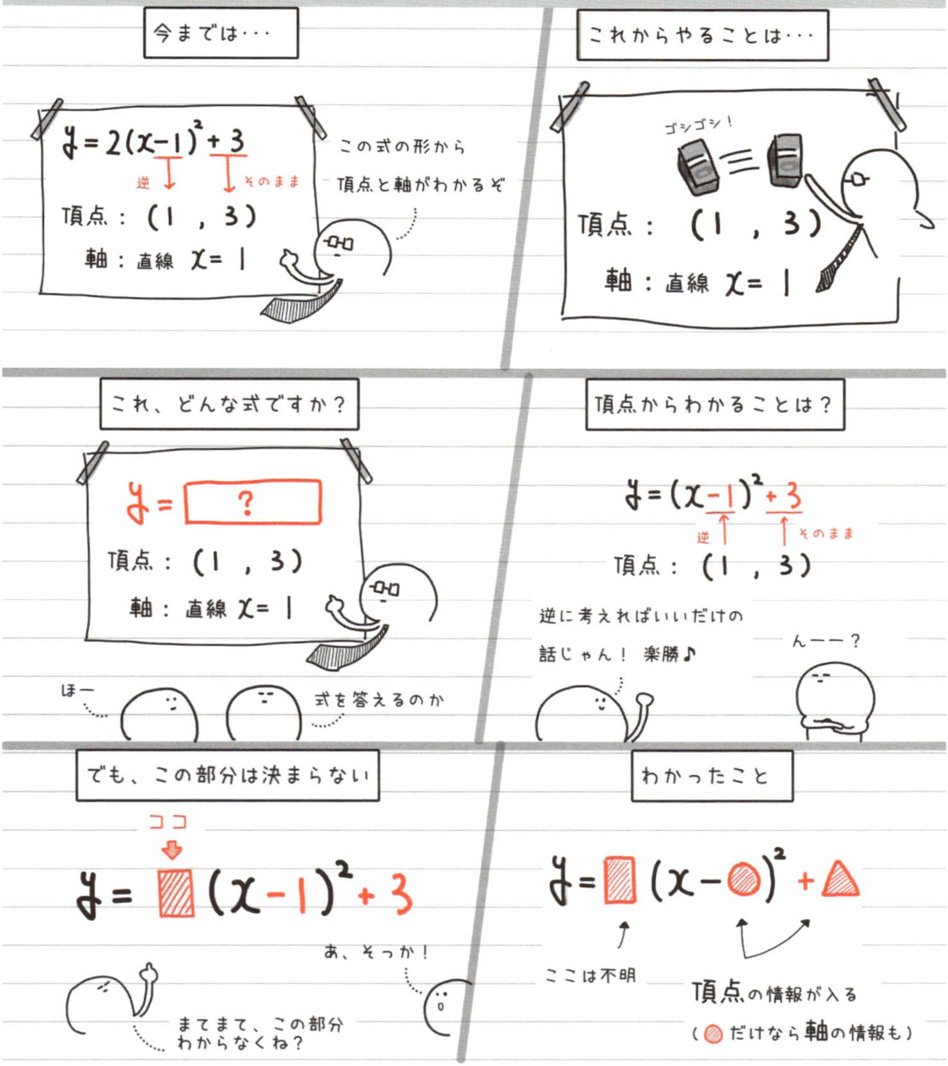

今までは・・・
y = 2(x−1)² + 3
逆
そのまま
頂点:(1, 3)
軸:直線 x = 1
この式の形から
頂点と軸がわかるぞ
これからやることは・・・
ゴシゴシ!
頂点:(1, 3)
軸:直線 x = 1
これ、どんな式ですか?
y = ?
頂点:(1, 3)
軸:直線 x = 1
ほー
式を答えるのか
頂点からわかることは?
y = (x−1)² + 3
逆
そのまま
頂点:(1, 3)
逆に考えればいいだけの
話じゃん! 楽勝♪
んーー?
でも、この部分は決まらない
ココ
y = ▨(x−1)² + 3
まてまて、この部分
わからなくね?
あ、そっか!
わかったこと
y = ▨(x−●)² + ▲
ここは不明
頂点の情報が入る
(● だけなら軸の情報も)

問題）　頂点が(2，1)で点(0，3)を通るようなグラフになる2次関数を求めよ。

手がかり① 頂点が(2，1)

$y = \square (x-2)^2 + 1$

ここは不明

逆　そのまま

(2，1)

ここまではわかるんだよなー

手がかり② (0，3)を通る

(0，3)を通るってことは

式に代入して成り立つってこと

じゃあ、代入してもいいのか！

つまり、通る点は代入すればいい

不明なところは文字で置いた

$y = a(x-2)^2 + 1$ に

(0，3)を代入すると

$3 = a(0-2)^2 + 1$

$3 = 4a + 1$

$-4a = -2$

$a = \frac{1}{2}$

まてまて

はい！ おしまい♪

今求めたいのは「どんな式か？」だよね？

求めたい式がここまでわかっていて

$y = \square (x-2)^2 + 1$

ここが $\frac{1}{2}$ ってわかった

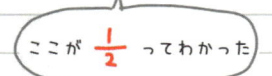

つまり…

$y = \frac{1}{2}(x-2)^2 + 1$

ゴールを見失うなよ

はい

3分でわかる!

通過点から推理! これどんな式?(後編)

問題)3点(−1, 2), (2, −1), (3, 2)を通るようなグラフになる2次関数を求めよ。

トラブル発生

$$y=\square(x-\bigcirc)^2+\triangle$$

全部不明

まじか! 全部わからん!

不明な所を文字で置いてみた

$$y=a(x-b)^2+c$$

不明なところは文字で置くしかないもんな!

それしかないか

通る点と言ったら代入だから…

(−1, 2) 代入 ▶ $2=a(-1-b)^2+c$

(2, −1) 代入 ▶ $-1=a(2-b)^2+c$

(3, 2) 代入 ▶ $2=a(3-b)^2+c$

え、これ連立するの?

あきらめよう…

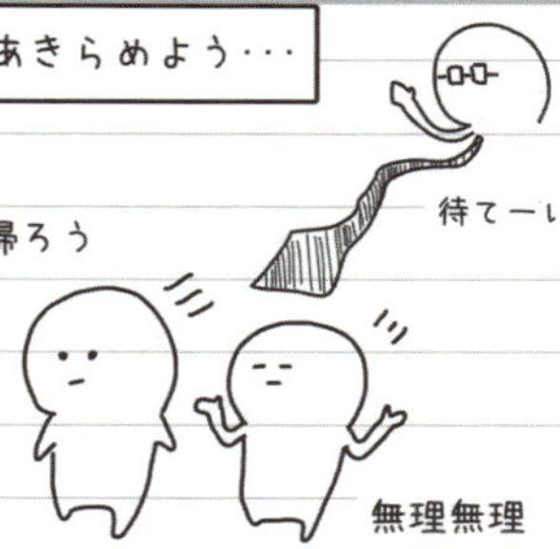

2次関数の式の形と言ったら?

$y=a(x-b)^2+c$ の形もあるけど

‖ 展開すると ⇓

$y=\bigcirc x^2+\triangle x+\square$ の形になる

この形になることもあるよね?

頂点や軸の情報がないのなら、

$y=a(x-b)^2+c$

の形のメリットがないんだ。

ただ代入するだけの作業なら

$y=\bigcirc x^2+\triangle x+\square$

の形を使ったほうがいいよ

通る点のみの情報はこう置く！

$$y = ax^2 + bx + c$$

ジャジャーン！

やってみよう

$y = ax^2 + bx + c$ と置く

$(-1, 2)$ 代入 ▶ $2 = a(-1)^2 + b(-1) + c$

$(2, -1)$ 代入 ▶ $-1 = a \cdot 2^2 + b \cdot 2 + c$

$(3, 2)$ 代入 ▶ $2 = a \cdot 3^2 + b \cdot 3 + c$

…整理した

$a - b + c = 2$ ―①

$4a + 2b + c = -1$ ―②

$9a + 3b + c = 2$ ―③

ここからどーする？

いつもの連立方程式と同じさ。

好きな２本の式を選んで、

１つ文字を消すんだ

$a - b + c = 2$ ―①

$4a + 2b + c = -1$ ―②

$9a + 3b + c = 2$ ―③

そうだな、cを狙うか。一番弱そうだし

おい！ cが消しやすそうだぞ！

②－①より

$$\begin{array}{rl} 4a + 2b + \cancel{c} &= -1 \\ -)\quad a - b + \cancel{c} &= 2 \\ \hline 3a + 3b &= -3 \\ a + b &= -1 \end{array}$$

式が１つできる

③－②より

$$\begin{array}{rl} 9a + 3b + \cancel{c} &= 2 \\ -)\quad 4a + 2b + \cancel{c} &= -1 \\ \hline 5a + b &= 3 \end{array}$$

式が１つできる

生まれた式どうしで連立する

$$
\begin{array}{rl}
5a + b &= 3 \\
-)\quad a + b &= -1 \\
\hline
4a &= 4 \\
a &= 1
\end{array}
$$

① $a+b=-1$ に代入

$$1+b=-1$$

$$b=-2$$

①に代入

$$a-b+c=2$$

$$1-(-2)+c=2$$

$$c=-1$$

…で？

はい、おしまい。…じゃなくて「どんな式になってるか？」を求めたいんだよね。わかっているよ(汗)

つまり、これが答え

$$y=ax^2+bx+c \quad (a=1,\ b=-2,\ c=-1)$$

$$\Downarrow$$

$$y=x^2-2x-1$$

式の置き方を使い分けよう

頂点とか**軸**の情報

$y=■(x-●)^2+▲$

通る点のみの情報

$y=●x^2+▲x+■$

今回は軸の情報があるから
こっちの式か！

問題文

こちらでーす
受付

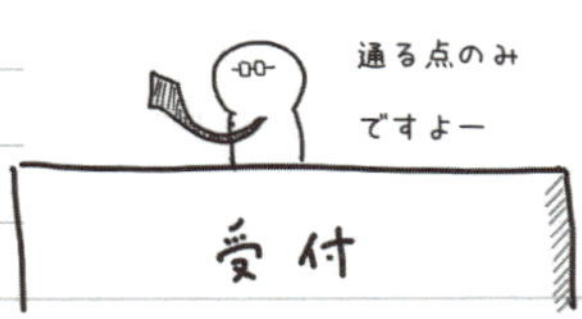
通る点のみ
ですよー
受付

1分でわかる！

いったん強力な武器、解の公式を得よう

さて、ここでいったん２次方程式の話をする。後々、これが２次関数のグラフのとある情報を得るための技になるんだ。まず、方程式とは「どんな数が入ればいい？」っていう数探しだ。

どんな数が入れば0になりますか？

● ＋ ▲ ＝ 0

● × ▲ ＝ 0

て聞かれたら直感的に考えやすいほうは？

かけ算

● × ▲ ＝ 0

こっち！

…なんで？

○? × △? ＝ 0

どっちかが0になればいいから！

結論…

「どんな数が入ればいい？」を考えるのに**かけ算**の形が探しやすい！

例えば…

$$x^2-5x+6=0$$

xにはどんな数が入ればいいですか？

探しやすくするためにかけ算の形にしたい

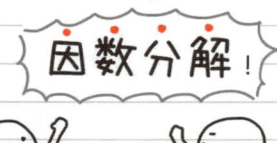

かけ算の形と言ったら？

因数分解！

つまり…

$$x^2-5x+6=0$$

因数分解

ここで切り分ける！

$$(x-2)\times(x-3)=0$$

$x-2=0$ または $x-3=0$

になればいいので

$x=2$　　$x=3$

⇓

$$x=2,\ 3$$

「xは2でもいいし3でもいい」ってこと！

練習問題

(1) $x^2 + x = 0$

因数分解

ここで切り分ける！

$x(x+1) = 0$

$x = 0$　　$x + 1 = 0$

$x = -1$

⇓

$x = 0, -1$

(2) $2x^2 - 5x + 3 = 0$

因数分解

ここで切り分ける！

$(x-1)(2x-3) = 0$

$x - 1 = 0$　　$2x - 3 = 0$

$x = 1$　　$2x = 3$

$x = \frac{3}{2}$

⇓

$x = 1, \frac{3}{2}$

では、因数分解できなかったら？

$$3x^2 - 5x + 1 = 0$$

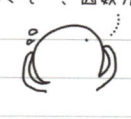

くそー、因数分解できん

じゃあ、自力で探す？

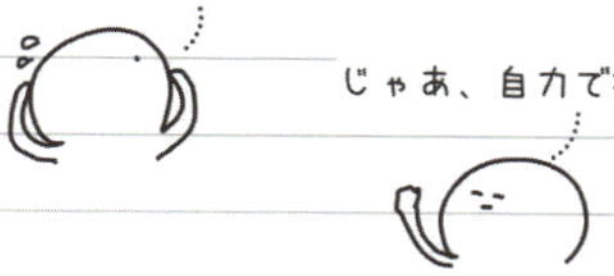

そんなときは…

２次方程式

$ax^2 + bx + c = 0$ の解は

$$x = \frac{-b \pm \sqrt{b^2 - 4ac}}{2a}$$

解の公式だ

解の公式を使うと…

$$3x^2 - 5x + 1 = 0$$

$3 = a$, $-5 = b$, $1 = c$

$$x = \frac{-(-5) \pm \sqrt{(-5)^2 - 4 \cdot 3 \cdot 1}}{2 \cdot 3} = \frac{5 \pm \sqrt{13}}{6}$$

これを代入すると０になる数ってこと？

そういうことだろ。こんなの自力で見つかるわけないよな

5分でわかる!

実数解の個数を数えてわかること

さて、2次方程式を解くことによって解を求めたよね? 実数の解を「実数解」と呼ぶんだ。
今度は、実数解の個数に着目してみよう。

実数解は何個でしょう?

① $x^2-7x+12=0$

② $x^2-4x+4=0$

③ $x^2+2x+5=0$

実数解の個数は何個か調べてくれ
あ!因数分解禁止ね♪
えぇー!?
じゃあ、解の公式使うか

解の公式で方程式を解いてみた

① $x^2-7x+12=0$

$$x=\frac{-(-7)\pm\sqrt{(-7)^2-4\cdot1\cdot12}}{2\cdot1}$$

$$=\frac{7\pm\sqrt{1}}{2}$$

$$=\frac{7\pm1}{2}$$

$$=4,\ 3$$

2個

② $x^2-4x+4=0$

$$x=\frac{-(-4)\pm\sqrt{(-4)^2-4\cdot1\cdot4}}{2\cdot1}$$

$$=\frac{4\pm\sqrt{0}}{2}$$

$$=\frac{4\pm0}{2}$$

$$=2$$

1個

2つの解が重なったものと考えて重解と言う

③ $x^2+2x+5=0$

$$x=\frac{-2\pm\sqrt{2^2-4\cdot1\cdot5}}{2\cdot1}$$

$$=\frac{-2\pm\sqrt{-16}}{2}$$

ん?

なんか違和感が・・・

③の解はどこに違和感ある?

$$\frac{-2\pm\sqrt{-16}}{2}$$

ルートの中がマイナスになってる!

「2乗して−16になる数は?」っていう意味になるけど、そんな数ないよね?

この場合、実数解はないんだ。　0個

(実数ではないけど、数学Ⅱで習う虚数解はあるんだ。それは別の本で話すね)

さて、今は解いてもらって解の個数を求めたけど、わざわざ解く必要あるかな？

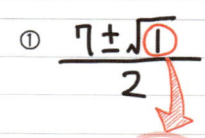

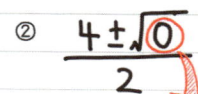

解の公式の√の中に注目してみた

$$\frac{● \pm \sqrt{▬}}{●}$$

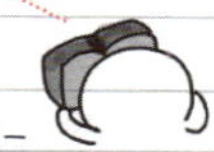

そこ見て解の個数わかるの？

比較してみると・・・

①	②	③
$\frac{7\pm\sqrt{1}}{2}$	$\frac{4\pm\sqrt{0}}{2}$	$\frac{-2\pm\sqrt{-16}}{2}$
プラスの数 1	ゼロ 0	マイナスの数 −16
てことは±●の数が残る	てことはルートが消える	こんな実数存在しない
実数解は：2個	1個	0個

・・・つまり？

$$x^2+7x+9=0$$

実数解の個数を求めよ。

$$x=\frac{-7\pm\sqrt{7^2-4\cdot1\cdot9}}{2}$$

ルートの中だけ計算すれば

$$7^2-4\cdot1\cdot9$$

$$=13>0$$

プラスの数

はい、ストップ！
そこまでガッツリ計算しなくても

この結果だけ見れば、実数解の個数が2個とわかるってことだろ

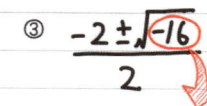

つまり、ルートの中だけ計算すればいい

$ax^2+bx+c=0$

$x=\dfrac{-b\pm\sqrt{b^2-4ac}}{2a}$

$D=b^2-4ac$ （と置く） ＜ 判別式（はんべつしき）と言う

解の個数だけを知りたい場合は、判別式を計算するんだ

- $D>0$（プラス） → 異なる２つの実数解を持つ　2コ
- $D=0$（ゼロ） → 重解を持つ（実数解が１つ）　1コ
- $D<0$（マイナス） → 実数解を持たない　0コ

例えば･･･

$4x^2-4x+1=0$

の実数解の個数は？

$4x^2-4x+1=0$（a=4, b=−4, c=1）

判別式を D とおくと

$D=(-4)^2-4\cdot4\cdot1=0$ ←ゼロになった！

実数解の個数は 1コ

これで、実数解の個数を判別できるようになったな。そして、次のことが大事なんだ。

解の個数がわかる⇒「どんな式になっているか」が見えてくる！

例えば

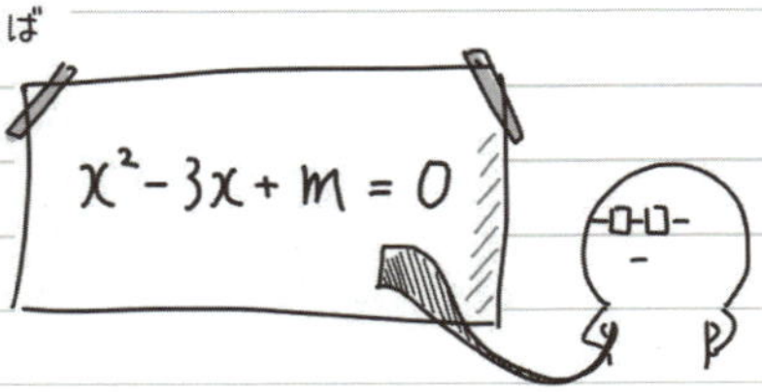

この２次方程式が

実数解を持たないとき

定数mはどんな値になるか？

方程式が「実数解を持たない」ときって？

$$x^2-3x+m=0$$

$$x=\frac{-(-3)\pm\sqrt{(-3)^2-4\cdot1\cdot m}}{2\cdot1}$$

ココがマイナス

つまり、$D<0$ のときだよね？

なんか、解の公式を使ったときに
ルートの中がマイナスになるときでした

そっか、結局ルートの中の符号で、
解を持つか判断したもんな。
つまり、判別式がマイナスになればいい！
ってことか

…なので、まずやるべきことは判別式を計算

$$\underset{a}{}x^2\underset{b}{-3}x+\underset{c}{m}=0$$

判別式を D と置くと

$$D=(-3)^2-4\cdot1\cdot m$$
$$=9-4m$$

$D<0$ となればいいので

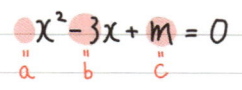

$$9-4m<0$$
$$-4m<-9$$
$$m>\frac{9}{4}$$ …(答)

3分でわかる!

つながる! 解とグラフとx軸の共有点

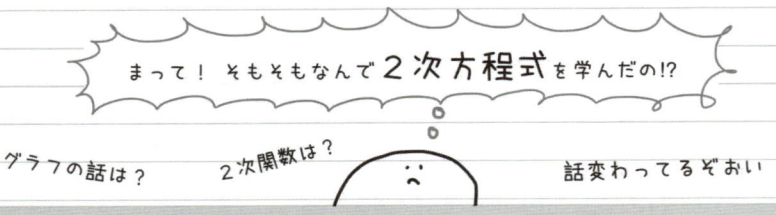

まって! そもそもなんで**2次方程式**を学んだの!?

グラフの話は?　2次関数は?　話変わってるぞおい

すまんすまん。2次関数の話に戻ろう。さて、2次関数のとある情報を知る手段に2次方程式が必要だったんだ。ある情報とはなにか、その1つが**グラフとx軸の共有点**だ。

例えば

x軸との共有点の座標は?

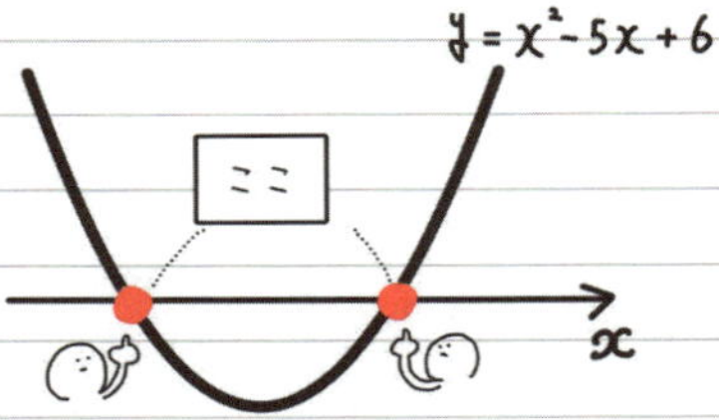

それって$y=0$のときだよね?

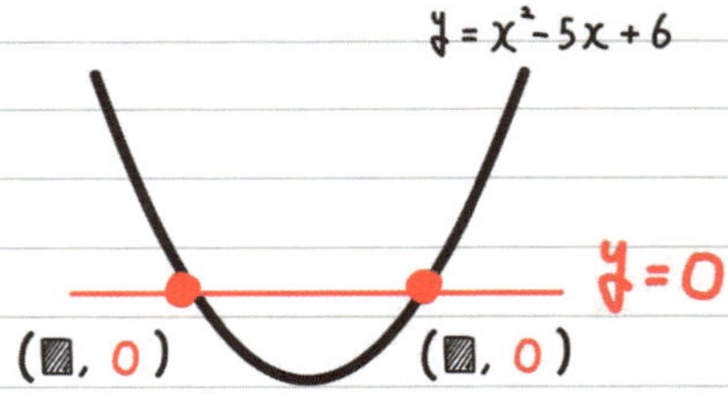

つまり…

$y=0$ を代入すればいい!

$$y = x^2 - 5x + 6$$

$$x^2 - 5x + 6 = 0$$

‖

2次方程式を解くと

⇓

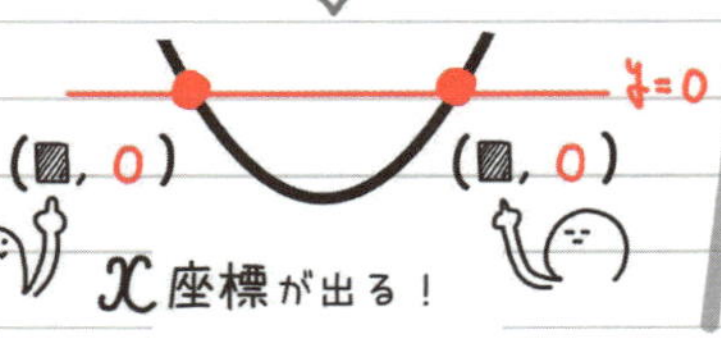

x座標が出る!

2次方程式を解いてみた

$$x^2 - 5x + 6 = 0$$

$$(x-2)(x-3) = 0$$

$$x = 2, 3$$

実数解が2コ出ました

⇓

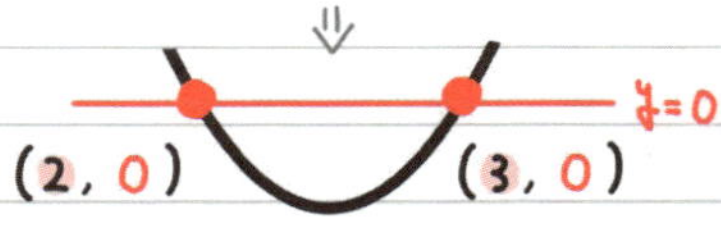

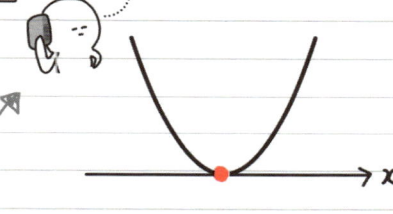

2次方程式を解けないと出せなかった値だ

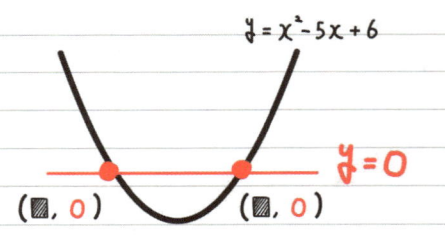

質問1）２次方程式の実数**解**が**１つ**だったら
グラフはどんな状況か？

例えば

$$y = x^2 - 6x + 9$$

のグラフとx軸との共有点は？

$$x^2 - 6x + 9 = 0$$

$$(x-3)^2 = 0$$

$$x = 3$$

実数解が１コでした！

了解！ってことはぶつかる点も１コだな

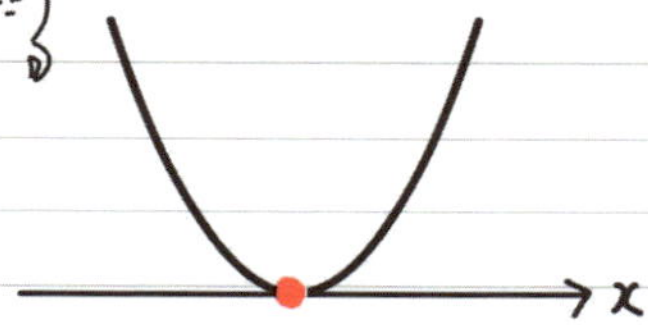

共有点が１つです。
これを**接する**と言う

質問2）２次方程式の実数**解**が**なかったら**
グラフはどんな状況ですか？

例えば

$$y = x^2 + x + 3$$

のグラフとx軸との共有点は？

$$x^2 + x + 3 = 0$$

$$x = \frac{-1 \pm \sqrt{1^2 - 4 \cdot 1 \cdot 3}}{2 \cdot 1}$$

こんな実数ないので

$$= \frac{-1 \pm \sqrt{-11}}{2}$$

実数解が０コでした！

了解！ってことはぶつかる点も０コだな

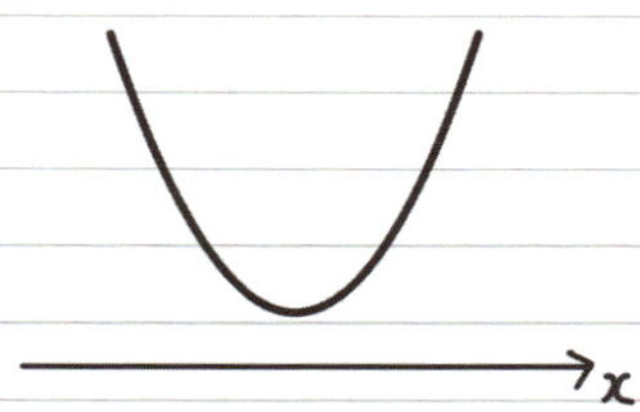

共有点が**ありません**

まとめるとこうなる

２次方程式の**実数解**が ／ てことは ／ グラフとx軸の**共有点**が

２次方程式の実数解が		グラフとx軸の共有点が
２コ	⟷	２コ
１コ	⟷	１コ
０コ	⟷	０コ

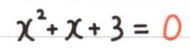

そういえば…

2次方程式の
実数解の個数は

$D = b^2 - 4ac$

はんべつしき
判別式で判断できた

…てことは、判別式の結果で…

こちら判別式班！

D > 0 だそうだ

了解！
実数解が 2 コです

ということは
グラフとx軸との共有点が
2 コですね

…と、わかる

まとめると…

2次方程式の**実数解**が	**判別式**が	グラフとx軸の**共有点**が
2コ	D > 0	2コ
1コ	D = 0	1コ
0コ	D < 0	0コ

了解！

こちら判別式班！

了解！

問題）　2次関数 $y = x^2 + 5x + 2$ のグラフとx軸の共有点の個数を求めよ。

判別式の結果からわかる

判別式どうなっていますか？

こちら判別式班！
今から計算する！

2次方程式

$$x^2 + 5x + 2 = 0$$

の判別式を **D** と置くと

判別式を計算すると・・・

$$D = 5^2 - 4 \cdot 1 \cdot 2$$

$$= 17 > 0$$

プラス

こちら判別式班！

D>0 となった！

グラフとx軸の共有点が

2コ

了解！

問題） 2次関数 $y = x^2 - 2x + m$ のグラフが x 軸の共有点を持たないとき、定数mの値の範囲を求めよ。

x軸との共有点が 0 コらしいです

こちら判別式班！ つまり

D<0 ということだな！

了解！

判別式を計算して・・・

$$D < 0$$

となればいい！

2次方程式

$$x^2 - 2x + m = 0$$

の判別式を D と置くと

$$D = (-2)^2 - 4 \cdot 1 \cdot m$$

$$= 4 - 4m < 0$$

となればいいので

$$4 - 4m < 0$$

$$-4m < -4$$

$$m > 1$$

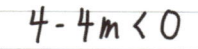

今回、「方程式の解の個数」と「グラフと x 軸の共有点」が連動してたよね？ このようにある式を「グラフで考えると？」っていう視点が大事になるんだ。次の内容もまさにね！

3分でわかる!

2次不等式でわかるグラフのこと（1話）

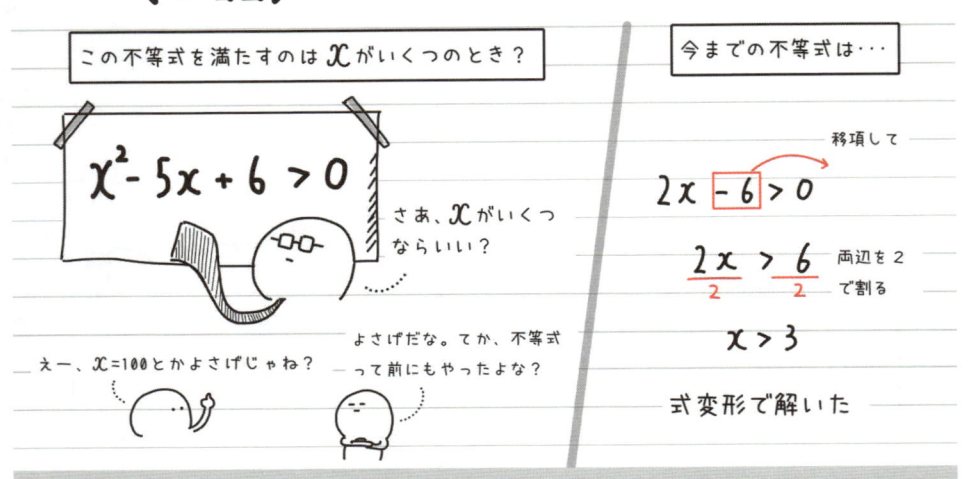

この不等式を満たすのはxがいくつのとき？

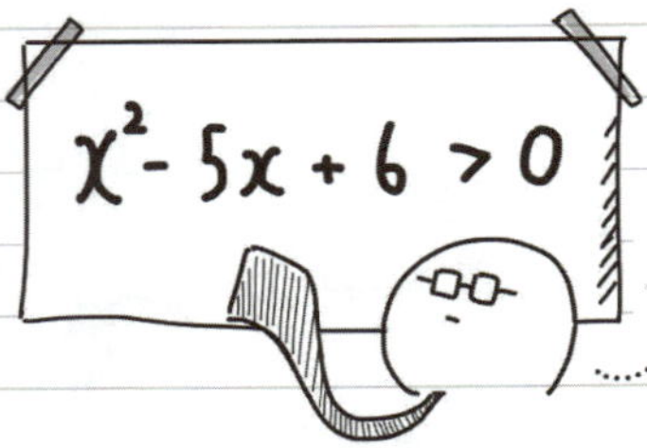

さあ、xがいくつならいい？

よさげだな。てか、不等式って前にもやったよな？

えー、x=100とかよさげじゃね？

今までの不等式は・・・

移項して

$2x-6>0$

$\frac{2x}{2}>\frac{6}{2}$　両辺を2で割る

$x>3$

式変形で解いた

以前やった不等式は1次不等式だ。これは式変形で解いたよね？ 今回は2次不等式だ。これは同じように式変形では解けないんだ。では、どうする？ ヒントはグラフだ！

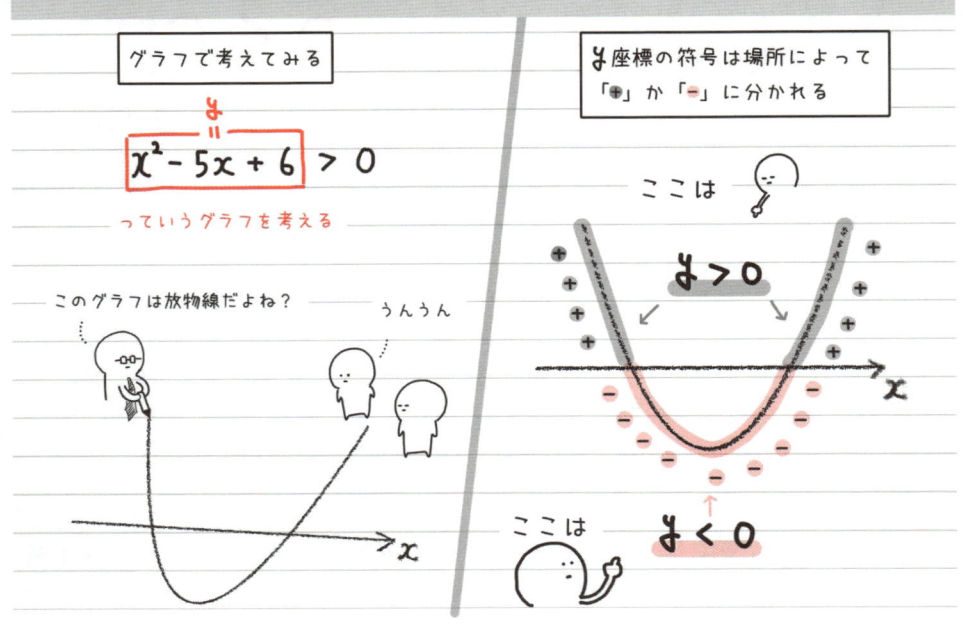

グラフで考えてみる

$\underset{y}{x^2-5x+6}>0$

っていうグラフを考える

このグラフは放物線だよね？

うんうん

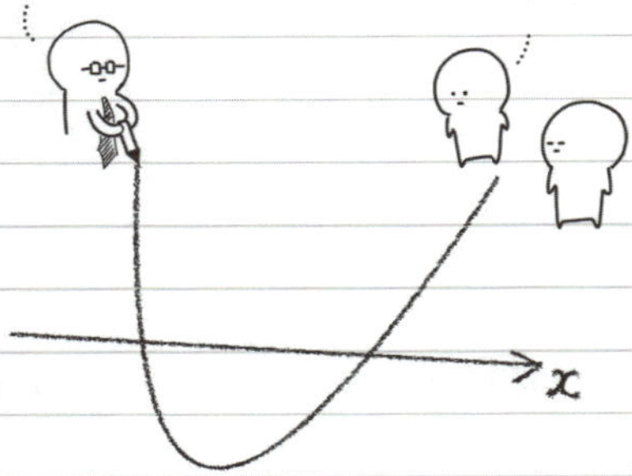

y座標の符号は場所によって「+」か「−」に分かれる

ここは

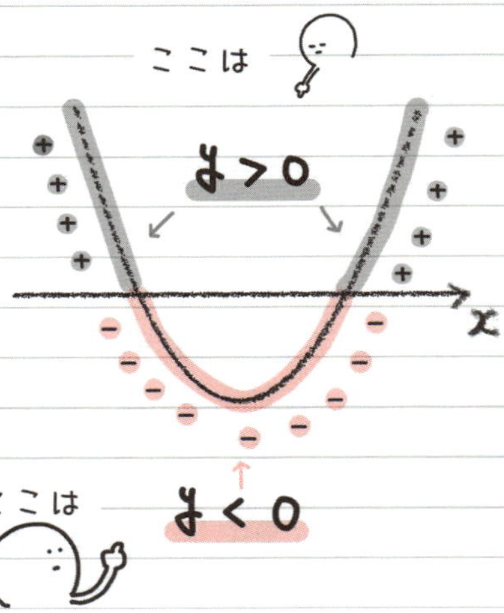

ここは

で、今は・・・

$$\underbrace{x^2-5x+6}_{=y} > 0$$

⇓

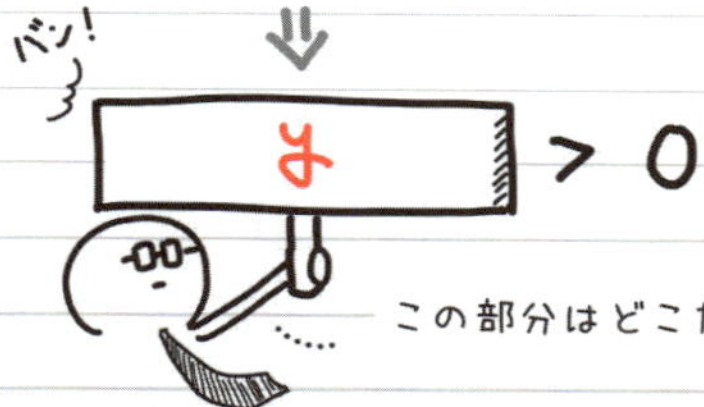

この部分はどこだー？

ここの部分です

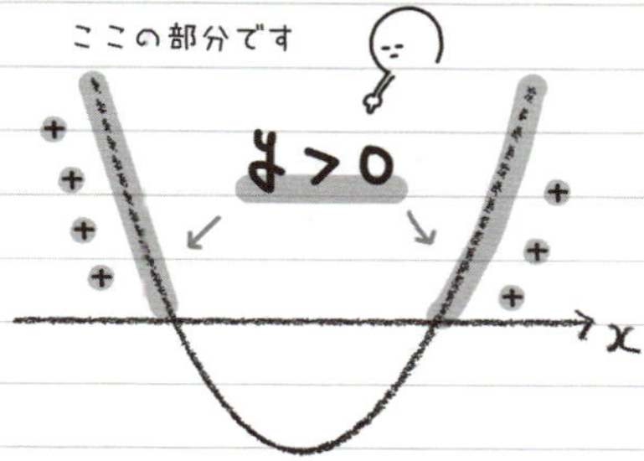

x軸より上の部分を指している

それってxがいくつのとき？

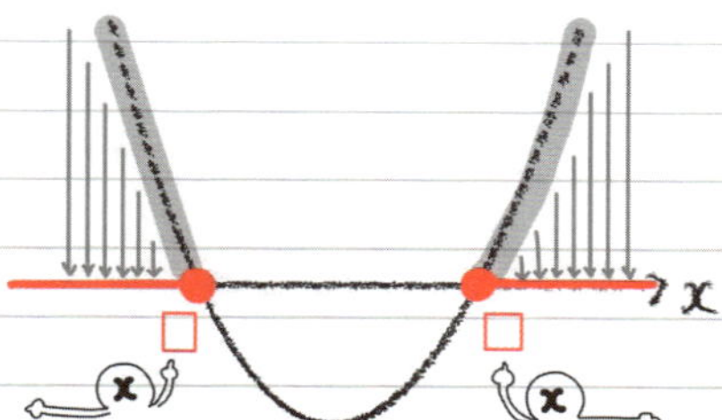

ここよりも小さい範囲

ここよりも大きい範囲

「ここ」ってどこ？

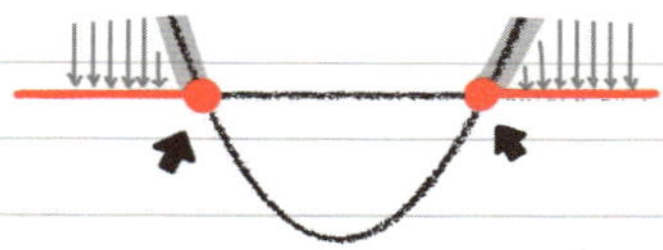

$y=0$ のときだから

$$x^2-5x+6=0$$

を解けばいい

つまり・・・

$$x^2-5x+6=0$$

$$(x-2)(x-3)=0$$

$$x=2,3$$

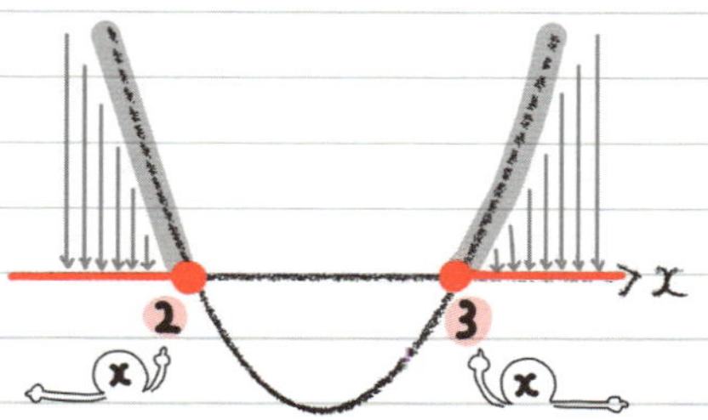

⇓

$x<2$, $3<x$ …(答)

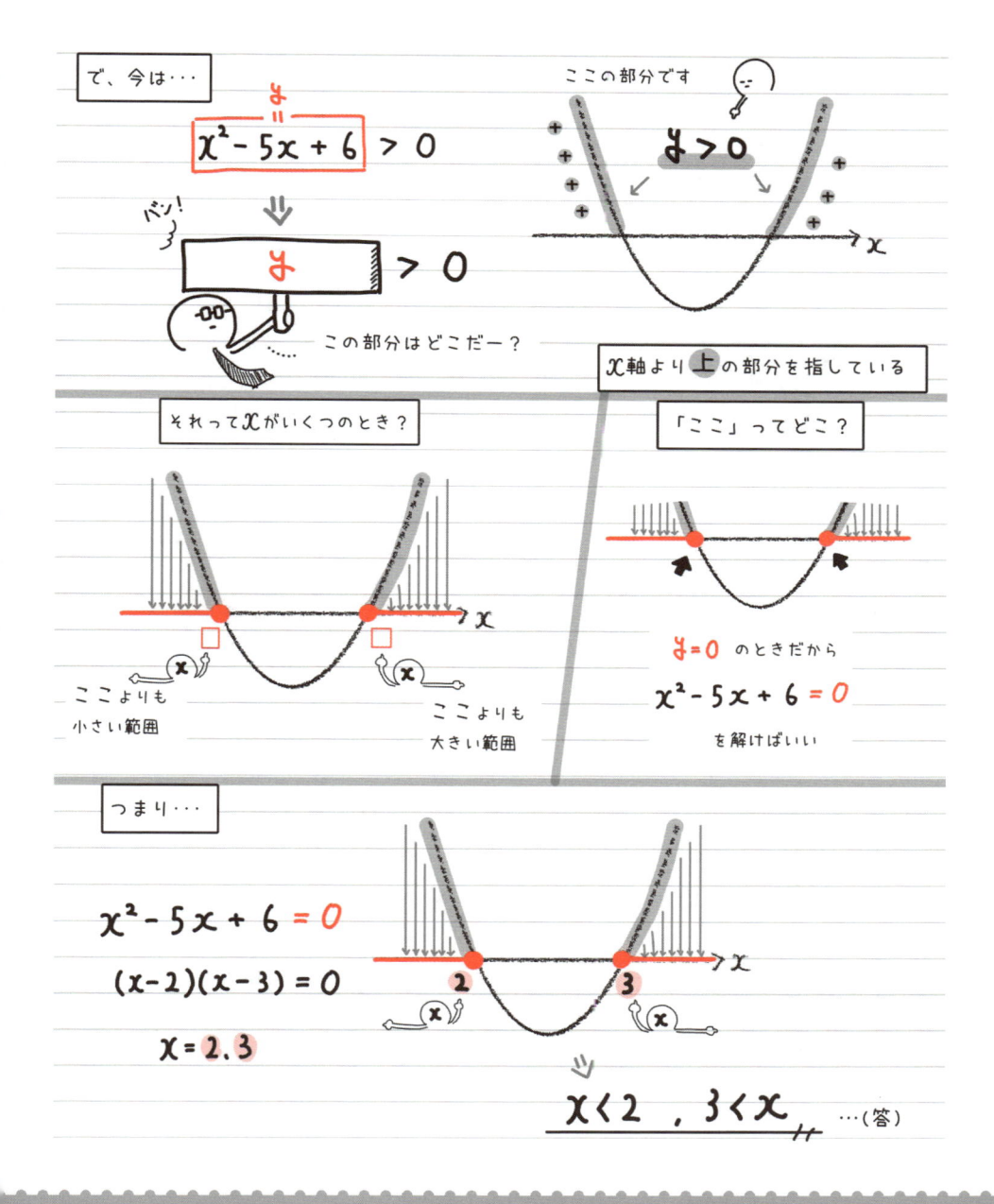

もう1問）不等式 $x^2-4x-5<0$ を解け。

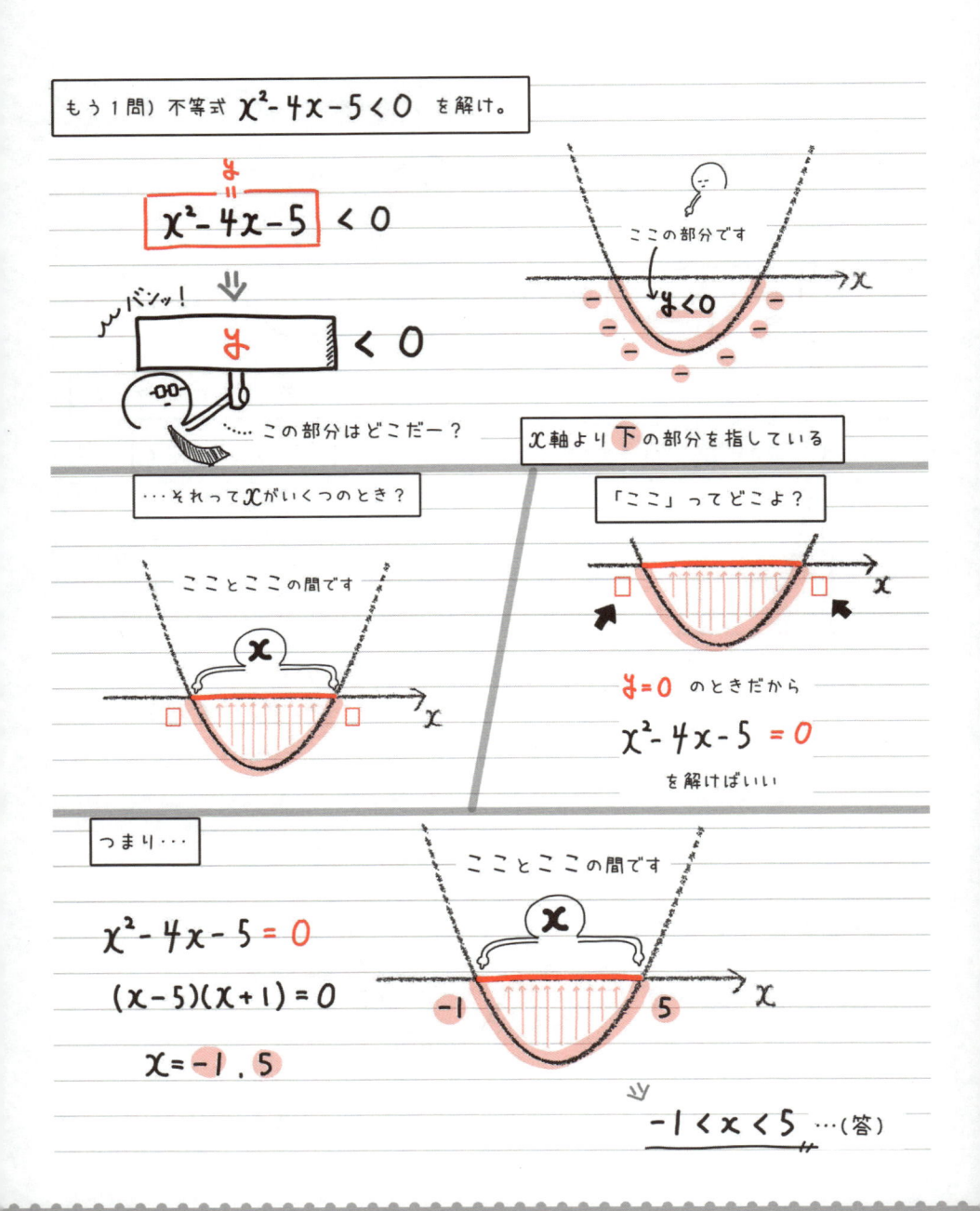

$$\underbrace{x^2-4x-5}_{=y}<0$$

⇓

バンッ！

$$y<0$$

……この部分はどこだー？

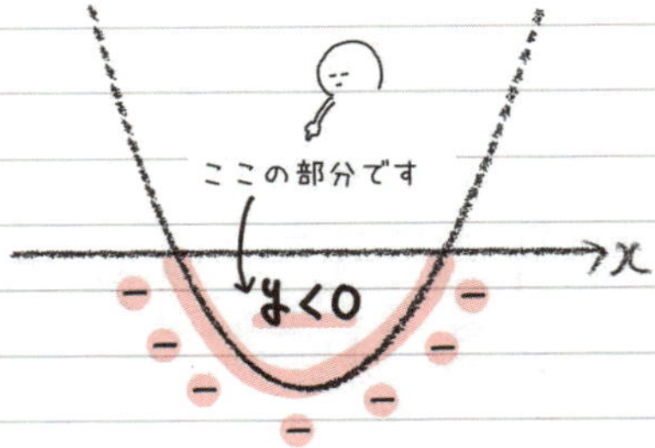

x軸より下の部分を指している

…それってxがいくつのとき？

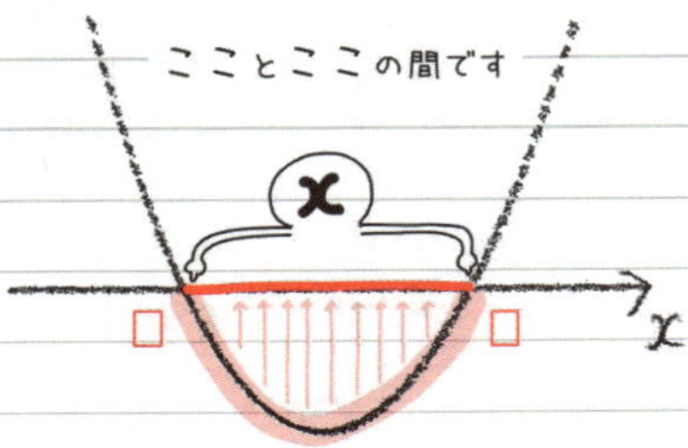

「ここ」ってどこよ？

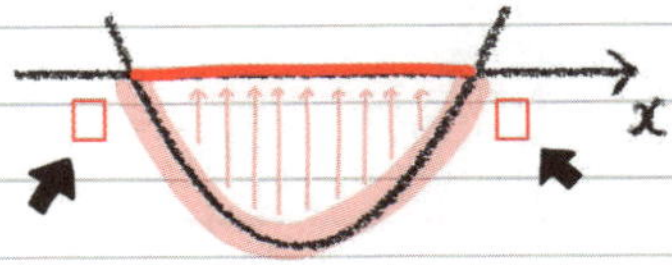

$y=0$ のときだから

$$x^2-4x-5=0$$

を解けばいい

つまり…

$$x^2-4x-5=0$$

$$(x-5)(x+1)=0$$

$$x=-1,\ 5$$

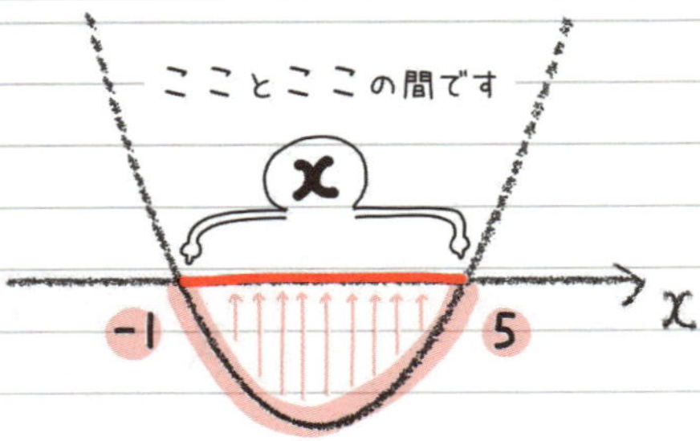

⇓

$-1<x<5$ …（答）

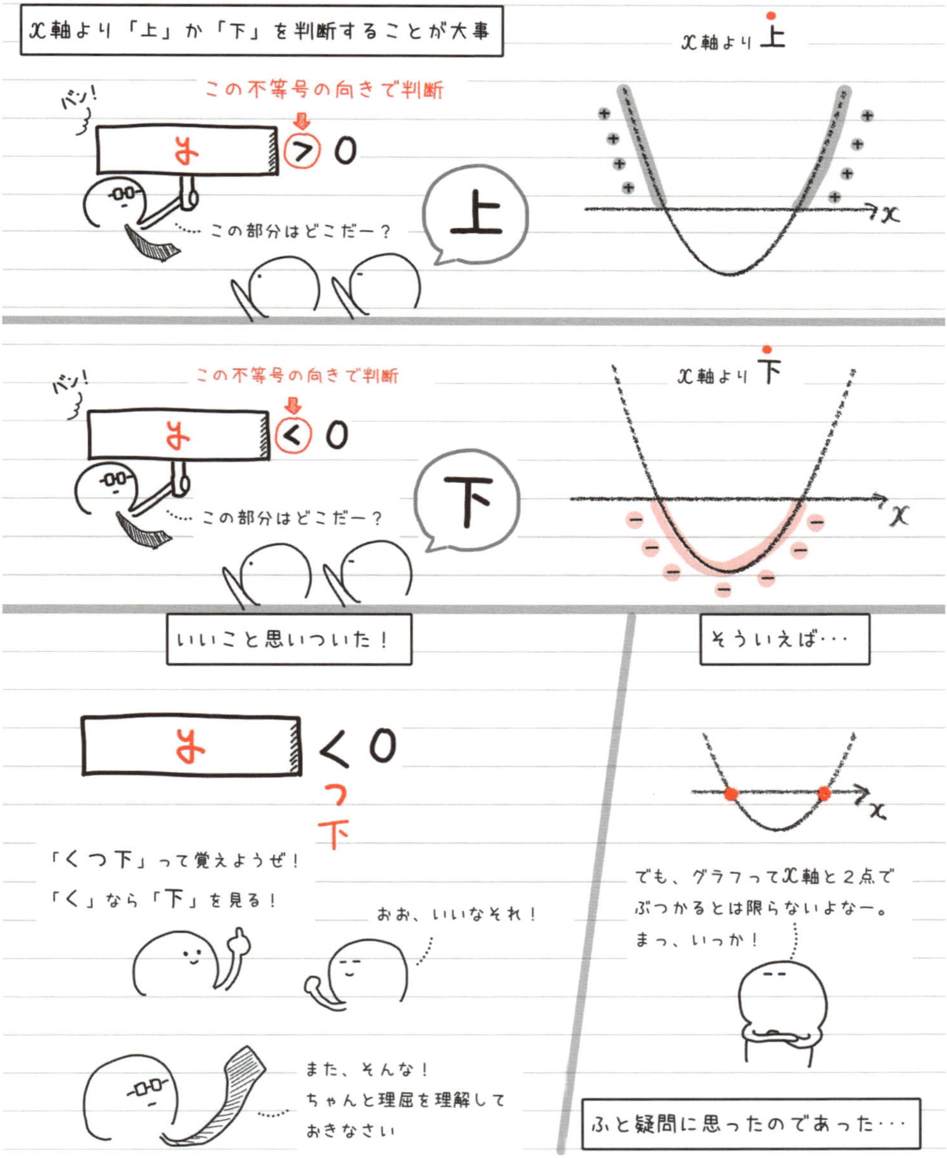
x軸より「上」か「下」を判断することが大事
この不等号の向きで判断
バン！
y > 0
この部分はどこだー？
上
x軸より上
x
この不等号の向きで判断
バン！
y < 0
この部分はどこだー？
下
x軸より下
x
いいこと思いついた！
y < 0
つ
下
「くつ下」って覚えようぜ！
「く」なら「下」を見る！
おお、いいなそれ！
また、そんな！
ちゃんと理屈を理解して
おきなさい
そういえば…
x
でも、グラフってx軸と2点で
ぶつかるとは限らないよなー。
まっ、いっか！
ふと疑問に思ったのであった…

3分でわかる!

2次不等式でわかるグラフのこと（2話）

この不等式を満たすのはxがいくつのとき？

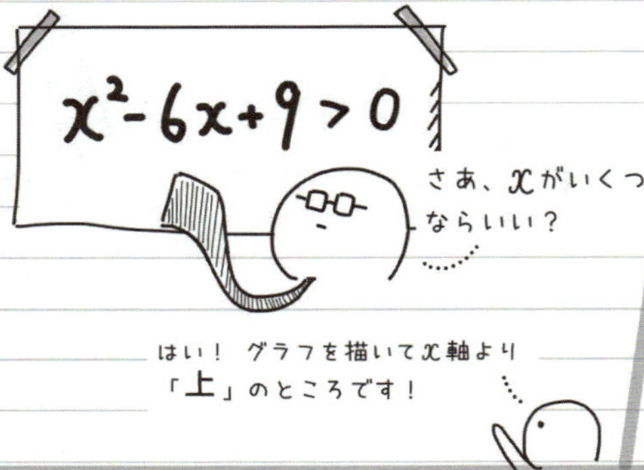

$x^2-6x+9>0$
さあ、xがいくつならいい？
はい！ グラフを描いてx軸より「上」のところです！

前回と同じノリで考えてみた

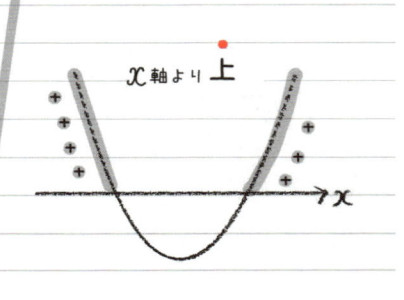

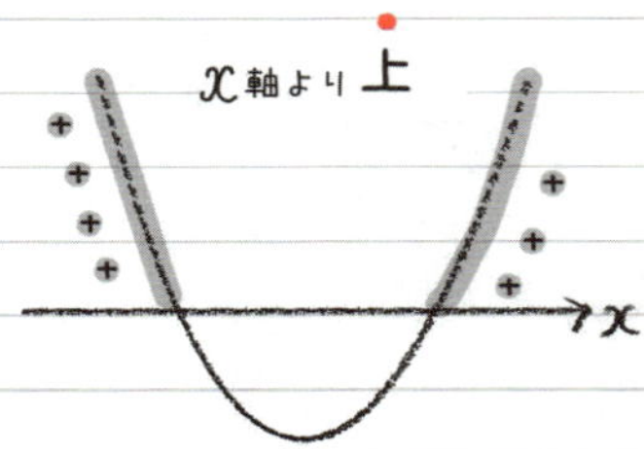

きっとこうなるだろうから…

…ところが様子が違った

$$x^2-6x+9=0$$

$$(x-3)^2=0$$

$$x=3$$

了解！ となるとx軸とぶつかる点が1つになるぞ

あれ、解が1つしかないよ！

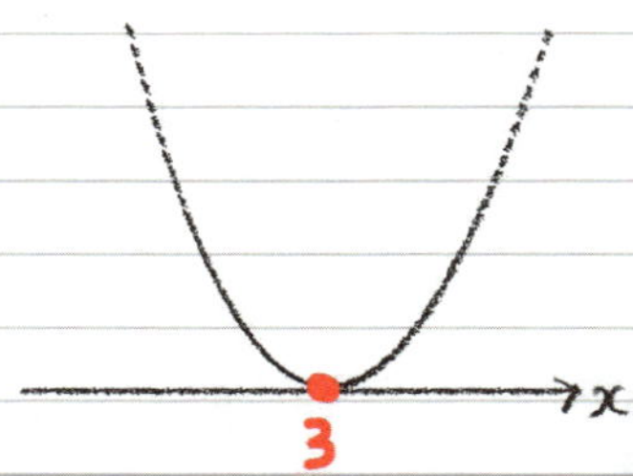

つまり、このグラフで考える

で？ x軸より上の部分ってどこだ。
上の部分のグラフをなぞってみなさい

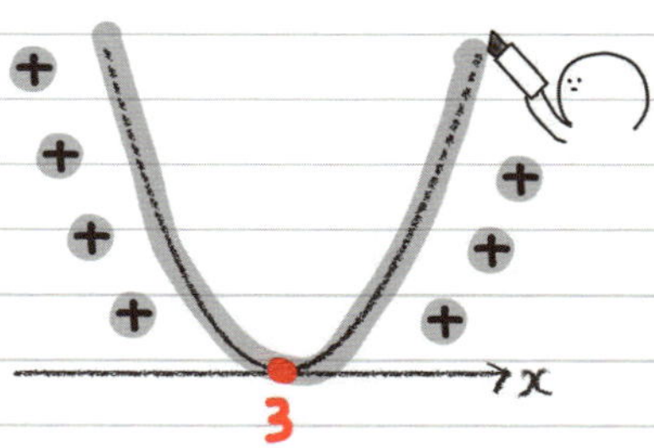

え、全部上にあるよね？

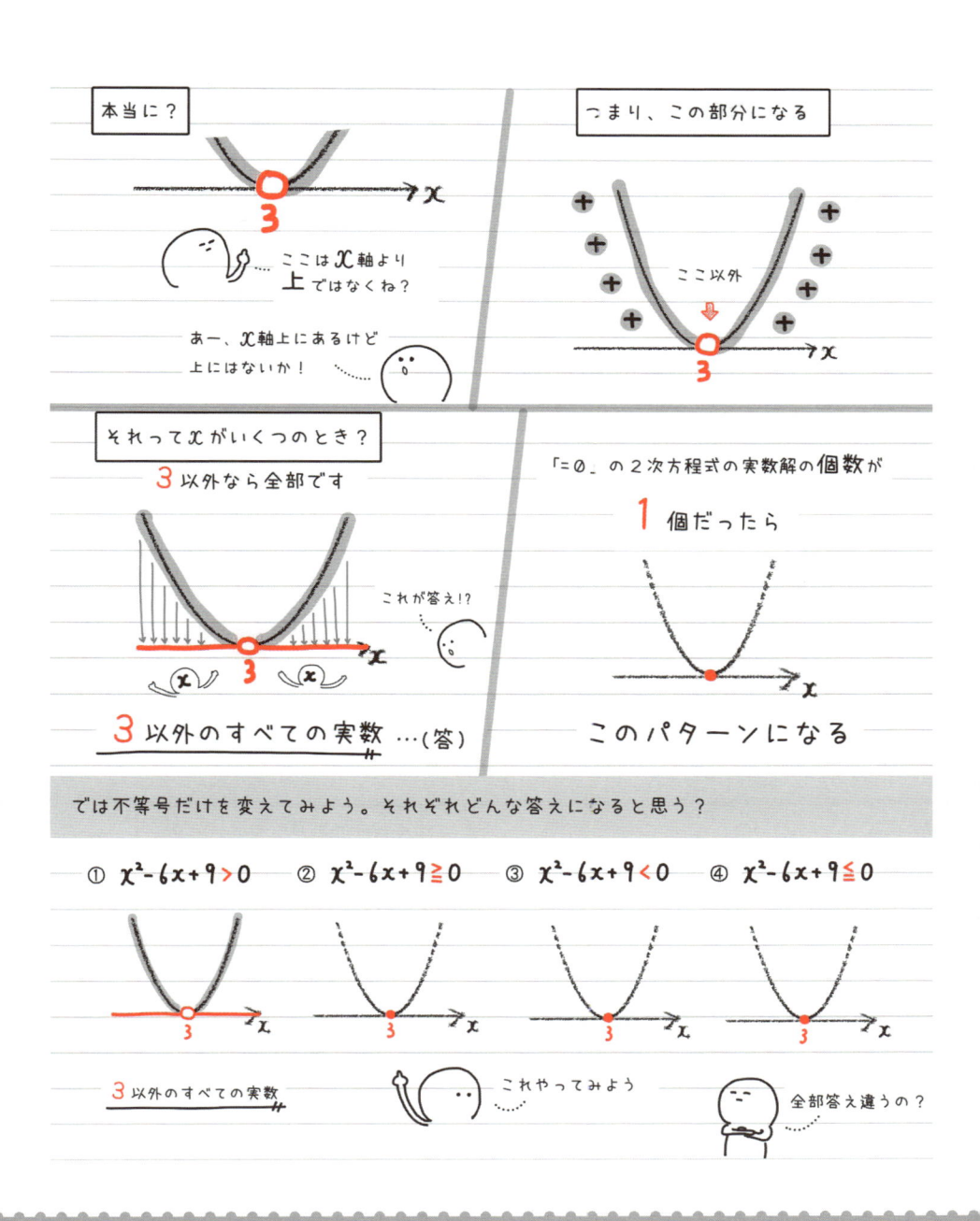

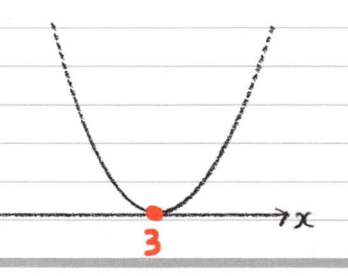

本当に？

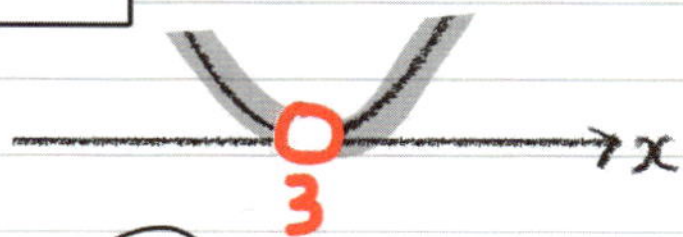

ここはx軸より
上ではなくね？

あー、x軸上にあるけど
上にはないか！

つまり、この部分になる

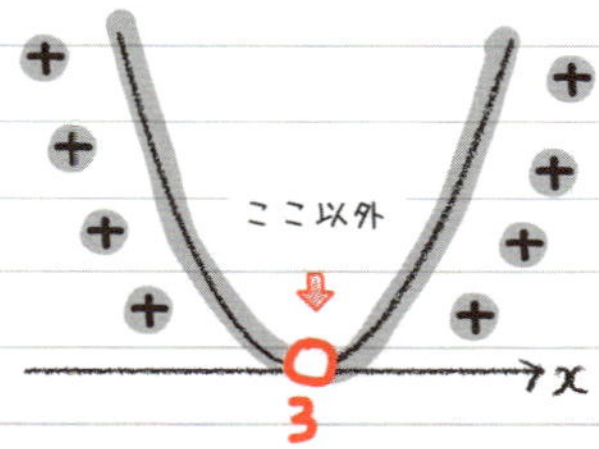

それってxがいくつのとき？

3以外なら全部です

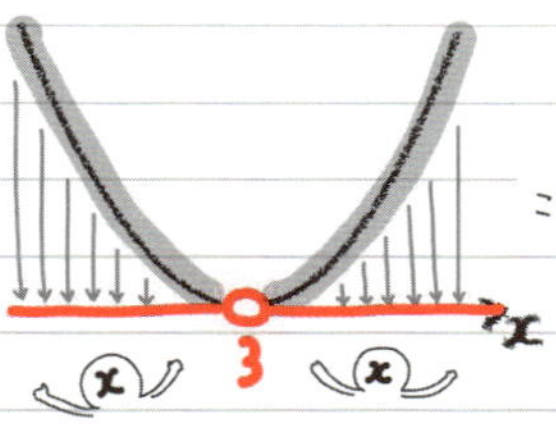

これが答え!?

3以外のすべての実数 …(答)

「=0」の２次方程式の実数解の**個数**が

1 個だったら

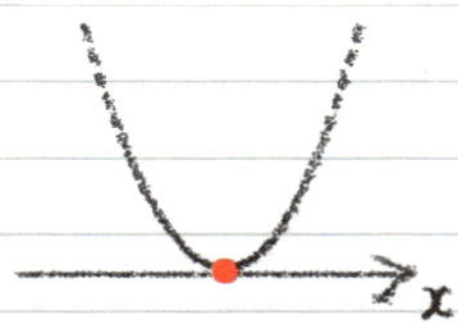

このパターンになる

では不等号だけを変えてみよう。それぞれどんな答えになると思う？

① $x^2-6x+9>0$　② $x^2-6x+9\geqq 0$　③ $x^2-6x+9<0$　④ $x^2-6x+9\leqq 0$

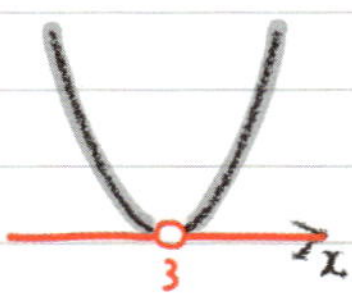

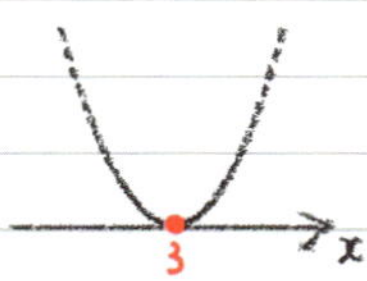

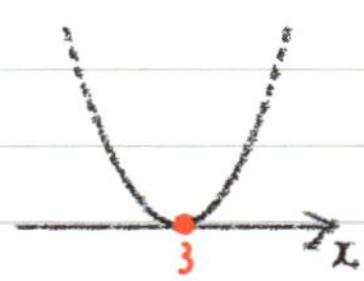

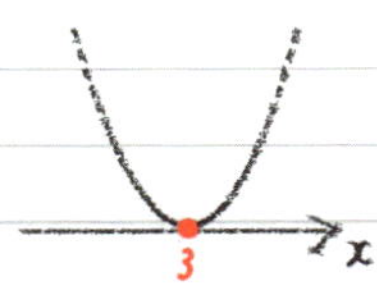

3以外のすべての実数

これやってみよう

全部答え違うの？

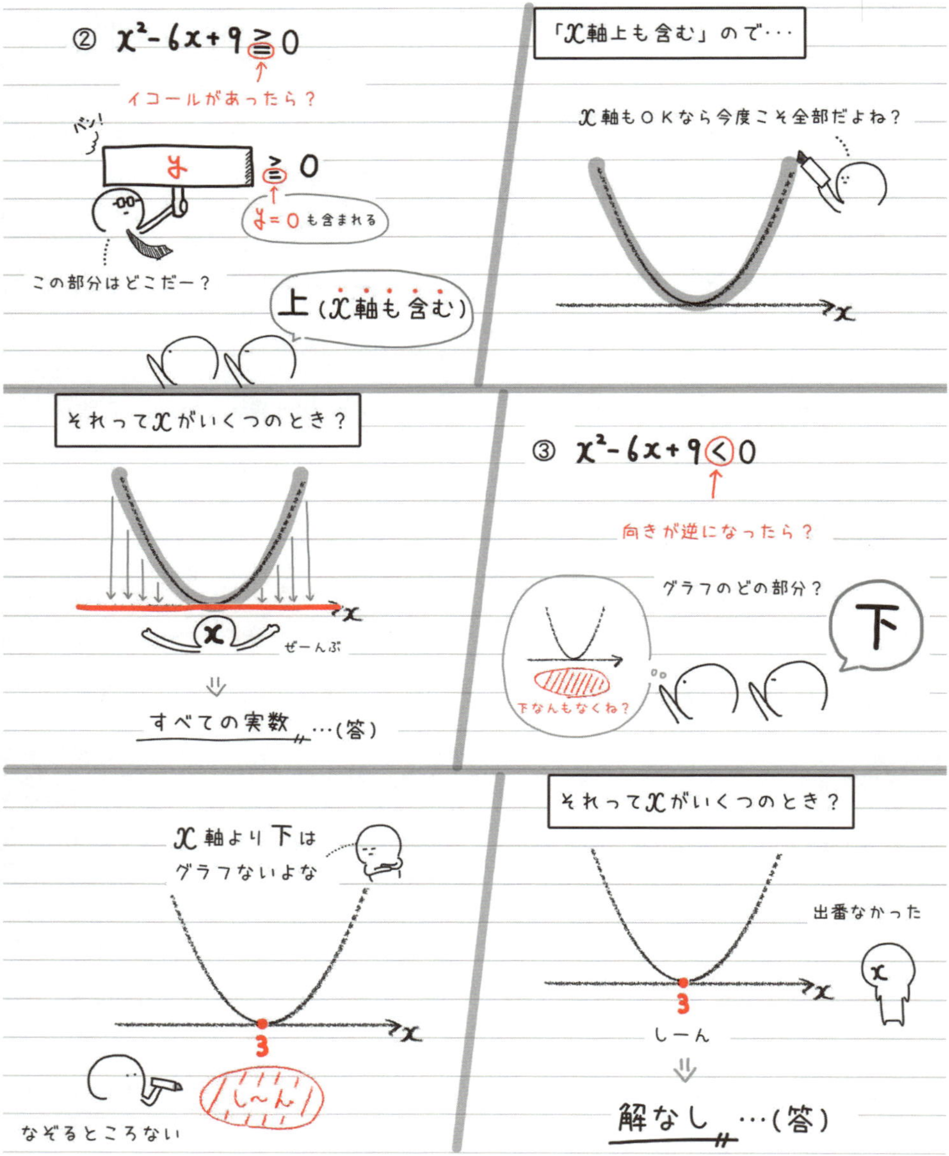
② $x^2-6x+9 \geqq 0$
イコールがあったら？
バン！
y $\geqq 0$
$y=0$ も含まれる
この部分はどこだー？
上（x軸も含む）
「x軸上も含む」ので…
x軸もＯＫなら今度こそ全部だよね？
x
それってxがいくつのとき？
x
x
ぜーんぶ
⇓
すべての実数…（答）
③ $x^2-6x+9<0$
向きが逆になったら？
下なんもなくね？
グラフのどの部分？
下
x軸より下はグラフないよな
3
x
しーん
なぞるところない
それってxがいくつのとき？
出番なかった
x
3
x
しーん
⇓
解なし…（答）

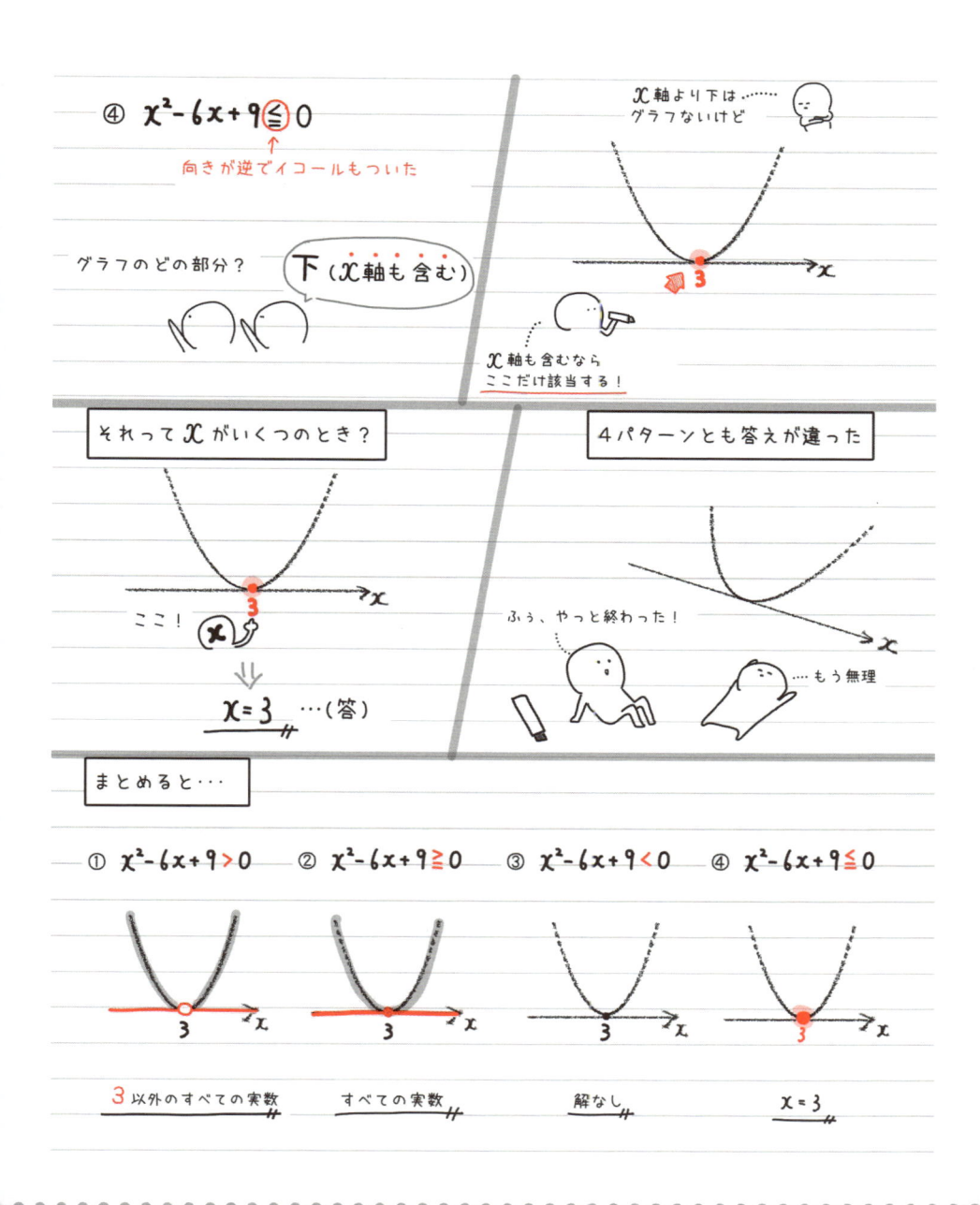

④ $x^2-6x+9 \leqq 0$

↑ 向きが逆でイコールもついた

グラフのどの部分？

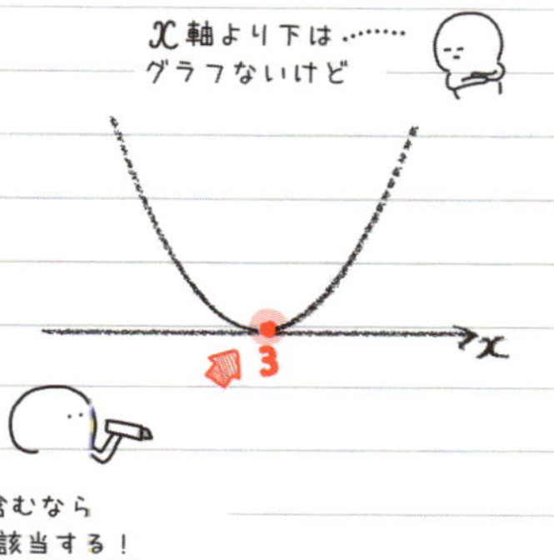

それってxがいくつのとき？

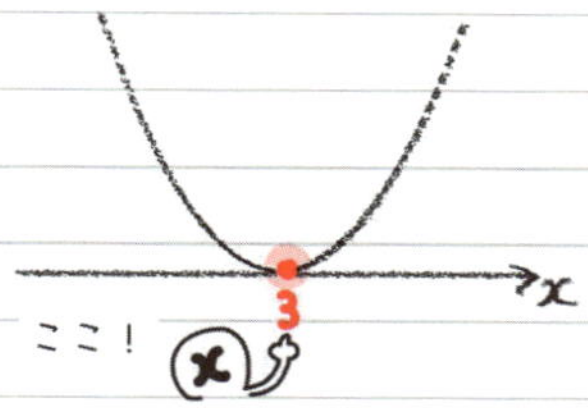

⇓

$x=3$ …（答）

4パターンとも答えが違った

まとめると…

① $x^2-6x+9>0$　② $x^2-6x+9 \geqq 0$　③ $x^2-6x+9<0$　④ $x^2-6x+9 \leqq 0$

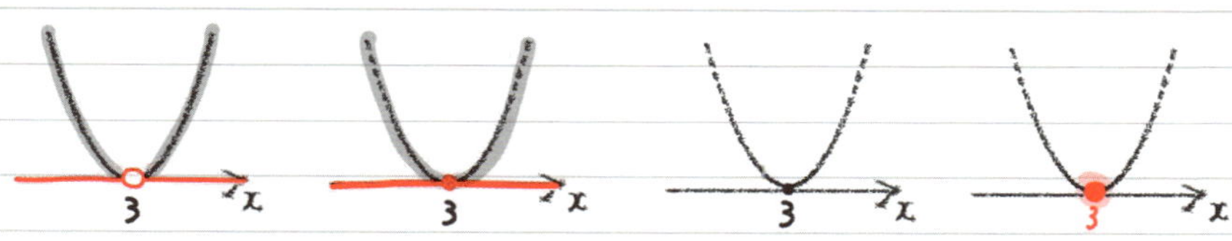

3以外のすべての実数　すべての実数　解なし　$x=3$

3分でわかる!

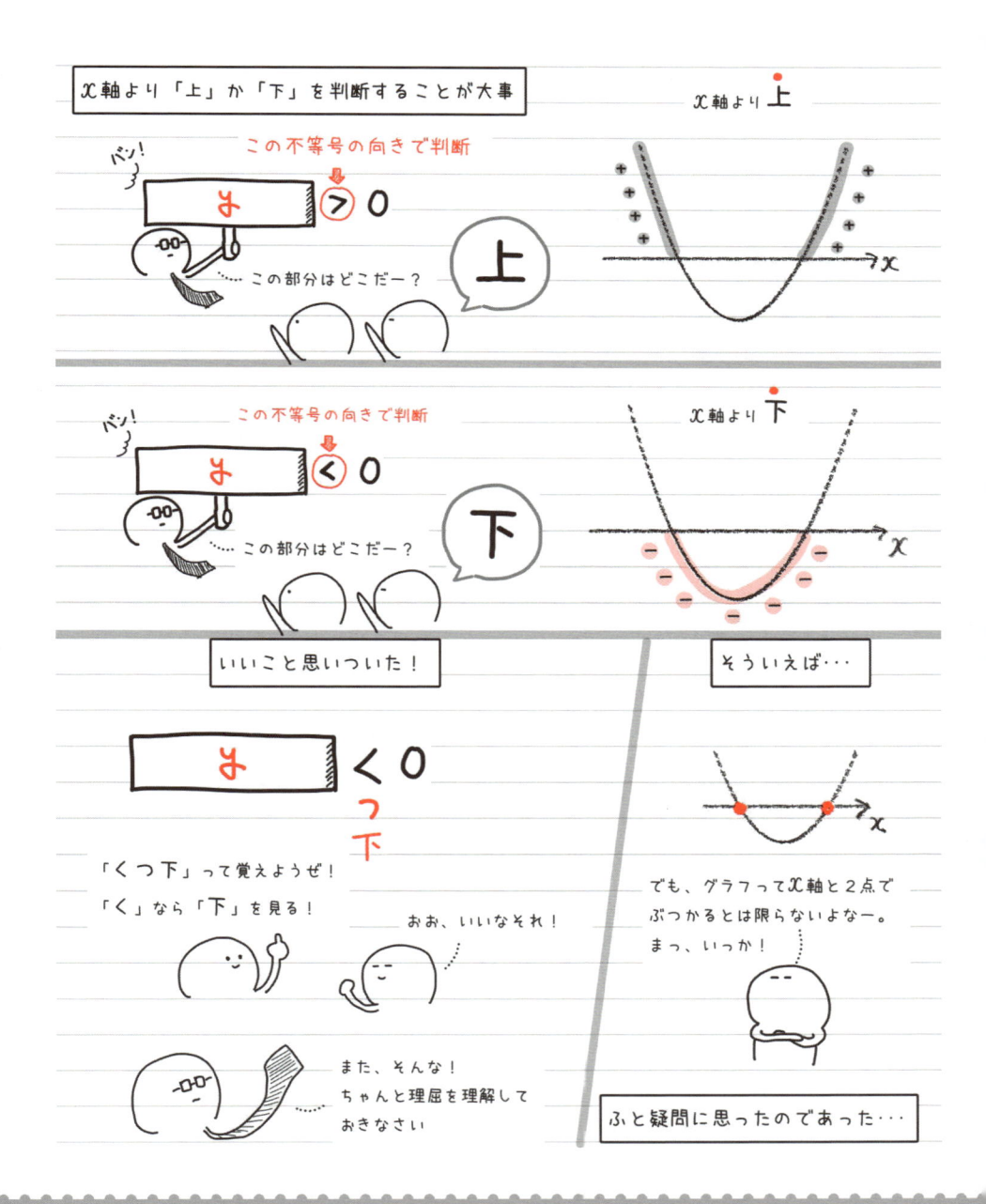

2次不等式でわかるグラフのこと（3話）

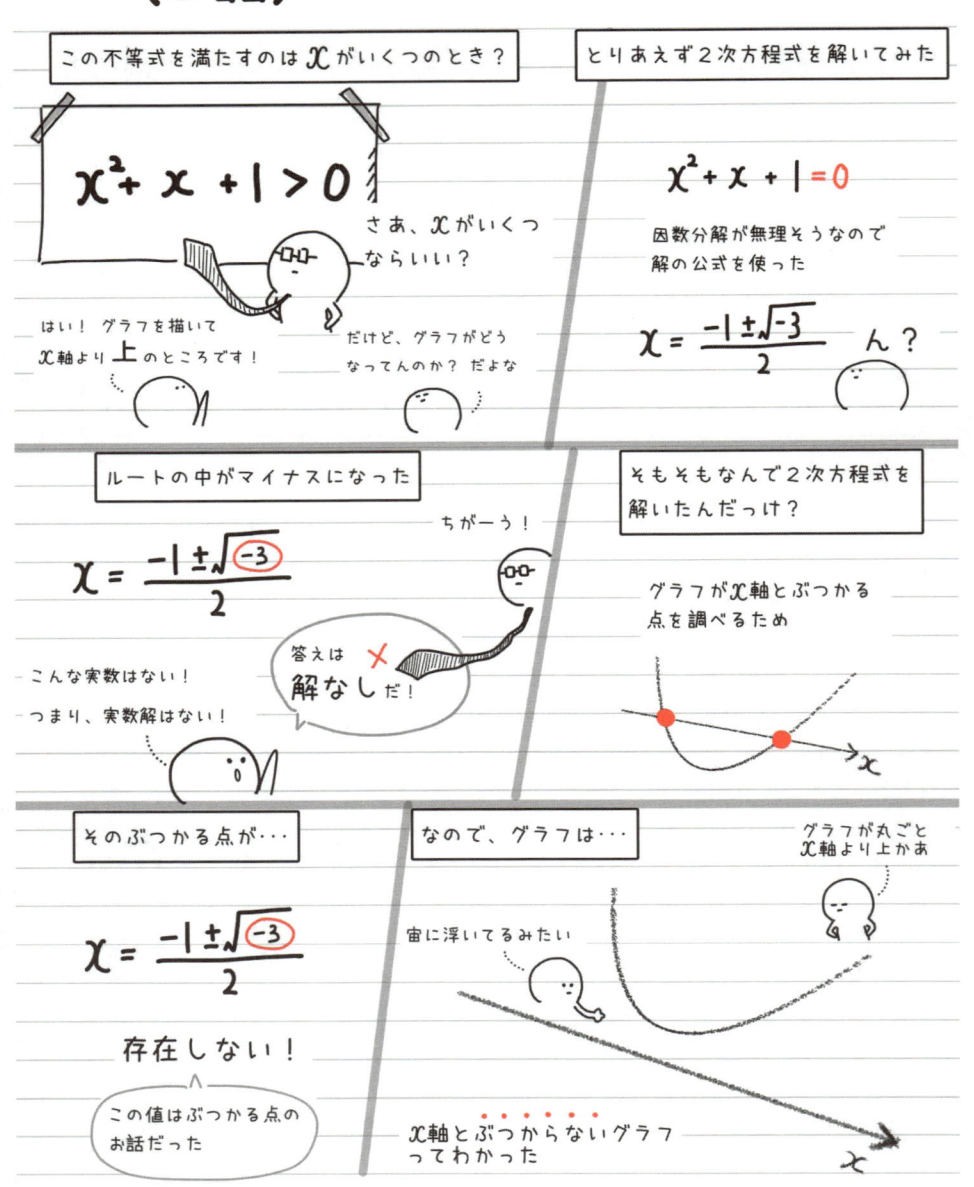

この不等式を満たすのはxがいくつのとき？

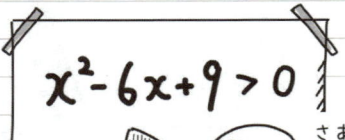

$$x^2+x+1>0$$

さあ、xがいくつならいい？

はい！ グラフを描いてx軸より上のところです！

だけど、グラフがどうなってんのか？ だよな

とりあえず2次方程式を解いてみた

$$x^2+x+1=0$$

因数分解が無理そうなので解の公式を使った

$$x=\frac{-1\pm\sqrt{-3}}{2}$$

ん？

ルートの中がマイナスになった

$$x=\frac{-1\pm\sqrt{-3}}{2}$$

ちがーう！

答えは✕ 解なしだ！

こんな実数はない！

つまり、実数解はない！

そもそもなんで2次方程式を解いたんだっけ？

グラフがx軸とぶつかる点を調べるため

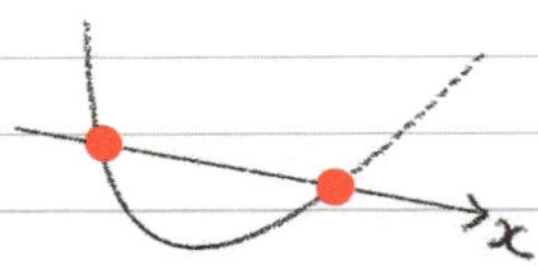

そのぶつかる点が…

$$x=\frac{-1\pm\sqrt{-3}}{2}$$

存在しない！

この値はぶつかる点のお話だった

なので、グラフは…

グラフが丸ごとx軸より上かあ

宙に浮いてるみたい

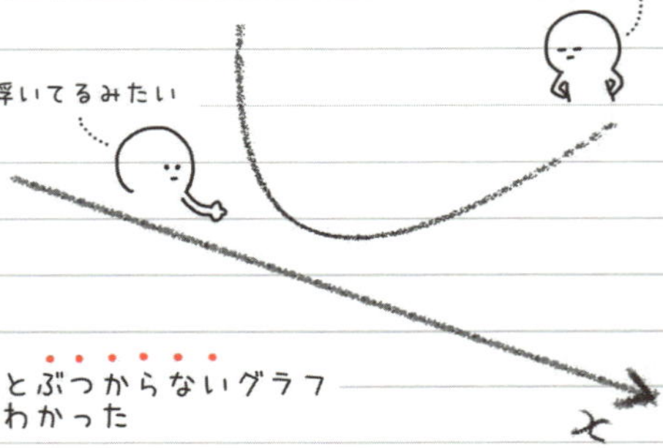

x軸とぶつからないグラフってわかった

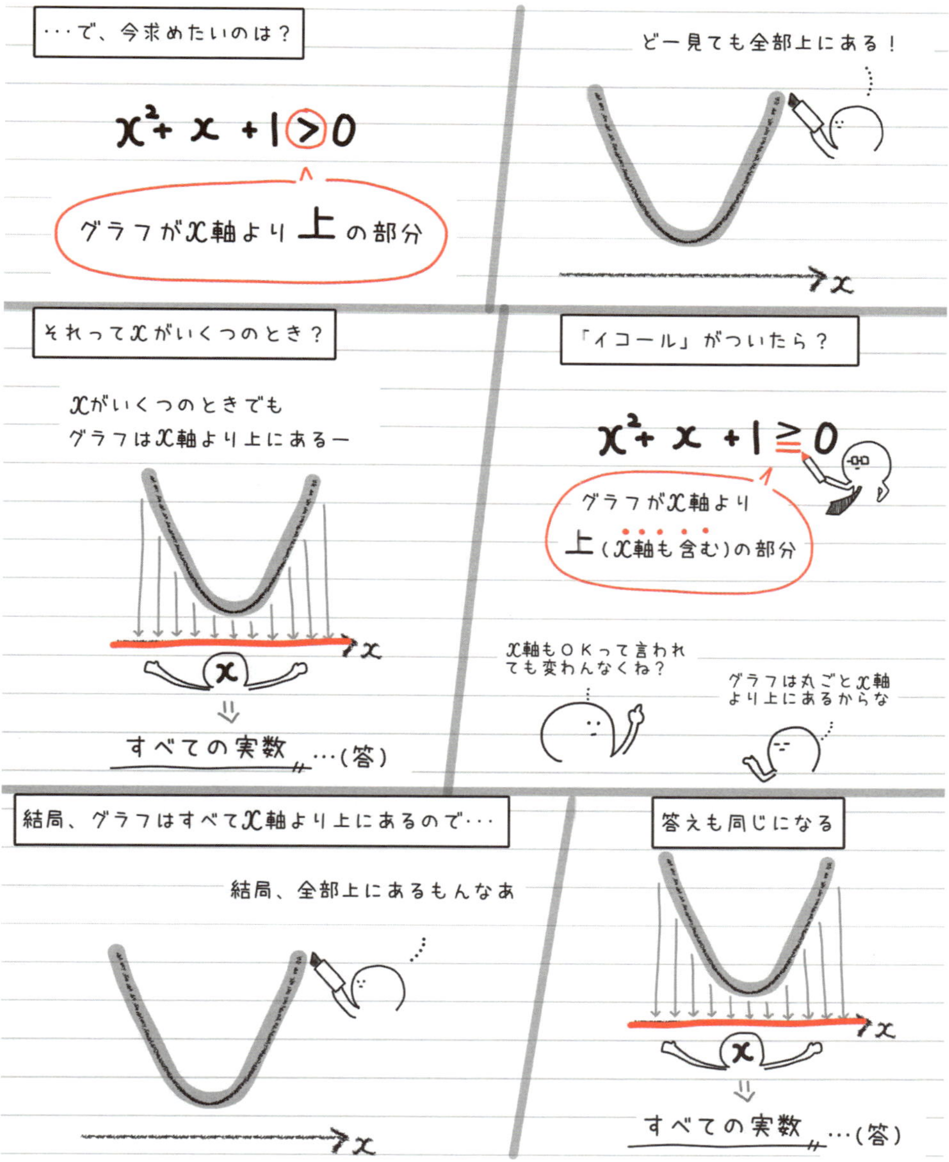
…で、今求めたいのは？
$x^2+x+1>0$
グラフがx軸より上の部分
どー見ても全部上にある！
x
それってxがいくつのとき？
xがいくつのときでも
グラフはx軸より上にあるー
x
x
すべての実数…(答)
「イコール」がついたら？
$x^2+x+1\geqq 0$
グラフがx軸より
上（x軸も含む）の部分
x軸もOKって言われても変わんなくね？
グラフは丸ごとx軸より上にあるからな
結局、グラフはすべてx軸より上にあるので…
結局、全部上にあるもんなあ
x
答えも同じになる
x
x
すべての実数…(答)

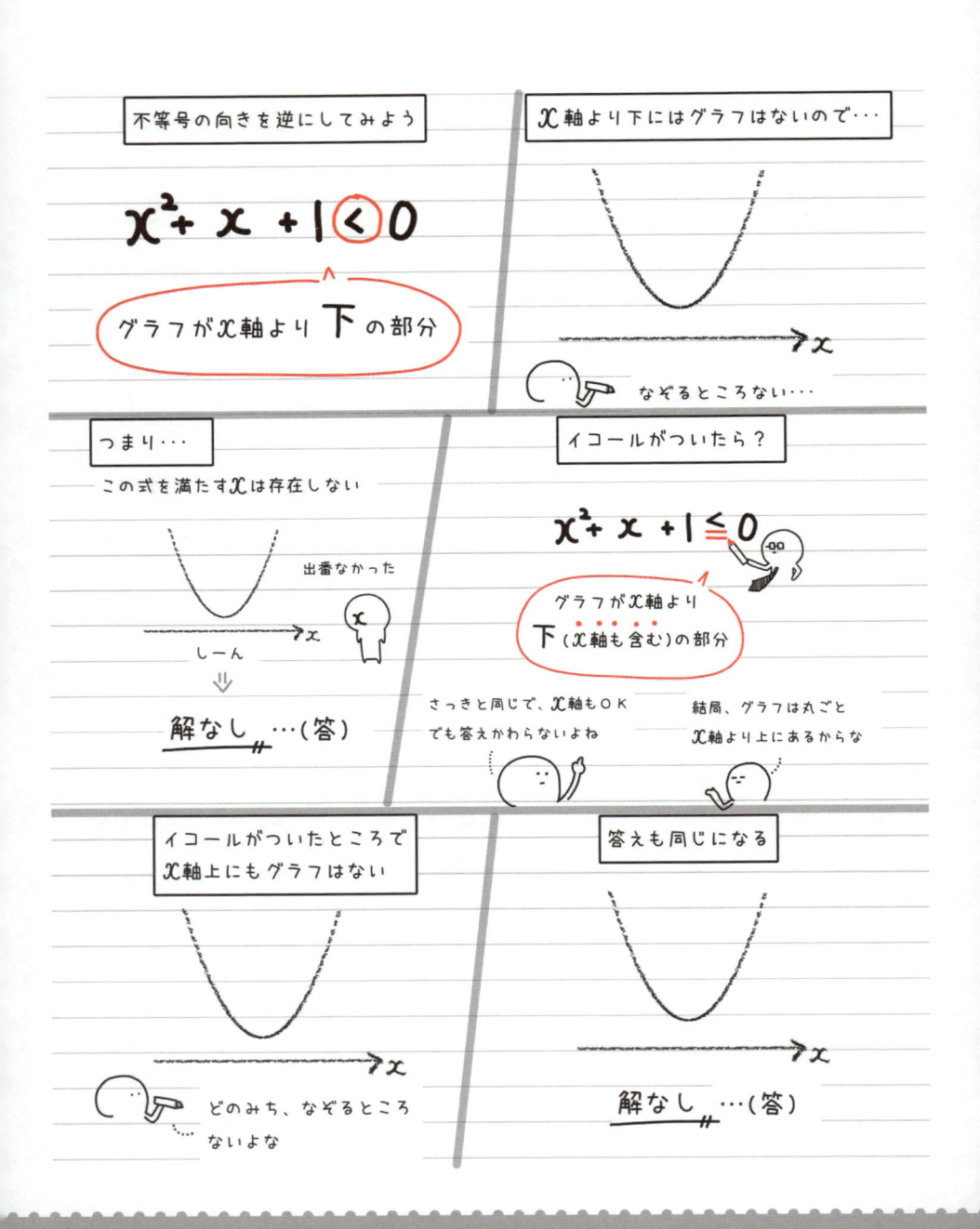

不等号の向きを逆にしてみよう

$$x^2+x+1<0$$

グラフがx軸より下の部分

x軸より下にはグラフはないので…

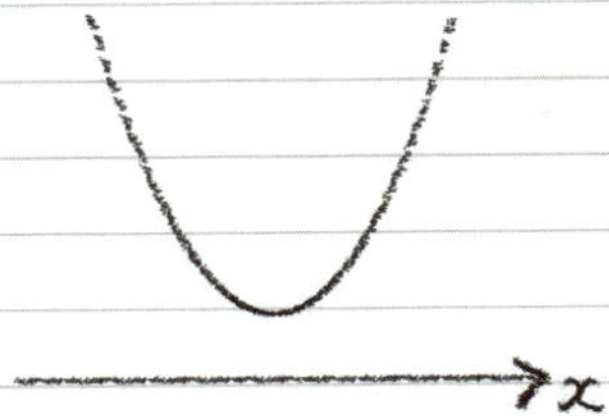

なぞるところない…

つまり…

この式を満たすxは存在しない

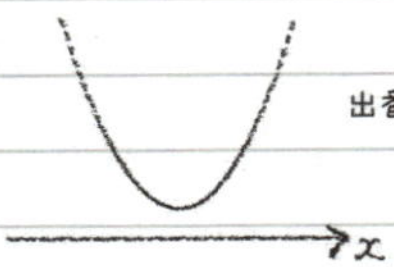

出番なかった

しーん

⇓

解なし…(答)

イコールがついたら？

$$x^2+x+1\leqq 0$$

グラフがx軸より下(x軸も含む)の部分

さっきと同じで、x軸もOK
でも答えかわらないよね

結局、グラフは丸ごと
x軸より上にあるからな

イコールがついたところで
x軸上にもグラフはない

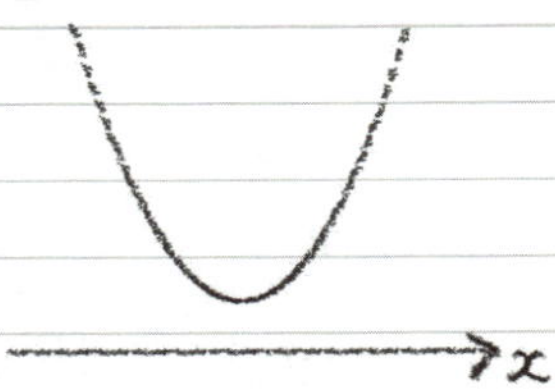

どのみち、なぞるところ
ないよな

答えも同じになる

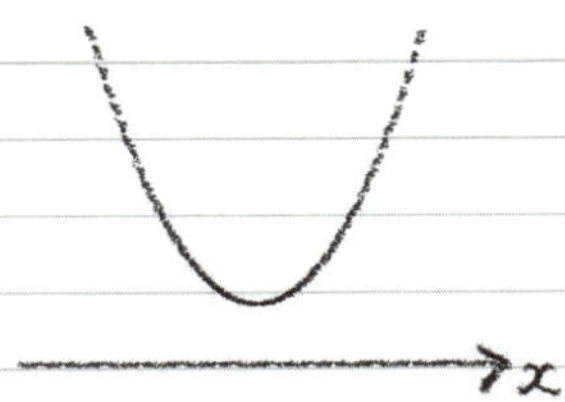

解なし…(答)

まとめると…

$x^2+x+1>0$

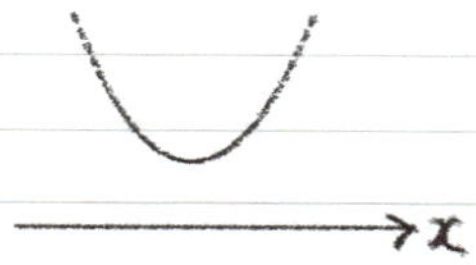

すべての実数

$x^2+x+1<0$

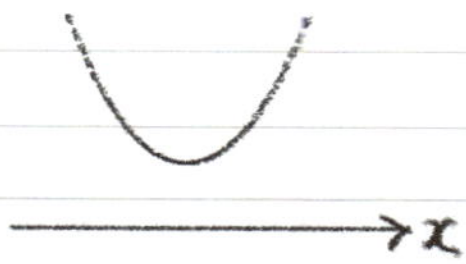

解なし

イコールがついた不等号になっても、答えは変わらない、だね！

つまり2パターンか

お疲れさま。これで2次不等式の全パターンが終わった。で、こう思ってるよね？
「どのパターンになるのかどうやって見分けるの!?」って。最後に見分け方をまとめよう。

2次不等式を解きたい！

↓

因数分解 or 解の公式

因数分解したら (x-●)(x-▲)

解の公式で解が 2 つ出た

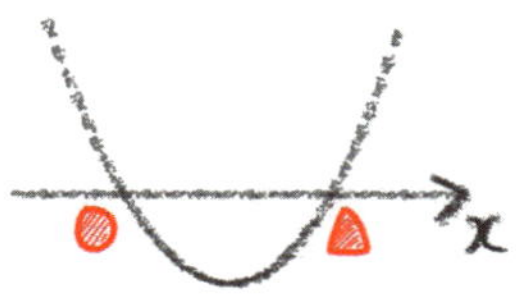

- x＜●，▲＜x
- ●＜x＜▲

因数分解したら $(x-●)^2$

解の公式で解が 1 つ出た

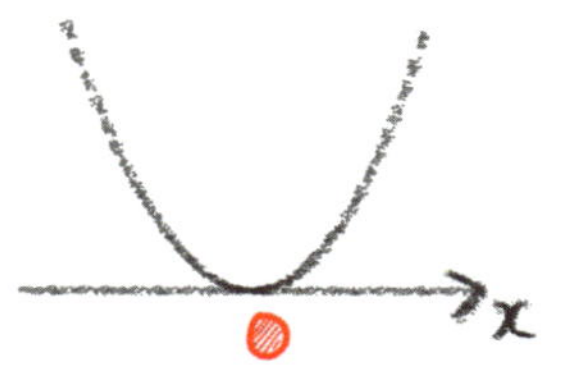

- ●以外のすべての実数
- すべての実数
- 解なし
- x=●

因数分解できなかった

解の公式で√の中がマイナスになった

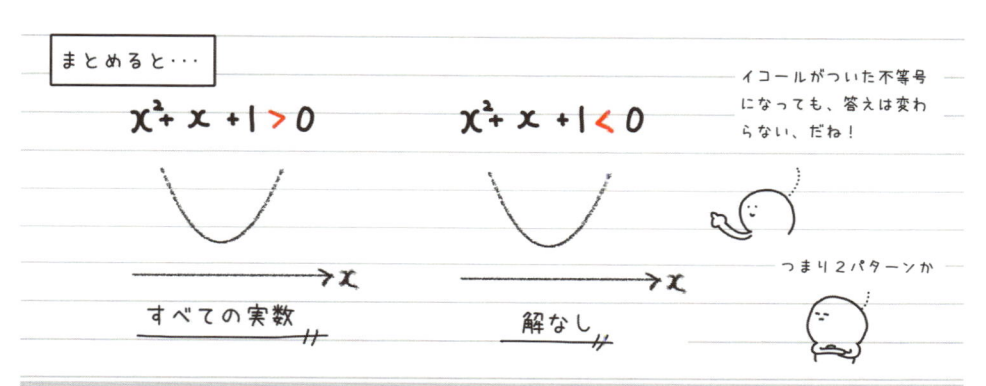

- すべての実数
- 解なし

1分でわかる!

2次不等式でわかるグラフのこと（最終話）

さて、２次不等式を学んできて、いろんな解のパターンがあったよね？　逆に、解の形がわかっていればどんなグラフになっているか、予測できるんだ。

問題）２次不等式　$x^2-mx+3m-5>0$　の解がすべての実数であるとき、定数mの値の範囲を求めよ。

想像してみよう

$\underbrace{x^2-mx+3m-5}_{=y}>0$

x軸より上を見て・・・

導き出した解が

「すべての実数」

だったってことは？

それって、どんなグラフになっている？

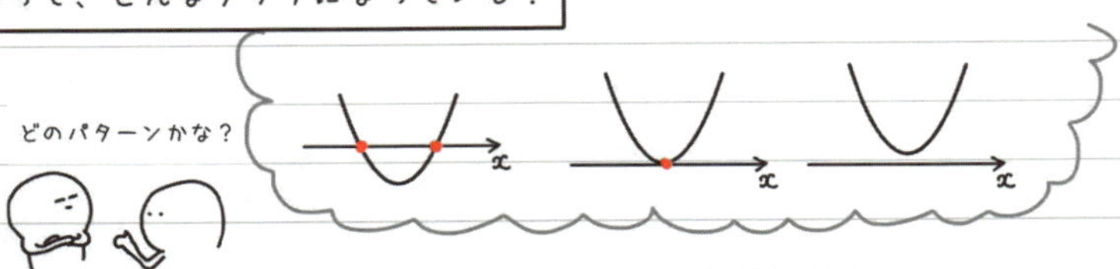

x軸より上にグラフが全部ある状況だから・・・・・・？

つまり・・・

こうなっているはず！

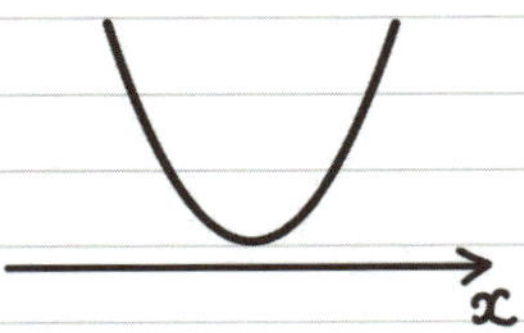

そのためには？

こんな状況です

了解！

判別式＜０

解の公式を使って、√の中がマイナスになったらこうなったよなー

判別式を計算してみる

$$x^2 - mx + 3m - 5 > 0$$

2次方程式の判別式を D と置くと

$$\underset{a}{1}x^2 \underset{b}{- m}x + \underset{c}{3m - 5} = 0$$

$$D = (-m)^2 - 4 \cdot 1 \cdot (3m - 5)$$

$$= m^2 - 12m + 20$$

D<0 となればいいので…

$$m^2 - 12m + 20 < 0$$

このグラフがm軸より下にある部分は、mがいくつのとき？

どんなグラフか調べるために、2次方程式を解く

$$m^2 - 12m + 20 = 0$$

$$(m-2)(m-10) = 0$$

解が2つ

$$m = 2,\ 10$$

了解！ となるとm軸とぶつかる点が2つになるぞ

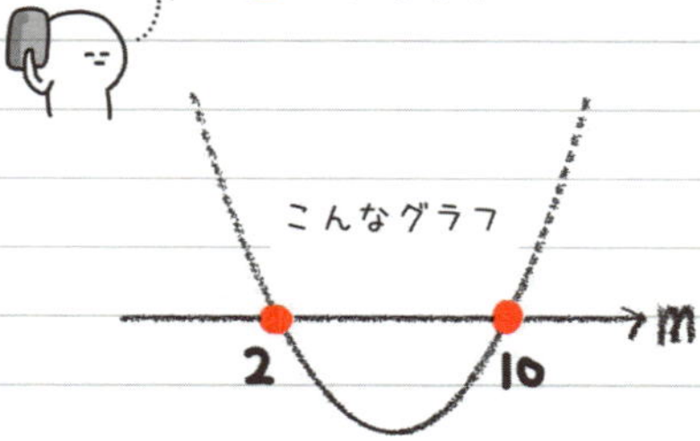

…で、下の部分だから…

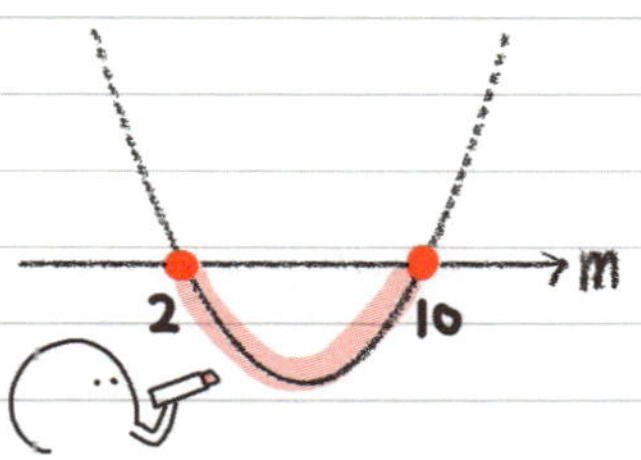

それって、mがいくつのとき？

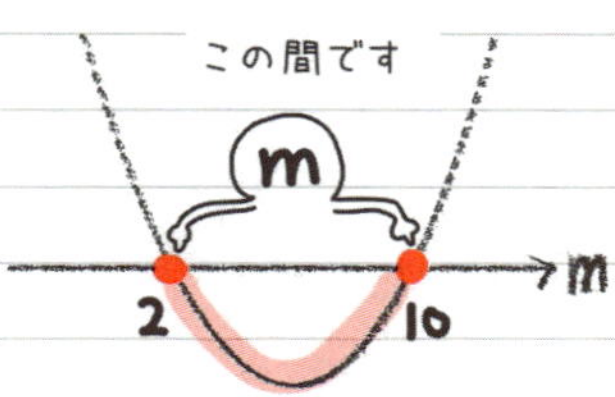

⇒ $2 < m < 10$ …(答)

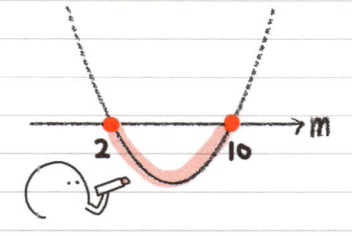

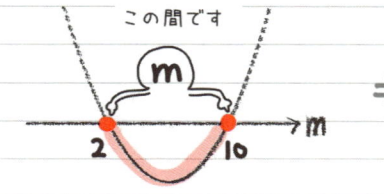

3分でわかる！

さあ総まとめ！ 2次関数の応用①

$f(x)=x^2-2ax$ について

$-1 \leqq x \leqq 1$ における最小値を求めよ。

さあ、今までの総まとめだ。
これができたら２次関数マスターだぞ

なんだこれは……

……最小値と言ったら？

最小値を求めるためには？

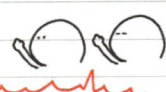

グラフの一番低いところだよね？

じゃあ、グラフ描きたいな

そのためには？

平方完成！

平方完成してみた

$$f(x)=x^2-2ax$$
$$=(x-a)^2-a^2$$

・・・は？

どこに困ってる？

$$f(x)=(x-a)^2-a^2$$

文字

文字はいろんな値をとるから
グラフをイメージできません

いろんな値をとるってことはグラフが動くってことだよね？

$$f(x)=(x-a)^2-a^2$$

軸：$x=a$

動く！

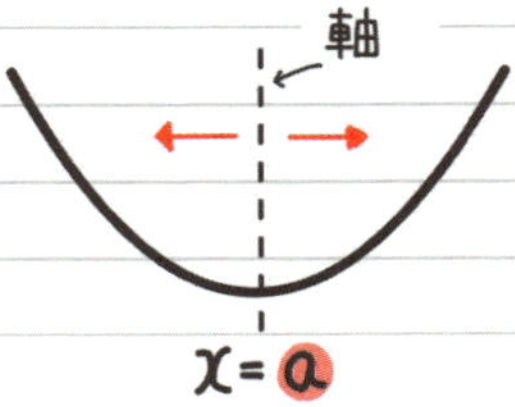

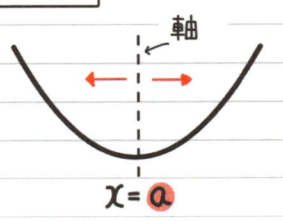

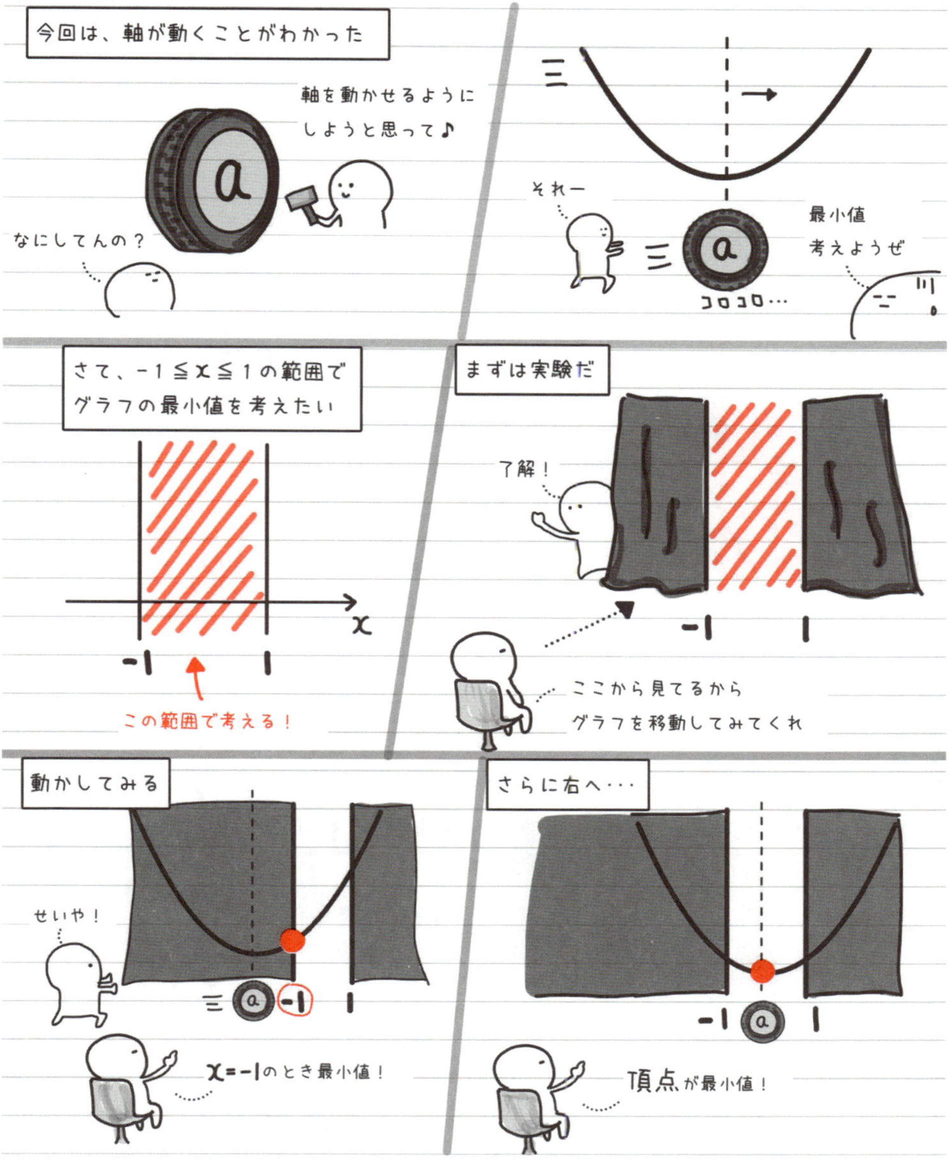

今回は、軸が動くことがわかった
軸を動かせるように
しようと思って♪
なにしてんの？
それー
コロコロ…
最小値
考えようぜ
さて、−1≦x≦1の範囲で
グラフの最小値を考えたい
−1
1
x
この範囲で考える！
まずは実験だ
了解！
−1
1
ここから見てるから
グラフを移動してみてくれ
動かしてみる
せいや！
−1
1
x=−1のとき最小値！
さらに右へ・・・
−1
1
頂点が最小値！

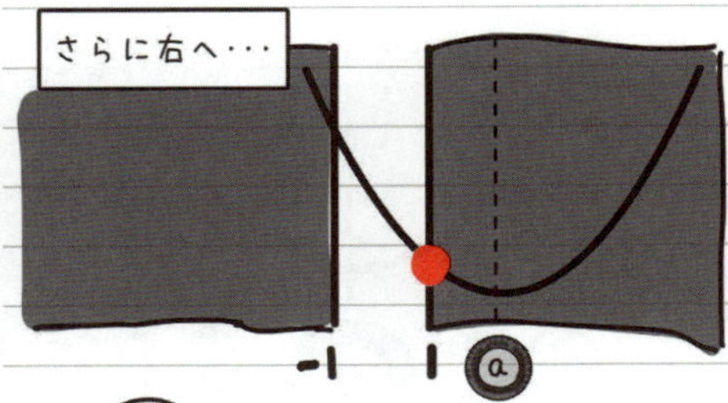

$x=1$ のとき最小値！

a がどこにいるときに、最小値が切り替わる？

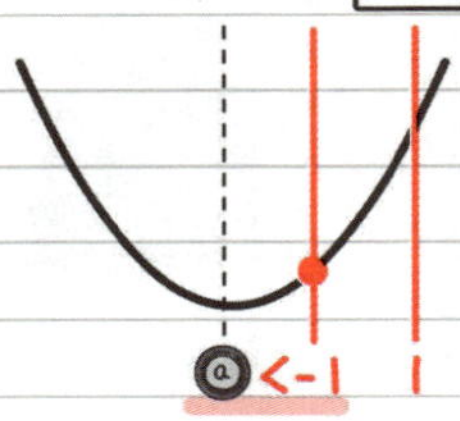

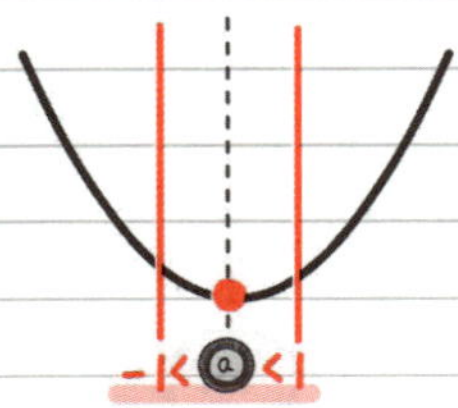

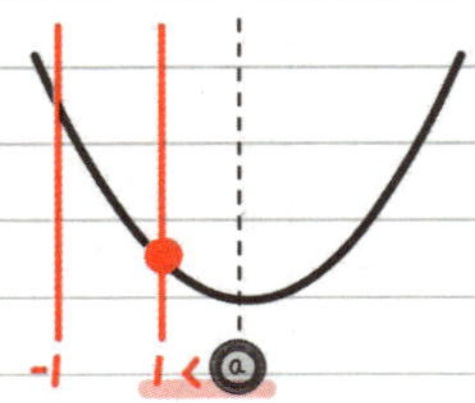

$a<-1$ のとき　　$-1<a<1$ のとき　　$1<a$ のとき

$a<-1$ のとき

$x=-1$ のときに最小値をとるので

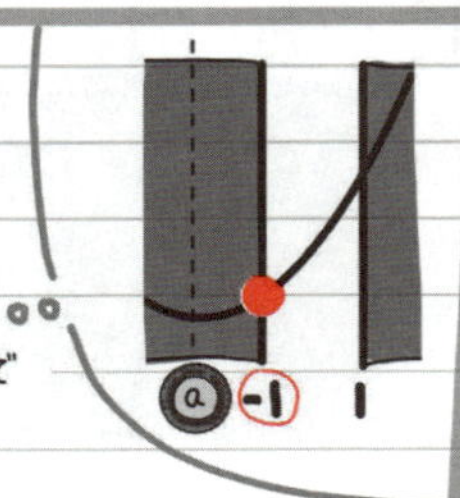

$$f(-1)=(-1)^2-2a(-1)$$

$$=2a+1$$

$-1<a<1$ のとき

頂点が最小値なので

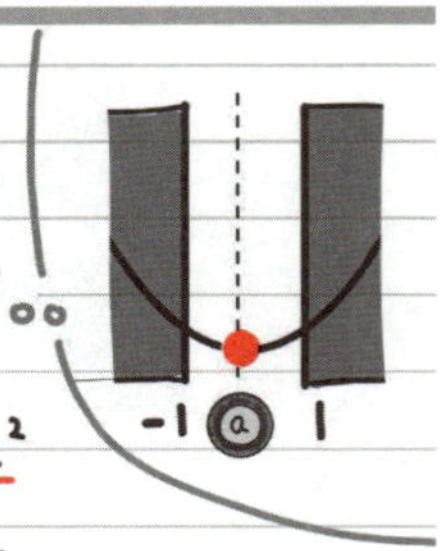

$$f(x)=(x-a)^2-a^2$$

$$(a\ ,\ -a^2)$$

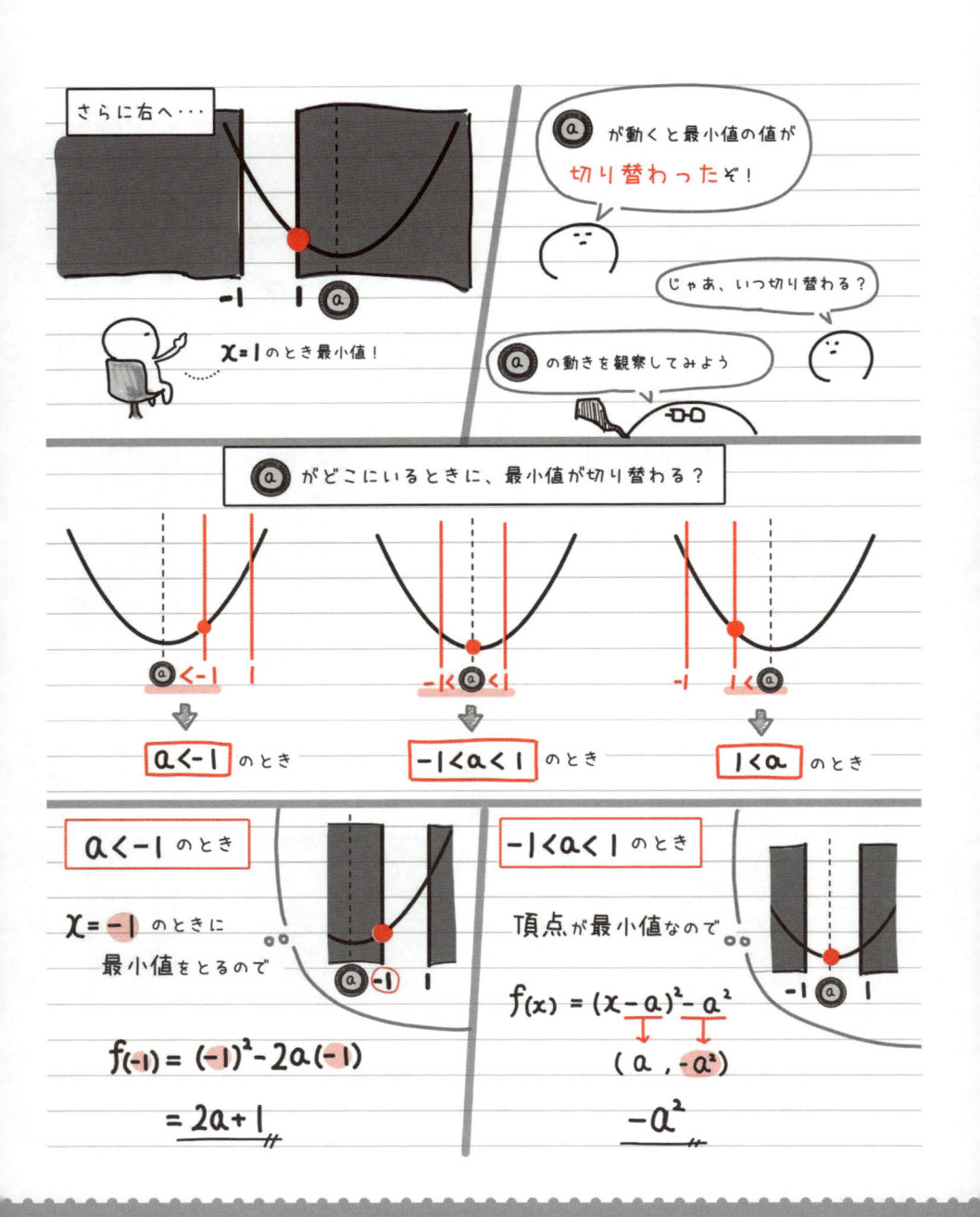

$$-a^2$$

$1<a$ のとき

$x=1$ のときに最小値をとるので

$f(1)=1^2-2a\cdot 1$

$=-2a+1$

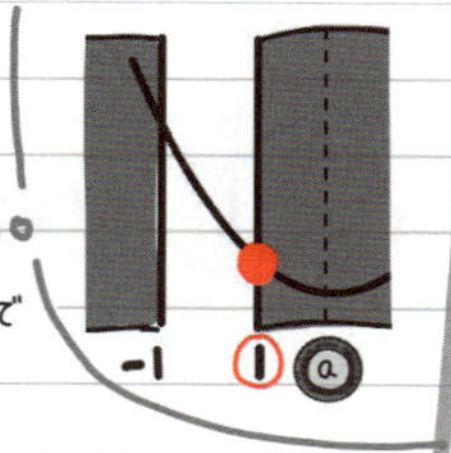

答えは3つあった

待って！ 切り替わる**境界**のときを考えてないよ！

境界

$a<-1$ のとき　　$a=-1$ のとき　　$-1<a<1$ のとき

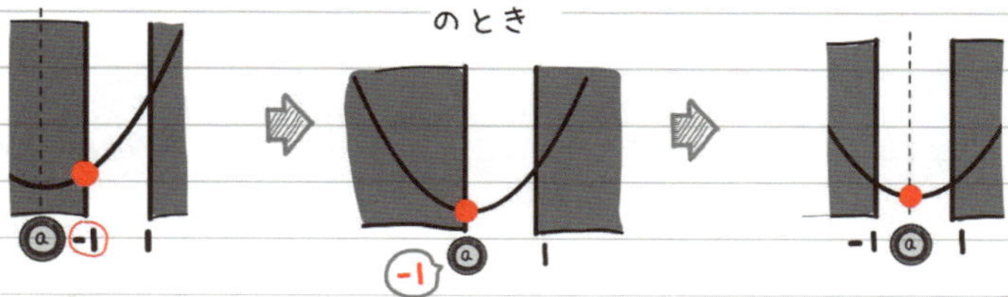

最小値：$2a+1$

最小値：$-a^2$

このときの最小値は
$x=-1$ のときとも言えるし、
頂点が最小値とも言える

こっちの話とも言える

こっちの話とも言える

だったら、どっちかにまとめよう

$a=-1$ 境界　　$a=1$ 境界

(i) $a\leqq -1$　　(ii) $-1<a\leqq 1$　　(iii) $1<a$

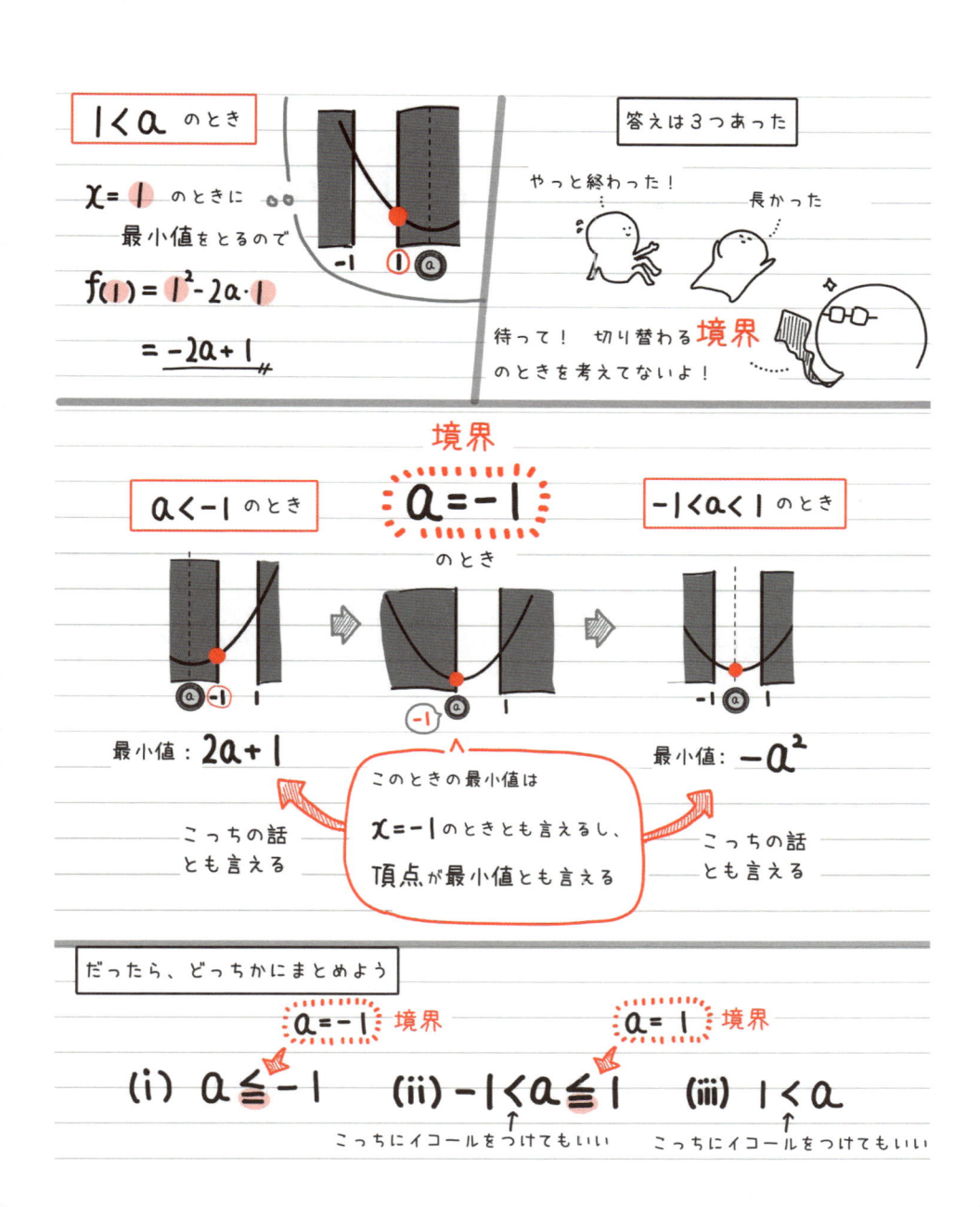

こっちにイコールをつけてもいい　　こっちにイコールをつけてもいい

これはダメ

(i) $a<-1$　(ii) $-1<a<1$　(iii) $1<a$

そっか、漏れがないようにしないといけないんだね

そういうこと！

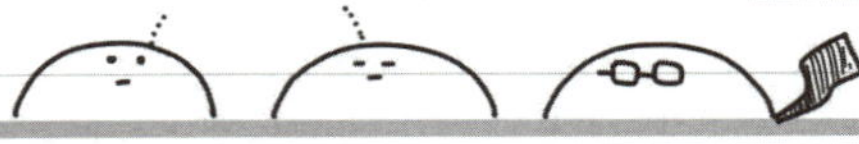

改めて解答をかこう

$f(x)=x^2-2ax$ について

$-1\leqq x\leqq 1$ における最小値を求めよ。

$$f(x)=(x-a)^2-a^2$$

(i) $a\leqq -1$ のとき

$x=-1$ のときに最小値をとるので

$$f(-1)=(-1)^2-2a(-1)$$

$$=\underline{2a+1}_{//}$$

(ii) $-1<a\leqq 1$ のとき

頂点が最小値、つまり

$x=a$ のときに最小値をとるので

$$f(a)=\underline{-a^2}_{//}$$

(iii) $-1<a$ のとき

$x=1$ のときに最小値をとるので

$$f(1)=1^2-2a\cdot 1$$

$$=\underline{-2a+1}_{//}$$

もう無理

お疲れさま！

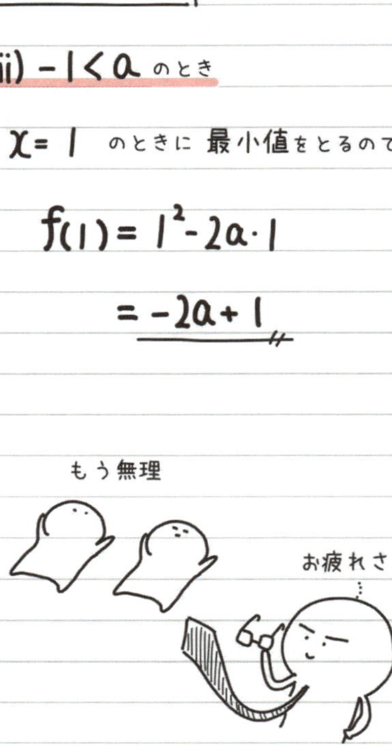

1分でわかる!

さあ総まとめ！
2次関数の応用②

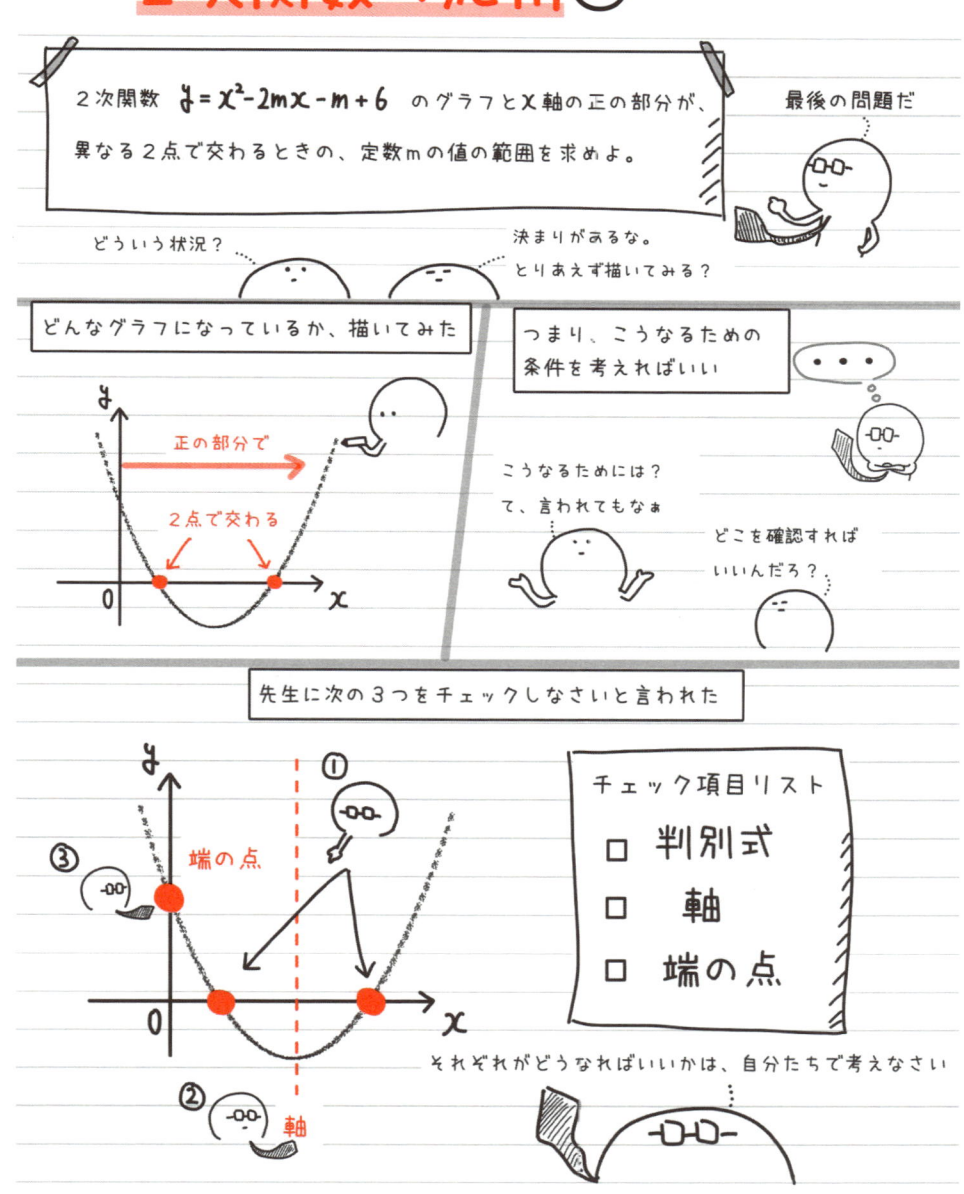

2次関数 $y=x^2-2mx-m+6$ のグラフとx軸の正の部分が、異なる2点で交わるときの、定数mの値の範囲を求めよ。

最後の問題だ

どういう状況？

決まりがあるな。
とりあえず描いてみる？

どんなグラフになっているか、描いてみた

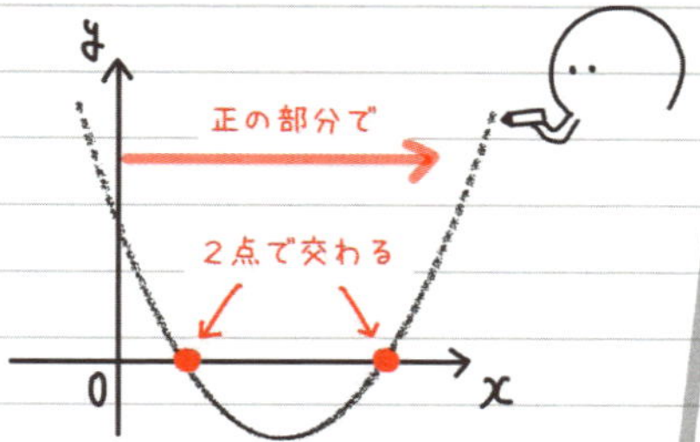

つまり、こうなるための条件を考えればいい

・・・

こうなるためには？
て、言われてもなぁ

どこを確認すれば
いいんだろ？

先生に次の3つをチェックしなさいと言われた

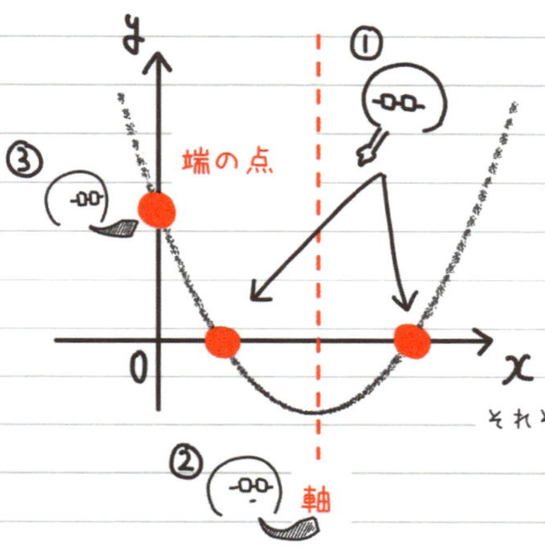

チェック項目リスト

- □ 判別式
- □ 軸
- □ 端の点

それぞれがどうなればいいかは、自分たちで考えなさい

□ 判別式

2点で交わる　ってことは？

$\rightarrow D>0$

$x^2-2mx-m+6=0$

の判別式をDとする

$D=(-2m)^2-4\cdot1\cdot(-m+6)$

$=4m^2+4m-24>0$

$m^2+m-6>0$

$(m+3)(m-2)>0$

$m<-3,\ 2<m$

□ 軸

$y=x^2-2mx-m+6$

$=(x-m)^2-m^2-m+6$

軸：$x=m$

軸はy軸より右側に
ないといけないよね？

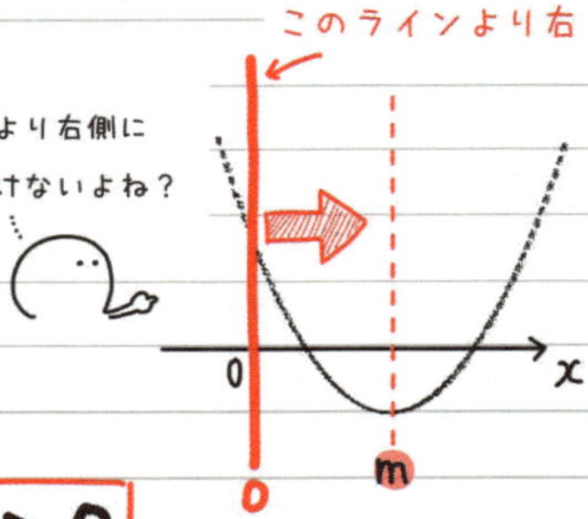

$m>0$

□ 端の点

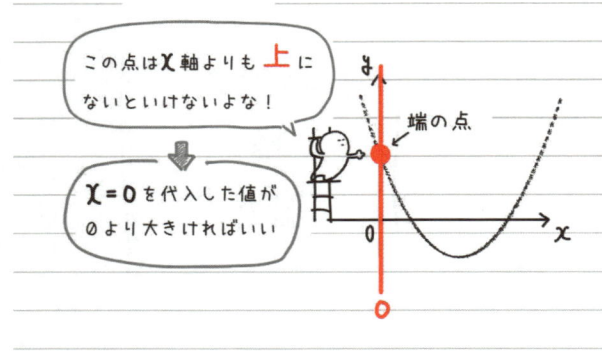

この点はx軸よりも上に
ないといけないよな！

$x=0$を代入した値が
0より大きければいい

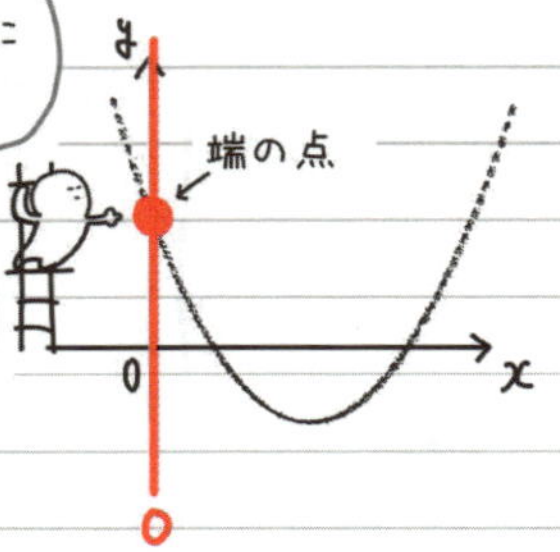

$y=x^2-2mx-m+6$

$x=0$ 代入すると

$y=-m+6$

これが0より大きければいい

$-m+6>0$

$m<6$

3つの範囲が出たけど？

この3つの条件を**同時**に満たさないといけないよね？
なら、求めた3つの範囲をどうすればいいかわかるでしょ？

チェック項目リスト
- ☑ 判別式
- ☑ 軸
- ☑ 端の点

この3つの範囲の**共通範囲**だ！

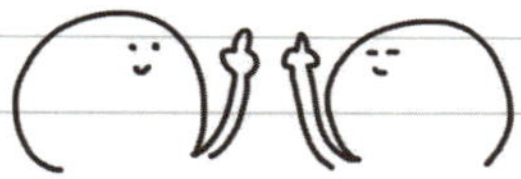

$m<-3,\ 2<m$ ——①
$m>0$ ——②
$m<6$ ——③

この3つの範囲の重なったところは？

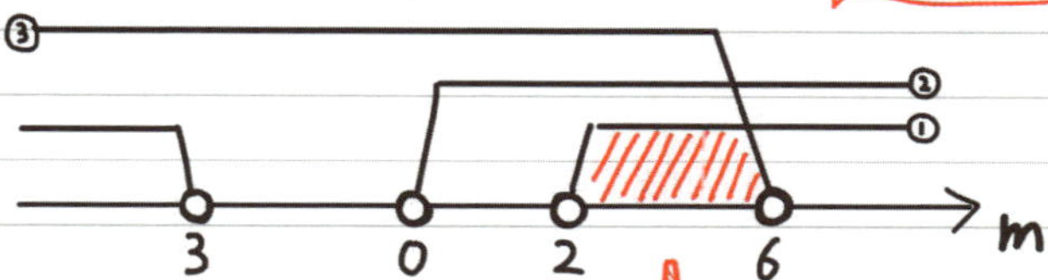

$2<m<6$ //

これも、しんどいわ

成長したな！

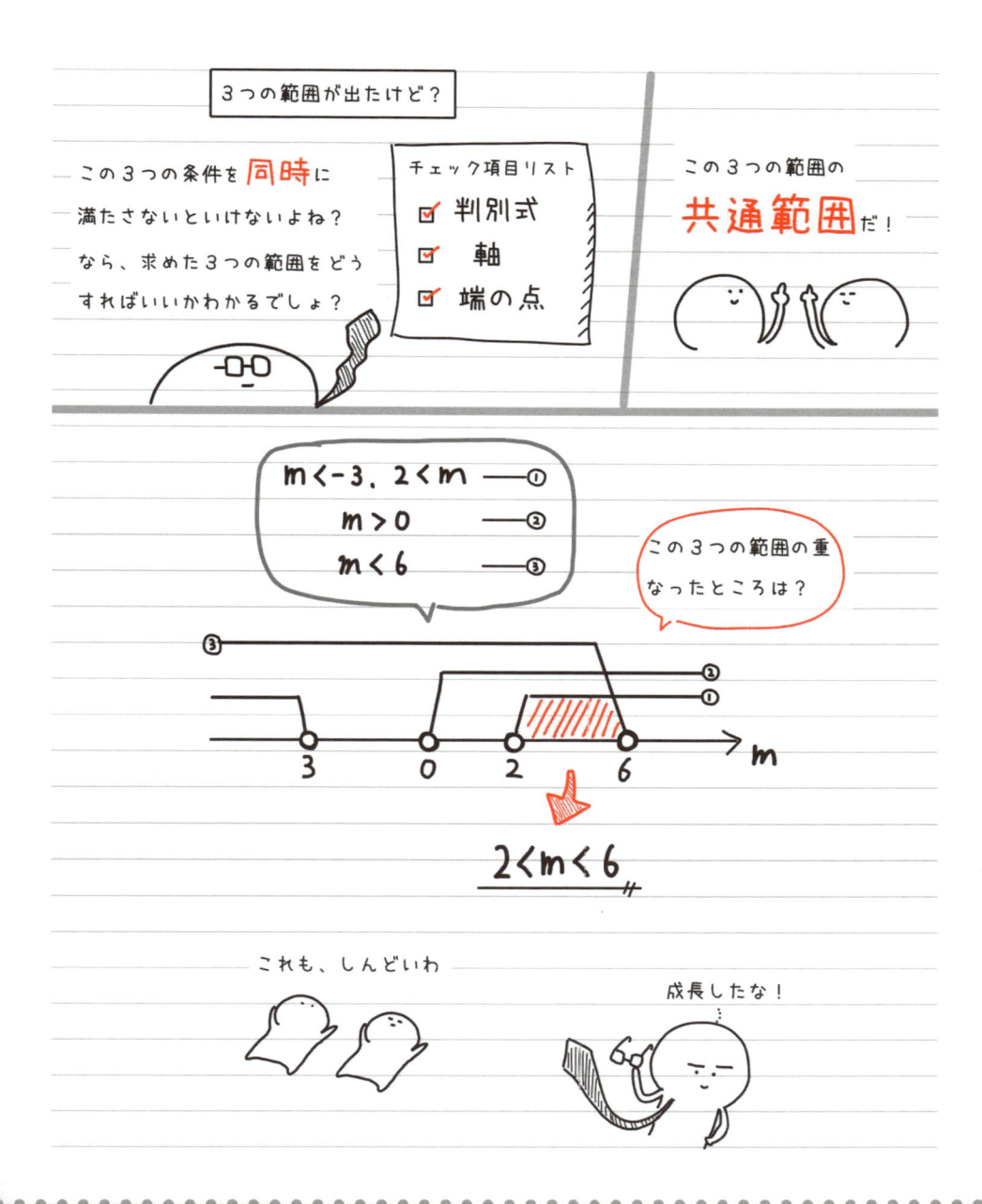

練習問題

答え P301

問題1）次の各問いに答えよう！

(1) 関数 $y=7x^2$ を x 軸方向に＋5、y 軸方向に−3平行移動したとき、その関数の式を求めよ。

(2) 2次関数 $y=5(x-1)^2+2$ の頂点を求め、グラフを描こう。

(3) 2次関数 $y=-3x^2+6x-1$ の頂点と軸を求めよ。

(4) 2次関数 $y=(x+3)^2+2$ $(-4\leqq x\leqq 0)$ の最大値、最小値を求めよ。

問題2）次のような2次関数を求めよう！

(1) 頂点が $(4,-2)$ で、点 $(3,0)$ を通る。

(2) 3点 $(3,-2)$, $(-1,-10)$, $(0,-5)$ を通る。

問題3）次の各問いに答えよう！

(1) 2次方程式 $x^2-4x+4=0$ の実数解の個数を求めよ。

(2) 2次関数 $y=x^2+5x+k$ のグラフが x 軸との共有点を持たないような定数 k の値の範囲を求めよ。

問題4）次の不等式を解こう！

(1) $x^2-7x+12\leqq 0$　(2) $2x^2-3x+4>0$

(3) $x^2+8x+16\leqq 0$　(4) $4x^2-4x+1>0$

問題5）関数 $f(x)=x^2-6ax+3$ について $0\leqq x\leqq 6$ における最小値を求めよう！

5分でわかる! 三角比はもう怖くない

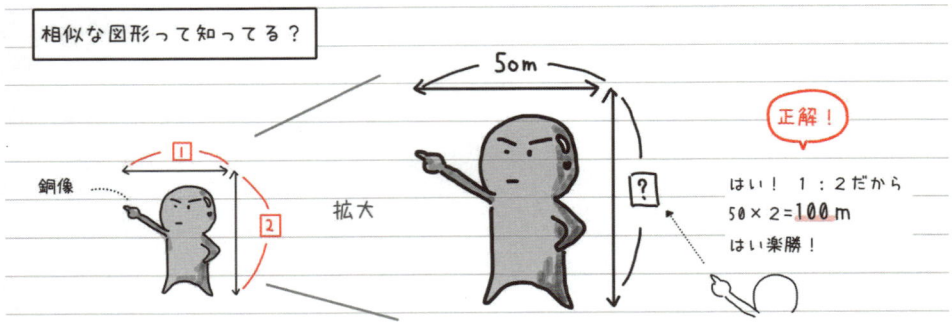

相似な図形って知ってる?

形がまったく同じで大きさだけが違う図形のことだよね。比が同じだから大きさが変わっても、長さを求めれちゃうんだよね。さて、直角三角形の相似について考えるよ。

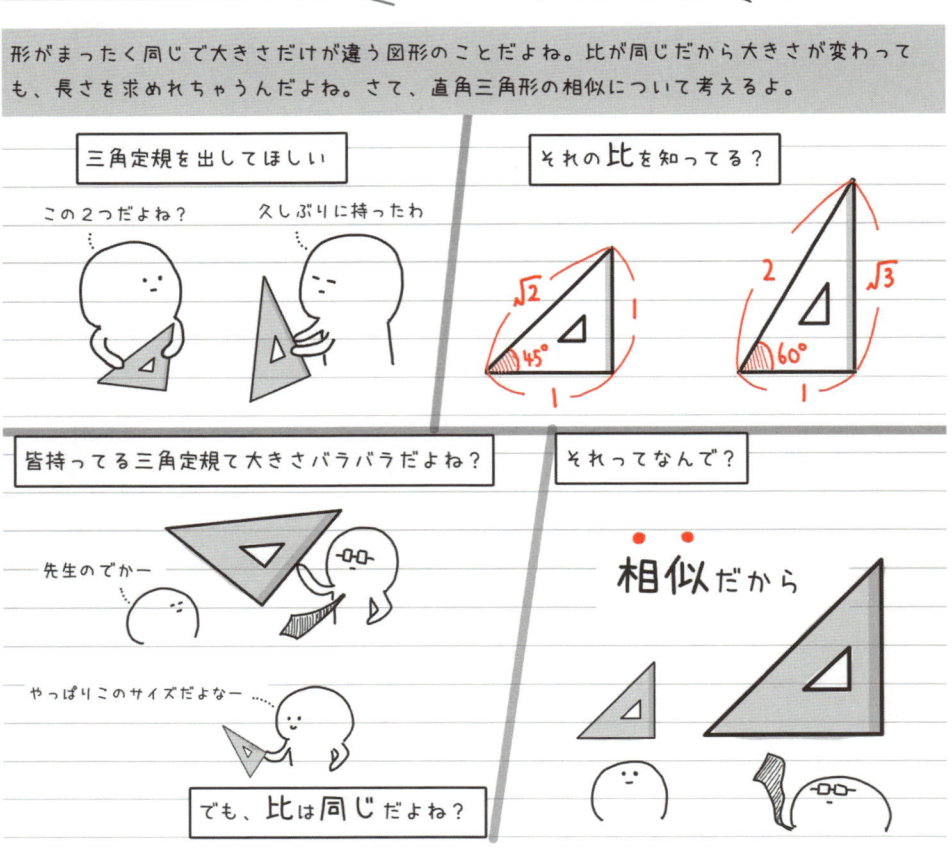

三角定規を出してほしい

この2つだよね?
久しぶりに持ったわ

それの比を知ってる?

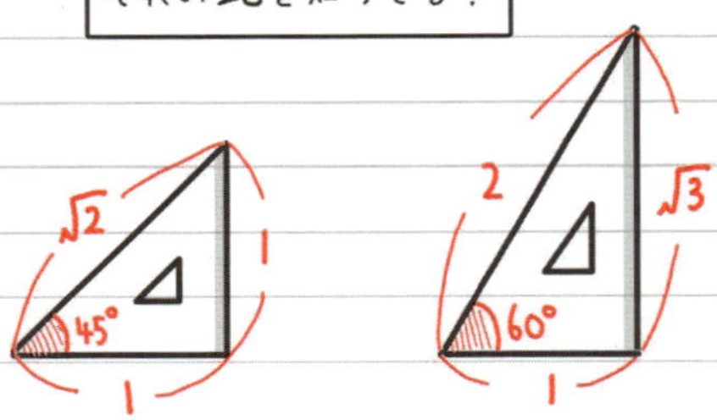

皆持ってる三角定規て大きさバラバラだよね?

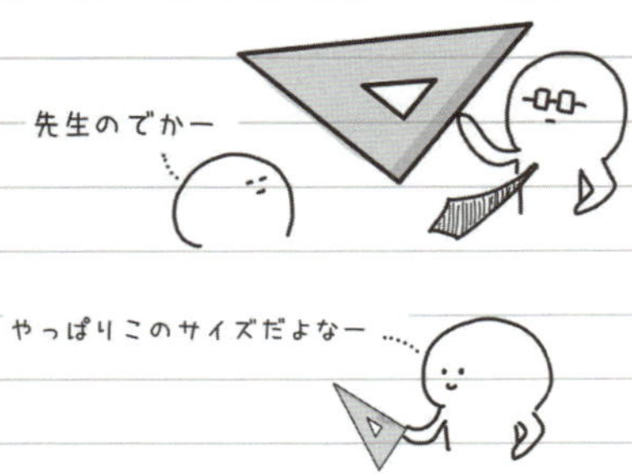

先生のでかー
やっぱりこのサイズだよなー

でも、比は同じだよね?

それってなんで?

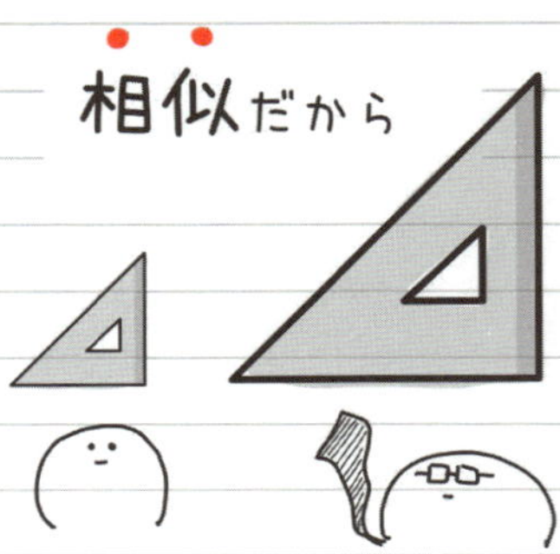

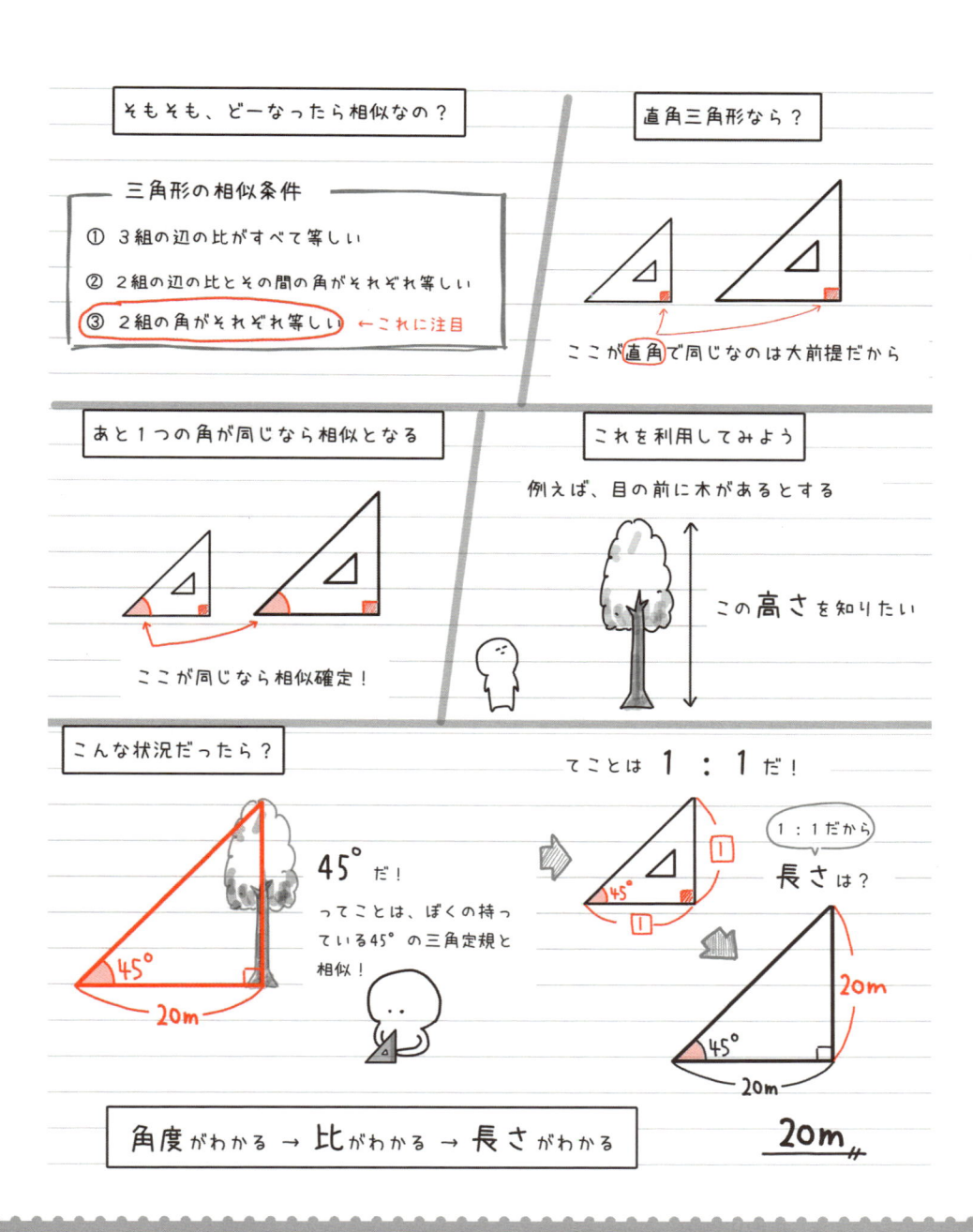

そもそも、どーなったら相似なの？

三角形の相似条件

① 3組の辺の比がすべて等しい

② 2組の辺の比とその間の角がそれぞれ等しい

③ 2組の角がそれぞれ等しい ←これに注目

直角三角形なら？

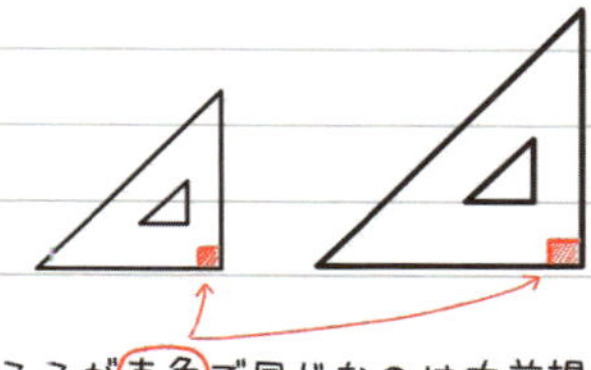

ここが直角で同じなのは大前提だから

あと1つの角が同じなら相似となる

ここが同じなら相似確定！

これを利用してみよう

例えば、目の前に木があるとする

こんな状況だったら？

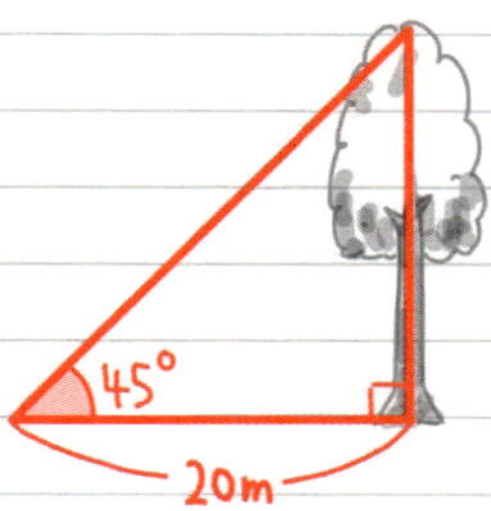

45°だ！

ってことは、ぼくの持っている45°の三角定規と相似！

てことは 1：1 だ！

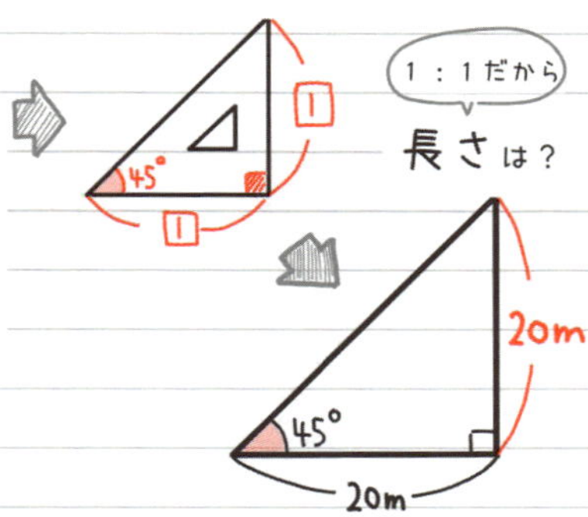

20m

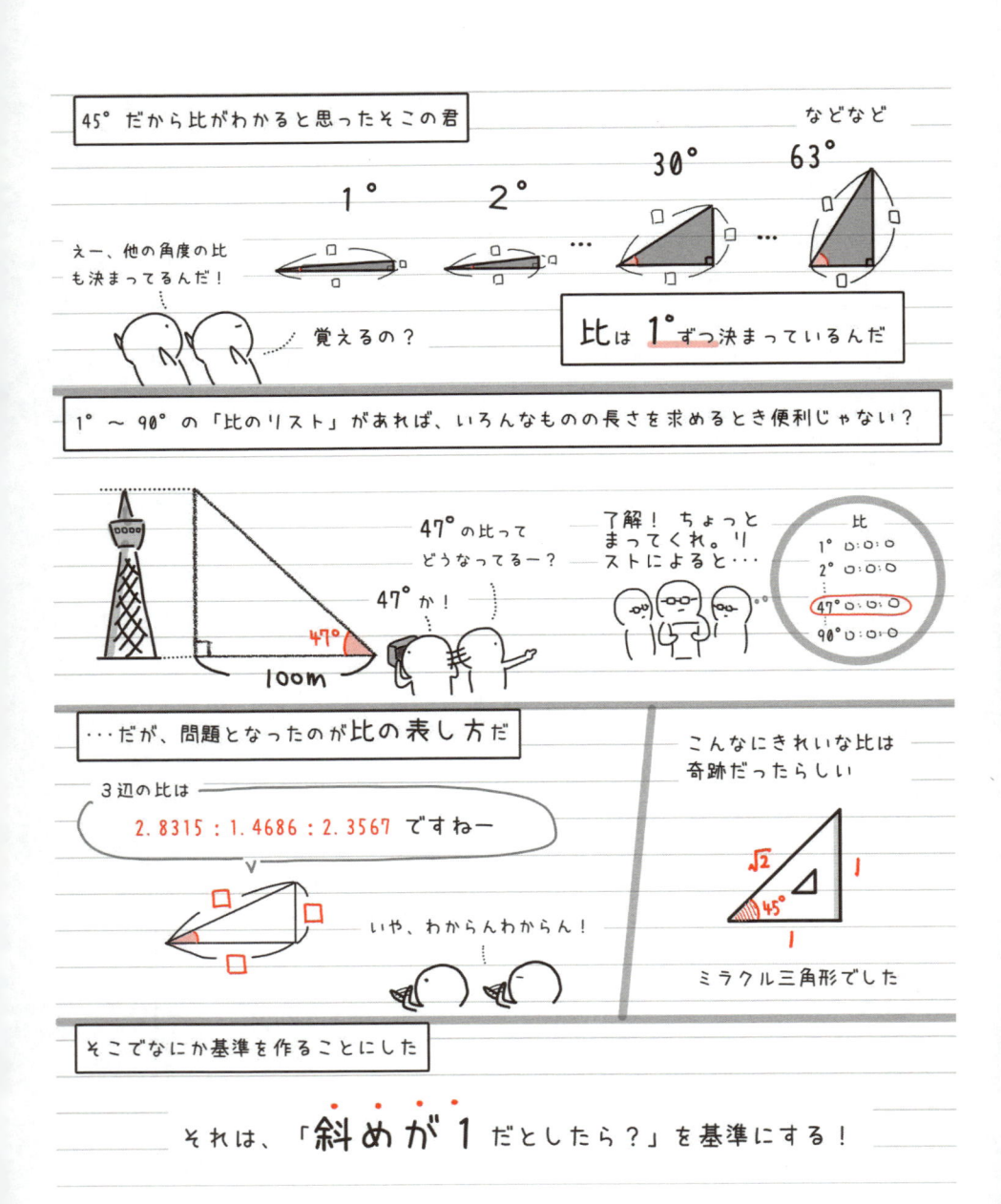

角度がわかる → **比**がわかる → **長さ**がわかる

45° だから比がわかると思ったそこの君

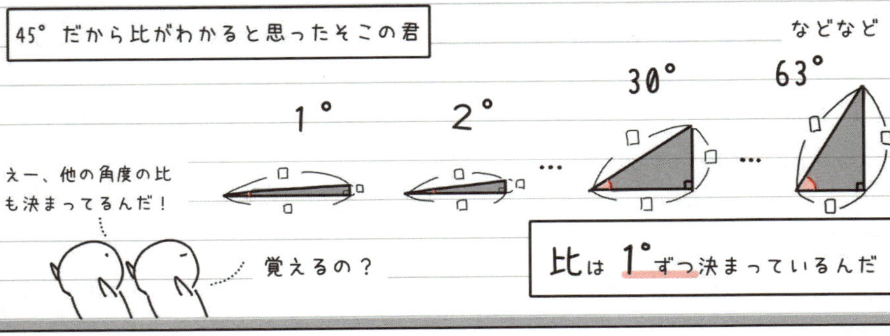

比は1°ずつ決まっているんだ

1°～90°の「比のリスト」があれば、いろんなものの長さを求めるとき便利じゃない？

47°
100m
47°の比ってどうなってるー？
47°か！
了解！ ちょっとまってくれ。リストによると…
比
1°
2°
47°
90°

…だが、問題となったのが比の表し方だ

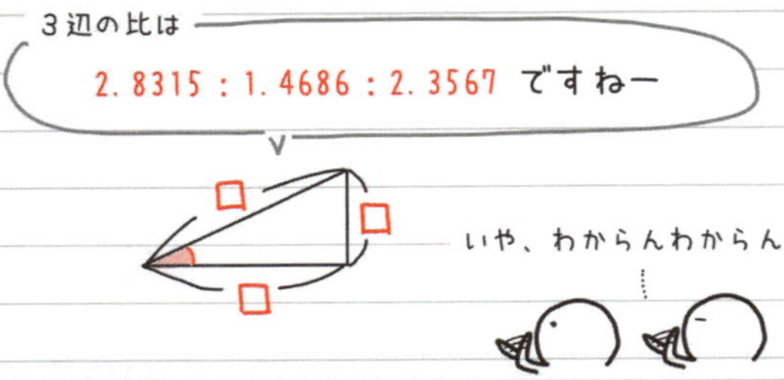

こんなにきれいな比は奇跡だったらしい

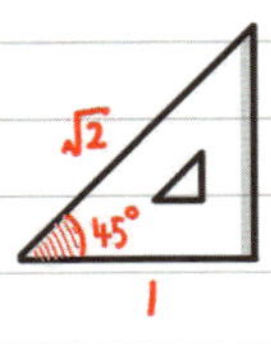

ミラクル三角形でした

そこでなにか基準を作ることにした

それは、「斜めが1だとしたら？」を基準にする！

基準を1にそろえたほうがわかりやすいよね？

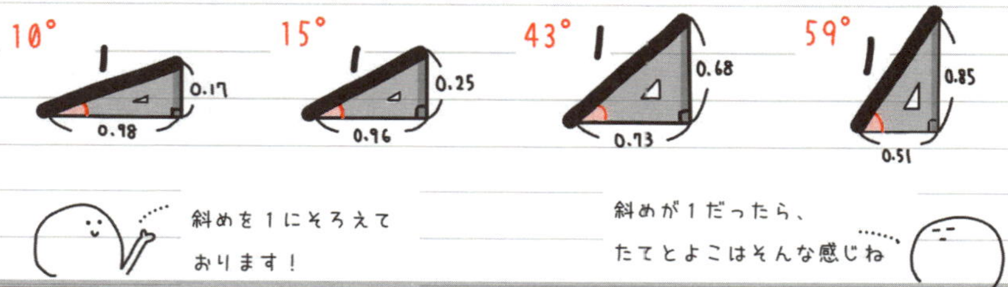

例えば・・・

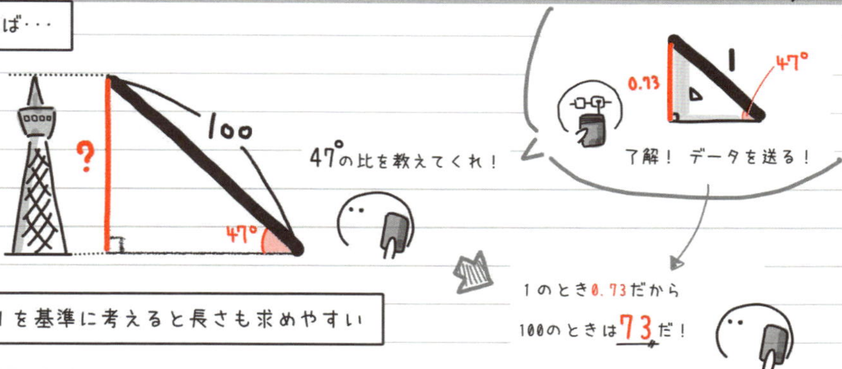

?
100
47°
47°の比を教えてくれ！
0.73
1
47°
了解！ データを送る！
1のとき0.73だから
100のときは73だ！

1を基準に考えると長さも求めやすい

そこで、1を基準にした「たて」と「よこ」に名前をつけることにした

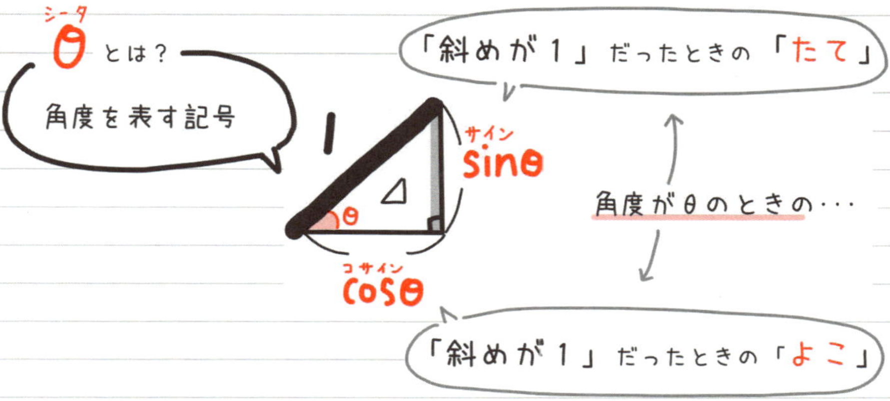

ついでに**よこが１**のときの**たて**を考えると
三角形の傾き具合がイメージしやすいので・・・

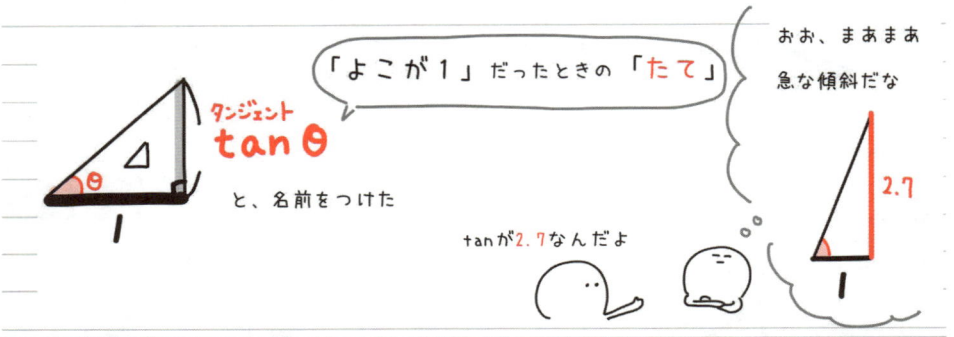

「よこが１」だったときの「たて」

と、名前をつけた

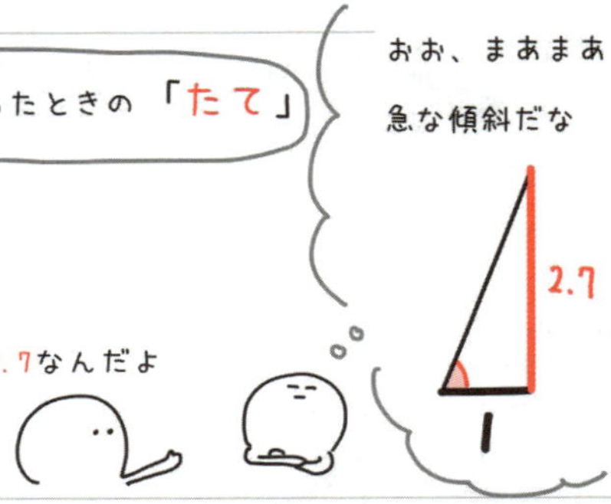

こうして直角三角形の比を表す指標ができあがった

この子たちを**三角比**と言う

そして、1°～90°までの「比のリスト」ができあがった

θ	sinθ	cosθ	tanθ
0°	0.00	1.00	0.00
1°	0.02	0.99	0.02
2°	0.03	0.99	0.03
⋮	⋮	⋮	⋮
68°	0.93	0.37	2.48
⋮	⋮	⋮	⋮

これを使っていこう

データ班

データ班による三角比の表

角度	sin θ	cos θ	tan θ
0	0.0000	1.0000	0.0000
1	0.0175	0.9998	0.0175
2	0.0349	0.9994	0.0349
3	0.0523	0.9986	0.0524
4	0.0698	0.9976	0.0699
5	0.0872	0.9962	0.0875
6	0.1045	0.9945	0.1051
7	0.1219	0.9925	0.1228
8	0.1392	0.9903	0.1405
9	0.1564	0.9877	0.1584
10	0.1737	0.9848	0.1763
11	0.1908	0.9816	0.1944
12	0.2079	0.9781	0.2126
13	0.2250	0.9744	0.2309
14	0.2419	0.9703	0.2493
15	0.2588	0.9659	0.2679
16	0.2756	0.9613	0.2867
17	0.2924	0.9563	0.3057
18	0.3090	0.9511	0.3249
19	0.3256	0.9455	0.3443
20	0.3420	0.9397	0.3640
21	0.3584	0.9336	0.3839
22	0.3746	0.9272	0.4040
23	0.3907	0.9205	0.4245
24	0.4067	0.9135	0.4452
25	0.4226	0.9063	0.4663
26	0.4384	0.8988	0.4877
27	0.4540	0.8910	0.5095
28	0.4695	0.8829	0.5317
29	0.4848	0.8746	0.5543
30	0.5000	0.8660	0.5774
31	0.5150	0.8572	0.6009
32	0.5299	0.8480	0.6249
33	0.5446	0.8387	0.6494
34	0.5592	0.8290	0.6745
35	0.5736	0.8191	0.7002
36	0.5878	0.8090	0.7265
37	0.6018	0.7986	0.7536
38	0.6157	0.7880	0.7813
39	0.6293	0.7771	0.8098
40	0.6428	0.7660	0.8391
41	0.6561	0.7547	0.8693
42	0.6691	0.7431	0.9004
43	0.6820	0.7314	0.9325
44	0.6947	0.7193	0.9657
45	0.7071	0.7071	1.0000

角度	sin θ	cos θ	tan θ
45	0.7071	0.7071	1.0000
46	0.7193	0.6947	1.0355
47	0.7314	0.6820	1.0724
48	0.7431	0.6691	1.1106
49	0.7547	0.6561	1.1504
50	0.7660	0.6428	1.1917
51	0.7771	0.6293	1.2349
52	0.7880	0.6156	1.2800
53	0.7986	0.6018	1.3270
54	0.8090	0.5878	1.3764
55	0.8192	0.5736	1.4281
56	0.8290	0.5592	1.4825
57	0.8387	0.5446	1.5399
58	0.8480	0.5299	1.6003
59	0.8572	0.5150	1.6643
60	0.8660	0.5000	1.7321
61	0.8746	0.4848	1.8040
62	0.8829	0.4695	1.8807
63	0.8910	0.4540	1.9626
64	0.8988	0.4384	2.0503
65	0.9063	0.4226	2.1447
66	0.9135	0.4067	2.2461
67	0.9205	0.3907	2.3560
68	0.9272	0.3746	2.4751
69	0.9336	0.3584	2.6051
70	0.9397	0.3420	2.7475
71	0.9455	0.3256	2.9042
72	0.9511	0.3090	3.0777
73	0.9563	0.2924	3.2710
74	0.9613	0.2756	3.4874
75	0.9659	0.2588	3.7321
76	0.9703	0.2419	4.0108
77	0.9744	0.2250	4.3314
78	0.9781	0.2079	4.7047
79	0.9816	0.1908	5.1446
80	0.9848	0.1737	5.6712
81	0.9877	0.1564	6.3139
82	0.9903	0.1392	7.1154
83	0.9925	0.1219	8.1441
84	0.9945	0.1045	9.5147
85	0.9962	0.0872	11.4301
86	0.9976	0.0698	14.3000
87	0.9986	0.0523	19.0824
88	0.9994	0.0349	28.6365
89	0.9998	0.0175	57.2800
90	1.0000	0.0000	−

3分でわかる!

sinθ, cosθ, tanθを求めるけど簡単だよ

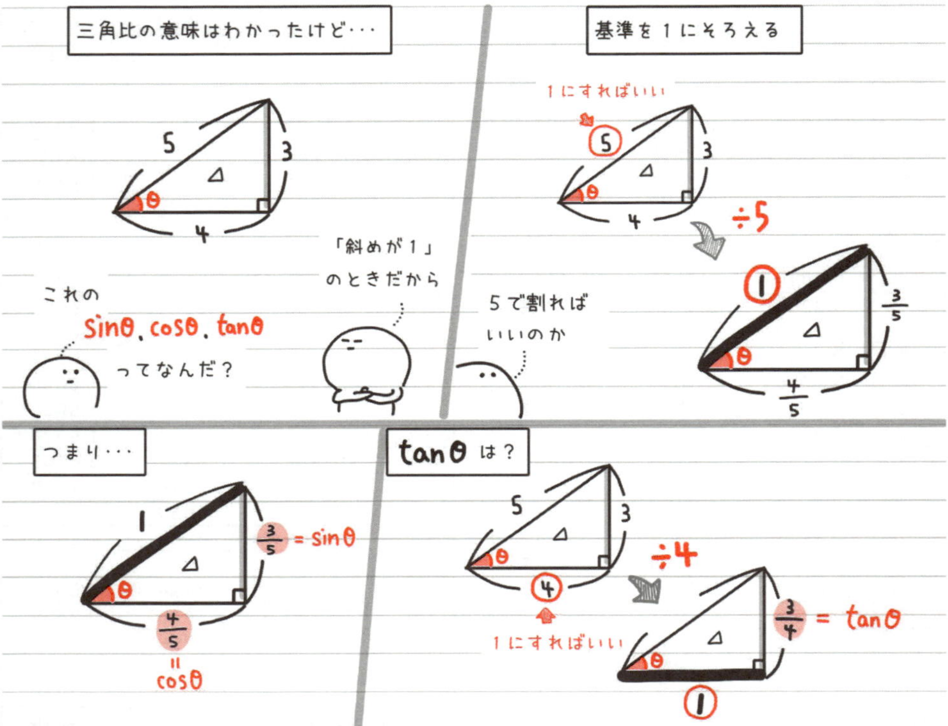

さて、いちいち「基準を1」にそろえる作業はめんどいよね?
今の計算式をよーく見てほしい。結果だけみると決まった計算式になっているんだ。

今の結果をまとめると

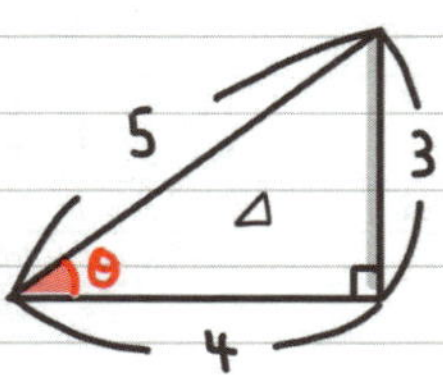

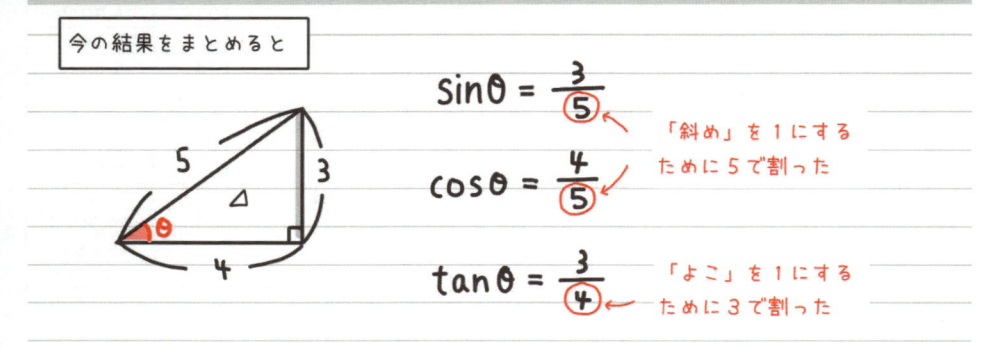

$$\sin\theta = \frac{3}{5}$$

$$\cos\theta = \frac{4}{5}$$

「斜め」を1にするために5で割った

$$\tan\theta = \frac{3}{4}$$

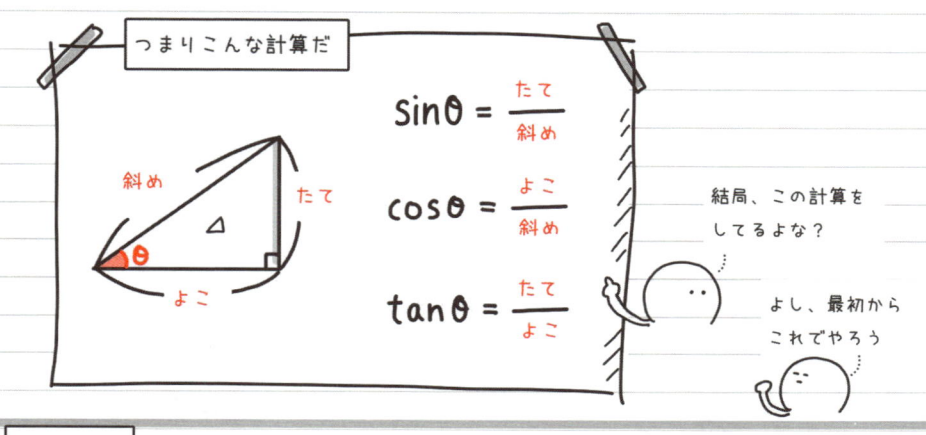

「よこ」を1にするために3で割った

つまりこんな計算だ

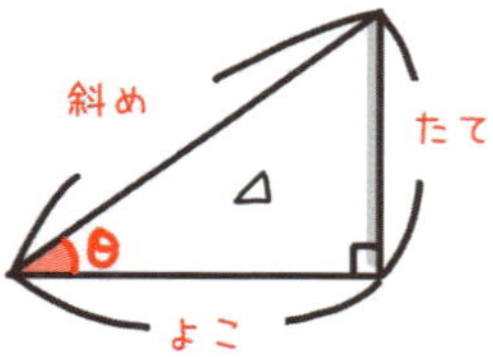

$$\sin\theta = \frac{たて}{斜め}$$

$$\cos\theta = \frac{よこ}{斜め}$$

$$\tan\theta = \frac{たて}{よこ}$$

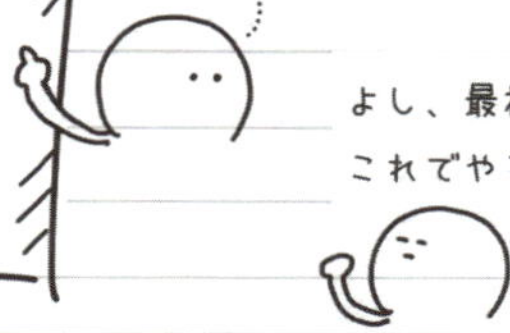

結局、この計算をしてるよな？
よし、最初からこれでやろう

覚え方は？

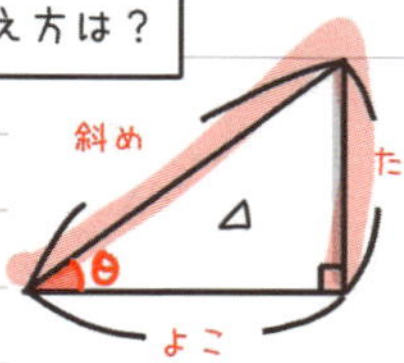

sinのs
sの筆記体

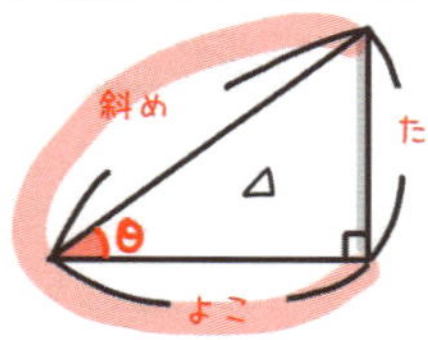

cosのc

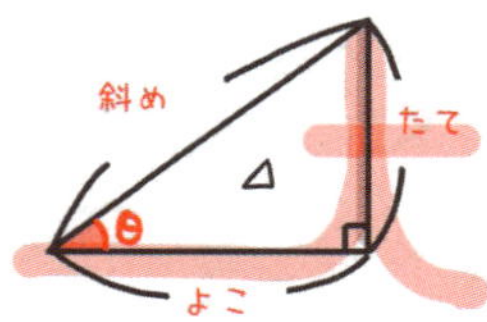

tanのt
tの筆記体

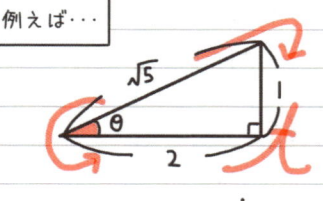

例えば…

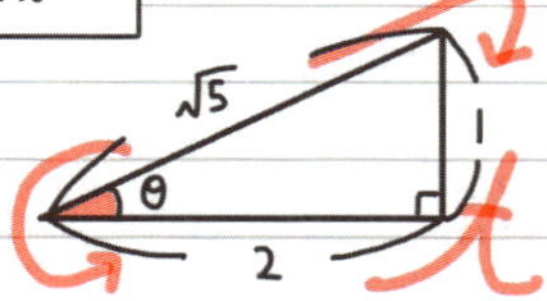

$$\sin\theta = \frac{1}{\sqrt{5}}$$

$$\cos\theta = \frac{2}{\sqrt{5}}$$

$$\tan\theta = \frac{1}{2}$$

この場合は？

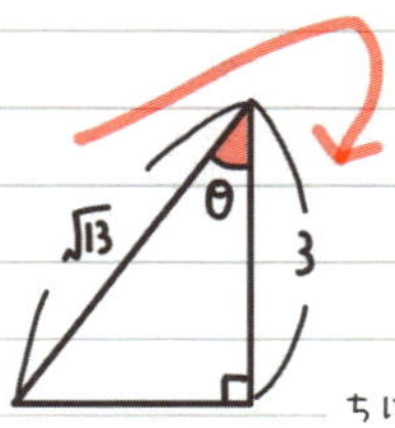

$$\sin\theta = \frac{3}{\sqrt{13}}$$ ✕

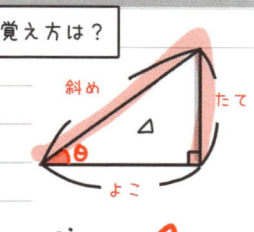

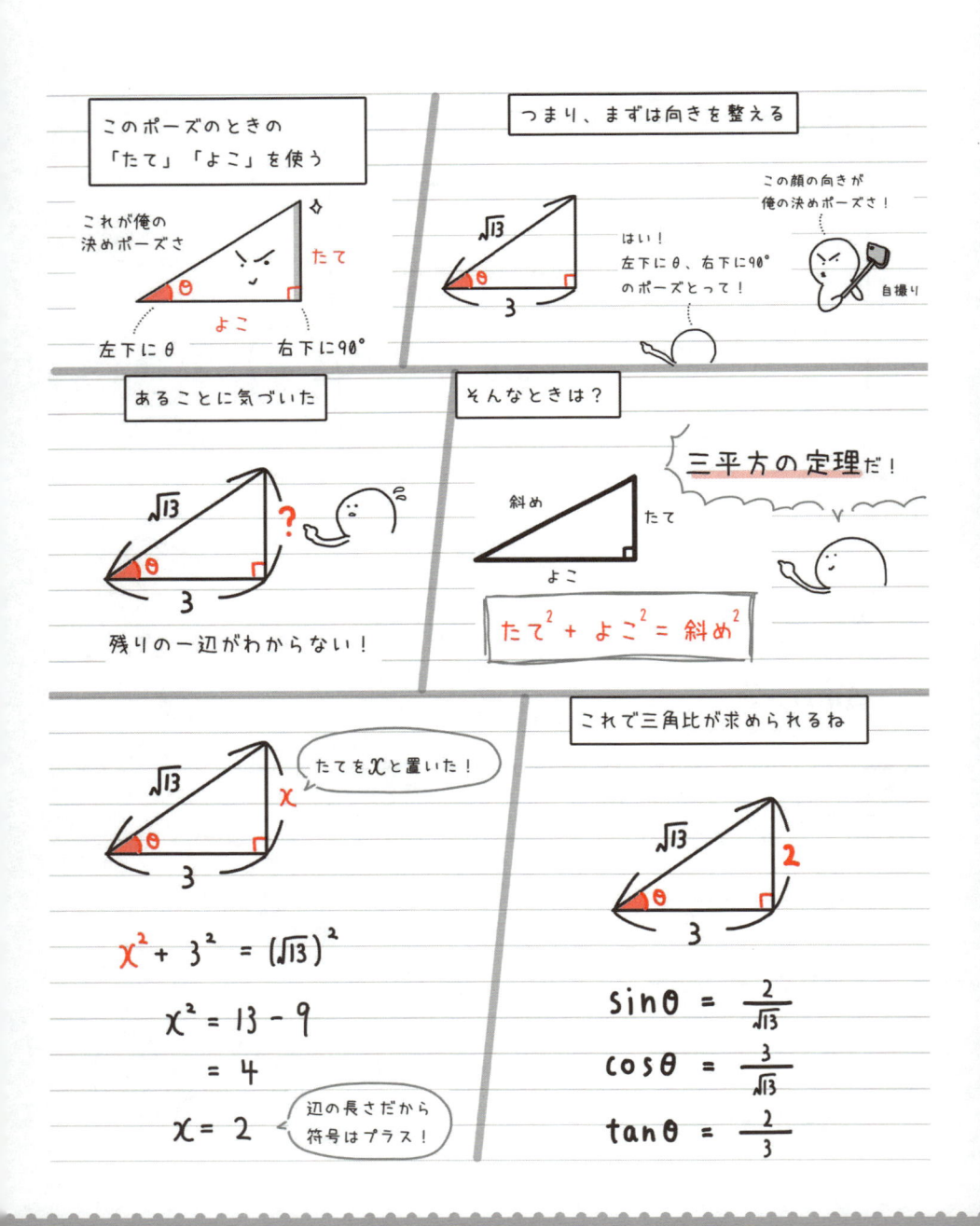

このポーズのときの
「たて」「よこ」を使う

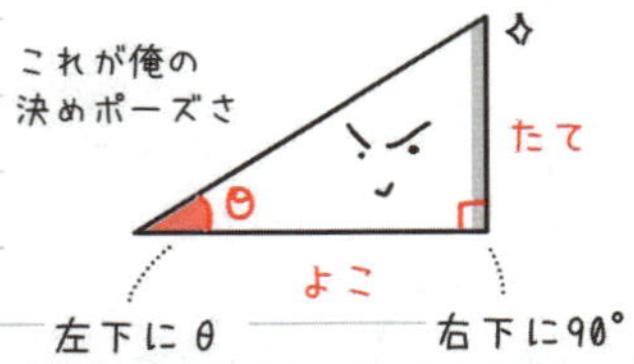

これが俺の
決めポーズさ
たて
θ
よこ
左下にθ
右下に90°

つまり、まずは向きを整える

√13
θ
3
はい！
左下にθ、右下に90°
のポーズとって！
この顔の向きが
俺の決めポーズさ！
自撮り

あることに気づいた

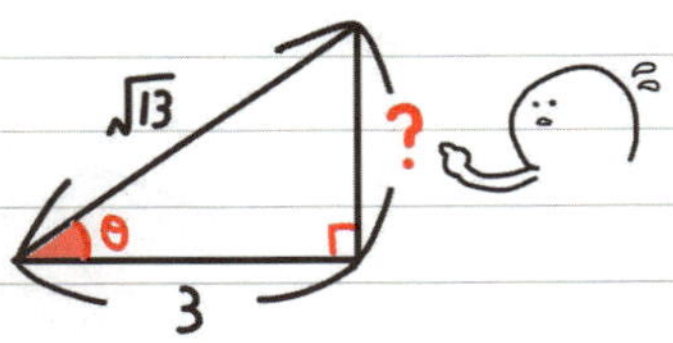

√13
?
θ
3

残りの一辺がわからない！

そんなときは？

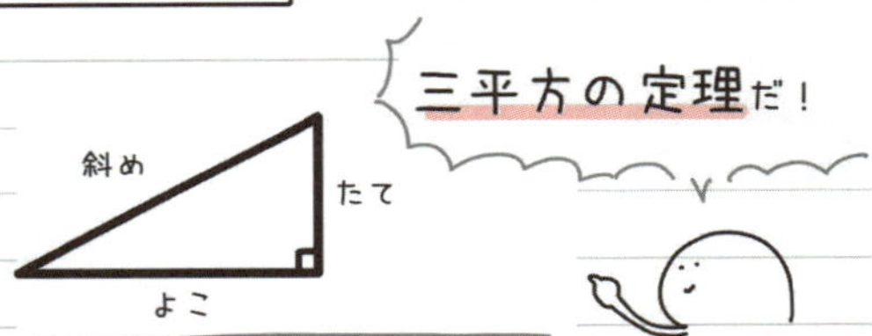

三平方の定理だ！
斜め
たて
よこ

$$たて^2 + よこ^2 = 斜め^2$$

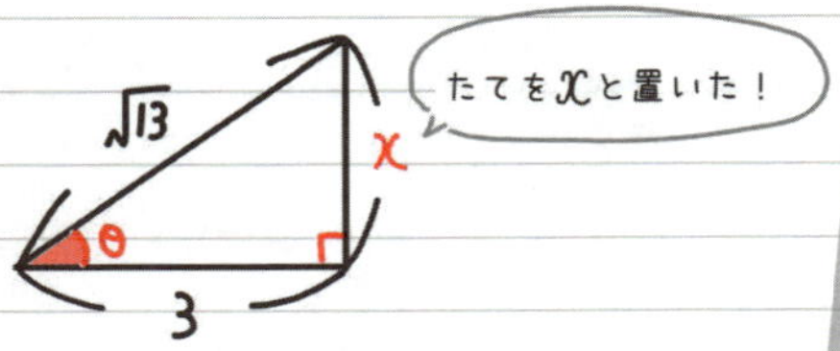

√13
x
θ
3
たてをxと置いた！

$$x^2 + 3^2 = (\sqrt{13})^2$$

$$x^2 = 13 - 9$$

$$= 4$$

$$x = 2$$

辺の長さだから
符号はプラス！

これで三角比が求められるね

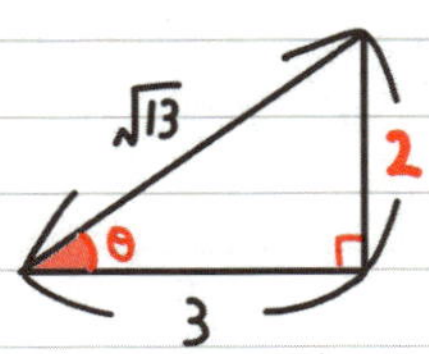

√13
2
θ
3

$$\sin\theta = \frac{2}{\sqrt{13}}$$

$$\cos\theta = \frac{3}{\sqrt{13}}$$

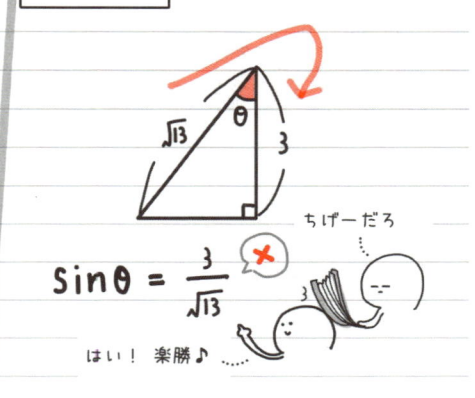

$$\tan\theta = \frac{2}{3}$$

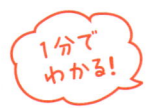

1分でわかる!

おさえておこう! 有名な角度の三角比

30°，45°，60° の三角比は？

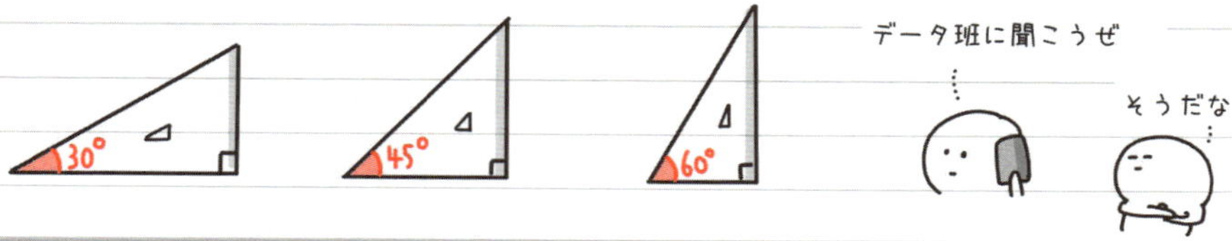

データ班からこんなことを言われた

θ	sinθ	cosθ	tanθ
⋮	⋮	⋮	⋮
45°	0.71	0.71	1.00
⋮	⋮	⋮	⋮
60°	0.87	0.50	1.73
⋮	⋮	⋮	⋮

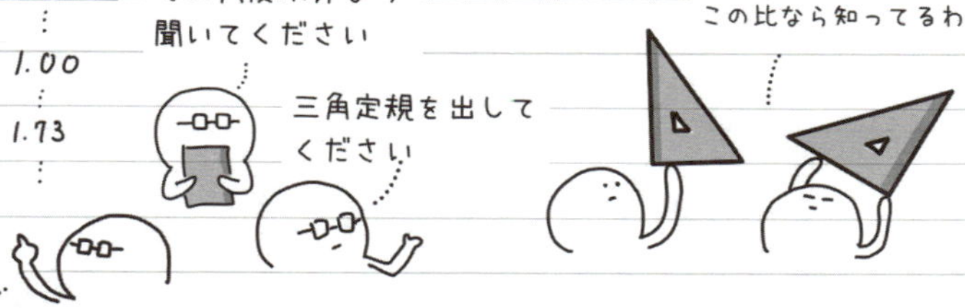

その角度以外なら
聞いてください
三角定規を出して
ください
そうか！
この比なら知ってるわ
データにもありますけど

この角度の比は有名だよね？ なら、自力で三角比を求めることができるよね？ 他の角度の三角比はデータ班に聞けばいいけど、30°，45°，60° は自力で求めるようにしよう。

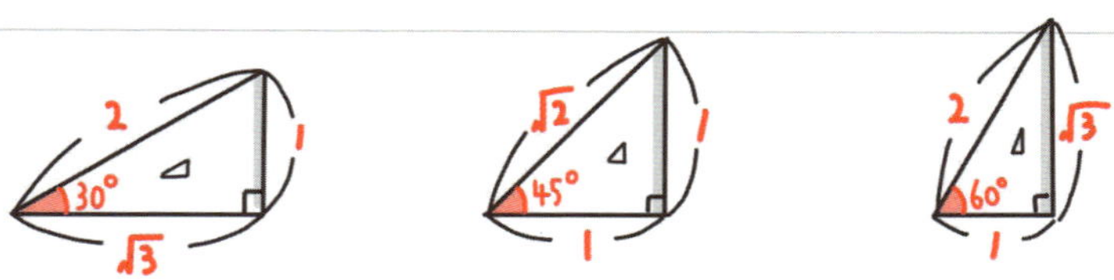

$\sin 30° = \frac{1}{2}$　　$\sin 45° = \frac{1}{\sqrt{2}}$　　$\sin 60° = \frac{\sqrt{3}}{2}$

$\cos 30° = \frac{\sqrt{3}}{2}$　　$\cos 45° = \frac{1}{\sqrt{2}}$　　$\cos 60° = \frac{1}{2}$

$\tan 30° = \frac{1}{\sqrt{3}}$　　$\tan 45° = \frac{1}{1} = 1$　　$\tan 60° = \frac{\sqrt{3}}{1} = \sqrt{3}$

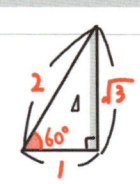

3分でわかる！

角度や長さを求めるけど意外と簡単

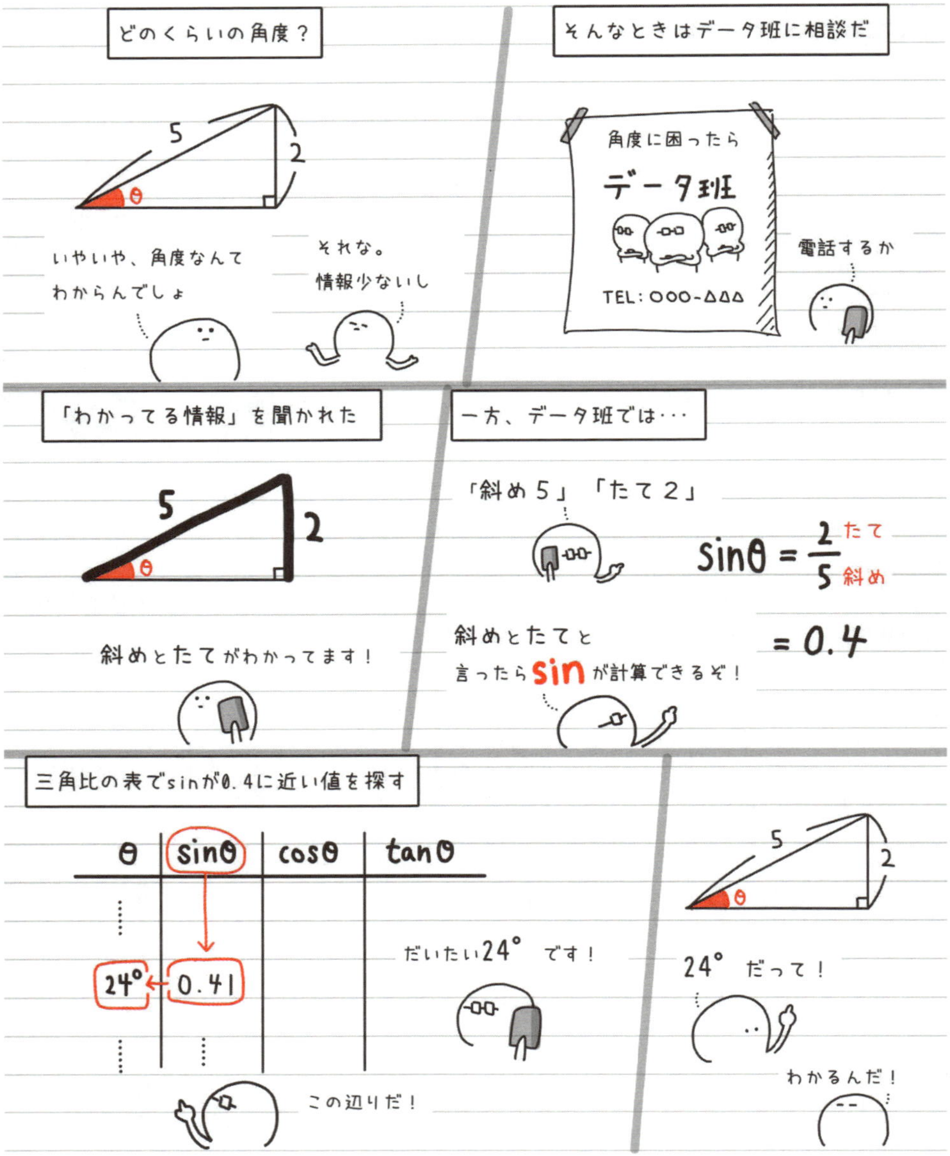

どのくらいの角度？
5
2
θ
いやいや、角度なんてわからんでしょ
それな。情報少ないし
そんなときはデータ班に相談だ
角度に困ったら
データ班
TEL：000-△△△
電話するか
「わかってる情報」を聞かれた
5
2
θ
斜めとたてがわかってます！
一方、データ班では･･･
「斜め５」「たて２」
sinθ = 2/5
たて
斜め
= 0.4
斜めとたてと言ったらsinが計算できるぞ！
三角比の表でsinが0.4に近い値を探す
θ
sinθ
cosθ
tanθ
24°
0.41
この辺りだ！
だいたい24°です！
5
2
θ
24°だって！
わかるんだ！

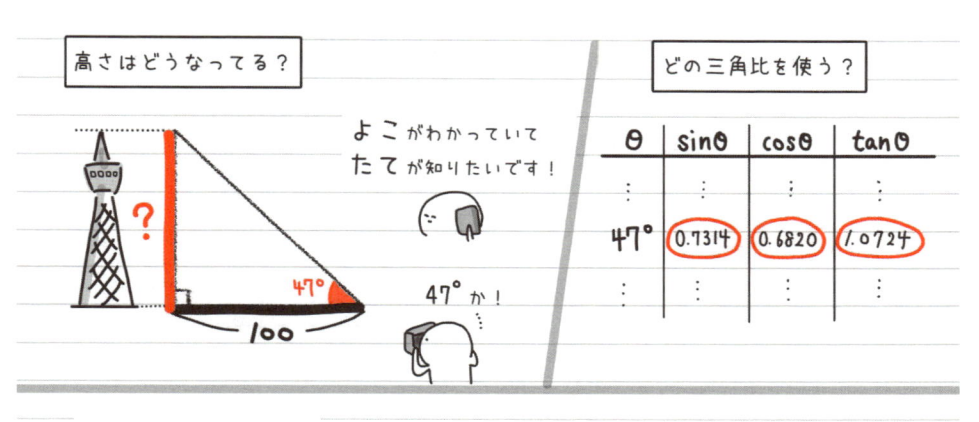

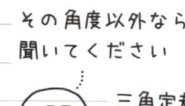

高さはどうなってる？

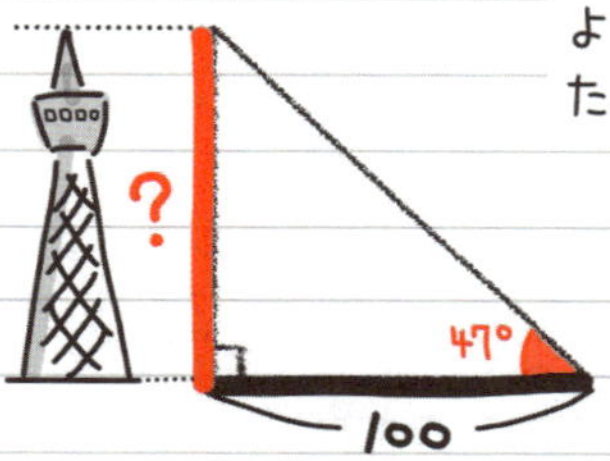

よこがわかっていて
たてが知りたいです！

47°か！

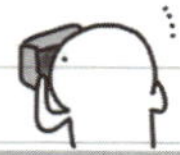

どの三角比を使う？

θ	sinθ	cosθ	tanθ
⋮	⋮	⋮	⋮
47°	0.7314	0.6820	1.0724
⋮	⋮	⋮	⋮

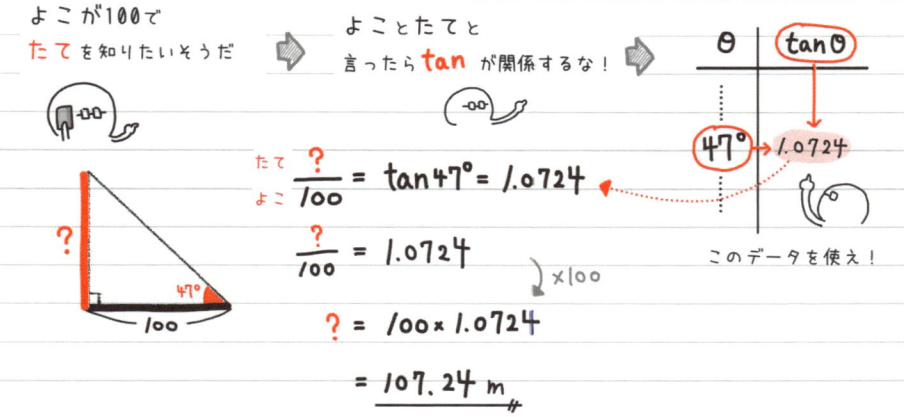

よこが100で
たてを知りたいそうだ

よことたてと
言ったらtanが関係するな！

θ	tanθ
⋮	
47°	1.0724
⋮	

このデータを使え！

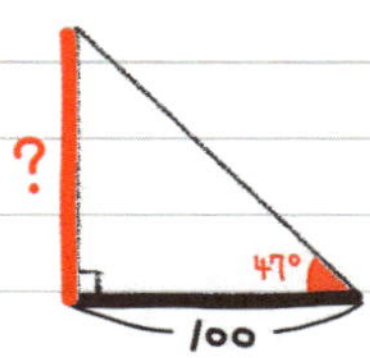

$$\frac{?\ (\text{たて})}{100\ (\text{よこ})} = \tan 47^\circ = 1.0724$$

$$\frac{?}{100} = 1.0724$$

×100

$$? = 100 \times 1.0724$$

$$= 107.24\ \text{m}$$

このように、今回は「tan」を使ったけど、状況に応じて「cos」「sin」を使うしかない場面もあるんだ。今「なにがわかっていて、なにが知りたいか？」を把握することが大事だぞ。

例えば

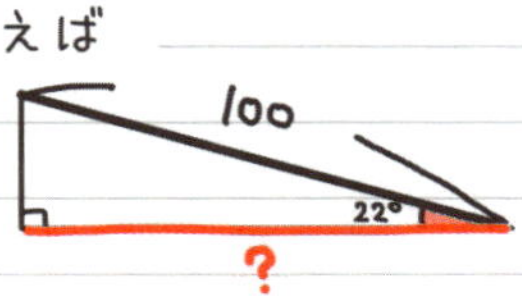

こちら現場！
斜めがわかってて
よこが知りたい！

了解！
cosのデータを送る！

問）木の高さを求めよ。

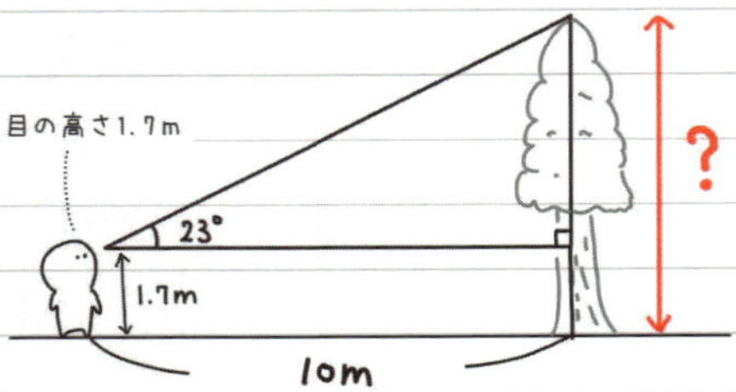

わからない部分はここ

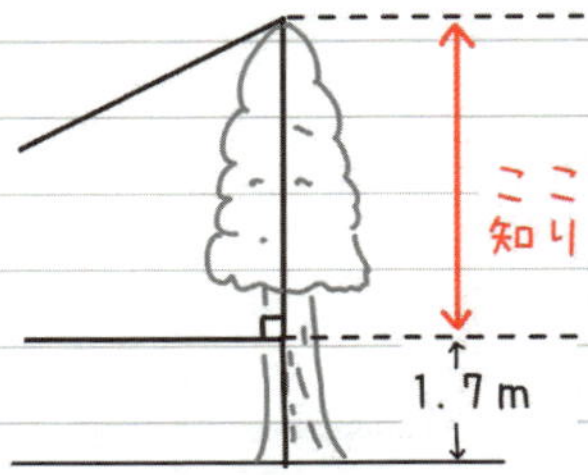

シンプルに描くとこんな状況

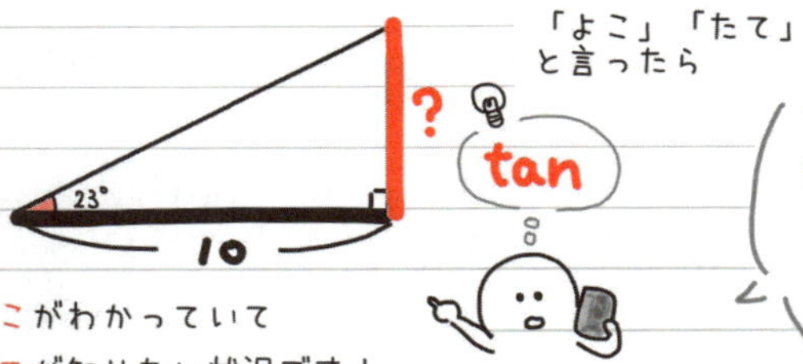

θ	sinθ	cosθ	tanθ
23°	0.3907	0.9205	0.4245

これを使う

よこがわかっていて
たてが知りたい状況です！

データをもとに長さを求める

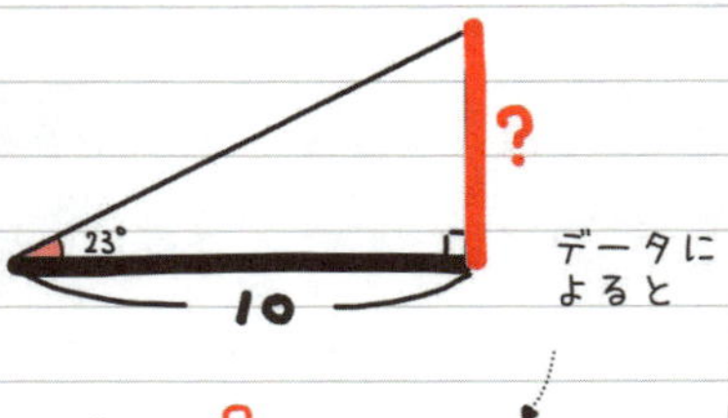

$$\tan 23^\circ = \frac{?}{10} = 0.4245$$

$$? = 10 \times 0.4245$$

$$= 4.245$$

木の高さは？

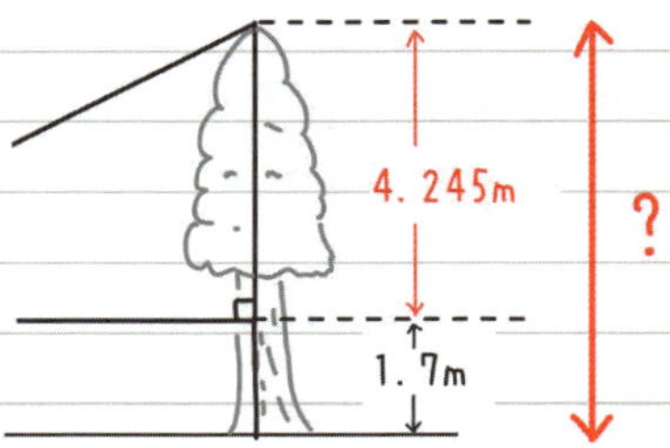

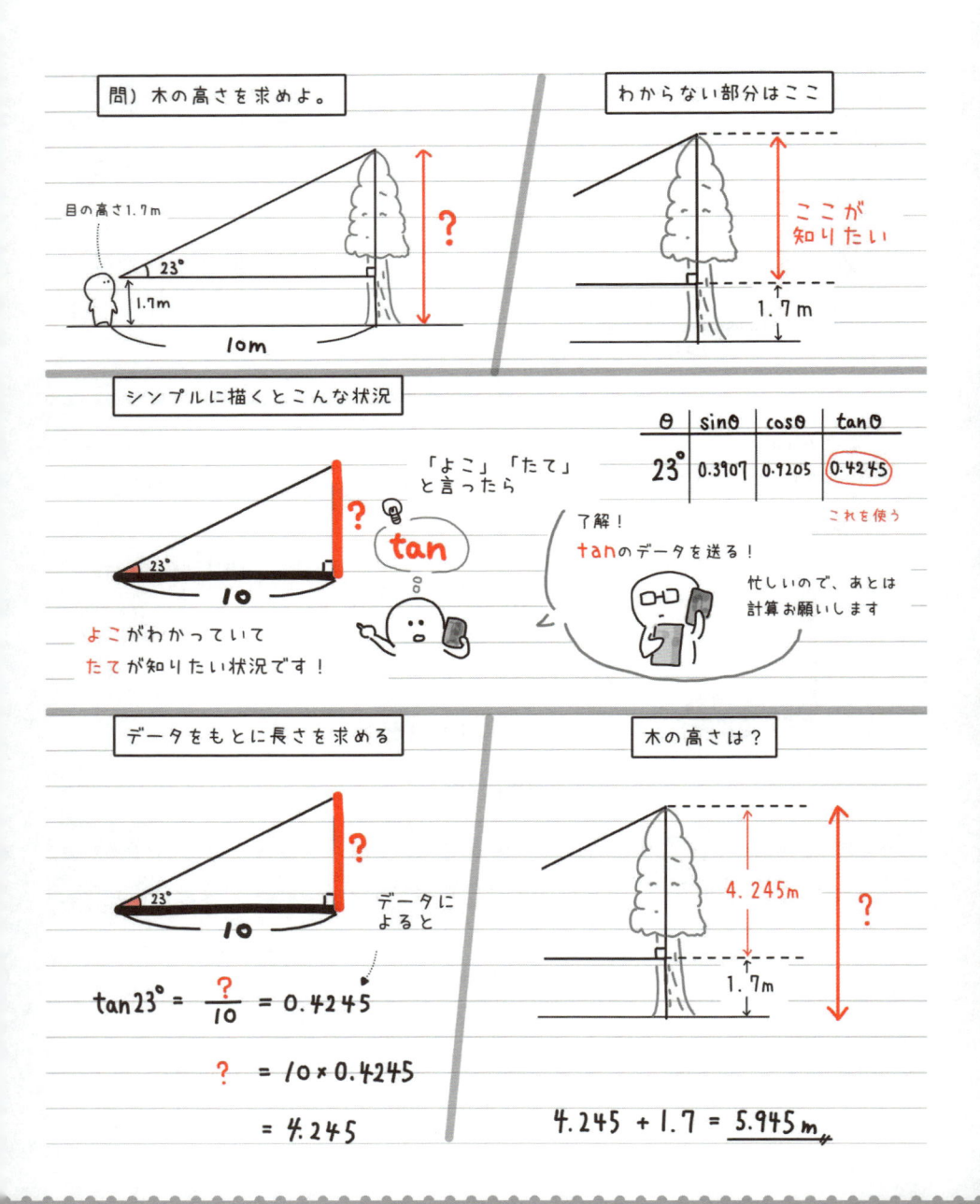

$$4.245 + 1.7 = \underline{5.945\text{m}}$$

3分でわかる！

1つわかれば他の三角比もわかる。ほんとに

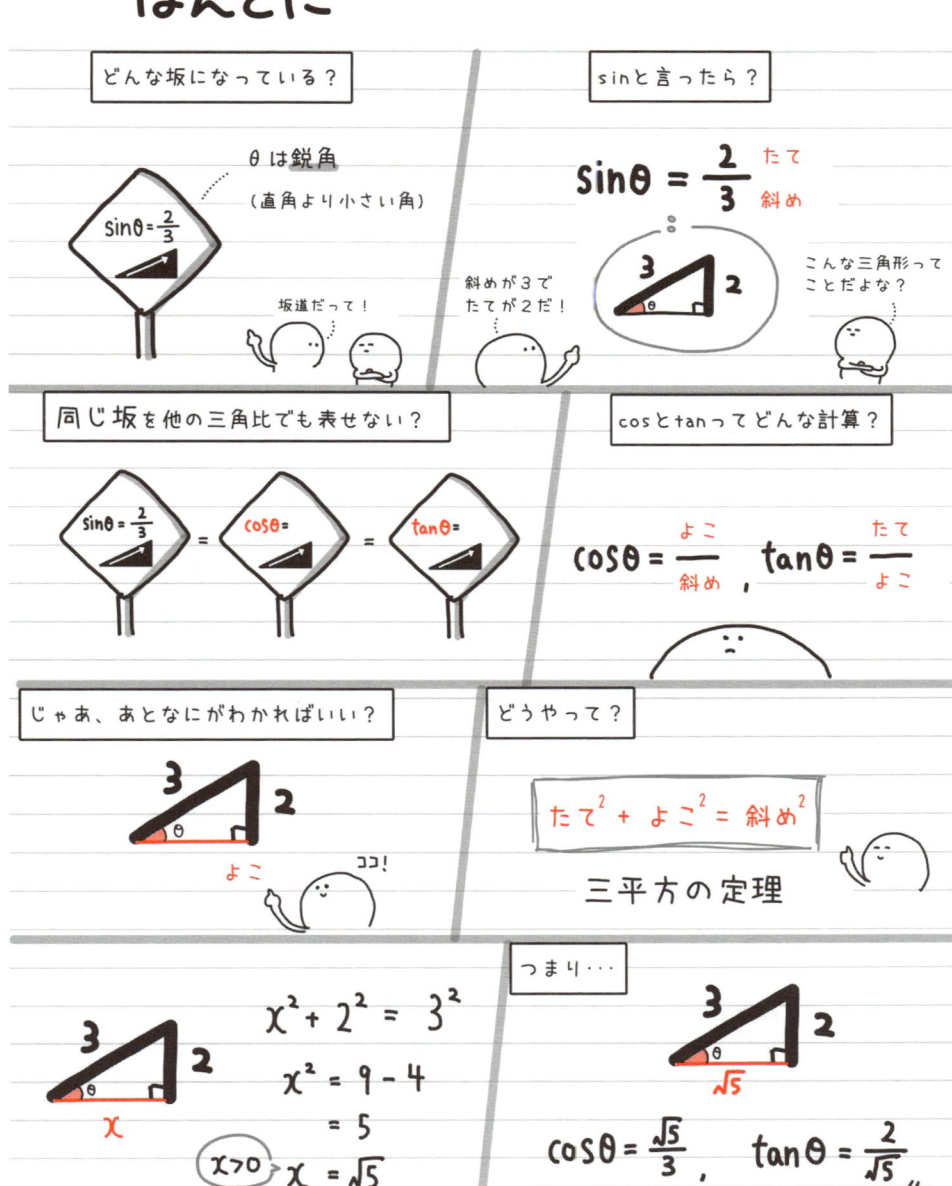

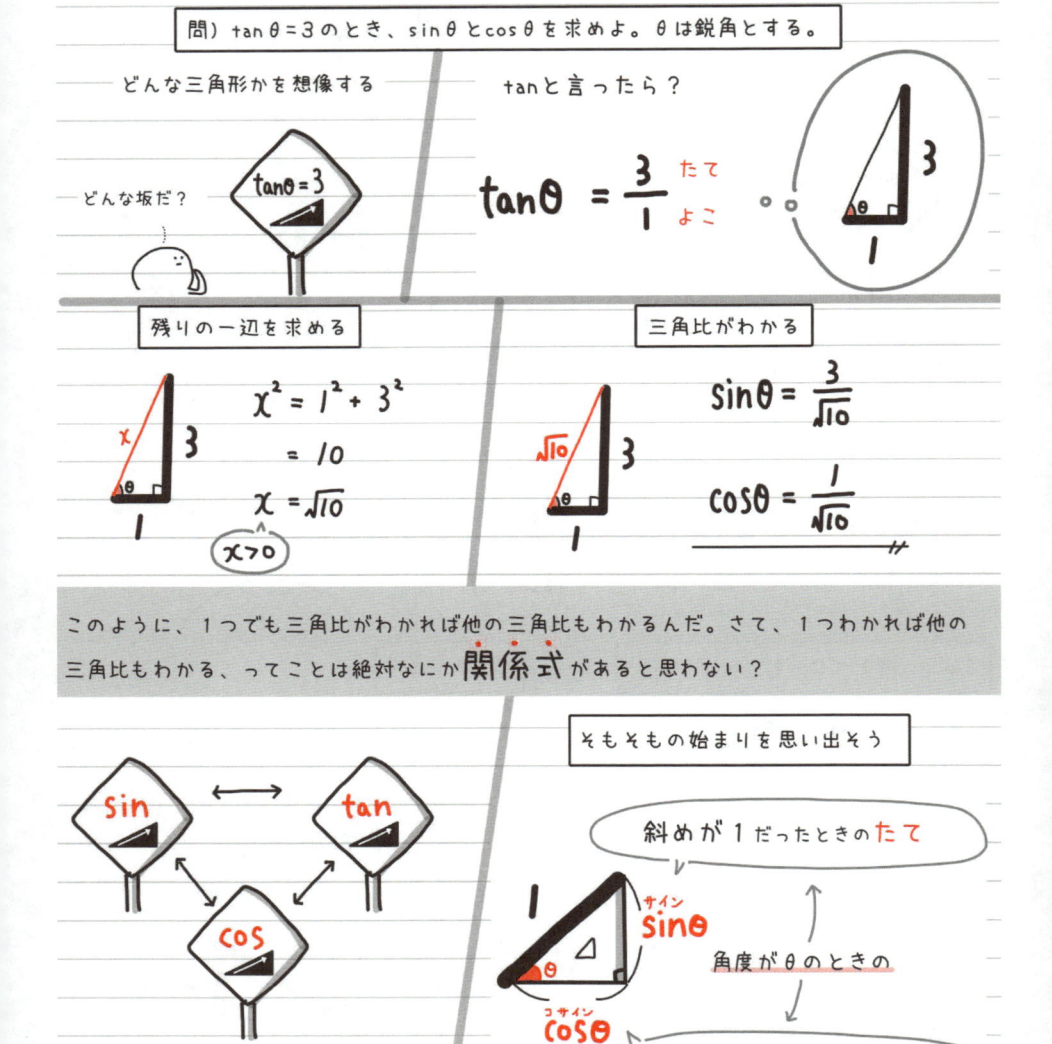

どんな坂になっている？

θは鋭角

（直角より小さい角）

坂道だって！

sinと言ったら？

$$\sin\theta = \frac{2}{3}\ \frac{\text{たて}}{\text{斜め}}$$

斜めが3でたてが2だ！

こんな三角形ってことだよな？

同じ坂を他の三角比でも表せない？

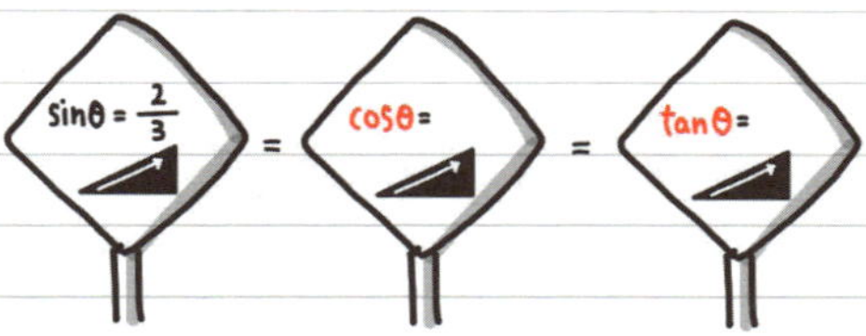

cosとtanってどんな計算？

$$\cos\theta = \frac{\text{よこ}}{\text{斜め}},\quad \tan\theta = \frac{\text{たて}}{\text{よこ}}$$

じゃあ、あとなにがわかればいい？

どうやって？

$$\text{たて}^2 + \text{よこ}^2 = \text{斜め}^2$$

三平方の定理

$$x^2 + 2^2 = 3^2$$

$$x^2 = 9 - 4$$

$$= 5$$

$x > 0$ ＞ $x = \sqrt{5}$

つまり…

$$\cos\theta = \frac{\sqrt{5}}{3},\quad \tan\theta = \frac{2}{\sqrt{5}}$$

問）$\tan\theta=3$ のとき、$\sin\theta$ と $\cos\theta$ を求めよ。θ は鋭角とする。

どんな三角形かを想像する

tanと言ったら？

$$\tan\theta=\frac{3}{1}\quad\begin{matrix}\text{たて}\\\text{よこ}\end{matrix}$$

残りの一辺を求める

$$x^2=1^2+3^2$$
$$=10$$
$$x=\sqrt{10}$$

（$x>0$）

三角比がわかる

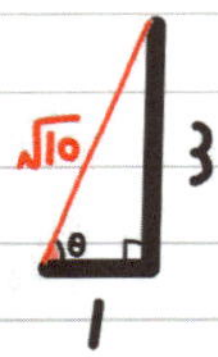

$$\sin\theta=\frac{3}{\sqrt{10}}$$

$$\cos\theta=\frac{1}{\sqrt{10}}$$

//

このように、1つでも三角比がわかれば他の三角比もわかるんだ。さて、1つわかれば他の三角比もわかる、ってことは絶対なにか**関係式**があると思わない？

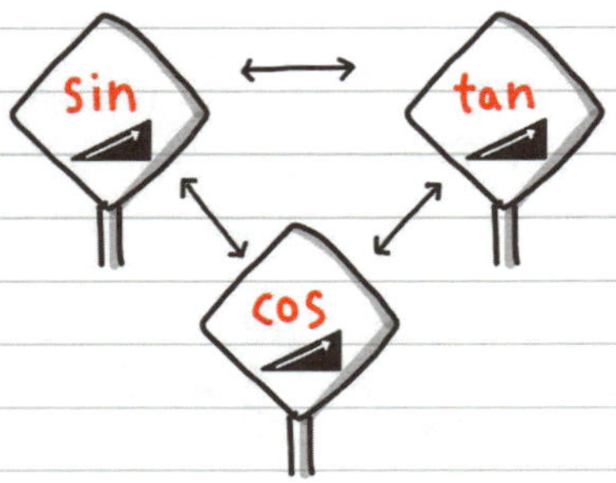

関係式・・・？

そもそもの始まりを思い出そう

斜めが1だったときのたて

角度がθのときの

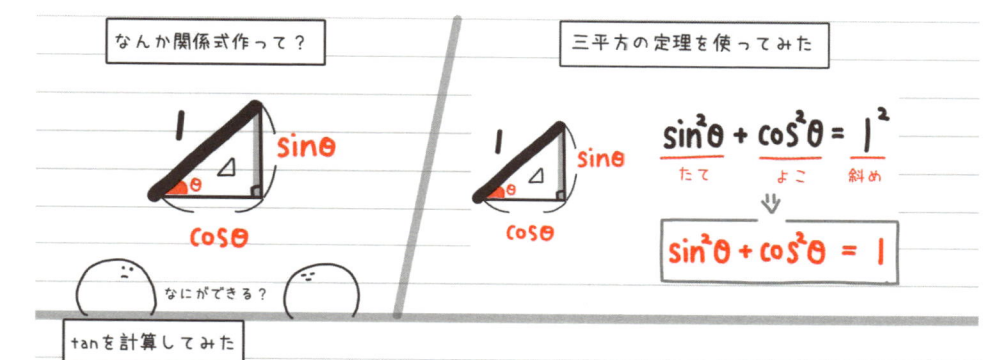

斜めが1だったときのよこ

なんか関係式作って？

三平方の定理を使ってみた

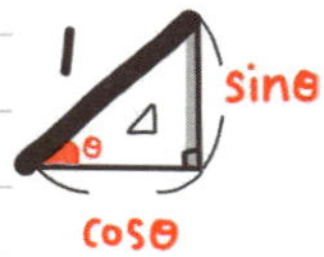

$$\underset{たて}{\sin^2\theta} + \underset{よこ}{\cos^2\theta} = \underset{斜め}{1^2}$$

⇓

$$\boxed{\sin^2\theta + \cos^2\theta = 1}$$

tanを計算してみた

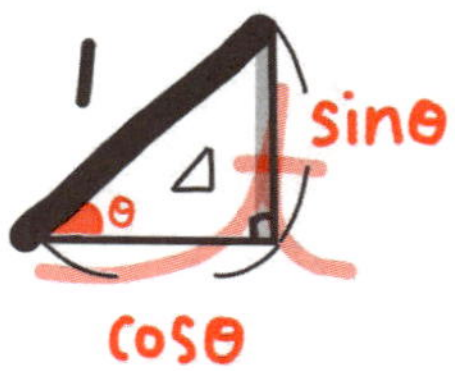

$$\boxed{\tan\theta = \frac{\sin\theta}{\cos\theta}}$$

$\tan\theta = \frac{たて}{よこ}$

だもんな！

さて、この２つの関係式は**公式**でもあるんだ。さっきの問題はこの公式を使ってもできる！

問） $\sin\theta = \frac{2}{3}$ のとき、$\cos\theta$ と $\tan\theta$ を求めよ。θ は鋭角とする。

$\boxed{\sin^2\theta + \cos^2\theta = 1}$ より

$$\sin^2\theta + \cos^2\theta = 1$$

（$\sin\theta$ に $\frac{2}{3}$ 代入）

$$\left(\frac{2}{3}\right)^2 + \cos^2\theta = 1$$

$$\cos^2\theta = 1 - \left(\frac{2}{3}\right)^2 = \frac{5}{9}$$

$$\cos\theta = \frac{\sqrt{5}}{3} \quad (\cos\theta > 0)$$

$\boxed{\tan\theta = \frac{\sin\theta}{\cos\theta}}$ より

$$\tan\theta = \frac{\sin\theta}{\cos\theta}$$

$$= \sin\theta \div \cos\theta$$

（$\sin\theta$ に $\frac{2}{3}$ 代入、$\cos\theta$ に $\frac{\sqrt{5}}{3}$ 代入）

$$= \frac{2}{3} \div \frac{\sqrt{5}}{3}$$

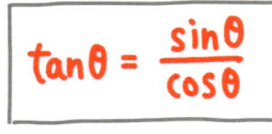

$$= \frac{2}{3} \times \frac{3}{\sqrt{5}} = \frac{2}{\sqrt{5}}$$

1分でわかる!

目線を変えるだけの 90°−θの三角比

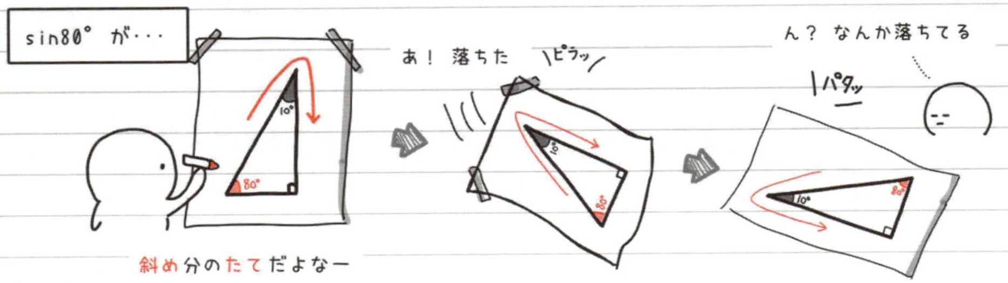

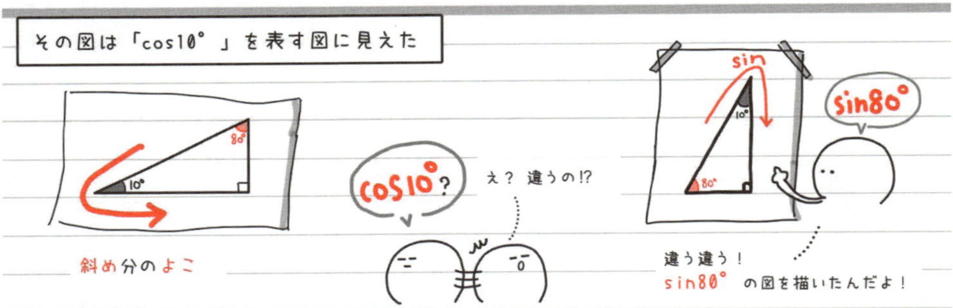

実は、どっちの意見も正解なんだ。これは目線の違いで起きたことなんだよね。「どの角度」目線で見るかによって三角比の表現も違ってくる。言い換えると「目線の切り替え」ができるってことなんだ。

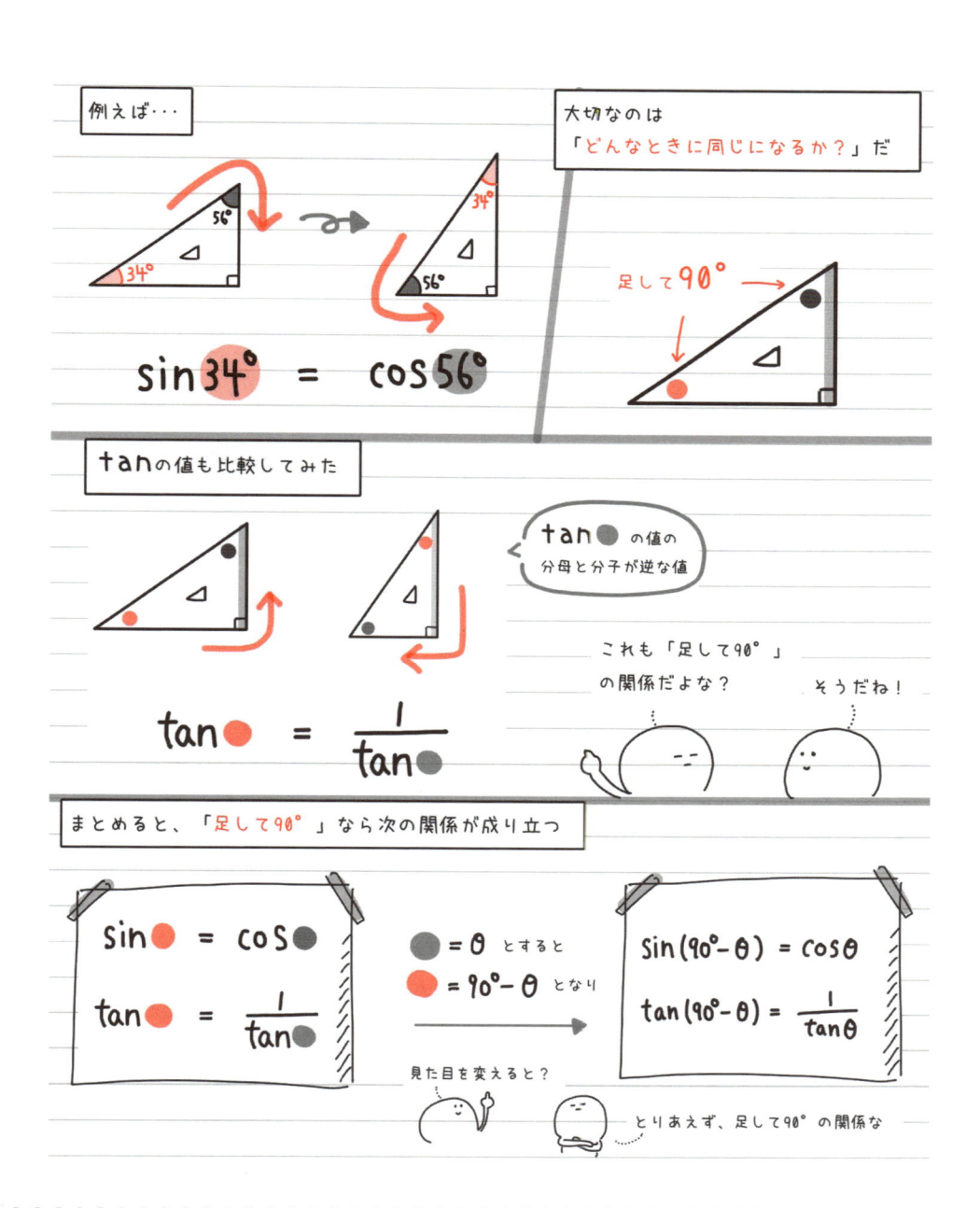

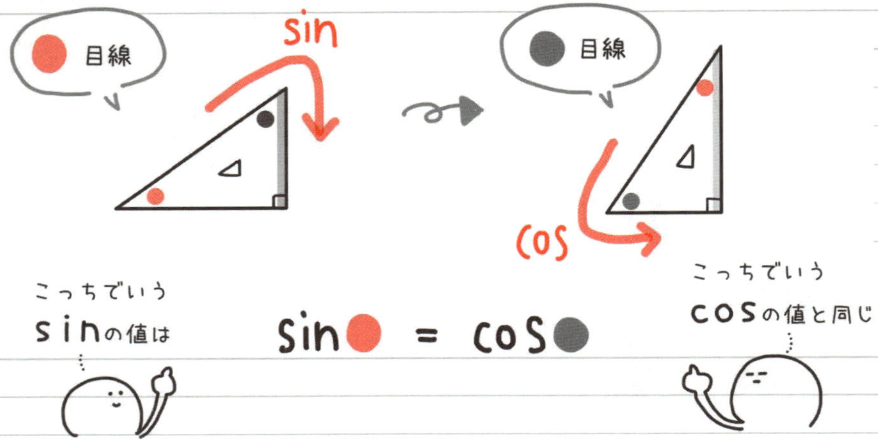

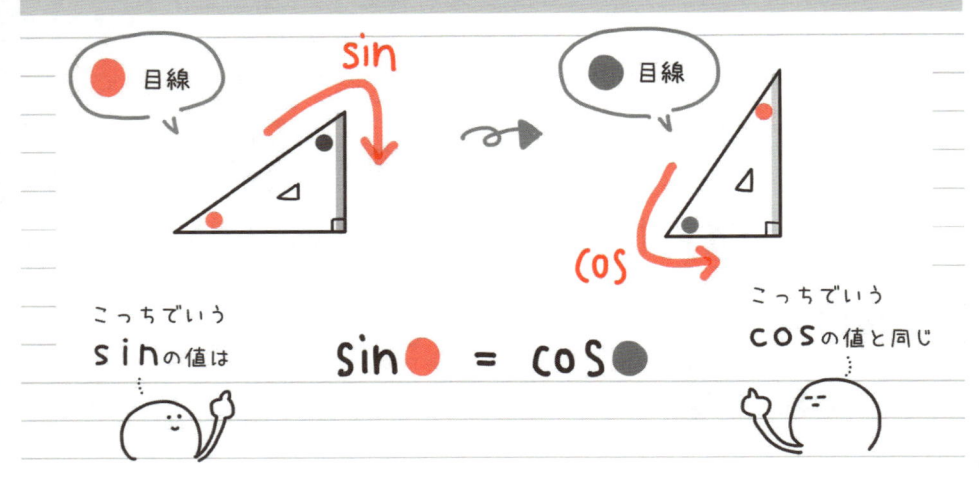

例えば・・・

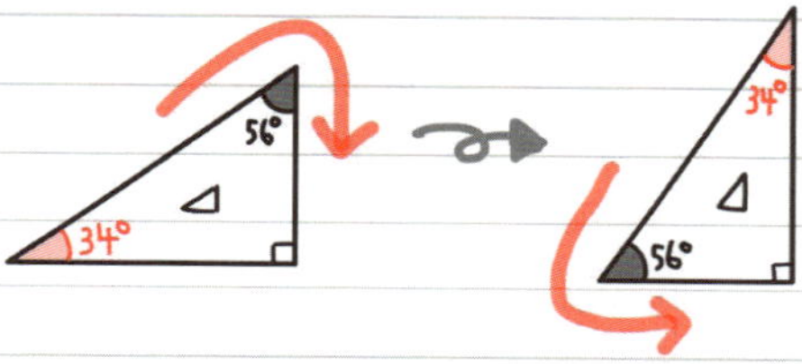

$\sin 34^\circ = \cos 56^\circ$

大切なのは
「どんなときに同じになるか？」だ

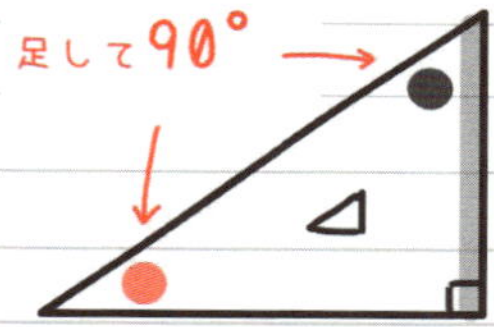

tanの値も比較してみた

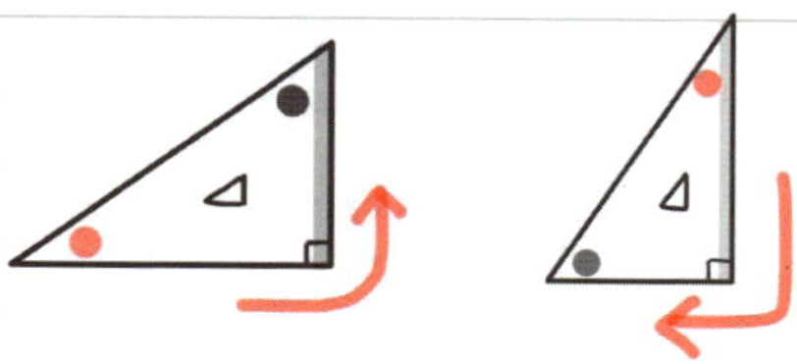

tan● の値の
分母と分子が逆な値

$\tan● = \dfrac{1}{\tan●}$

まとめると、「足して90°」なら次の関係が成り立つ

$\sin● = \cos●$

$\tan● = \dfrac{1}{\tan●}$

● $= \theta$ とすると
● $= 90^\circ - \theta$ となり

$\sin(90^\circ - \theta) = \cos\theta$

$\tan(90^\circ - \theta) = \dfrac{1}{\tan\theta}$

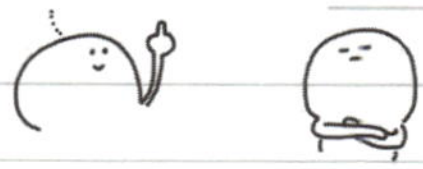

見た目を変えると？
とりあえず、足して90°の関係な

3分でわかる!

ひと工夫でOKの90°を超えた三角比

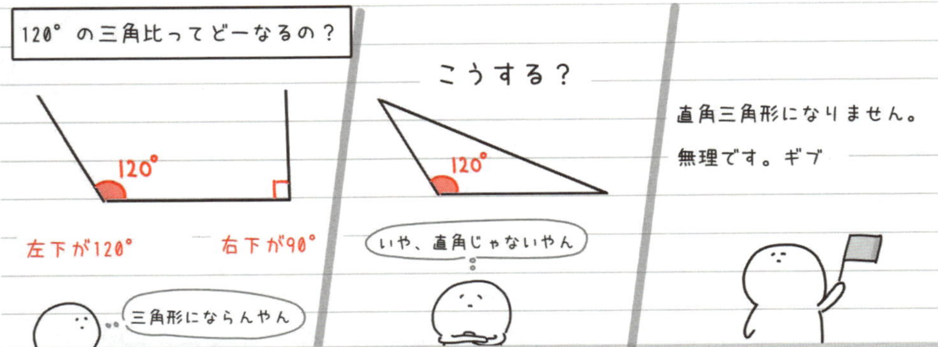
120°の三角比ってどーなるの？
120°
左下が120°
右下が90°
三角形にならんやん
こうする？
120°
いや、直角じゃないやん
直角三角形になりません。
無理です。ギブ

さて、今までは直角三角形を描いて三角比を求めてきたよね？ でも、これだと角度が「90° 未満」の三角比しか求めることができない。困った困った。
そこで、三角比を改めて定義し直す必要があるんだ。それは「**座標で表す**」だ！

xy平面上に棒を用意しする
y
棒
O
x
これが斜め役になります
回す
y
ぐるぐる
O
x

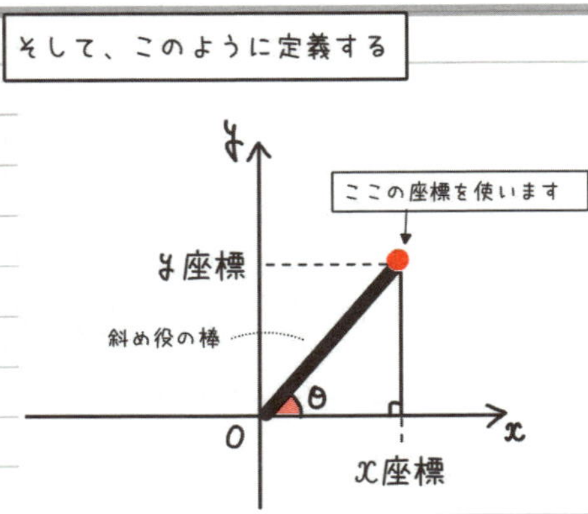
そして、このように定義する
y
ここの座標を使います
y座標
斜め役の棒
θ
O
x
x座標

$$\sin\theta = \frac{y\text{座標}}{\text{棒の長さ}}$$ たて／ななめ

$$\cos\theta = \frac{x\text{座標}}{\text{棒の長さ}}$$ よこ／ななめ

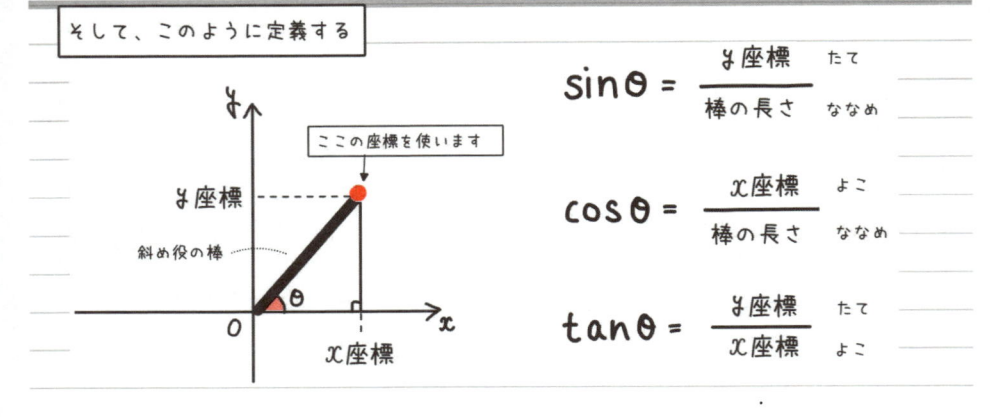

$$\tan\theta = \frac{y\text{座標}}{x\text{座標}}$$ たて／よこ

30°の三角比だったら？

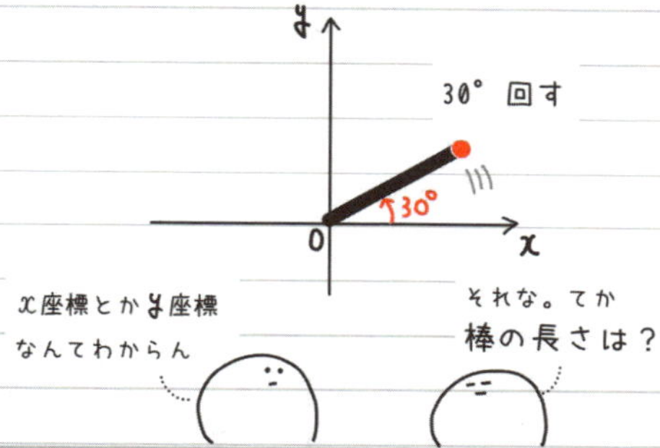

そこで、三角形を作ってみると？

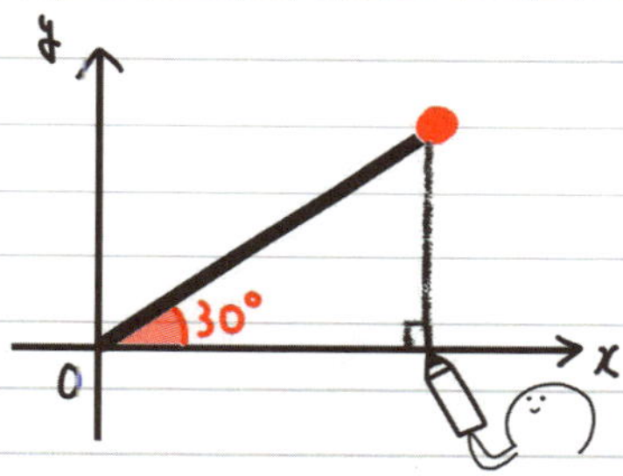

これって、有名な三角形だよね？

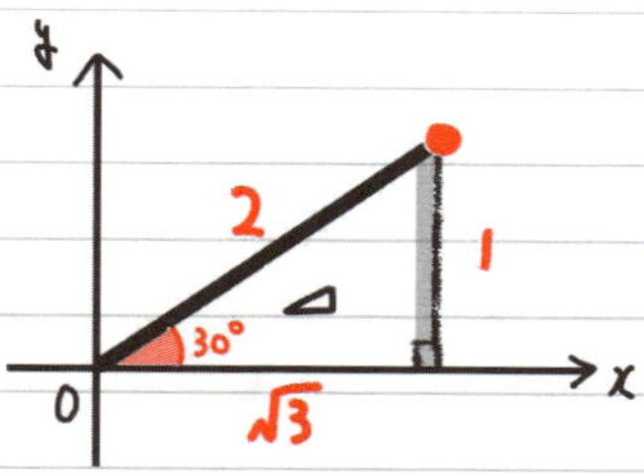

棒の長さは都合よく決めちゃっていいらしい

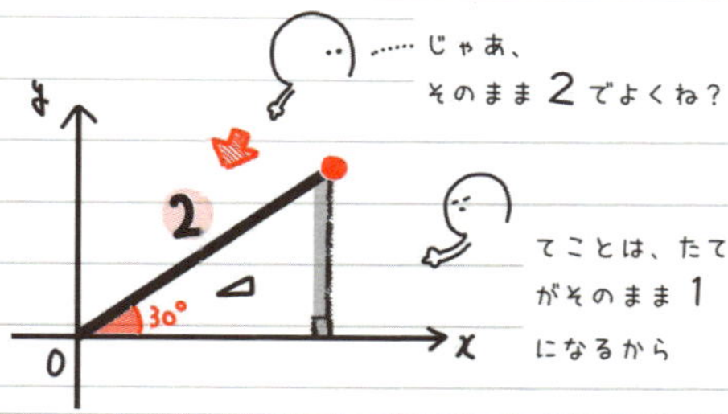

座標が決まったので、三角比が出る

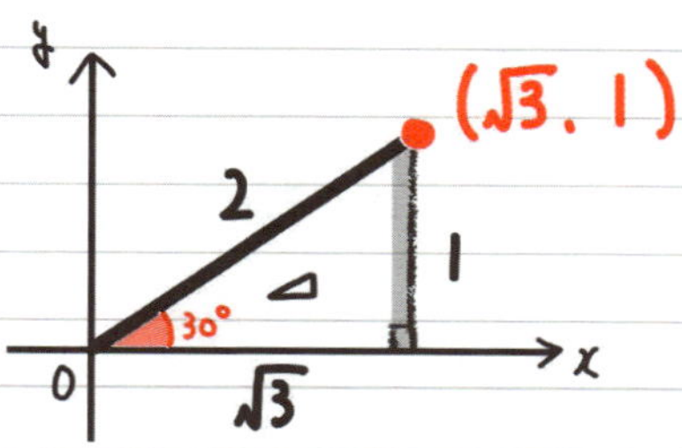

$$\sin 30° = \frac{1}{2} \quad \frac{y座標}{棒の長さ}$$

$$\cos 30° = \frac{\sqrt{3}}{2} \quad \frac{x座標}{棒の長さ}$$

$$\tan 30° = \frac{1}{\sqrt{3}} \quad \frac{x座標}{y座標}$$

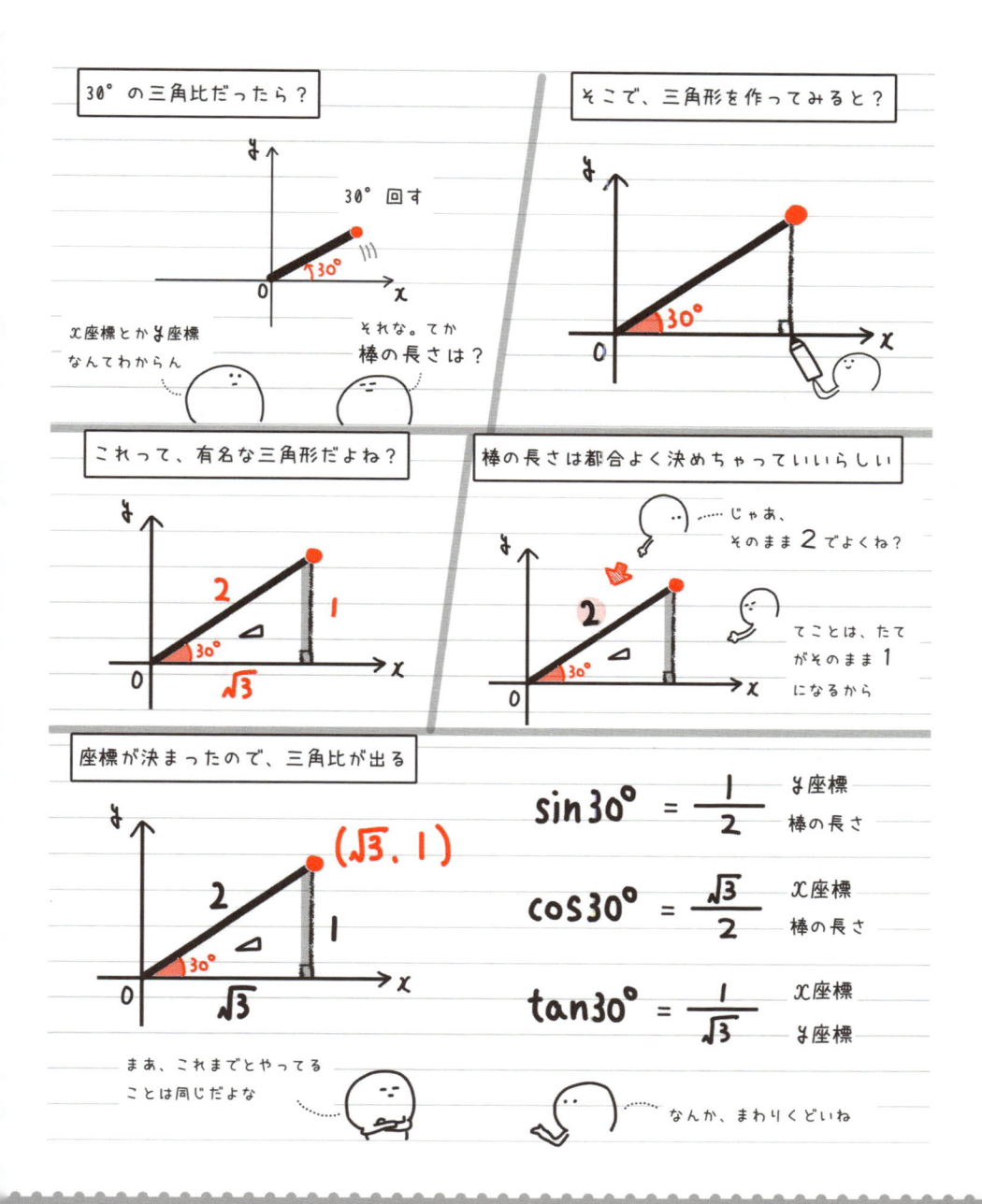

このやり方のメリットは、90°を超えても三角比を求めることができるんだ。座標を利用するからね。直角三角形を作ることが目的ではない。あくまで**座標**を知るために**補助的**に直角三角形を作るんだ。さて、ここから本番！

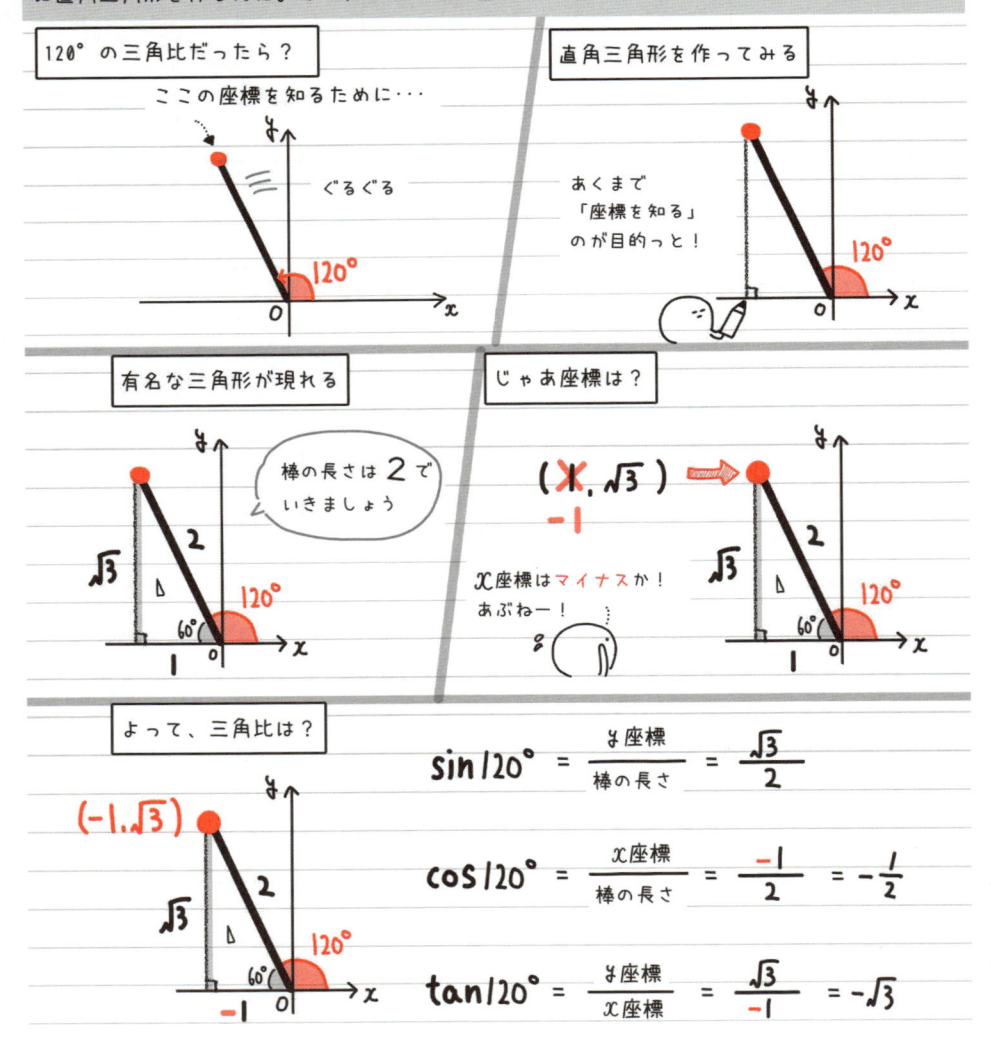

120°の三角比だったら？

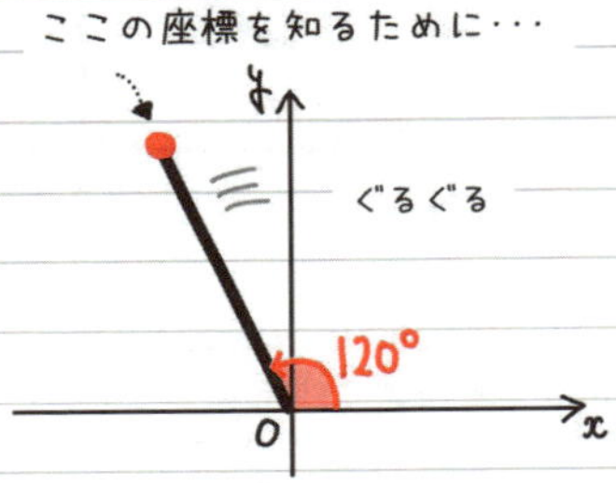

直角三角形を作ってみる

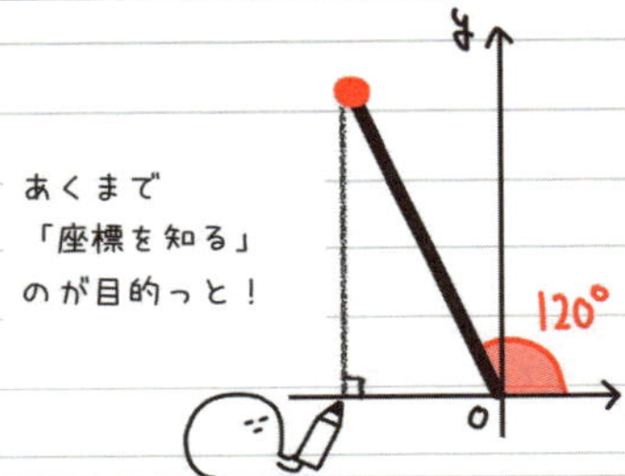

有名な三角形が現れる

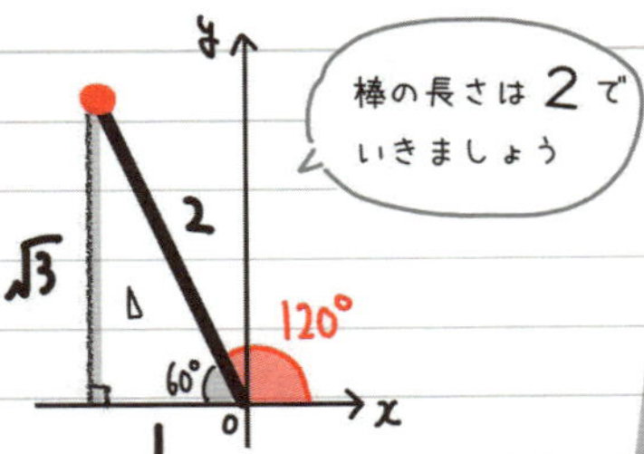

じゃあ座標は？

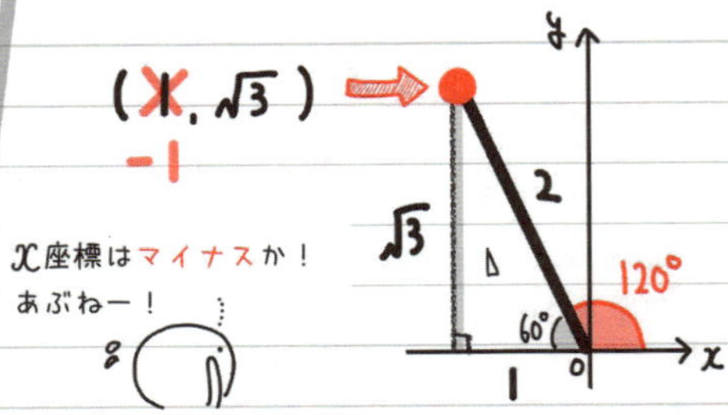

よって、三角比は？

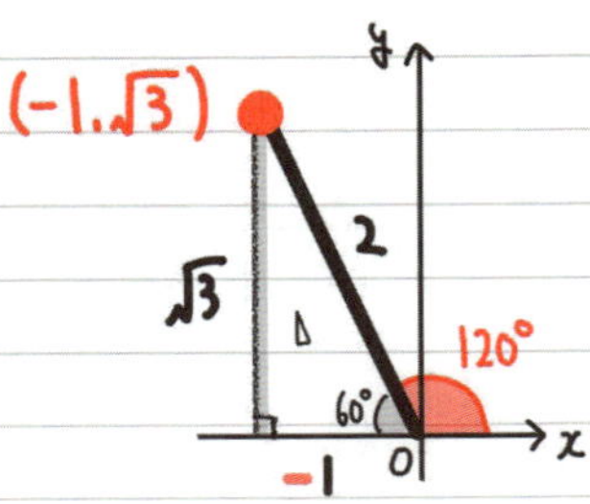

$$\sin 120^\circ = \frac{y座標}{棒の長さ} = \frac{\sqrt{3}}{2}$$

$$\cos 120^\circ = \frac{x座標}{棒の長さ} = \frac{-1}{2} = -\frac{1}{2}$$

$$\tan 120^\circ = \frac{y座標}{x座標} = \frac{\sqrt{3}}{-1} = -\sqrt{3}$$

135° の三角比だったら？

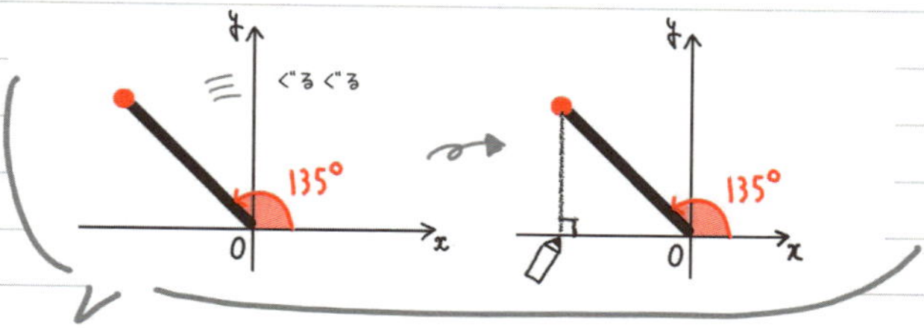

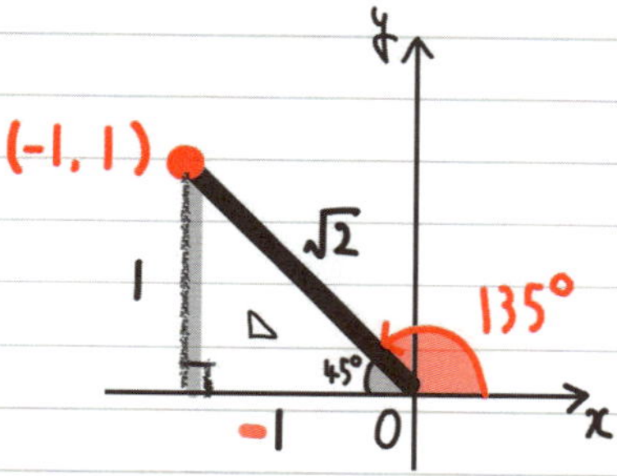

$$\sin 135^\circ = \frac{y\text{座標}}{\text{棒の長さ}} = \frac{1}{\sqrt{2}}$$

$$\cos 135^\circ = \frac{x\text{座標}}{\text{棒の長さ}} = \frac{-1}{\sqrt{2}} = -\frac{1}{\sqrt{2}}$$

$$\tan 135^\circ = \frac{y\text{座標}}{x\text{座標}} = \frac{1}{-1} = -1$$

150° の三角比だったら？

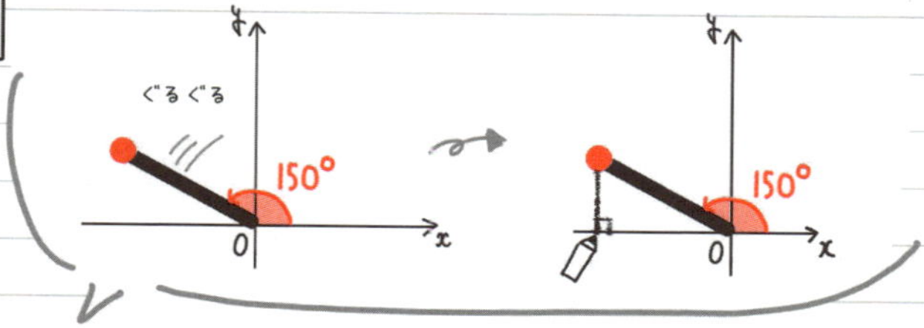

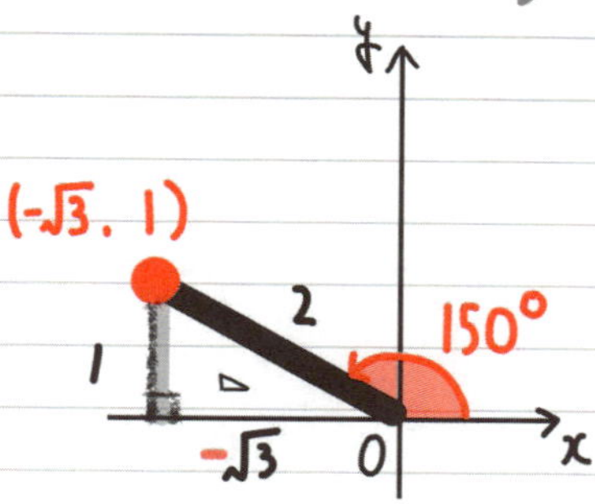

$$\sin 150^\circ = \frac{y\text{座標}}{\text{棒の長さ}} = \frac{1}{2}$$

$$\cos 150^\circ = \frac{x\text{座標}}{\text{棒の長さ}} = \frac{-\sqrt{3}}{2} = -\frac{\sqrt{3}}{2}$$

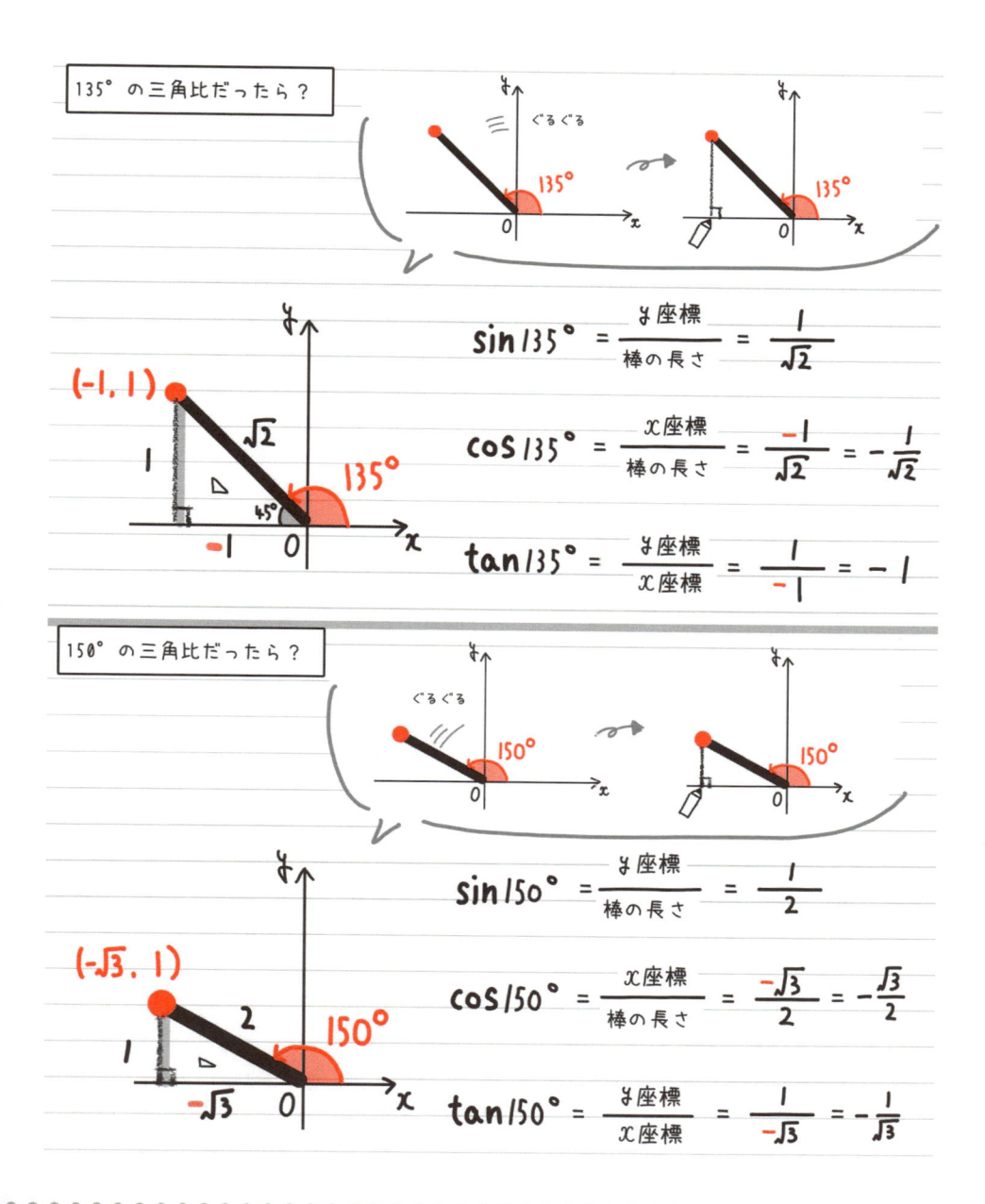

$$\tan 150^\circ = \frac{y\text{座標}}{x\text{座標}} = \frac{1}{-\sqrt{3}} = -\frac{1}{\sqrt{3}}$$

1分でわかる!

0°, 90°, 180°のとき、どうなる?

大変！「0°, 90°, 180°」のときは直角三角形を作れないから三角比を求めれません！

はーい、直角三角形こだわり中毒ですね。あくまで**座標**で三角比を定義したよね？ 座標を知るために補助的に三角形を作っただけ！ 座標をガン見して！ じ〜

0°だったら？

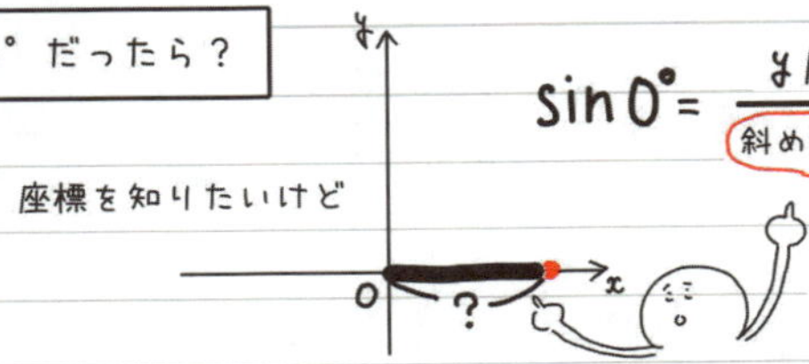
座標を知りたいけど
y
x
0
?
棒の長さは？

$$\sin 0° = \frac{y座標}{斜め役の棒}$$

⇒ 棒の長さはなんでもいい！

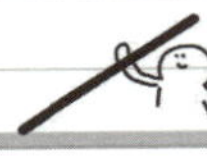
伸びろー
縮めー

なぜなら、斜めの長さが変わっても**比は同じ**

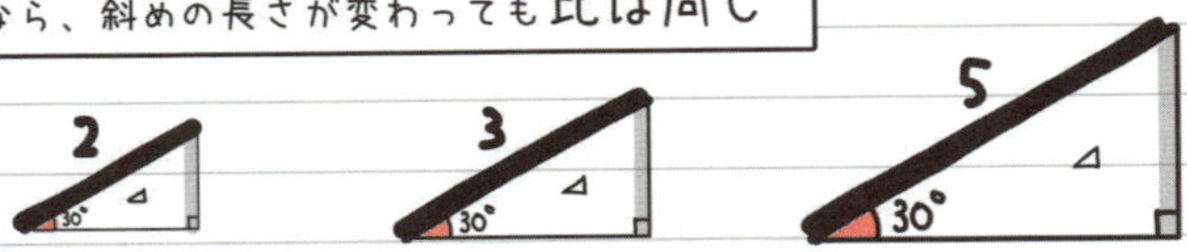
2
30°
3
30°
5
30°

じゃあ、勝手に **1** で設定してもいい

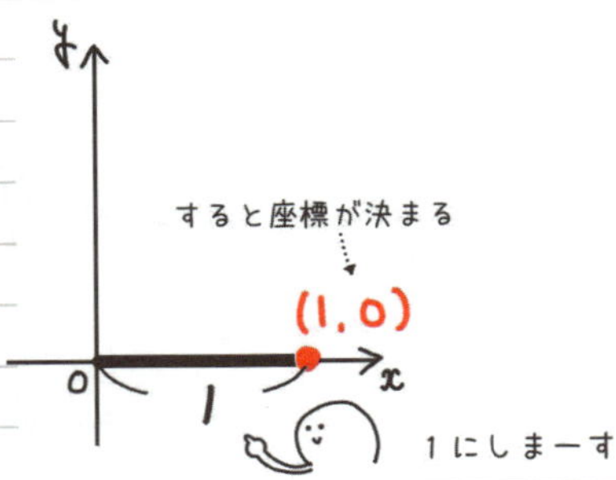
y
すると座標が決まる
(1, 0)
0
1
x
1にしまーす

$$\sin 0° = \frac{y座標}{棒の長さ} = \frac{0}{1} = 0$$

$$\cos 0° = \frac{x座標}{棒の長さ} = \frac{1}{1} = 1$$

$$\tan 0° = \frac{y座標}{x座標} = \frac{0}{1} = 0$$

90° だったら？

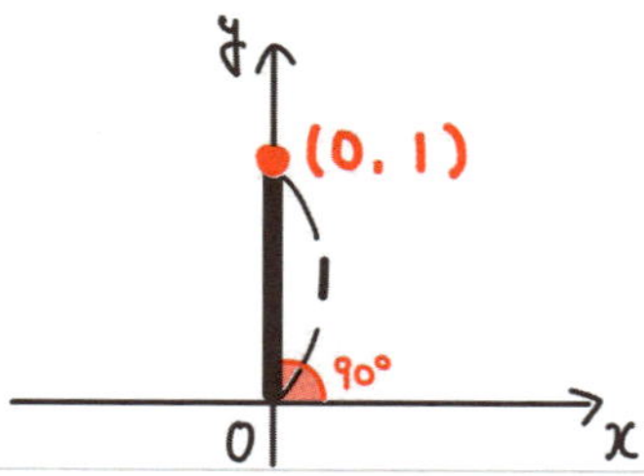

$$\sin 90° = \frac{y座標}{棒の長さ} = \frac{1}{1} = 1$$

$$\cos 90° = \frac{x座標}{棒の長さ} = \frac{0}{1} = 0$$

$$\tan 90° = \frac{y座標}{x座標} = \frac{1}{0}$$ なし

0では割れないので、tan90° は存在しない

180° だったら？

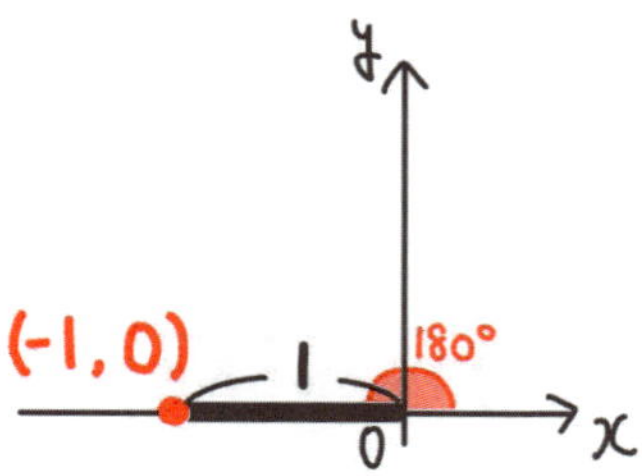

$$\sin 180° = \frac{y座標}{棒の長さ} = \frac{0}{1} = 0$$

$$\cos 180° = \frac{x座標}{棒の長さ} = \frac{-1}{1} = -1$$

$$\tan 180° = \frac{y座標}{x座標} = \frac{0}{-1} = 0$$

まとめ

θ	0°	30°	45°	60°	90°	120°	135°	150°	180°
$\sin\theta$	0	$\frac{1}{2}$	$\frac{1}{\sqrt{2}}$	$\frac{\sqrt{3}}{2}$	1	$\frac{\sqrt{3}}{2}$	$\frac{1}{\sqrt{2}}$	$\frac{1}{2}$	0
$\cos\theta$	1	$\frac{\sqrt{3}}{2}$	$\frac{1}{\sqrt{2}}$	$\frac{1}{2}$	0	$-\frac{1}{2}$	$-\frac{1}{\sqrt{2}}$	$-\frac{\sqrt{3}}{2}$	-1
$\tan\theta$	0	$\frac{1}{\sqrt{3}}$	1	$\sqrt{3}$	なし	$-\sqrt{3}$	-1	$-\frac{1}{\sqrt{3}}$	0

1分でわかる!

対称になる 180°−θの三角比

この表を見てなにか気づくことある？

θ	0°	30°	45°	60°	90°	120°	135°	150°	180°
sinθ	0	$\frac{1}{2}$	$\frac{1}{\sqrt{2}}$	$\frac{\sqrt{3}}{2}$	1	$\frac{\sqrt{3}}{2}$	$\frac{1}{\sqrt{2}}$	$\frac{1}{2}$	0
cosθ	1	$\frac{\sqrt{3}}{2}$	$\frac{1}{\sqrt{2}}$	$\frac{1}{2}$	0	$-\frac{1}{2}$	$-\frac{1}{\sqrt{2}}$	$-\frac{\sqrt{3}}{2}$	−1
tanθ	0	$\frac{1}{\sqrt{3}}$	1	$\sqrt{3}$	なし	$-\sqrt{3}$	−1	$-\frac{1}{\sqrt{3}}$	0

数字が同じペアがあるよな

数字が左右対称になってる！

cosとtanは符号が反対！

例えば、何度と何度の三角比が同じだった？

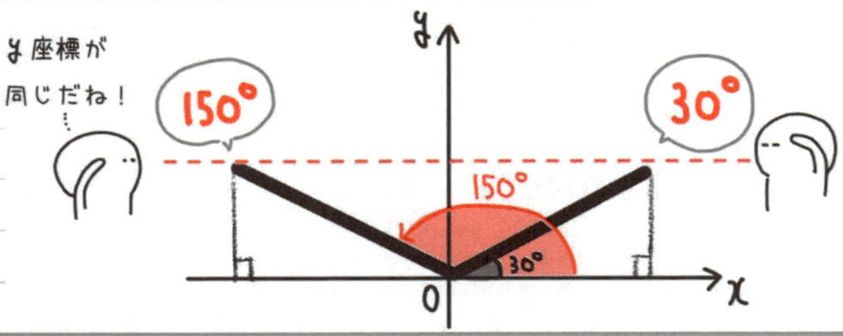

sin

$\frac{y座標}{棒の長さ}$ 同じだなぁ

sinは同じになる

x座標に注目すると？

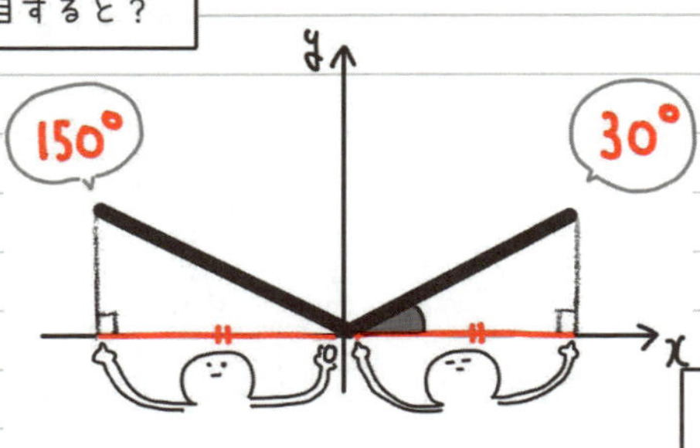

x座標は符号が逆なだけだなー

cos

$\frac{x座標}{棒の長さ}$ 符号が逆

cosは符号が逆なだけになる

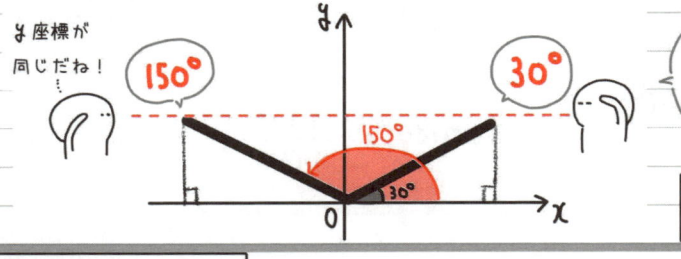

tanも符号が逆なだけになる

tan

$$\frac{y\text{座標}}{x\text{座標}}$$

同じ（y座標）
符号が逆なだけ（x座標）

そっか、数字は同じで
分母の符号が逆になるだけか

まとめると・・・

$\sin 30^\circ = \sin 150^\circ$

$\cos 30^\circ = -\cos 150^\circ$

$\tan 30^\circ = -\tan 150^\circ$

そもそも、30° と150° ってどんな関係？

足して180°

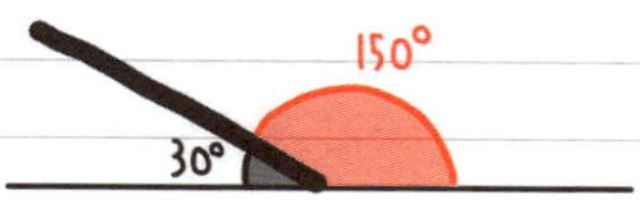

「足して180° 」の関係なら、
他の角度でも同じ話になりそう

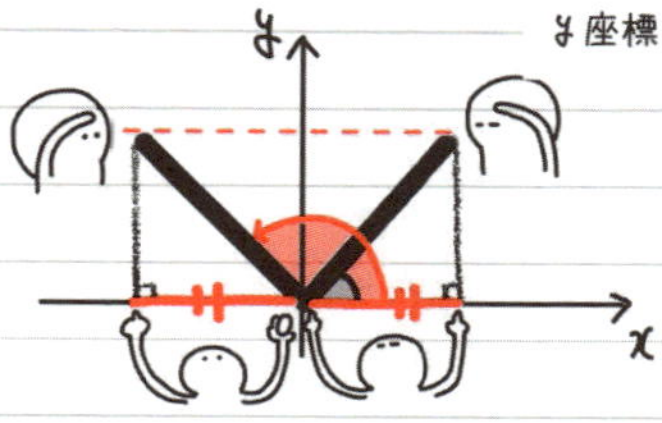

y座標同じー

x座標は符号が違うだけー

まとめると・・・

● + ● = 180°

sin ● = sin ●

cos ● = − cos ●

tan ● = − tan ●

● = θ とすると

● = $180^\circ - \theta$ となり

見た目を変えると？

$\sin(180^\circ - \theta) = \sin\theta$

$\cos(180^\circ - \theta) = -\cos\theta$

$\tan(180^\circ - \theta) = -\tan\theta$

とりあえず、足して180° の関係な

1分でわかる!

おさらいして三角比を含む方程式を解く

問）$0° \leqq \theta \leqq 180°$ のとき、等式 $\sin\theta = \frac{1}{2}$ を満たす θ を求めよ。

そもそも、なにを聞かれているの？

$$\sin\theta = \frac{1}{2}$$

sinが $\frac{1}{2}$ になるときの**角度**はいくつですか？

ヒントは？

$$\sin\theta = \frac{1}{2}$$

y 座標（たて）
斜め

こんな三角形ができるときに

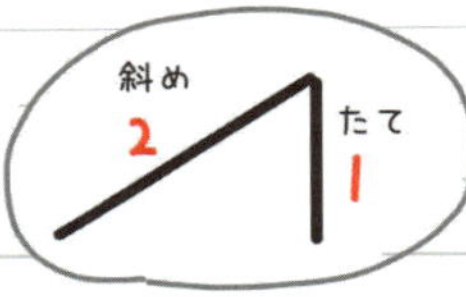

sinが $\frac{1}{2}$ になるよな

それって有名な三角形だよね？

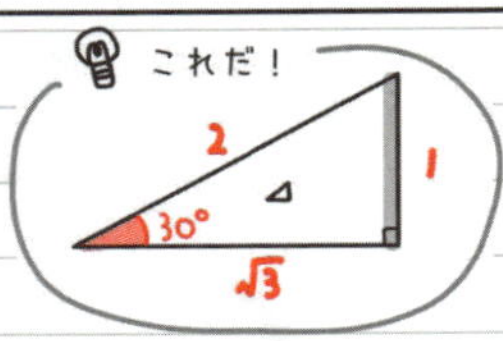

つまり、30° が答え！ だけれども・・・

$0° \leqq \theta \leqq 180°$ この範囲で

半周回る中で、sinが $\frac{1}{2}$ になるタイミングって他にもあったよね？

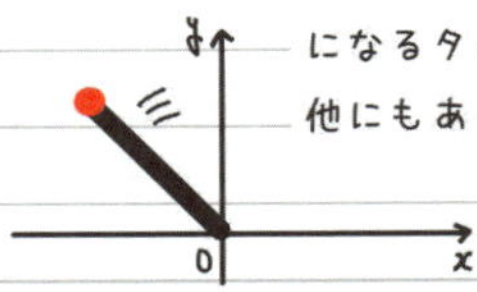

2か所あるので、答えは「2つ」ある

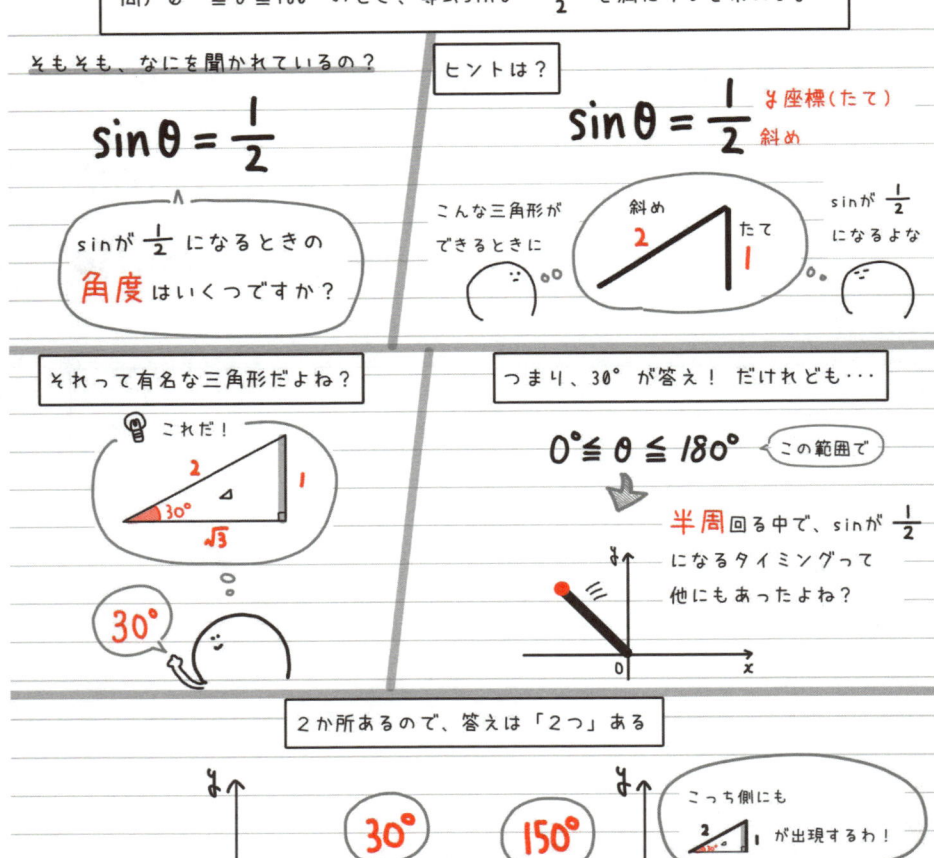

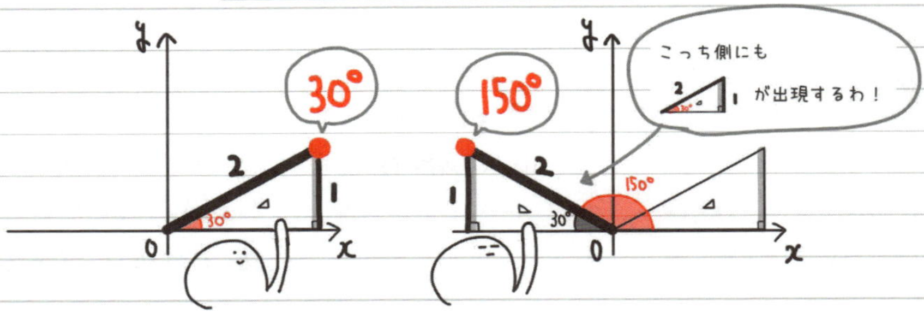

$$\theta = 30°,\ 150°$$

これが答えになる

問）$0° \leqq \theta \leqq 180°$ のとき、等式 $\cos\theta = -\frac{1}{\sqrt{2}}$ を満たす θ を求めよ。

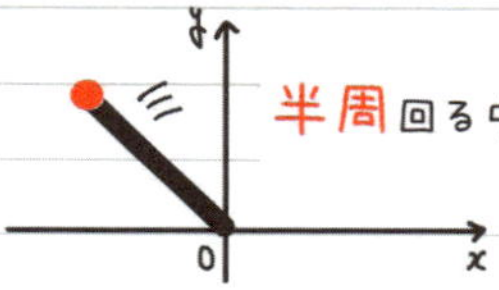

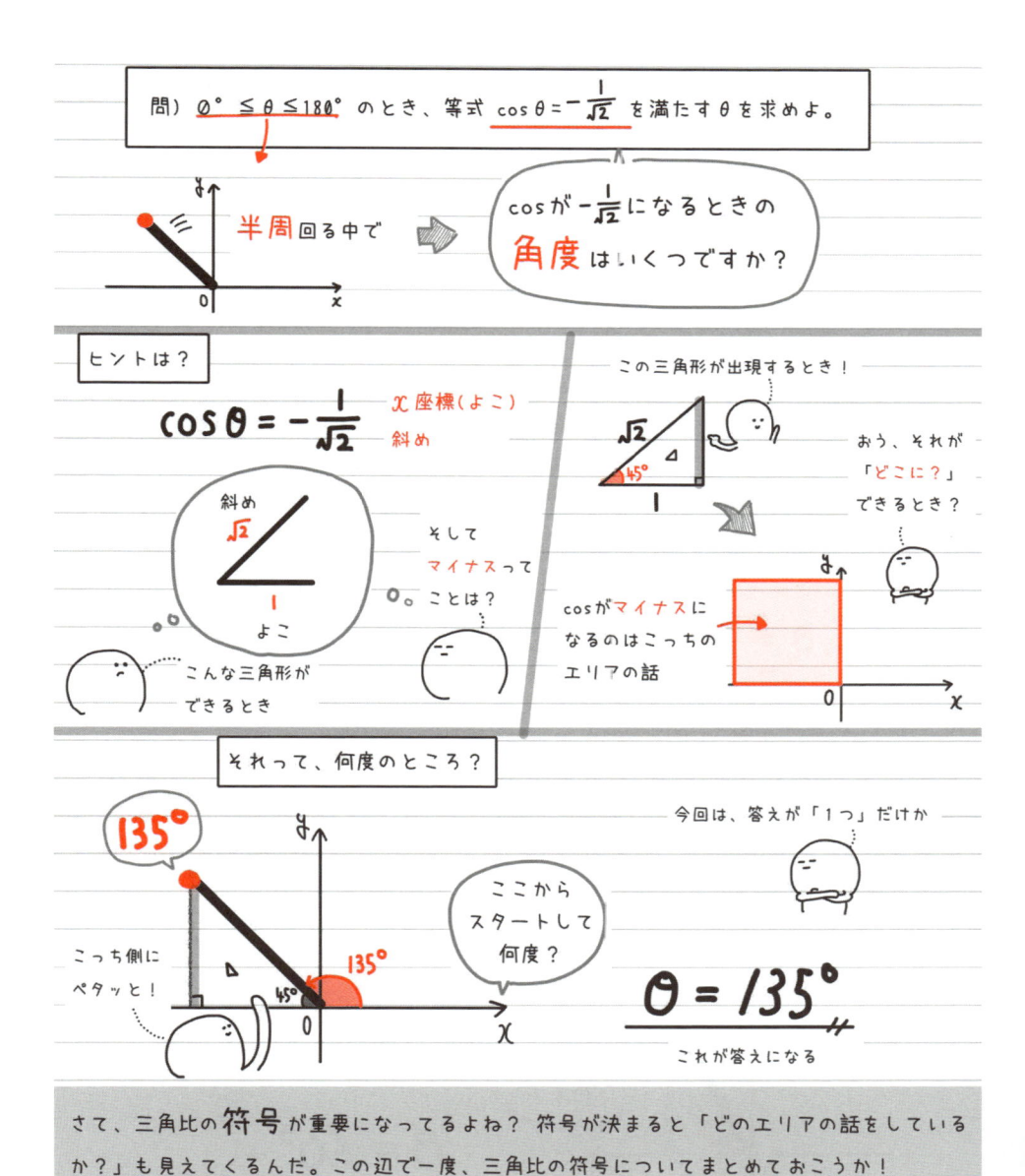

半周回る中で

cosが $-\frac{1}{\sqrt{2}}$ になるときの**角度**はいくつですか？

ヒントは？

$$\cos\theta = -\frac{1}{\sqrt{2}}$$

x 座標（よこ）

斜め

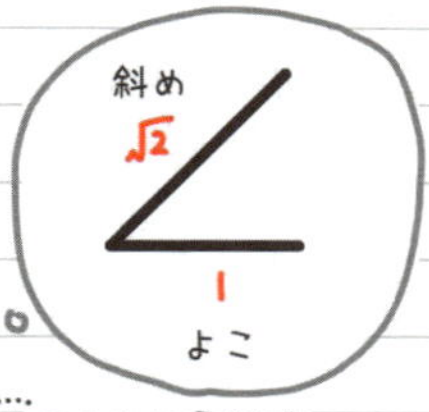

こんな三角形ができるとき

そして**マイナス**ってことは？

この三角形が出現するとき！

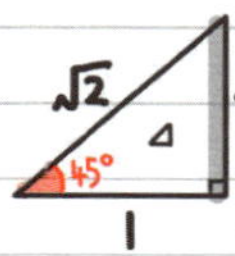

おう、それが「どこに？」できるとき？

cosが**マイナス**になるのはこっちのエリアの話

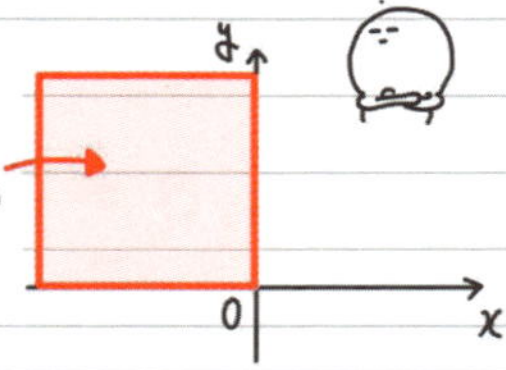

それって、何度のところ？

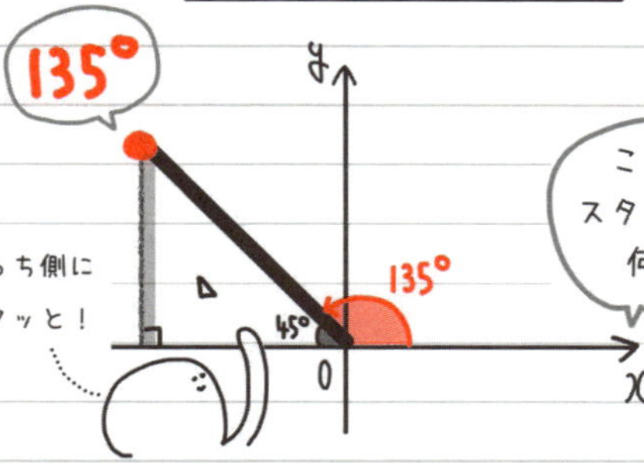

こっち側にペタッと！

ここからスタートして何度？

今回は、答えが「1つ」だけか

$$\theta = 135°$$

これが答えになる

さて、三角比の**符号**が重要になってるよね？ 符号が決まると「どのエリアの話をしているか？」も見えてくるんだ。この辺で一度、三角比の符号についてまとめておこうか！

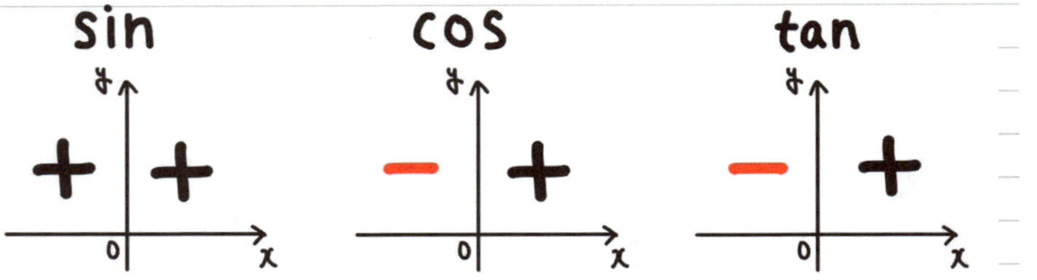

sinがプラスなのは、右のエリアも左のエリアもどっちもだから、
さっきは答えが「２つ」あったのか

問）$0° \leqq \theta \leqq 180°$ のとき、等式 $\tan\theta = \sqrt{3}$ を満たす θ を求めよ。

どんな三角形が出現するときのこと？

$$\tan\theta = \frac{\sqrt{3}}{1}$$

y座標（たて）
x座標（よこ）

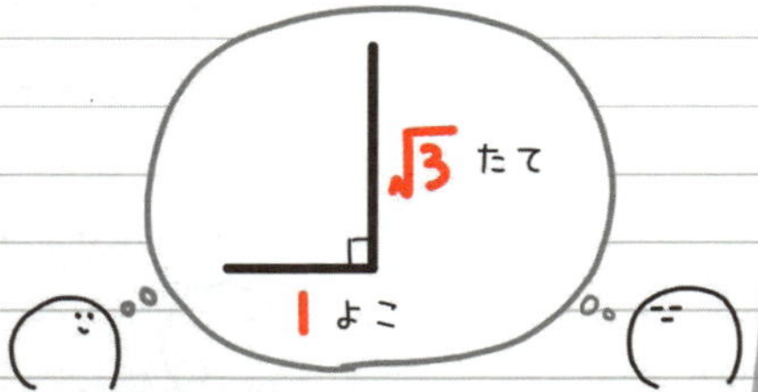

この三角形が出現するとき！

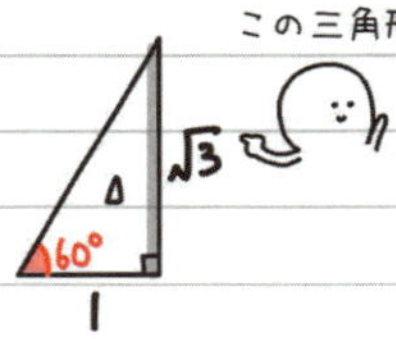

で、こっち側の話

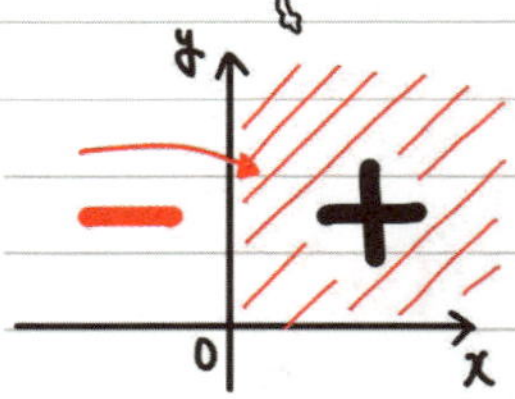

tanがプラスに
なるのはこっちの
エリアの話

つまり…

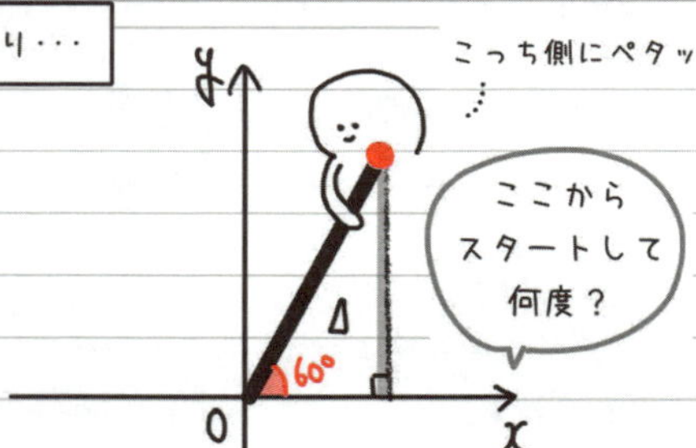

今回も、答えは「1つ」だな

$$\theta = 60°$$

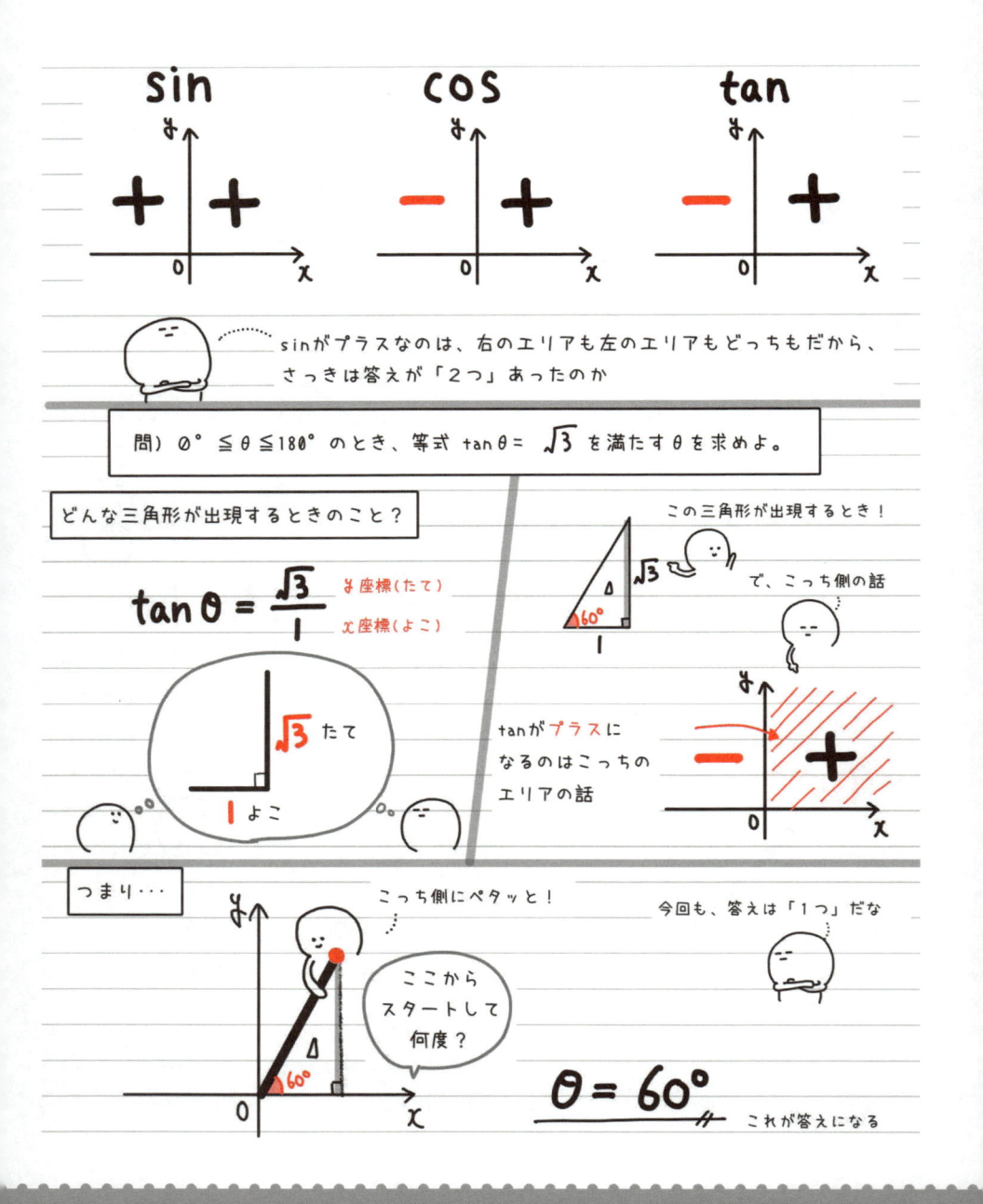

これが答えになる

3分でわかる!

辺と角度の関係を使いこなす〈正弦定理①〉

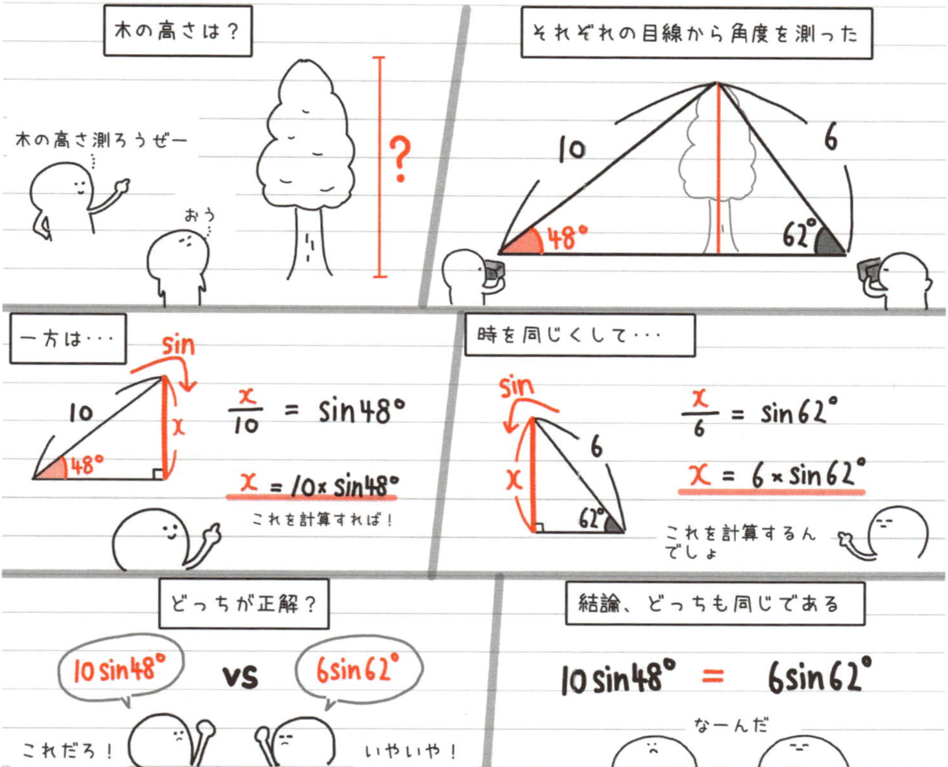
木の高さは?
木の高さ測ろうぜー
おう
?
それぞれの目線から角度を測った
10
6
48°
62°
一方は・・・
sin
10
x
48°
$\frac{x}{10} = \sin 48°$
$x = 10 \times \sin 48°$
これを計算すれば!
時を同じくして・・・
sin
6
x
62°
$\frac{x}{6} = \sin 62°$
$x = 6 \times \sin 62°$
これを計算するんでしょ
どっちが正解?
10sin48°
vs
6sin62°
これだろ!
いやいや!
結論、どっちも同じである
10sin48° = 6sin62°
なーんだ

今の話を文字で再現してみるよ。ここからある関係が見えてくるんだ。

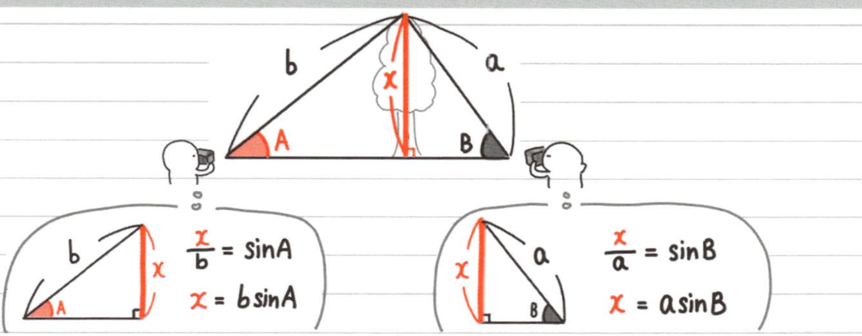
b
a
x
A
B
b
x
A
$\frac{x}{b} = \sin A$
$x = b\sin A$
x
a
B
$\frac{x}{a} = \sin B$
$x = a\sin B$

つまり・・・

$$b\sin A = a\sin B$$

両辺を $\sin A\sin B$ で割る

$$\frac{b\sin A}{\sin A\sin B} = \frac{a\sin B}{\sin A\sin B}$$

こんな関係式ができる

$$\frac{a}{\sin A} = \frac{b}{\sin B}$$

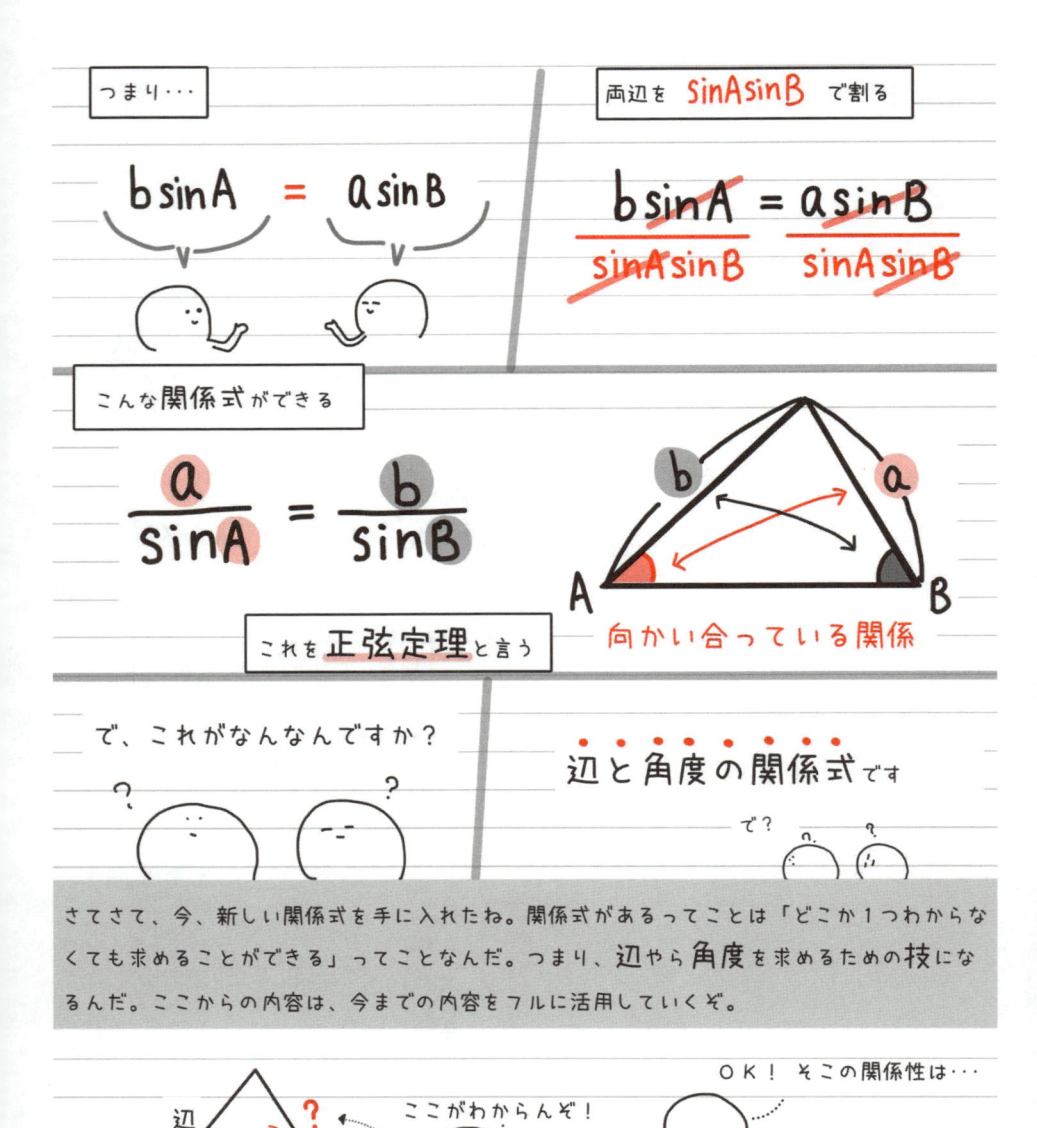

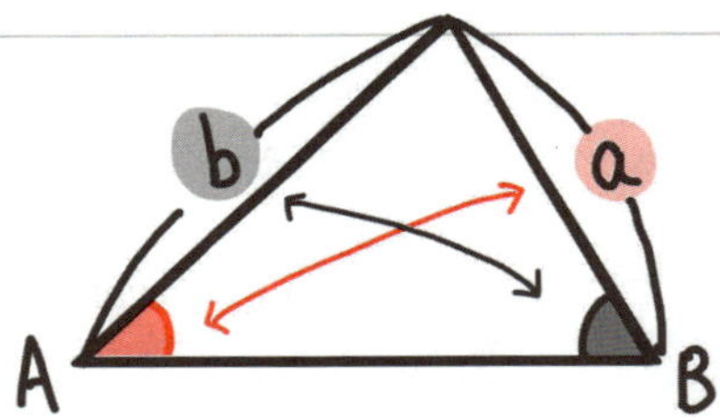

向かい合っている関係

これを正弦定理と言う

で、これがなんなんですか？

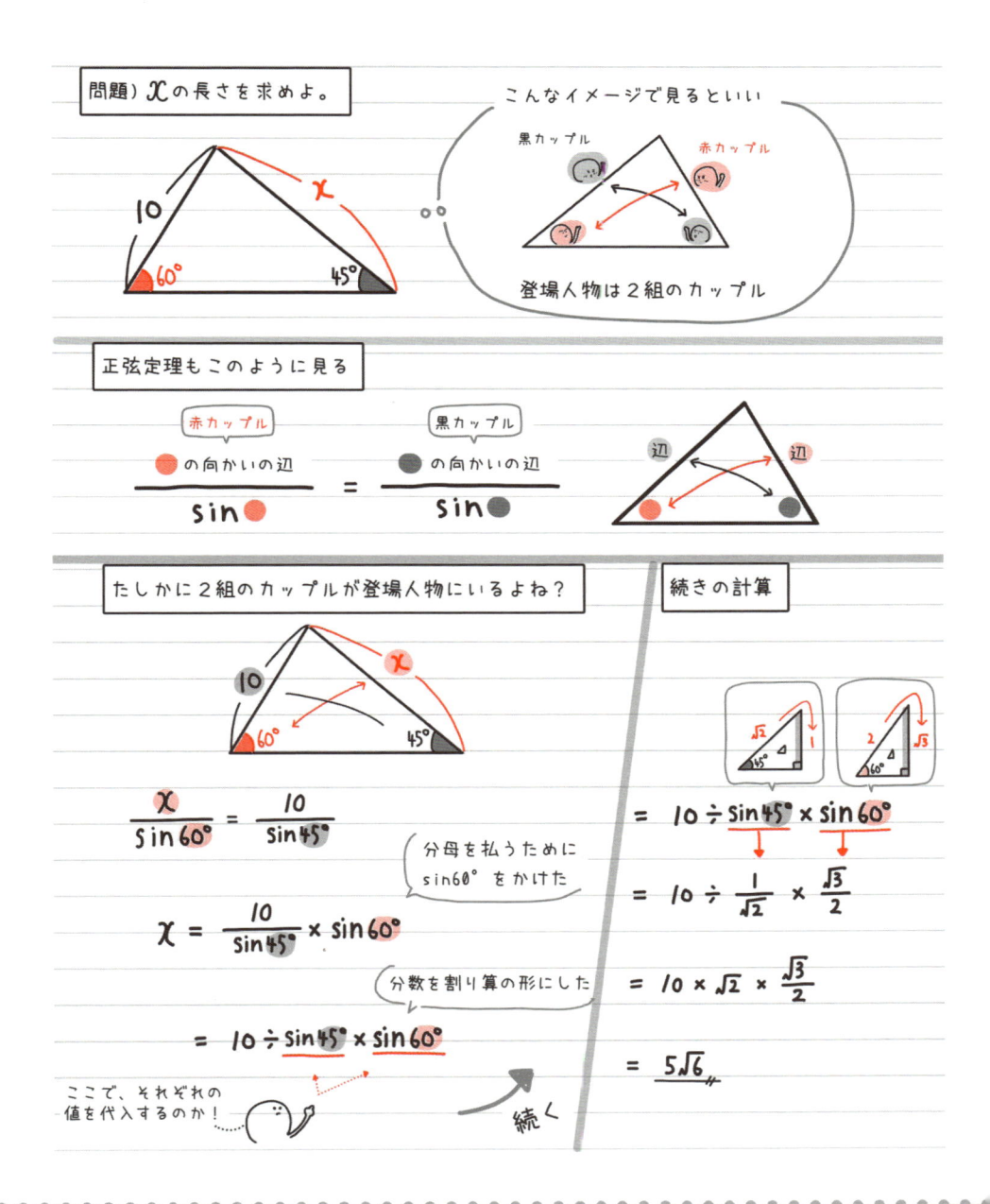

辺と角度の関係式です

さてさて、今、新しい関係式を手に入れたね。関係式があるってことは「どこか1つわからなくても求めることができる」ってことなんだ。つまり、辺や角度を求めるための技になるんだ。ここからの内容は、今までの内容をフルに活用していくぞ。

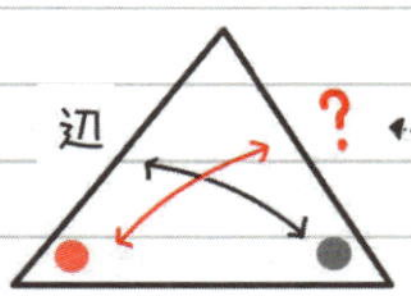

ここがわからんぞ！

ＯＫ！　そこの関係性は・・・

問題）xの長さを求めよ。

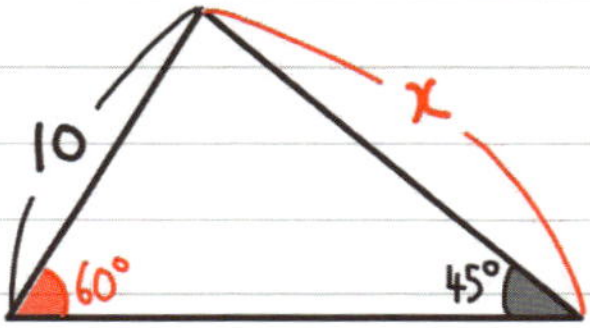

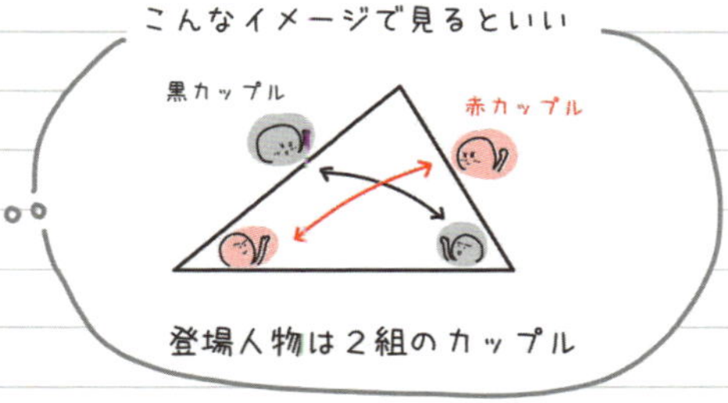

正弦定理もこのように見る

$$\frac{\overset{\text{赤カップル}}{\text{●の向かいの辺}}}{\sin\text{●}} = \frac{\overset{\text{黒カップル}}{\text{●の向かいの辺}}}{\sin\text{●}}$$

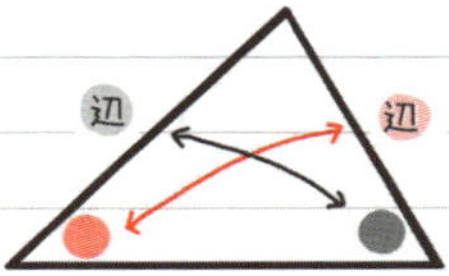

たしかに２組のカップルが登場人物にいるよね？

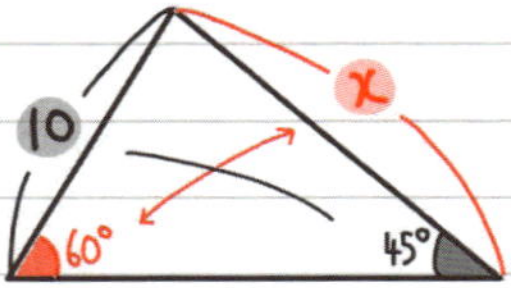

$$\frac{x}{\sin 60^\circ} = \frac{10}{\sin 45^\circ}$$

分母を払うために sin60° をかけた

$$x = \frac{10}{\sin 45^\circ} \times \sin 60^\circ$$

分数を割り算の形にした

$$= 10 \div \sin 45^\circ \times \sin 60^\circ$$

ここで、それぞれの値を代入するのか！

続く

続きの計算

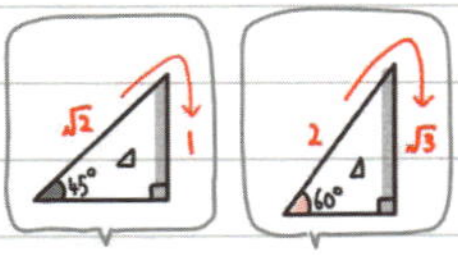

$$= 10 \div \sin 45^\circ \times \sin 60^\circ$$

$$= 10 \div \frac{1}{\sqrt{2}} \times \frac{\sqrt{3}}{2}$$

$$= 10 \times \sqrt{2} \times \frac{\sqrt{3}}{2}$$

$$= 5\sqrt{6}$$

3分でわかる!

辺と角度の関係を使いこなす〈正弦定理②〉

aの長さは？

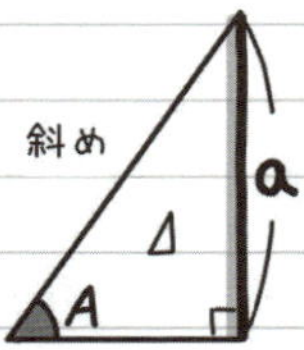

$$\frac{a}{\text{斜め}} = \sin A$$

$$a = \text{斜め} \times \sin A$$

半円の弧に対する円周角は直角

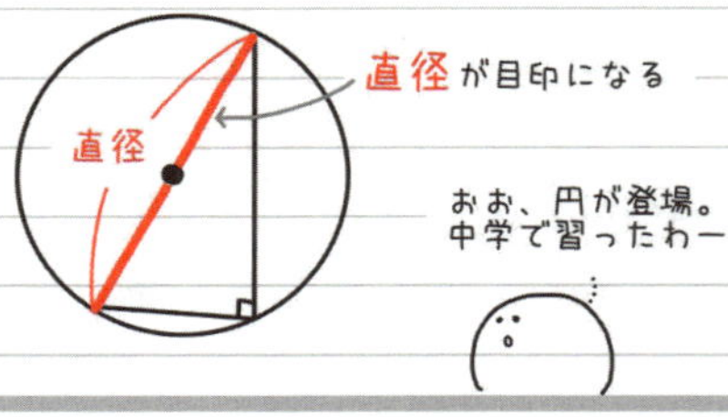

この２つの話を合体すると？

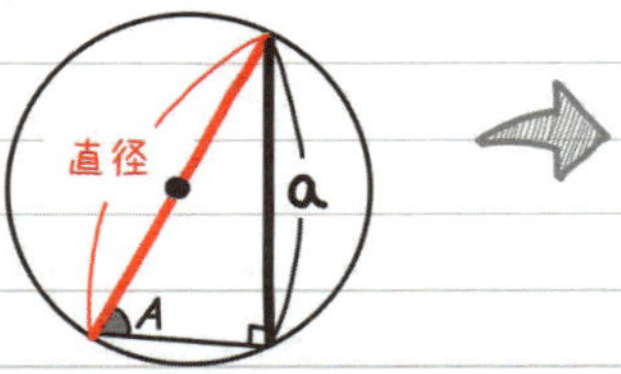

$$\frac{a}{\text{直径}} = \sin A$$

$$a = \text{直径} \times \sin A$$

という関係式が成り立つ

辺aを固定して別の三角形を作ってみよう

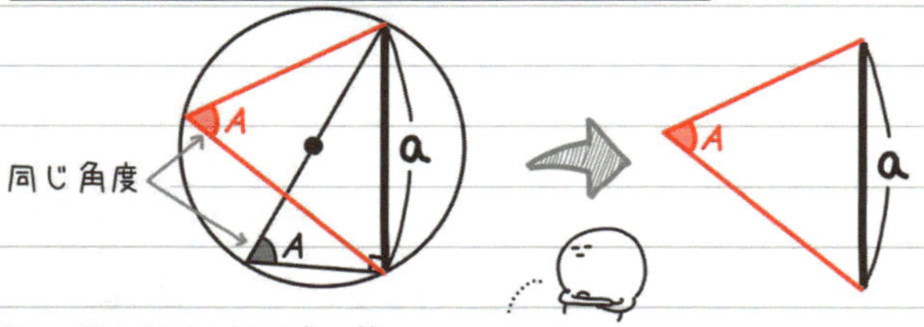

「同じ弧に対する円周角は等しい」ってやつか

この角度もAだから
この三角形に対しても

$$a = \text{直径} \times \sin A$$

ていう関係式が成り立つ

…となると、いろんな三角形に対しても…

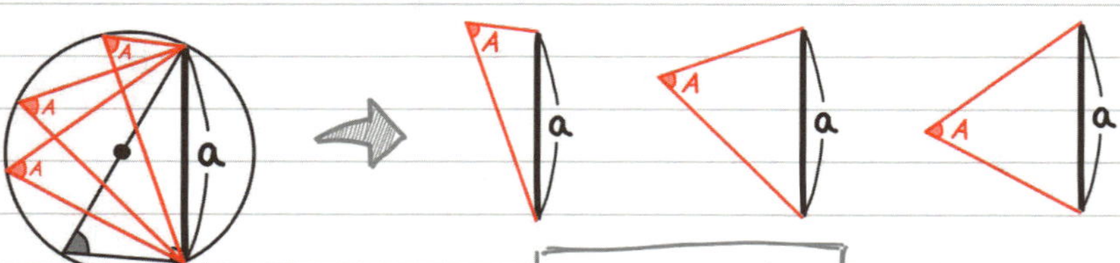

$$a = \text{直径} \times \sin A$$

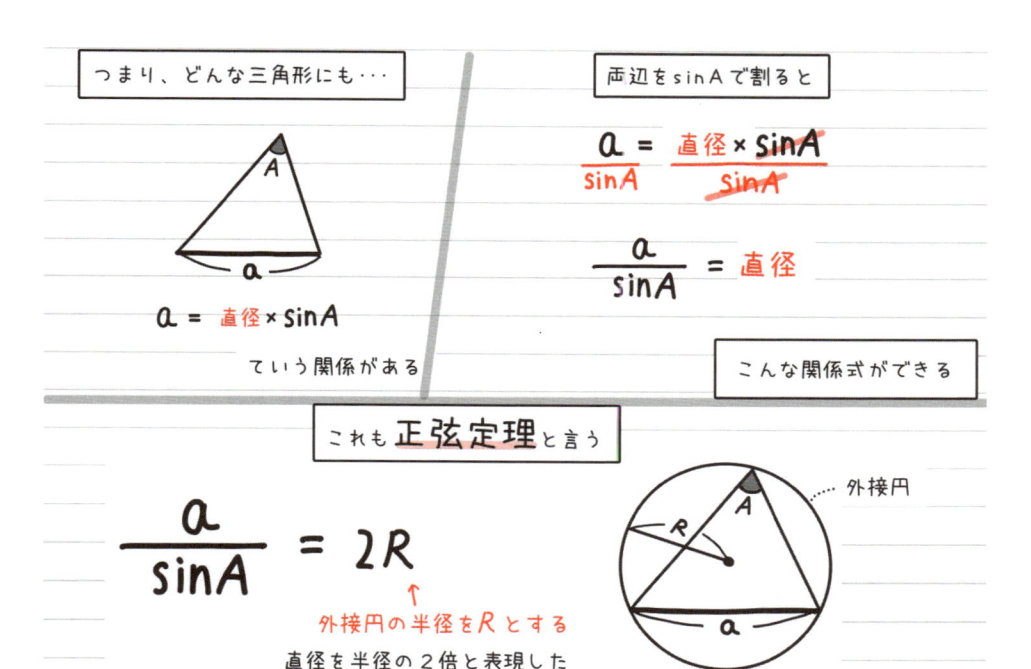

ていう関係式が成り立つ

つまり、どんな三角形にも・・・

$a=$ 直径 $\times \sin A$

ていう関係がある

両辺をsinAで割ると

$$\frac{a}{\sin A}=\frac{\text{直径}\times\sin A}{\sin A}$$

$$\frac{a}{\sin A}=\text{直径}$$

こんな関係式ができる

これも**正弦定理**と言う

$$\frac{a}{\sin A}=2R$$

↑
外接円の半径をRとする

直径を半径の２倍と表現した

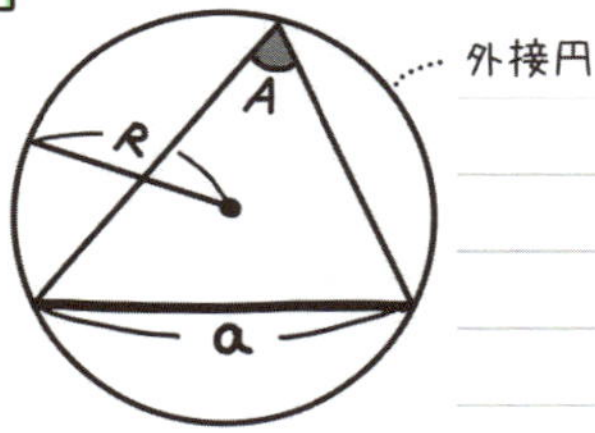

これも正弦定理なんだ。関係式があるってことは、**辺**や**角度**や**外接円の半径**を求める技になるよね。特に外接円の半径が絡んだ問題はこの定理を利用する可能性が高いんだ。

問題）次の三角形の外接円の半径を求めよ。

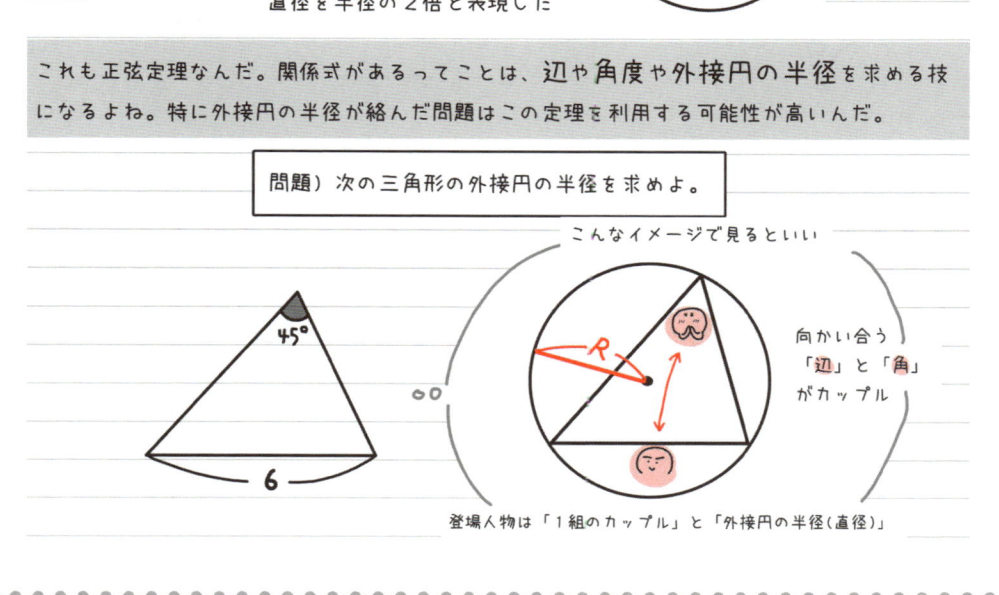

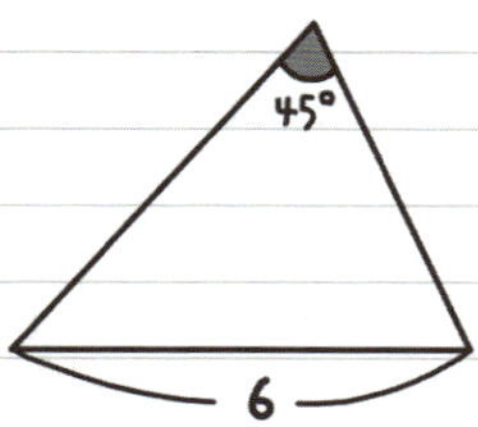

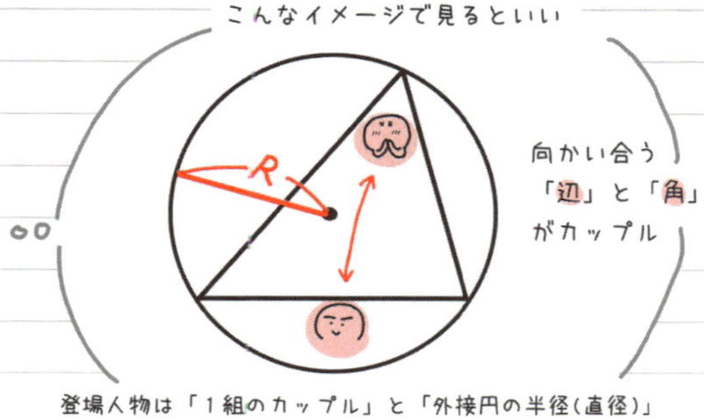

登場人物は「１組のカップル」と「外接円の半径(直径)」

正弦定理もこのように見る

$$\frac{●\text{の向かいの辺}}{\sin ●} = 2R$$

（R：外接円の半径）

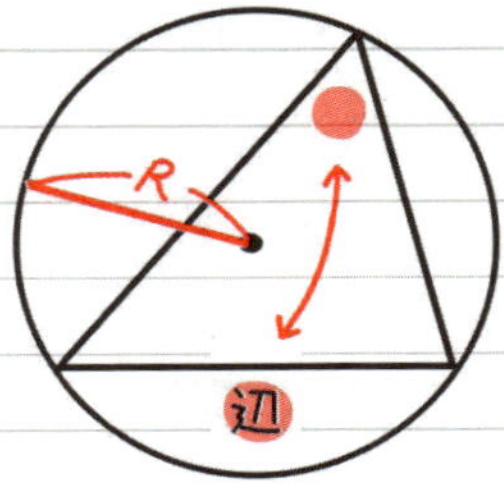

1組のカップルがいて、外接円の話なので・・・

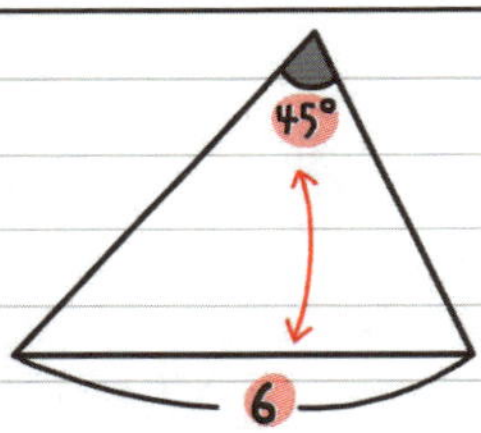

$$2R = \frac{6}{\sin 45°}$$

$$= 6 \div \sin 45°$$

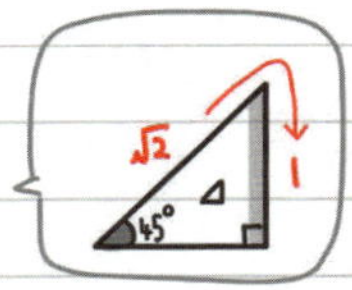

$$= 6 \div \frac{1}{\sqrt{2}}$$

$$= 6 \times \sqrt{2}$$

$$= 6\sqrt{2}$$

正弦定理を使う条件だ！

いや、まだだろ

はい！　おしまい！

そっか！　求めたのは2R
だから半分にしないといけ
ないのか！

$$2R = 6\sqrt{2}$$

$$R = 3\sqrt{2}$$

これが答えです

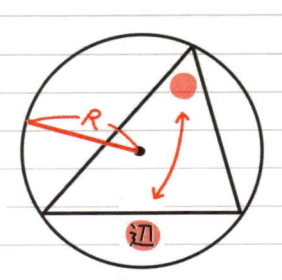

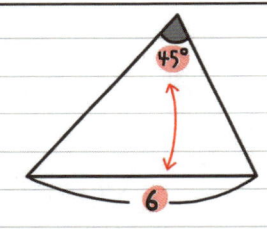

5分でわかる!

使いこなせたら天才〈余弦定理〉

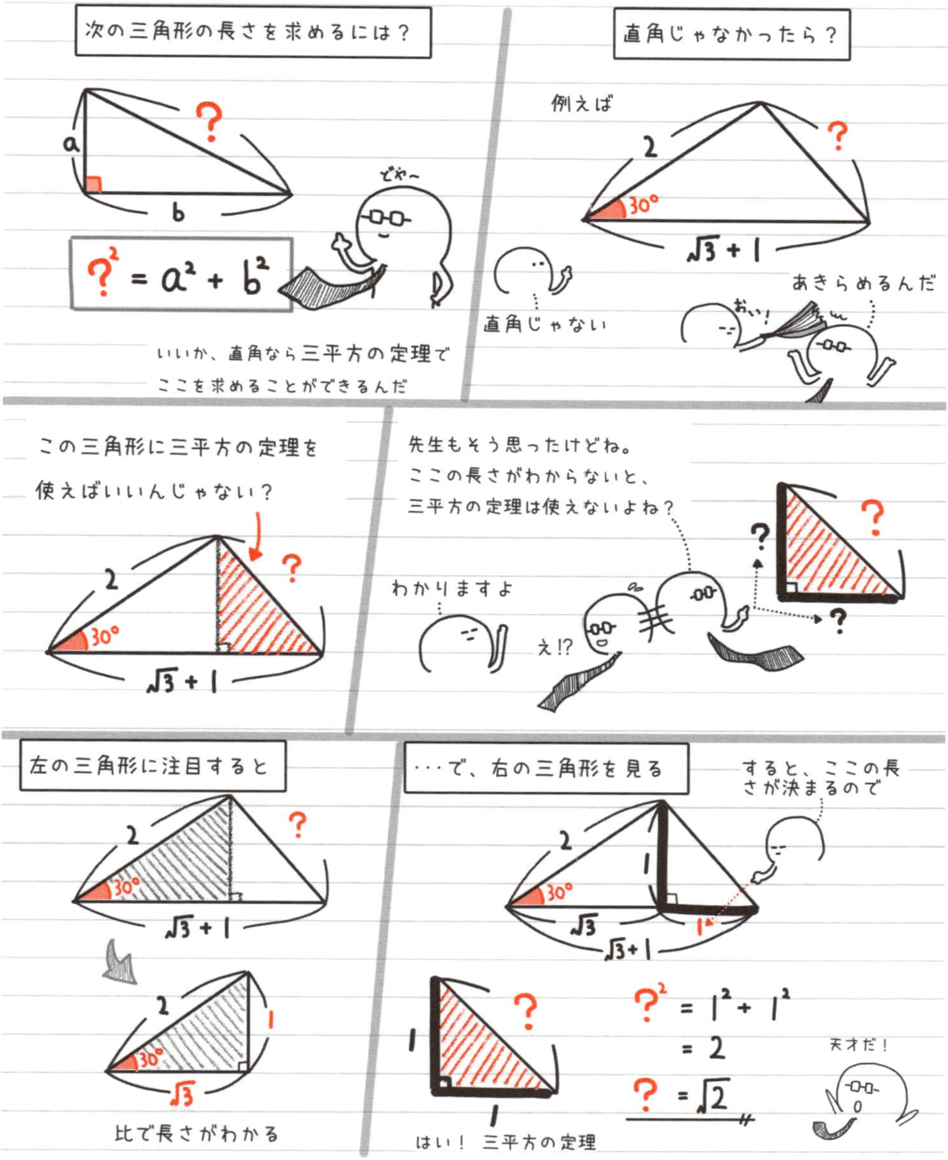

次の三角形の長さを求めるには?
?
a
b
どや〜
$?^2 = a^2 + b^2$
いいか、直角なら三平方の定理で
ここを求めることができるんだ
直角じゃなかったら?
例えば
2
?
30°
√3 + 1
直角じゃない
あきらめるんだ
おい!
この三角形に三平方の定理を
使えばいいんじゃない?
2
?
30°
√3 + 1
先生もそう思ったけどね。
ここの長さがわからないと、
三平方の定理は使えないよね?
わかりますよ
え!?
?
?
?
左の三角形に注目すると
2
?
30°
√3 + 1
2
1
30°
√3
比で長さがわかる
…で、右の三角形を見る
すると、ここの長さが決まるので
2
1
30°
√3
1
√3+1
1
?
1
$?^2 = 1^2 + 1^2$
$= 2$
$? = \sqrt{2}$
はい! 三平方の定理
天才だ!

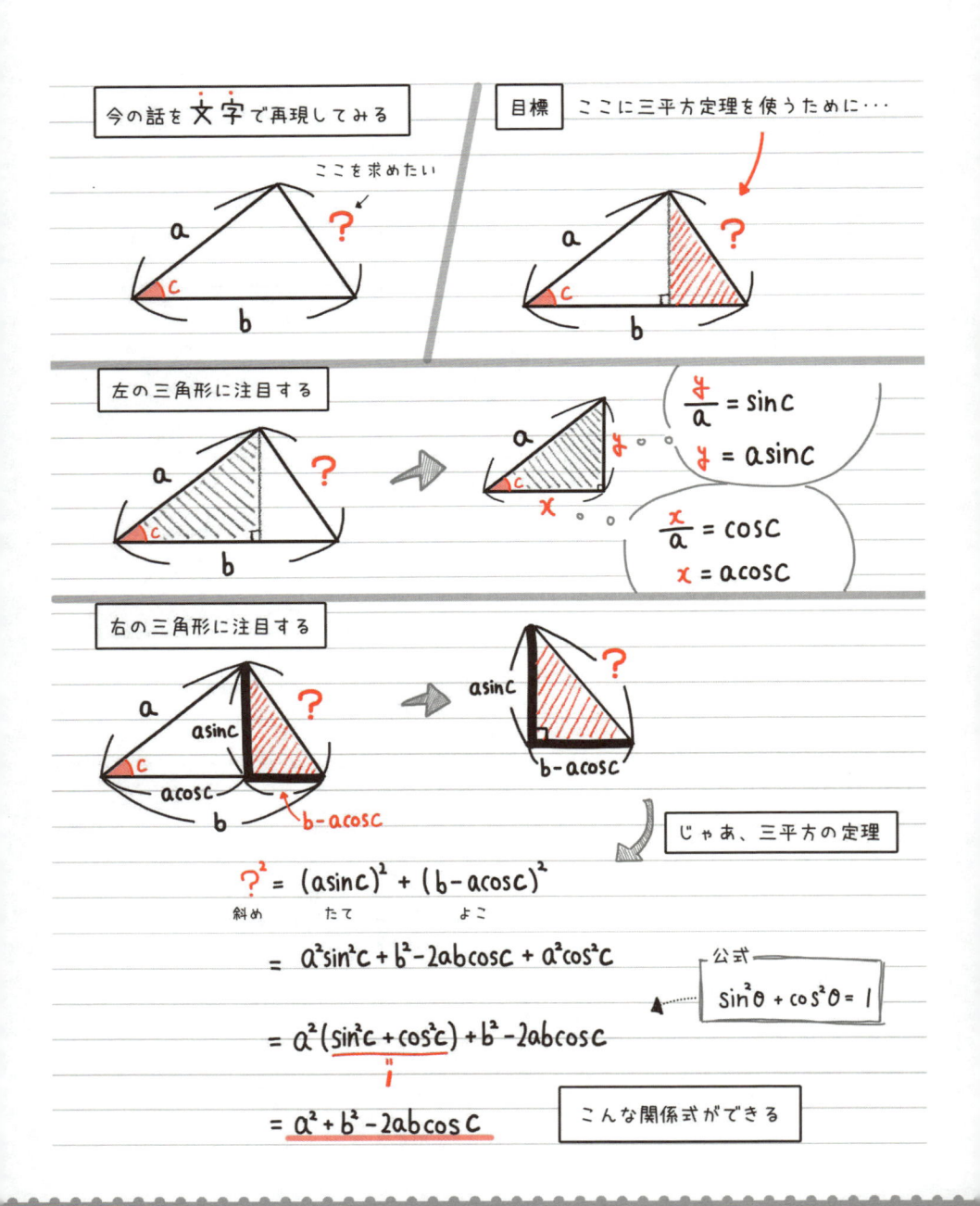

今の話を文字で再現してみる

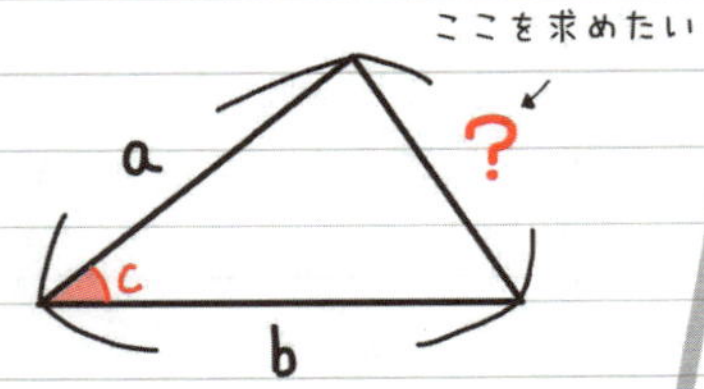

目標 ここに三平方定理を使うために…

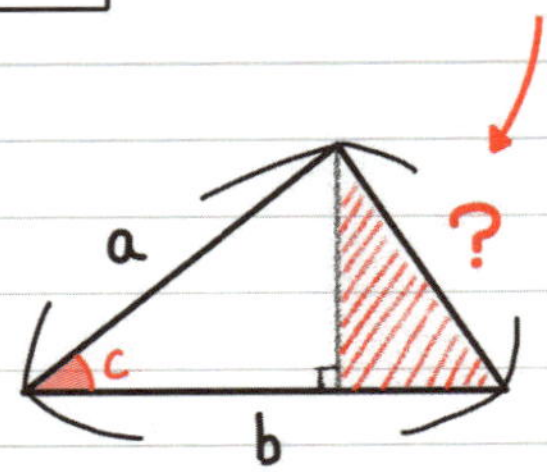

左の三角形に注目する

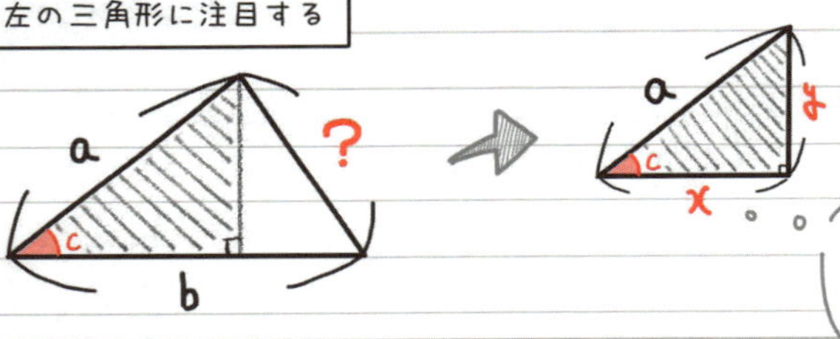

$$\frac{y}{a} = \sin C$$

$$y = a\sin C$$

$$\frac{x}{a} = \cos C$$

$$x = a\cos C$$

右の三角形に注目する

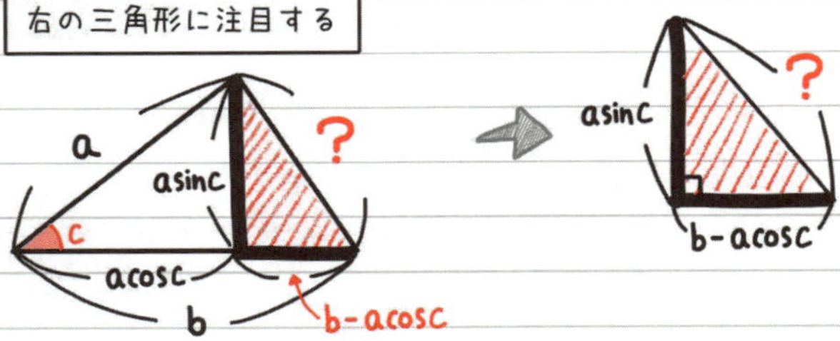

じゃあ、三平方の定理

$$?^2 = (a\sin C)^2 + (b - a\cos C)^2$$

斜め　たて　よこ

$$= a^2\sin^2 C + b^2 - 2ab\cos C + a^2\cos^2 C$$

公式
$$\sin^2\theta + \cos^2\theta = 1$$

$$= a^2(\sin^2 C + \cos^2 C) + b^2 - 2ab\cos C$$

$$= a^2 + b^2 - 2ab\cos C$$

こんな関係式ができる

じゃあ、最初からこの関係式に代入すれば長さが出る

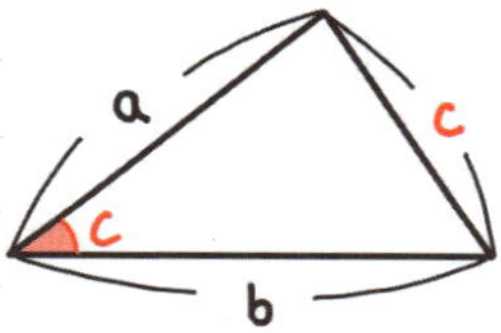

$$c^2 = a^2 + b^2 - 2ab\cos C$$

これを**余弦定理**と言う

こんなイメージです

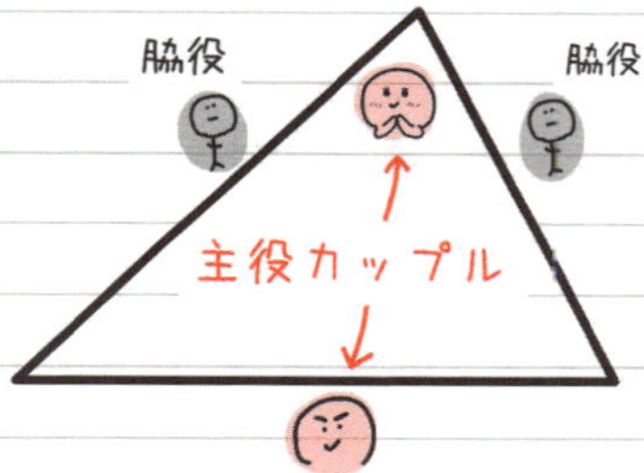

主役から始まって

主役で終わる

$$主^2 = 脇役^2 + 脇役^2 - 2 \times 脇役 \times 脇役 \times \cos 主$$

問題）xの長さを求めよ。

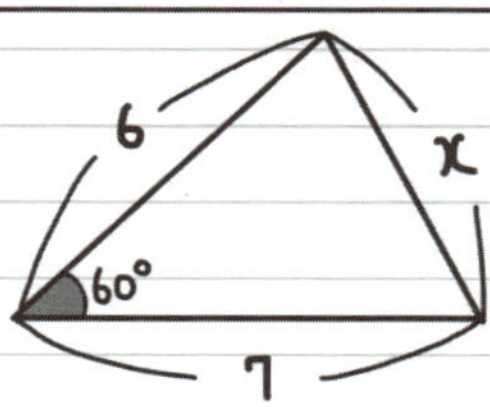

①まず、カップルを探す　②その両サイドが脇役

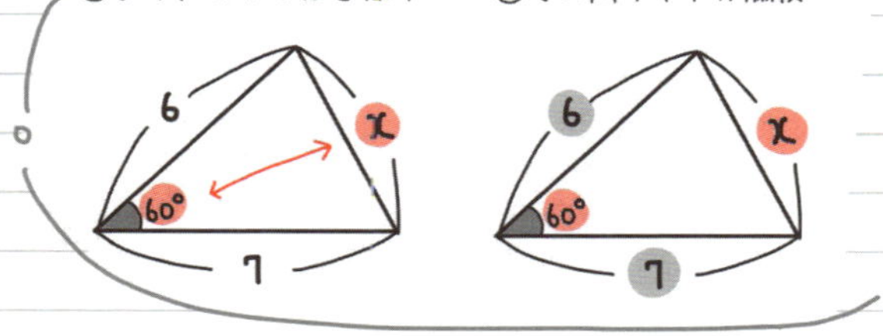

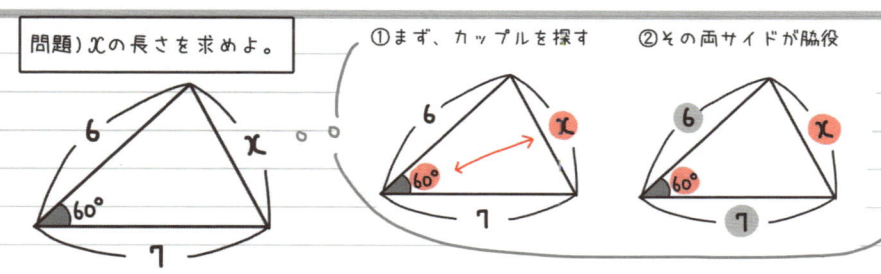

$$x^2 = 6^2 + 7^2 - 2 \cdot 6 \cdot 7 \cdot \cos 60^\circ$$

$$= 36 + 49 - 2 \cdot 6 \cdot 7 \cdot \frac{1}{2}$$

ここで計算　ここで計算

$$= 85 - 42 = 43$$

$x > 0$ より、$x = \sqrt{43}$

そかそか！ 最後に2乗を外すのか！ あぶねー！

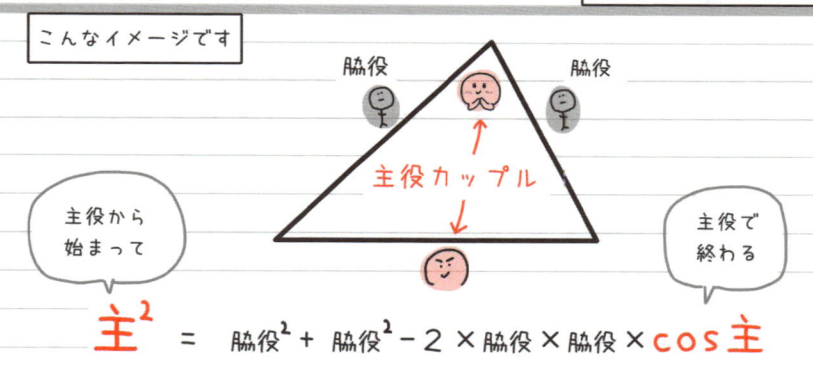

問題）角Aの大きさを求めよ。

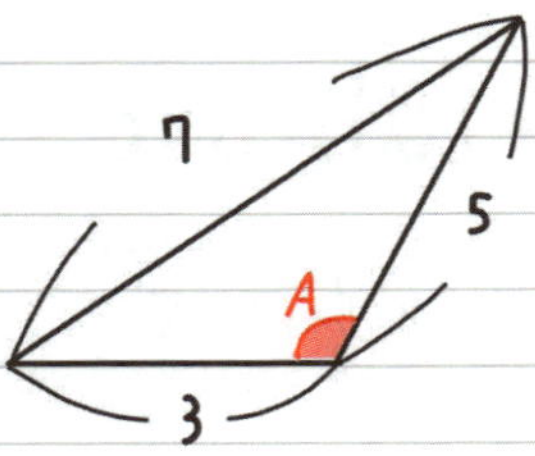

これは、なに定理を使う？

登場人物は1組のカップルと両サイドに脇役

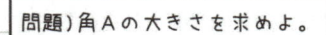

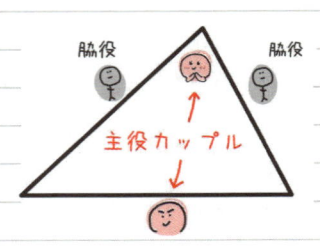

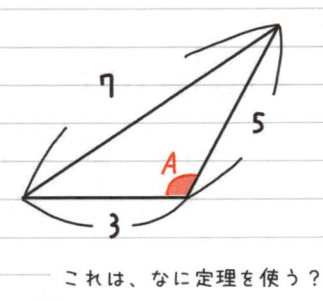

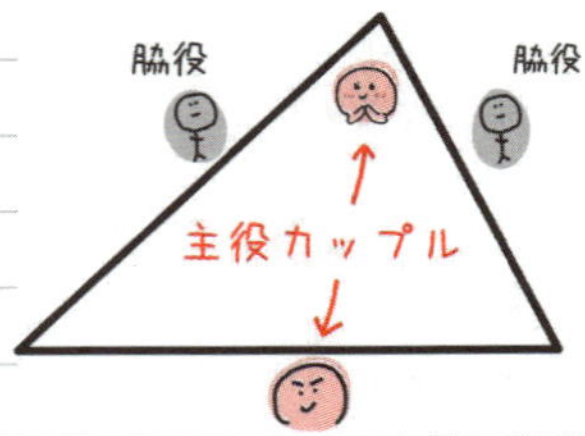

このメンバーが出たら余弦定理を疑おう

たしかにメンツはそろってる（1か所わからないだけ）

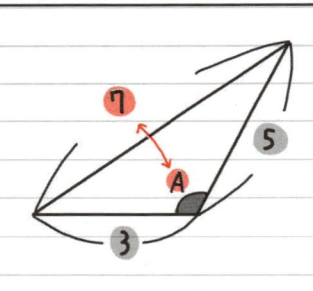

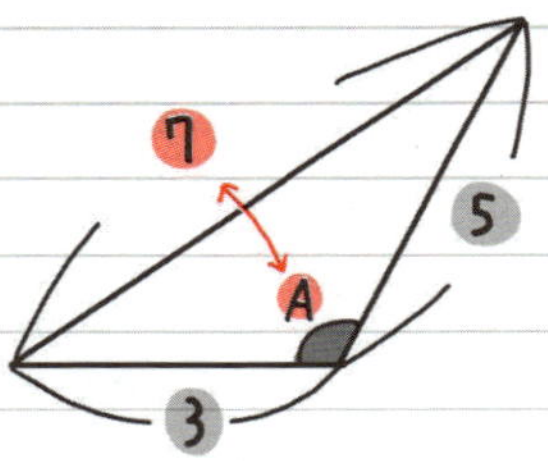

$$7^2 = 3^2 + 5^2 - 2\cdot 3\cdot 5\cdot \cos A$$

$$49 = 34 - 30\cos A$$

$$30\cos A = -15$$

÷30

$$\cos A = -\frac{1}{2}$$

cosの値が出た

cosの値がわかれば角度もわかるよね？

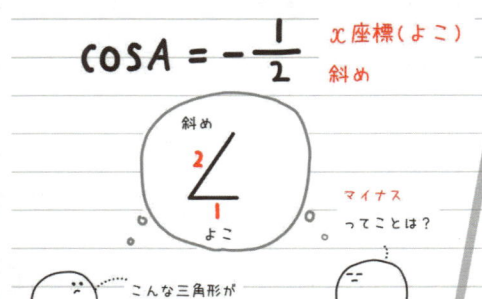

$$\cos A = -\frac{1}{2}$$

x座標（よこ）

斜め

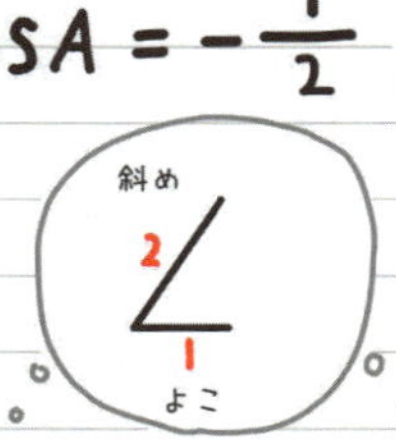

こんな三角形ができるとき

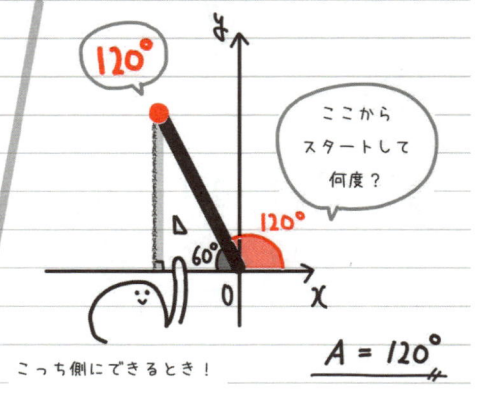

マイナス

ってことは？

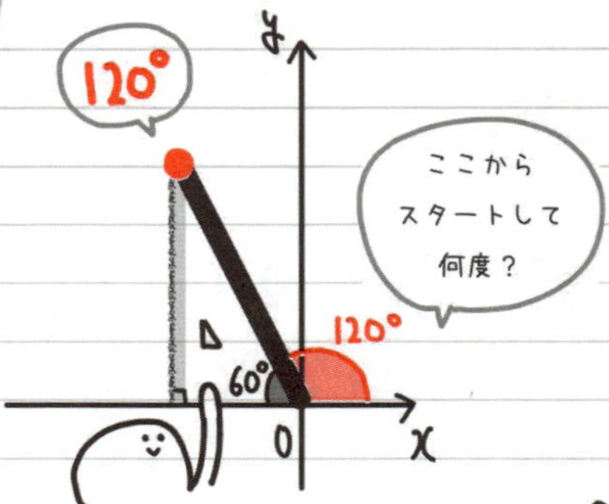

こっち側にできるとき！

$$A = 120^\circ$$

3分でわかる!

定理を使いこなして三角比マスターへ

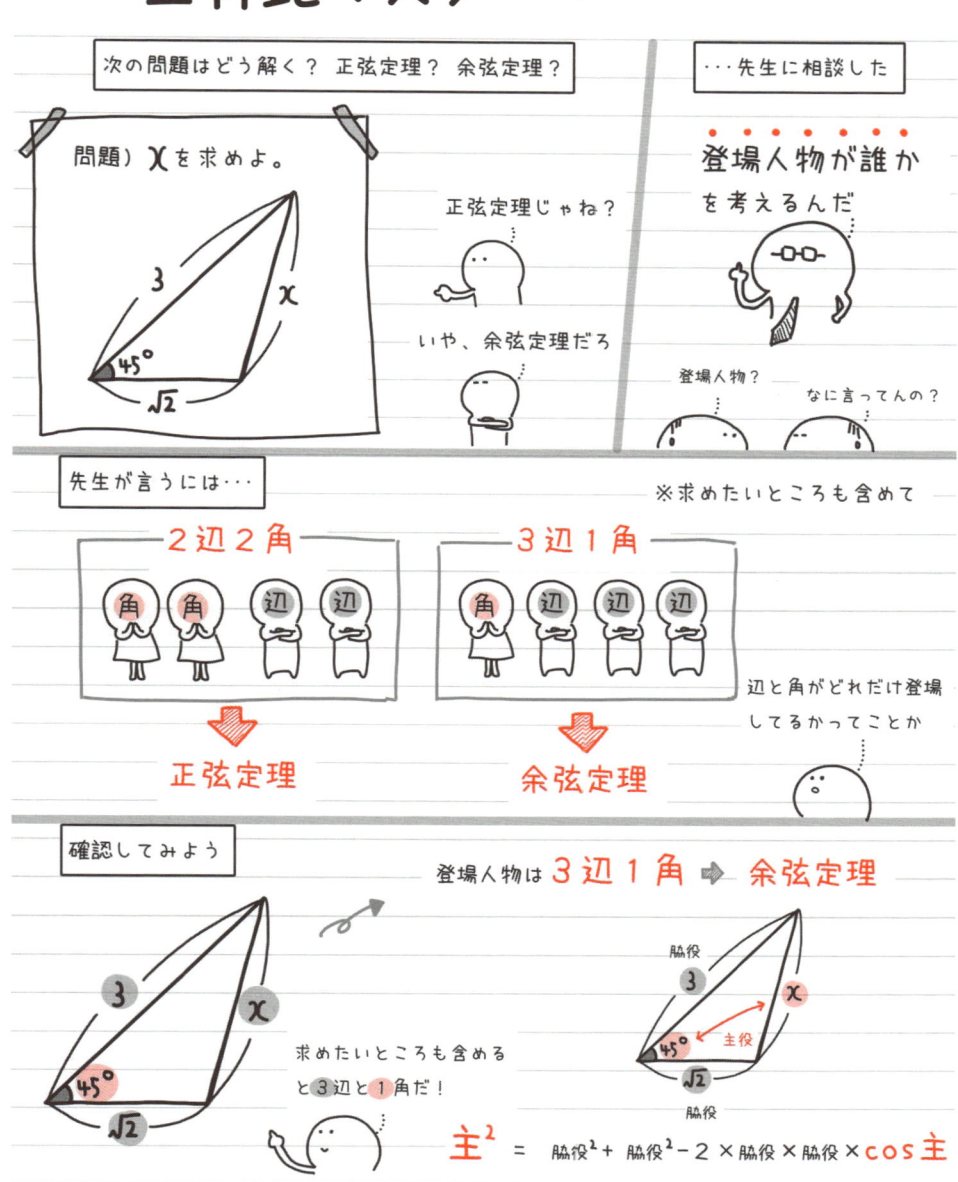

次の問題はどう解く? 正弦定理? 余弦定理?

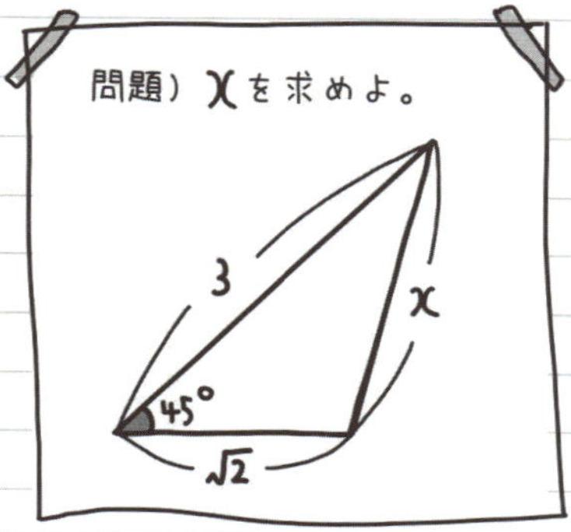

正弦定理じゃね?

いや、余弦定理だろ

…先生に相談した

登場人物が誰かを考えるんだ

登場人物?

なに言ってんの?

先生が言うには…

※求めたいところも含めて

↓

正弦定理

↓

余弦定理

辺と角がどれだけ登場してるかってことか

確認してみよう

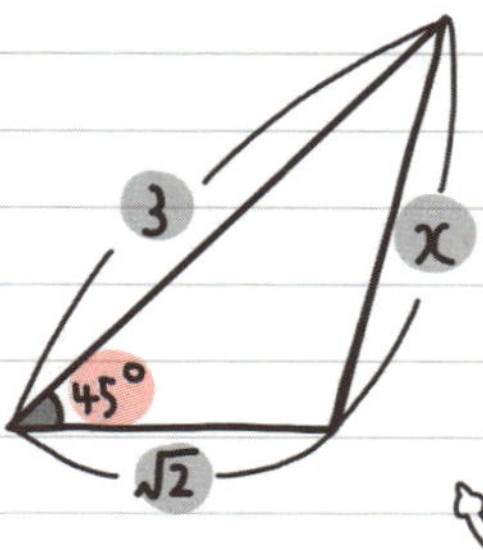

求めたいところも含めると3辺と1角だ!

登場人物は3辺1角 ➡ 余弦定理

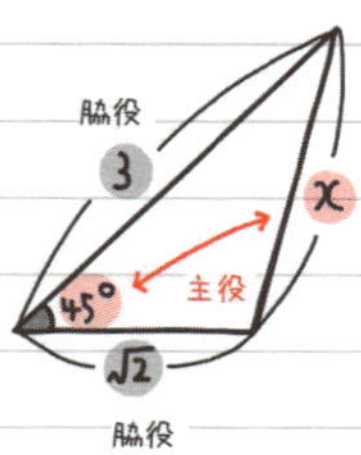

主^2 = 脇役^2+ 脇役^2−2×脇役×脇役×cos主

つまり…

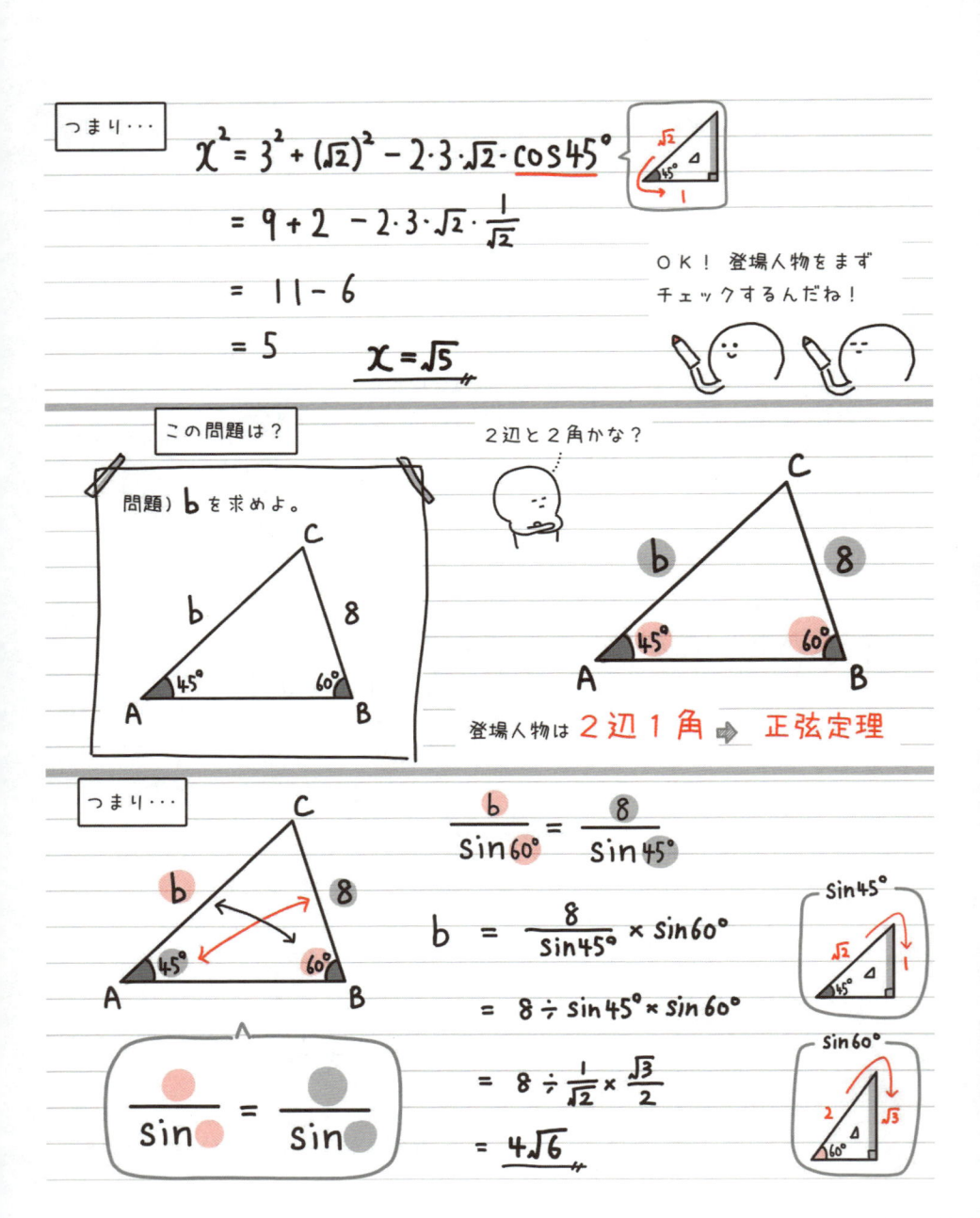

$$x^2 = 3^2 + (\sqrt{2})^2 - 2\cdot3\cdot\sqrt{2}\cdot\cos45^\circ$$
$$= 9 + 2 - 2\cdot3\cdot\sqrt{2}\cdot\frac{1}{\sqrt{2}}$$
$$= 11 - 6$$
$$= 5 \qquad x = \sqrt{5}$$

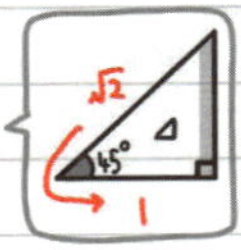

ＯＫ！　登場人物をまずチェックするんだね！

この問題は？

問題）bを求めよ。

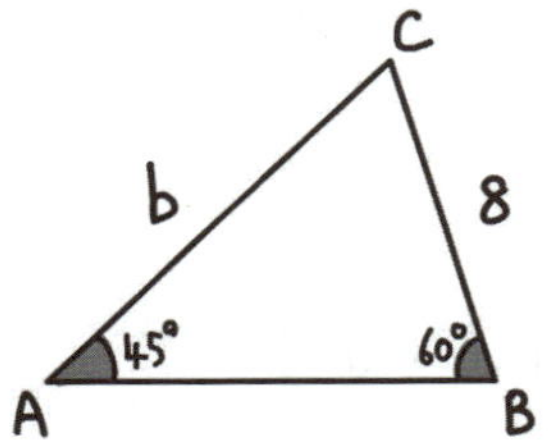

２辺と２角かな？

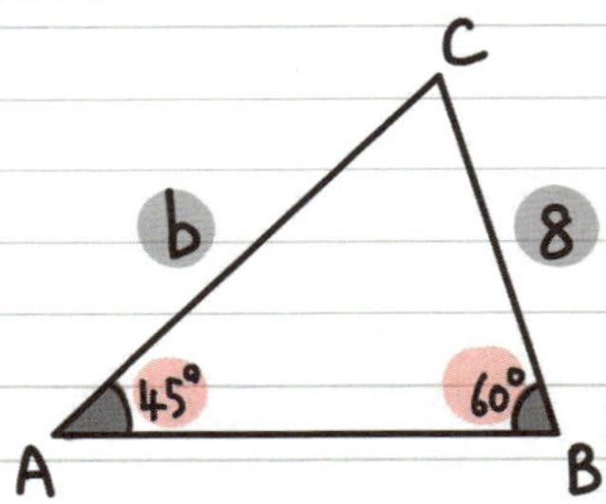

登場人物は ２辺１角 ➡ 正弦定理

つまり…

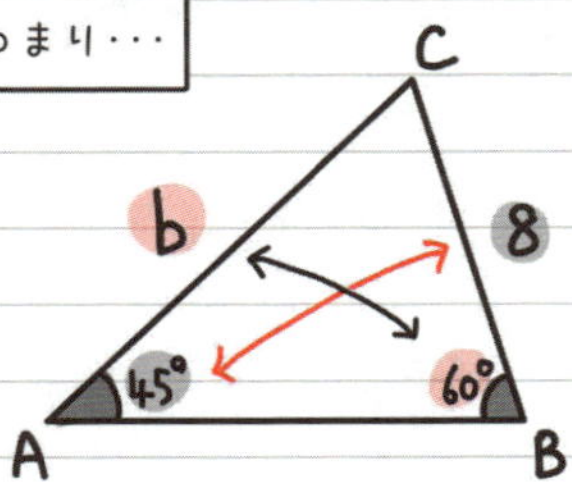

$$\frac{b}{\sin60^\circ} = \frac{8}{\sin45^\circ}$$

$$b = \frac{8}{\sin45^\circ} \times \sin60^\circ$$
$$= 8 \div \sin45^\circ \times \sin60^\circ$$
$$= 8 \div \frac{1}{\sqrt{2}} \times \frac{\sqrt{3}}{2}$$
$$= 4\sqrt{6}$$

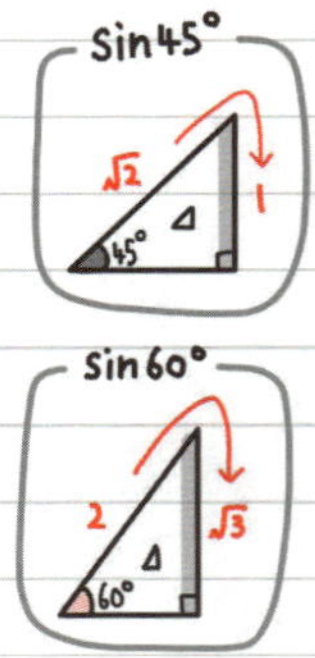

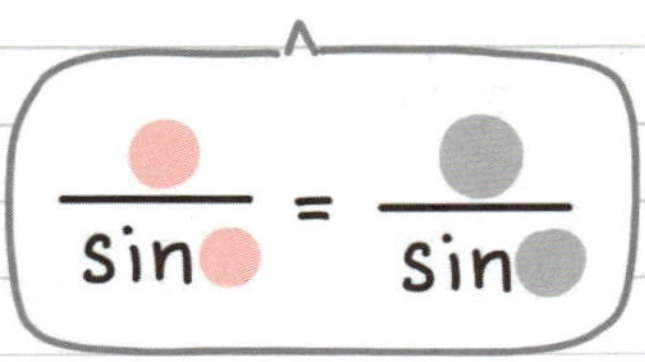

じゃあこの問題は？

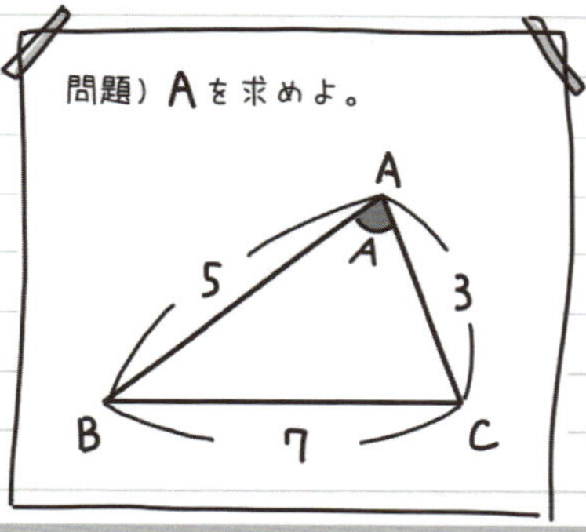

3辺と1角だ！

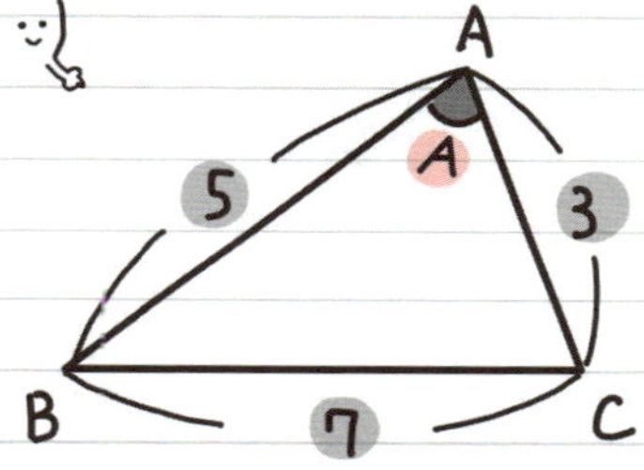

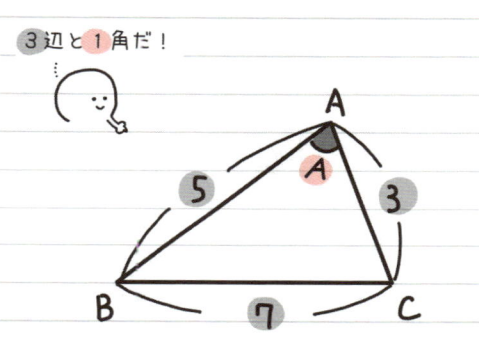

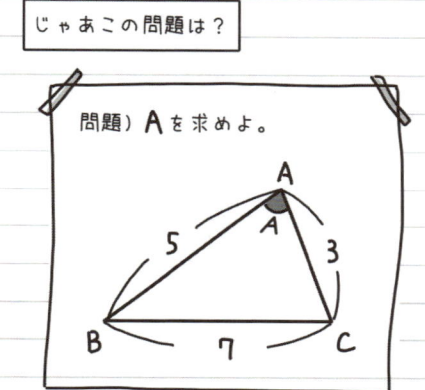

登場人物は**3辺1角** ➡ **余弦定理**

つまり・・・

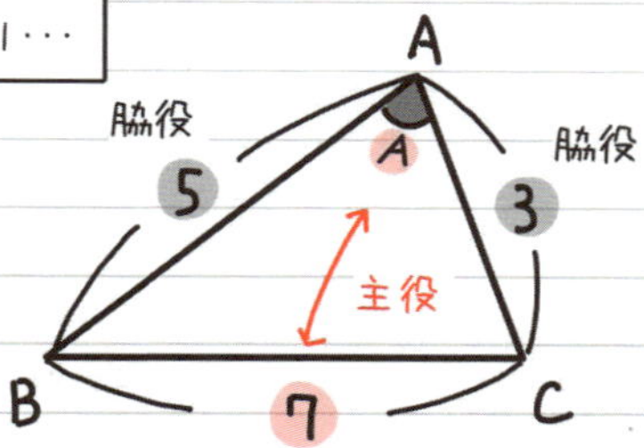

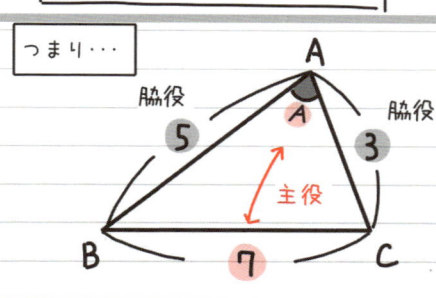

$$7^2 = 3^2 + 5^2 - 2 \cdot 3 \cdot 5 \cdot \cos A$$

$$49 = 34 - 30\cos A$$

$$30\cos A = -15$$

$$\cos A = -\frac{1}{2}$$

cosの値がわかれば角度もわかる

$$\cos A = -\frac{1}{2}$$

x座標（よこ）

斜め

この三角形が出現するとき！

cosがマイナスなのでこっちのエリアにできるとき

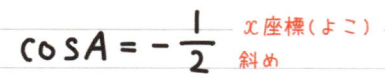

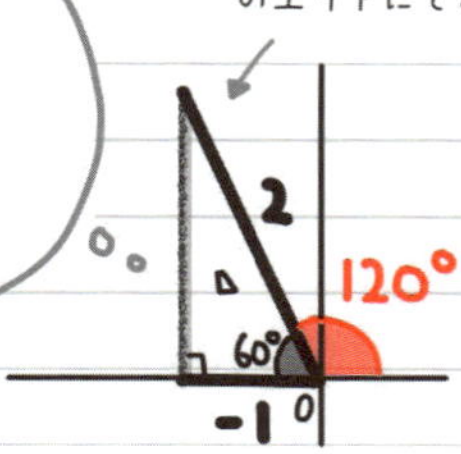

$A = 120°$

ちなみに・・・

今、余弦定理で角度を求めたよね。式変形が大変じゃなかった？

まあ、移項やらなんやらしたけど

・・・それなら、最初から角度を求めやすいように、定理を式変形しておくといい、らしい

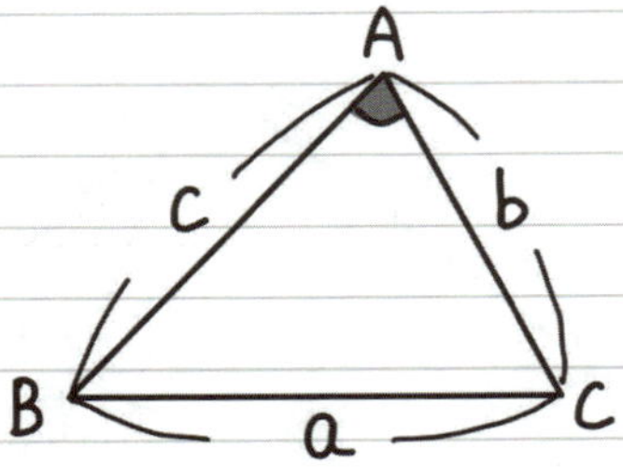

$$a^2 = b^2 + c^2 - 2bc\cos A$$

ここが知りたいので

$$2bc\cos A = b^2 + c^2 - a^2$$

$$\cos A = \frac{b^2 + c^2 - a^2}{2bc}$$

名づけて「余弦定理(バージョン2)」

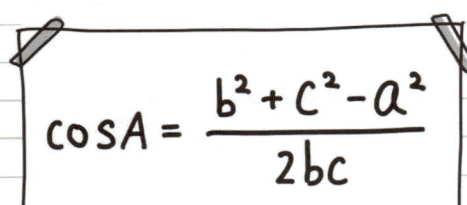

$$\cos A = \frac{b^2 + c^2 - a^2}{2bc}$$

角度を求めるのに特化した形

cosの値や角度を求めたかったら、この形を使ったほうが計算がラクなんだ。あ、でも覚えるのが負担なら、今までの余弦定理を使えばいいよ。

今までの余弦定理から
作れるし・・・。使えるの？

これでさっきの問題を解いてみると・・・

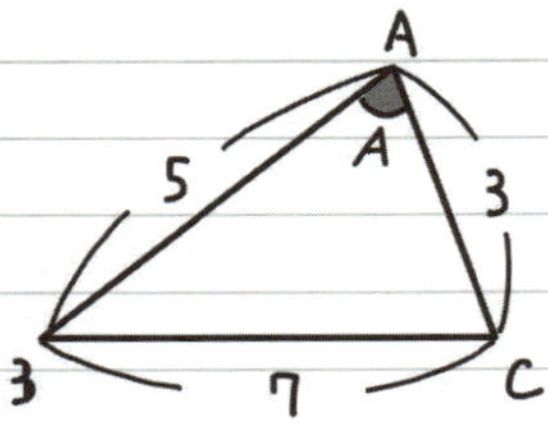

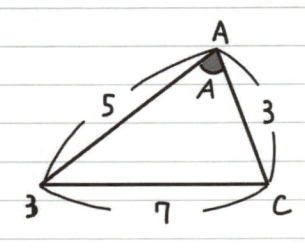

$$\cos A = \frac{5^2 + 3^2 - 7^2}{2 \cdot 5 \cdot 3}$$

$$= \frac{-15}{30}$$

$$= -\frac{1}{2}$$

$$A = 120^\circ$$

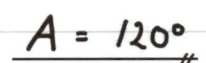

1分でわかる!

三角比で三角形の面積はここまでわかる!

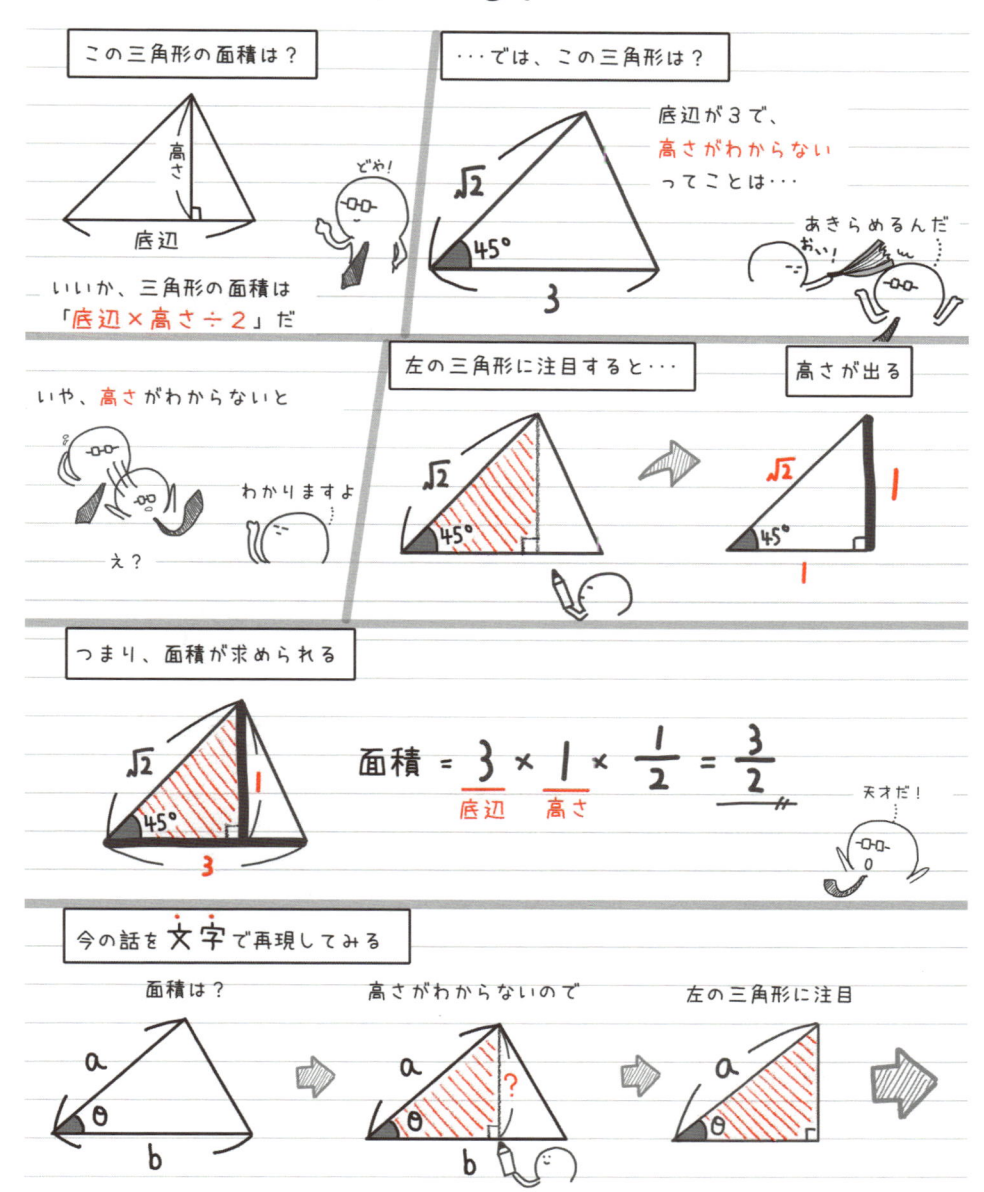

この三角形の面積は？

いいか、三角形の面積は「底辺×高さ÷2」だ

・・・では、この三角形は？

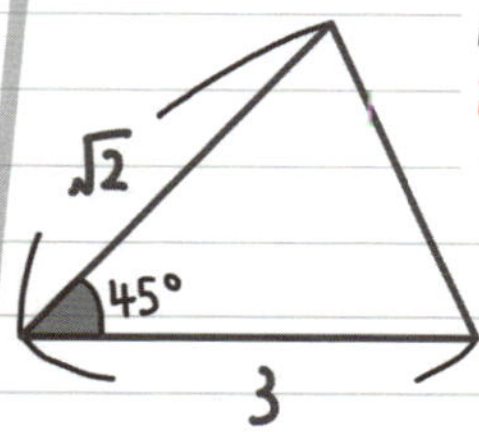

底辺が3で、高さがわからないってことは・・・

いや、高さがわからないと

左の三角形に注目すると・・・

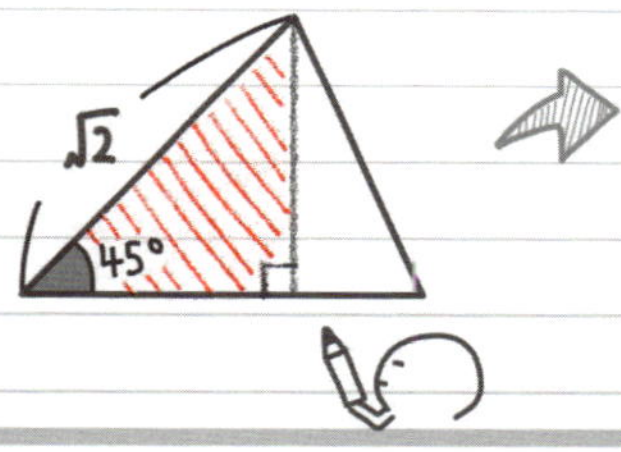

高さが出る

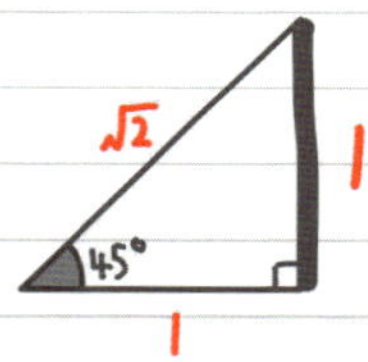

つまり、面積が求められる

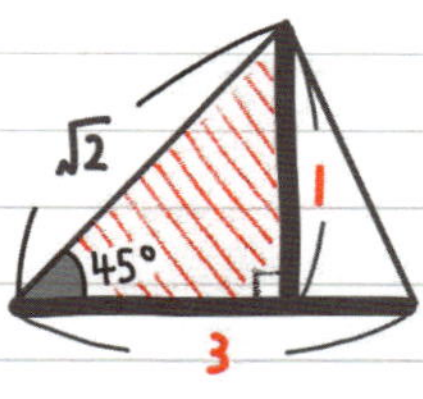

$$面積 = \underset{底辺}{3} \times \underset{高さ}{1} \times \frac{1}{2} = \frac{3}{2}$$

今の話を文字で再現してみる

面積は？　　高さがわからないので　　左の三角形に注目

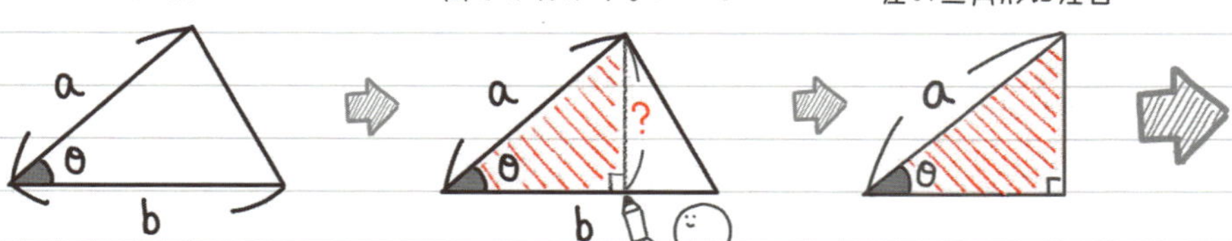

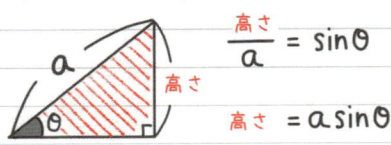

高さが出る

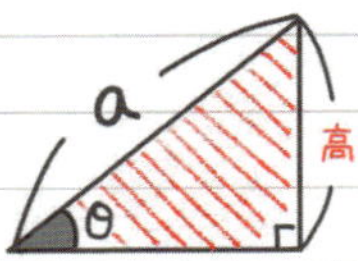

$\dfrac{高さ}{a} = \sin\theta$

$高さ = a\sin\theta$

準備は整った

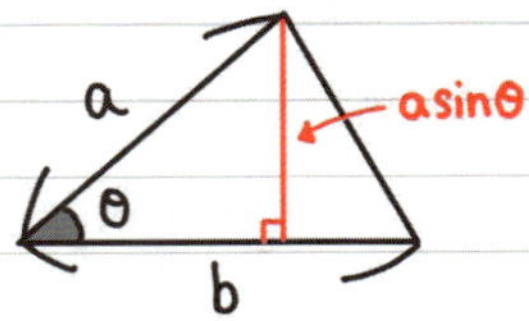

…面積は？

$面積 = \underset{底辺}{\underline{b}} \times \underset{高さ}{\underline{a\sin\theta}} \times \dfrac{1}{2}$

$= \boxed{\dfrac{1}{2}ab\sin\theta}$

これが**面積の公式**である

結局、使うのは
この３つの値

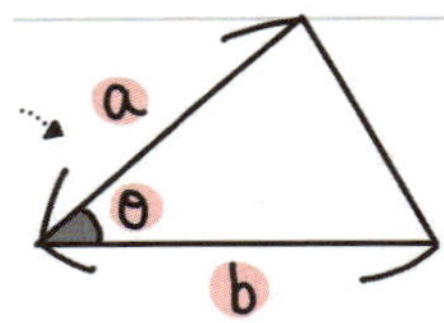

こんなイメージ

$面積 = \dfrac{1}{2} \times 辺 \times 辺 \times \sin\theta$

２辺とその間の角を使う

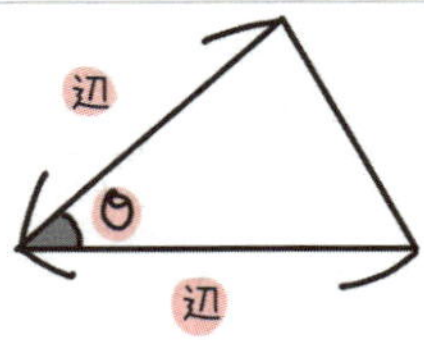

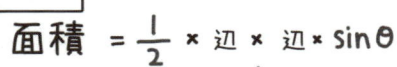

問）次の三角形の面積を求めよ。

２辺とその間の角がわかってる

２辺とその間の角がわかれば
面積は出せるんだぞー

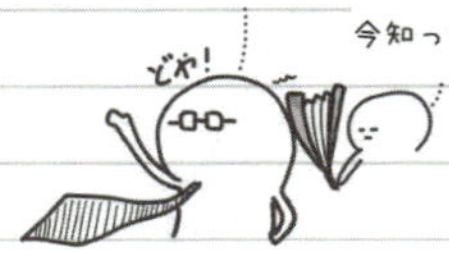

$面積 = \dfrac{1}{2} \times 6 \times 4 \times \underline{\sin 120^\circ}$　（$\sin 120^\circ = \dfrac{\sqrt{3}}{2}$）

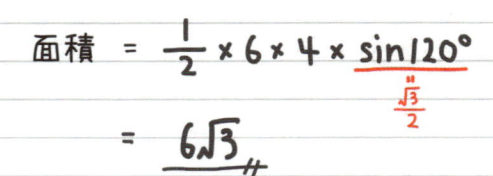

$= \underline{6\sqrt{3}}$ //

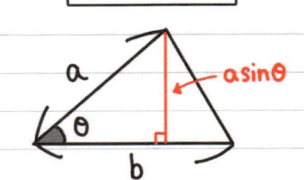

1分でわかる!

角度不明でも3辺から面積がわかる!

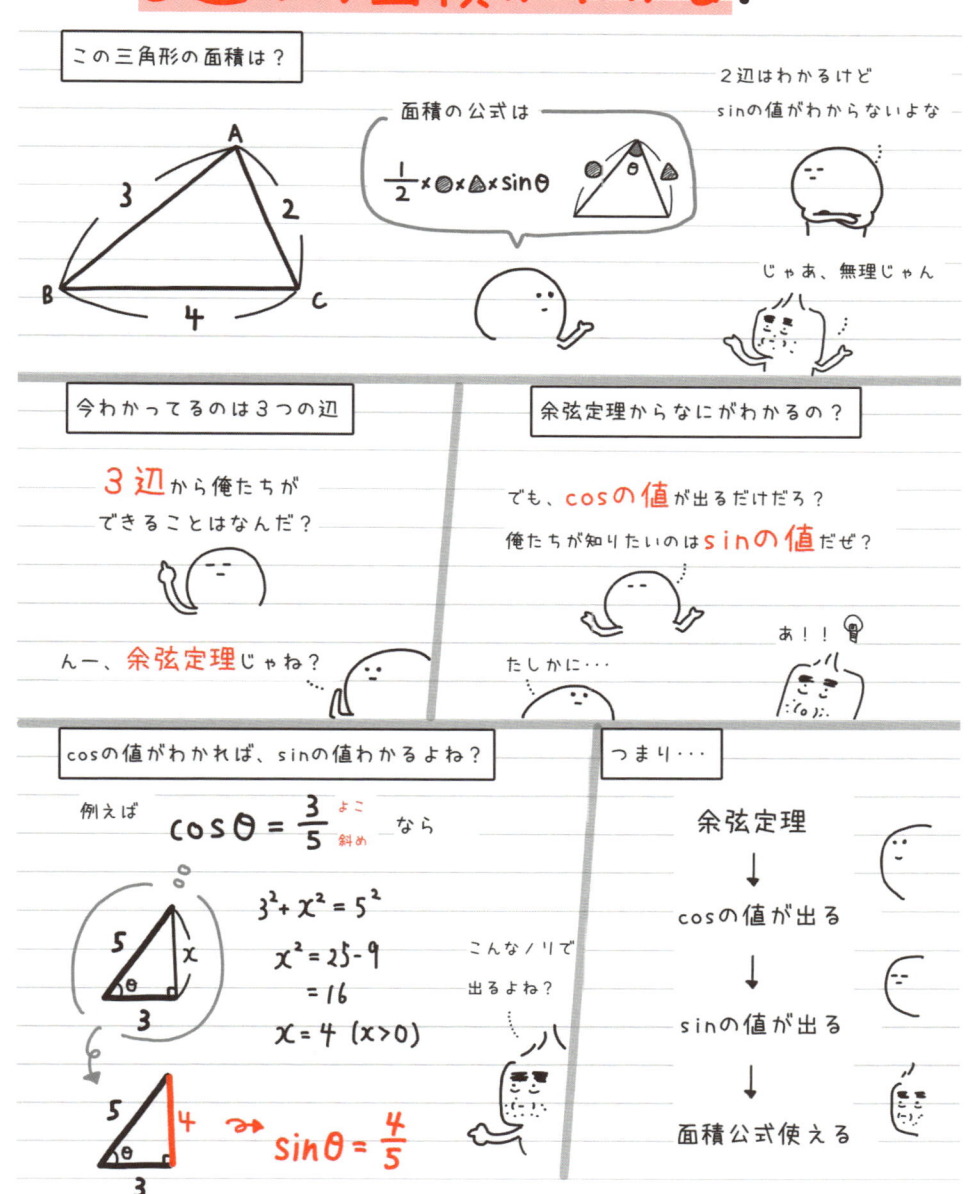

この三角形の面積は?

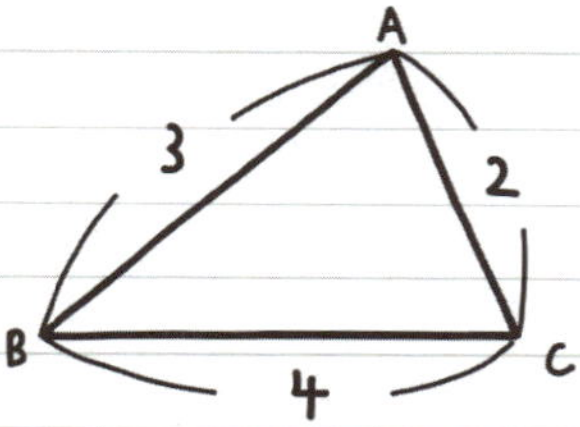

面積の公式は

$\frac{1}{2}\times$●$\times$▲$\times\sin\theta$

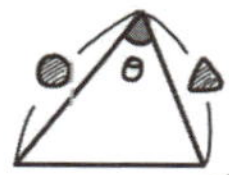

2辺はわかるけど

sinの値がわからないよな

じゃあ、無理じゃん

今わかってるのは3つの辺

3辺から俺たちが

できることはなんだ?

んー、余弦定理じゃね?

余弦定理からなにがわかるの?

でも、cosの値が出るだけだろ?

俺たちが知りたいのはsinの値だぜ?

たしかに…

あ!!

cosの値がわかれば、sinの値わかるよね?

例えば $\cos\theta = \frac{3}{5}$ (よこ / 斜め) なら

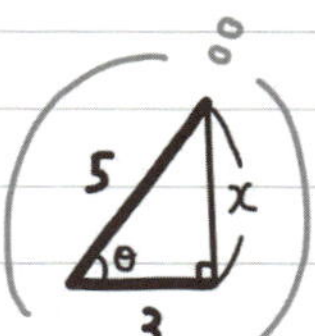

$3^2 + x^2 = 5^2$

$x^2 = 25 - 9$

$= 16$

$x = 4 \ (x > 0)$

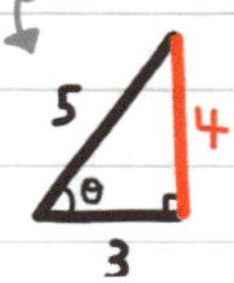

→ $\sin\theta = \frac{4}{5}$

こんなノリで

出るよね?

つまり…

余弦定理

↓

cosの値が出る

↓

sinの値が出る

↓

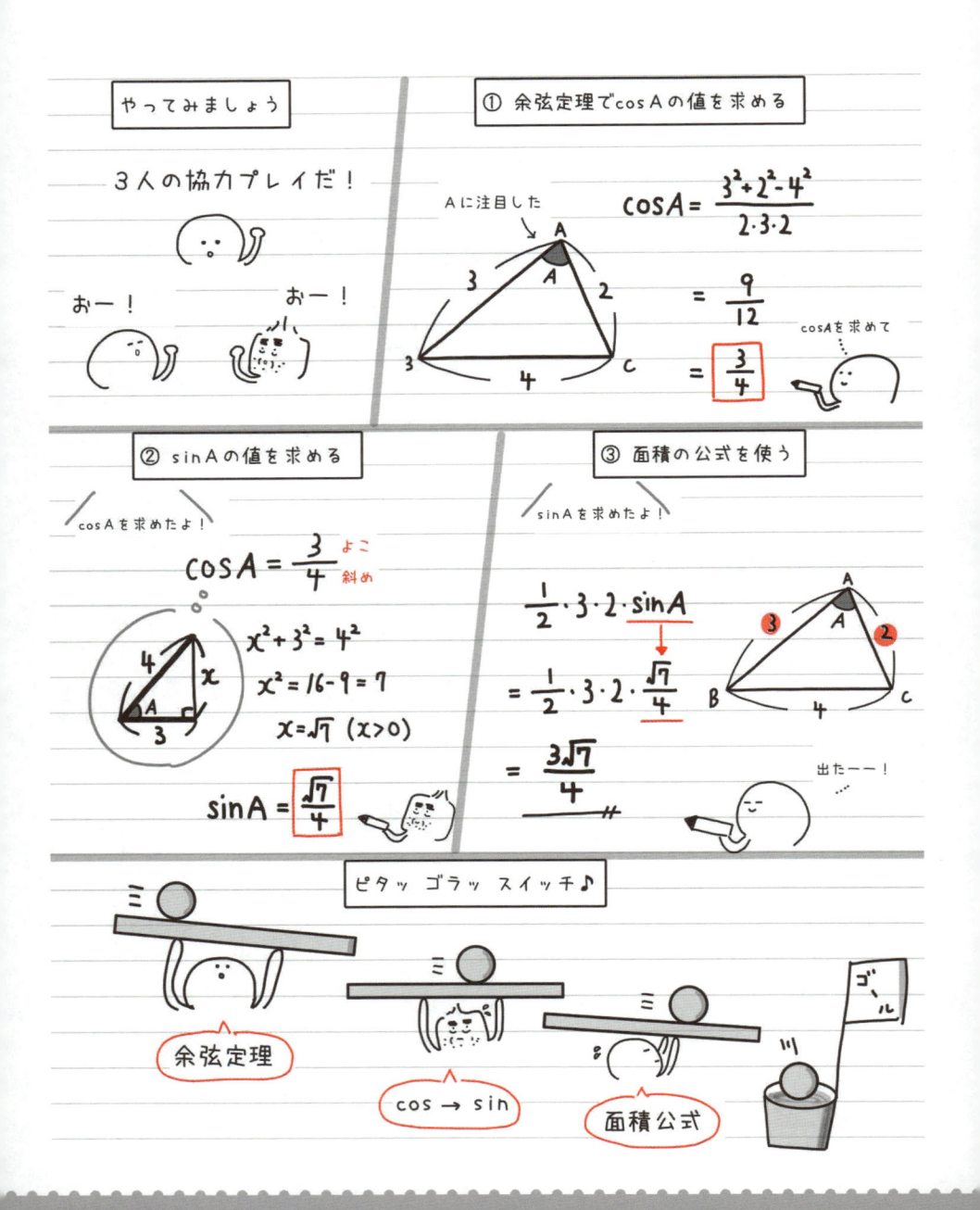

面積公式使える

やってみましょう

3人の協力プレイだ！

① 余弦定理でcos Aの値を求める

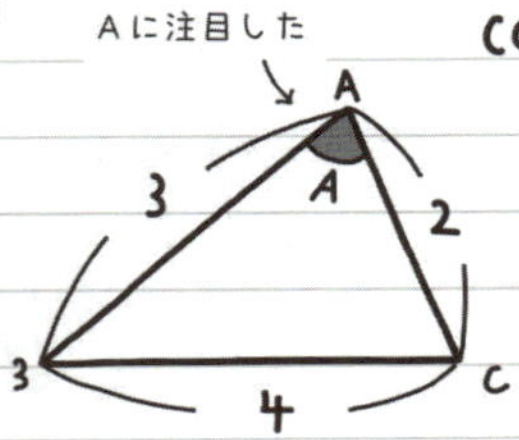

$$\cos A = \frac{3^2+2^2-4^2}{2\cdot3\cdot2}$$

$$= \frac{9}{12}$$

$$= \boxed{\frac{3}{4}}$$

② sinAの値を求める

cosAを求めたよ！

$$\cos A = \frac{3}{4}$$ よこ／斜め

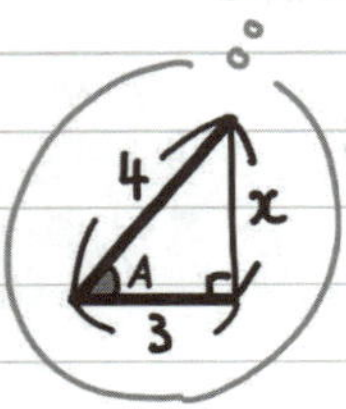

$$x^2+3^2=4^2$$

$$x^2=16-9=7$$

$$x=\sqrt{7}\ (x>0)$$

$$\sin A = \boxed{\frac{\sqrt{7}}{4}}$$

③ 面積の公式を使う

sinAを求めたよ！

$$\frac{1}{2}\cdot3\cdot2\cdot\sin A$$

$$=\frac{1}{2}\cdot3\cdot2\cdot\frac{\sqrt{7}}{4}$$

$$=\frac{3\sqrt{7}}{4}$$ //

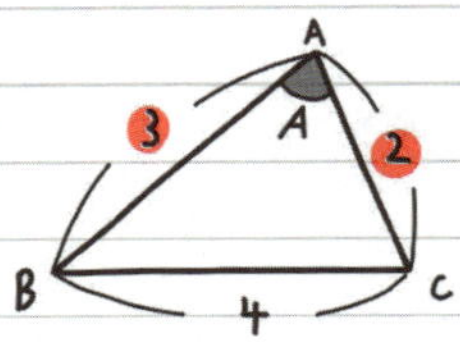

ピタッ　ゴラッ　スイッチ♪

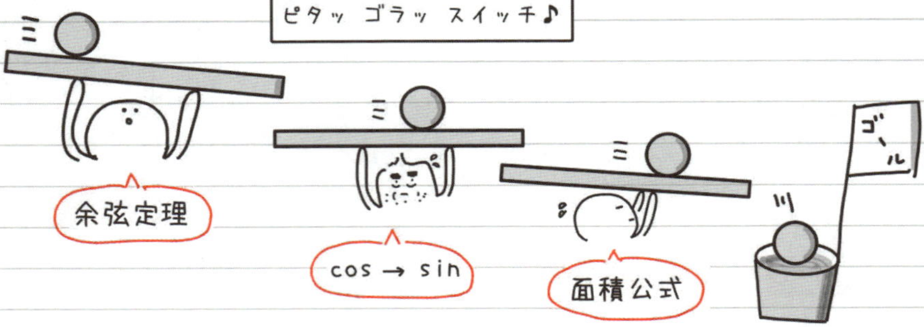

1分でわかる!

三角比で空間図形までわかる!

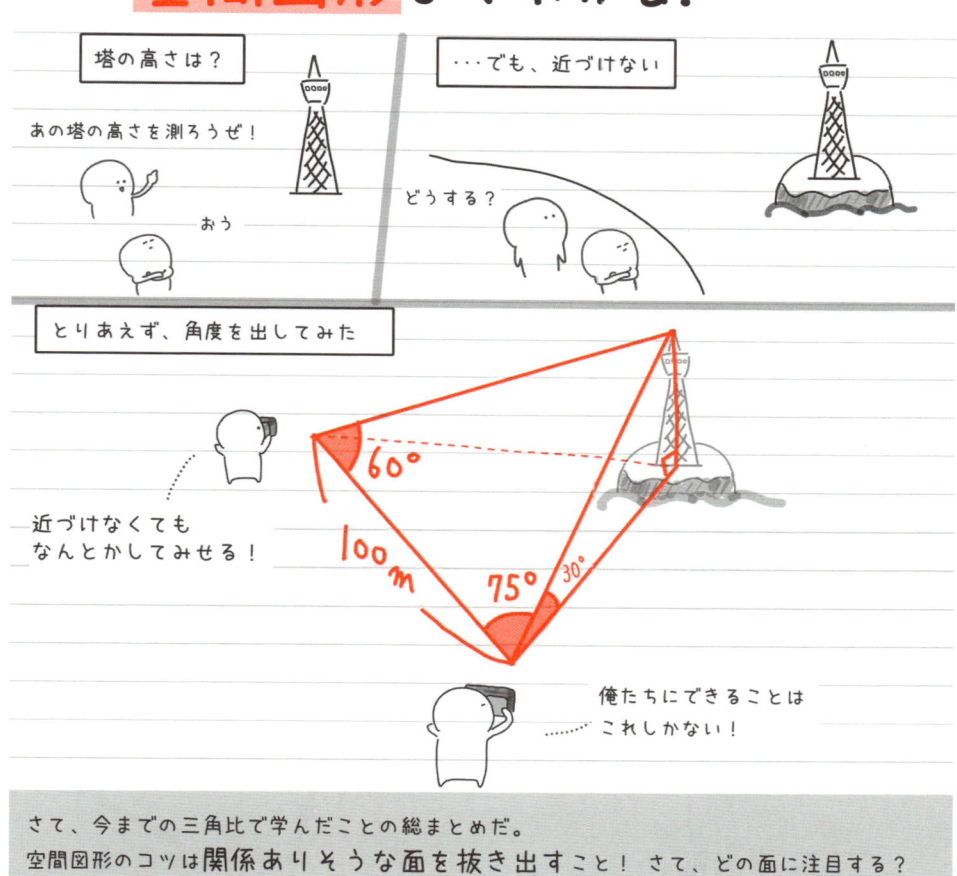

塔の高さは？
あの塔の高さを測ろうぜ！
おう
・・・でも、近づけない
どうする？

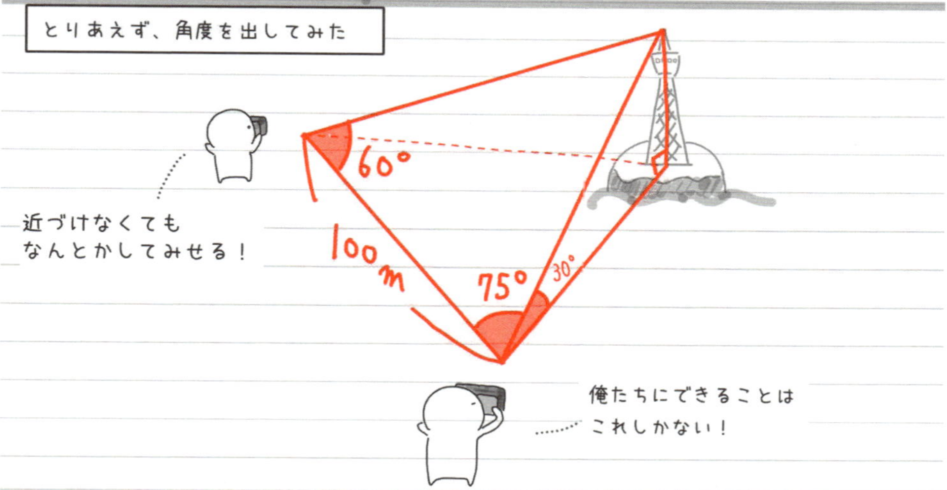

とりあえず、角度を出してみた
60°
100m
75°
30°
近づけなくても
なんとかしてみせる！
俺たちにできることは
これしかない！

さて、今までの三角比で学んだことの総まとめだ。
空間図形のコツは**関係ありそうな面を抜き出すこと！** さて、どの面に注目する？

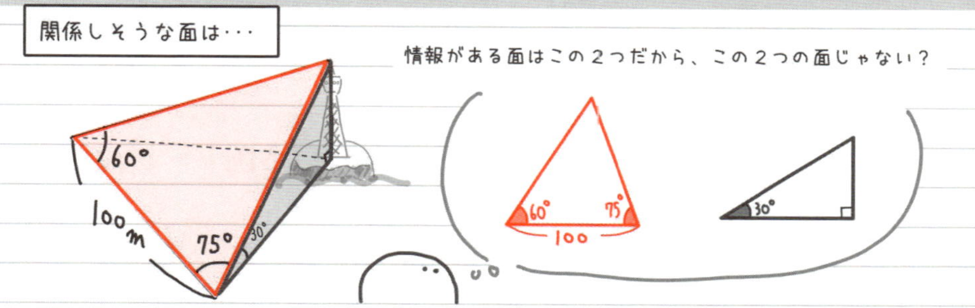

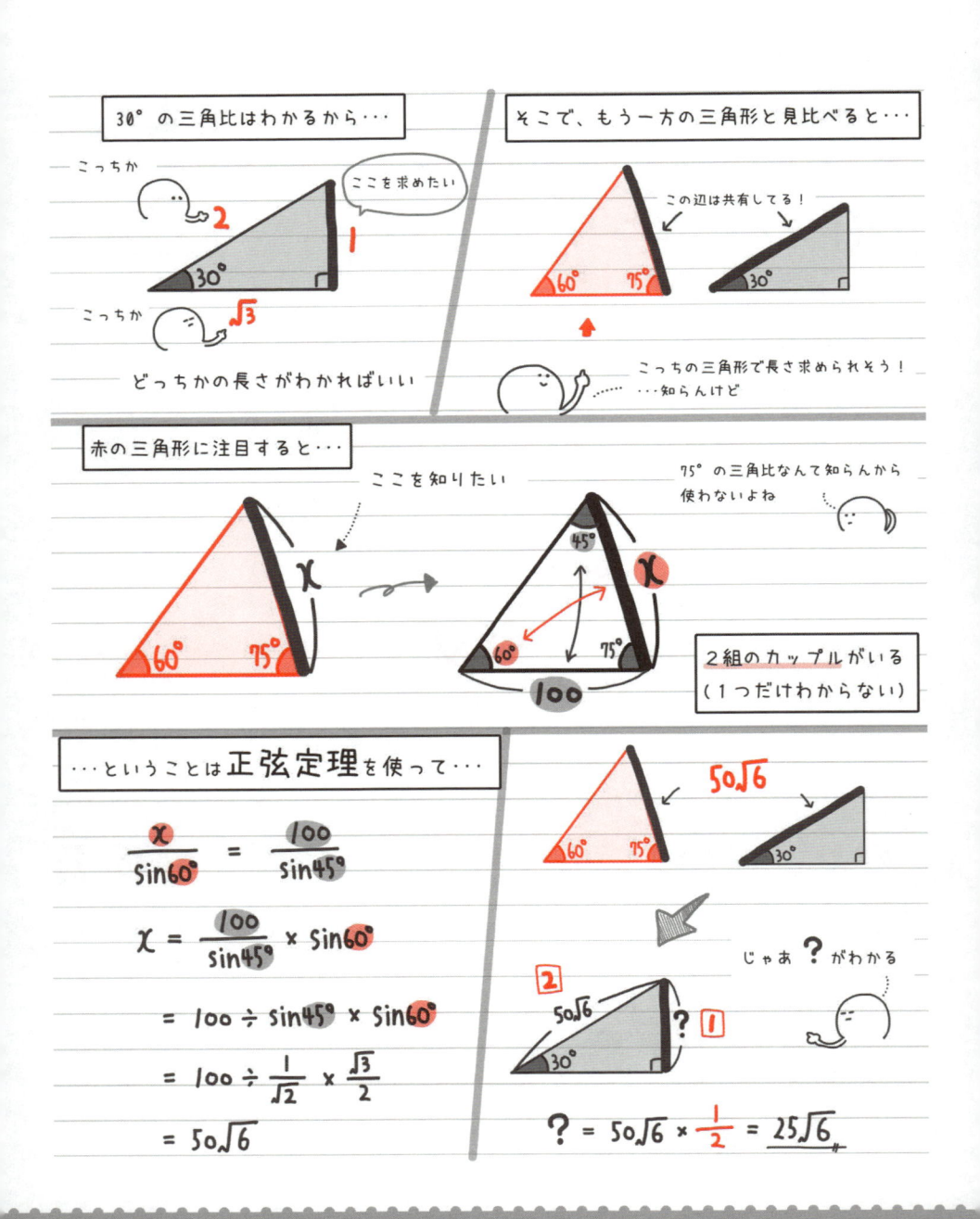

30°の三角比はわかるから…

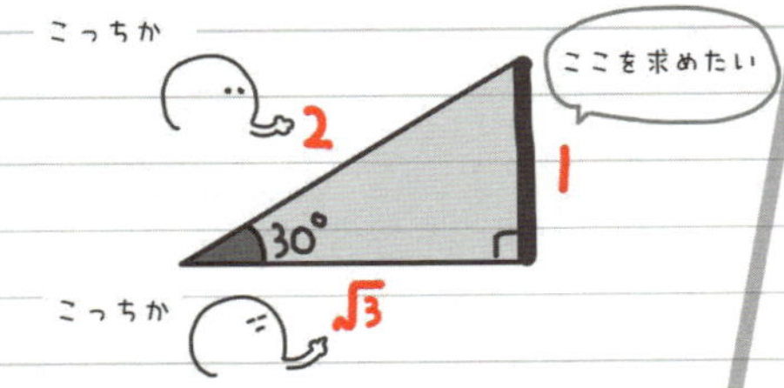
こっちか
2
ここを求めたい
1
30°
こっちか
√3

どっちかの長さがわかればいい

そこで、もう一方の三角形と見比べると…

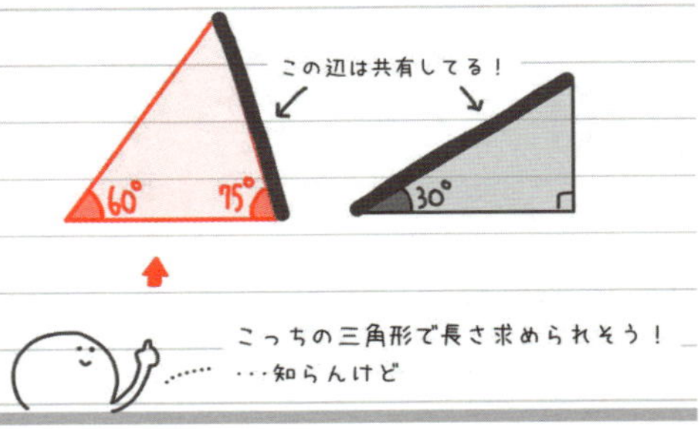
この辺は共有してる！
60°
75°
30°
こっちの三角形で長さ求められそう！
…知らんけど

赤の三角形に注目すると…

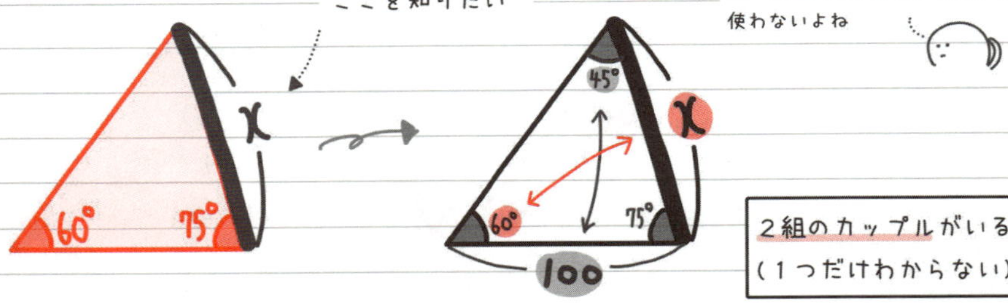
ここを知りたい
60°
75°
x
75°の三角比なんて知らんから
使わないよね
45°
x
60°
75°
100

2組のカップルがいる
（1つだけわからない）

…ということは**正弦定理**を使って…

$$\frac{x}{\sin 60^\circ} = \frac{100}{\sin 45^\circ}$$

$$x = \frac{100}{\sin 45^\circ} \times \sin 60^\circ$$

$$= 100 \div \sin 45^\circ \times \sin 60^\circ$$

$$= 100 \div \frac{1}{\sqrt{2}} \times \frac{\sqrt{3}}{2}$$

$$= 50\sqrt{6}$$

50√6
60°
75°
30°

じゃあ？がわかる
2
50√6
?
1
30°

$$? = 50\sqrt{6} \times \frac{1}{2} = 25\sqrt{6}$$

練習問題

答え
P302

問題１）　次の各問いに答えよう！

(1) 次の三角形の sinA，cosA，tanA をそれぞれ求めよ。

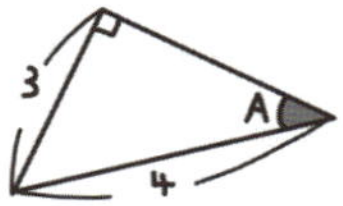

(2) θは鋭角とする。$\sin\theta=\frac{1}{3}$ のとき、cosθ，tanθ を求めよ。

(3) $90^\circ \leqq \theta \leqq 180^\circ$ のとき、等式 $\cos\theta=-\frac{1}{2}$ を満たすθを求めよ。

(4) sin163° の値を三角比の表(P179)を用いて求めよ。

問題２）

次の三角形の外接円の半径が10のとき、cを求めよ。

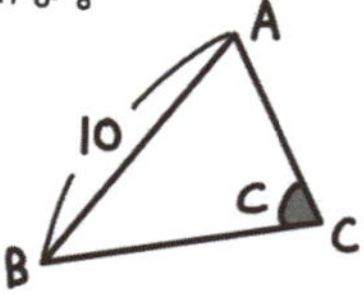

問題３）

次の三角形の a を求めよ。

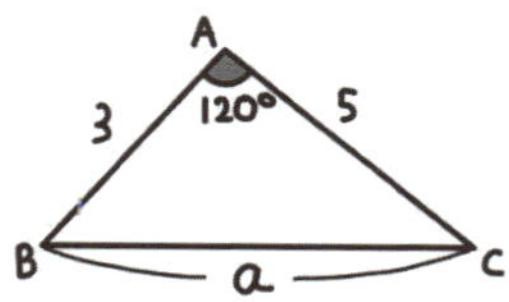

問題４）

次の三角形の面積を求めよ。

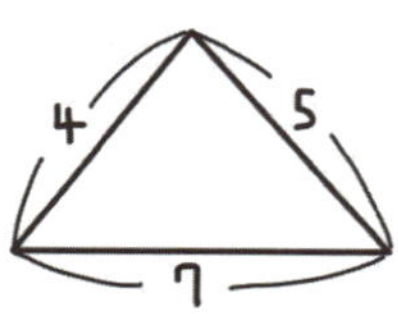

問題５）

１辺の長さが２の正四面体ＡＢＣＤの体積を求めよ。

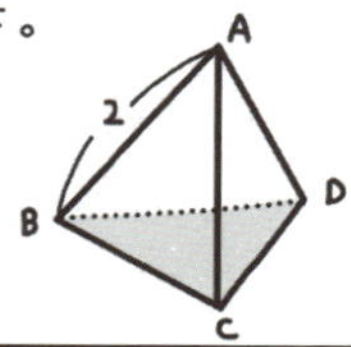

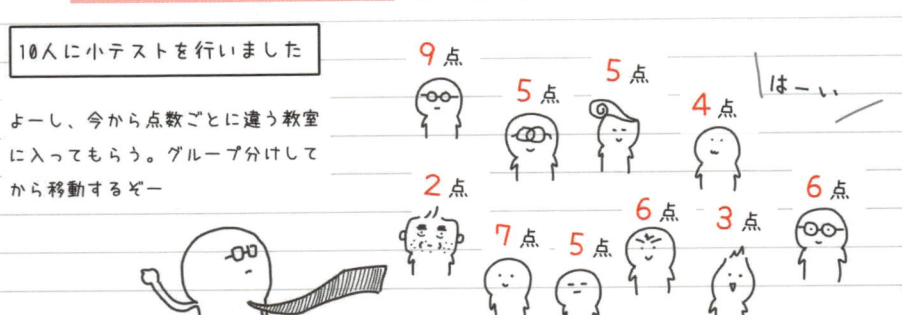

1分でわかる!

度数分布表とは?

10人に小テストを行いました

よーし、今から点数ごとに違う教室に入ってもらう。グループ分けしてから移動するぞー

2点ずつでグループ分けして、教室に入ってもらった

2点以上4点未満　4点以上6点未満　6点以上8点未満　8点以上10点未満

この結果が掲示された

各教室

各グループを**階級**と言う

各教室の人数

データの個数を**度数**と言う

点数(点)	人数(人)
2点以上4点未満	2
4 ～ 6	4
6 ～ 8	3
8 ～ 10	1
合計	10

4点以上6点未満が一番多いなー

8点以上は1人だけじゃーん

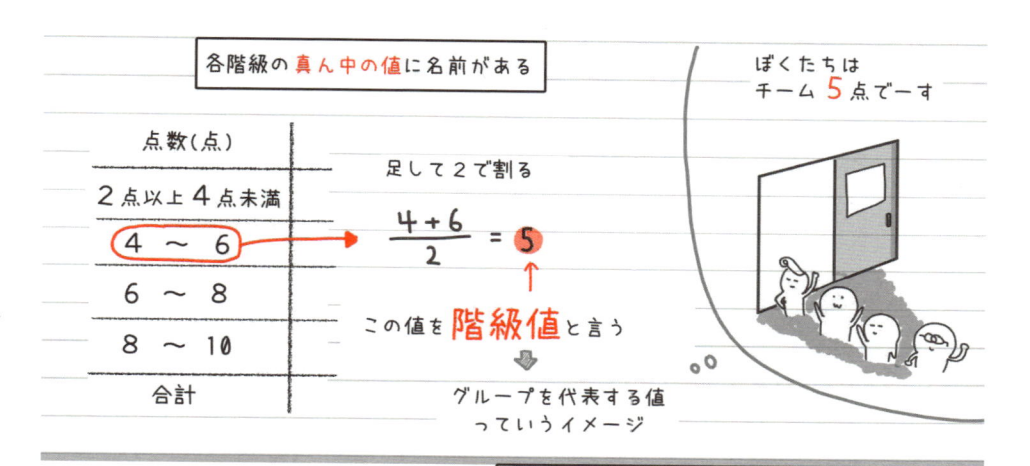

この表を**度数分布表**と言う

各階級の真ん中の値に名前がある

点数(点)	
2点以上4点未満	
4 ～ 6	
6 ～ 8	
8 ～ 10	
合計	

足して2で割る

$$\frac{4+6}{2} = 5$$

この値を**階級値**と言う

グループを代表する値
っていうイメージ

ぼくたちは
チーム5点でーす

階級値があるとデータの特徴がパッとわかる

点数(点)	階級値	人数(人)
2点以上4点未満	3	2
4 ～ 6	5	4
6 ～ 8	7	3
8 ～ 10	9	1
合計		10

3点が2人いるのかー

ザックリ!

7点が3人いるのね

データの特徴がわかりやすくなる

さて、度数分布表をグラフにすると？

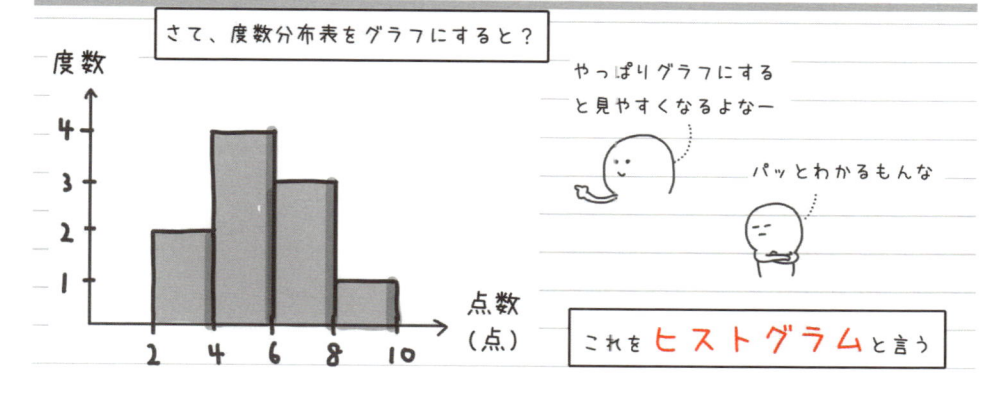

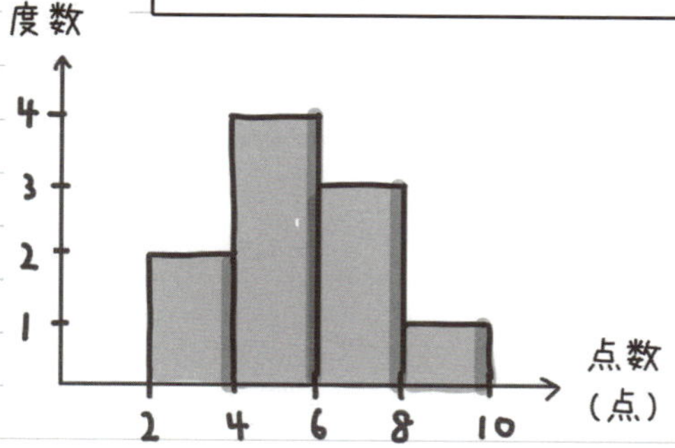
度数
4
3
2
1
2
4
6
8
10
点数
(点)

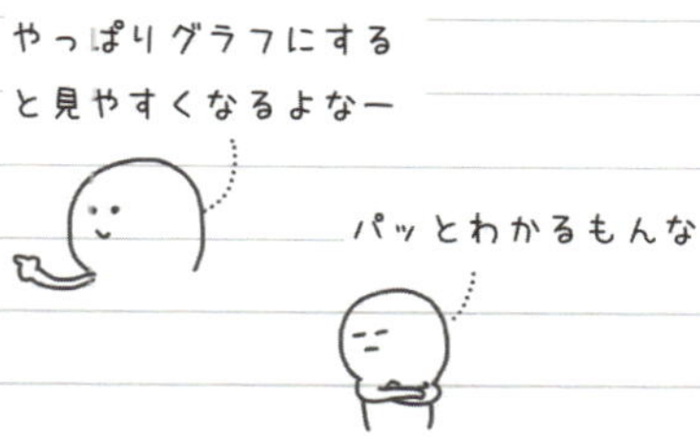
やっぱりグラフにする
と見やすくなるよなー
パッとわかるもんな

これを**ヒストグラム**と言う

1分でわかる！ 平均値をサクッとおさらい

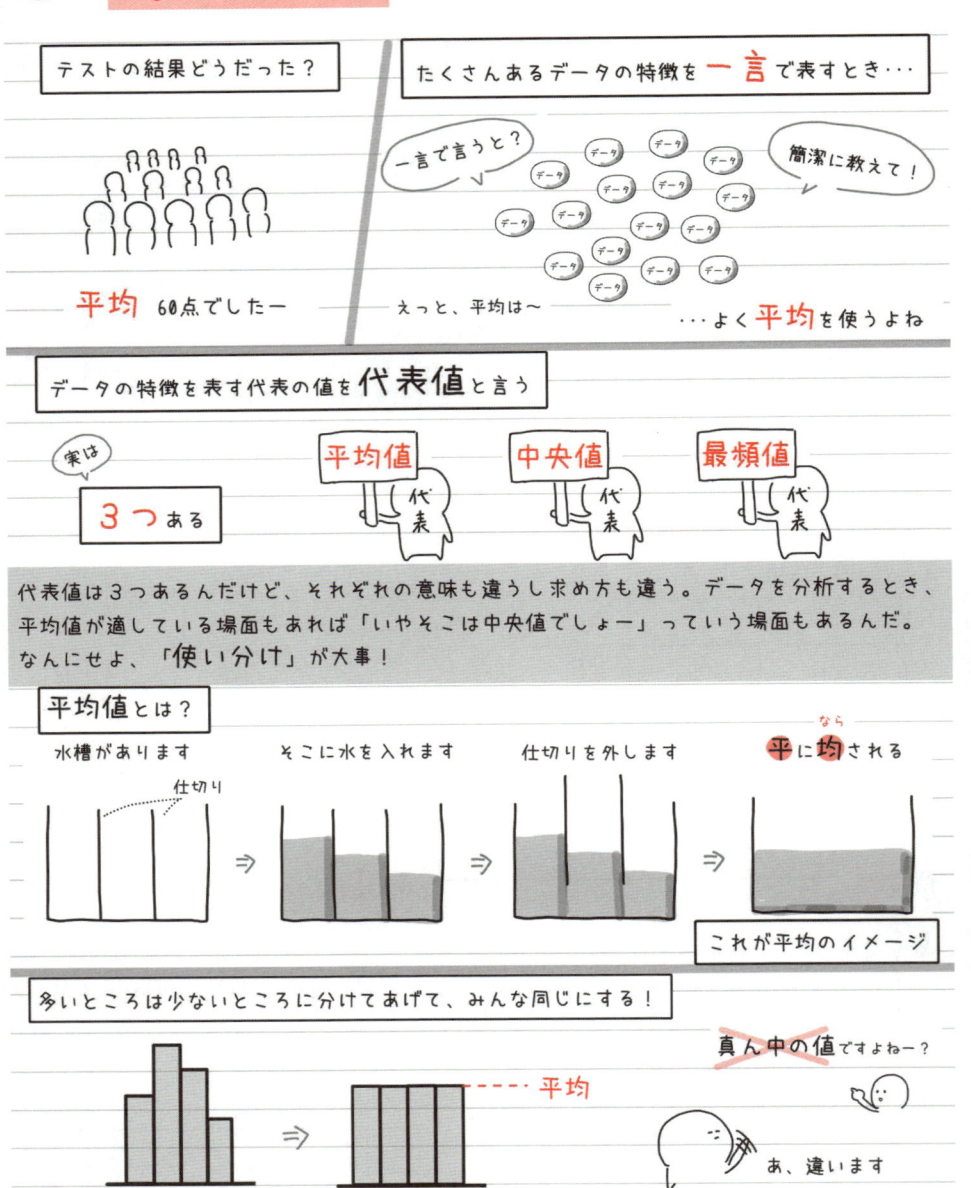

テストの結果どうだった？

平均 60点でしたー

たくさんあるデータの特徴を一言で表すとき・・・

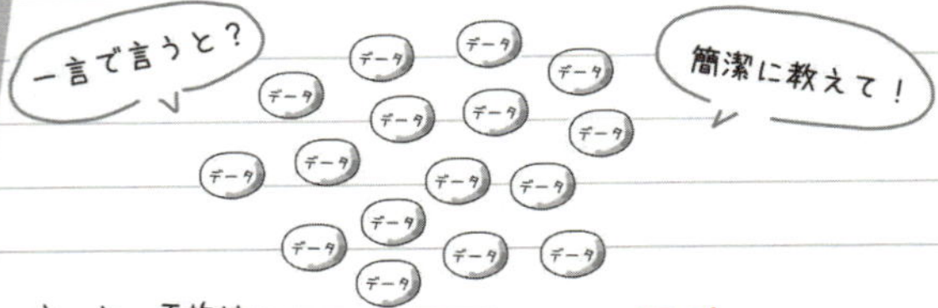

えっと、平均は～

・・・よく平均を使うよね

データの特徴を表す代表の値を**代表値**と言う

実は

3つある

代表値は3つあるんだけど、それぞれの意味も違うし求め方も違う。データを分析するとき、平均値が適している場面もあれば「いやそこは中央値でしょー」っていう場面もあるんだ。なんにせよ、「使い分け」が大事！

平均値とは？

水槽があります　　そこに水を入れます　　仕切りを外します　　平(なら)に均されるる

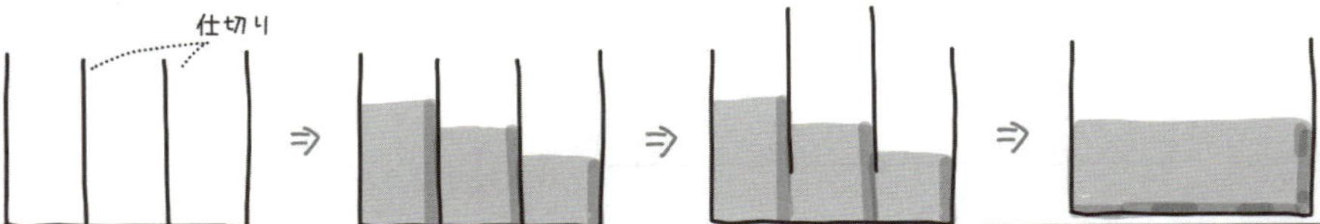

これが平均のイメージ

多いところは少ないところに分けてあげて、みんな同じにする！

~~真ん中の値~~ですよねー？

あ、違います

平均値の計算は？

$$平均値 = \frac{データの値の合計}{個数}$$

例えば…

2，7，3，4，4 の平均値は？

$$\Rightarrow \frac{2+7+3+4+4}{5} = 4$$

度数分布表だけ示されたら？（10人の小テストの結果）

点数(点)	人数(人)
2点以上4点未満	2
4 ～ 6	4
6 ～ 8	3
8 ～ 10	1
合計	10

じゃあ、平均値の計算できないじゃん……

そんなときは階級値を使う

点数(点)	階級値	人数(人)
2点以上4点未満	3	2
4 ～ 6	5	4
6 ～ 8	7	3
8 ～ 10	9	1
合計		10

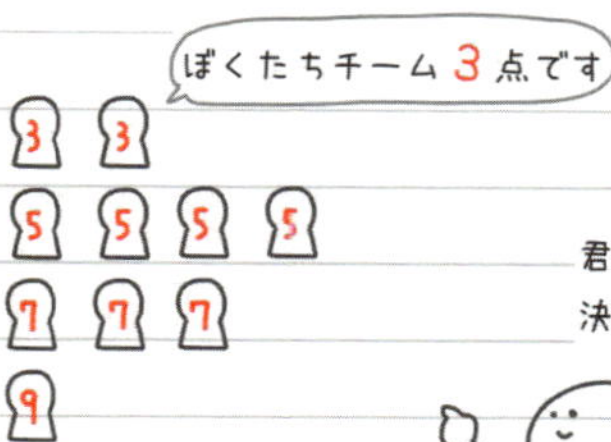

ぼくたちチーム3点です

君たちの点数を勝手に
決めといたから！

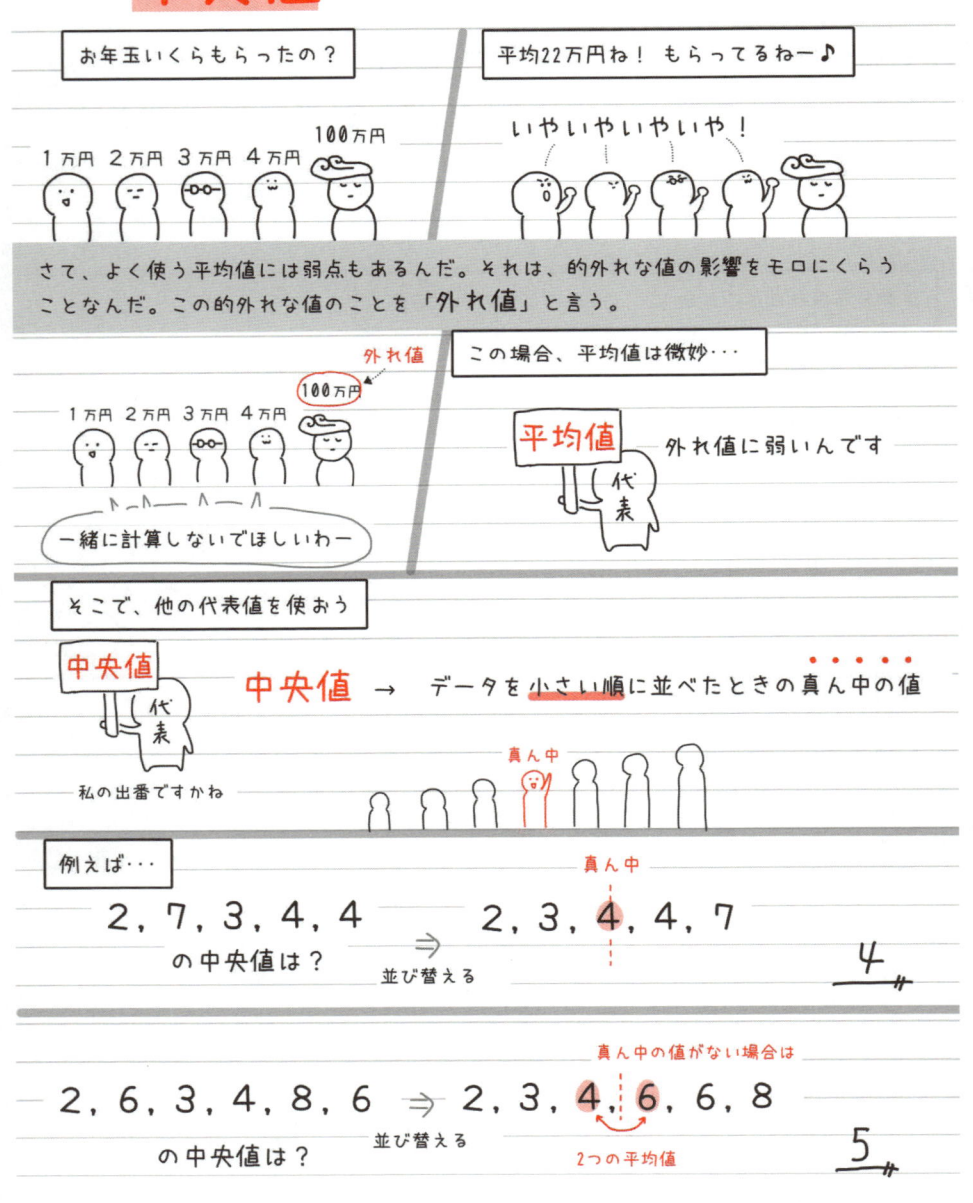

$$平均値 = \frac{3\times2+5\times4+7\times3+9\times1}{10} = \frac{56}{10} = 5.6$$

1分でわかる!

読んで字のごとしの 中央値

お年玉いくらもらったの？

平均22万円ね！　もらってるねー♪

さて、よく使う平均値には弱点もあるんだ。それは、的外れな値の影響をモロにくらうことなんだ。この的外れな値のことを「**外れ値**」と言う。

この場合、平均値は微妙・・・

外れ値に弱いんです

そこで、他の代表値を使おう

私の出番ですかね

中央値 → データを小さい順に並べたときの**真ん中**の値

例えば・・・

2, 7, 3, 4, 4 の中央値は？ ⇒（並び替える） 2, 3, 4, 4, 7（真ん中：4）

4

2, 6, 3, 4, 8, 6 の中央値は？ ⇒（並び替える） 2, 3, 4, 6, 6, 8（真ん中の値がない場合は 2つの平均値）

5

1分でわかる！

これも読んで字のごとしの最頻値

どのサイズの靴をたくさん作る？

100人のほしい靴アンケート結果

サイズ(cm)	24.0	24.5	25.0	25.5	26.0	26.5	27.0
人数(人)	1	2	90	3	2	1	1

会社の会議にて・・・

まずは平均を出す必要が！

いや、出すまでもねーだろ

24.5	25.0	25.5
2	90	3

どー見たって、このサイズをたくさん作ればいいだろ！

このように平均値とか中央値を求めるのではなく、一番多いデータを見たほうがいい場面もあるよね？

そんなときに・・・

最頻値 → 個数が一番多いデータの値

どーもー

度数分布表での最頻値は？（10人の小テストの結果）

点数(点)	人数(人)
2点以上4点未満	2
4 ～ 6	4
6 ～ 8	3
8 ～ 10	1
合計	10

← 一番多いのはこれだけど

・・・で、なにを答えれば？

階級値を答えればいい！

点数(点)	人数(人)
4 ～ 6	4

↓

5

階級値よく使うなー

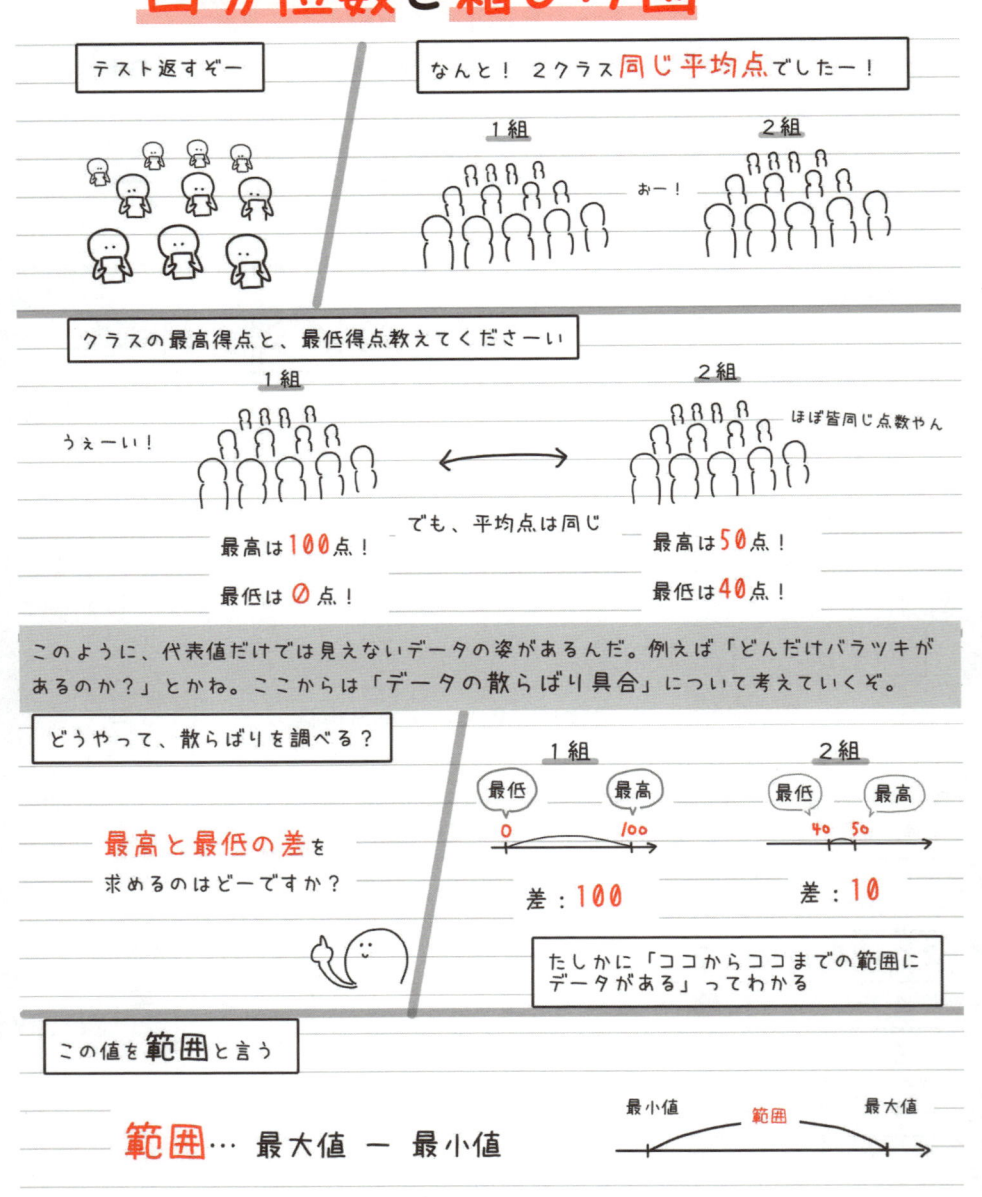

5分でわかる!

えっ!　超使える 四分位数と箱ひげ図

テスト返すぞー

なんと!　2クラス同じ平均点でしたー!

クラスの最高得点と、最低得点教えてくださーい

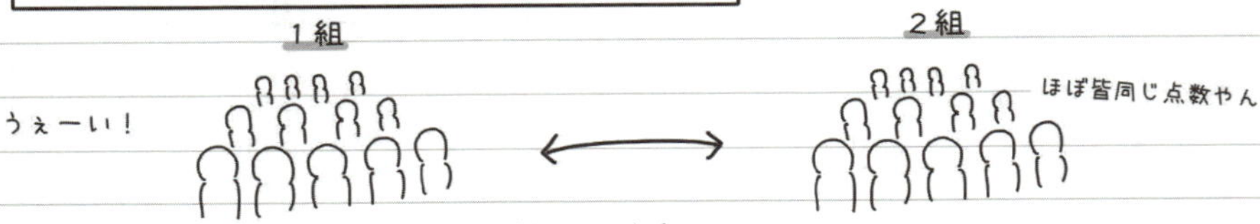

でも、平均点は同じ

1組：最高は100点!　最低は0点!

2組：最高は50点!　最低は40点!

このように、代表値だけでは見えないデータの姿があるんだ。例えば「どんだけバラツキがあるのか?」とかね。ここからは「データの散らばり具合」について考えていくぞ。

どうやって、散らばりを調べる?

最高と最低の差を求めるのはどーですか?

1組　差:100

2組　差:10

たしかに「ココからココまでの範囲にデータがある」ってわかる

この値を範囲と言う

範囲…最大値 − 最小値

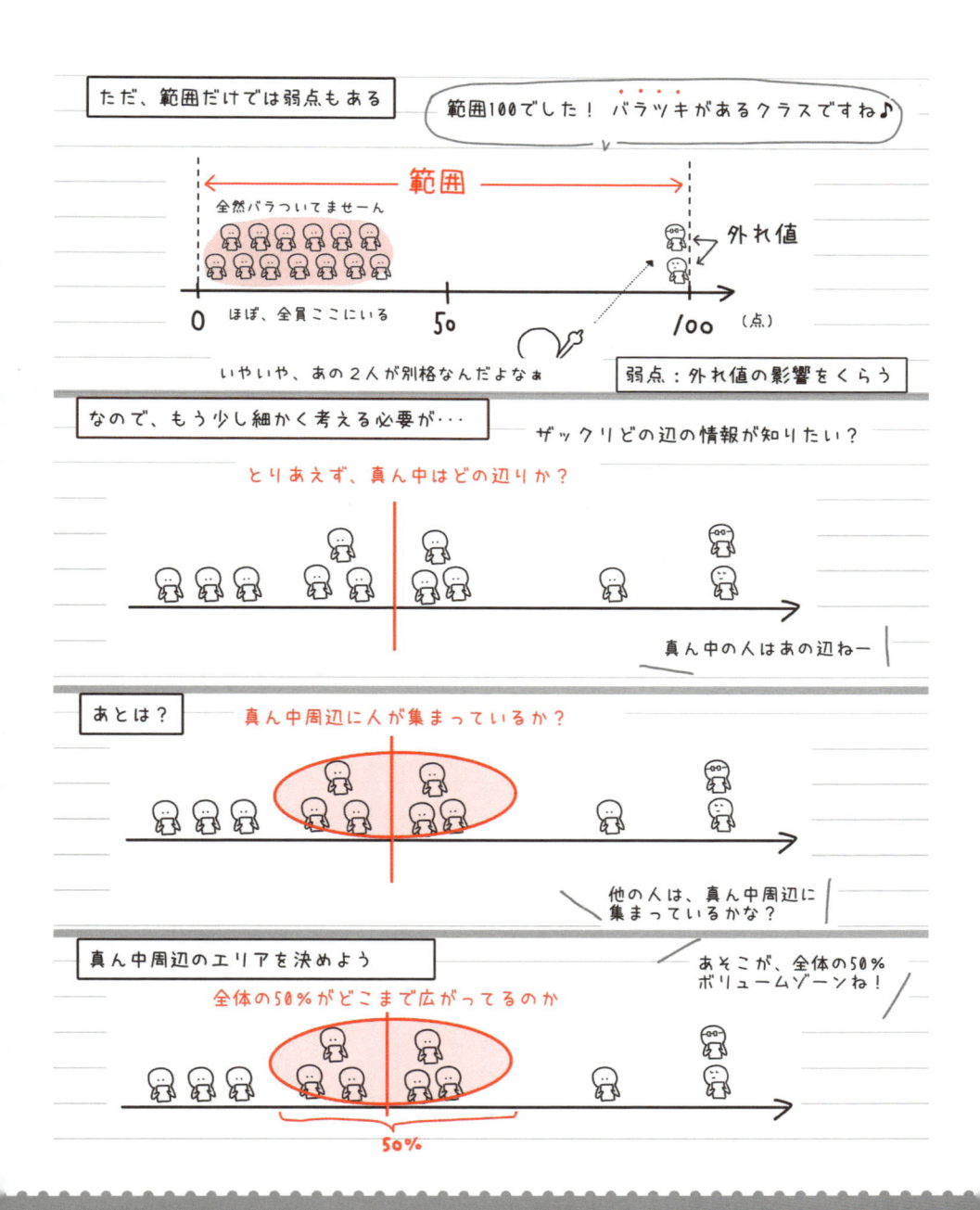

ただ、範囲だけでは弱点もある

範囲100でした！ バラツキがあるクラスですね♪

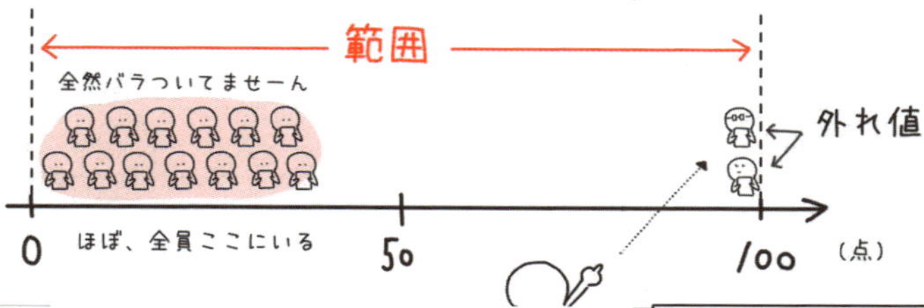

いやいや、あの2人が別格なんだよなぁ

弱点：外れ値の影響をくらう

なので、もう少し細かく考える必要が…

ザックリどの辺の情報が知りたい？

とりあえず、真ん中はどの辺りか？

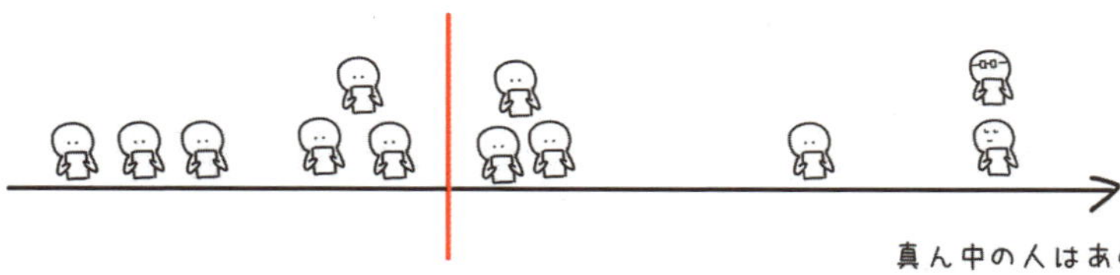

真ん中の人はあの辺ねー

あとは？

真ん中周辺に人が集まっているか？

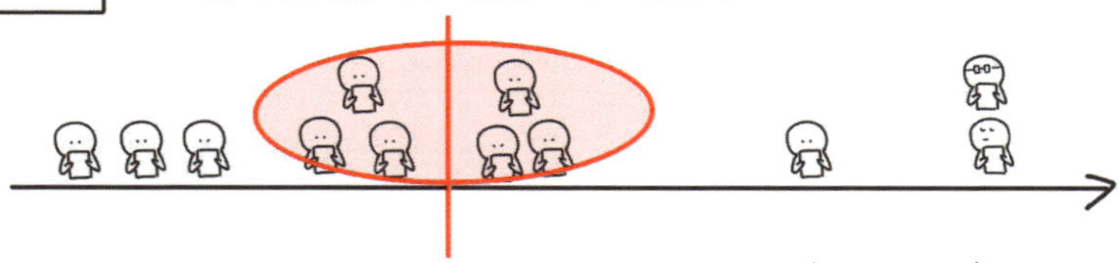

他の人は、真ん中周辺に
集まっているかな？

真ん中周辺のエリアを決めよう

あそこが、全体の50%
ボリュームゾーンね！

全体の50%がどこまで広がってるのか

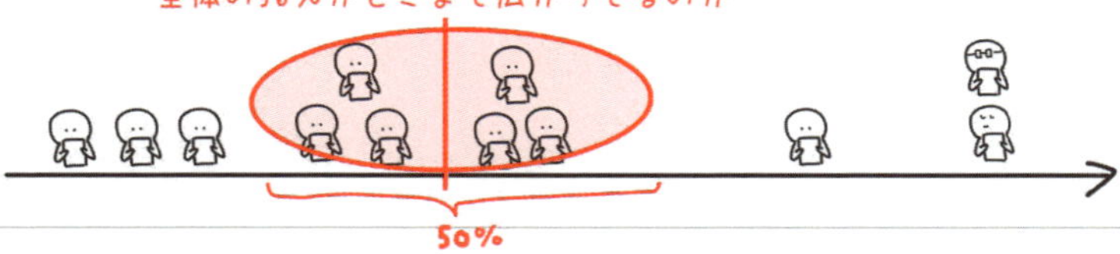

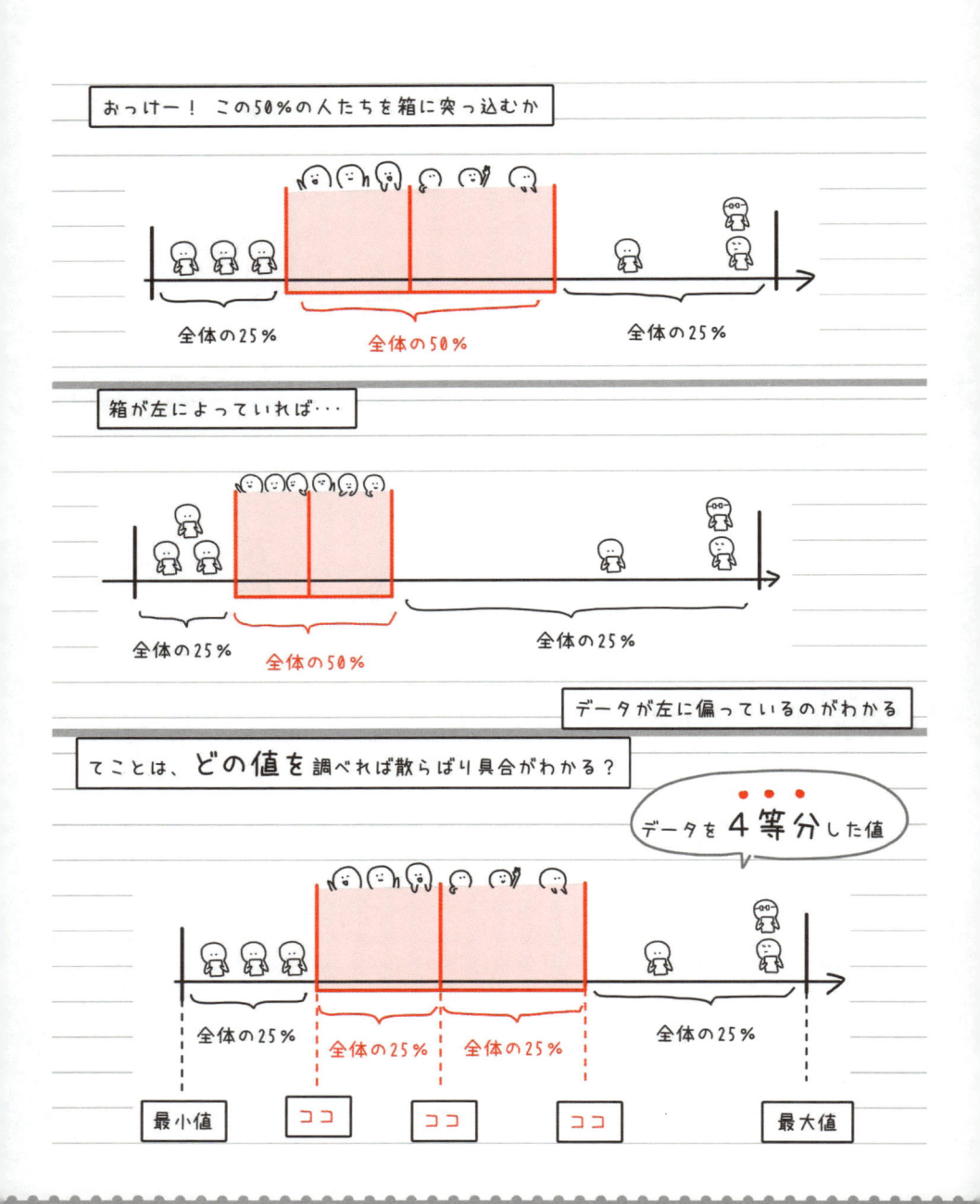

おっけー！ この50％の人たちを箱に突っ込むか

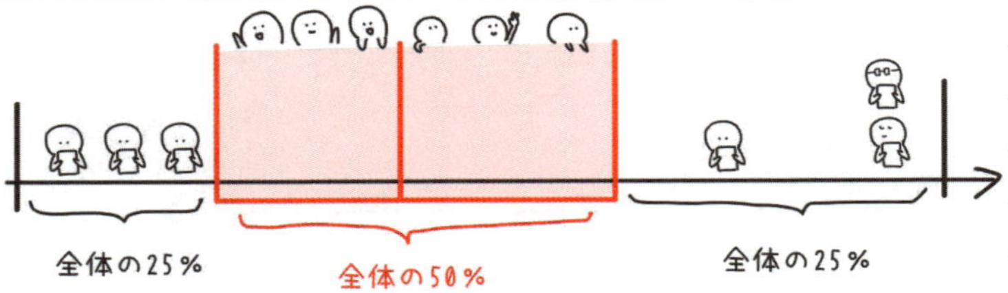

箱が左によっていれば・・・

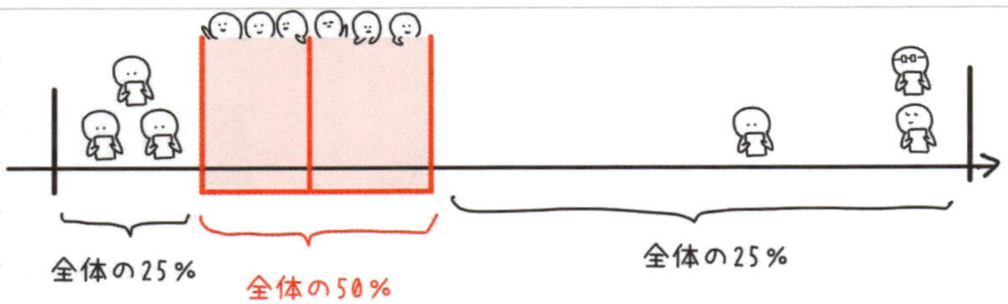

データが左に偏っているのがわかる

てことは、**どの値を**調べれば散らばり具合がわかる？

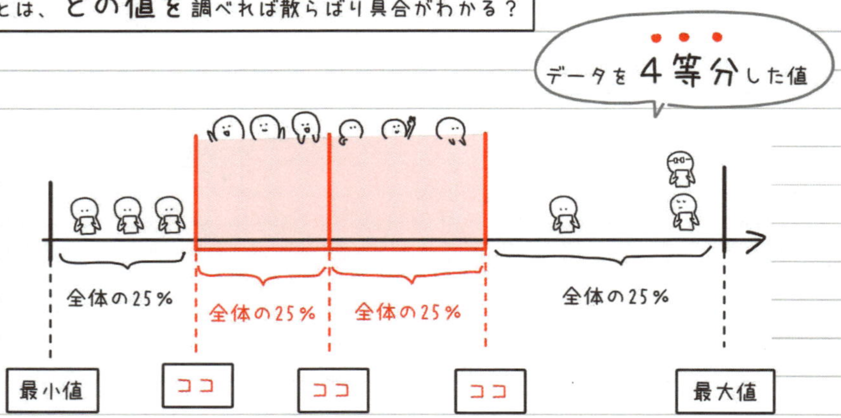

これを「四分位数」と言う

四分位数 …データを小さい順に並べたとき、データを4等分する値

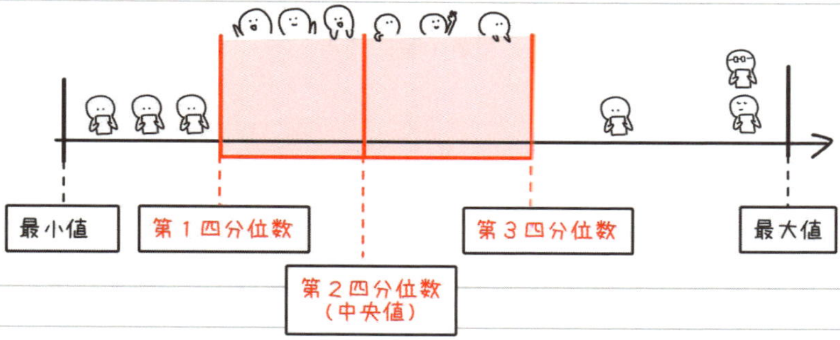

例１）ここにデータが11個ある。四分位数を求めよ。

12, 18, 23, 34, 35, 40, 42, 49, 55, 68, 100

まず、真ん中（第２四分位数）

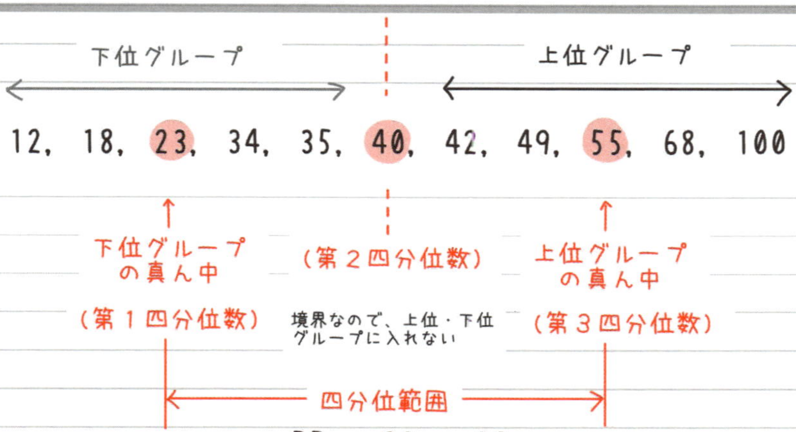

55 − 23 = 32

例2）データが12個ある。四分位数を求めよ。

真ん中の値がいない場合は平均点をとる　　100を追加しました

12, 18, 23, 34, 35, **40**, **42**, 49, 55, 68, 100, 100

平均値

41（第２四分位数）

下位グループ　　上位グループ

12, 18, 23, 34, 35, 40, 42, 49, 55, 68, 100, 100

平均値 28.5（第１四分位数）　41　平均値 61.5（第３四分位数）

四分位範囲

61.5 − 28.5 =33

さて、さっきの箱を図にしてみよう

例えば　12, 18, **23**, 34, 35, **40**, 42, 49, **55**, 68, 100

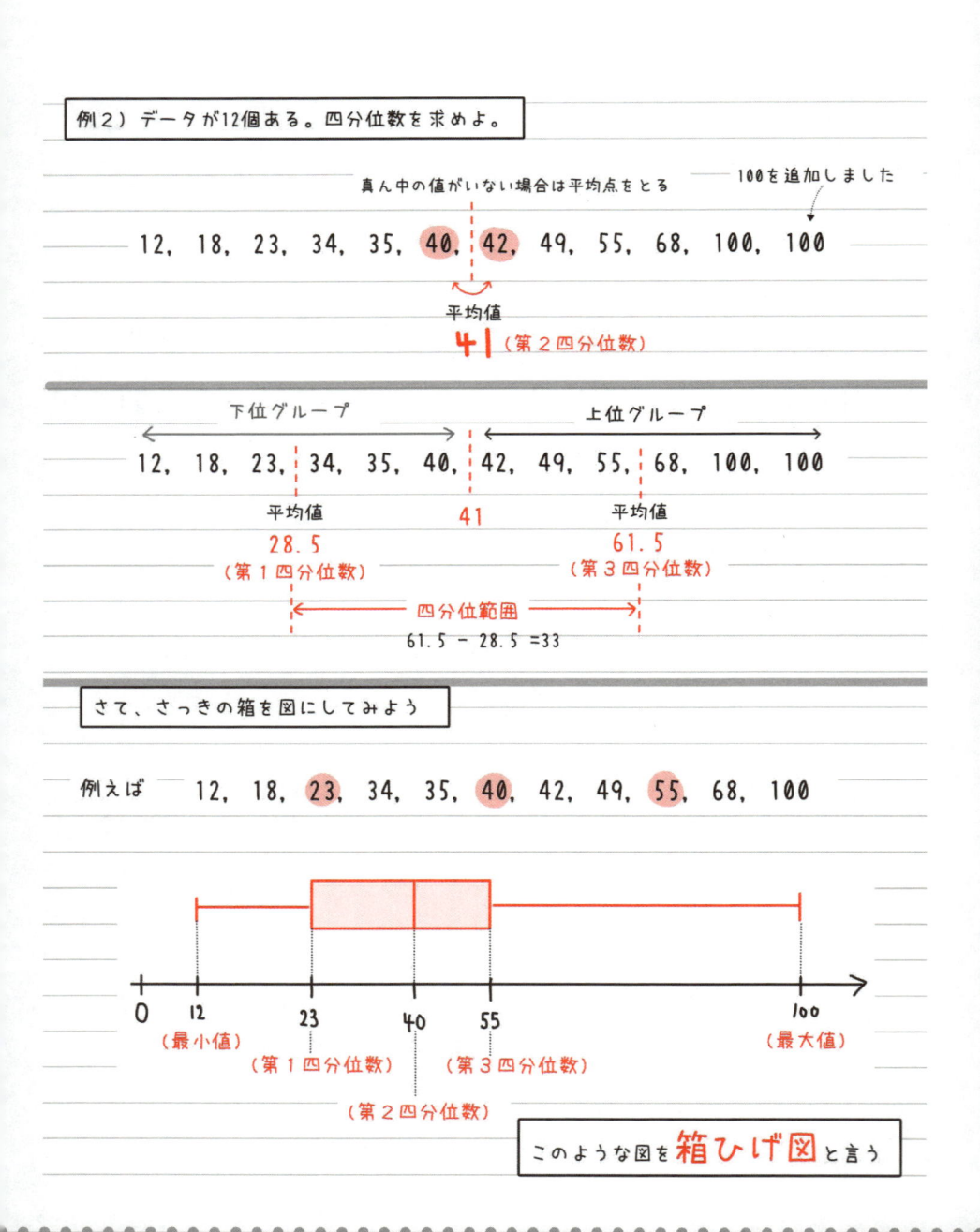

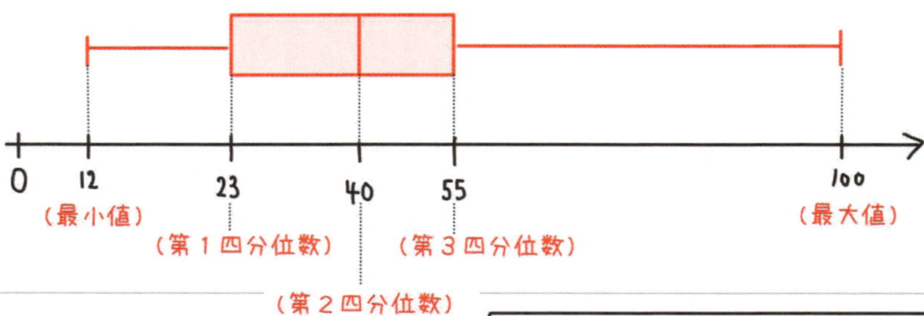

このような図を**箱ひげ図**と言う

忘れてはいけないのは、25%ずつのデータが入ってること

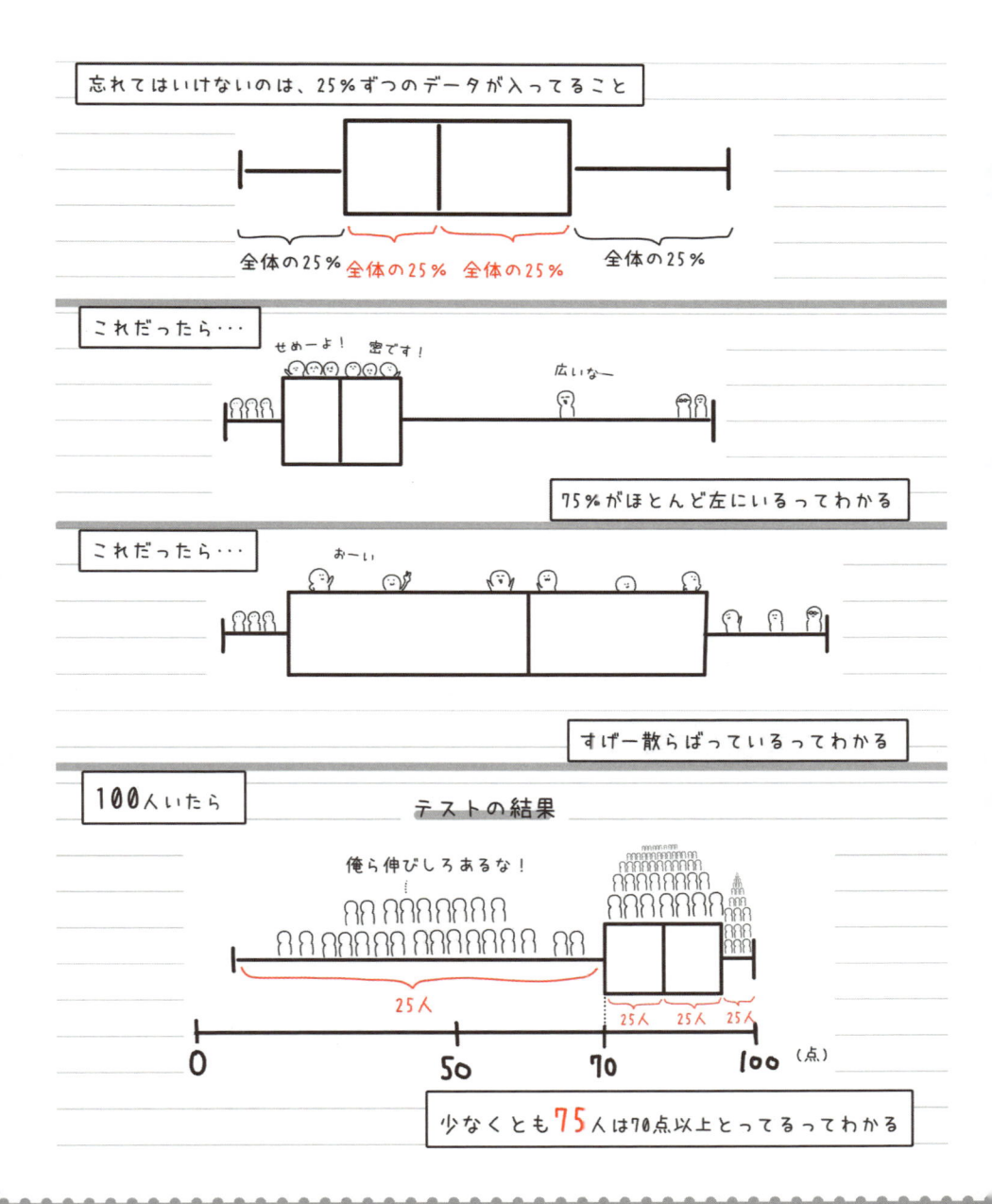

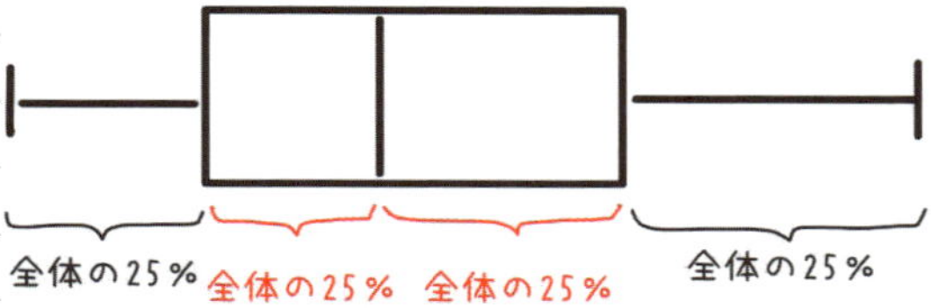

これだったら・・・

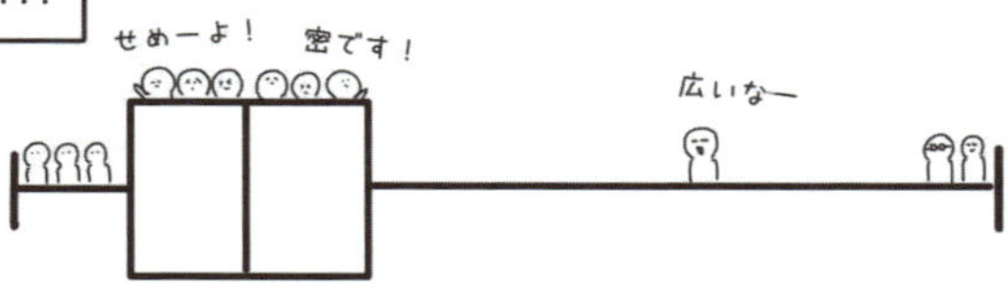

75%がほとんど左にいるってわかる

これだったら・・・

すげー散らばっているってわかる

100人いたら

テストの結果

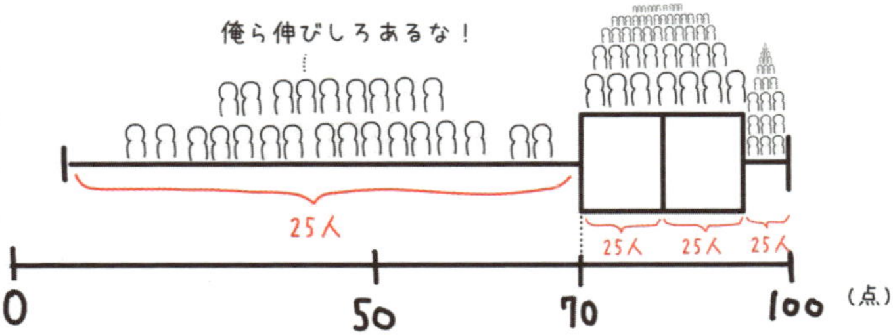

少なくとも75人は70点以上とってるってわかる

3分でわかる！

どんだけズレてるか！ 分散と標準偏差

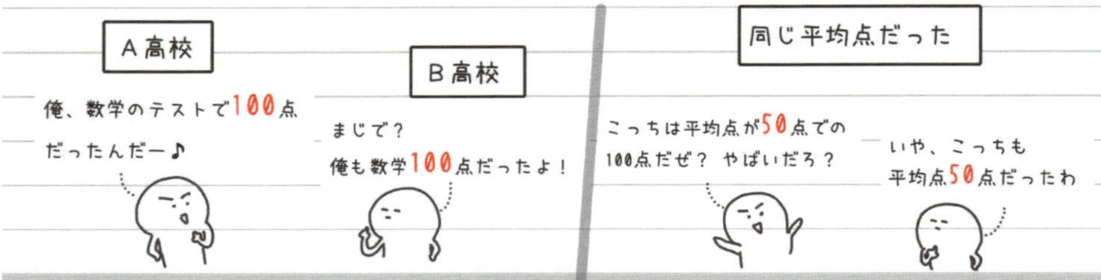
A高校
B高校
同じ平均点だった
俺、数学のテストで100点だったんだー♪
まじで？
俺も数学100点だったよ！
こっちは平均点が50点での100点だぜ？　やばいだろ？
いや、こっちも平均点50点だったわ

このように、平均が同じだったら100点の**価値は同じ**だよね？
でも、**他の皆の点数**が次のようになっていたらどうかな？

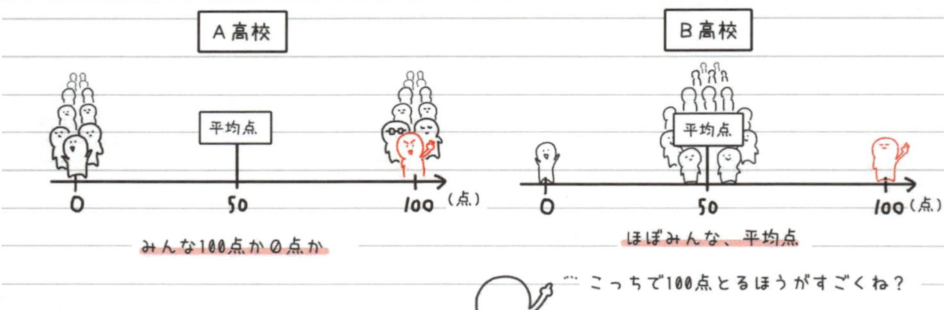
A高校
平均点
0
50
100
(点)
みんな100点か0点か
B高校
平均点
0
50
100
(点)
ほぼみんな、平均点
…こっちで100点とるほうがすごくね？

どう？　B高校の100点のほうがすごくない？　これって、データの散らばり具合が違ったからだよね。もちろん、箱ひげ図を描けば「散らばり具合」がザックリわかるんだけど、今回はきちんと**数値化**してみよう。

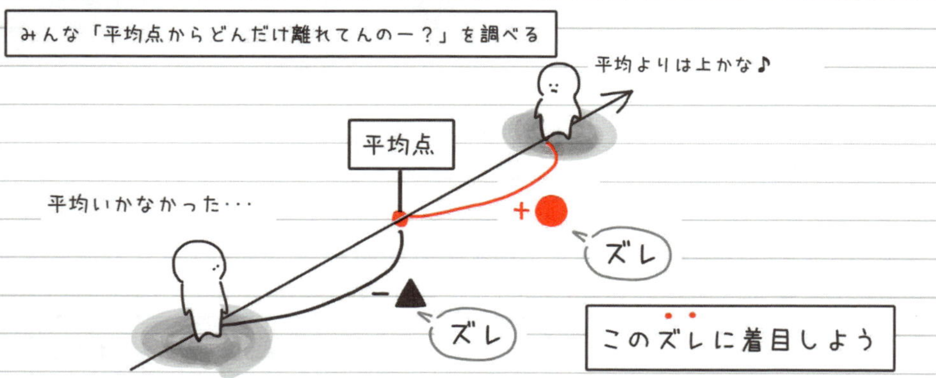
みんな「平均点からどんだけ離れてんのー？」を調べる
平均よりは上かな♪
平均点
平均いかなかった…
+●
ズレ
−▲
ズレ
このズレに着目しよう

例えば・・・

3，6，4，7 の散らばり具合を調べたい

①平均値を出す

$$\frac{3+6+4+7}{4}=5$$

（5 ← 平均値）

②平均値とのズレを求める

3,	6,	4,	7	
↓−5	↓−5	↓−5	↓−5	平均値を引く
−2	+1	−1	2	←ズレ

このズレたちをどうするか？

はい！ ぼくたちの平均値をとるのはどうでしょう？

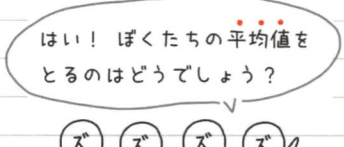

ズレの平均値を計算しても

$$\frac{(-2)+1+(-1)+2}{4}=0$$

0になっちゃった

そもそも「平均値からどんだけ離れてるか？」に符号は関係ない

例えば

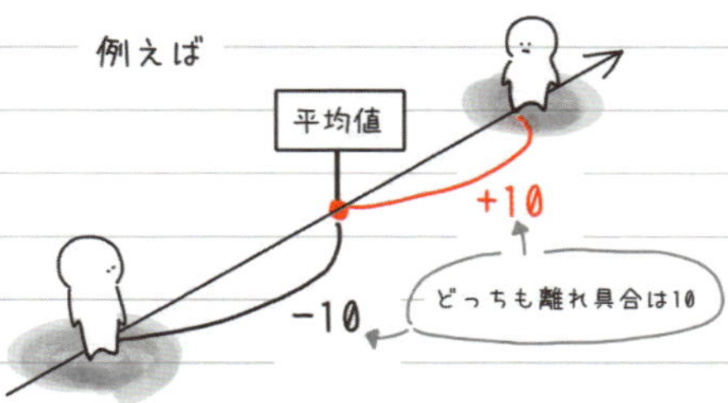

つまり、符号を関係なくしたい！

手っ取り早い解決策は？

ズレを2乗しちゃう

そして、「2乗した」ぼくたちの平均値をとるのはどうでしょう？

③ズレ^{2}の平均値を求める

3,　6,　4,　7

↓−5　↓−5　↓−5　↓−5　平均値を引く

−2　+1　−1　+2　←ズレ

↓2乗　↓2乗　↓2乗　↓2乗

+4　+1　+1　+4　←ズレ^2

ズレ^{2}の平均値

$$\frac{4+1+1+4}{4} = 2.5$$

これを**分散**と言う

平均値が同じ他のデータと比較すると？

3, 6, 4, 7	0, 0, 10, 10
平均値：5	平均値：5
分散：2.5	分散：25

分散が大きいほうが、ズレ散らかしている

ここで疑問

ズレを2乗しちゃったから

単位も2乗されてない？

m → m^{2}だったらみたいな？

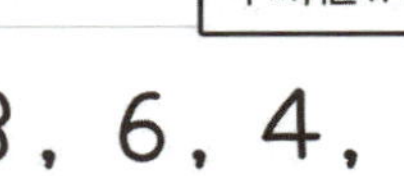

単位を戻すために2乗を外す

分散に

√をつける！

これを**標準偏差**と言う

これも平均値からの散らばり具合を数値化したもの

さっきの例なら

$\sqrt{2.5}$

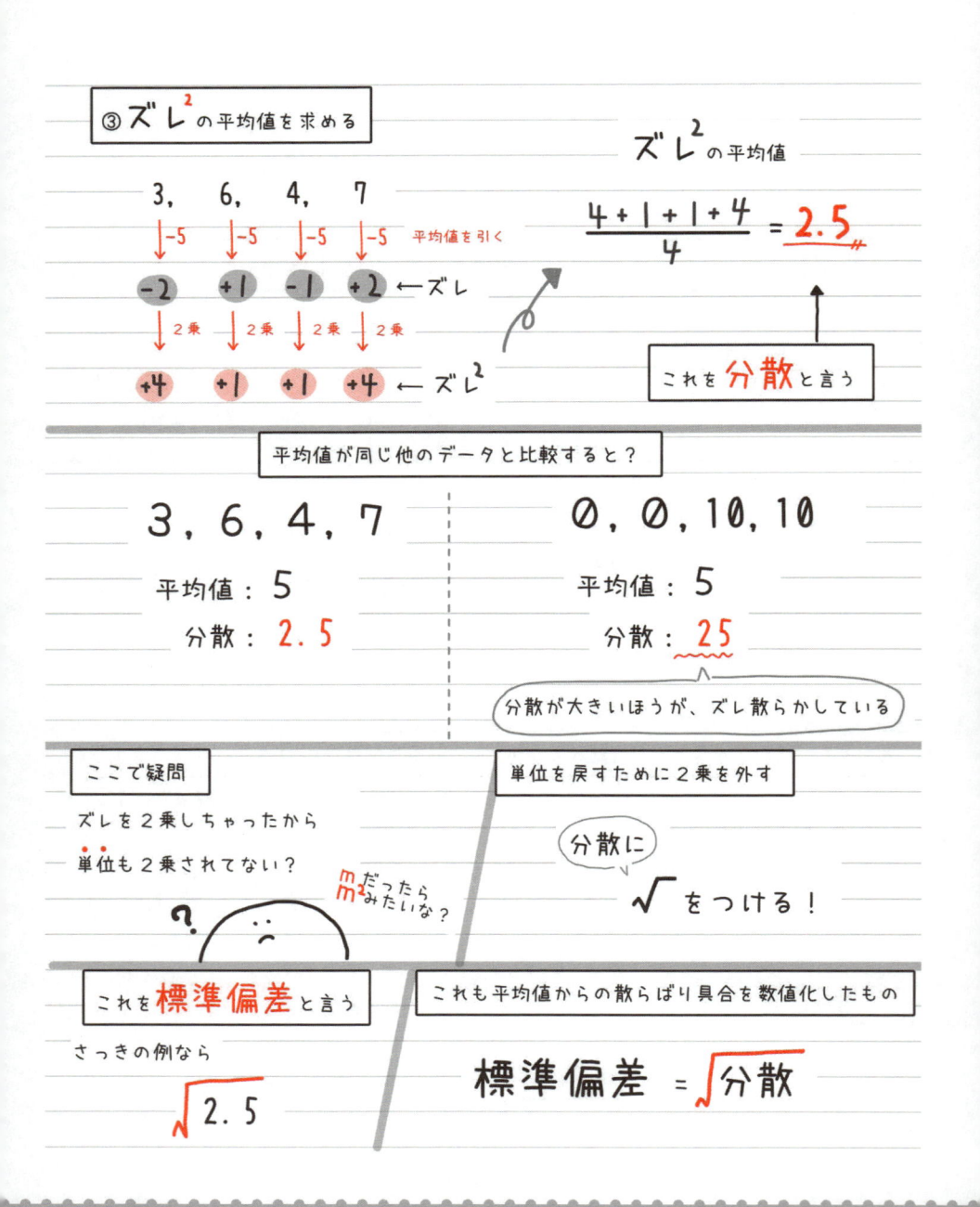

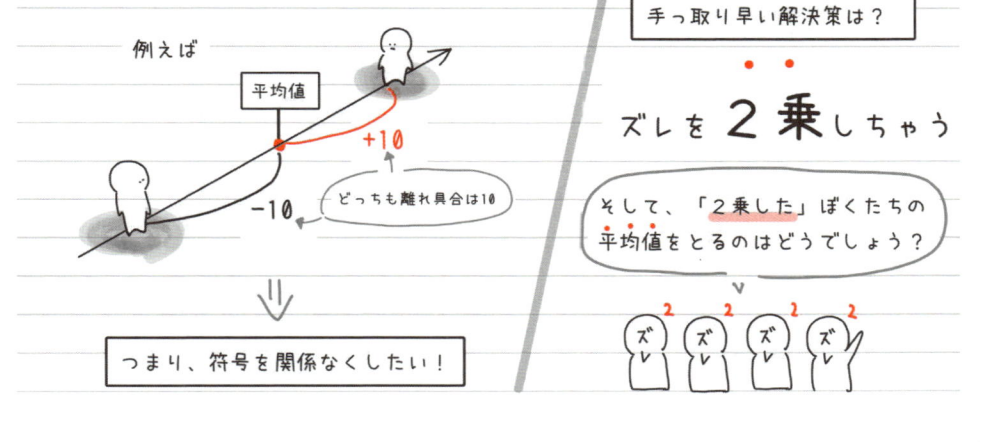

$$\text{標準偏差} = \sqrt{\text{分散}}$$

そういえば、「ズレの**絶対値**」の平均値ではダメなの？

符号を関係なくしたいから、2乗したけど･･･

ダメではない。そういう計算も実際にはあるんだ。でもね、知りたいのは**バラツキ具合**だよね。だから、2乗したほうがバラツキ具合が**より強調**されるんだ。

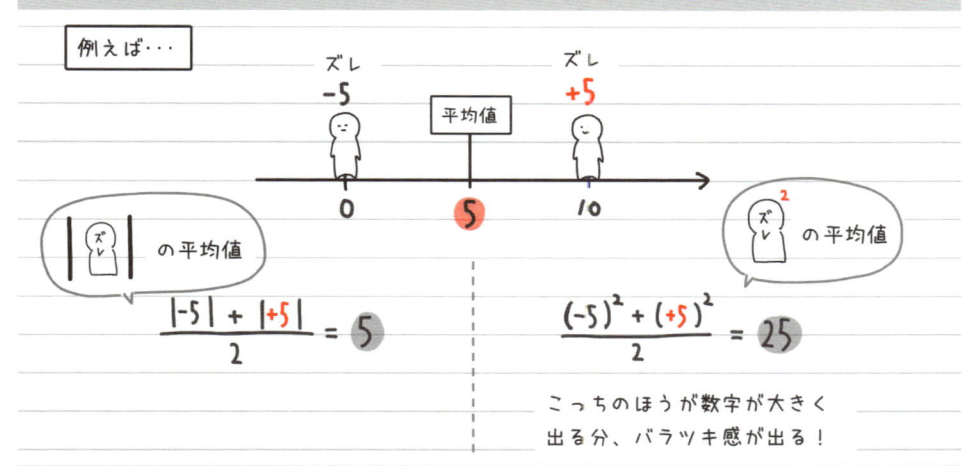

例えば･･･

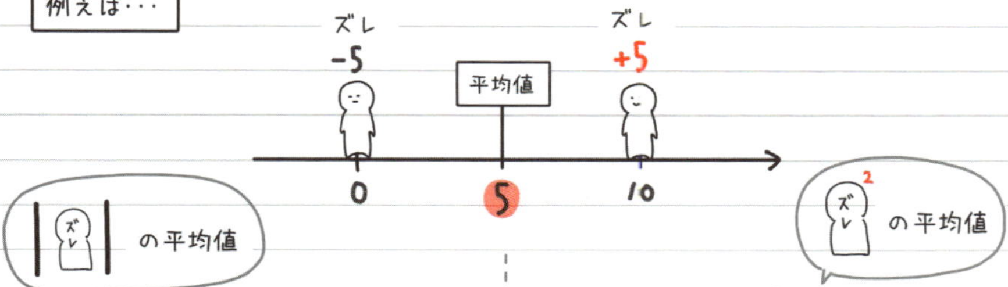

$$\frac{|-5| + |+5|}{2} = 5$$

$$\frac{(-5)^2 + (+5)^2}{2} = 25$$

こっちのほうが数字が大きく出る分、バラツキ感が出る！

データの散らばり具合を数値化したものシリーズ

分散 ＝ ズレ^{2}の平均値

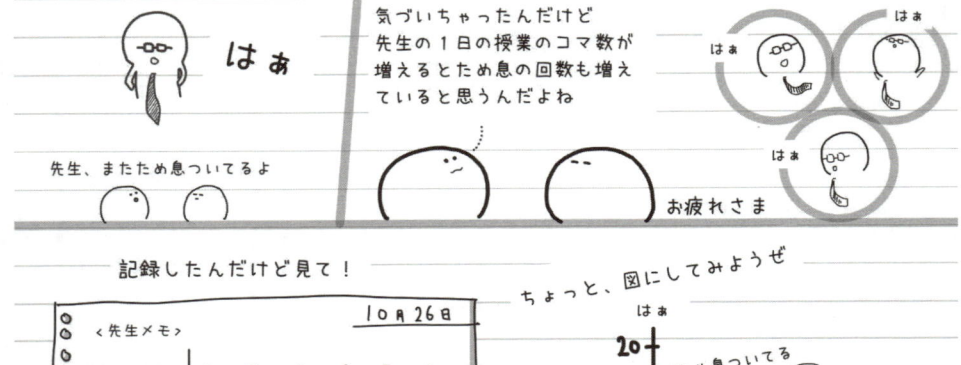

標準偏差 ＝ $\sqrt{分散}$

1分でわかる！

データを見比べよう！相関関係

はぁ
先生、まためため息ついてるよ
気づいちゃったんだけど
先生の１日の授業のコマ数が
増えるとため息の回数も増え
ているんと思うんだよね
はぁ
はぁ
はぁ
お疲れさま

記録したんだけど見て！

＜先生メモ＞　10月26日

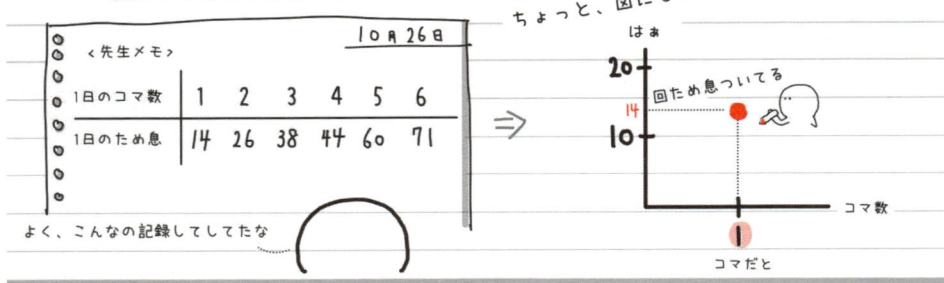

1日のコマ数	1	2	3	4	5	6
1日のため息	14	26	38	44	60	71

よく、こんなの記録してしてたな

⇒

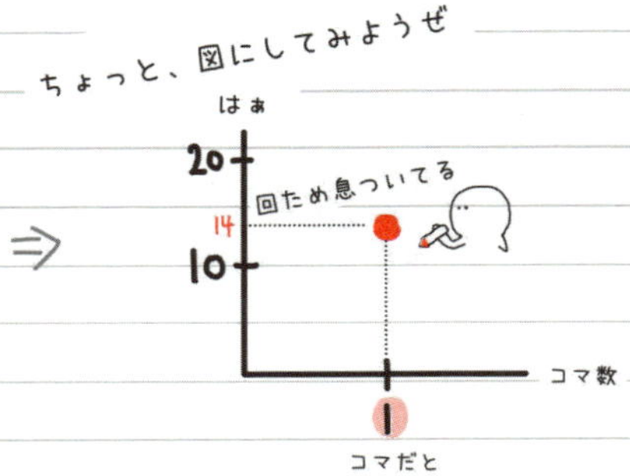
ちょっと、図にしてみようぜ
はぁ
20
14
10
回ため息ついてる
コマ数
1
コマだと

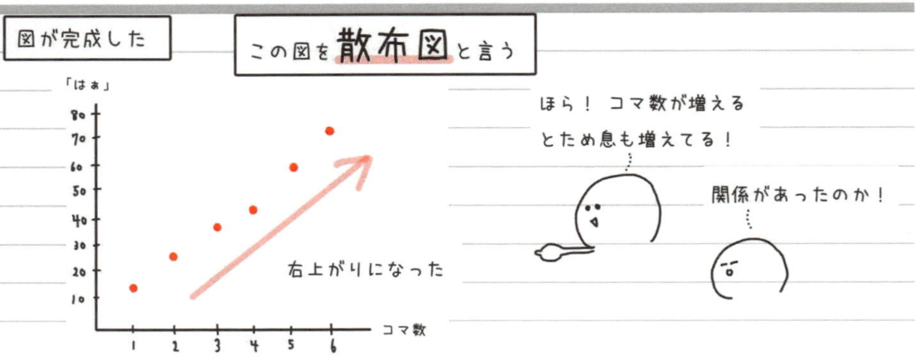
図が完成した
この図を散布図と言う
「はぁ」
80
70
60
50
40
30
20
10
1
2
3
4
5
6
コマ数
右上がりになった
ほら！ コマ数が増える
とため息も増えてる！
関係があったのか！

ここからは、ある２つのデータに「なにか関係あるんじゃね？」を調べていくぞ。今回のように片方が増えると片方が増える（減る）関係のことを「**相関関係**がある」と言うんだ。

データ
どんな関係ですかー？
データ

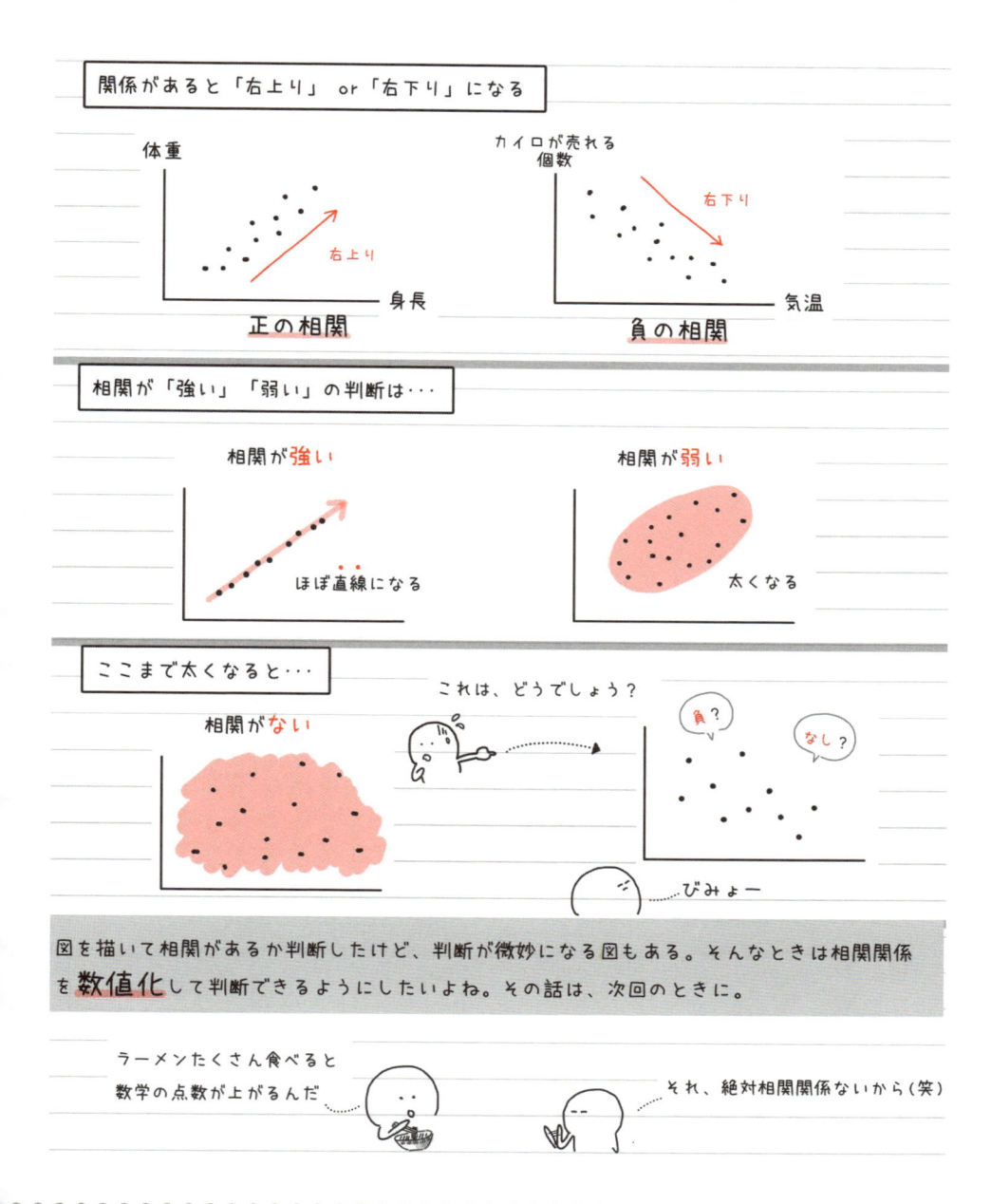

関係があると「右上り」or「右下り」になる

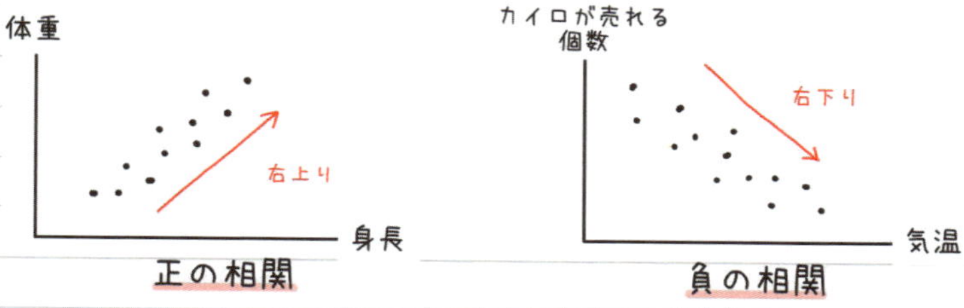

相関が「強い」「弱い」の判断は・・・

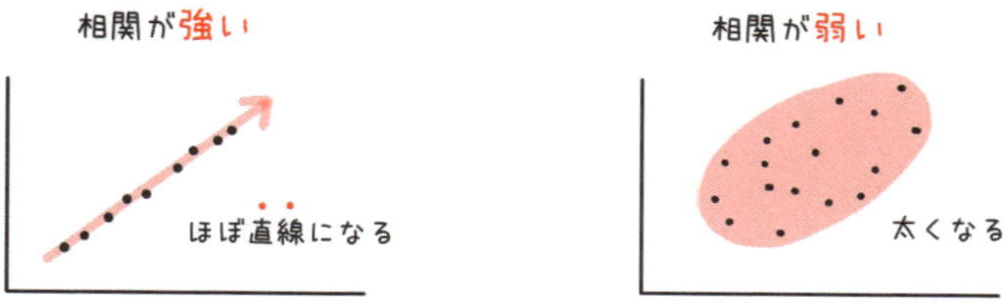

ここまで太くなると・・・

図を描いて相関があるか判断したけど、判断が微妙になる図もある。そんなときは相関関係を**数値化**して判断できるようにしたいよね。その話は、次回のときに。

3分でわかる!

ズレズレでわかることがある!?
共分散

「数学の点数」と「理科の点数」に相関関係はある？

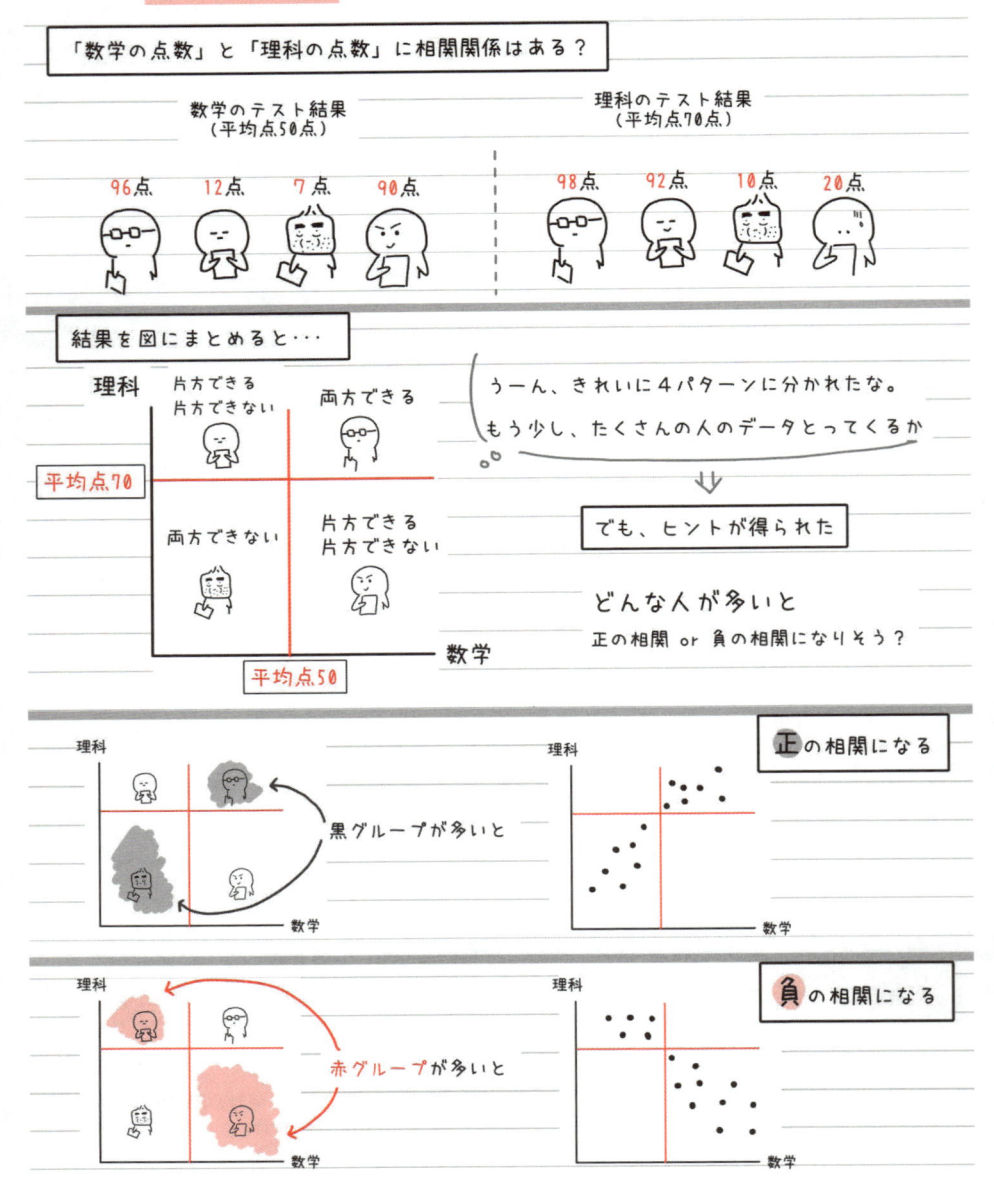

結果を図にまとめると・・・

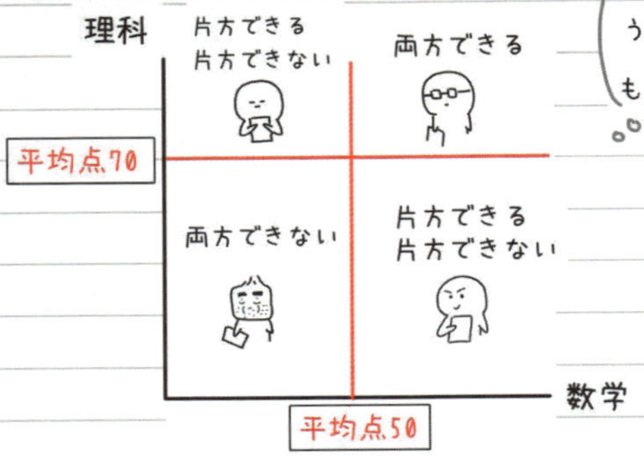

うーん、きれいに4パターンに分かれたな。
もう少し、たくさんの人のデータとってくるか

⇩

でも、ヒントが得られた

どんな人が多いと
正の相関 or 負の相関になりそう？

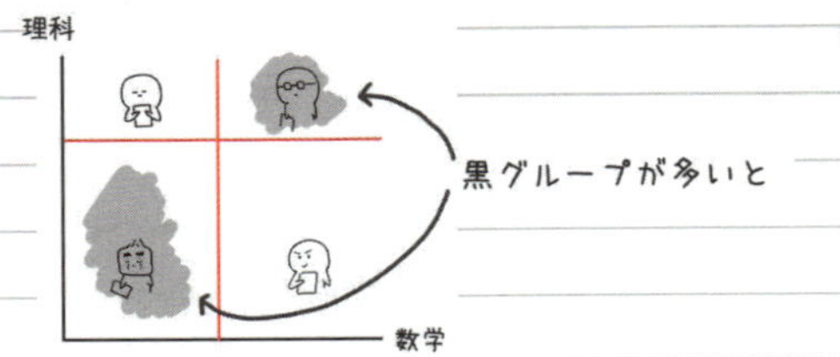

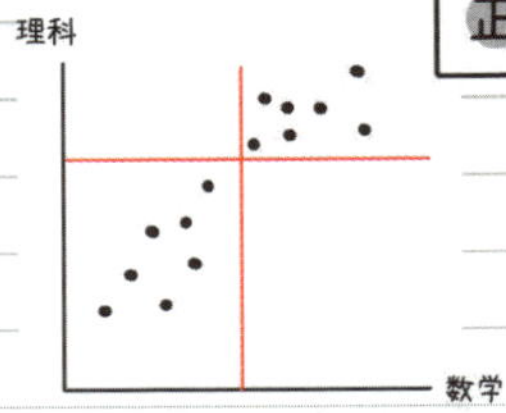

正の相関になる

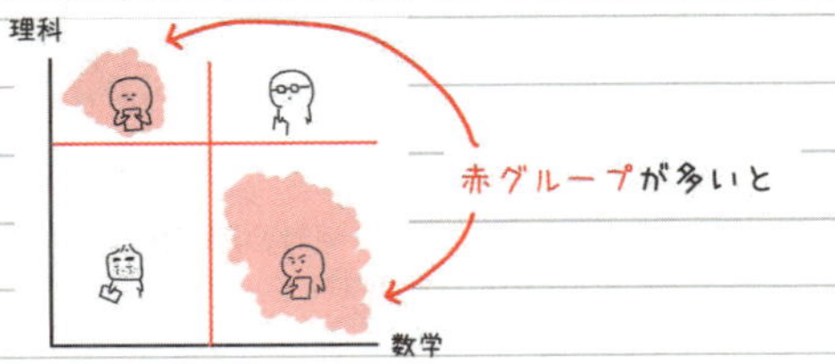

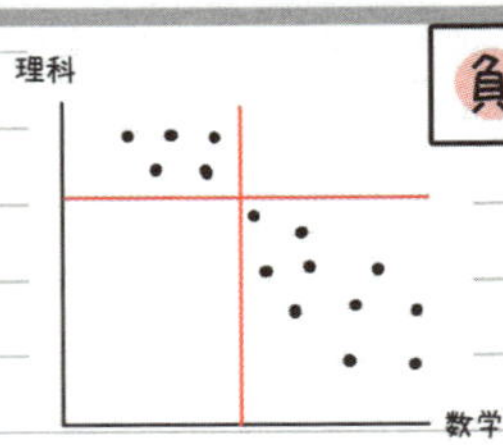

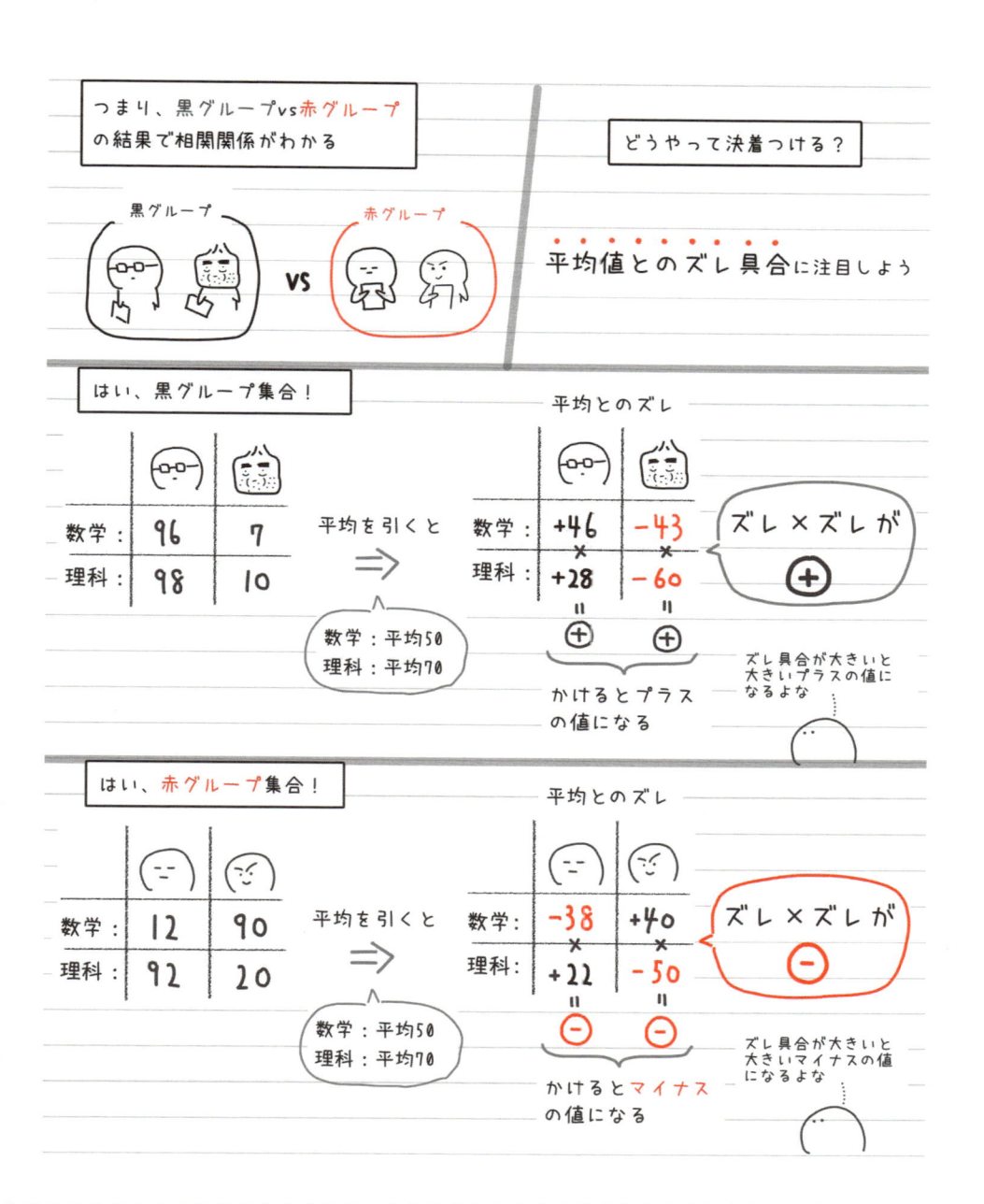

負の相関になる

つまり、黒グループvs赤グループの結果で相関関係がわかる

どうやって決着つける？

平均値とのズレ具合に注目しよう

はい、黒グループ集合！

数学：	96	7
理科：	98	10

平均を引くと ⇒

数学：平均50
理科：平均70

平均とのズレ

数学：	+46	−43
	×	×
理科：	+28	−60
	‖	‖
	⊕	⊕

かけるとプラスの値になる

ズレ×ズレが ⊕

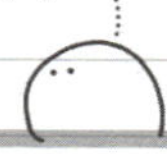

はい、赤グループ集合！

数学：	12	90
理科：	92	20

平均を引くと ⇒

数学：平均50
理科：平均70

平均とのズレ

数学：	−38	+40
	×	×
理科：	+22	−50
	‖	‖
	⊖	⊖

かけるとマイナスの値になる

ズレ×ズレが ⊖

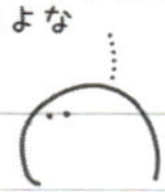

1人1人の「ズレ×ズレ」を集めて全体的に見れば、相関が見えてくる

例えば

それなら、決着は・・・

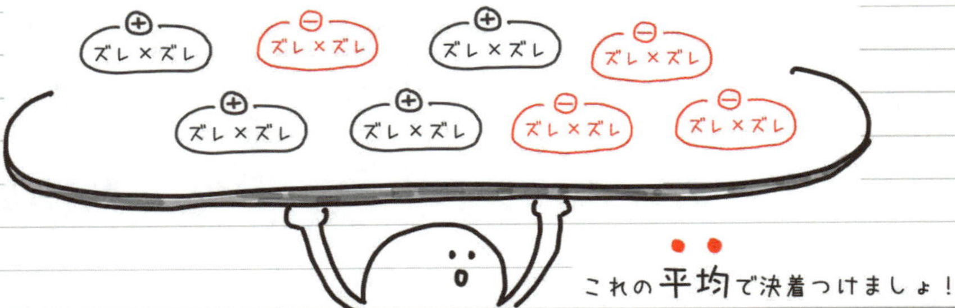

なにを計算するか決まった

皆の「ズレ×ズレ」の平均 → **共分散** と言う

共分散が
- プラスの値 → 黒グループの勝利 → 正の相関
- ほぼ0 → 両グループ引き分け → 相関なし
- マイナスの値 → 赤グループの勝利 → 負の相関

問題）次の表は数学と国語の４人の小テストの結果である。
数学と国語の得点の共分散を求めよ。

数学	2	3	6	9
国語	8	7	3	2

① 平均を計算する

$$数学の平均 = \frac{2+3+6+9}{4} = 5$$

$$国語の平均 = \frac{8+7+3+2}{4} = 5$$

② 平均を引き、ズレを求める

数学のズレ	−3	−2	+1	+4
国語のズレ	+3	+2	−2	−3

③ ズレ×ズレを計算

数学のズレ	−3	−2	+1	+4
国語のズレ	+3	+2	−2	−3

↓ ↓ ↓ ↓

−9 −4 −2 −12

いや、赤グループ
しかいないやん 笑

負の相関確定やん 笑

④ ズレ×ズレの平均を計算する

$$\frac{-9-4-2-12}{4} = -6.75$$

負の相関

負の相関傾向なのはわかったけど、結局、
「相関の強さ」がピンとこなくね？

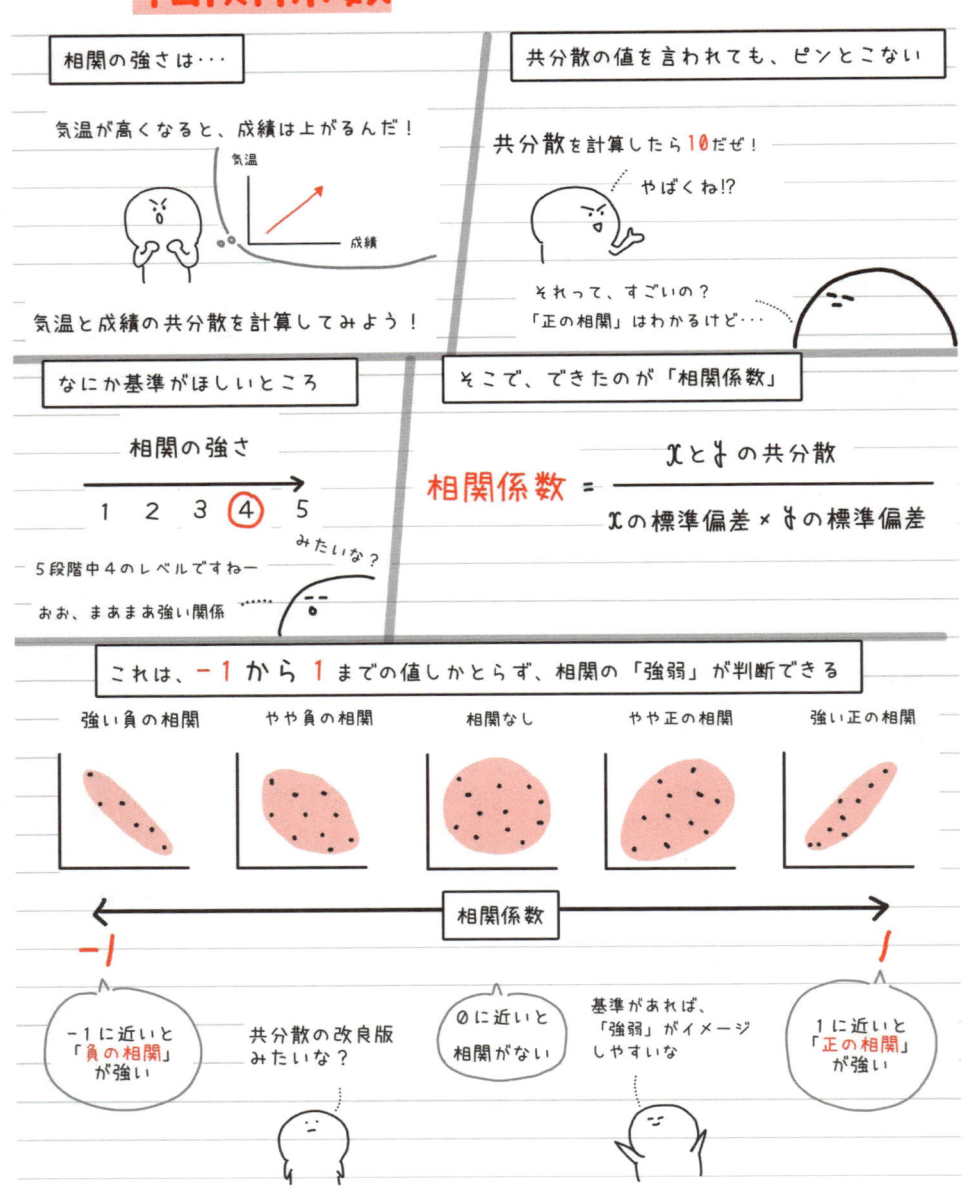

いい違和感だね！
その話は次にしよう

3分でわかる!

共分散を超える!? 相関係数

相関の強さは・・・

気温が高くなると、成績は上がるんだ！

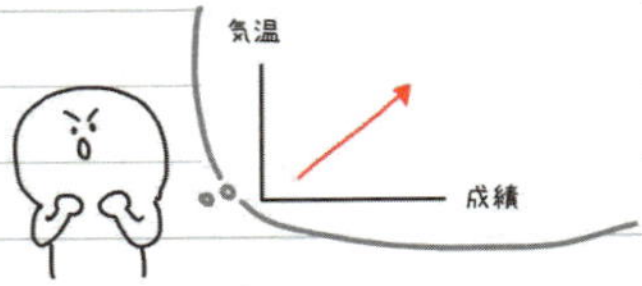

気温と成績の共分散を計算してみよう！

共分散の値を言われても、ピンとこない

共分散を計算したら10だぜ！

やばくね!?

それって、すごいの？
「正の相関」はわかるけど・・・

なにか基準がほしいところ

相関の強さ

1　2　3　④　5

みたいな？

5段階中4のレベルですねー

おお、まあまあ強い関係

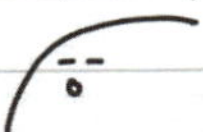

そこで、できたのが「相関係数」

$$\text{相関係数} = \frac{x\text{と}y\text{の共分散}}{x\text{の標準偏差} \times y\text{の標準偏差}}$$

これは、−1から1までの値しかとらず、相関の「強弱」が判断できる

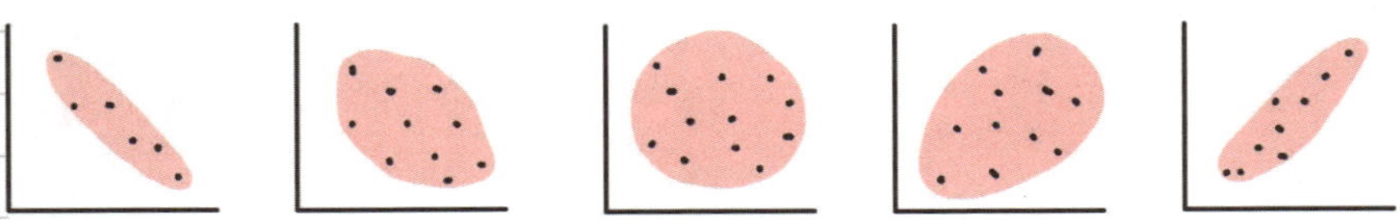

相関係数

−1 ←――――――――――――→ 1

−1に近いと「負の相関」が強い

共分散の改良版みたいな？

0に近いと相関がない

基準があれば、「強弱」がイメージしやすいな

1に近いと「正の相関」が強い

問題）　次の表は数学と理科の５人の小テストの結果である。
数学と理科の得点の相関係数を求めよ。

数学	8	6	12	10	9
理科	5	6	9	8	7

まず、なにをすればいい？

言い換えると？

ズレばっかりやん

$$\frac{x\text{と}y\text{の共分散}}{x\text{の標準偏差}\times y\text{の標準偏差}} \Rightarrow \frac{\text{ズレ}\times\text{ズレの平均値}}{\sqrt{\text{ズレ}^2\text{の平均値}}\times\sqrt{\text{ズレ}^2\text{の平均値}}}$$

とにかく、平均値からのズレを求める

①平均値を求める

数学 $\frac{8+6+12+10+9}{5}=9$

理科 $\frac{5+6+9+8+7}{5}=7$

②平均値を引いてズレを準備しておく

数学のズレ	−1	−3	+3	+1	0
理科のズレ	−2	−1	+2	+1	0

このズレを材料にそれぞれ計算していく

こっち計算するわ！

$$\frac{\text{ズレ}\times\text{ズレの平均値}}{\sqrt{\text{ズレ}^2\text{の平均値}}\times\sqrt{\text{ズレ}^2\text{の平均値}}}$$

OK！じゃあこっちやっとくわ

ズレ×ズレの平均値

数学のズレ	−1	−3	+3	+1	0
理科のズレ	−2	−1	+2	+1	0

かける ↓

2　3　6　1　0

⇓ 平均値

$$\frac{2+3+6+1+0}{5}=\frac{12}{5}$$

共分散

ズレの平均値

ズレを2乗しました

(数学のズレ)^2	1	9	9	1	0
(理科のズレ)^2	4	1	4	1	0

数学の

ズレ^{2}の平均値 $=\dfrac{1+9+9+1+0}{5}=4$

分散

理科の

ズレ^{2}の平均値 $=\dfrac{4+1+4+1+0}{5}=2$

分散

相関係数の公式に代入しよう

$$\text{相関係数}=\frac{\frac{12}{5}}{\sqrt{4}\times\sqrt{2}}$$

$$=\frac{\frac{12}{5}}{2\sqrt{2}}$$

$$=\frac{12}{5}\div 2\sqrt{2}$$

$$=\frac{12}{5}\times\frac{1}{2\sqrt{2}}$$

$$=\frac{6}{5\sqrt{2}}$$

有理化

$$\frac{6\times\sqrt{2}}{5\sqrt{2}\times\sqrt{2}}$$

$$=\frac{6\sqrt{2}}{10}$$

$$=\frac{3\sqrt{2}}{5}$$

で、この値が1に近いのか？

$\sqrt{2}\fallingdotseq 1.41$ とすると

$$\frac{3\sqrt{2}}{5}=\frac{3\cdot 1.41}{5}=0.846$$

「1」に近い！

⇓

強い正の相関

5分でわかる！

データ&検証で正しさを判定する
仮説検定

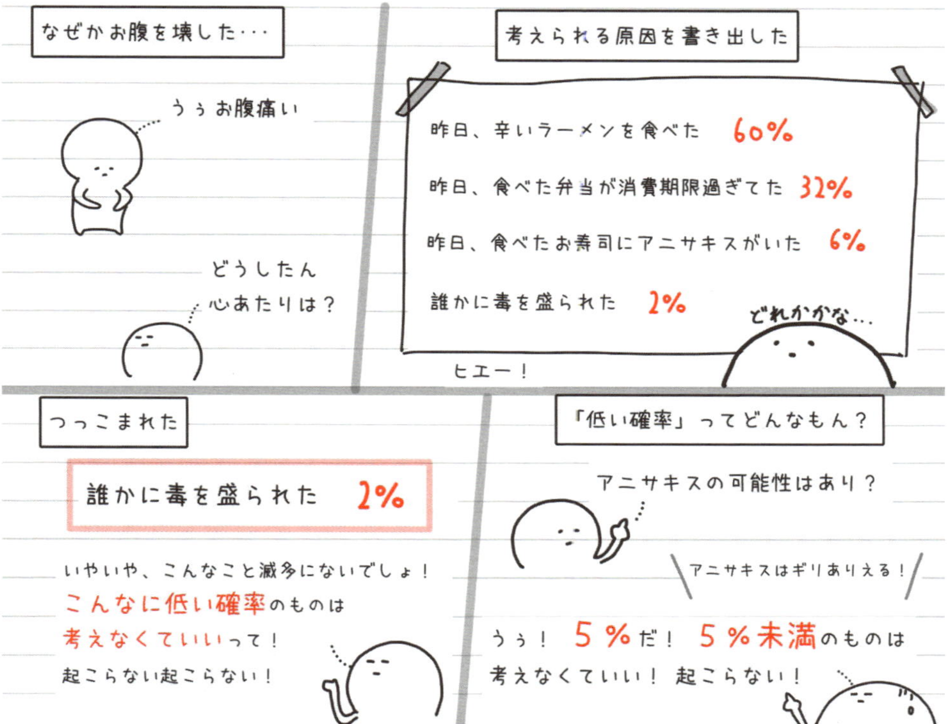

さて、これからやる「仮説検定」の考え方は「確率の低いものはありえないもの」とするんだ。そこで、「確率が低い」の**基準**がほしいよね？ だからあらかじめ、2％とか5％というように基準を作るんだ。この基準を下回ったらありえないものとするってね。

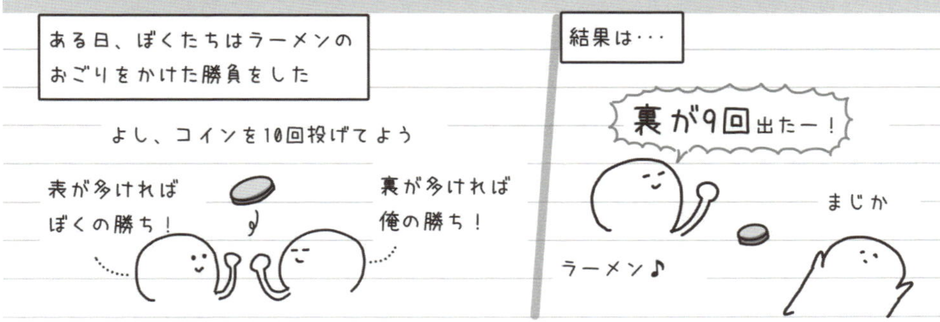

ある日、ぼくたちはラーメンのおごりをかけた勝負をした
よし、コインを10回投げてよう
表が多ければ
ぼくの勝ち！
裏が多ければ
俺の勝ち！
結果は…
裏が9回出たー！
まじか
ラーメン♪

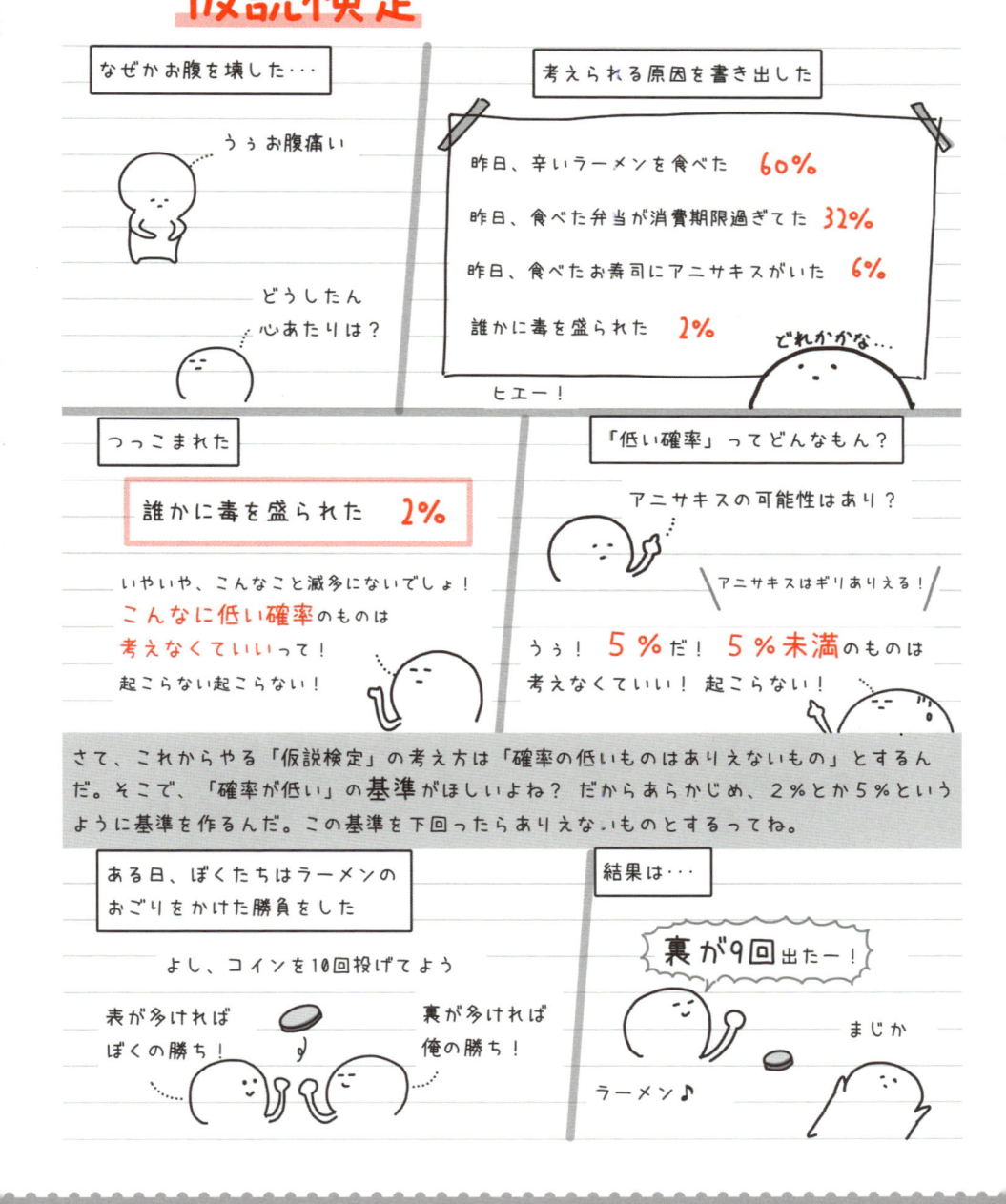

なんか怪しい・・・

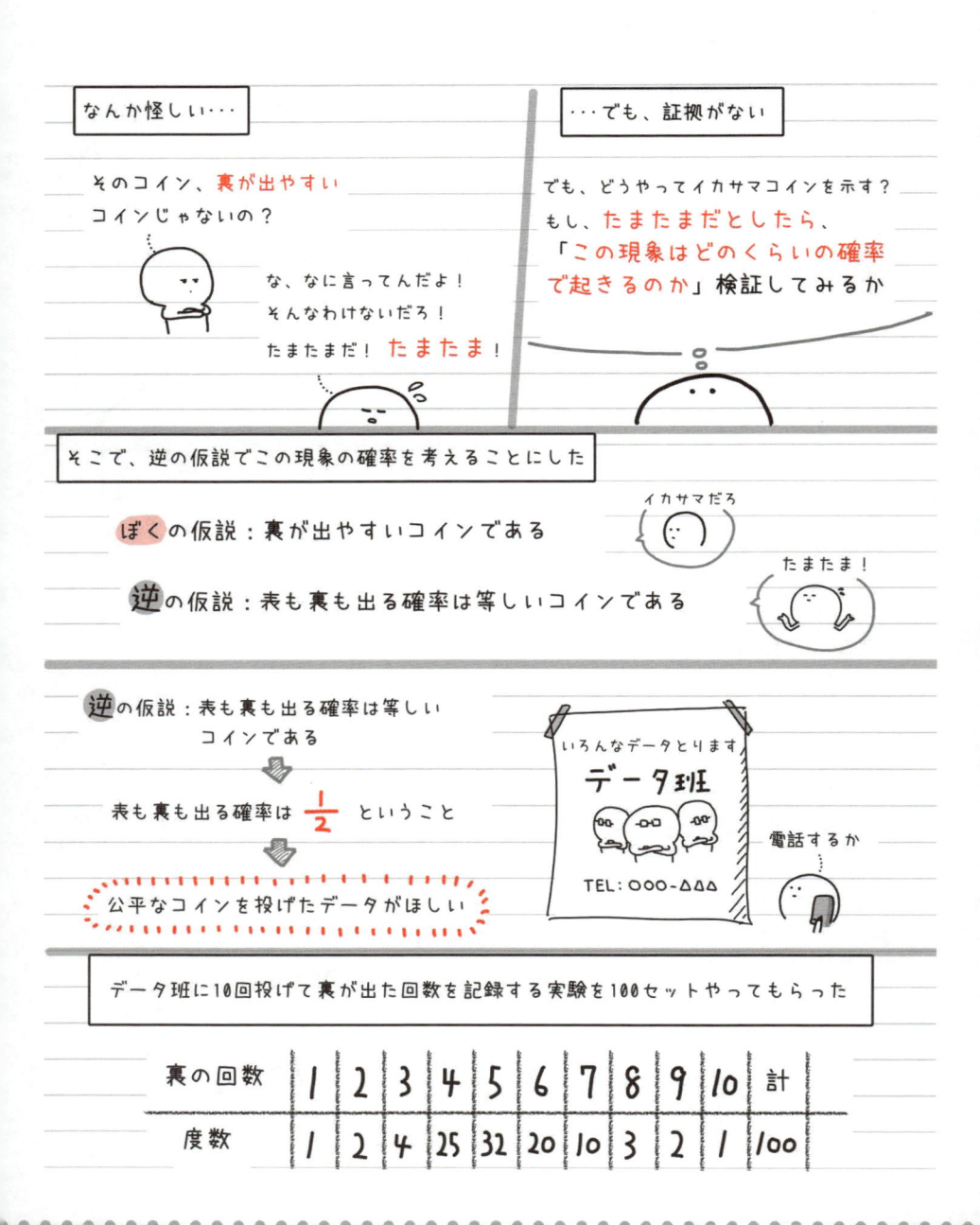

そのコイン、**裏が出やすい**
コインじゃないの？

な、なに言ってんだよ！
そんなわけないだろ！
たまたまだ！　**たまたま**！

・・・でも、証拠がない

でも、どうやってイカサマコインを示す？
もし、**たまたまだとしたら、**
「この現象はどのくらいの確率で起きるのか」検証してみるか

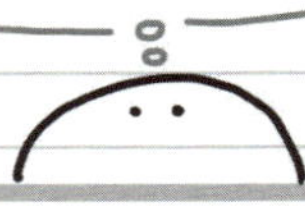

そこで、逆の仮説でこの現象の確率を考えることにした

ぼくの仮説：裏が出やすいコインである

逆の仮説：表も裏も出る確率は等しいコインである

逆の仮説：表も裏も出る確率は等しい
コインである

⇩

表も裏も出る確率は $\frac{1}{2}$ ということ

⇩

公平なコインを投げたデータがほしい

いろんなデータとります
データ班
TEL：○○○-△△△

電話するか

データ班に10回投げて裏が出た回数を記録する実験を100セットやってもらった

裏の回数	1	2	3	4	5	6	7	8	9	10	計
度数	1	2	4	25	32	20	10	3	2	1	100

さて、この公平なコインを投げた結果で、裏が9回以上出る確率を考える

裏の回数	1	2	3	4	5	6	7	8	9	10	計
度数	1	2	4	25	32	20	10	3	2	1	100

裏が9回以上出る割合を考えると100回中3回しかないので

$$\frac{3}{100} = 0.03 = 3\%$$

言ってやった

もし、君の言うとおり公平なコインだとしたら、この現象は**3%しか**ないけど、

それでもたまたまって言うのかい？

さっき、**5%未満**のものは**あり得ない**って言ってたよね？

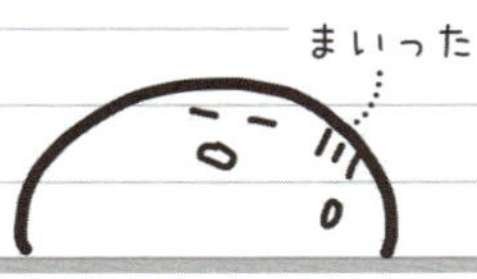

結論、5%を基準に考えると…

5%未満なので

逆の仮説は正しくなかったと考えられる！

⇩

ぼくの仮説は正しいと判断していい！

このような方法で、あるデータをもとに「ある主張が正しいかどうか」を判断する方法を**仮説検定**と言う

ちなみに、もし基準の確率を超えてきたら？

もしも

裏の回数	1	2	3	4	5	6	7	8	9	10	計
度数	1	2	4	25	29	20	10	3	4	2	100

裏が９回以上出る割合を考えると**100回中６回**なので

$$\frac{6}{100} = 0.06 = 6\%$$

６％ならありえない
こともないか

つまり、５％を基準に考えると･･･

５％を超えてるので

逆の仮説は否定できない！　←これが正しいとも言えない

ぼくの仮説は正しいと判断できない！

白黒はっきりするわけでもなく、モヤモヤする結果になる

ちなみに･･･

今回、基準を５％で考えたんだね。
この基準のことを**有意水準**と言うんだ。
あと、裏が９回以上出る確率を、別のデータをもとに割合(相対度数)で考えたんだね。それも１つの手だ。
実際に、裏が９回以上出る確率を計算しようと思わなかったのかい？　まあ、これは「反復試行」の知識が必要だから、またの機会に教えるよ。数学ＡやＢの話になるからね。

練習問題

答え
P302

問題１） 次の度数分布表は、10人に数学の小テストを実施した結果である。

(1) 平均値を求めよ。ただし、小数第２位を四捨五入して答えよ。

(2) 中央値を求めよ。

(3) 最頻値を求めよ。

点数	人数
２点以上４点未満	1
4 ～ 6	4
6 ～ 8	3
8 ～ 10	1
合計	9

問題２） 11人の数学のテストの点数が以下の通り。箱ひげ図を描こう！

15, 28, 31, 47, 64, 72, 78, 78, 82, 90, 93

問題３） 次の表は５人の身長と体重を表したものである。身長と体重の共分散を求めよう！ また、相関係数を求めよう！

	タラオ	牧野	橋本	竹内	浅井
体重(kg)	59	61	67	63	75
身長(cm)	167	165	169	173	181

1分でわかる! 平均変化率をおさえよう

～ぼくと巨人さんとアリさんの物語～
お山がありました
この山ってどれくらいの斜面なのだろう?
急なのかな
巨人さんが現れました
やあ!
巨人さんが大きな物差しを出しました
お山に物差しをあてました
これくらいの傾きだよ!
でけー

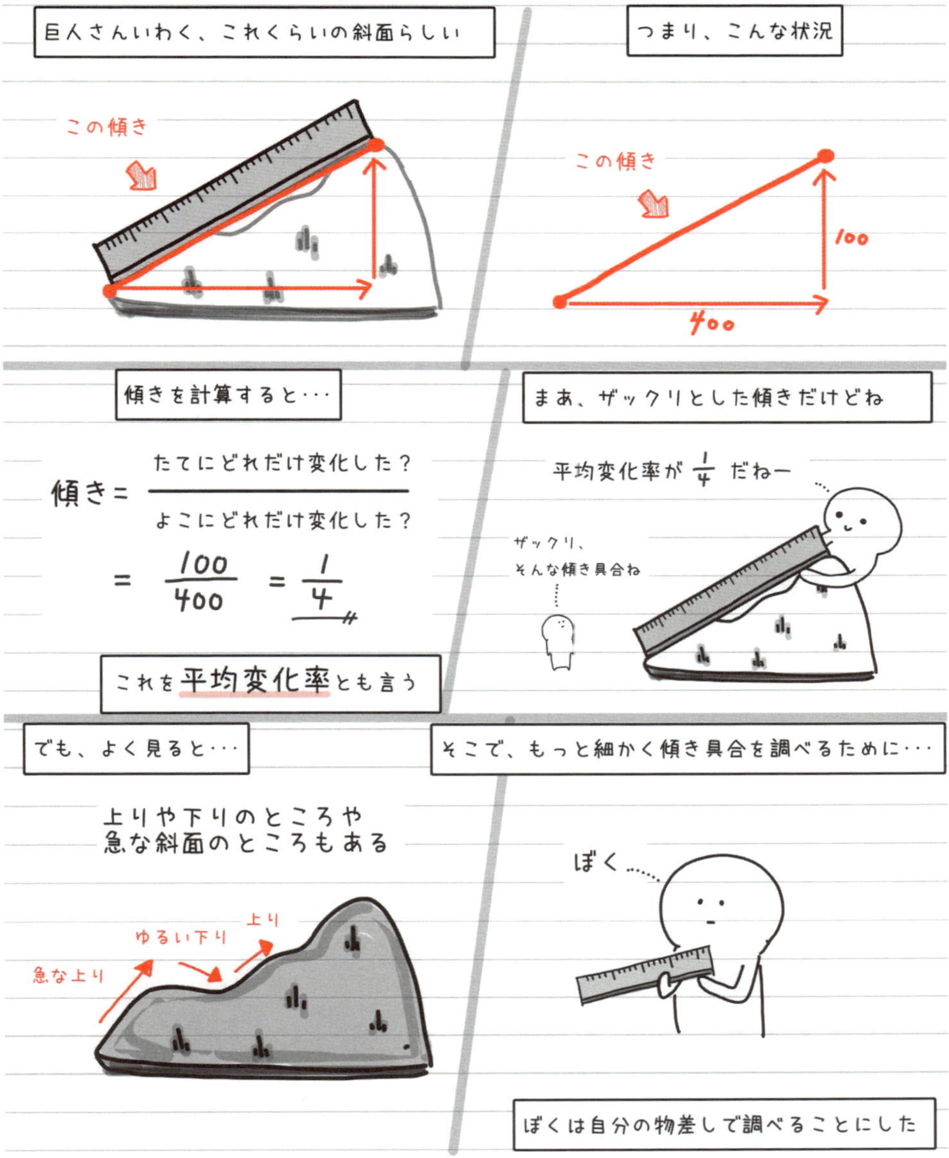

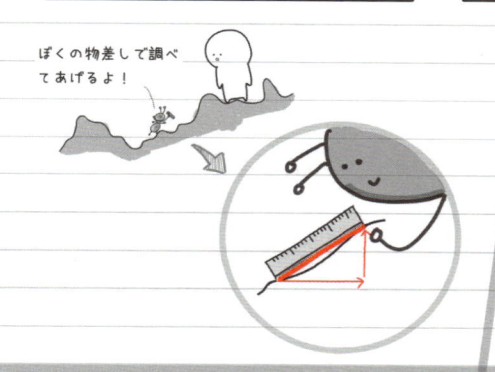

巨人さんいわく、これくらいの斜面らしい
この傾き
つまり、こんな状況
この傾き
100
400
傾きを計算すると・・・
傾き＝たてにどれだけ変化した？／よこにどれだけ変化した？
＝100／400＝1／4
これを平均変化率とも言う
まあ、ザックリとした傾きだけどね
平均変化率が1／4だねー
ザックリ、そんな傾き具合ね
でも、よく見ると・・・
上りや下りのところや
急な斜面のところもある
急な上り
ゆるい下り
上り
そこで、もっと細かく傾き具合を調べるために・・・
ぼく……
ぼくは自分の物差しで調べることにした

ひたすら物差しをあてまくった

さっきよりも細かく傾きを調べることができた

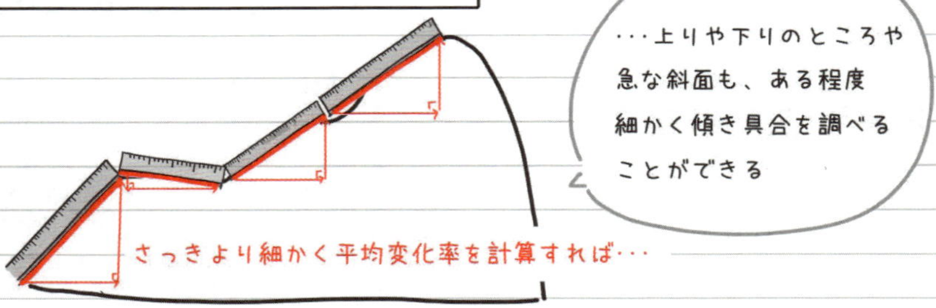

さらに自分の足元を見ると、細かい
上り坂と下り坂がたくさんあった

もっと細かく平均変化率を計算すれば、
細かい上り坂や下り坂の傾き具合がわかりそうだ。
でも、ぼくの持ってる物差しでは限界があるか

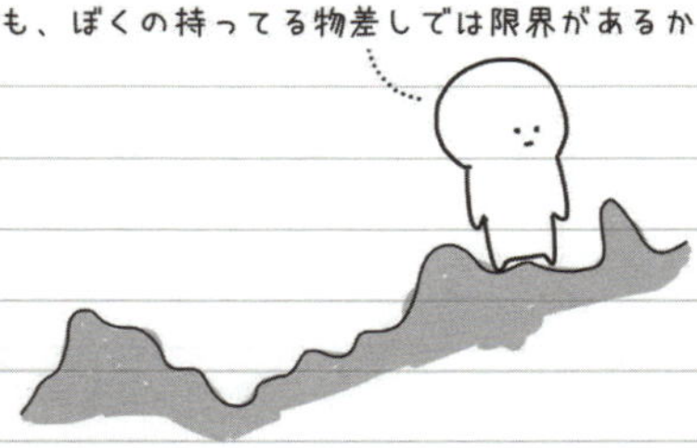

すると、アリさんが話しかけてきた

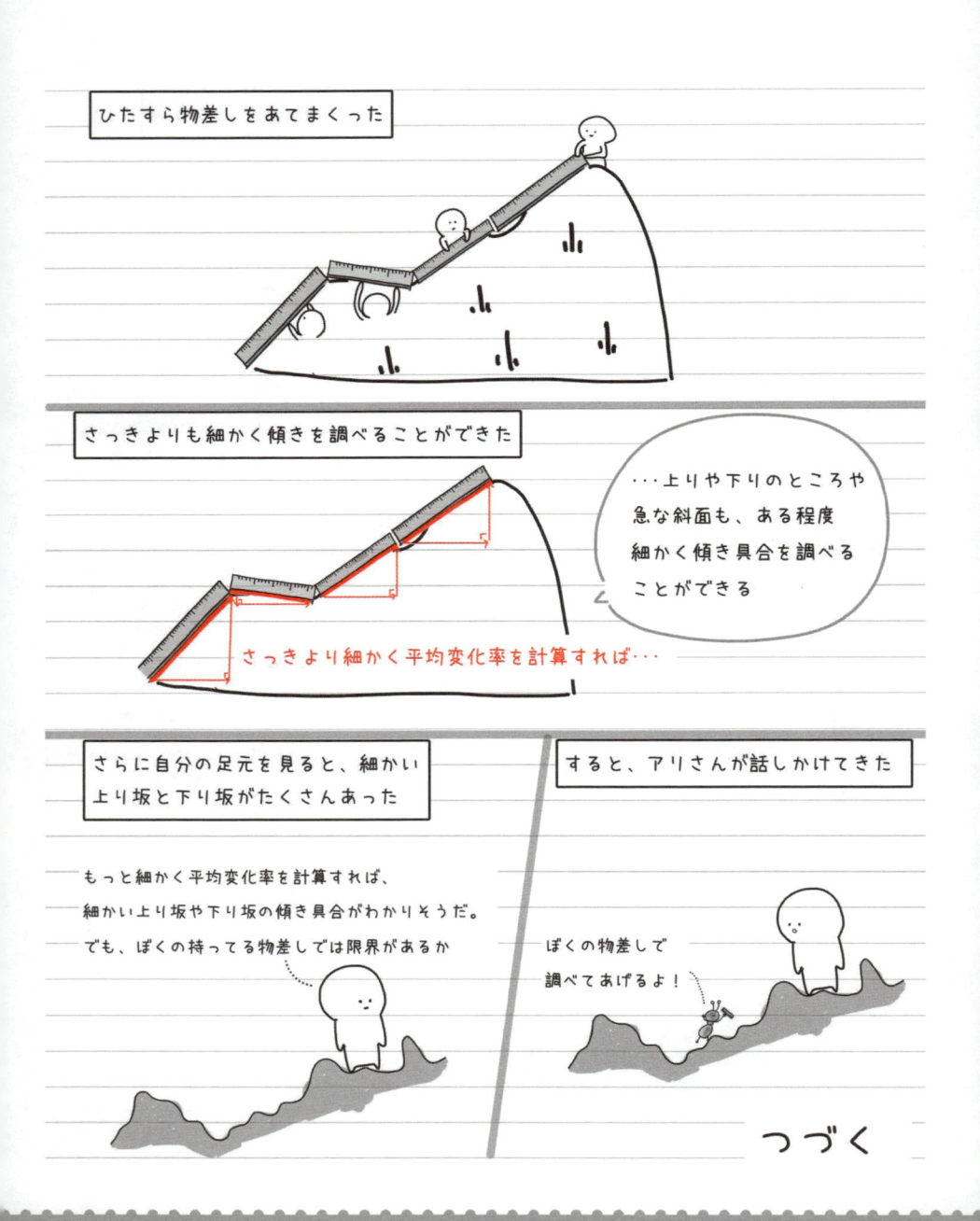

つづく

1分でわかる！

アリさんでわかる微分

アリさんが傾き具合を調べてくれた

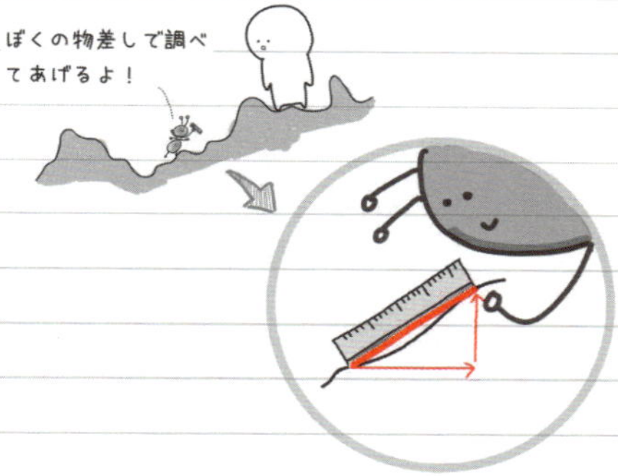
ぼくの物差しで調べてあげるよ！

アリさんが計算してくれた平均変化率は…

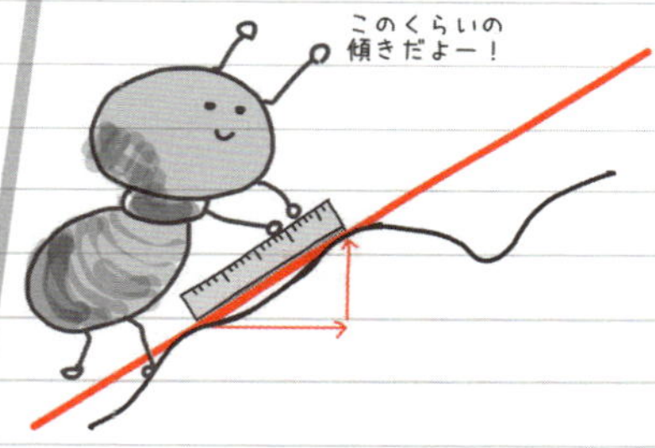
このくらいの傾きだよー！

もはや、その地点のピンポイントの傾きと言っても過言でなかった

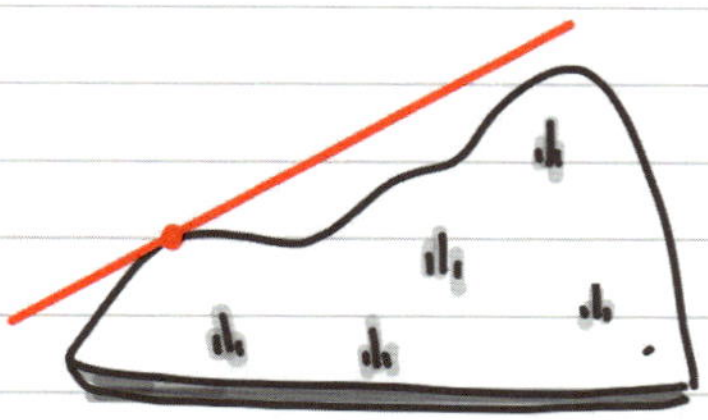

さて、これもめっちゃ細かい幅で平均変化率を計算したに過ぎない

めっちゃ細かい幅

もっともーーと！幅を細かくする。幅がほぼ0になるくらいにすると？

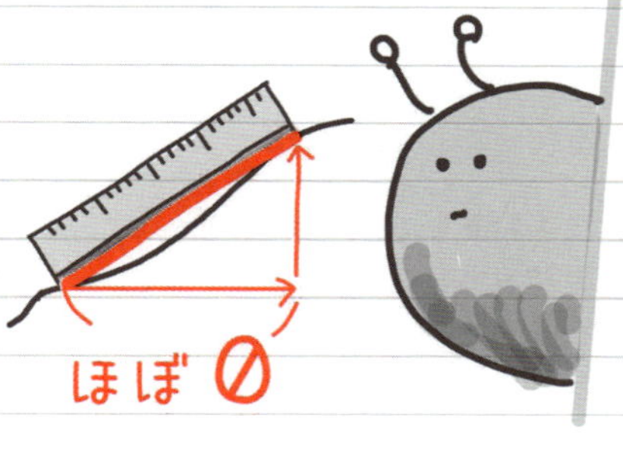
ほぼ0

さすがに、その地点のピンポイントの傾きと言っていい

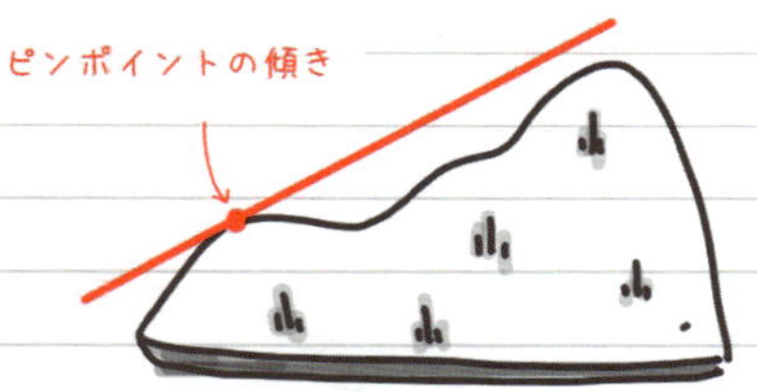
ピンポイントの傾き

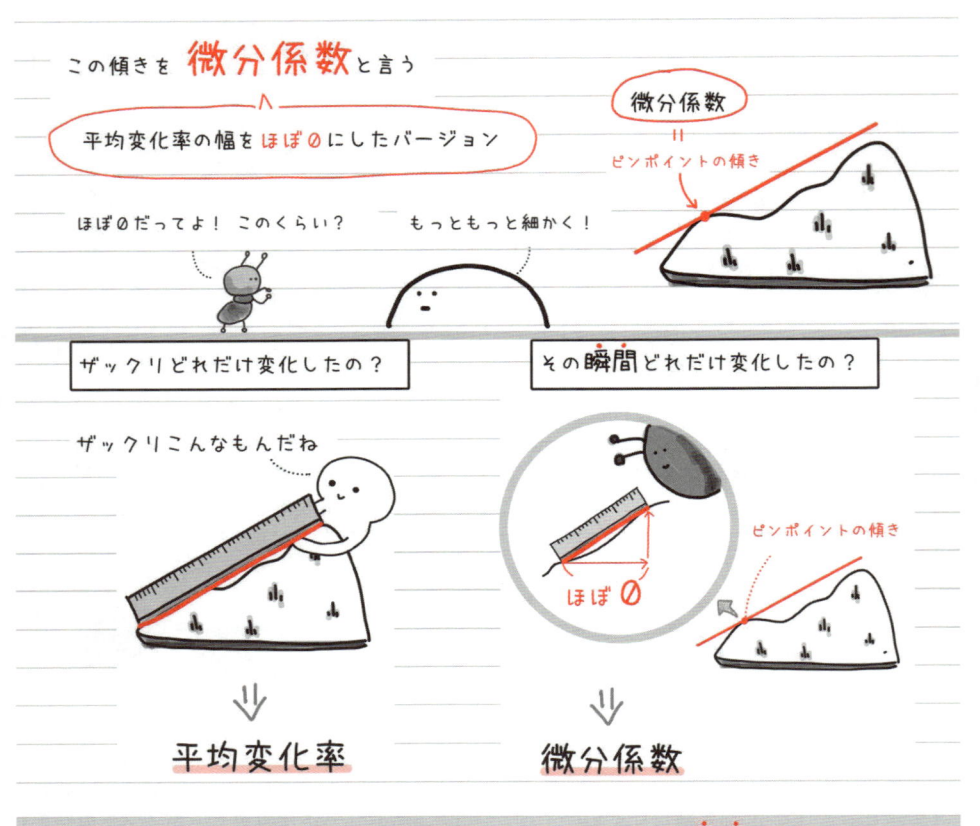

この傾きを**微分係数**と言う

平均変化率の幅をほぼ0にしたバージョン

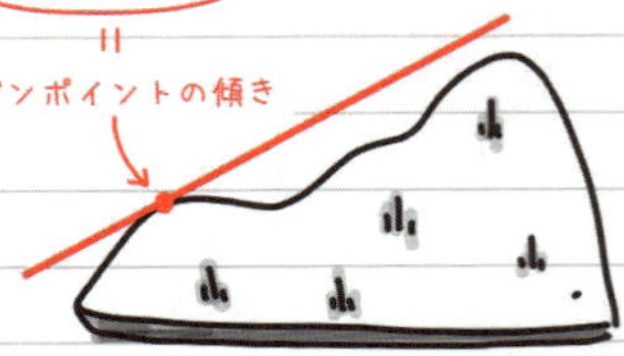
微分係数
=
ピンポイントの傾き

ほぼ0だってよ！ このくらい？

もっともっと細かく！

ザックリどれだけ変化したの？

その瞬間どれだけ変化したの？

ザックリこんなもんだね

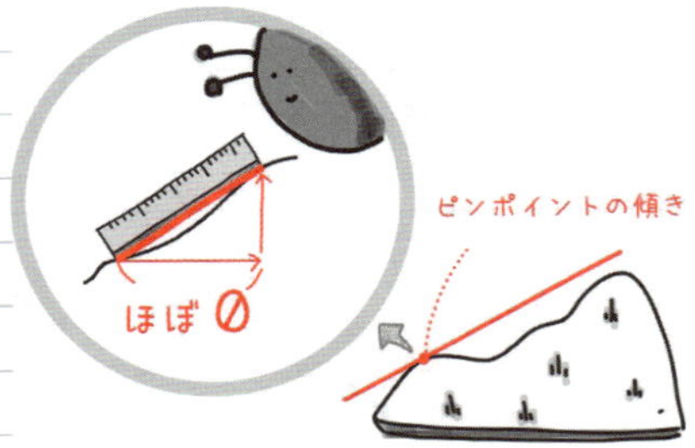
ほぼ0
ピンポイントの傾き

⇓ **平均変化率**

⇓ **微分係数**

このように、「その瞬間にどんだけ変化したか？」を調べることを**微分**と言うんだ。アリさん目線だ（厳密にはもっと細かく見るんだけどね）。今回は、山の傾き具合の話をしたけど「速さ」「時間」など、世の中の現象の一瞬一瞬の変化を調べることを意味するんだ。

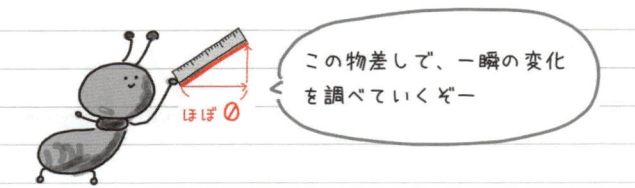

ほぼ0
この物差しで、一瞬の変化
を調べていくぞー

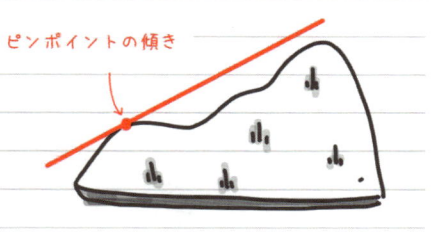

3分で
わかる！

「どんだけ増えたか」で微分係数がわかる

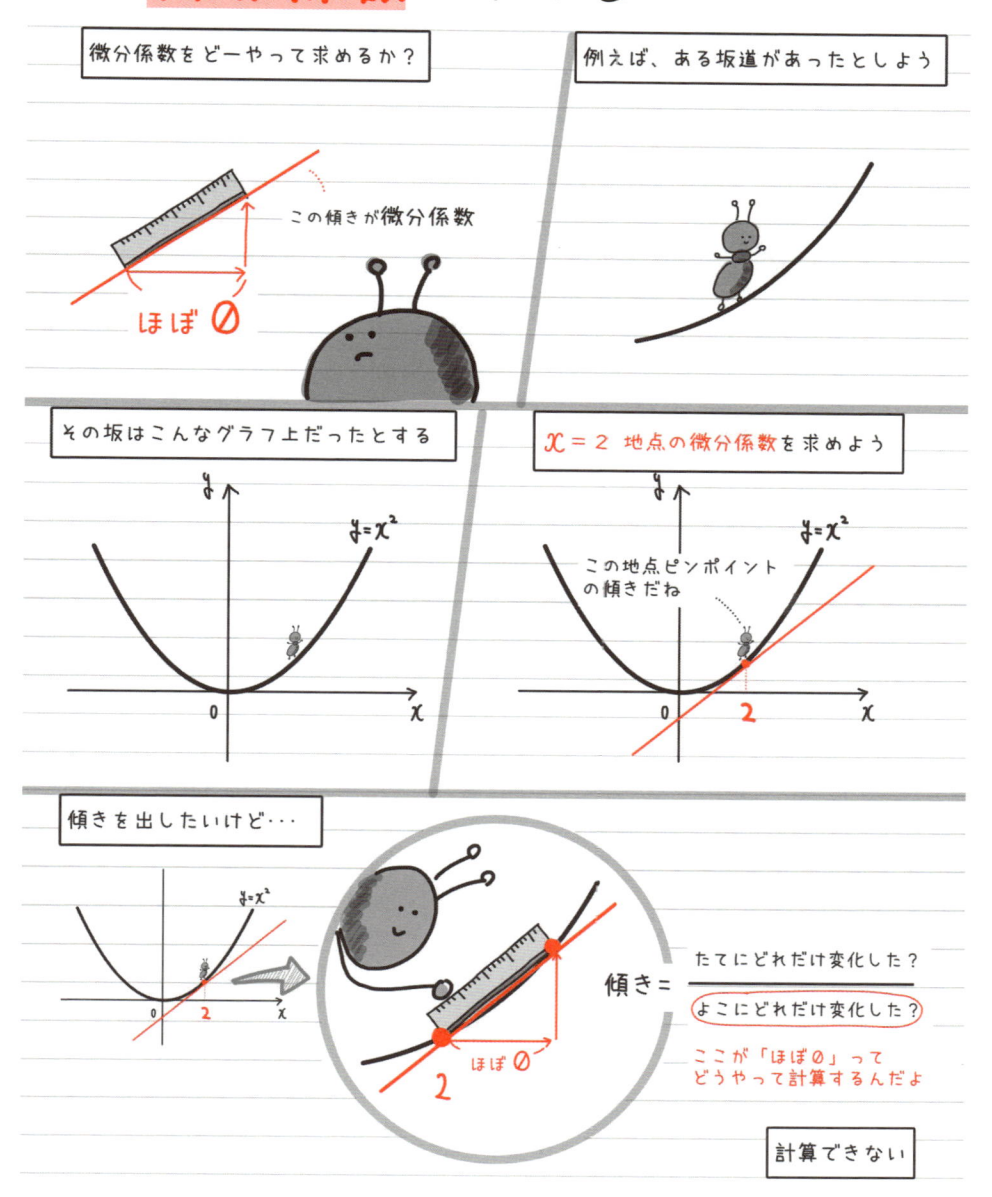

微分係数をどーやって求めるか？

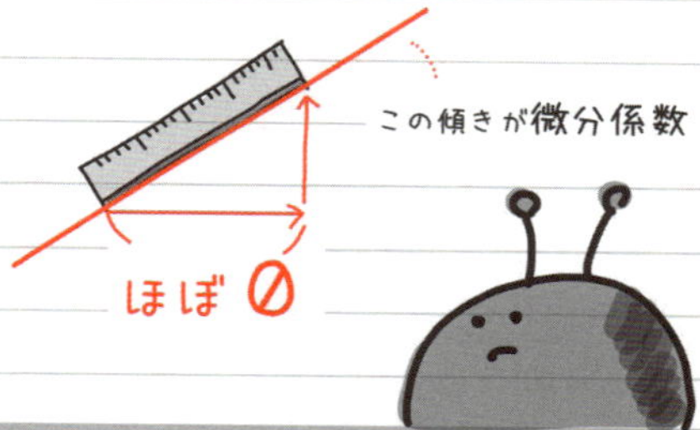

例えば、ある坂道があったとしよう

その坂はこんなグラフ上だったとする

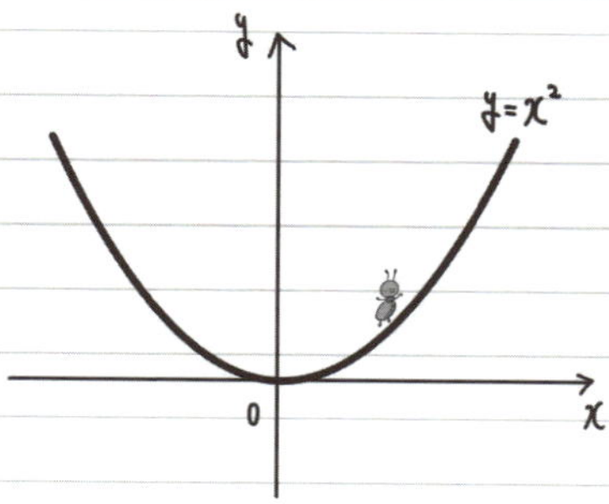

$x=2$ 地点の微分係数を求めよう

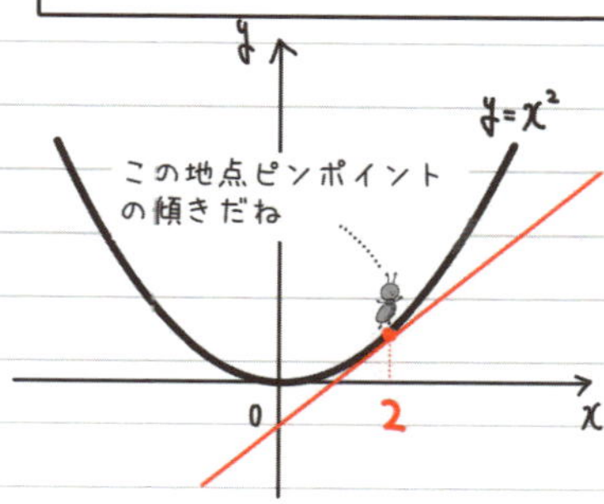

傾きを出したいけど･･･

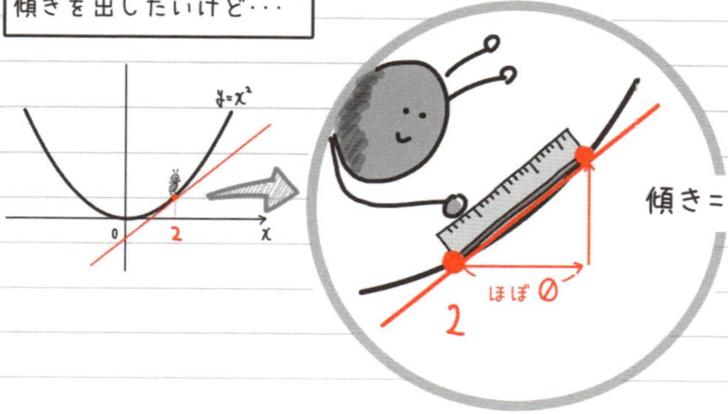

傾き＝ たてにどれだけ変化した？ ／ よこにどれだけ変化した？

ここが「ほぼ0」って
どうやって計算するんだよ

計算できない

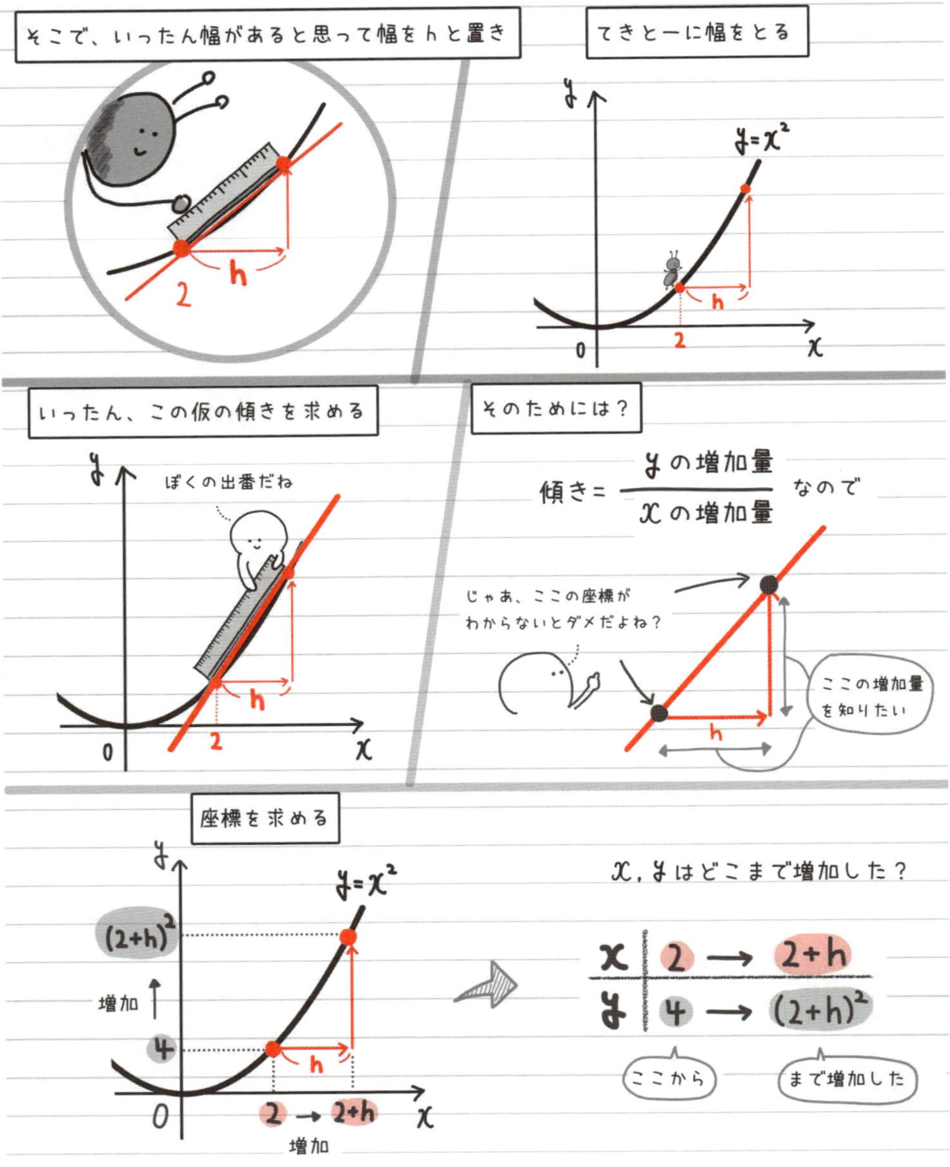
そこで、いったん幅があると思って幅をhと置き
h
2
てきとーに幅をとる
y
y=x²
h
0
2
x
いったん、この仮の傾きを求める
y
ぼくの出番だね
h
0
2
x
そのためには？
傾き＝yの増加量／xの増加量 なので
じゃあ、ここの座標がわからないとダメだよね？
ここの増加量を知りたい
h
座標を求める
y
y=x²
(2+h)²
増加
4
h
0
2 → 2+h
増加
x
x, yはどこまで増加した？
x　2 → 2+h
y　4 → (2+h)²
ここから
まで増加した

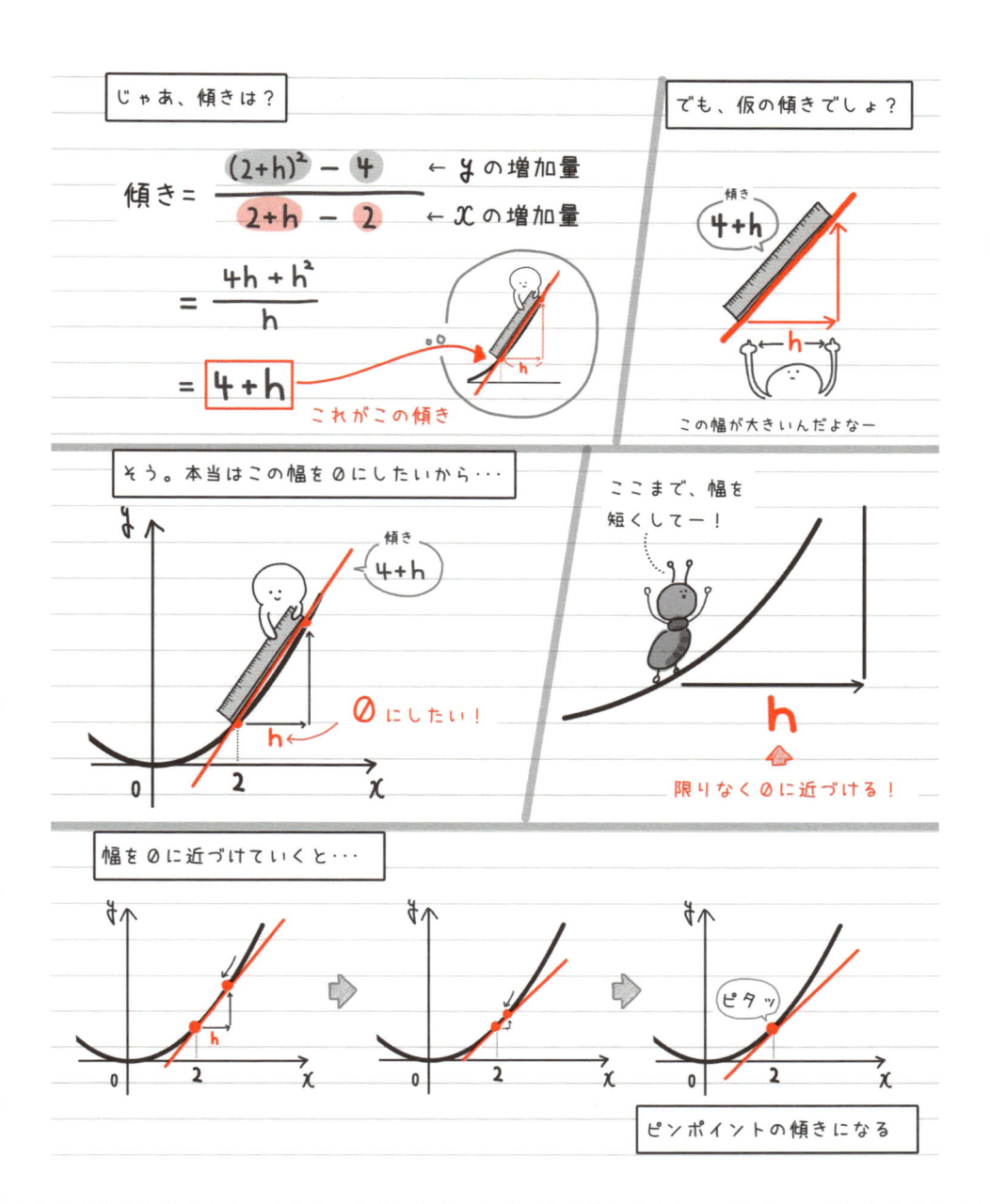

じゃあ、傾きは？

$$傾き = \frac{(2+h)^2 - 4}{2+h - 2} \quad \begin{array}{l} \leftarrow y の増加量 \\ \leftarrow x の増加量 \end{array}$$

$$= \frac{4h + h^2}{h}$$

$$= \boxed{4+h}$$

これがこの傾き

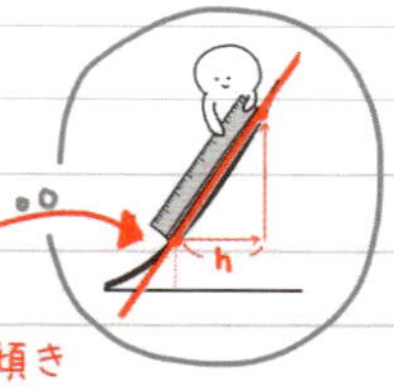

でも、仮の傾きでしょ？

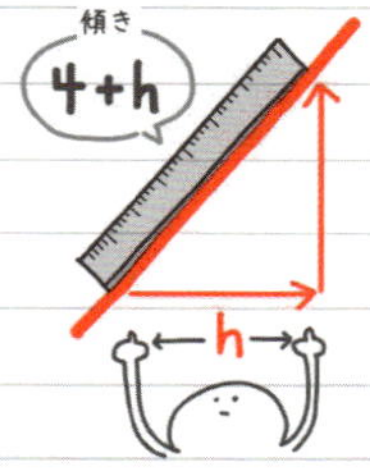

この幅が大きいんだよなー

そう。本当はこの幅を0にしたいから･･･

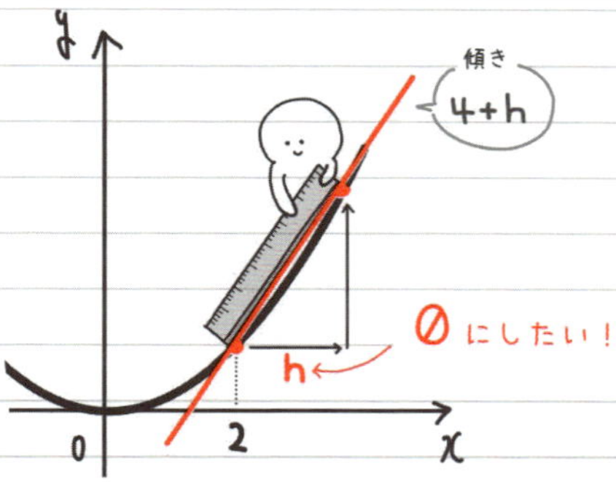

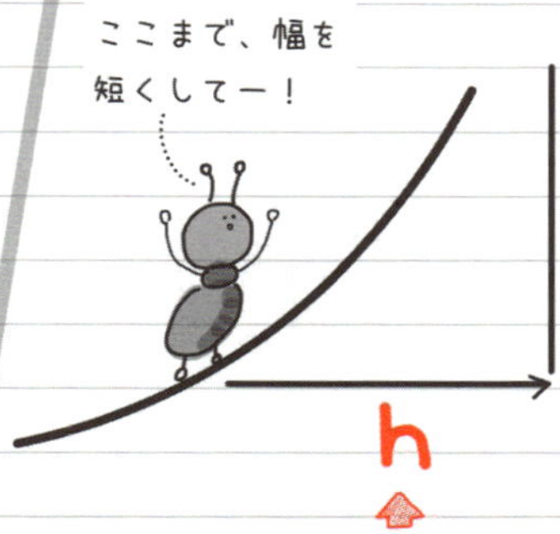

限りなく0に近づける！

幅を0に近づけていくと･･･

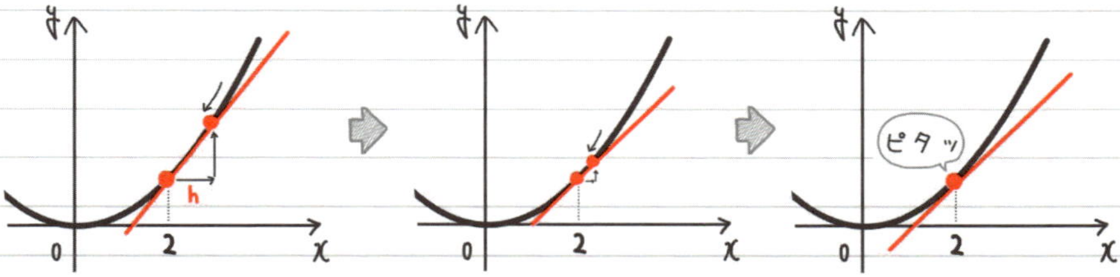

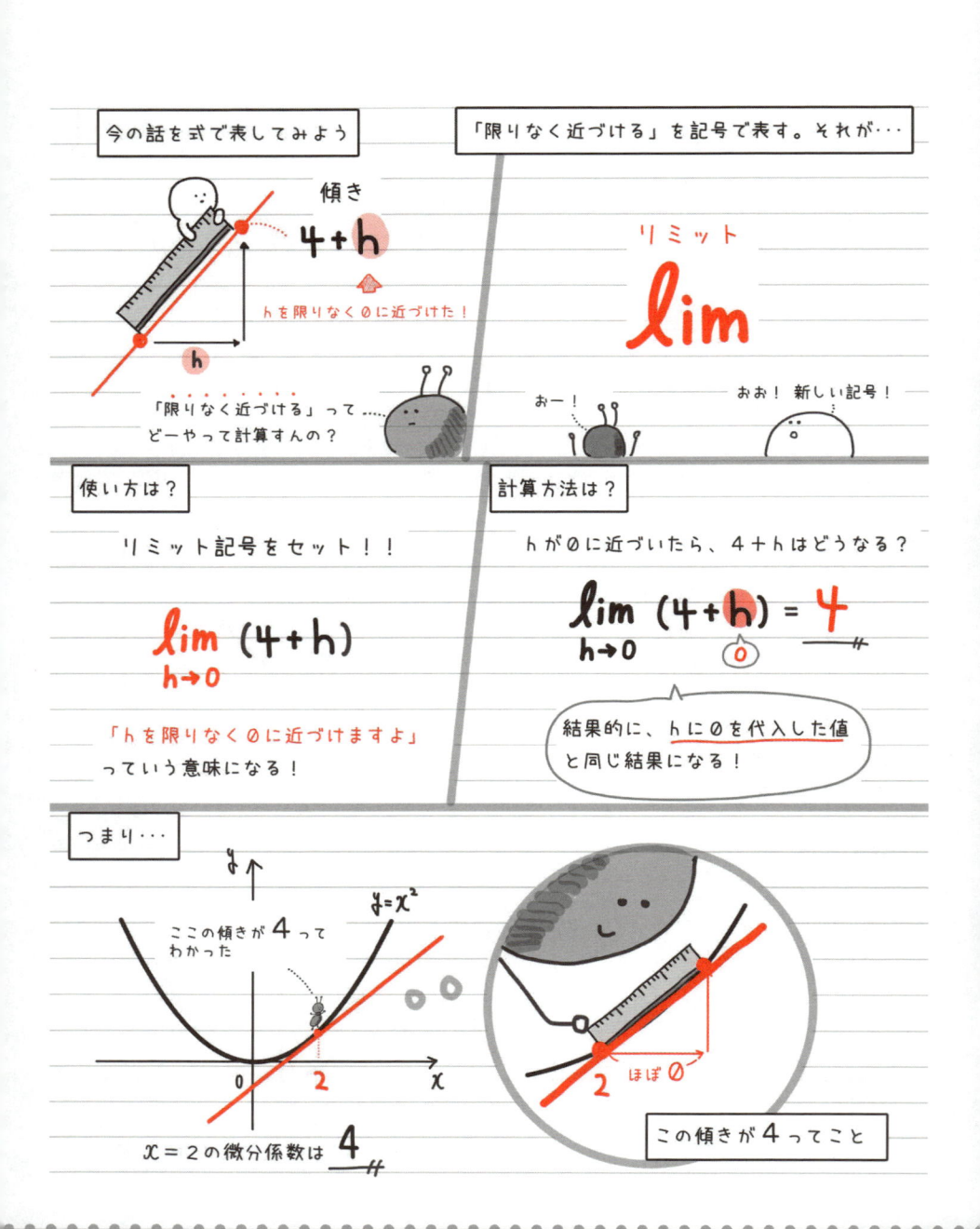

ピンポイントの傾きになる

今の話を式で表してみよう

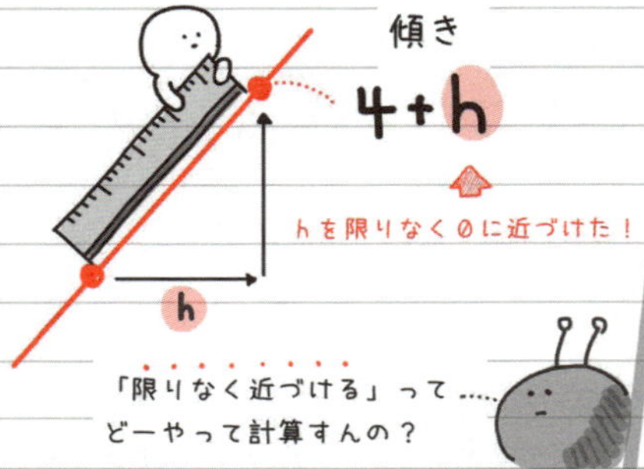

傾き
4+h
hを限りなく0に近づけた！
h
「限りなく近づける」って
どーやって計算すんの？

「限りなく近づける」を記号で表す。それが…

リミット

lim

おー！
おお！新しい記号！

使い方は？

リミット記号をセット！！

$$\lim_{h \to 0}(4+h)$$

「hを限りなく0に近づけますよ」
っていう意味になる！

計算方法は？

hが0に近づいたら、4＋hはどうなる？

$$\lim_{h \to 0}(4+h) = 4$$

結果的に、hに0を代入した値
と同じ結果になる！

つまり…

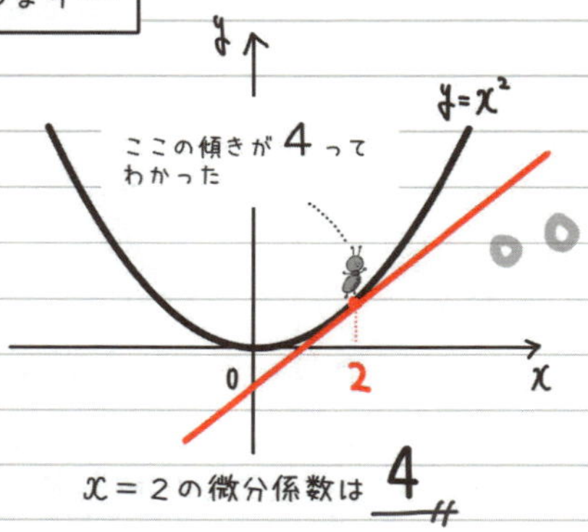

$x=2$ の微分係数は 4

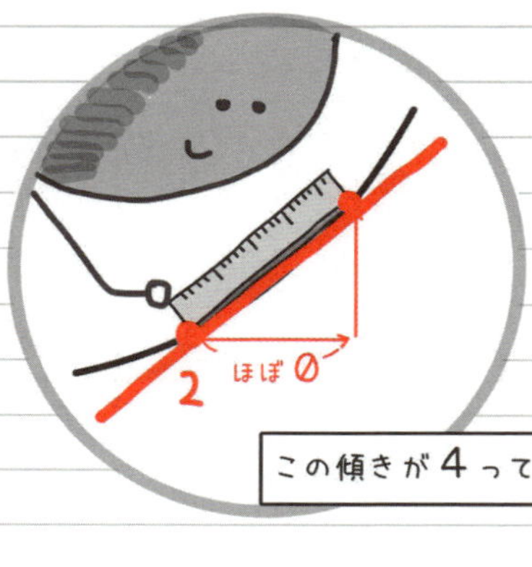

この傾きが4ってこと

今の話を問題にするとこのようになる

問題）　関数 $f(x)=x^2$ の $x=2$ における微分係数を求めよ。

①てきとーに幅hをとって

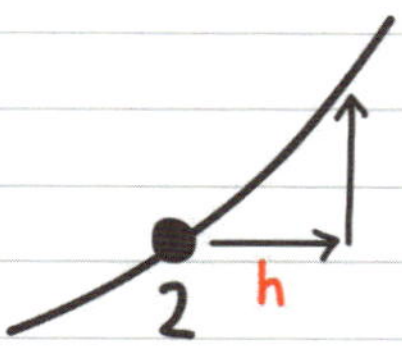

②いったん、仮の傾きを求めるために座標を求める

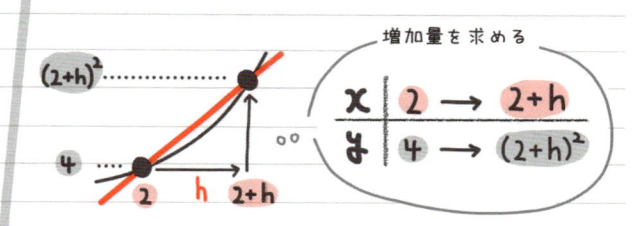

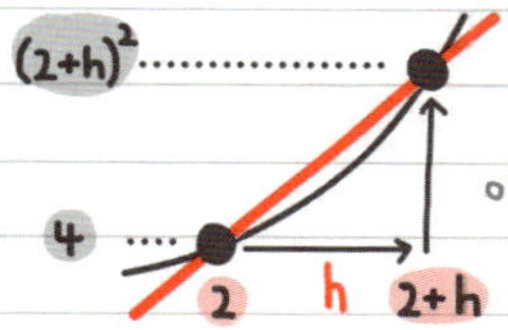

増加量を求める

x	2 →	$2+h$
y	4 →	$(2+h)^2$

③仮の傾きを求める

$$傾き=\frac{(2+h)^2-4}{2+h-2}$$

$$=\frac{4h+h^2}{h}$$

$$=\boxed{4+h}$$

この傾き

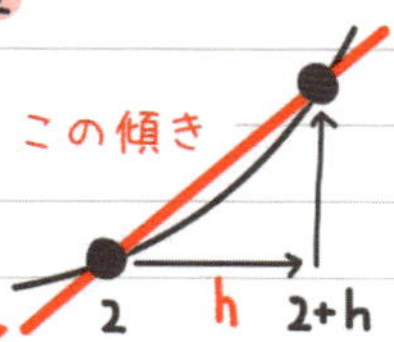

③hを限りなく0に近づける

$$\lim_{h\to 0}(4+h)=4$$

ちなみに・・・

$f(x)$ の $x=$● における微分係数は f'(●) と表す（ダッシュ）

なので、今回求めた微分係数は・・・

$f(x)$ の $x=2$ における微分係数なので $f'(2)$ と表せるので

$f'(2)=4$ ということになる

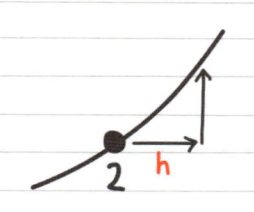

1分でわかる!

微分係数を量産する
便利な導関数

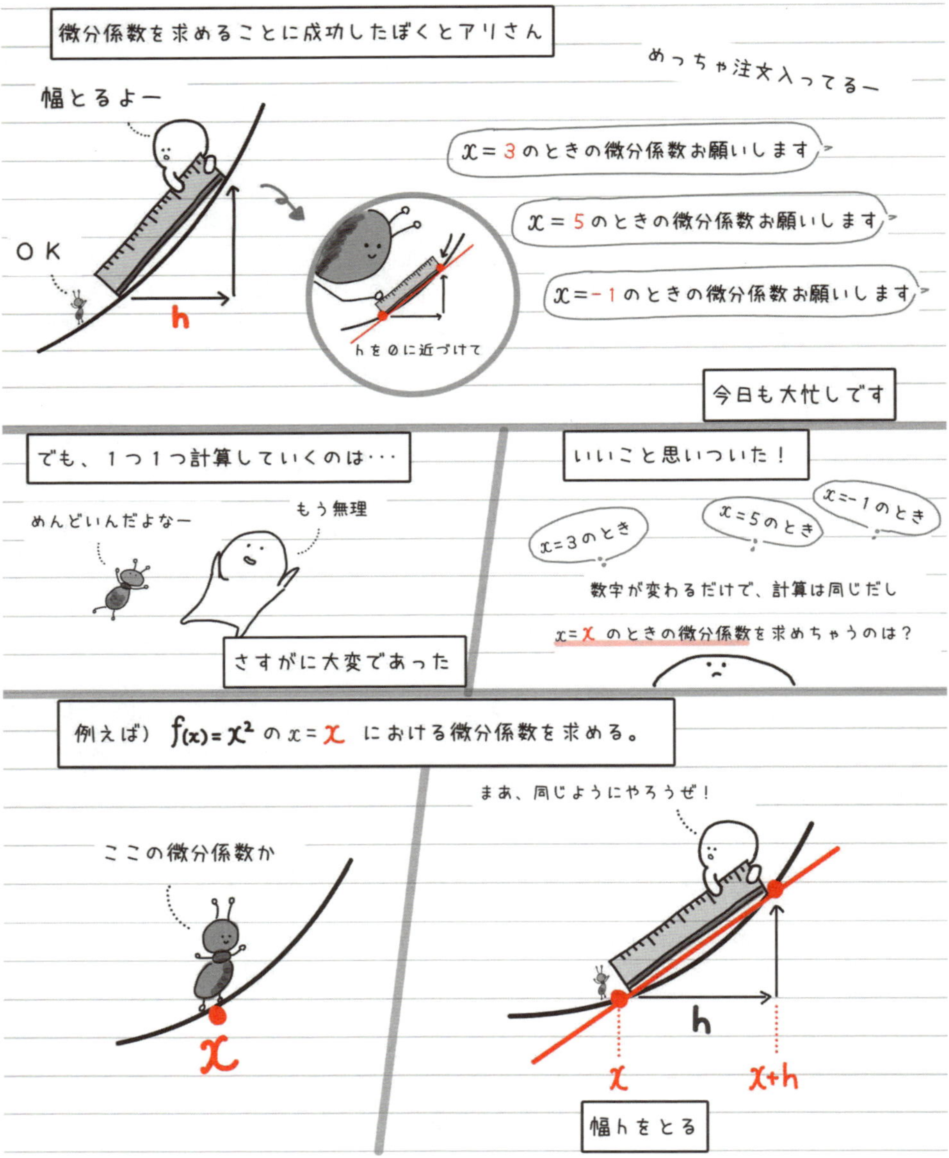

微分係数を求めることに成功したぼくとアリさん
幅とるよー
OK
h
hを0に近づけて
めっちゃ注文入ってるー
$x=3$ のときの微分係数お願いします
$x=5$ のときの微分係数お願いします
$x=-1$ のときの微分係数お願いします
今日も大忙しです
でも、1つ1つ計算していくのは・・・
めんどいんだよなー
もう無理
さすがに大変であった
いいこと思いついた！
$x=3$ のとき
$x=5$ のとき
$x=-1$ のとき
数字が変わるだけで、計算は同じだし
$x=x$ のときの微分係数を求めちゃうのは？
例えば） $f(x)=x^2$ の $x=x$ における微分係数を求める。
ここの微分係数か
x
まあ、同じようにやろうぜ！
h
x
$x+h$
幅hをとる

それぞれの座標を求めて…

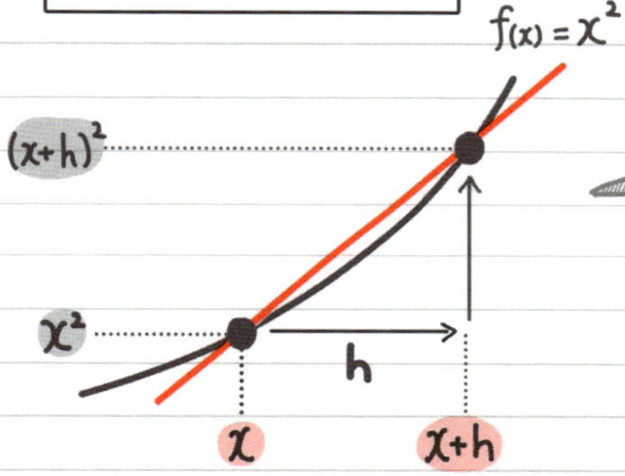

この傾きを求める

x	$x \rightarrow x+h$
y	$x^2 \rightarrow (x+h)^2$

$$\text{傾き} = \frac{(x+h)^2 - x^2}{x+h - x}$$

$$= \frac{2hx + h^2}{h}$$

$$= 2x + h$$

そして、hを0に近づける

リミット記号をセット！！

$$\lim_{h \to 0}(2x+h) = 2x$$

なんか出た

これがxにおける微分係数

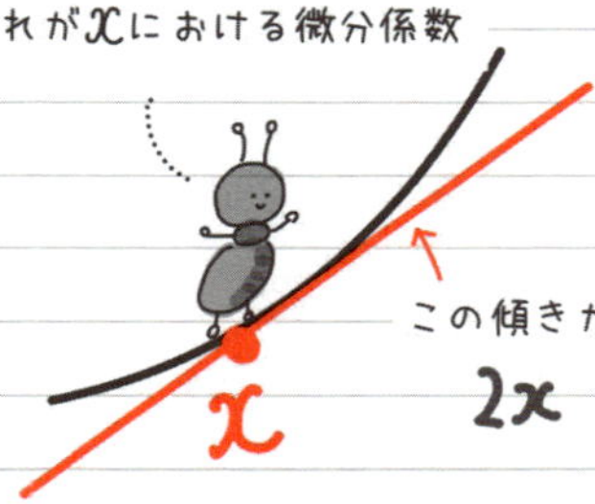

これが、最強に便利だった

$x = x$ のときの微分係数

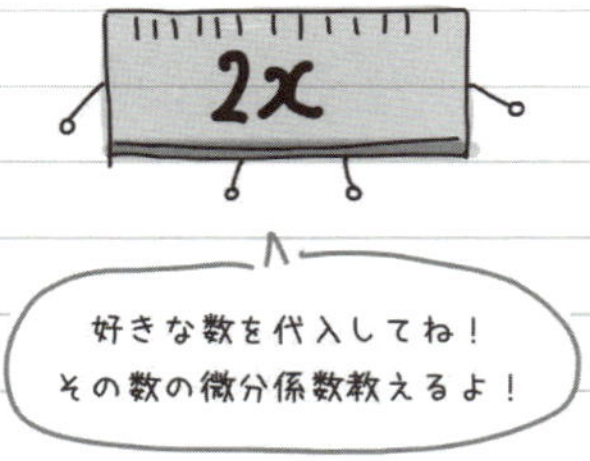

2x
好きな数を代入してね！
その数の微分係数教えるよ！

なぜなら、代入するだけで微分係数が求まるからだ

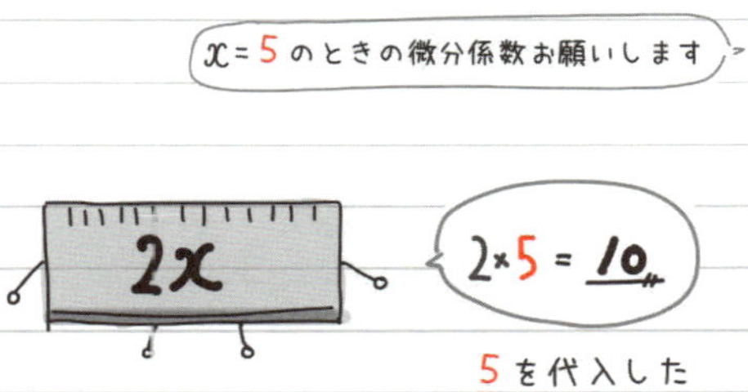

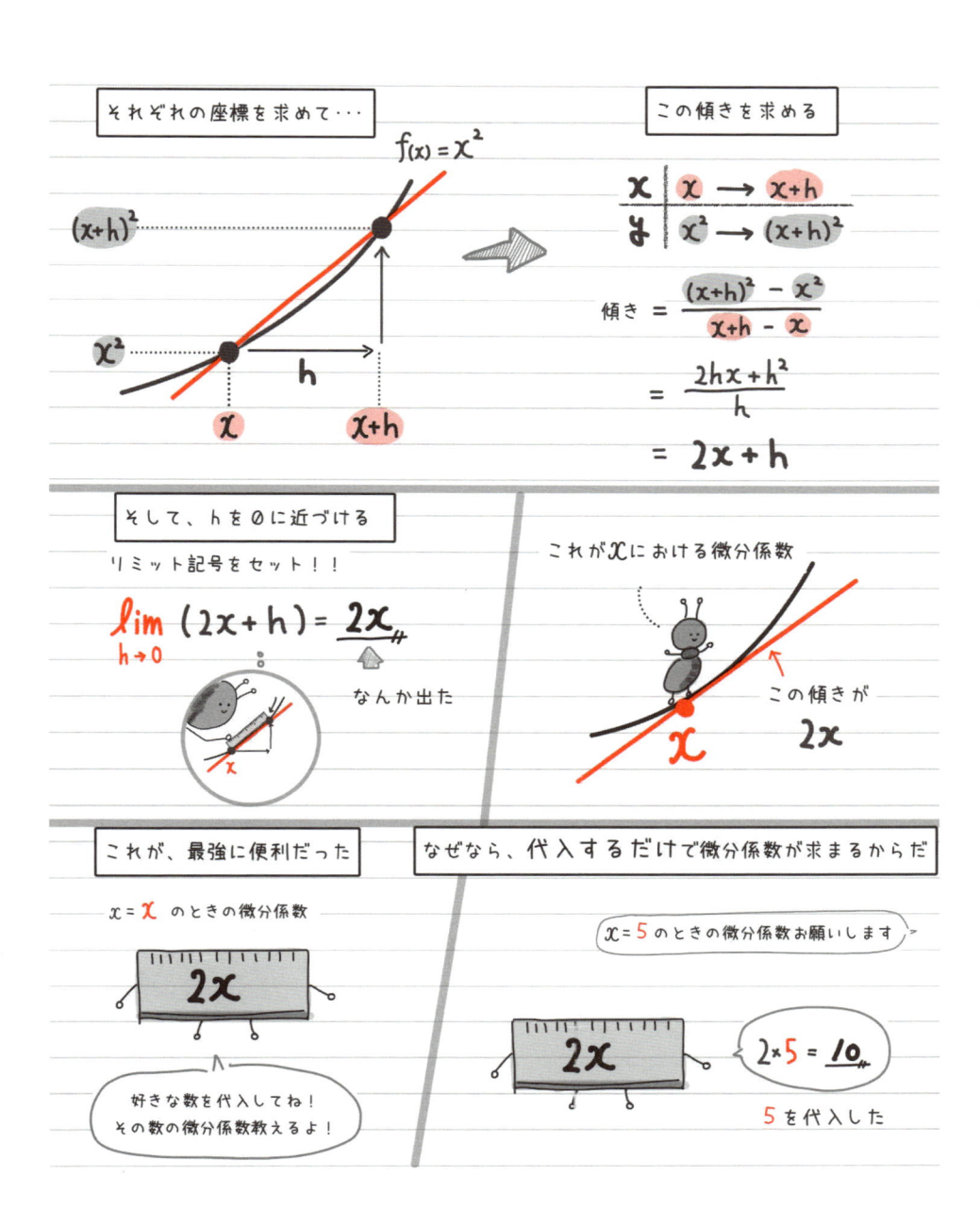

5を代入した

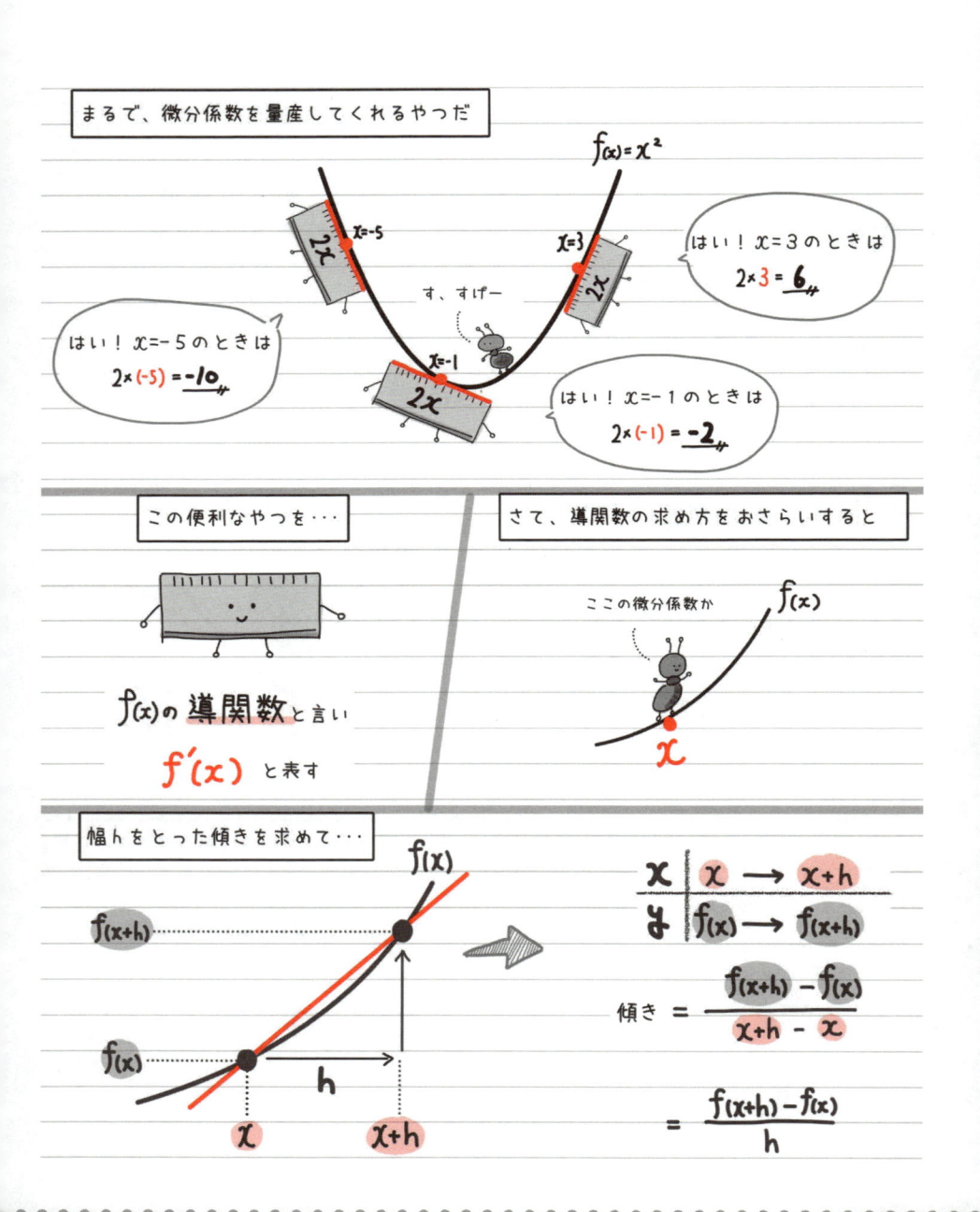

まるで、微分係数を量産してくれるやつだ

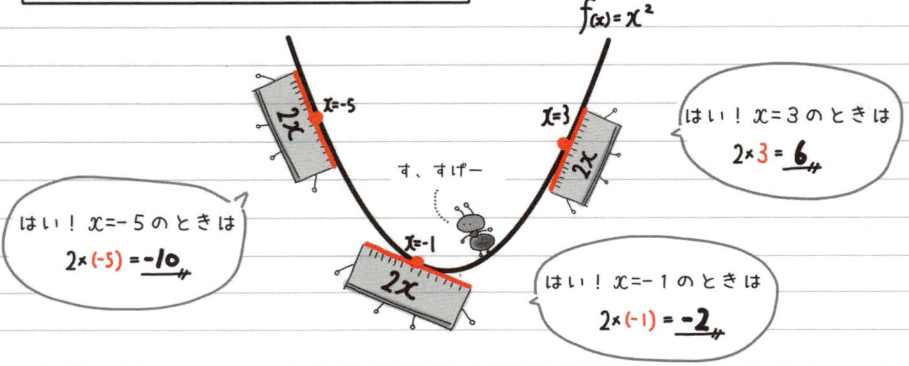
$f(x)=x^2$
x=-5
2x
x=3
2x
す、すげー
x=-1
2x
はい！$x=-5$のときは
$2\times(-5)=-10$
はい！$x=3$のときは
$2\times3=6$
はい！$x=-1$のときは
$2\times(-1)=-2$

この便利なやつを…

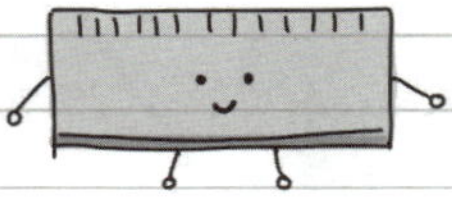

$f(x)$の**導関数**と言い

$f'(x)$ と表す

さて、導関数の求め方をおさらいすると

ここの微分係数か
f(x)
x

幅hをとった傾きを求めて…

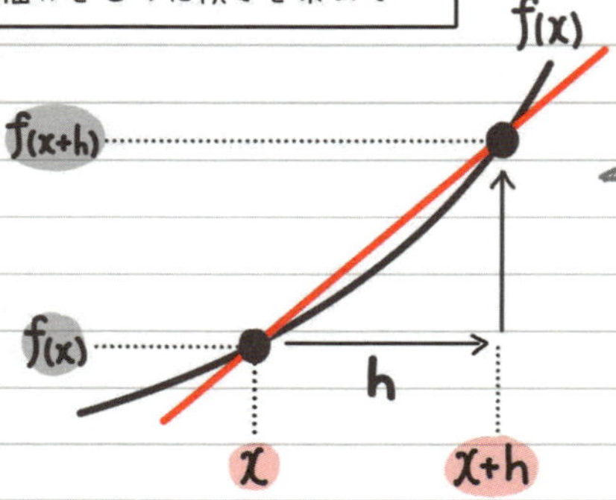
f(x)
f(x+h)
f(x)
h
x
x+h

x	x →	$x+h$
y	$f(x)$ →	$f(x+h)$

$$傾き = \frac{f(x+h)-f(x)}{x+h-x}$$

$$= \frac{f(x+h)-f(x)}{h}$$

hを0に近づければ導関数が出る

リミット記号をセット！！

$$\lim_{h \to 0} \frac{f(x+h)-f(x)}{h}$$

あとは、これを計算して
いったんだよね……

これが導関数の定義である

$$f'(x) = \lim_{h \to 0} \frac{f(x+h)-f(x)}{h}$$

導関数を求めることを**微分する**と言う

さっきの話は…

$$f(x) = x^2 \xrightarrow{\text{微分すると}} f'(x) = 2x$$

導関数でーす

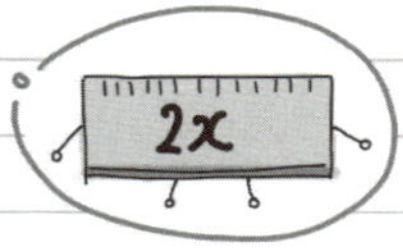

まとめると…

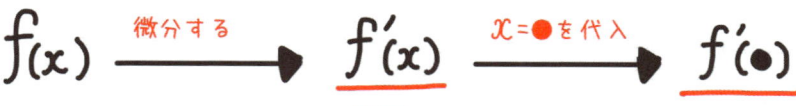

$$f(x) \xrightarrow{\text{微分する}} \underset{\text{導関数}}{f'(x)} \xrightarrow{x=\text{●を代入}} \underset{\text{●の微分係数}}{f'(\text{●})}$$

微分係数量産しまーす！
好きな数字代入してねー

導関数めっちゃ
便利だな

微分係数知りたかったら
まず、微分しようよ！

1分でわかる!

ぼくとアリさんで求める微分の公式

導関数を求めることを覚えた、ぼくとアリさん

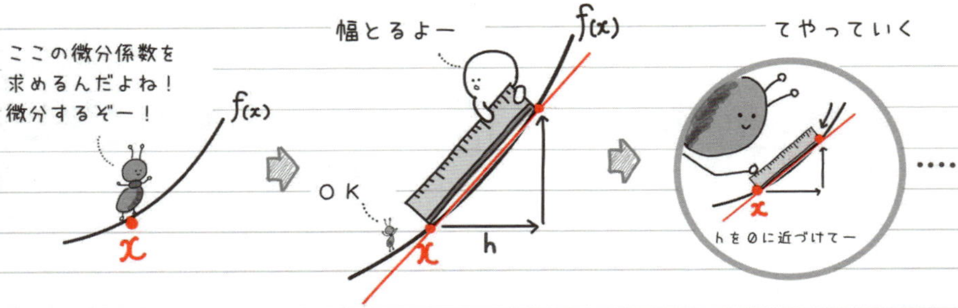

ここの微分係数を
求めるんだよね！
微分するぞー！
f(x)
x
幅とるよー
f(x)
OK
x
h
てやっていく
x
hを0に近づけてー
....

という一連の流れが、導関数の求め方だったよね？ だけどやっぱり大変だよね。ここではそんな大変な計算をしなくても「微分する」ことができる公式を紹介するよ。

微分の公式

$$f(x) = x^{\bullet} \longrightarrow f'(x) = \bullet x^{\bullet - 1}$$

微分すると

$$f(x) = 数字 \longrightarrow f'(x) = 0$$

例えば･･･

(1) $y = x^2$

$\longrightarrow y' = 2x^1 = 2x$

①前に出す　$x^{②}$

②1減らす　$2x^1$

(2) $y = 5$

$\longrightarrow y' = 0$

数字を微分すると0になる

(3) $y = 5x^3$

$\longrightarrow y' = 5 \cdot 3x^2 = 15x^2$

①前に出す x^{3} ②1減らす $3x^{2}$

(4) $y = 3x$

$\longrightarrow y' = 3 \cdot 1x^0 = 3 \cdot 1 = 3$

$x^0 = 1$

①前に出す x^{1} ②1減らす $1 \cdot x^{0}$

式が長くなったら？

例えば $y = 3x^2 - 5x + 2$

$3x^2 \mid -5x \mid +2$ 切り分ける

$\longrightarrow y' = 3 \cdot 2x^1 - 5 \cdot 1x^0 + 0 = 6x - 5$

それぞれ微分すればいい

例えば…

(1) $y = 2x^3 - 7x^2 + 4x + 1$

それぞれ微分する

$\longrightarrow y' = 2 \cdot 3x^2 - 7 \cdot 2x + 4 \cdot 1 + 0$

$= 6x^2 - 14x + 4$

(2) $y = (x+2)(x+3)$

まずは式を展開する

$= x^2 + 5x + 6$

$y' = 2x + 5 \cdot 1 + 0$

それぞれ微分する

$= 2x + 5$

最初から公式教えろい！
そーだそーだ！

1分でわかる!

巨人さん視点で導く 接線の方程式

巨人さんに言われたことがある

ほぼ0
ピンポイント傾き
おお、接線の傾きだ!

微分係数って接線の傾きだよね? だと

そう。微分係数とは・・・

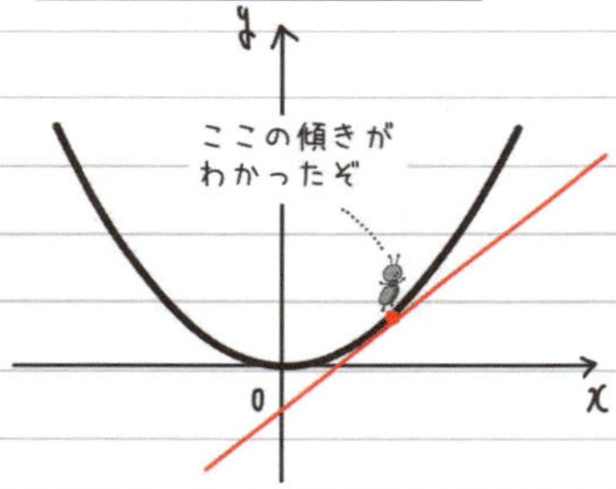
y
ここの傾きがわかったぞ
0
x

ピンポイント傾き

微分係数
=
接線の傾き

では、導関数とは・・・

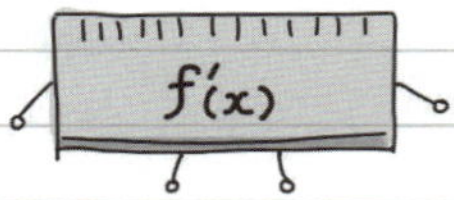
f′(x)

微分係数を量産してくれるやつってことは?

接線の傾きを量産してくれるやつでもある

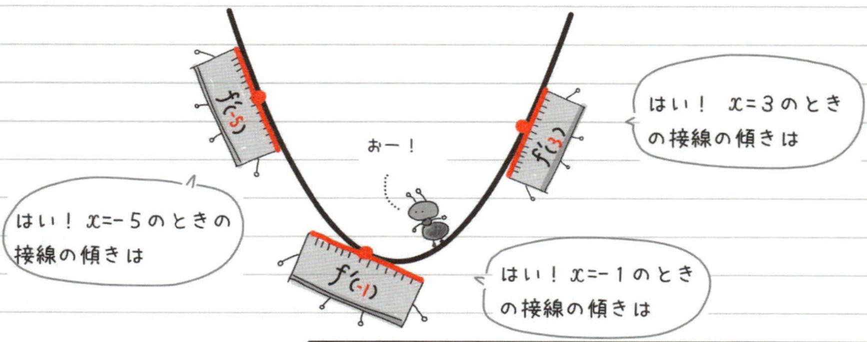
f′(-5)
f′(3)
f′(-1)
おー!
はい! x=3のときの接線の傾きは
はい! x=−5のときの接線の傾きは
はい! x=−1のときの接線の傾きは

てことは、接線の方程式を求める材料になるよね?

問）$y=-x^2+4x$ のグラフ上の点（3，3）における接線の方程式を求めよ。

ゴールは直線の方程式を求めること

（●，▲）を通る直線の方程式は

$$y-▲=\text{傾き}(x-●)$$

（3，3）を通るってわかっているので

$$y-▲=\text{傾き}(x-●)$$

▲ = 3　● = 3

ここが知りたい（傾き）

つまり、接線の傾きさえわかればいい

$y=$ ▨ → $y'=$ ▨（導関数） →（$x=3$ を代入） → $x=3$ における接線の傾き

まずは微分する

$$y=-x^2+4x$$

微分する

$$y'=-2x+4$$

導関数

接線の傾きを量産してくれるやつ

導関数に $x=3$ を代入する

$$-2\cdot3+4=-2$$

これが $x=3$ における接線の傾き

つまり…

$$y-▲=\text{傾き}(x-●)$$

▲ = 3　傾き = −2　● = 3

$$y-3=-2(x-3)$$

$$y=-2x+3$$

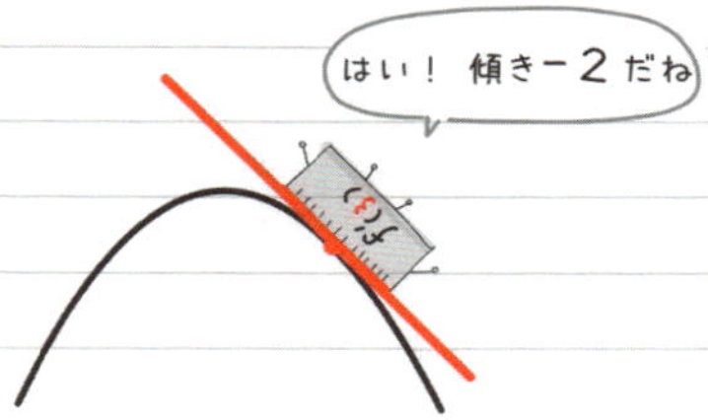

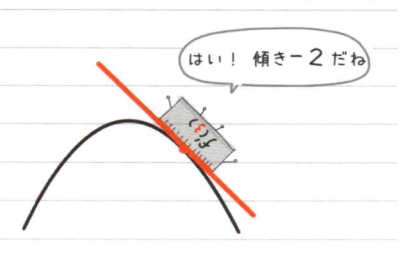

1分でわかる！

上る→平ら→下りでわかるグラフのこと

どんな山になっているでしょう？
うん
巨人さん
のぞいちゃだめだよー

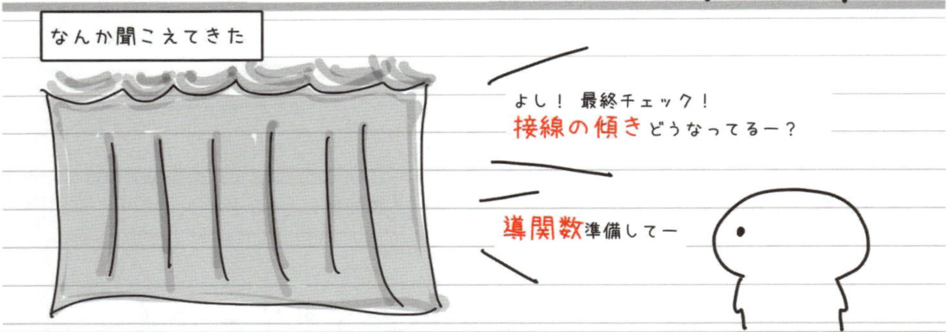

なんか聞こえてきた
よし！ 最終チェック！
接線の傾きどうなってるー？
導関数準備してー

導関数の動きの影を見てたら
なんとなく山の形がわかった

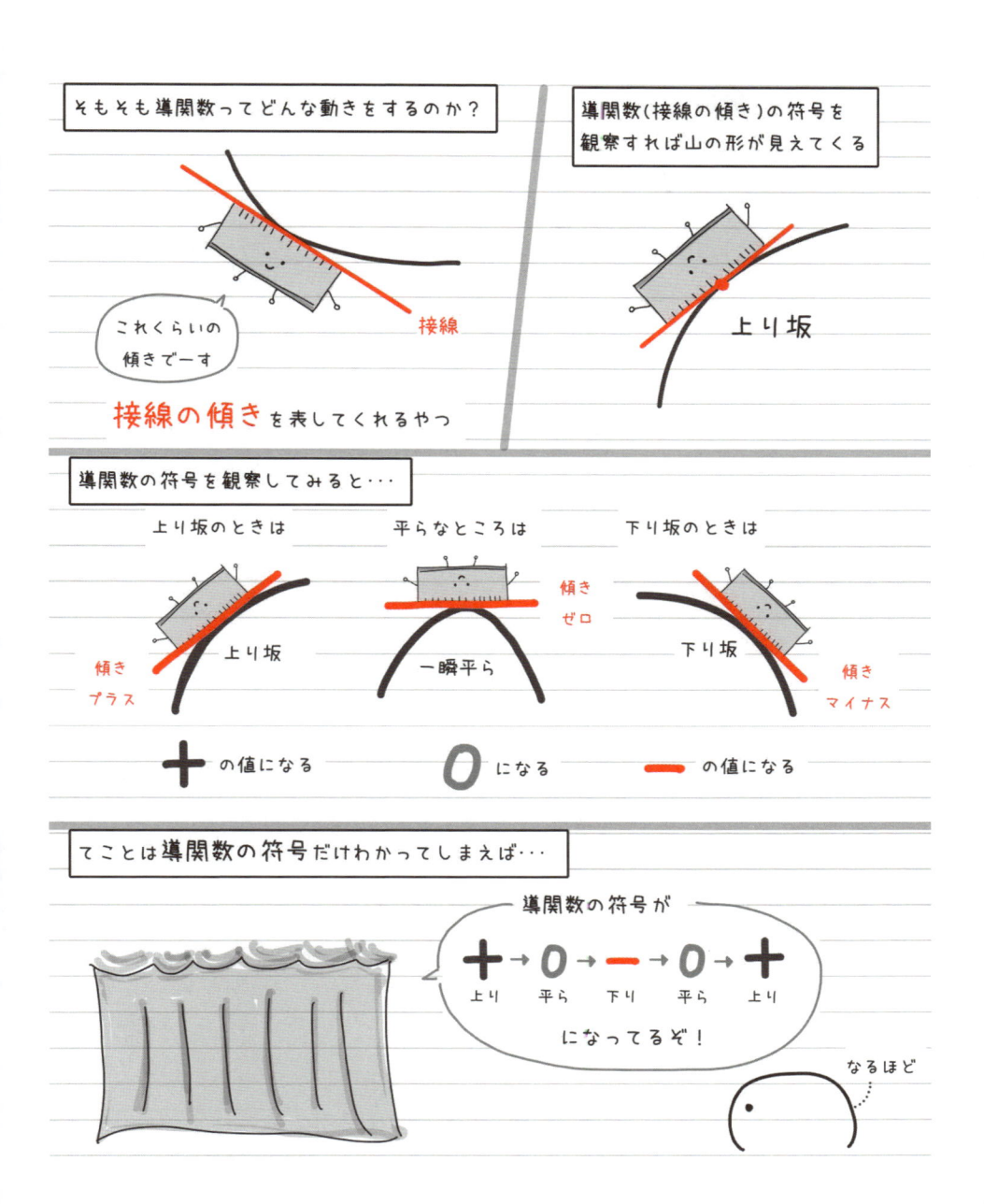

そもそも導関数ってどんな動きをするのか？

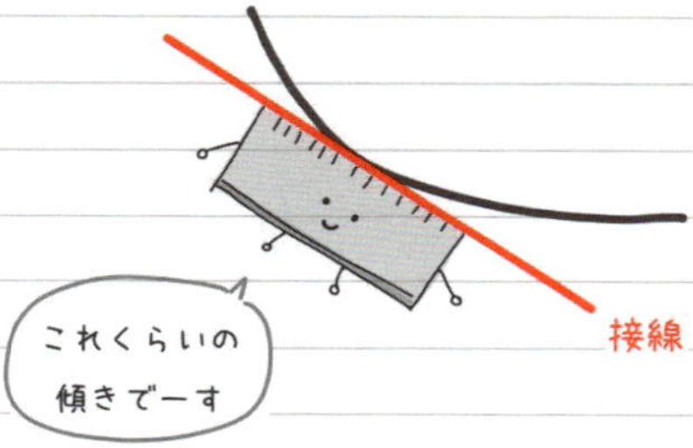

接線の傾きを表してくれるやつ

導関数(接線の傾き)の符号を観察すれば山の形が見えてくる

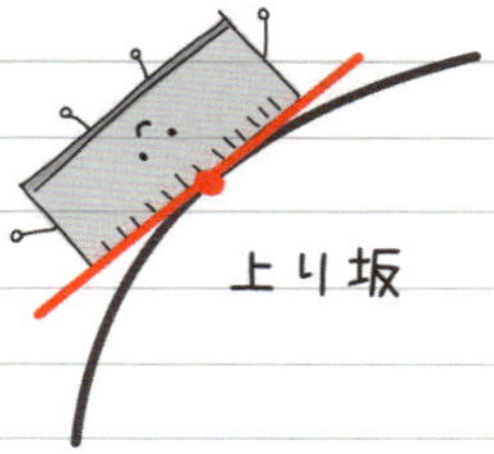

導関数の符号を観察してみると･･･

上り坂のときは

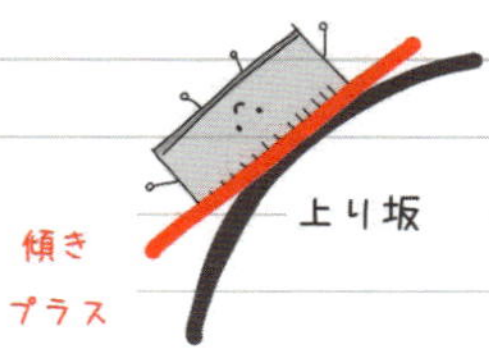

+ の値になる

平らなところは

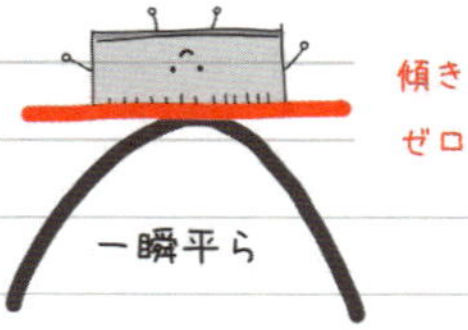

0 になる

下り坂のときは

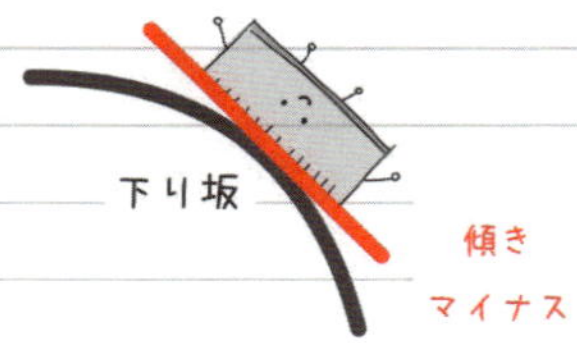

− の値になる

てことは導関数の符号だけわかってしまえば･･･

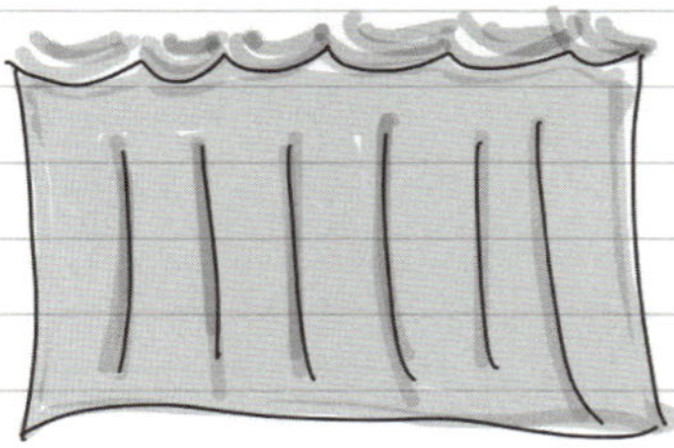

導関数の符号が

+ → **0** → **−** → **0** → **+**

上り　平ら　下り　平ら　上り

になってるぞ！

導関数はこんな動きをしてるはずってわかる

つまり、山の形がなんとなくわかる

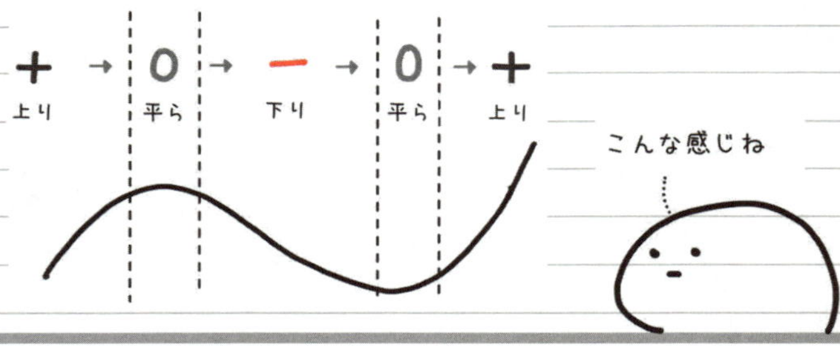

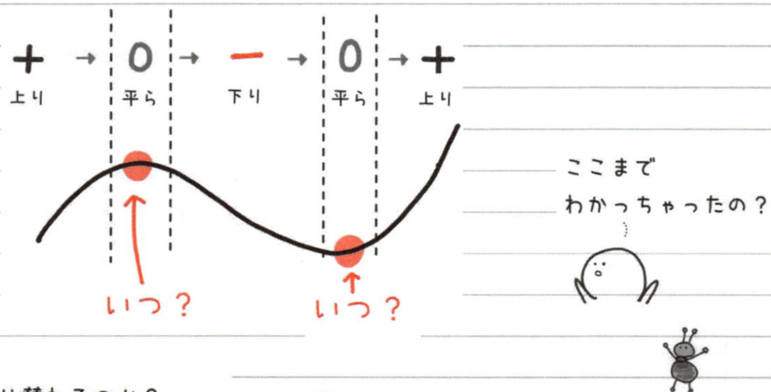

じゃあ、いつ切り替わるのか？
がわかればもっと細かく形がわかるなー

て思った巨人さんであった

3分でわかる!

導関数で本当にグラフを描けるのか

問） $y=x^3+3x^2-9x-11$ のグラフを描け。

巨人さんが教えてくれた

導関数の符号の変化を調べればどんなグラフか見えてくるよ

…なので、まずは微分してみた

$y=x^3+3x^2-9x-11$

微分する → $y'=3x^2+6x-9$ 導関数

さて、導関数がどんな符号の変化をするか？

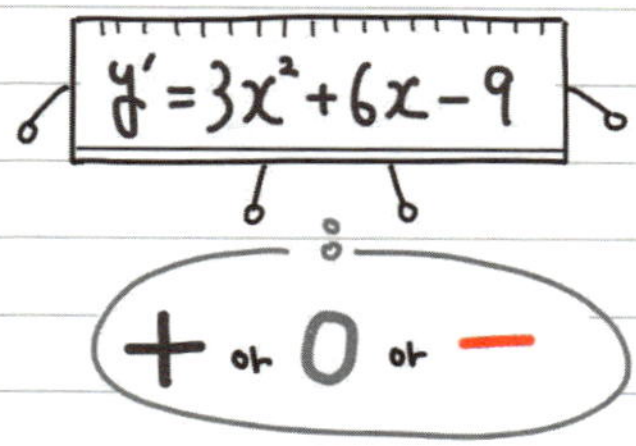

それは、導関数のグラフをイメージすること

$y'=3x^2+6x-9$

なんで？

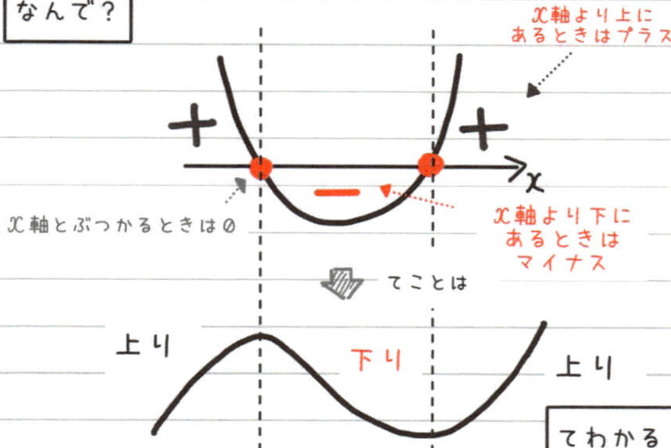

てわかる

そこで、知りたいのが…

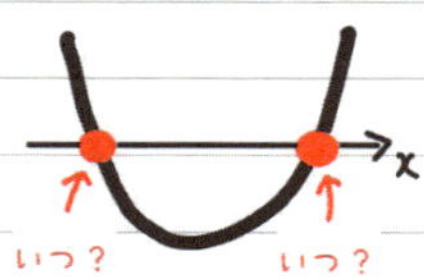

いつ切り替わるか？

ここの求め方って？

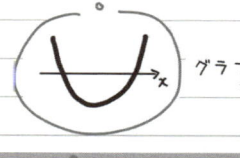

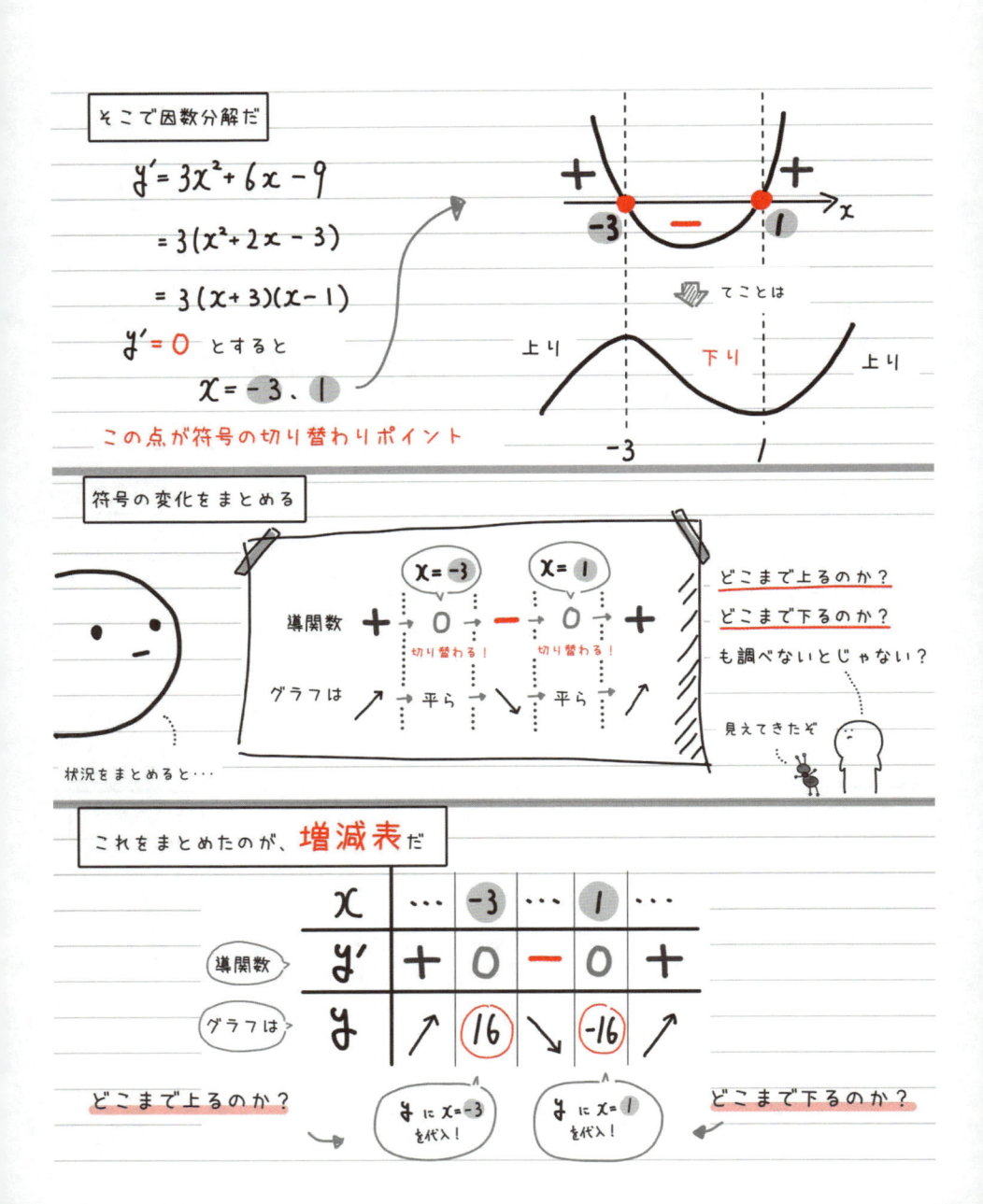

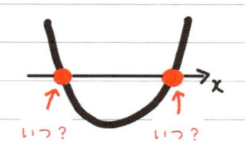

そこで因数分解だ

$$y' = 3x^2 + 6x - 9$$
$$= 3(x^2 + 2x - 3)$$
$$= 3(x+3)(x-1)$$

$y' = 0$ とすると

$x = -3$、1

この点が符号の切り替わりポイント

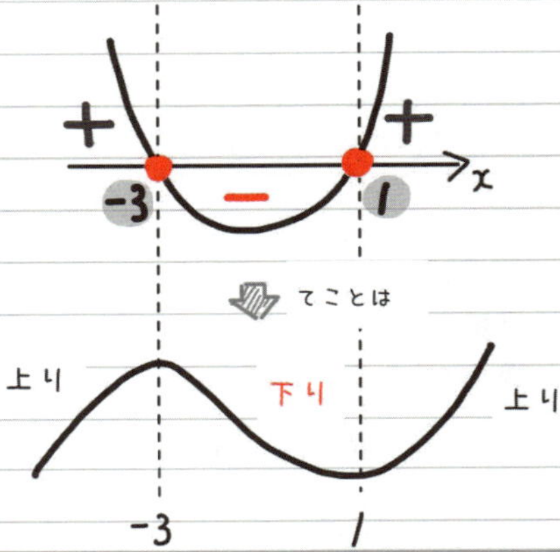

符号の変化をまとめる

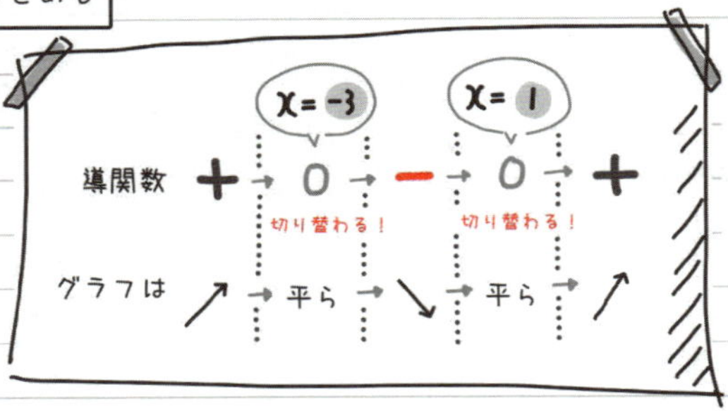

どこまで上るのか？
どこまで下るのか？
も調べないとじゃない？

これをまとめたのが、**増減表**だ

x	…	-3	…	1	…
y'（導関数）	+	0	−	0	+
y（グラフは）	↗	16	↘	−16	↗

どこまで上るのか？ → y に $x=-3$ を代入！

どこまで下るのか？ → y に $x=1$ を代入！

いざ、グラフを描こう

x	…	-3	…	1	…
y'	$+$	0	$-$	0	$+$
y	↗	16	↘	-16	↗

$(-3, 16)$ $(1, -16)$ ← まずはこの点を打つ

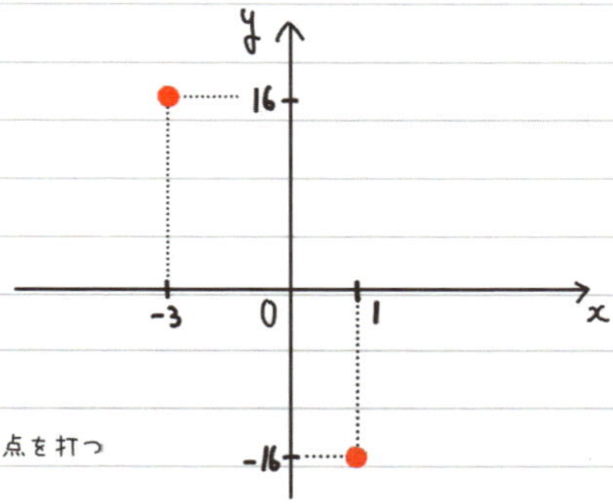

坂道を描く

x	…	-3	…	1	…
y'	$+$	0	$-$	0	$+$
y	↗	16	↘	-16	↗

上り坂　下り坂　上り坂

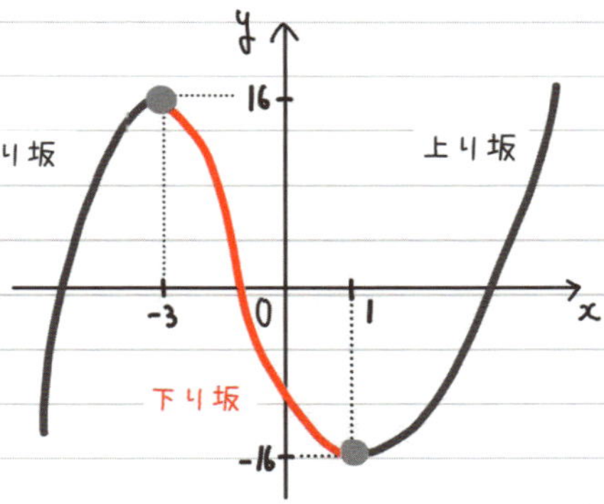

こんな感じ

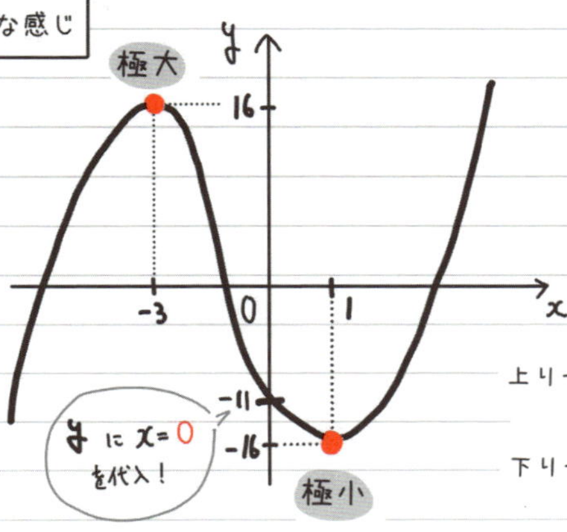

上り→下りのポイントを**極大値**と言う

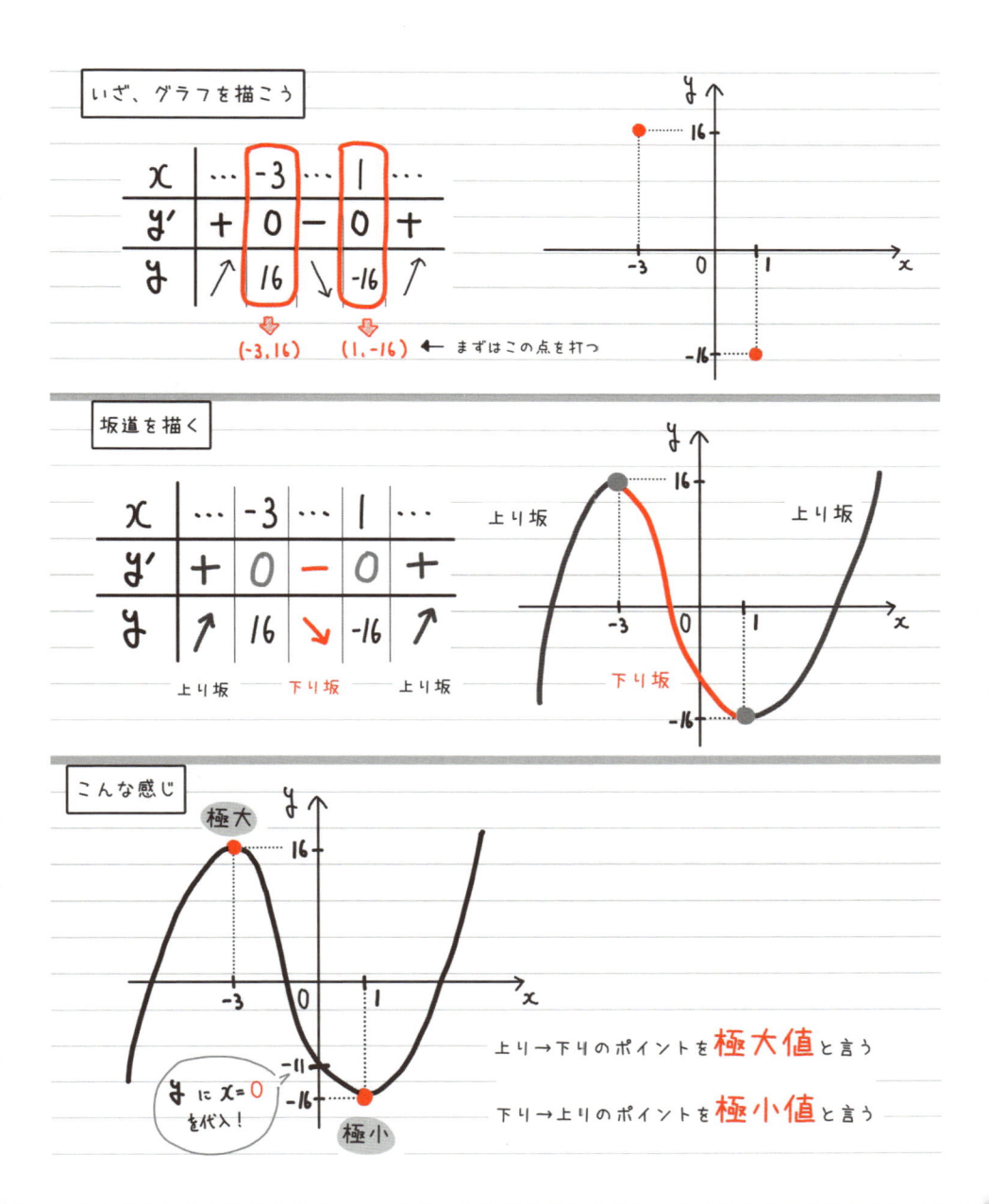

下り→上りのポイントを**極小値**と言う

3分でわかる!

皆の発言を総合してわかった積分

～本当はなんkm走った？～

1時間走ったぼく

いったい、なんkm走ったんだろう・・・

巨人さんが言いました

ゴール地点では

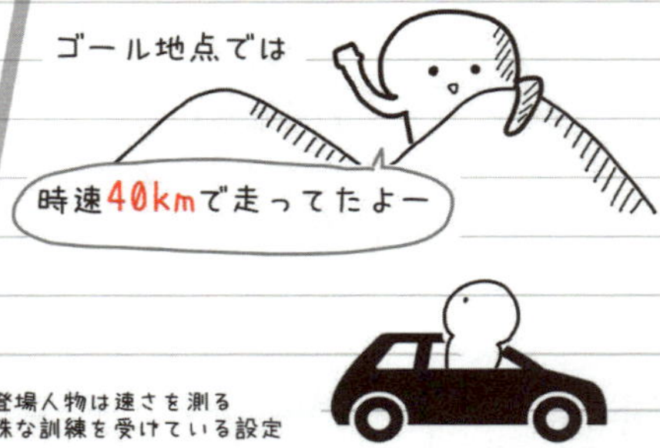

※登場人物は速さを測る特殊な訓練を受けている設定

距離 ＝ 速さ × 時間

＝ 40 × 1

＝ 40km

グラフにすると・・・

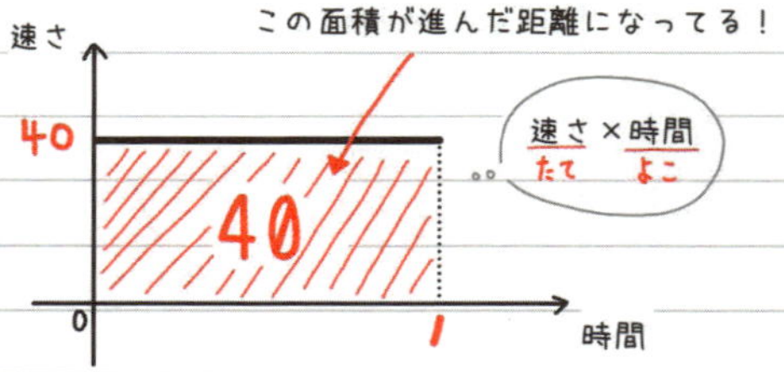

でも、それはずーーっと時速40kmで走っていたらの話

そんな一定の速さでずっと走ってられないよ

つまり、正確な距離ではない

そこで、友達からの情報が入った

ぼくが走って15分後は、時速36kmで走っていたそうだ

他の友達にも見られてた

ぼくが走って**30分後**は

時速**44km**で走っていたそうだ

ぼくが走って**45分後**は

時速**32km**で走っていたそうだ

つまり、15分毎に速さがわかったので・・・

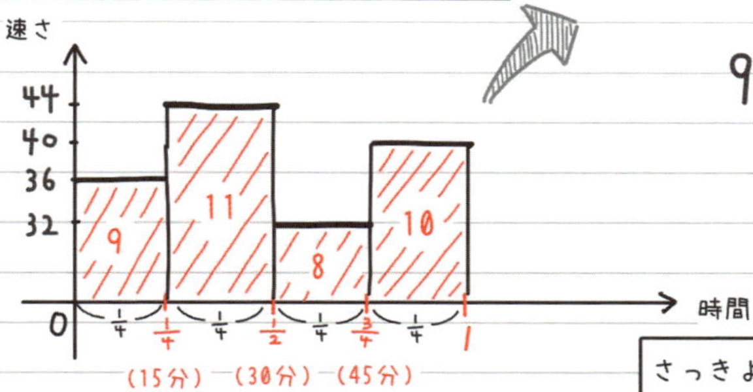

進んだ距離は・・・

$$9+11+8+10$$

$$= \mathbf{38\,km}$$

さっきより、詳しい距離が出せた

アリさんが話しかけてきた

アリさんの行列に見られていたらしい

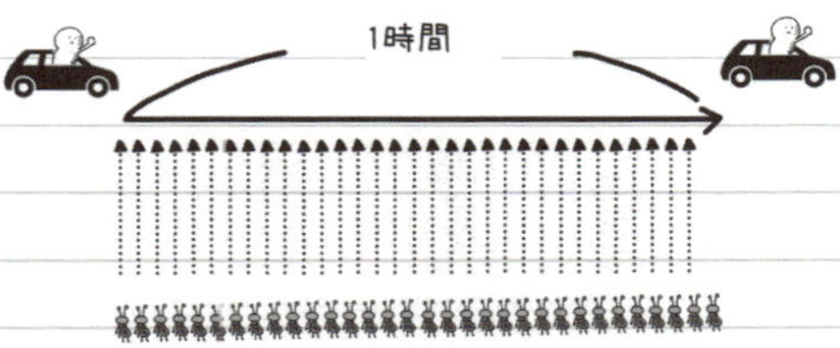

アリさんからの情報は一瞬の時間の速さだった

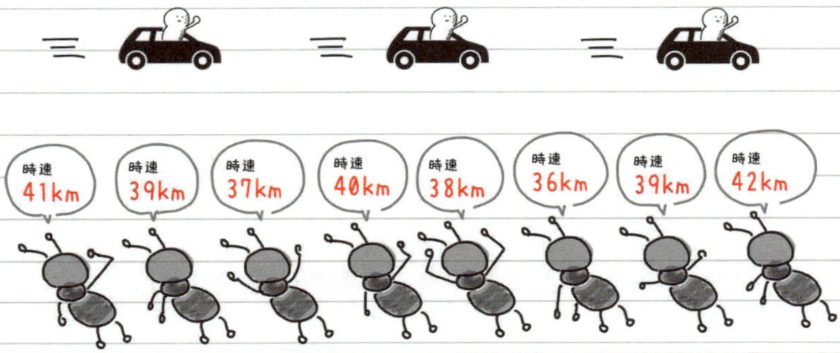

アリさん1匹から得られる情報は・・・

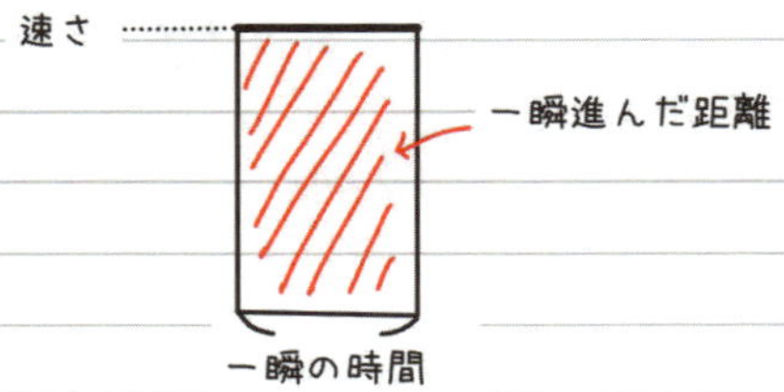

一瞬で進んだ距離である

これを足し合わせていけば・・・

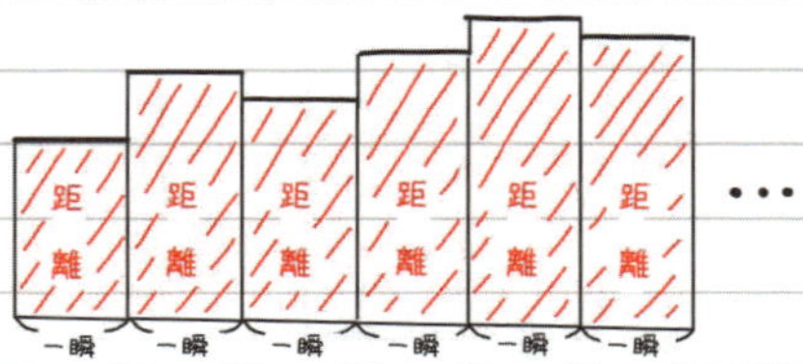

めっちゃ正確に進んだ距離が出る

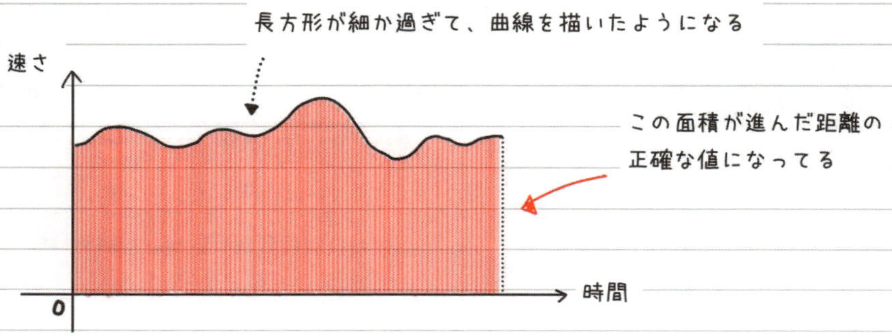

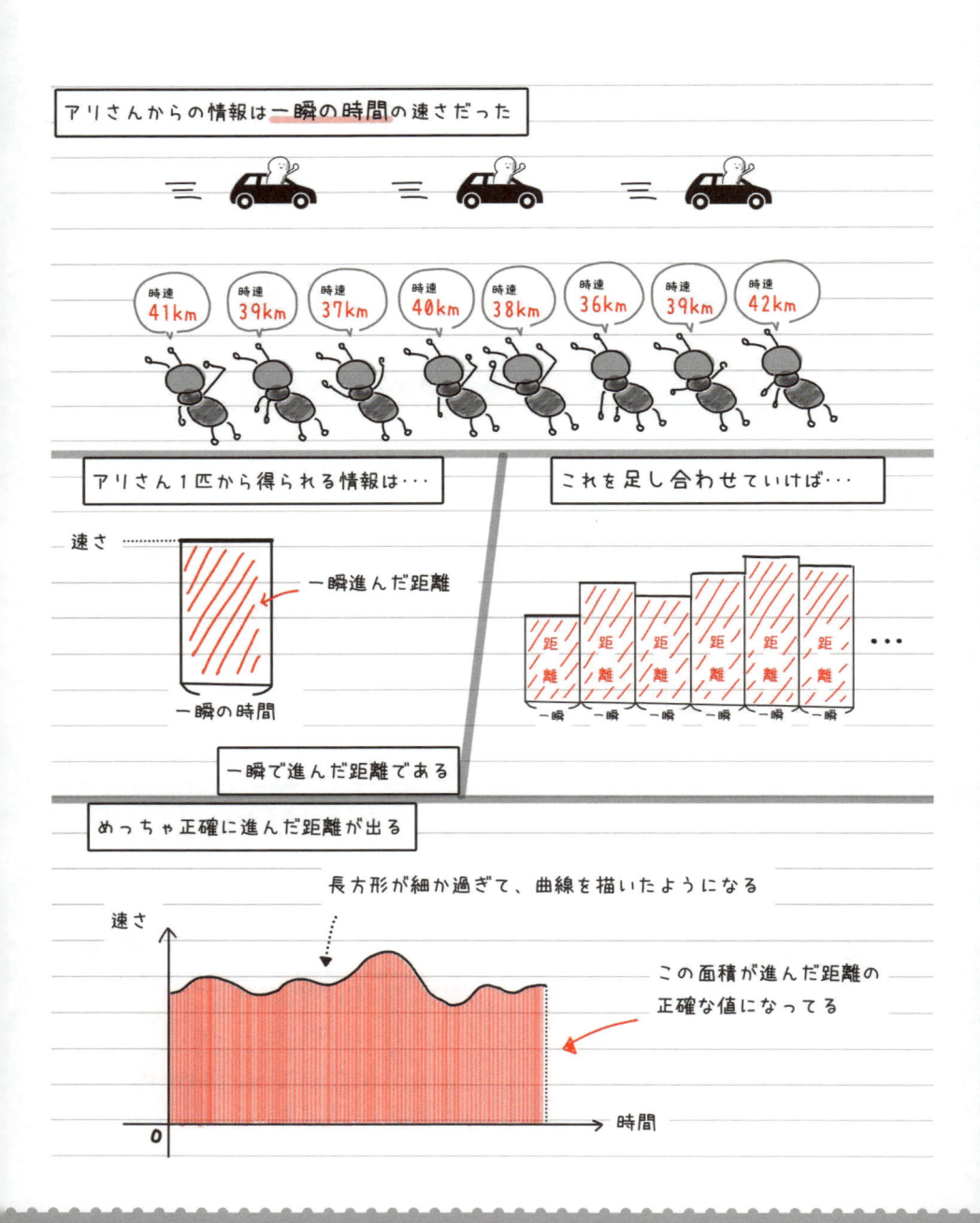

つまり、正確なトータルの変化量を調べたいときは

まるで、細かく**分**けたものを**積**み上げるように・・・

アリさん視点で「一瞬の変化量」を**足し合わせて**いけばいい

これを**積分**と言う

この「足し合わせる」に記号がある

足し合わせますよー

$\int$

インテグラルと言う

使い方は・・・

$\int$ 足すもの

右側に足すものをかく

足すものとは？

この長方形だ

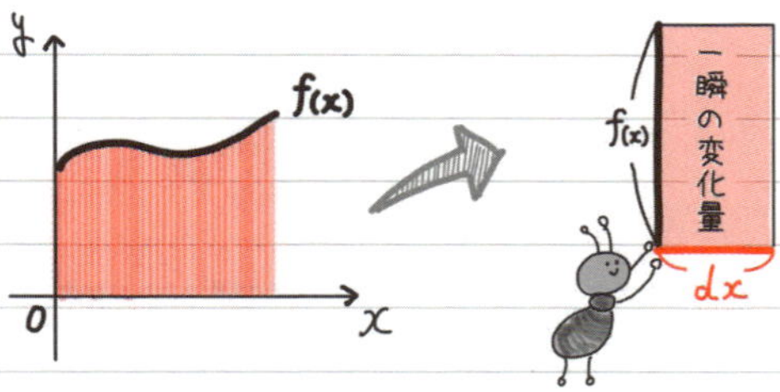

この幅が0に近いレベルで細かいので、dxと表す

ここの文字はなんでもいい

「d」はdifferentital(微小な)

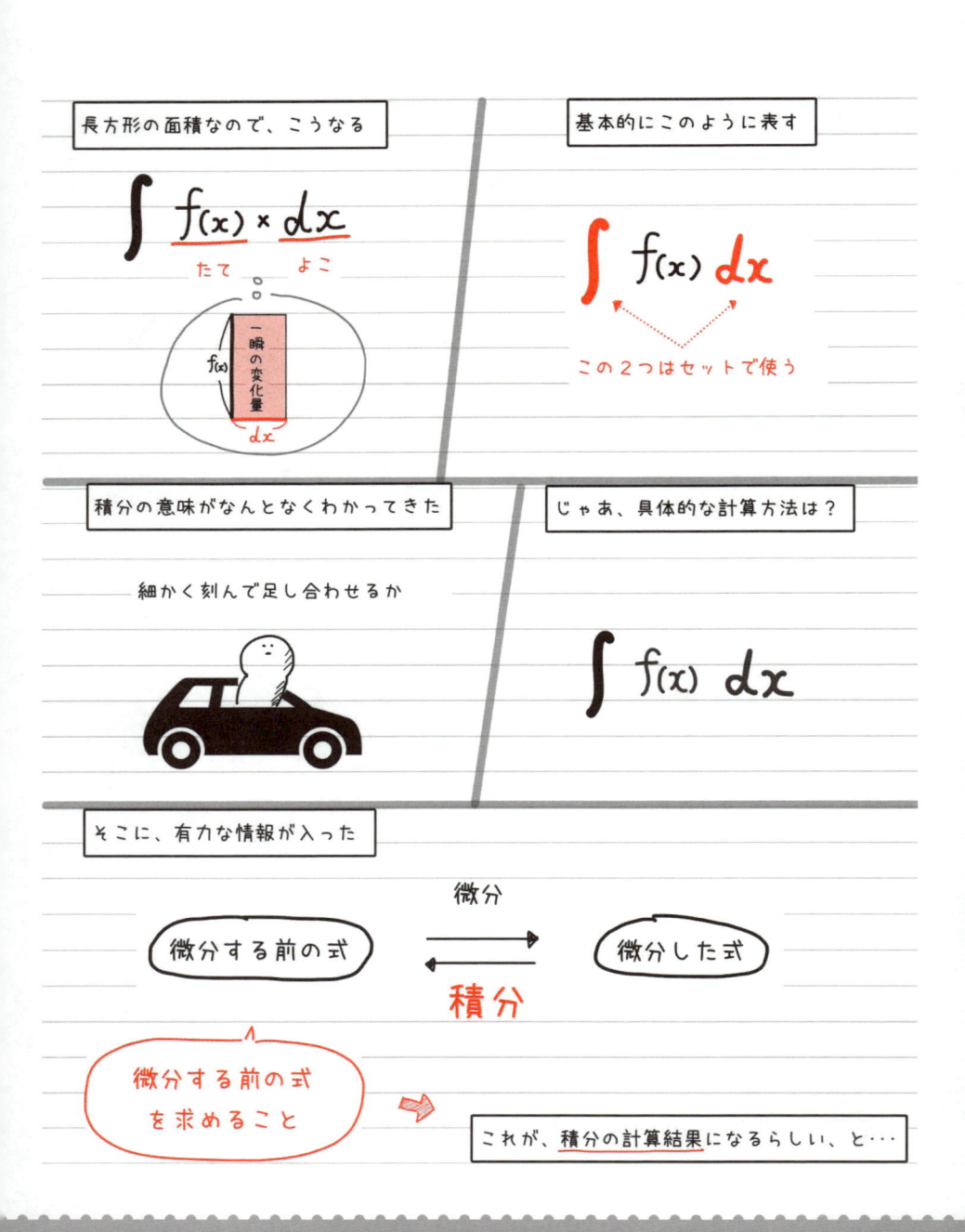

長方形の面積なので、こうなる

$$\int f(x) \times dx$$

たて　　よこ

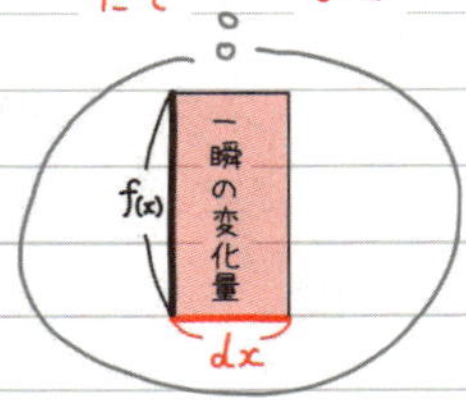

基本的にこのように表す

$$\int f(x)\, dx$$

この２つはセットで使う

積分の意味がなんとなくわかってきた

細かく刻んで足し合わせるか

じゃあ、具体的な計算方法は？

$$\int f(x)\, dx$$

そこに、有力な情報が入った

微分する前の式 ⇄ 微分した式

微分（→）

積分（←）

微分する前の式を求めること ⇒ これが、積分の計算結果になるらしい、と…

1分でわかる!

微分する前の式、原始関数ってなんだ?

なにを微分したらそれになる?

x^2

微分してこれになる数はなんだろ?

んー、実験してみるしか

いろいろ試してみた

$x^2 \xrightarrow{\text{微分}} 2x$

$x^3 \xrightarrow{\text{微分}} 3x^2$

あ! x^2 が出てきた!

これをヒントにすると?

$x^3 \xrightarrow{\text{微分}} 3x^2$

これがなければいいから!

$\Downarrow \times \frac{1}{3}$

$\frac{1}{3}x^3 \xrightarrow{\text{微分}} \frac{1}{3} \cdot 3x^2 = x^2$

見つかった!

$\frac{1}{3}x^3 \xrightarrow{\text{微分}} x^2$

このとき

$\frac{1}{3}x^3$ は x^2 の原始関数と言う

微分する前の式を原始関数と言うんだ。さて、原始関数って1つだけかな?

他にも見つかった

$\frac{1}{3}x^3 + 1$ も微分したら x^2 になるよ!

てか、原始関数って無限にあるよね?

$\frac{1}{3}x^3 + 0$

$\frac{1}{3}x^3 + 2$

$\frac{1}{3}x^3 - \frac{4}{3}$

$\xrightarrow{\text{微分}} x^2$

$\Downarrow$

$\frac{1}{3}x^3 + ●$ の形してるやつ全部じゃね?

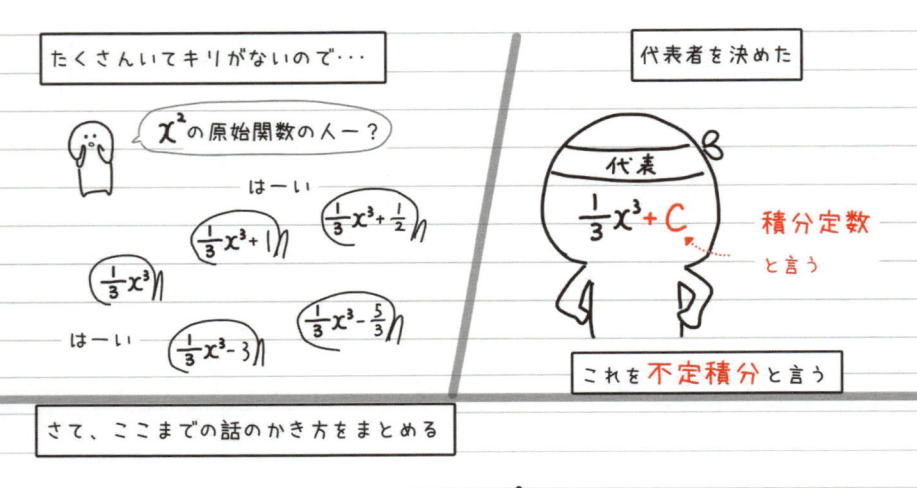

たくさんいてキリがないので・・・

x^2の原始関数の人ー？

はーい

$\frac{1}{3}x^3+\frac{1}{2}$

$\frac{1}{3}x^3+1$

$\frac{1}{3}x^3$

$\frac{1}{3}x^3-\frac{5}{3}$

はーい

$\frac{1}{3}x^3-3$

代表者を決めた

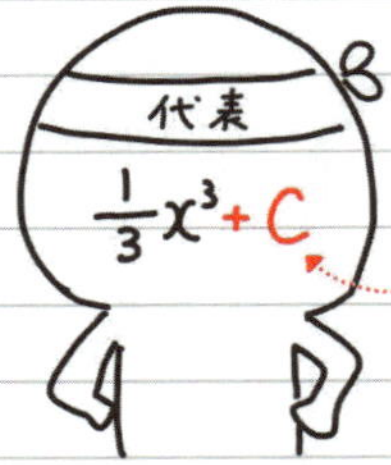

積分定数と言う

これを**不定積分**と言う

さて、ここまでの話のかき方をまとめる

$$\int x^2 dx = \frac{1}{3}x^3+C$$

cは積分定数

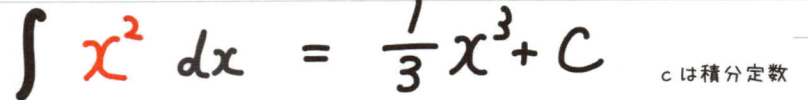

「微分して　x^2になる数はなに？」っていう意味になる！

めっちゃいるから代表者をかく

不定積分を求めることを「**積分する**」と言う

つまり、積分の計算方法とは・・・

微分する

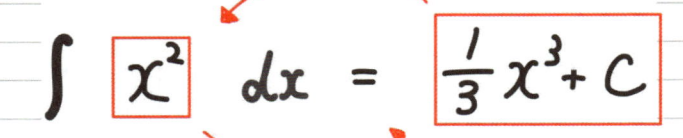

$$\int \boxed{x^2} dx = \boxed{\frac{1}{3}x^3+C}$$

積分する

微分する前の式を求めることであった

1分でわかる！

定まっていない範囲を積分する
不定積分の計算

積分のやり方になにか規則性がないか？

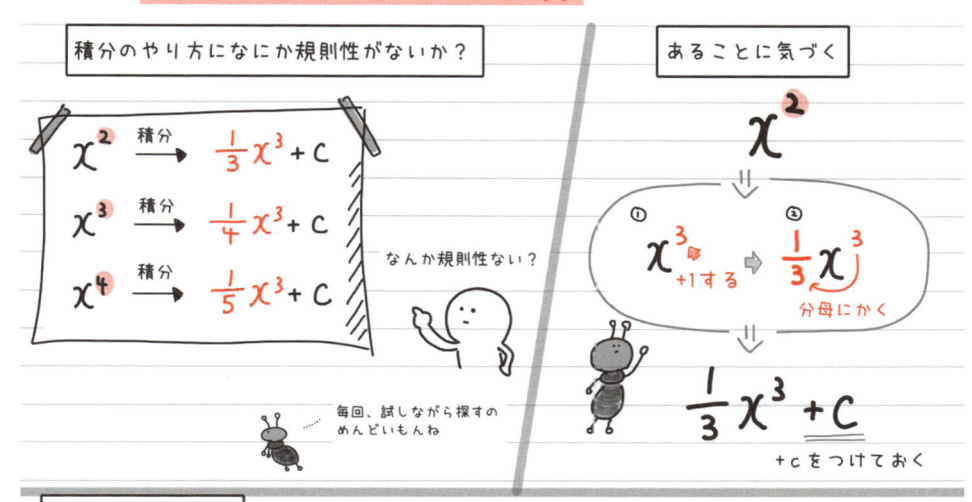

$x^2 \xrightarrow{\text{積分}} \frac{1}{3}x^3 + C$

$x^3 \xrightarrow{\text{積分}} \frac{1}{4}x^3 + C$

$x^4 \xrightarrow{\text{積分}} \frac{1}{5}x^3 + C$

なんか規則性ない？

毎回、試しながら探すのめんどいもんね

あることに気づく

x^2

⇓

① x^3（+1する） ➡ ② $\frac{1}{3}x^3$（分母にかく）

⇓

$\frac{1}{3}x^3 + C$

+Cをつけておく

つまり、こうなる

$$\int x^{●} dx = \frac{1}{●+1} x^{●+1} + C$$

（Cは積分定数）

練習問題

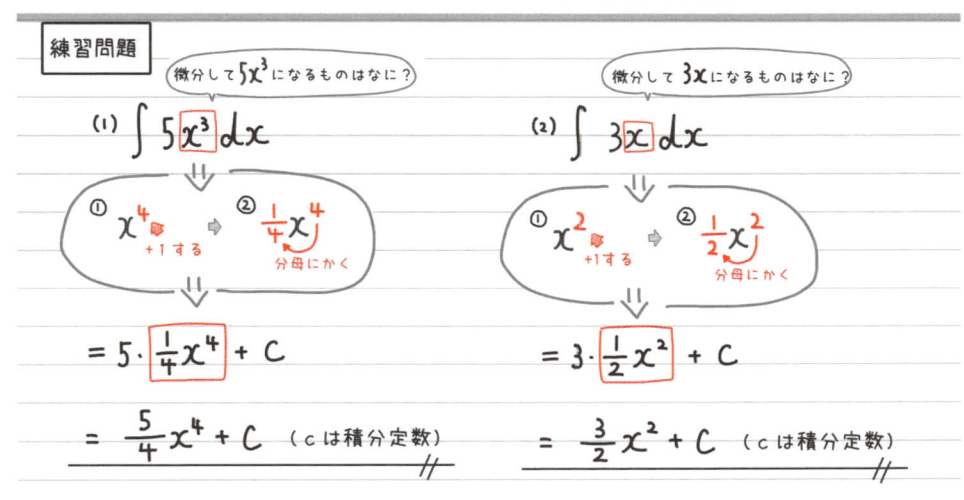

(1) 微分して $5x^3$ になるものはなに？

$$\int 5x^3 dx$$

⇓

① x^4（+1する） ➡ ② $\frac{1}{4}x^4$（分母にかく）

⇓

$$= 5 \cdot \frac{1}{4}x^4 + C$$

$$= \frac{5}{4}x^4 + C$$（Cは積分定数）

(2) 微分して $3x$ になるものはなに？

$$\int 3x dx$$

⇓

① x^2（+1する） ➡ ② $\frac{1}{2}x^2$（分母にかく）

⇓

$$= 3 \cdot \frac{1}{2}x^2 + C$$

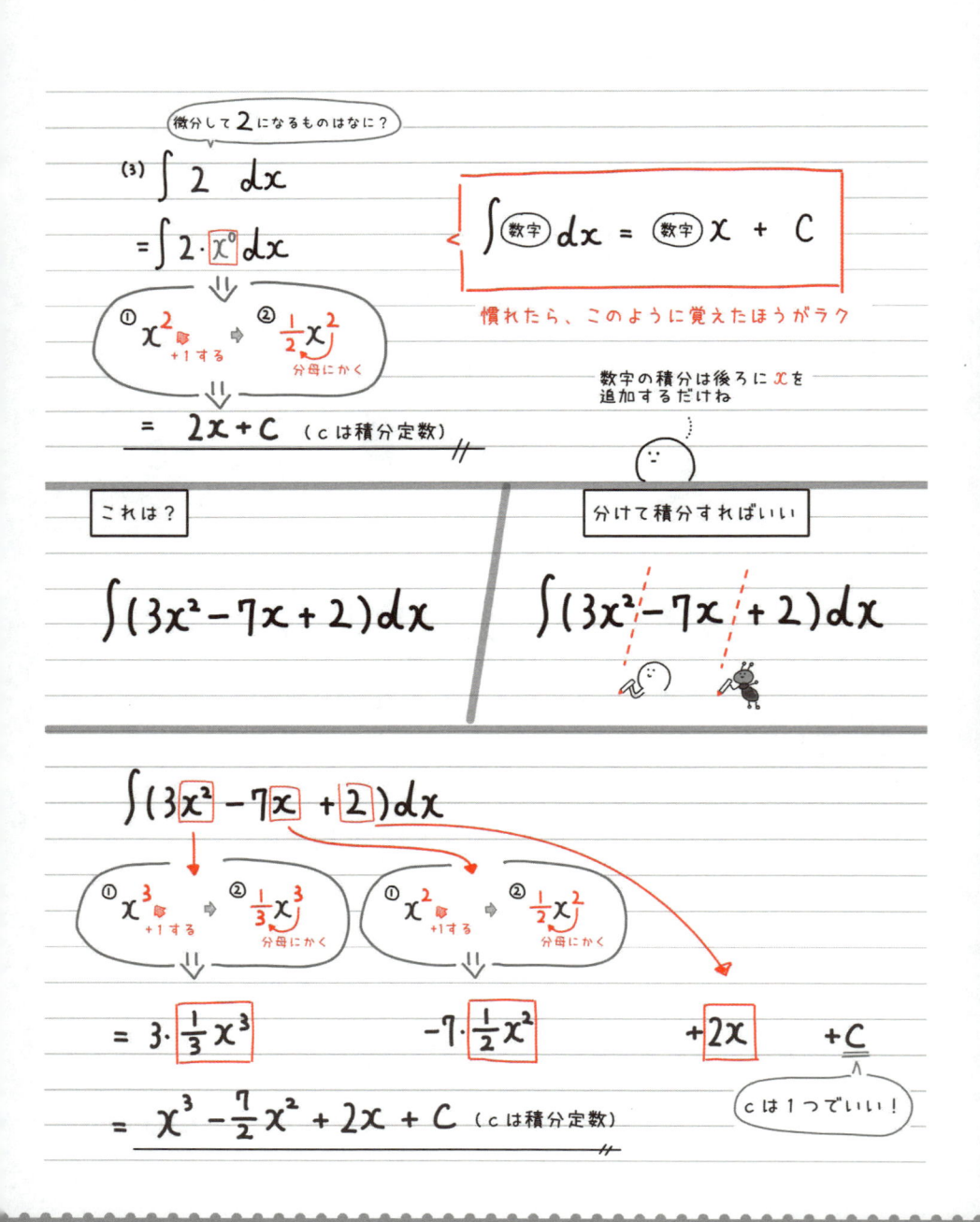

$$= \frac{3}{2}x^2 + C$$（Cは積分定数）

微分して2になるものはなに？

(3) $\int 2 \, dx$

$= \int 2 \cdot x^0 \, dx$

① x^2（+1する）→ ② $\frac{1}{2}x^2$（分母にかく）

$= 2x + C$ （cは積分定数）

$\int$ (数字) dx = (数字) $x + C$

慣れたら、このように覚えたほうがラク

数字の積分は後ろに x を追加するだけね

これは？

$$\int (3x^2 - 7x + 2) dx$$

分けて積分すればいい

$$\int (3x^2 \,|\, -7x \,|\, +2) dx$$

$$\int (3\boxed{x^2} - 7\boxed{x} + \boxed{2}) dx$$

① x^3（+1する）→ ② $\frac{1}{3}x^3$（分母にかく）

① x^2（+1する）→ ② $\frac{1}{2}x^2$（分母にかく）

$= 3 \cdot \boxed{\frac{1}{3}x^3} \quad -7 \cdot \boxed{\frac{1}{2}x^2} \quad + \boxed{2x} \quad + C$

cは1つでいい！

$= x^3 - \frac{7}{2}x^2 + 2x + C$ （cは積分定数）

1分でわかる!

定まった範囲を積分する
定積分の計算

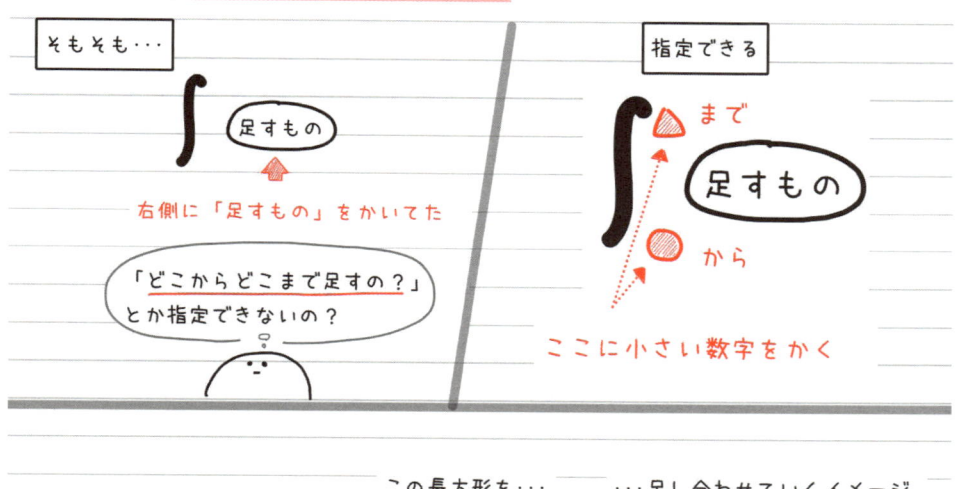

そもそも…

$\int$ 足すもの

右側に「足すもの」をかいてた

「どこからどこまで足すの？」
とか指定できないの？

指定できる

$\int_{●}^{▲}$ 足すもの

▲まで

●から

ここに小さい数字をかく

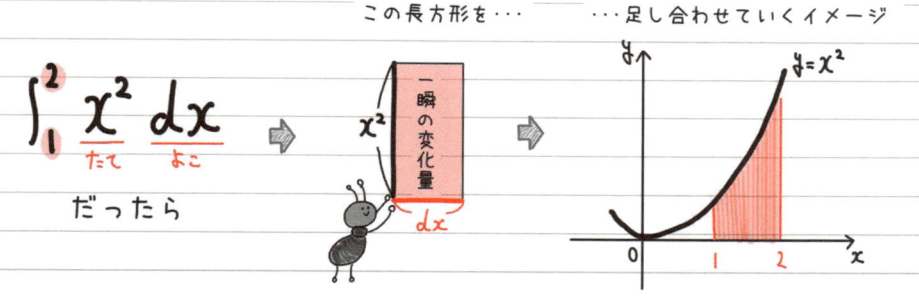

$$\int_1^2 x^2\,dx$$

x^2：たて　dx：よこ

だったら

この長方形を…

…足し合わせていくイメージ

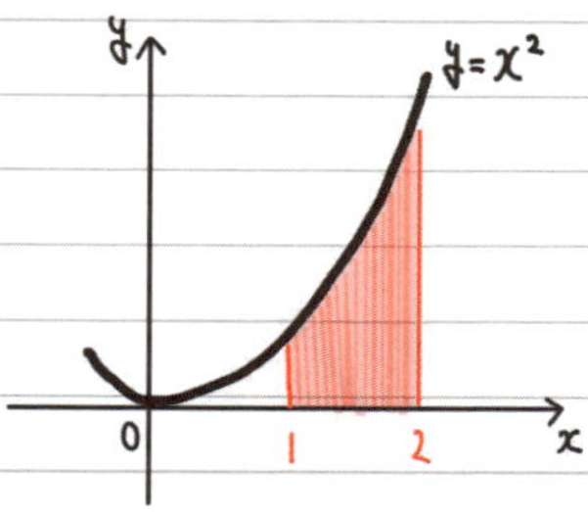

つまり、この部分の面積を表す

では、計算方法を紹介しよう

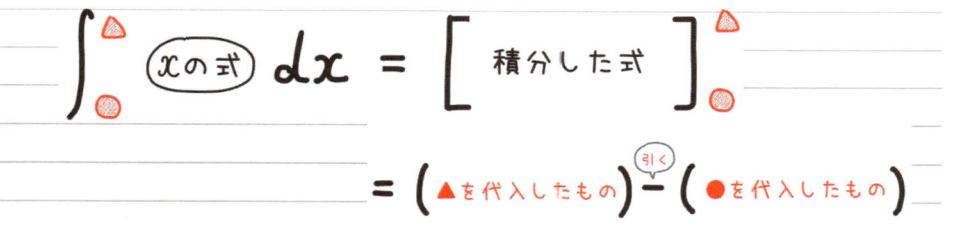

$$\int_{●}^{▲} (x\text{の式})\,dx = \Big[\ \text{積分した式}\ \Big]_{●}^{▲}$$

$$= (▲\text{を代入したもの}) - (●\text{を代入したもの})$$

（「－」：引く）

計算すると・・・

$$\int_1^2 x^2\,dx$$

cはいらない！

$$= \left[\frac{1}{3}x^3 + \cancel{C}\right]_1^2$$

$$= \frac{8}{3} - \frac{1}{3} = \frac{7}{3}$$

2を代入　1を代入

cをかいても、どーせ消える！

$$\left[\frac{1}{3}x^3 + C\right]_1^2$$

$$= \left(\frac{8}{3} + C\right) - \left(\frac{1}{3} + C\right)$$

$$= \frac{7}{3}$$

つまり、この部分の面積も・・・

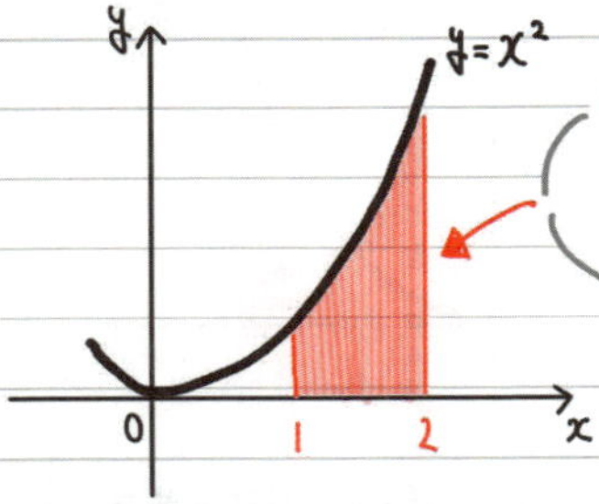

さて、不定積分は・・・

数字なし

$$\int x^2\,dx$$

微分して x^2 になるものはなに？

めっちゃいたよね？

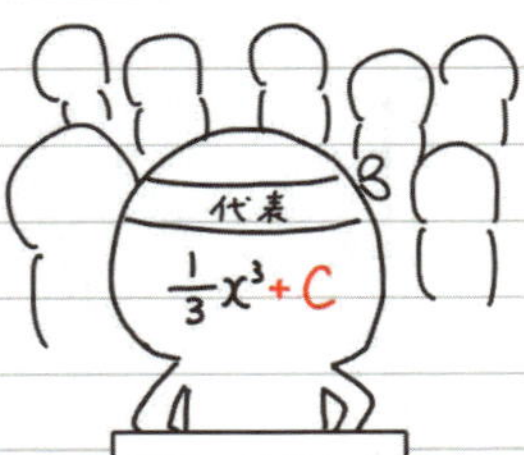

定まってない！

でも、今回は・・・

$$\int_1^2 x^2\,dx$$

定まってまーす

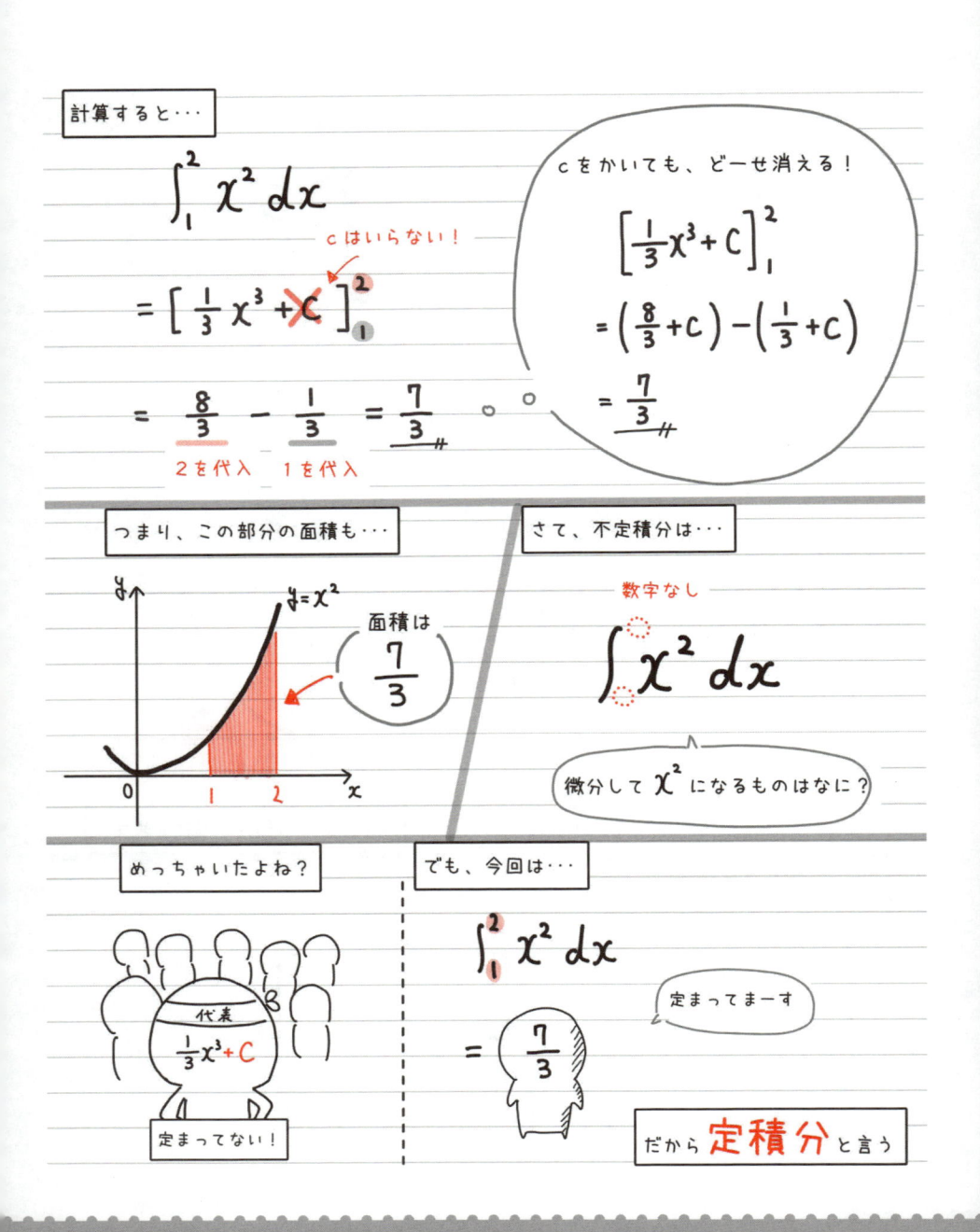

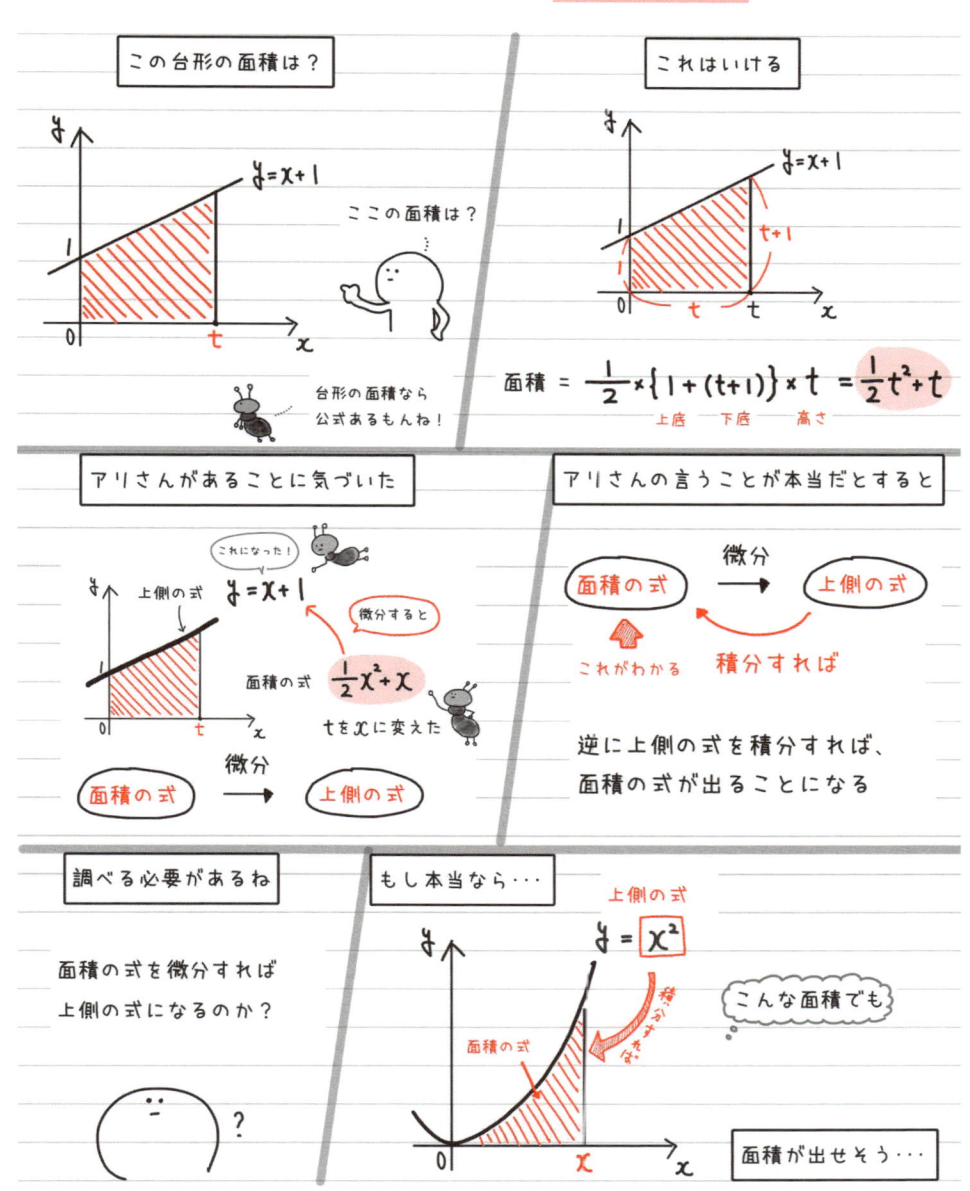

だから**定積分**と言う

3分でわかる!

積分でわかる面積

この台形の面積は？

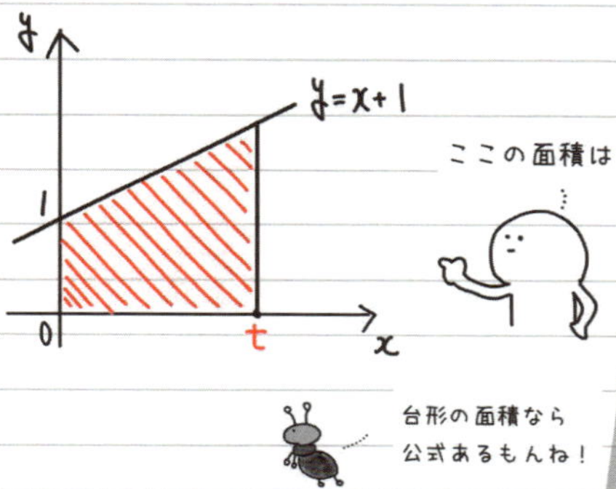

y
y=x+1
1
0
t
x
ここの面積は？
台形の面積なら公式あるもんね！

これはいける

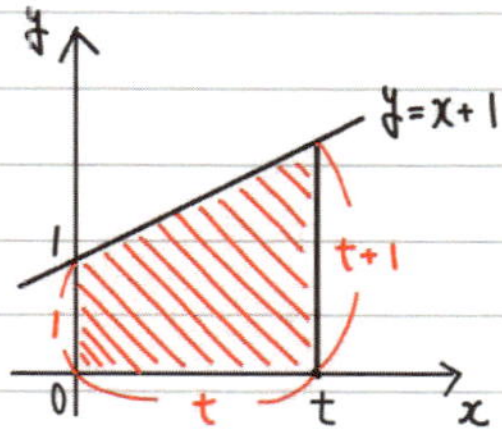

$$面積 = \frac{1}{2}\times\{1+(t+1)\}\times t = \frac{1}{2}t^2+t$$

上底　下底　高さ

アリさんがあることに気づいた

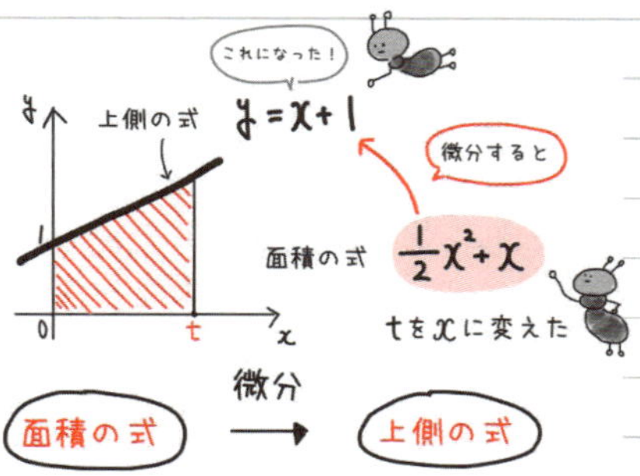

アリさんの言うことが本当だとすると

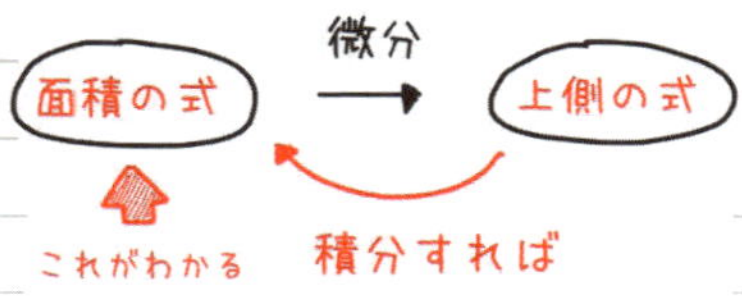

逆に上側の式を積分すれば、
面積の式が出ることになる

調べる必要があるね

面積の式を微分すれば
上側の式になるのか？

もし本当なら･･･

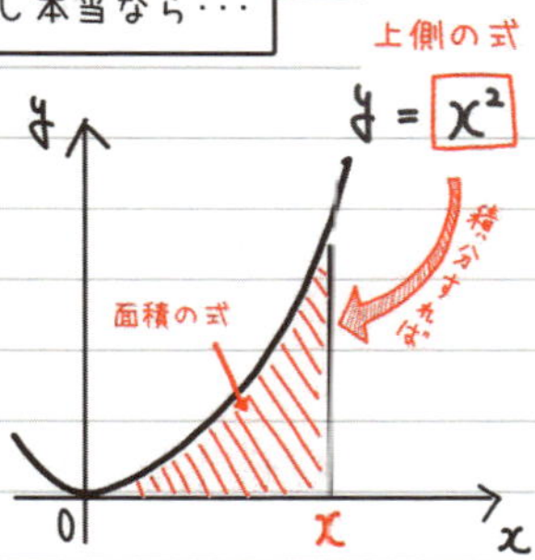

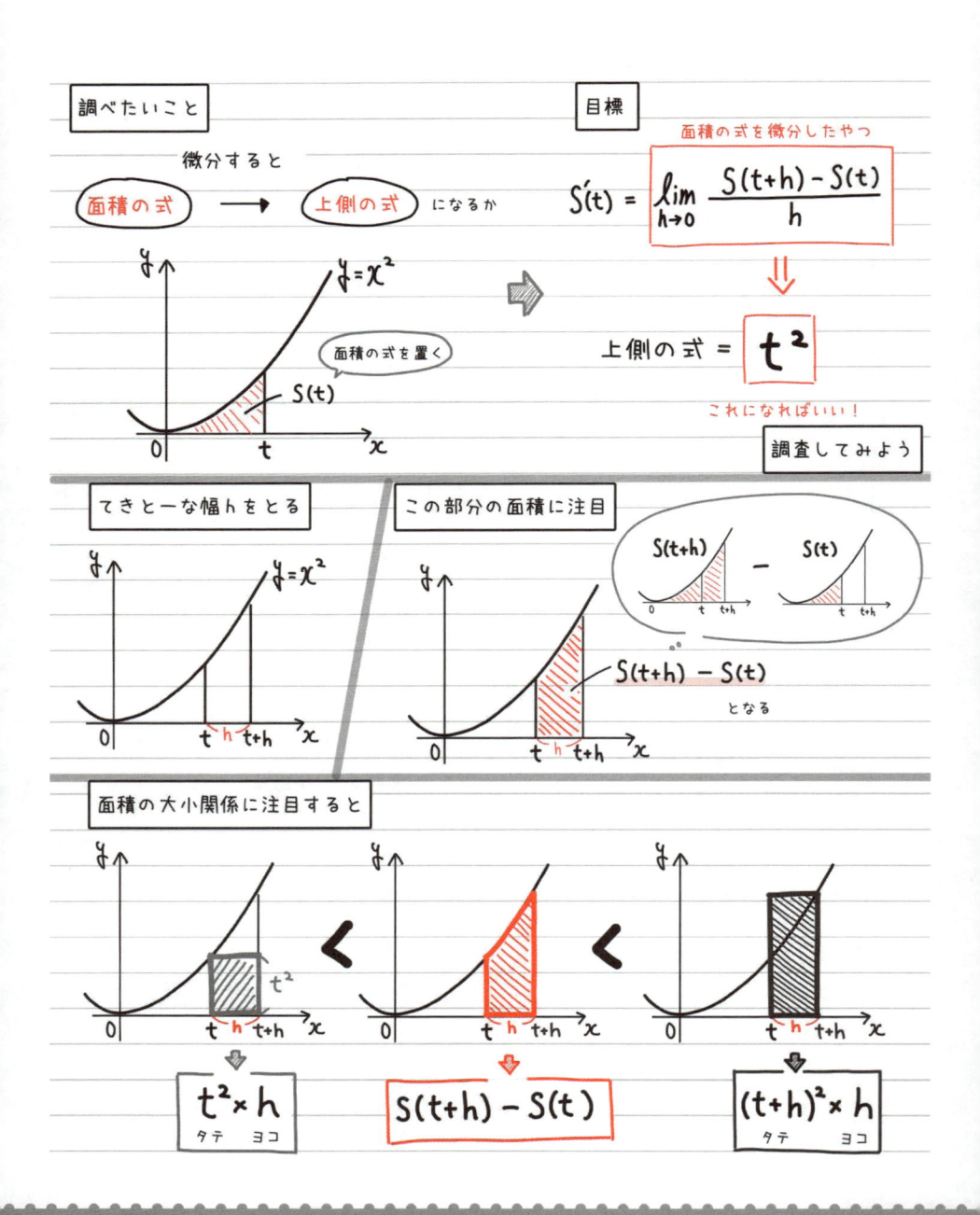

面積が出せそう･･･

調べたいこと

微分すると

面積の式 → 上側の式 になるか

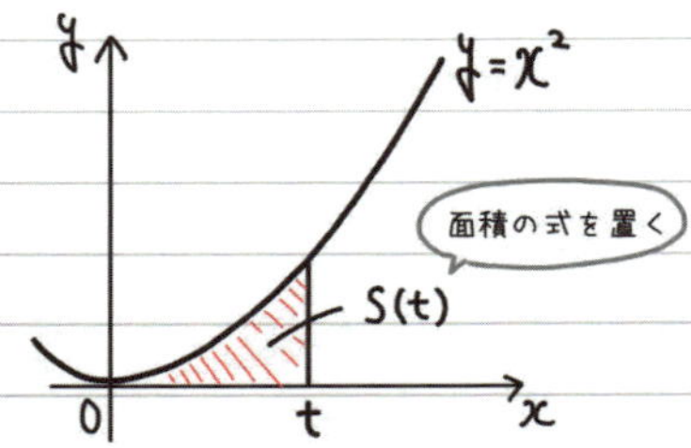

目標

面積の式を微分したやつ

$$S'(t) = \lim_{h \to 0} \frac{S(t+h) - S(t)}{h}$$

⇓

上側の式 ＝ t^2

これになればいい！

調査してみよう

てきとーな幅hをとる

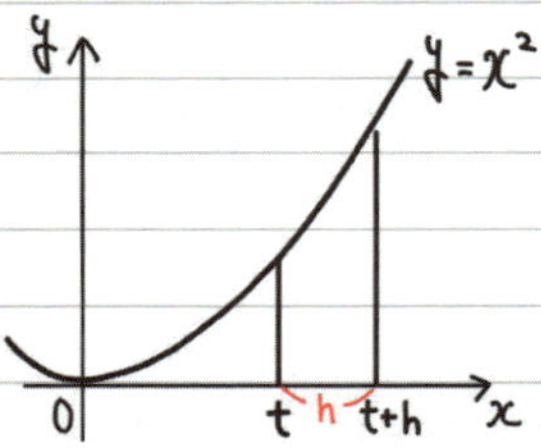

この部分の面積に注目

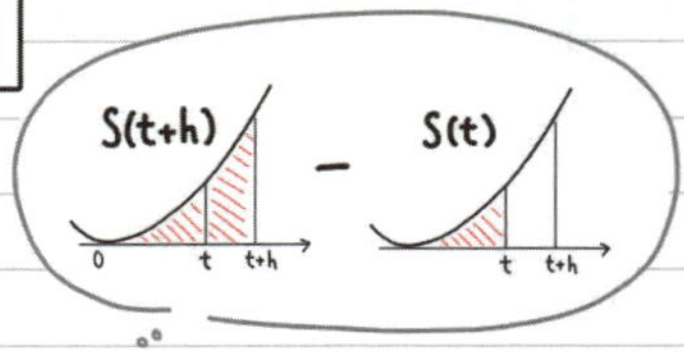

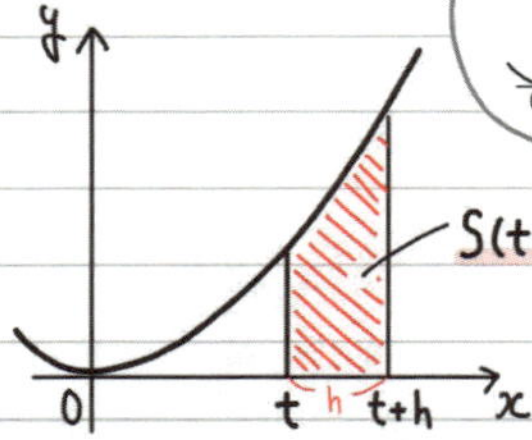

$S(t+h) - S(t)$

となる

面積の大小関係に注目すると

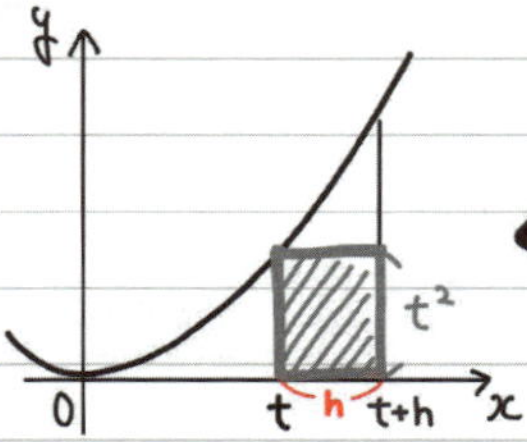

＜

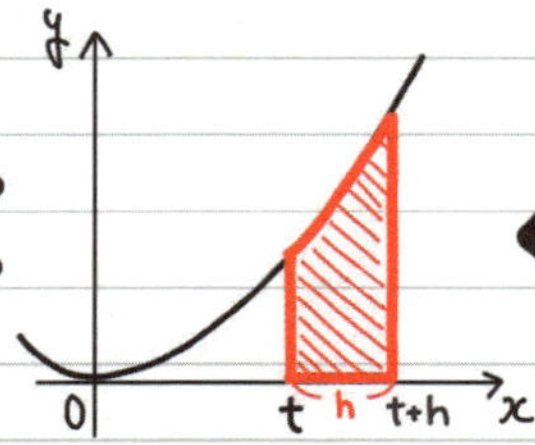

＜

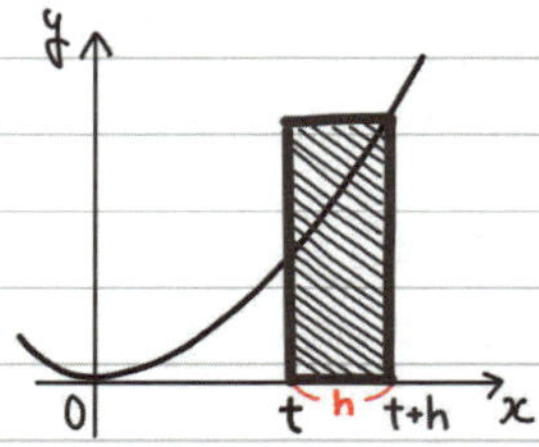

$t^2 \times h$（タテ　ヨコ）

$S(t+h) - S(t)$

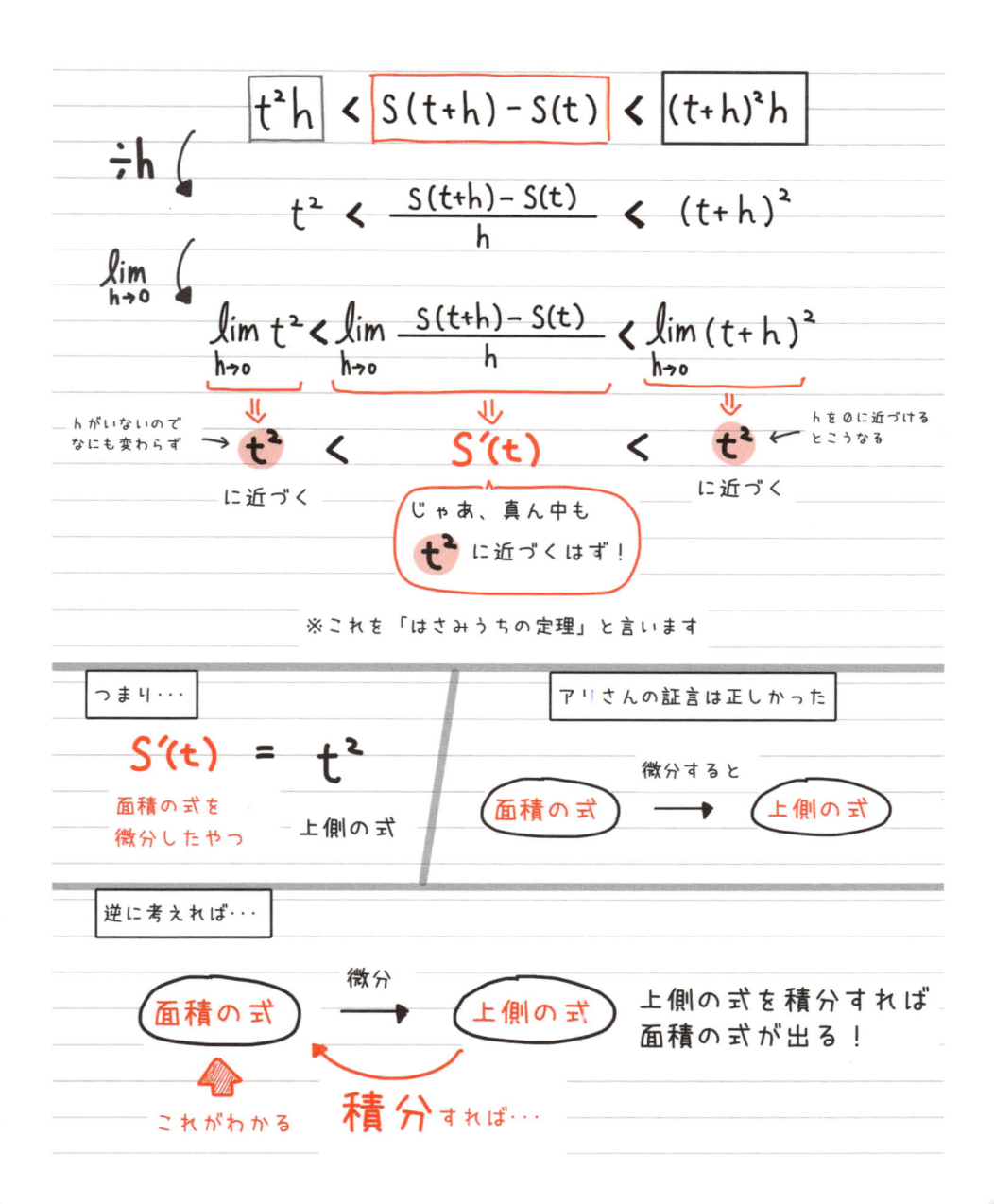

$(t+h)^2 \times h$（タテ　ヨコ）

$$t^2h < S(t+h) - S(t) < (t+h)^2h$$

$\div h$ ↓

$$t^2 < \frac{S(t+h)-S(t)}{h} < (t+h)^2$$

$\lim_{h \to 0}$ ↓

$$\lim_{h \to 0} t^2 < \lim_{h \to 0} \frac{S(t+h)-S(t)}{h} < \lim_{h \to 0} (t+h)^2$$

$$t^2 < S'(t) < t^2$$

hがいないのでなにも変わらず → t^2 に近づく

hを0に近づけるとこうなる → t^2 に近づく

じゃあ、真ん中も t^2 に近づくはず！

※これを「はさみうちの定理」と言います

つまり…

$$S'(t) = t^2$$

面積の式を微分したやつ　＝　上側の式

アリさんの証言は正しかった

面積の式 —微分すると→ 上側の式

逆に考えれば…

面積の式 —微分→ 上側の式

上側の式を積分すれば面積の式が出る！

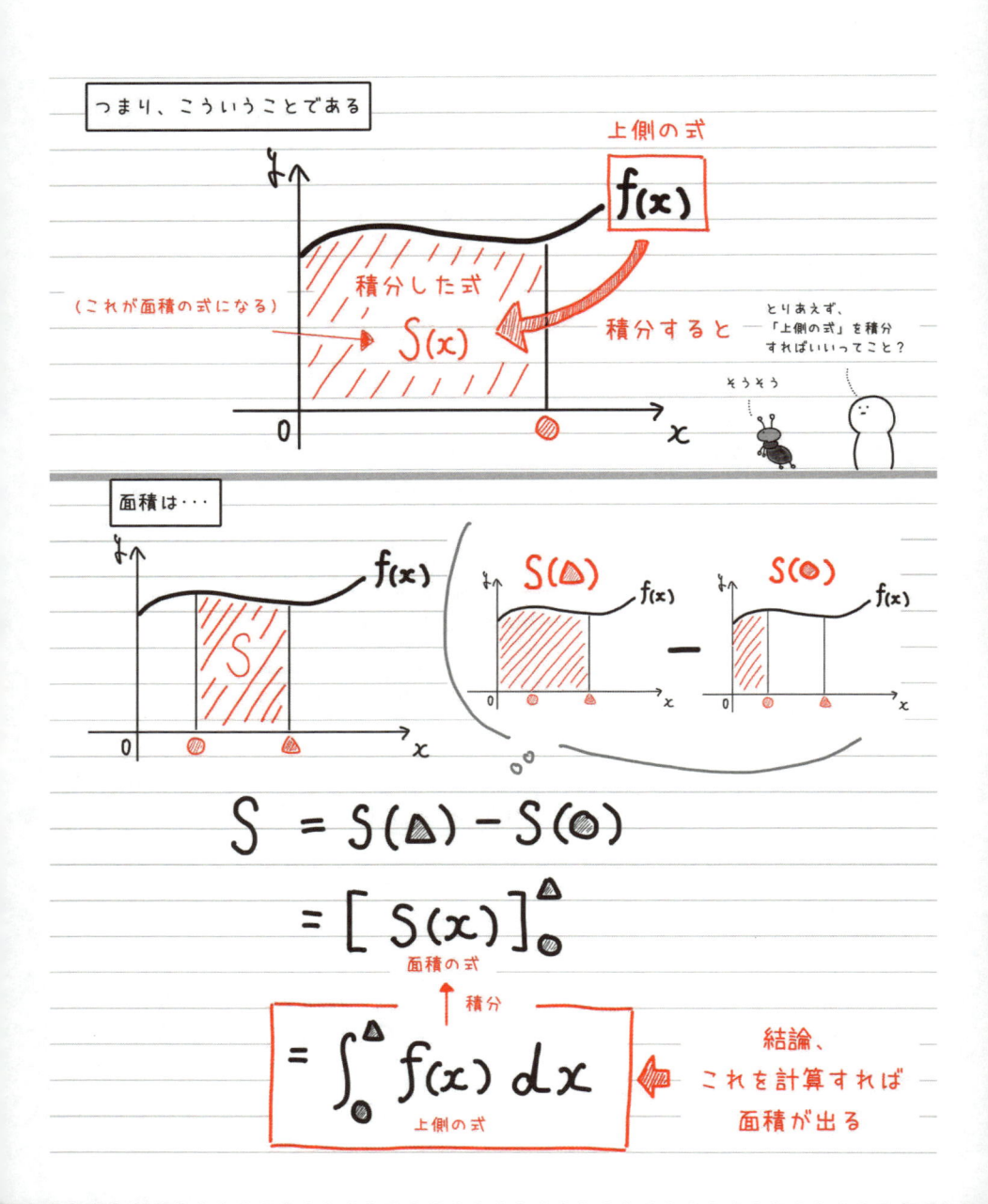

これがわかる ← 積分すれば…

つまり、こういうことである

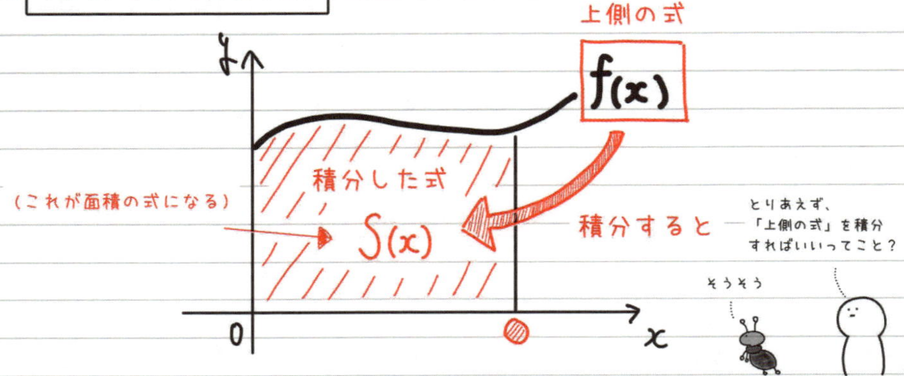

面積は・・・

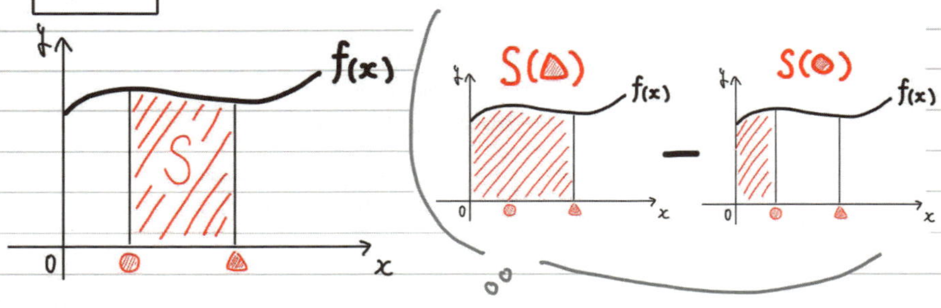

$$S = S(▲) - S(●)$$

$$= \Big[\,S(x)\,\Big]_{●}^{▲}$$

面積の式

↑ 積分

$$= \int_{●}^{▲} f(x)\,dx$$

上側の式

結論、
これを計算すれば
面積が出る

5分でわかる！

積分マスターはこんな面積までわかる！

定積分で面積が出せることを知ったぼく

$$\int_{●}^{▲} f(x)\,dx$$

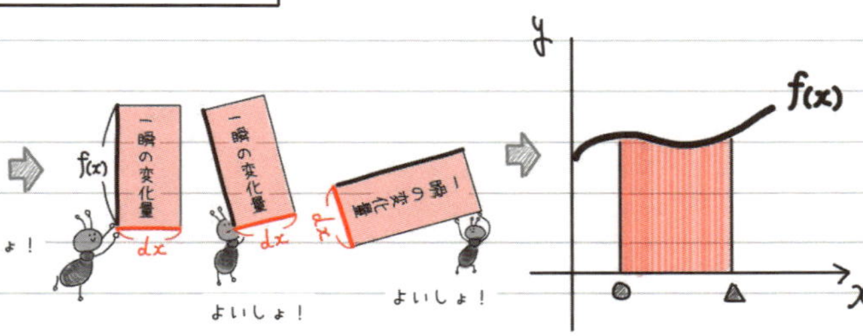

f(x)
一瞬の変化量
dx
よいしょ！
よいしょ！
よいしょ！
y
f(x)
x

問）放物線 $y=x^2+1$ と x 軸、直線 $x=1$, $x=3$ で囲まれた図形の面積Sを求めよ。

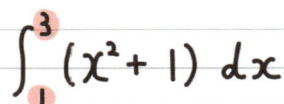

まずはどんな状況？

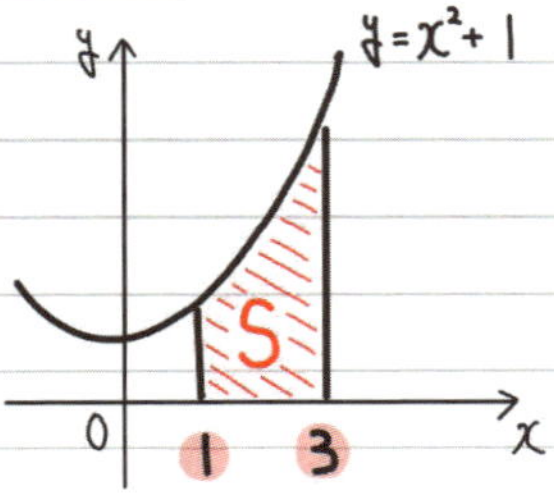

y
$y=x^2+1$
S
0
1
3
x

$$\int_{1}^{3} (x^2+1)\,dx$$

これを計算すればいいんでしょ？
そうそう！

$$S = \int_{1}^{3} (x^2+1)\,dx$$

$$= \left[\frac{1}{3}x^3 + x\right]_{1}^{3}$$

$$= \frac{27}{3} + 3 - \left(\frac{1}{3} + 1\right)$$

3を代入　　1を代入

$$= \frac{32}{3}$$

結局

$$\int_{●}^{▲} \text{上側の式}\,dx$$

これを計算すればいいんでしょ？
楽勝じゃん♪

いやいや、
その考えは危険！

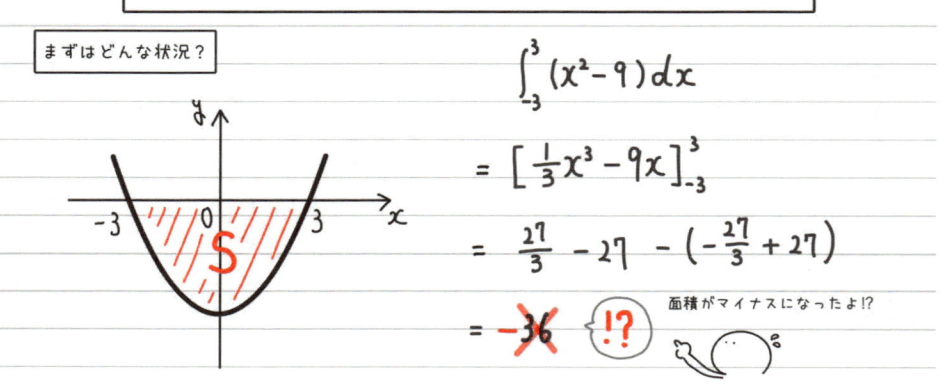

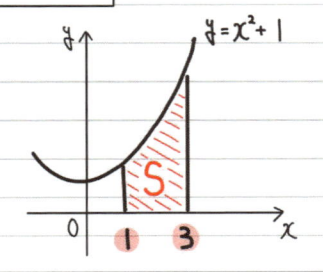

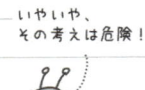

問）放物線 $y=x^2-9$ と、x軸で囲まれた図形の面積Sを求めよ。

まずはどんな状況？

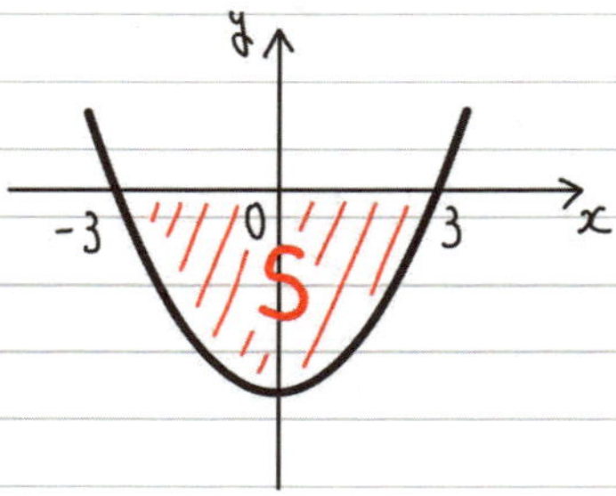

$$\int_{-3}^{3}(x^2-9)\,dx$$

$$=\left[\frac{1}{3}x^3-9x\right]_{-3}^{3}$$

$$=\frac{27}{3}-27-\left(-\frac{27}{3}+27\right)$$

$$=-36$$

!?

面積がマイナスになったよ!?

アリさんの気持ちを考えると・・・

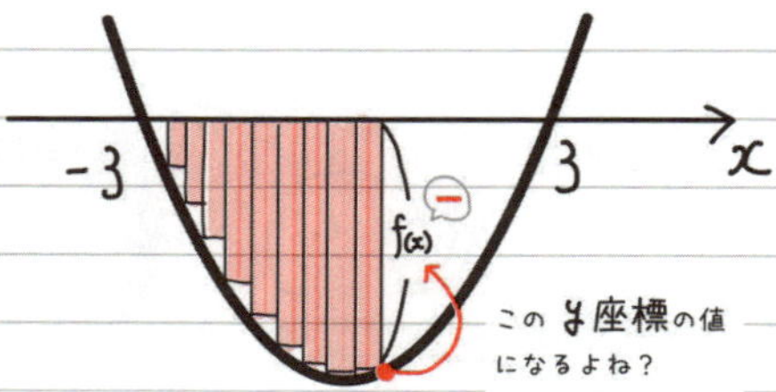

このyの座標の値になるよね？

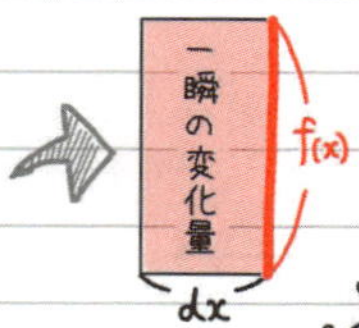

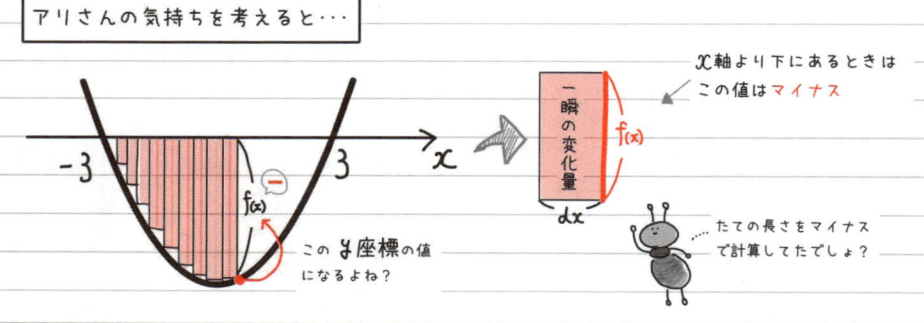

x軸より下にあるときはこの値はマイナス

たての長さをマイナスで計算してたでしょ？

長さは「プラス」なので・・・

として計算すればいいよ！

マイナスをつける！

$$\int_{-3}^{3}-(x^2-9)\,dx$$

$$=\int_{-3}^{3}(-x^2+9x)\,dx$$

（・・・計算していくと）

$$=36$$

面積がプラスになった！

こう考えるといい

$$S=\int_{●}^{▲}(\boxed{上の式}-\boxed{下の式})\,dx$$

こうすることで・・・

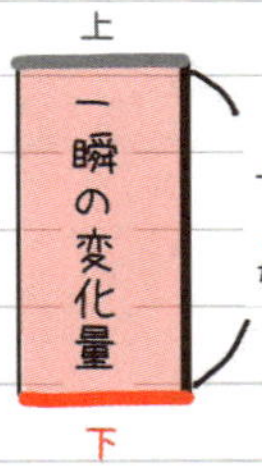

上ー下で「プラス」の長さが出るので

プラスの長さの長方形を足し合わせていける

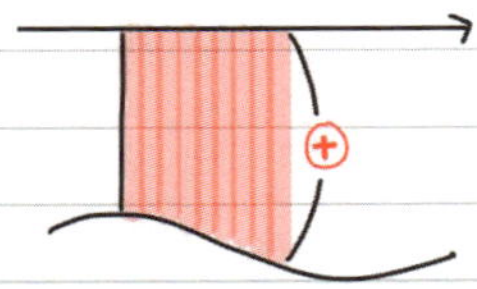

例えば・・・

次の図の面積を求めたいとき

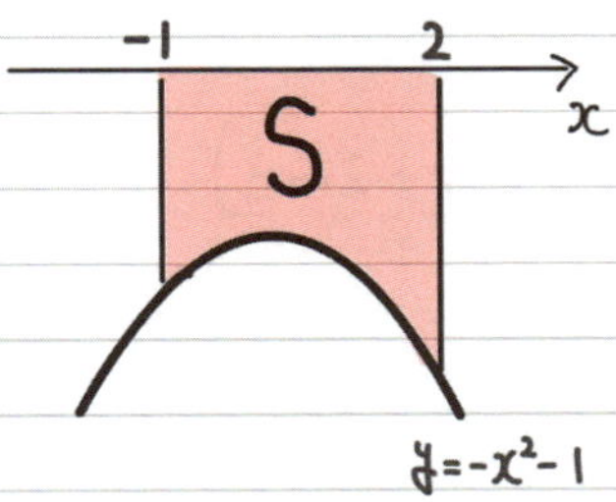

$$S=\int_{-1}^{2}\{\underset{上}{0}-(\underset{下}{-x^2-1})\}\,dx$$

$$=\int_{-1}^{2}(x^2+1)\,dx$$

$$=\left[\frac{1}{3}x^3+x\right]_{-1}^{2}$$

$$=\underbrace{\frac{8}{3}+2}_{2を代入}-\underbrace{\left(-\frac{1}{3}-1\right)}_{-1を代入}$$

$$=6$$

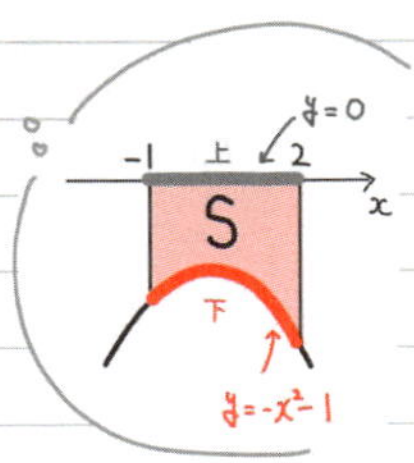

そっか！ x軸は y=0 だもんね！

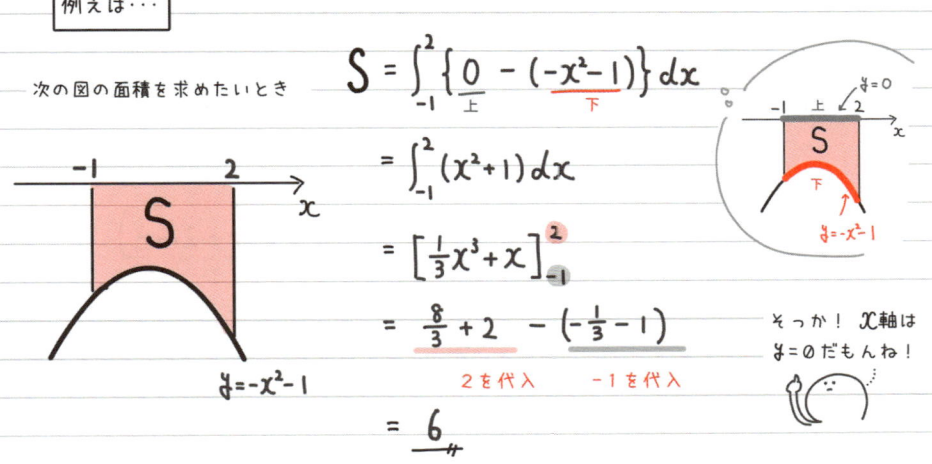

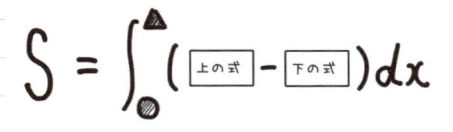

問）放物線 $y=x^2-3x+1$ と直線 $y=x-2$ で囲まれた図形の面積Sを求めよ。

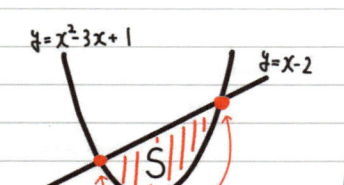

まずはどんな状況？

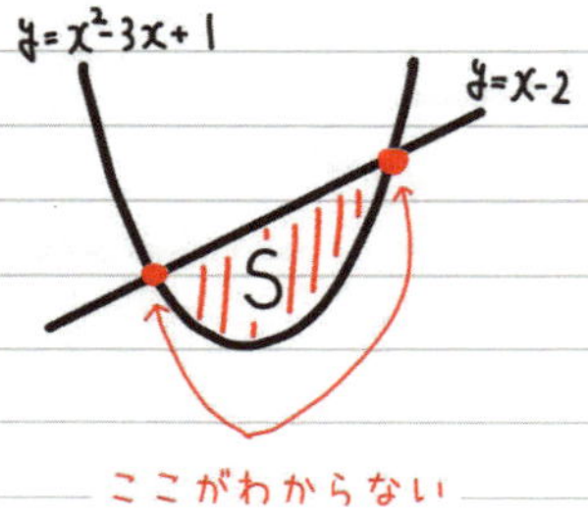

なので、連立して交点を求める

$$x^2-3x+1=x-2$$
$$x^2-4x+3=0$$
$$(x-3)(x-1)=0$$
$$x=1,\ 3$$

どこから、どこまで？
がわからないと始まら
ないもんね

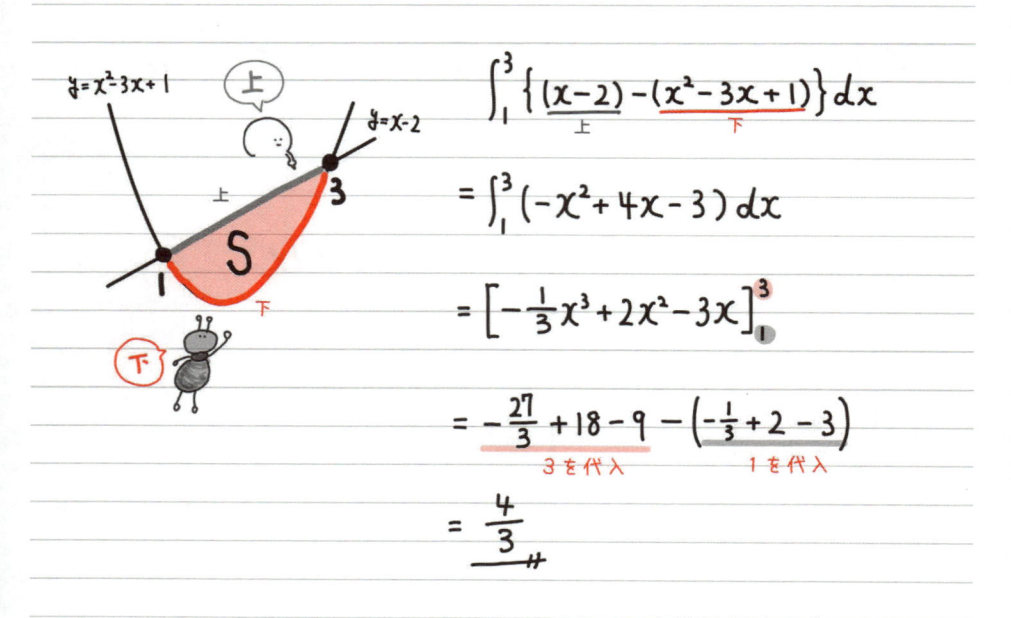

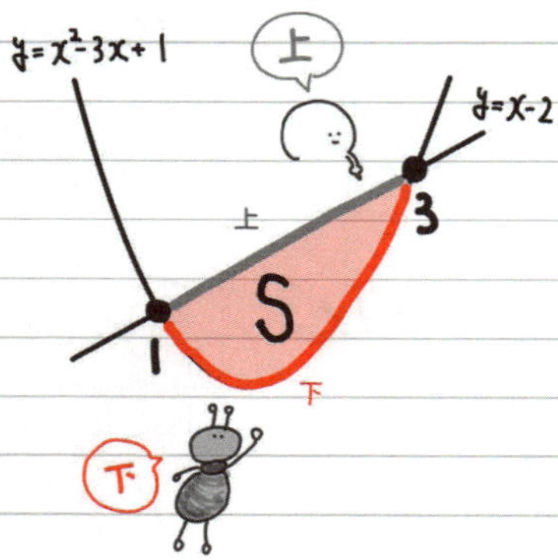

$$\int_1^3\{\underbrace{(x-2)}_{上}-\underbrace{(x^2-3x+1)}_{下}\}dx$$

$$=\int_1^3(-x^2+4x-3)\,dx$$

$$=\left[-\frac{1}{3}x^3+2x^2-3x\right]_1^3$$

$$=\underbrace{-\frac{27}{3}+18-9}_{3を代入}-\underbrace{\left(-\frac{1}{3}+2-3\right)}_{1を代入}$$

$$=\frac{4}{3}$$ //

練習問題

答え
P302

問題１）次の各問いに答えよう！

（1）関数 $f(x)=2x^2+x+5$ について、x が２から２＋ｈに変わるときの平均変化率を求めよ。また、$x=2$ における微分係数を求めよ。

（2）次の関数を微分せよ。

① $f(x)=x^2+3x-5$　② $f(x)=x^{100}+x^{99}+500$

③ $f(a)=3a^2+9a+b$

（3）関数 $y=x^2+3x+4$ のグラフ上の点 $(-3,4)$ における接線の方程式を求めよ。

（4）関数 $y=x^3-3x^2-24x+5$ の増減表をつくり、極大値・極小値を求めよ。

問題２）次の各問いに答えよう！

（1）次の不定積分を求めよ。

① $\int(x^2-6x+1)dx$　② $\int(100x^{99}+50x^{49}-2)dx$

③ $\int(3a^2-2a+9)da$

（2）次の定積分を求めよ。

① $\int_0^2(3x^2+x)dx$　② $\int_1^2(8x^3-9x^2+1)dx$

問題３）放物線 $y=-x^2+3$ と直線 $y=2x$ に囲まれた図形の面積Ｓを求めよう！

おわりに

読み終わったけど、どうしたらいい?

ここまで本書に付き合ってくださり、本当にありがとうございました。

初の書籍ということで至らない点があったかもしれませんが、最後まで精一杯、できるだけわかりやすくかいたつもりです。数学に詳しい方にとっては物足りない点や「この表現ってどうなの?」と不満の残る点もあったかと思います。今回は数学が苦手な人、学び直ししたい人が、イメージしやすいように表現したつもりです。このようなかき方になったことをご理解、ご了承していただけるようお願い申し上げます。

さて、「数学苦手だったけど、ちょっと面白いかも」と思ってくれた人に、このあとどうしたらいいか、2つお伝えしますね。

それは、「**もう一度最初から読み直す**」です。

そうするとより理解が深まります。数学は積み重ねの科目。読み返すほど「この内容があの内容につながっていたんだ!」と新たな気づきが生まれると思います。

もうひとつは「**誰かに教える**」こと。

私自身、人に教えることでグンと数学力が身につきました。各項目のストーリーを思い出すだけでもいいです。この本は教える側の視点で物語が進むので、自然と説明する工程をふんでいるからです。

たとえるなら、「一人授業」ですね。繰り返し読んで、「愉快な仲間たち」と一人授業を行なってみてください。

最後に、改めて本書を手に取ってくださった皆様に感謝申し上げます。本当にありがとうございました。そして、かんき出版の田中隆博さんには今回執筆をさせていただくという、夢にも思わない機会をいただき感謝しかありません。執筆には時間がかかりましたが、タラ先生の１ファンとして温かく見守ってくださりありがとうございました。

私は今後も動画配信を続けていきます。本書は教科書の基本問題レベルを扱っていますが、いずれは入試問題レベルも扱っていく予定です。

またどこかでお会いしましょう！

2025年2月吉日
タラ先生

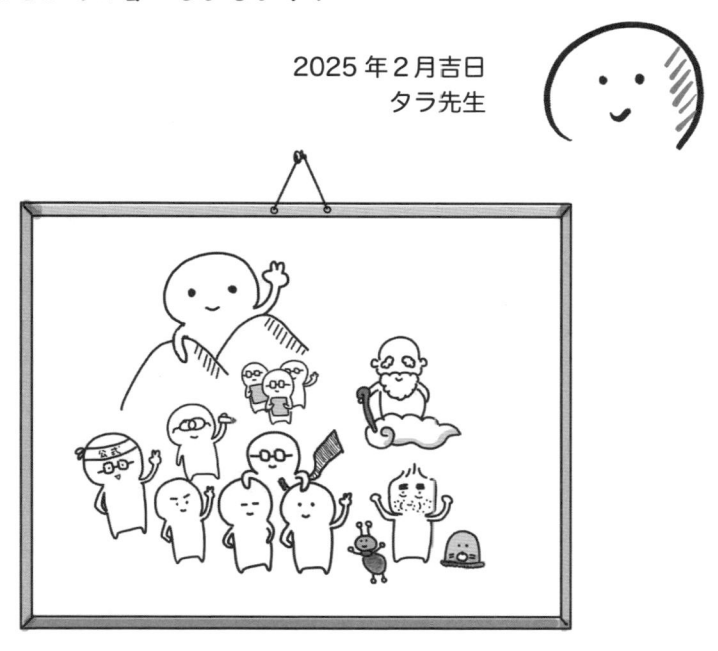

答え

1章　数と式

振返確認ページ

問題1)

(1) $2x^2+5xy-7y^2$　P.33

(2) $64a^2+80ab+25b^2$　P.35

(3) $x^2-2(y+2z)x+y^2+4yz-5z^2$

P.38

問題2)

(1) $(m-n)(2+y)$　P.41

(2) $(2x+1)(3x-4)$　P.46

(3) $(a-b)(a+2b-3)$　P.49

(4) $(a+b)(b+c)(c+a)$　P.54

問題3)　P.63

(1) $\frac{\sqrt{5}}{5}$

(2) $-\frac{3}{4}(\sqrt{3}+\sqrt{7})$

問題4)

(1) $a \geqq -\frac{5}{2}$　P.68

(2) $x \geqq \frac{5}{4}$　P.71

問題5)

$a \leqq 5$　P.76

2章　集合と命題

問題1)　P.89

(1) $\overline{A \cup B}=\{5, 8, 9\}$

(2) $\overline{A} \cap \overline{B}=\{5, 8, 9\}$

(3) $\overline{A} \cap B=\{1, 3, 7\}$

問題2)　P.94

(1) 偽

(2) 偽

問題3)

$x \neq 7$ かつ $x \geqq 10$　P.100

問題4)　P.104

逆　$x^2=4x \Rightarrow x=4$　偽

裏　$x \neq 4 \Rightarrow x^2 \neq 4x$　偽

対偶　$x^2 \neq 4x \Rightarrow x \neq 4$　真

3章　2次関数

振返確認ページ

問題1）

（1）　$y=7(x-5)^2-3$　P. 117

（2）　頂点 $(1, 2)$　P. 122

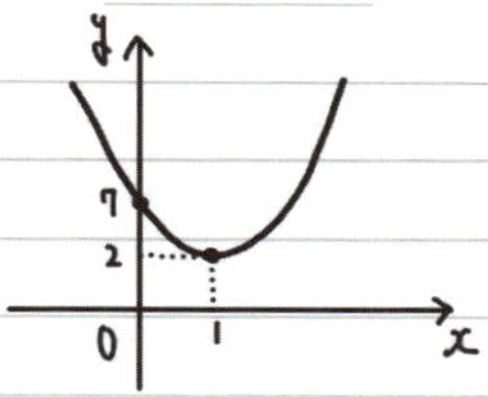

（3）　頂点：$(1, 2)$　P. 129

軸：直線 $x=1$

（4）　$x=0$ のとき 最大値 11　P. 131

$x=-3$ のとき 最小値 2

問題2）

（1）　$y=2(x-4)^2-2$　P. 135

（2）　$y=-x^2+4x-5$　P. 137

問題3）　P. 142

（1）　1つ

（2）　$k>\frac{25}{4}$

問題4）

（1）　$3\leqq x\leqq 4$　P. 150

（2）　すべての実数　P. 154

（3）　$x=-4$　P. 158

（4）　$x=\frac{1}{2}$ 以外のすべての実数

問題5）　P. 164

$a\leqq 0$ のとき

$x=0$ のとき 最小値 3

$0<a\leqq 2$ のとき

$x=3a$ のとき 最小値 $-9a^2+3$

$2<a$ のとき

$x=6$ のとき 最小値 $-36a+39$

4章　三角比

問題1）　P. 180

（1）　$\sin A=\frac{3}{4}$

$\cos A=\frac{\sqrt{5}}{4}$

$\tan A=\frac{3}{\sqrt{5}}$

（2）　$\cos\theta=\frac{2\sqrt{2}}{3}$　P. 187

$\tan\theta=\frac{1}{2\sqrt{2}}$

（3）　$\theta=120^\circ$　P. 200

（4）　0.2924　P. 190

問題2）

$C=30^\circ, 150^\circ$　P. 206

問題3）

$a=7$　P. 209

答え

問題4）　振返確認ページ

$4\sqrt{6}$　P.219

問題5）

$\frac{2\sqrt{2}}{3}$　P.221

5章　データの分析

問題1）

平均値　5.9　P.226

中央値　5　P.228

最頻値　5　P.229

問題2）　P.230

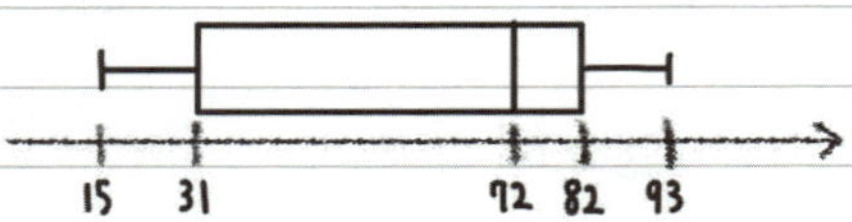

問題3）

共分散　28　P.242

相関係数　0.875　P.246

6章　微分積分

問題1）

(1)　平均変化率　$2h+9$　P.259

微分係数　9

(2)　① $f'(x)=2x+3$　P.268

② $f'(x)=100x^{99}+99x^{98}$

③ $f'(a)=6a+9$

(3)　$y=-3x-5$　P.270

(4)　P.275

x	…	-2	…	4	…
y'	+	0	−	0	+
y	↗	33	↘	−51	↗

$x=-2$ のとき 極大値 33

$x=4$ のとき 極小値 -51

問題2）　P.285

(1)　① $\frac{1}{3}x^3-3x^2+x+C$

② $x^{100}+x^{50}-2x+C$

③ a^3-a^2+9a+C

（Cは積分定数）

(2)　① 10

② 10

P.287

問題3）　P.289

$\frac{32}{3}$

問題の解説動画

本書のご購入者に限り、掲載されている問題の解説動画を見ることができます。

パソコンやスマートフォンから下記にアクセスしてご利用ください。解説動画の視聴はYouTubeになります。なお、動画は予告なく内容が変更、閲覧が終了する場合がございます。あらかじめご了承ください。

●パソコンから

https://content.kanki-pub.co.jp/pages/1msugaku/

●スマートフォンから

【著者紹介】

タラ先生（タラセンセイ）

◉――現役高校教師。YouTube（登録者数約15万人）、TikTok（フォロワー130.4K）の配信者。

◉――高校時代は数学のテストで平均して20点台だったが、一方で「教える」ことは好きだった。だからこそ、苦手な数学を「教える」立場になろうと決意して教員を志望。教員になってからは、偏差値40程度の学校で主に勤務。数学が「苦手な」生徒へ授業をするも、板書を使った授業に限界を感じ、アニメーションを活用した授業を考案。動画編集では視覚的なわかりやすさを重視し、考え方の「見える化」を意識しながらアニメーションを作成する。

◉――アニメーションを活用した数学の授業をTikTokで発信したところ、大きな反響があり、YouTubeにも配信先を増やしたところ、たった２カ月で登録者数が2000人から５万人に増える。2025年２月現在、約15万人。視聴者から「死ぬほどわかりやすい」と好評を得ている。全編マンガで「数学Ⅰ＋微分積分」がわかる本書が初の著書となる。

TikTokチャンネル　https://www.tiktok.com/@tarasense
YouTubeチャンネル　https://www.youtube.com/@tara-teacher

世界一ゆるい神授業　1分でわかる数学

2025年３月３日　第１刷発行

著　者――タラ先生
発行者――齊藤　龍男
発行所――株式会社かんき出版
東京都千代田区麴町4-1-4 西脇ビル　〒102-0083
電話　営業部：03(3262)8011㈹　編集部：03(3262)8012㈹
FAX　03(3234)4421　振替　00100-2-62304
http://www.kanki-pub.co.jp/
印刷所――ベクトル印刷株式会社

ISBN978-4-7612-7792-5 C0041